AIDE-MÉMOIRE

DE CHIMIE.

PARIS. — IMPRIMERIE DE GAUTHIER-VILLARS,
SUCCESSEUR DE MALLET-BACHELIER,
Rue de Seine-Saint-Germain, 10, près l'Institut.

AIDE-MÉMOIRE
DE CHIMIE

A L'USAGE

DES LYCÉES ET DES ÉTABLISSEMENTS D'ENSEIGNEMENT SECONDAIRE

RÉDIGÉ

CONFORMÉMENT AU PROGRAMME DU BACCALAURÉAT ÈS SCIENCES,

PAR P.-A. FAVRE,

CORRESPONDANT DE L'INSTITUT (ACADÉMIE DES SCIENCES), PROFESSEUR DE CHIMIE
A LA FACULTÉ DES SCIENCES DE MARSEILLE.

PARIS,

GAUTHIER-VILLARS, IMPRIMEUR-LIBRAIRE
DE L'ÉCOLE IMPÉRIALE POLYTECHNIQUE, DU BUREAU DES LONGITUDES,
SUCCESSEUR DE MALLET-BACHELIER,
Quai des Augustins, 55.

1864

PRÉFACE.

En écrivant ce livre, je me suis proposé de grouper les notions élémentaires les plus essentielles sous une forme propre à aider la mémoire et le travail de révision qui doit accompagner la préparation des examens par les auditeurs d'un cours de chimie.

La Science, pour ne pas rebuter ceux qui viennent à elle, doit s'appliquer à dissimuler ses aspérités par la simplicité de la forme. L'érudition embarrasse et fatigue au début des études; elle éblouit l'Élève plus qu'elle ne l'éclaire, et son effet le plus ordinaire et le plus sûr est d'amener en lui le découragement. Tout en conservant un cadre élémentaire, j'ai dû éviter d'être superficiel. Les premières notions de la Science, présentées avec concision, doivent cependant être sérieuses et solides; il faut qu'elles portent en elles et les clartés qui indiquent la route et celles qui, en illuminant suffisamment les profondeurs de l'horizon, déterminent la vocation des auditeurs d'élite et enfantent les dévouements scientifiques.

En adoptant une forme particulière, dont une longue expérience personnelle m'a révélé les avantages, j'ai voulu que ce livre offrît à l'Élève un véritable cahier de notes pouvant lui représenter, à l'aide d'une méthode uniforme, la trace des leçons du Professeur. L'Élève rencontrera en effet des Tableaux, des Résumés synthétiques, qu'il pourra parcourir rapidement, sans fatigue, sans efforts, pour aider sa mémoire, avant d'être examiné par ceux qui sont appelés à prononcer sur son sort.

Quant à la matière, elle m'a été indiquée par le Programme du Baccalauréat ès Sciences, accepté dans son véritable esprit. J'y ai compris à la fois et les connaissances qu'il exige formellement et celles que cette exigence implique. Ces connaissances, quoique limitées, n'en formeront pas moins un ensemble de notions d'une valeur très-grande. Bien possédées par l'Élève, elles lui fourniront un cadre excellent pour ses acquisitions ultérieures, et elles lui auront fait atteindre le véritable but des études classiques, qui consiste à savoir étudier et apprendre par soi-même.

En résumé, j'ai moins visé à faire un livre savant qu'un livre utile : j'ai cherché à exposer méthodiquement, mais aussi complétement que cela m'a paru nécessaire, me conformant à l'antique devise qui renferme la loi première de tout enseignement : « Ne » pas trop enseigner, mais tâcher d'enseigner bien. »

P.-A. FAVRE.

AIDE-MÉMOIRE
DE CHIMIE.

CHAPITRE PREMIER.

GÉNÉRALITÉS.

LES CORPS, formés de **MATIÈRE** *étendue* et *impénétrable*, appartiennent à trois règnes :

Le règne *minéral*. Les *minéraux* sont inertes,
ne s'accroissent pas ou s'accroissent par juxtaposition,
ne se meuvent pas.

Le règne *végétal*. Les *végétaux* s'accroissent par intussusception,
ne se meuvent pas.

Le règne *animal*. Les *animaux* s'accroissent par intussusception,
se meuvent,
sont doués d'instinct et de volonté.

SCIENCES NATURELLES.

Lorsqu'on décrit les corps que nous offre la croûte du globe en se bornant à signaler leur état solide, liquide ou gazeux, leur couleur, forme, dureté, densité, etc.,

on étudie le *règne minéral*,

on fait de la minéralogie.

Lorsqu'on décrit les corps comme *organes* dont on signale la forme, la disposition, la structure et les fonctions,

on étudie le *règne organique*, *végétal* ou *animal;*

on fait de la botanique ou de la zoologie.

De là *trois sciences dites naturelles :*

La minéralogie, ou étude des minéraux,
La botanique, ou étude des végétaux,
La zoologie, ou étude des animaux.

SCIENCES PHYSIQUES.

Lorsqu'on va plus loin et qu'on étudie la *constitution intime des corps* et les modifications qu'ils peuvent subir, soit dans leurs propriétés, soit dans leur constitution, sous l'influence des AGENTS IMPONDÉRABLES, *chaleur, lumière* et *électricité*, on entre dans le domaine des *sciences physiques*, qui comprennent la *physique* et la *chimie.*

Les SCIENCES PHYSIQUES, *physique* et *chimie*, s'occupent donc de l'étude de la MATIÈRE et des AGENTS IMPONDÉRABLES qui agissent sur elle et la modifient en lui communiquant des propriétés plus ou moins durables ou en changeant complétement sa constitution.

Lorsque les AGENTS IMPONDÉRABLES agissent sur la MATIÈRE, ils produisent des PHÉNOMÈNES PHYSIQUES ou CHIMIQUES.

Ce sont des

PHÉNOMÈNES PHYSIQUES :

Lorsque les CORPS soumis à l'action des AGENTS IMPONDÉRABLES

1° Conservent leur poids;

2° Ne semblent pas modifiés en apparence ou reviennent à leur premier état lorsque l'AGENT IMPONDÉRABLE cesse d'agir;

3° *Perdent leurs propriétés nouvelles lorsque l'*AGENT IMPONDÉRABLE *cesse d'agir ;*

4° *Ne subissent pas de modification dans la composition de leurs* MOLÉCULES.

EXEMPLES :

La chaleur

1° Dilate les corps;

2° Élève leur température (ce qu'on peut constater à l'aide du toucher et du thermomètre);

3° Les fond;

4° Les volatilise.

La lumière

1° Est décomposée par un *prisme* dont la matière *n'est nullement modifiée ;*

2° Rend le diamant *phosphorescent*, mais cette *phosphorescence* que le diamant acquiert par son exposition à la radiation solaire ne tarde pas à disparaître.

L'électricité

1° Se développe à la surface des corps par le frottement;

2° Circule dans un fil métallique, le rend incandescent, le fond; aimante le fer.

Dans tous ces exemples :

1° Les corps ne sont nullement modifiés dans leur constitution;

2° UN SEUL CORPS *est soumis à l'action des agents impondérables.*

Ce sont des

PHÉNOMÈNES CHIMIQUES :

Lorsque DEUX CORPS *mélangés*, c'est-à-dire qui conservent encore tous les caractères qui les spécifient l'un et l'autre, cuivre et soufre, par exemple, soumis à l'action des AGENTS IMPONDÉRABLES, la *chaleur*, par exemple, s'associent pour former *un nouveau corps :*

1° Qui pèse ce que pesaient ensemble les deux corps qui lui ont donné naissance;

2° Qui n'a plus ni la couleur *rouge* du cuivre, ni la couleur *jaune* du soufre, et dont la couleur *noire* persiste après le refroidissement;

3° Dont *toutes les propriétés nouvelles persistent après le refroidissement ;*

4° *Dont, enfin, la molécule est différente*, puisqu'elle est constituée par la réunion d'une molécule de cuivre et d'une molécule de soufre, et n'a pas, évidemment, la constitution simple de chacune des molécules qui ont servi à le former.

EXEMPLES :

Sous l'influence de la

Chaleur

1° LE CUIVRE ET LE SOUFRE CHAUFFÉS DANS UN MATRAS s'unissent avec incandescence et forment un corps nouveau.

C'est un PHÉNOMÈNE DE COMBINAISON.

2° LE CUIVRE, CHAUFFÉ A L'AIR, *noircit, augmente de poids;* il fixe à sa surface l'oxygène, qui est un des éléments de l'air.

C'est un PHÉNOMÈNE DE COMBINAISON.

3° L'OXYDE ROUGE DE MERCURE, corps solide, chauffé, *perd sa couleur* en se transformant en *deux corps,* dont l'un, *gazeux,* est un des éléments de l'air, l'*oxygène,* et dont l'autre, *liquide et d'aspect métallique,* est du *mercure.*

C'est un PHÉNOMÈNE DE DÉCOMPOSITION.

Sous l'influence de la

Lumière

1° Un mélange *gazeux* de volumes égaux de CHLORE *d'une couleur jaune-verdâtre et peu soluble dans l'eau,* et d'HYDROGÈNE *incolore et insoluble dans l'eau, se décolore* sans modification du volume primitif, et le nouveau corps qui a pris naissance est *gazeux, incolore* et *très-soluble* dans l'eau qui en dissout 480 fois son volume.

C'est un PHÉNOMÈNE DE COMBINAISON.

2° Le VÉGÉTAL devient apte à s'assimiler les éléments nécessaires à son accroissement qu'il enlève à des corps auxquels ils sont déjà associés chimiquement : ainsi *il enlève le carbone à l'acide carbonique de l'air* et *l'hydrogène à l'eau.*

C'est un double PHÉNOMÈNE DE DÉCOMPOSITION d'abord, et ensuite de COMBINAISON.

Sous l'influence de

L'électricité

1° L'HYDROGÈNE et l'OXYGÈNE s'associent; en effet, une étincelle électrique produite au milieu d'un mélange gazeux de *deux volumes d'hydrogène* et d'*un volume d'oxygène* détermine la transformation en *eau.*

C'est un PHÉNOMÈNE DE COMBINAISON.

2° Un courant voltaïque passant à travers l'*eau* acidulée la transforme en ses deux éléments gazeux, l'*hydrogène* et l'*oxygène.*

C'est un PHÉNOMÈNE DE DÉCOMPOSITION.

DÉFINITION DE LA CHIMIE.

En négligeant quelques phénomènes douteux et qui semblent appartenir en même temps à la physique et à la chimie, on peut donc définir la chimie :

LA SCIENCE QUI S'OCCUPE DES PHÉNOMÈNES QUI SE PASSENT AU CONTACT DES CORPS ET QUI AMÈNENT UN CHANGEMENT COMPLET DANS LEUR CONSTITUTION, soit parce qu'ils s'associent, soit parce qu'ils se séparent lorsqu'ils étaient déjà associés.

LES CARACTÈRES QUI SPÉCIFIENT LES CORPS sont des

CARACTÈRES ORGANOLEPTIQUES, puisés dans la manière dont ils affectent nos sens;

CARACTÈRES PHYSIQUES, puisés dans leurs propriétés physiques;

CARACTÈRES CHIMIQUES, puisés dans la manière dont ils agissent les uns sur les autres.

Ces derniers sont les meilleurs, ils *spécifient* nettement les corps.

EXEMPLES :

Le soufre est spécifié par :

1° Sa couleur jaune;

2° L'action que la chaleur exerce sur lui;

3° L'action qu'il exerce sur l'oxygène, avec lequel il donne de l'acide sulfureux dont l'odeur est *essentiellement caractéristique.*

LA RÉACTION CHIMIQUE

EST LA SOMME DE TOUS LES PHÉNOMÈNES QUI SE PRODUISENT AU MOMENT OÙ DEUX CORPS SE RÉUNISSENT OU SE DÉSUNISSENT.

C'est le travail même d'*association* ou de *dissociation*, de *composition* ou de *décomposition,* de *combinaison* ou de *ségrégation chimique,* de SYNTHÈSE ou d'ANALYSE.

PHÉNOMÈNES QUI NE PERSISTENT PAS APRÈS LA RÉACTION CHIMIQUE :

Chaleur et lumière,

EXEMPLES :

1° *Incandescence du cuivre* chauffé au contact du soufre;

2° INCANDESCENCE DU FER TRÈS-DIVISÉ (*fer pyrophorique*) qui s'enflamme à l'air et se transforme en *rouille.*

Électricité,

EXEMPLE :

La réaction chimique dans la pile est la source du COURANT VOLTAIQUE qui cesse de passer lorsqu'elle cesse de se produire.

PHÉNOMÈNES QUI PERSISTENT APRÈS LA RÉACTION CHIMIQUE :

Disparition des propriétés du corps mis en expérience;

Apparition de nouvelles propriétés qui signalent *un ou plusieurs corps nouveaux;*

Augmentation de poids.

Exemples :

1° *L'eau* remplace les gaz *hydrogène* et *oxygène* après le passage de l'étincelle électrique;

2° Le *mercure* et le gaz *oxygène* remplacent l'*oxyde rouge de mercure* lorsque celui-ci est suffisamment chauffé;

3° 56 grammes *de fer* donnent 80 grammes de *rouille;* le fer a pris 24 grammes d'*oxygène* à l'air.

La réaction est vive,

Lorsque la combinaison se fait dans *un temps très-court;* alors les phénomènes qui l'accompagnent, *chaleur* et *lumière*, par exemple, peuvent être facilement saisis par l'observateur.

Exemples :

1° *Incandescence du cuivre* chauffé au contact du *soufre;*

2° *Incandescence du fer pyrophorique* et formation de *rouille.*

La réaction est lente,

Lorsque la combinaison se fait dans *un temps assez long :* la réaction ne peut être constatée que par l'observation des phénomènes qui persistent, les autres, *chaleur* et *lumière,* devenant insensibles parce que ces manifestations de la réaction sont divisées par le temps.

Exemple :

Fer qui se *rouille* lentement à l'air.

La réaction s'exerce entre les

MOLÉCULES *ou* ATOMES *des corps.*

La réaction chimique s'excerce entre les PARTICULES des corps si ténues, qu'on ne peut pas les isoler par une division mécanique, quelque parfaits que soient les moyens qui peuvent la produire.

Cependant l'expérience prouve que ces particules, que la pensée peut diviser encore et diviser toujours jusqu'à l'infini, ne peuvent exercer d'*attraction réciproque* et par conséquent *s'associer chimiquement* qu'à la condition de *conserver une certaine masse :* ce sont ces masses entre lesquelles s'exerce *l'action chimique* qu'on appelle MOLÉCULES ou ATOMES. La pensée peut bien diviser encore ces petites masses déjà *insaisissables,* mais, ainsi divisées, elles sont dépourvues de l'attraction qui provoque l'*action chimique.*

Les *molécules similaires simples*, ou *composées* par suite d'une association chimique qui s'est déjà produite entre les molécules *simples* de corps différents, *sont associées ou sollicitées à s'associer par une force d'attraction* qu'on appelle COHÉSION.

COHÉSION.

Cette force, qui tend à agréger les molécules *similaires*, est nulle dans les corps à l'*état gazeux*, faible dans les corps à l'*état liquide*, et plus ou moins énergique dans les corps à l'*état solide*.

Puisque l'*action chimique* s'exerce par l'attraction réciproque de molécules qui appartiennent à des corps différents dans leur nature et qui sont par conséquent *dissimilaires*, la COHÉSION, qui associe les molécules *similaires* de chacun de ces corps, devient un obstacle à sa production; il faut donc agir contre la COHÉSION, si l'on veut produire la *réaction chimique*.

EXEMPLE :

Du *soufre* et du *cuivre*, tous deux à l'état solide, n'agissent pas l'un sur l'autre, quelque divisés qu'ils soient. Mais si par la chaleur qui affaiblit et détruit même la *cohésion*, en fondant et gazéifiant les corps, on rend aux *molécules* une liberté de mouvement qu'elles ne possédaient pas d'abord, elles pourront obéir à l'attraction qui tend à les associer chimiquement. C'est ce qui a lieu lorsqu'on fait agir sur le cuivre le soufre fondu ou réduit en vapeur par la chaleur.

AFFINITÉ.

La force d'attraction qui tend à associer les molécules de nature différente et par conséquent *dissimilaires*, qui les enlève à leur état d'inertie en leur imprimant un mouvement qui les rapproche lorsqu'une force contraire, la *cohésion*, par exemple, ne s'y oppose pas, est la FORCE D'AFFINITÉ. Cette force qui tend sans cesse à associer; qui, lorsque rien ne s'oppose à son exercice, manifeste son action par les phénomènes si remarquables de la réaction chimique, ne cesse pas d'agir après cette réaction : c'est elle qui maintient la stabilité du nouveau corps en empêchant les dissociations de ses ÉLÉMENTS CONSTITUANTS.

EXEMPLE :

Les gaz hydrogène et oxygène mélangés sont sollicités par l'*affinité* et tendent à s'associer, mais un obstacle difficile à définir et qui n'est pas dû à la cohésion, comme dans l'exemple précédent, puisqu'à l'état gazeux les molécules se repoussent, s'oppose au mouvement de rapprochement des molécules : la chaleur ou l'étincelle électrique detruisent cet obstacle ; aussi, sous l'influence de l'étincelle électrique, par exemple, ces corps *entrent en combinaison*, et c'est alors que l'AFFINITÉ S'EXERCE en produisant tous les phénomènes de la réaction.

La *molécule d'eau ainsi formée* persiste après la réaction, parce que l'AFFINITÉ MAINTIENT RÉUNIES les deux *molécules* qui la constituent.

L'AFFINITÉ ET LA COHÉSION DIFFÈRENT ESSENTIELLEMENT.

LA CHALEUR *qui fond la glace et qui vaporise l'eau agit seulement sur la cohésion;* elle l'affaiblit par la fusion, elle l'annihile par la vaporisation ; *elle modifie ici l'état physique de l'eau*, comme elle peut modifier celui de tous les corps ; mais *elle ne modifie nullement sa molécule.*

Si à travers l'eau qui provient de la fusion de la glace, et après l'avoir acidulée, on fait passer un courant voltaïque, on voit apparaître à chacun des électrodes un gaz différent ; dans ce cas, l'*électricité agit sur l'affinité* qui maintient la stabilité de la molécule d'eau, elle affaiblit son énergie au point que ses molécules constituantes, *hydrogène* et *oxygène*, se séparent et reprennent l'état gazeux qui est celui sous lequel elles existent à l'état de liberté.

LA COHÉSION sollicite, réunit et maintient réunies les molécules *similaires* ;

L'AFFINITÉ sollicite, réunit et maintient réunies les molécules *dissimilaires.*

CONDITIONS QUI RENDENT LA RÉACTION POSSIBLE. Ce sont :

LE CONTACT.

EXEMPLE :

1° LE GAZ AMMONIAC, introduit dans une éprouvette qui renferme un volume égal de GAZ CHLORHYDRIQUE, donne naissance à un corps solide, SEL AMMONIAC : les deux gaz disparaissent et le mercure monte et remplit la totalité de l'éprouvette.

2° Le SEL AMMONIAC ainsi formé et en poudre, traité par la chaux vive également en poudre, laisse dégager du *gaz ammoniac* chassé par la chaux : *c'est un exemple très-rare d'une réaction entre deux corps solides.*

L'ÉTAT DE DISSOLUTION.

Un liquide quelconque qui dissout l'un des corps ou les deux corps qui tendent à réagir, *affaiblit la cohésion* et *donne aux molécules sollicitées par l'affinité une mobilité qui rend le contact plus facile.*

Exemple :

L'acide tartrique en poudre, mêlé au carbonate de soude également en poudre, n'agit pas sur lui ; mais si sur ce mélange on verse de l'*eau qui dissout l'un et l'autre corps*, la réaction est accusée par le départ d'un gaz qui communique au liquide un mouvement tumultueux : ce gaz est l'acide carbonique gazeux déplacé par l'*acide tartrique* en dissolution.

La chaleur

Diminue ou annihile la cohésion en liquéfiant ou vaporisant les corps et *donne aux molécules sollicitées par l'affinité une mobilité qui rend le contact plus facile.*

Dans les décompositions la chaleur est indispensable : en effet, en s'associant, les corps ont dégagé de la chaleur ; il est donc nécessaire de leur restituer cette chaleur perdue lorsqu'on veut les rendre à l'état de liberté.

Exemples :

1° *Incandescence du cuivre* chauffé au contact du soufre que la chaleur fait entrer en fusion ;

2° *Inflammation* d'un mélange gazeux d'hydrogène et d'oxygène au contact de la *mousse* ou du *noir de platine*, qui, ayant la propriété de condenser ces gaz, élèvent suffisamment leur température pour déterminer leur combinaison ;

3° *Inflammation avec détonation* d'un mélange de chlorate de potasse et de soufre, sous l'influence du choc qui élève la température du corps.

4° *Décomposition par la chaleur* de l'oxyde rouge de mercure.

La lumière.

Exemples :

1° Mélange à volumes égaux de chlore et d'hydrogène qui se combinent *sous l'influence de la lumière* pour former de l'acide chlorhydrique ;

2° *Accroissement du végétal* qui, sous l'influence de la lumière, *décompose l'acide carbonique et l'eau* et s'assimile le charbon et l'hydrogène que ces corps renferment ;

3° Décomposition du protochlorure de mercure par la lumière.

L'ÉLECTRICITÉ.

EXEMPLES :

1° Combinaison de l'*hydrogène* et de l'*oxygène* et formation de l'*eau* sous l'influence de l'*étincelle électrique ;*

2° Décomposition de l'*eau* sous l'influence d'un *courant voltaïque.*

DISSOLUTION.

EXISTE-T-IL UNE FORCE DE DISSOLUTION qui diffère de la *force d'affinité* et qui provoque ce phénomène?

Le *phénomène de dissolution* n'a pas encore été assez étudié pour qu'il soit possible d'établir nettement son caractère; mais par ce que nous en connaissons jusqu'à présent, *il n'est pas permis de le confondre avec le phénomène de combinaison* que provoque la force d'affinité que nous venons de définir.

Un corps liquide, de l'*eau,* par exemple, agissant sur un corps solide, du *sucre* ou du *sel marin* (sel de cuisine), par exemple, les fait disparaître, *les dissout* en produisant un liquide qui renferme la totalité du sucre ou du sel marin qui ont disparu; ce liquide possède alors une saveur nouvelle dite *sucrée* ou *saline.* Jusque-là rien ne distingue encore la *force de dissolution* de la *force d'affinité*, quoiqu'on l'ait dit quelquefois en s'appuyant sur ce que la saveur du sucre ou du sel *persistait* dans la dissolution; ce qui est une erreur, puisque le sucre et le sel marin, n'étant sapides qu'à la condition d'être préalablement dissous, ne possèdent pas à l'état solide une saveur que l'on puisse comparer à la saveur de leurs dissolutions.

MAIS LE PHÉNOMÈNE DE DISSOLUTION ET LES PHÉNOMÈNES QUE PROVOQUE L'AFFINITÉ SE DISTINGUENT NETTEMENT, parce que

DANS LA RÉACTION CHIMIQUE :

1° *Il se produit de la chaleur;*

EXEMPLE :

Incandescence du cuivre chauffé au contact du soufre.

2° *L'action est d'autant moins énergique que les molécules offrent de plus grandes analogies* dans leurs propriétés et dans leur composition;

3° *Le poids de chacun des corps qui réagissent est invariable,* quelle que soit la température.

DANS LA DISSOLUTION :

1° *Il y a abaissement de température:* une certaine quantité de chaleur est absorbée, comme lorsqu'un corps entre en vapeur ou lorsqu'un gaz se dilate;

2° *L'analogie de composition et de propriétés la favorise.*

Exemples :

1° *L'eau*, corps très-oxygéné, est un dissolvant des corps oxygénés et refuse de dissoudre les corps peu ou pas oxygénés, tels que les *graisses*, etc.;

2° Les *huiles grasses*, riches en carbone et en hydrogène, dissolvent les *graisses* et se dissolvent entre elles;

3° Le *sulfure de carbone*, riche en soufre, dissout très-bien le *soufre;*

4° Le *mercure* ou les *métaux fondus* dissolvent très-bien les *métaux.*

3° *Enfin la quantité du corps qui se dissout varie considérablement* avec la température.

Exemple :

100gr d'*eau* dissolvent :	29gr de *nitre*	à	18°.
	236 » »	à	97°.
	335 » »	à	116°.

CORPS SIMPLES.

En agissant convenablement sur les corps composés, on sépare les éléments qui les constituent; ceux-ci résistent alors aux actions décomposantes les plus énergiques. Ce sont ces éléments *indécomposables dans l'état actuel de la science* qu'on désigne sous le nom de *corps simples.*

CORPS COMPOSÉS.

C'est en combinant ces *corps simples deux à deux, trois à trois, quatre à quatre*, rarement *cinq à cinq,* que l'on obtient tous les *corps composés* de la chimie.

LES CORPS SE COMBINENT EN PROPORTIONS DÉFINIES. LOI DES VOLUMES GAZEUX ET NOMBRES PROPORTIONNELS.

En cherchant à combiner les corps, on reconnait qu'ils ne s'associent pas en toutes proportions et que les rapports entre les volumes gazeux ou en vapeur ainsi que les rapports entre les quantités pondérales des éléments qui se combinent sont fixes et invariables.

Exemples :

Constance des volumes.

1° Un volume de *gaz ammoniac* mélangé avec un volume de *gaz chlorhydrique* donne naissance à un corps solide, le *sel ammoniac,* avec disparition complète des gaz. Si l'on fait une nouvelle expérience en employant un excès de l'un ou l'autre de ces gaz, il restera un *résidu gazeux égal à l'excès de gaz employé.*

DE LA CONSTANCE DES VOLUMES ON DÉDUIT LA CONSTANCE DES POIDS des corps qui entrent en combinaison : ainsi la réaction s'exerce toujours entre

36,5, poids de 1 volume de *gaz chlorhydrique* et
17,0, poids de 1 volume de *gaz ammoniac;* on obtient
53,5 de *sel ammoniac.*

Les nombres 36,5 et 17 expriment donc le rapport suivant lequel se combinent les éléments constituants du *sel ammoniac* et sont appelés NOMBRES PROPORTIONNELS du *gaz chlorhydrique* et du *gaz ammoniac;*

2° 2 volumes de *gaz hydrogène* se combinent avec 1 volume de *gaz oxygène* pour former 2 volumes de *vapeur d'eau;* s'il existe un excès de l'un ou de l'autre gaz, il restera comme résidu après la combinaison.

Lorsqu'il y a contraction des gaz, comme dans cet exemple. *elle est toujours en rapport simple avec la somme des volumes constituants.*

L'hydrogène étant 16 fois plus léger que l'oxygène, il est évident que si l'on exprime la combinaison en poids, 1 gramme d'*hydrogène* exigera 8 grammes d'*oxygène* pour donner naissance à 9 grammes d'*eau.* 1 et 8 sont les NOMBRES PROPORTIONNELS de *l'hydrogène* et de l'*oxygène.*

Ce que nous venons de dire de certains gaz s'appliquant à tous, on peut en conclure que :

Les gaz se combinent dans des volumes qui sont en rapport simple, et les volumes des composés gazeux auxquels ils donnent naissance sont également dans des rapports simples avec les volumes des gaz constituants.

On doit également conclure des exemples donnés que dans la formation des *corps composés :*

1° *Les corps s'associent toujours dans les mêmes proportions pondérales;*

2° *Le poids des composés ainsi formés est la somme des poids des corps qui se sont combinés.*

ÉQUIVALENTS CHIMIQUES.

Si, dans un composé déjà formé, on remplace un de ses éléments par un autre,

Les éléments qui se remplacent conservent un rapport constant.

Exemples :

1° Si l'on ajoute une quantité d'eau suffisante à 49 grammes d'*acide sulfurique* concentré qui renferme 1 gramme d'*hydrogène*, et qu'on y plonge une lame de *zinc*, l'*hydrogène* sera chassé par le métal et se dégagera en totalité, mais il sera remplacé par 33 grammes de zinc que la lame aura perdu. Après l'évaporation du liquide et la dessiccation du résidu, il restera à la place des 49 grammes d'*acide sulfurique* un produit qui ne renferme pas de trace d'*hydrogène* et pesant 81 grammes, c'est-à-dire 32 grammes de plus qui expriment la différence de poids des deux corps dont l'un s'est *substitué* à l'autre. Le nouveau corps formé ainsi par *substitution* porte le nom de *sulfate de zinc*. 33 grammes de zinc peuvent donc *se substituer* à 1 gramme d'hydrogène dans un composé; de la même façon qu'une pierre 33 fois plus dense qu'une autre de même dimension peut remplacer celle-ci sans nuire à l'harmonie de l'édifice, aussi a-t-on été conduit à dire que 33 grammes de zinc *équivalent* à 1 gramme d'hydrogène et à appeler **équivalents chimiques** ces *nombres proportionnels* qui expriment le *rapport* suivant lequel ces deux corps peuvent se remplacer.

Si dans ce même poids, 49 grammes, d'*acide sulfurique* on remplace 1 gramme d'*hydrogène* qu'il renferme par d'autres *métaux*, on trouvera pour chaque *métal* un nombre qui représentera son **équivalent chimique** et qui sera 28 pour le *fer*, 32 pour le *cuivre*, 104 pour le *plomb*, 108 pour l'*argent*, etc. En effet, chacun de ces nombres *équivaut* à 1 gramme d'hydrogène auquel il se substitue; ils sont **équivalents** puisqu'ils *se substituent* l'un à l'autre et forment des composés de même ordre.

Ce que nous venons de dire pour l'*acide sulfurique* s'applique également aux autres *acides* et à tous les composés dans lesquels on peut remplacer l'hydrogène par un métal quelconque : dans ce cas, il faudra toujours, pour déplacer 1 gramme d'*hydrogène*, lui substituer 33 grammes de *zinc*, 28 de *fer*, 32 de *cuivre*, etc., c'est-à-dire les nombres déjà trouvés pour l'*acide sulfurique*.

2° Dans 9 grammes d'*eau* qui sont constitués par la combinaison de 1 gramme d'*hydrogène* avec 8 grammes d'*oxygène*, on peut remplacer les 8 grammes d'*oxygène* par

$16^{gr},0$ de *soufre* et produire	$17^{gr},0$ d'*acide sulfhydrique* ;
$35^{gr},5$ de *chlore* et produire	$36^{gr},5$ d'*acide chlorhydrique* ;
$80^{gr},0$ de *brome* et produire	$81^{gr},0$ d'*acide bromhydrique* ;
$126^{gr},0$ d'*iode* et produire	$127^{gr},0$ d'*acide iodhydrique* ;

Etc.

16^{gr} de *soufre*, $35^{gr},5$ de *chlore*, 80^{gr} de *brome* et 126^{gr} d'*iode* *équivalent* donc à 8 grammes d'*oxygène* et *s'équivalent* entre eux puisqu'ils peuvent se substituer l'un à l'autre pour former avec 1 gramme d'*hydrogène* des composés bien définis; les *nombres proportionnels* 8, 16, 35,5, 80 et 126, qui expriment dans quel rapport ces corps peuvent se *substituer* l'un à l'autre, représentent donc leurs ÉQUIVALENTS CHIMIQUES.

Ces nombres proportionnels ou équivalents chimiques, qui expriment seulement les rapports suivant lesquels les corps peuvent se combiner entre eux ou se remplacer dans les composés, *deviennent fixes et invariables si on les rattache à l'hydrogène* $= 1$ *ou à l'oxygène* $= 100$, pris l'un ou l'autre comme termes de comparaison. Nous adopterons de préférence l'équivalent de l'hydrogène $= 1$ comme terme de comparaison, parce que la simplicité des nombres rend les calculs plus faciles.

TABLEAU alphabétique des corps simples avec leurs SYMBOLES et leurs ÉQUIVALENTS CHIMIQUES.

NOMS DES CORPS SIMPLES.	SYMBOLES CHIMIQUES.	ÉQUIVALENTS rapportés à l'hydrogène = 1.	ÉQUIVALENTS rapportés à l'oxygène = 100.
1. Aluminium.. ..	Al..............................	13,67	170,99
2. Antimoine.. ..	Sb..............................	129,00	1612,50
3. Argent.........	Ag..............................	108,00	1350,00
4. Arsenic..	As..............................	75,00	937,50
5. Azote..........	Az ou N (de Nitrogène)........	14,00	175,00
6. Baryum.... . .	Ba..............................	68,64	858,00
7. Bismuth	Bi..............................	106,43	1330,38
8. Bore.....	B..............................	10,89	136,15
9. Brome...... .	Br..............................	80,00	1000,00
10. Cadmium......	Cd..............................	55,75	696,77
11. Calcium	Ca..............................	20,00	250,00
12. Carbone.......	C..............................	6,00	75,00
13. Cérium	Ce..............................	47,26	590,80
14. Chlore..... ...	Cl..............................	35,43	443,20
15. Chrome........	Cr..............................	26,28	328,50
16. Cobalt......	Co..............................	29,49	368,65
17. Cœsium.	Cs..............................	127,00	1587,5
18. Cuivre...... ..	Cu..............................	31,78	396,60
19. Didyme........	Di..............................	49,60	620,00?
20. Erbium.......	Er..............................		
21. Étain..........	Sn (du mot latin *Stannum*).. . ..	58,82	735,29
22. Fer...........	Fe..............................	28,00	350,00
23. Fluor......	Fl..............................	19,18	239,80
24. Glucinium	Gl..............................	6,96	87,12
25. Hydrogène.....	H..............................	1,00	12,50
26. Iode.........	I..............................	126,00	1575,00
27. Iridium.... ...	Ir..............................	98,57	1232,08
28. Lanthane... ...	La..............................	48,00	600,00
29. Lithium........	Li..............................	6,53	81,66
30. Magnésium ...	Mg..............................	12,00	150,00
31. Manganèse	Mn..............................	27,87	348,68
32. Mercure.......	Hg (du mot latin *Hydrargyrum*)..	100,00	1250,00

[Suite.] **TABLEAU** alphabétique des corps simples avec leurs SYMBOLES et leu ÉQUIVALENTS CHIMIQUES.

NOMS DES CORPS SOLIDES.	SYMBOLES CHIMIQUES.	ÉQUIVALENTS rapportés à l'hydrogène = 1.	ÉQUIVALENTS rapportés à l'oxygène = 100.
33. Molybdène	Mb	46,00	575,00
34. Nickel	Ni	29,54	369,33
35. Niobium	Nb		
36. Or	Au (du mot latin *Aurum*)	98,18	1227,19
37. Oxygène	O	8,00	100,00
38. Osmium	Os	99,40	1242,62
39. Palladium	Pd	53,23	665,47
40. Pélopium			1066,3
41. Phosphore	Ph	32,00	400,00
42. Platine	Pt	98,58	1232,08
43. Plomb	Pb	103,56	1294,50
44. Potassium	K (du mot latin *Kalium*)	39,14	489,30
45. Rhodium	Rh	52,16	652,00
46. Rubidium	Rb	85,3	1066,3
47. Ruthénium	Ru	52,16	652,00
48. Selénium	Se	39,61	495,28
49. Silicium	Si	21,35	266,82
50. Sodium	Na (du mot latin *Natrium*)	23,00	287,50
51. Soufre	S	16,00	200,00
52. Strontium	St	43,84	548,00
53. Tantale ou Colombium	Ta	92,29	1153,62
54. Tellure	Te	64,00	800,00
55. Terbium	Ter		
56. Thallium	Tl	204,00	2550,00
57. Thorium	Th	59,50	743,86
58. Titane	Ti	25,10	314,70
59. Tungstène	W (du nom du minéral, *Wolfram*)	92,00	1150,00
60. Uranium	U	60,00	750,00
61. Vanadium	Vn	68,46	855,84
62. Yttrium	Y	32,18	402,31
63. Zinc	Zn	33,00	412,38
64. Zirconium	Zr	33,58	419,58

SYMBOLES CHIMIQUES.

Il est facile de voir que les symboles, *dont nous allons faire usage immédiatement*, ont une double signification; car tout en désignant tel ou tel corps, ils font connaître le poids de sa *molécule chimique :* ainsi, en écrivant Zn, on désigne une molécule de zinc pesant 33, si H = 1.

LOI DES PROPORTIONS MULTIPLES.

CETTE LOI, QUI PORTE AUSSI LE NOM DE LOI DE DALTON, peut être énoncée ainsi :

Lorsque deux corps se combinent en plusieurs proportions, l'un d'eux étant pris sous le même poids, le poids du second corps croît en quantités qui sont entre elles dans un rapport simple.

EXEMPLES :

L'*azote* se combine avec l'*oxygène* en 5 *proportions ;* si l'on prend l'*azote* sous le poids de 14, *son équivalent chimique*, nous aurons :

		Formules.
14 d'Az + 8 d'O	= PROTOXYDE D'AZOTE......	AzO,
14 » + 16 ou 8 × 2	= DEUTOXYDE............	AzO^2,
14 » + 24 ou 8 × 3	= ACIDE AZOTEUX.........	AzO^3,
14 » + 32 ou 8 × 4	= ACIDE HYPOAZOTIQUE....	AzO^4,
14 » + 40 ou 8 × 5	= ACIDE AZOTIQUE ANHYDRE.	AzO^5.

L'exposant de ces formules, qui est toujours un nombre entier, indique combien de fois il faut prendre la quantité d'oxygène contenu dans le composé le moins oxygéné pour avoir les quantités de ce corps renfermées dans les composés de plus en plus oxygénés.

Si l'on se conformait toujours à la règle que nous venons de faire connaître et qui prescrit de prendre un corps sous un poids constant, la progression ne serait pas toujours représentée par des nombres entiers.

EXEMPLES :

		Formules.
28 de Fe + 8 d'O	= Protoxyde de fer....	FeO,
28 » + 12 »	= Sesquioxyde de fer..	$FeO^{1\frac{1}{2}}$.

Mais on convient de rejeter les nombres fractionnaires. En conséquence on double la formule du second composé.

EXEMPLES :

		Formules
28 de Fe + 8 d'O	= Protoxyde de fer....	FeO,
56 » + 24 »	= Sesquioxyde de fer..	Fe^2O^3.

Ce que nous venons de dire pour les poids s'applique également aux volumes.

EXEMPLES :

2 vol. d'Az + 1 vol. d'O donnent 2 vol. de protoxyde d'azote,
2 » » + 2 » » » 4 vol. de deutoxyde,
2 » » + 3 » » » vol. inconnu d'acide azoteux,
2 » » + 4 » » » 4 vol. d'acide hypo-azotique,
2 » » + 5 » » » vol. inconnu d'acide azotique.

ÉQUIVALENTS DES CORPS COMPOSÉS ; LEURS FORMULES.

En combinant 1 équivalent d'*hydrogène* avec 1 équivalent d'*oxygène*, on forme 1 équivalent d'*eau*. La réaction se formule

$$H + O = HO,$$

et l'*équivalent de l'eau* HO *est la somme des équivalents des corps qui se sont associés pour lui donner naissance.*

En combinant 1 équivalent de *soufre* avec 3 équivalents d'*oxygène*, on forme 1 équivalent d'*acide sulfurique anhydre*. La réaction se formule

$$S + 3O = SO^3,$$

et l'*équivalent de l'acide sulfurique anhydre* SO^3 *est la somme des équivalents des corps qui se sont associés pour lui donner naissance.*

En combinant 1 équivalent de *baryum* avec 1 équivalent d'*oxygène*, on forme 1 équivalent de *baryte*. La réaction se formule

$$Ba + O = BaO,$$

et l'*équivalent de la baryte* BaO *est la somme des équivalents des corps qui se sont associés pour lui donner naissance.*

En combinant l'*eau* et l'*acide sulfurique anhydre*, la combinaison s'effectue comme pour les corps simples, c'est-à-dire entre leurs équivalents. La réaction se formule

$$SO^3 + HO = SO^3, HO.$$

L'équivalent de l'acide sulfurique monohydraté est encore la somme des équivalents des corps qui se sont associés pour lui donner naissance ; la virgule qui, dans la formule, sépare en deux parties les éléments constituants, rappelle le mode de formation du composé.

SUBSTITUTION D'UN CORPS COMPOSÉ À UN AUTRE CORPS COMPOSÉ.

Si maintenant, dans l'*acide sulfurique monohydraté* où nous avons déjà remplacé l'*hydrogène* par le *zinc*, le *fer*, etc., nous voulons remplacer l'*eau* par un corps composé, la *baryte*, par exemple, le remplacement se fera entre ces corps composés *comme pour les corps simples*, c'est-à-dire *dans un rapport constant exprimé par leurs équivalents chimiques*, et la réaction se formule ainsi

$$SO^3, HO + BaO = SO^3, BaO + HO.$$

En faisant réagir de la même façon la *potasse* KO sur l'*acide sulfurique monohydraté*, la réaction se formulera d'après le même principe

$$SO^3, HO + KO = SO^3, KO + HO.$$

LES CORPS COMPOSÉS TERNAIRES, ETC., SATISFONT A LA LOI DES PROPORTIONS MULTIPLES.

Le composé $SO^3 KO$, ainsi formé, *sulfate de potasse*, qui renferme déjà 1 équivalent d'*acide sulfurique*, peut en prendre une plus forte proportion; dans ce cas, *comme pour les corps simples*, il faudra satisfaire à la loi des proportions multiples, et, le poids de *potasse* restant invariable, la quantité d'*acide sulfurique* devra croître dans un rapport simple; c'est ce qui a lieu. En effet, le *sulfate de potasse* prend une quantité d'*acide sulfurique* égale à celle qu'il renferme déjà, et le *bisulfate de potasse*, ainsi formé, se formule

$$(SO^3)^2, KO.$$

L'acide oxalique forme avec la potasse trois combinaisons dans lesquelles 1 équivalent de *potasse* est combiné avec 1, 2 et 4 équivalents d'*acide oxalique*.

L'acide acétique forme avec l'oxyde de plomb quatre combinaisons cristallisables dans lesquelles 1 équivalent d'*acide* est combiné avec 1, 2, 3 et 6 équivalents d'*oxyde de plomb*.

NOMENCLATURE.

ELLE EXPOSE LES PRINCIPES DE DÉNOMINATION SYSTÉMATIQUE DES CORPS.

Il est d'abord nécessaire de se former une idée bien nette de ce qu'on entend par ACIDES,

BASES et

SELS.

1° Si, d'une part, on chauffe du *soufre* dans une petite coupelle, ce corps s'enflamme au contact de l'air : il se combine à l'*oxygène* contenu dans cet air. 1 *équivalent de soufre se combine avec 2 équivalents d'oxygène :*

$$\textit{Réaction : } S + 2O = SO^2,$$

et le composé *binaire* du soufre, SO^2, ainsi formé, soluble dans l'eau qui occupe la partie inférieure du flacon (*fig.* 1, *Pl. I*) dans lequel on a introduit le soufre enflammé, communique à ce liquide la propriété de rougir la *teinture de tournesol* et de décolorer le *sirop de violettes ;*

2° Si, d'autre part, on expose à l'air un fragment de *potassium,* il ne tarde pas à se ternir et à se transformer en une matière blanche qui n'est autre chose qu'une combinaison de 1 équivalent du *métal* avec 1 équivalent d'*oxygène* emprunté à l'air :

$$\textit{Réaction : } K + O = KO,$$

et le composé *binaire* du potassium, KO, ainsi formé, soluble dans l'eau, communique à ce liquide la propriété de ramener au bleu la *teinture de tournesol rougie* par le composé oxygéné du soufre SO^2, dont nous venons de parler, et de verdir le *sirop de violettes ;*

3° Si maintenant nous prenons deux dissolutions renfermant, l'une 1 équivalent de SO^2 ou 32 grammes de ce composé oxygéné du soufre qui rougit la *teinture de tournesol,* et l'autre 1 équivalent de KO ou 47 grammes de ce composé oxygéné du potassium qui ramène au bleu le *tournesol rougi,* et si nous les mêlons, nous remarquerons qu'après l'agitation le liquide n'agit nullement sur les matières colorantes. Les deux corps se sont donc *neutralisés* mutuellement en se combinant :

$$\textit{Réaction : } SO^2 + KO = SO^2, KO.$$

1° *Le composé oxygéné du soufre qui rougit la teinture de tournesol est un* ACIDE.

2° *Le composé oxygéné du potassium qui ramène au bleu la teinture de tournesol rougie est une* BASE.

3° *La combinaison neutre à la teinture de tournesol qui résulte de la réaction de l'acide sur la base est un* SEL.

CORPS SIMPLES.

Le mieux serait de leur donner des noms insignifiants; l'usage a malheureusement consacré quelques noms trop significatifs, tels que : *oxygène, azote, etc.*, qui impliquent des propriétés qui ne leur appartiennent pas d'une manière exclusive.

Ils sont divisés en :

Métalloïdes, qui en s'oxydant donnent naissance à des **acides**, **mais jamais a des bases.**

Métaux, qui en s'oxydant peuvent souvent donner naissance à des **acides**, mais qui fournissent toujours **une base au moins.**

Table alphabétique des corps simples classés en métalloïdes et métaux.

Métalloïdes.

Arsenic.	Chlore.	Phosphore.
Azote.	Fluor.	Sélénium.
Bore.	Hydrogène.	Silicium.
Brome.	Iode.	Soufre.
Carbone.	Oxygène.	Tellure.

Métaux.

Aluminium.	Iridium.	Rubidium.
Antimoine.	Lanthane.	Ruthénium.
Argent.	Lithium.	Sodium.
Baryum.	Magnésium.	Strontium.
Bismuth.	Manganèse.	Tantale.
Cadmium.	Mercure.	Terbium.
Calcium.	Molybdène.	Thallium.
Cérium.	Nickel.	Thorium.
Chrome.	Niobium.	Titane.
Cobalt.	Or.	Tungstène.
Cœsium.	Osmium.	Uranium.
Cuivre.	Palladium.	Vanadium.
Didyme.	Pélopium.	Yttrium.
Erbium.	Platine.	Zinc.
Étain.	Plomb.	Zirconium.
Fer.	Potassium.	
Glucinium.	Rhodium.	

CORPS COMPOSÉS.

Leurs noms doivent faire connaître leurs éléments constituants, quelques-uns de leurs caractères, et souvent la manière dont les éléments constituants se sont groupés pour produire ces composés.

COMPOSÉS OXYGÉNÉS.

Le composé formé par la combinaison d'un corps simple quelconque avec l'oxygène porte le nom d'**oxyde.**

Oxydes acides ou oxacides.

On fait suivre le mot *acide* du *nom du corps* qui s'est combiné avec l'oxygène, qu'on modifie en le terminant en *ique* ou en *eux*, suivant qu'on a affaire à l'acide le *plus* ou le *moins* oxygéné.

Exemples : Acide phosphor*ique*..... PhO^5,
Acide phosphor*eux*...... PhO^3.

Il peut exister plus de deux composés oxygénés acides du même corps; dans ce cas, si la proportion d'oxygène est intermédiaire par rapport à celle des acides précédents, on met avant l'adjectif terminé en *ique* la préposition *hypo* : on dira dans ce cas acide *hypo*phosphor*ique*; on donnera le nom d'acide *hypo*phosphor*eux* à l'acide moins oxygéné que l'acide phosphoreux; la préposition *per* ou *hyper* s'appliquera à l'acide le plus oxygéné.

Exemples ; Acide *per* ou *hyper*chlor*ique*..... ClO^7,
» chlor*ique*............... ClO^5,
» *hypo*chlor*ique*............ ClO^4,
» chlor*eux*............... ClO^3,
» *hypo*chlor*eux*............ ClO.

Oxydes basiques, bases ou oxybases et oxydes qui ne sont ni acides, ni basiques.

Lorsqu'un corps simple, un métal, par exemple, se combine en plusieurs proportions avec l'oxygène, les combinaisons, nous le savons déjà, se font toujours dans des rapports simples et suivent la loi des proportions multiples; on donne à ces diverses combinaisons, qui ne sont pas acides, en suivant la progression ascendante d'oxydation, les noms de *protoxyde, deutoxyde, tritoxyde, peroxyde, etc.*, de tel ou tel métal.

Lorsque le rapport, en équivalents, de l'oxygène au métal est $:: 1 : 1\frac{1}{2}$ ou $:: 2 : 3$, on dit *sesquioxyde*. L'expression *bioxyde* indique une proportion d'oxygène double de celle du protoxyde.

Exemples :

Protoxyde de manganèse.. MnO,
Sesquioxyde de » Mn^2O^3,
Bioxyde de » MnO^2.

Quelques bases ont conservé des noms consacrés par l'usage : ainsi on dit *potasse* pour *oxyde de potassium*, *soude* pour *oxyde de sodium*, *chaux* pour *oxyde de calcium*, *etc.*

On procède de la même manière avec les *composés oxygénés des métalloïdes qui ne sont pas acides;* on sait déjà qu'*ils ne sont jamais basiques.*

EXEMPLES :

*Prot*oxyde d'azote.............. AzO,
*Deut*oxyde ou *bi*oxyde d'azote... AzO^2.

Les composés formés par la combinaison des *oxydes acides* avec les *oxydes basiques* sont appelés SELS OU OXYSELS.

SELS OU OXYSELS.

Il faut pour chaque sel un nom qui désigne l'*acide* et la *base* qui lui a donné naissance; l'acide déterminera le *genre* et la base l'*espèce*. Pour cela on modifie le nom de l'acide en changeant sa terminaison *ique* en *ate* et *eux* en *ite*, et on nomme la base.

EXEMPLES :

Per ou hyperchlor*ate* de potasse.... ClO^7, KO,
Chlor*ate* de potasse............ ClO^5, KO,
Chlor*ite* de potasse............ ClO^3, KO,
Hypochlor*ite* de potasse......... ClO, KO,
Sulf*ate* de *prot*oxyde de fer........ SO^3, FeO,
Sulf*ate* de *sesqui*oxyde de fer ou *sesqui*sulf*ate* de fer.......... $(SO^3)^3, Fe^2O^3$,
» de *bi*oxyde de cuivre.......... SO^3, CuO,
» de zinc...................... SO^3, ZnO.

Comme la base est toujours un oxyde métallique, on se borne souvent à ne désigner que le métal du sel, lorsqu'il n'existe de ce métal qu'un seul oxyde basique; c'est le cas pour le zinc.

SELS NEUTRES.

Ils sont en général formés par la combinaison de 1 équivalent d'acide avec 1 équivalent de base MO ou de 3 équivalents d'acide avec 1 équivalent de base M^2O^3 : *les sels que nous venons de nommer sont des sels neutres.*

SELS ACIDES.

Il arrive souvent qu'*un acide peut se combiner avec une base en proportions multiples;* ainsi l'*acide oxalique peut former avec la potasse trois combinaisons salines* dans lesquelles les quantités d'acide, qui sont combinées avec un poids constant de la même base, sont entre elles comme les nombres 1, 2 et 4; dans ce cas, les sels qui renferment 2 et 4 fois plus d'acide sont des **sels acides** : ainsi il existe deux *oxalates acides* de potasse; mais on précise davantage en disant :

Oxalate neutre de potasse...	C^2O^3, KO,
Bioxalate de potasse........	$2(C^2O^3)$, KO,
Quadroxalate de potasse....	$4(C^2O^3)$, KO.

Sels basiques.

Il arrive également que dans un sel la base se trouve en proportions multiples; ainsi *l'oxyde de plomb peut former avec l'acide acétique quatre combinaisons salines* dans lesquelles pour 1 équivalent d'acide il existe 1, 2, 3, 6 équivalents de base : ces sels sont des **sous-sels** ou des **sels basiques**. Ainsi, il existe trois *sous-acétates* ou *acétates basiques* de plomb; mais on précise davantage en disant :

Acétate de plomb		*neutre*......	$C^4H^3O^3$, PbO,
»	»	*bibasique*...	$C^4H^3O^3$, 2PbO,
»	»	*tribasique*...	$C^4H^3O^3$, 3PbO,
»	»	*sexbasique*..	$C^4H^3O^3$, 6PbO.

Eau.

Elle se comporte comme un acide avec les bases, et *comme une base avec les acides.*

Lorsqu'elle est combinée aux bases, on dit : *hydrate* de telle ou telle base.

Exemples :

Hydrate de potasse.......	HO, KO,
» de soude........	HO, NaO,
» de zinc..........	HO, ZnO.

Lorsqu'elle est combinée aux acides, on dit : tel ou tel *acide hydraté.*

Exemples :

Acide phosphorique *monohydraté*..	PhO^5, HO,
» *bihydraté*.....	PhO^5, 2HO,
» *trihydraté*....	PhO^5, 3HO.

Lorsqu'elle est combinée aux sels, on dit que le sel est *hydraté.*

Exemples :

Sulfate de soude *hydraté*..	SO^3, NaO, 10HO,
» de zinc »	SO^3, ZnO, 7HO.

COMPOSÉS NON OXYGÉNÉS.

Composés binaires des métalloïdes entre eux et avec les métaux.

Lorsqu'on expose un *composé binaire* à l'action d'un courant électrique, il se décompose; *un des éléments se porte au pôle positif*, il est dit *électro-négatif*; *l'autre se porte au pôle négatif*, il est dit *électro-positif*.

On nomme d'abord l'élément électro-négatif qui détermine le genre en changeant sa terminaison en *ure*, et *on nomme ensuite l'élément électro-positif qui détermine l'espèce* sans lui faire subir aucune modification.

Quant aux composés formés en proportions multiples, on se conforme aux règles données pour les oxydes.

Exemples :

Chlorure d'arsenic....	$AsCl^3$.
Protosulfure de fer....	FeS.
Sesquisulfure de fer....	Fe^2S^3.
Bisulfure de fer....	FeS^2.

Exceptions :

1° *Si le composé binaire est acide,*

Au lieu de dire : *Chlorure*, *Bromure*, *Iodure*, *Sulfure* } d'hydrogène, *Fluorure* de silicium,

On dit :

Acide chlorhydrique....	ClH,
» *bromhydrique*....	BrH,
» *iodhydrique*....	IH,
» *sulfhydrique*....	SH,
» *fluosilicique*....	$SiFl^3$,

On nomme les deux corps pour ne pas confondre ces hydracides avec les oxacides; car dans ceux-ci l'oxygène est sous-entendu, et l'on dit *acide sulfurique* au lieu d'*acide oxysulfurique*, l'élément électro-négatif devant toujours être nommé le premier.

2° *Si c'est un composé gazeux de l'hydrogène,*

On dit quelquefois : Hydrogène sulfuré... HS,

» arsénié...	H^3As,
» phosphoré.	H^3Ph.

On a conservé le nom d'*ammoniaque* à la combinaison gazeuse de l'hydrogène et de l'azote. H^3Az.

Composés ternaires ou quaternaires.

Ils correspondent aux sels. En effet, les *chlorures*, *bromures*, *sulfures, etc.*, peuvent se combiner entre eux, à la manière des oxydes, l'un jouant le rôle d'*acide* (*chloracides, bromacides, etc.*), l'autre le rôle de *base* (*chlorobases, bromobases, etc.*), et donner naissance à des *sels* (*chlorosels, bromosels, etc.*)

EXEMPLES : Les

Protochlorure de mercure... $ClHg^2$,
Bichlorure de mercure...... $ClHg$,

jouant le rôle d'acides, peuvent se combiner avec le

Chlorure de potassium...... ClK,

jouant le rôle de base, pour produire deux *sels* qu'on peut nommer :

Chloromercurite de chlorure de potassium. $ClHg^2, ClK$,
Chloromercurate de chlorure de potassium. $ClHg, ClK$.

Il peut exister des composés quaternaires *résultant de l'union de deux composés binaires ne renfermant aucun élément commun.*

COMBINAISONS DES MÉTAUX ENTRE EUX.

On les appelle d'une manière générale *alliages.*

ALLIAGES. Ainsi le *bronze* est un *alliage de cuivre et d'étain.* La *monnaie d'argent* est un *alliage d'argent et de cuivre.*

AMALGAMES. *Lorsque les alliages renferment du mercure.* Ainsi, au lieu d'*alliage de mercure et d'étain*, on dit *amalgame d'étain.*

CRISTALLISATION.

Un corps, en passant à l'état solide, *ne prend pas une forme arbitraire :* en général, *il se présente sous une forme polyédrique qui est toujours la même dans des circonstances identiques ;* IL CRISTALLISE.

POUR FAIRE CRISTALLISER UN CORPS IL FAUT *commencer par détruire ou affaiblir suffisamment la cohésion.* Pour cela on le chauffe pour le fondre ou le volatiliser, ou on le fait entrer en dissolution.

Dans un corps fondu, volatilisé ou en dissolution, les molécules peuvent se mouvoir facilement ; elles seront donc libres de prendre la position qui leur convient lorsque la cohésion, qui reprendra sa première énergie avec l'abaissement de température ou le départ du dissolvant, les sollicitera à occuper de nouveau une position fixe.

La lenteur du refroidissement ou du départ du dissolvant est indispensable lorsqu'on veut obtenir des cristaux d'un certain volume ; dans ce cas, les molécules perdent en quelque sorte l'une après l'autre la chaleur ou le dissolvant qui les maintient mobiles et presque indépendantes, et elles ont le temps de se porter une à une vers l'édifice géométrique déjà commencé par les premières molécules qui se sont associées pour former le centre du cristal, et de l'accroître par juxtaposition.

On peut faire cristalliser un corps :

Par fusion : le *bismuth,* par exemple.

On le fond dans un creuset;

On le fait refroidir lentement après l'avoir coulé dans un têt à rôtir;

On perce la croûte aux deux extrémités d'un diamètre;

On incline pour décanter la partie encore liquide qui s'écoule par l'une des ouvertures, l'air entrant par l'autre;

On enlève la croûte;

La croûte sur sa face intérieure et les parois intérieures du vase sont tapissées de beaux *cristaux cubiques.*

Par sublimation : l'*iode,* par exemple.

On le vaporise dans un grand ballon de verre, dont on chauffe la partie inférieure occupée par l'iode; la vapeur violette de ce corps ne tarde pas à remplir le ballon;

La vapeur refroidie se condense en cristaux sur les parois moins chaudes du col.

Par dissolution :

1° *On dissout,* dans l'eau par exemple, *jusqu'à saturation, à la température de l'ébullition, un corps plus soluble à chaud qu'à froid,* l'azotate de potasse, par exemple. *On laisse refroidir le plus lentement possible et à l'abri de toute agitation. Le sel se dépose en cristaux prismatiques.*

2° *On sature le liquide à la température ordinaire et on l'abandonne à l'évaporation spontanée.*

Cette évaporation est *très-lente,* ce qui permet au corps en dissolution de former des cristaux plus gros et plus nets.

3° *On fond un corps solide et on le rend ainsi apte à agir comme dissolvant.*

EXEMPLE :

La *fonte de fer en fusion* dissout le *charbon* qui cristallise par le refroidissement et produit le *graphite artificiel* de la fonte.

ON A RAMENÉ À SIX SYSTÈMES OU TYPES LES FORMES CRISTALLINES QUE LES DIVERS CORPS PEUVENT PRÉSENTER.

La même espèce minérale peut, en cristallisant, affecter des formes nombreuses et variées; mais *toutes, à quelques exceptions près, sont reliées entre elles par des lois géométriques qui permettent de les dériver les unes des autres et de passer de la forme primitive aux formes secondaires* par des *troncatures* faites sur les angles ou sur les arêtes du *polyèdre type,* ou par des *biseaux* ou des *pointements.*

L'observation a démontré que tous les cristaux naturels ont des faces disposées symétriquement par rapport à certaines lignes idéales qu'on a appelées axes. Partant de là, on a cherché les arrangements divers que des plans assujettis aux lois de symétrie sont susceptibles de prendre autour de trois axes passant par le même *centre.*

Ces axes peuvent être :

1° RECTANGULAIRES : — égaux, — deux seuls égaux, — tous trois inégaux;

2° OBLIQUES : — égaux, — deux seuls égaux, — tous trois inégaux.

De là six types cristallins différents : ils correspondent encore aux types suivants :

1° *Le cube;*
2° *Le prisme droit à base carrée;*
3° *Le prisme droit à base rectangle;*
4° *Le rhomboèdre;*
5° *Le prisme rhomboïdal oblique;*
6° *Le prisme oblique non symétrique.*

LOI DE SYMÉTRIE DES MODIFICATIONS.

Elle consiste en ce que *toutes les parties identiques d'un même cristal sont modifiées simultanément.* Ainsi, s'il naît une modification sur un angle solide d'un cube, elle se reproduira identique sur les sept autres angles solides : de même pour les arêtes. Il n'en sera plus de même pour le prisme à base carrée : les arêtes identiques seront seules modifiées simultanément.

CLIVAGE.

On peut diviser mécaniquement un cristal, opération qui porte le nom de *clivage,* en fragments d'une ténuité même excessive. Le *clivage* se fait pour chaque substance dans la direction de certains plans dont la direction est invariable pour la même substance cristalline : le *solide de clivage* peut être identique ou différent du *cristal clivé.*

POLYMORPHISME ET DIMORPHISME.

Le même corps, *lorsqu'on le fait cristalliser dans des conditions différentes,* peut fournir des cristaux qui *ne dérivent pas du même type* et *n'appartiennent pas au même système cristallin.*

Exemple :

Le *soufre,*

1° *En dissolution,* cristallise par l'évaporation spontanée de son dissolvant; les cristaux sont des *octaèdres droits à base rhombe* (4e *type*);

2° *Fondu,* cristallise par le refroidissement : les cristaux sont des *prismes obliques à base rhombe* (5e *type*).

Un corps dimorphe est celui qui affecte des formes géométriques appartenant à deux systèmes différents et par conséquent incompatibles.

ISOMORPHISME.

Deux corps chimiquement différents *qui peuvent cristalliser avec la même forme sont dits* **isomorphes.**

Les corps isomorphes peuvent se remplacer *en toutes proportions* dans un même cristal sans altérer sensiblement sa forme.

LOI DE M. MITSCHERLICH.

Les corps isomorphes possèdent une constitution analogue et une formule chimique semblable.

Exemples :

1° Le *sulfate de fer* et le *sulfate de cuivre* peuvent cristalliser ensemble; voici leur *composition lorsqu'ils se rencontrent dans un même cristal :*

Sulfate de fer..... SO^3 Fe O, 5 HO,
Sulfate de cuivre ... SO^3 Cu O, 5 HO;

ils renferment le même nombre de molécules semblablement disposées.

2° L'*alun de potasse,* l'*alun de chrome* et l'*alun de fer* sont *isomorphes;* voici leur composition :

Alun de potasse... $(SO^3)^3, Al^2O^3, SO^3, KO, 24HO$,
Alun de chrome... $(SO^3)^3, Cr^2O^3, SO^3, KO, 24HO$,
Alun de fer...... $(SO^3)^3, Fe^2O^3, SO^3, KO, 24HO$;

ils renferment le même nombre de molécules semblablement disposées.

Ces considérations ont conduit à donner THÉORIQUEMENT *aux oxydes d'aluminium et de chrome la formule de l'oxyde de fer qui est nécessairement un sesquioxyde* Fe^2O^3 et à les formuler :

Al^2O^3 *sesquioxyde d'aluminium,*
Cr^2O^3 *sesquioxyde de chrome* (1).

AMORPHISME.

LES CORPS AMORPHES sont ceux qui ont passé à l'état solide dans des circonstances qui n'ont pas permis à leurs molécules de se grouper suivant les faces qui leur conviennent le mieux et de cristalliser, ou *qui ne peuvent cristalliser dans aucune circonstance.*

(1) Pendant longtemps l'oxyde de chrome Cr^2O^3 a été le premier degré d'oxydation connu du chrome. Depuis, M. Peligot a découvert le véritable protoxyde de chrome Cr O. Cette découverte n'a nullement obligé à modifier les formules admises pour les oxydes supérieurs de ce métal.

CHAPITRE II.

MÉTALLOÏDES ET LEURS COMPOSÉS.

OXYGÈNE. O = 8 = 1 vol. (1).

HISTORIQUE.

Découvert le 1er août 1774 par *Priestley;*

Signalé peu de temps après par *Scheele* qui ignorait les travaux de *Priestley;*

Étudié surtout par *Lavoisier* qui en a fait connaître les principales propriétés.

SYNONYMIE :

Air déphlogistiqué, — air du feu, — air pur, — air vital.

Oxygène (ὀξύς, aigre, acide, et γεννάω, j'engendre), parce qu'on le croyait seul capable d'engendrer les acides.

ÉTAT NATUREL.

Mêlé avec l'*azote* dans l'*air atmosphérique;*

Combiné avec l'*hydrogène* dans l'*eau,* et avec presque tous les corps dans les composés de la nature.

PROPRIÉTÉS PHYSIQUES.

Gaz permanent, c'est-à-dire qui ne se liquéfie pas à la plus basse température et sous la plus forte pression que l'on puisse produire.

Incolore, — inodore, — insipide.

Densité = 1,10563. 1 litre pèse 1gr,43 à 0° et 0m,76 de pression.

Réfrangibilité : gaz le moins réfrangible, c'est-à-dire qui réfracte le moins la lumière.

Solubilité : à peine soluble; l'eau en dissout $\frac{1}{22}$ de son volume à la température ordinaire.

Comprimé : il s'échauffe comme tous les gaz.

Lorsqu'on le comprime brusquement, comme dans le *briquet à air,* il s'échauffe, *pas assez pour être porté au rouge,* comme on l'avait cru d'abord, mais suffisamment pour

(1) On convient, en effet, de représenter par 1 le volume de l'équivalent de l'oxygène. Les volumes des équivalents des autres corps simples à l'état gazeux ou à l'état de vapeur sont alors représentés par des nombres entiers très-simples, d'après la loi de Gay-Lussac.

enflammer les matières grasses, qui facilitent le glissement du piston et qui brûlent avec une assez vive incandescence.

La température qui se produit peut déterminer l'inflammation de l'amadou.

Propriétés chimiques.

Comburant ou *propre à entretenir la combustion.*

Combustion.

Les *combustibles* sont, dans le langage de tout le monde, les corps qui brûlent à l'air.

La combustion a l'air n'est autre chose que l'*oxydation des combustibles* par l'*oxygène* de l'air.

Les corps combustibles ont besoin pour s'enflammer d'être portés à une température plus ou moins élevée, et si la combustion continue après leur inflammation sans qu'il soit nécessaire de les chauffer encore, c'est que la chaleur développée par le phénomène chimique d'*oxydation* qui constitue la *combustion* est suffisante pour maintenir le combustible à la température à laquelle l'oxygène peut réagir sur lui.

Dans toutes les combustions par l'oxygène, ce corps est l'élément comburant.

Toutes les combinaisons chimiques sont des combustions dans lesquelles il y a un corps *combustible* et un corps *comburant.*

Le *corps comburant* est toujours *le corps le plus électro-négatif.*

Réaction et combustion sont donc synonymes.

Exemples de combustion dans l'oxygène.

1° Une *bougie* (*fig.* 2, *Pl. I*), qui ne présente plus qu'un point en ignition, plongée dans une éprouvette pleine d'oxygène, s'y rallume et brûle plus vivement que dans l'air.

a, éprouvette pleine d'oxygène;

b, fil de fer recourbé et portant à son extrémité une bougie *c*.

2° Le *charbon*, le *soufre*, le *phosphore* (*fig.* 1, *Pl. I*) brûlent dans l'oxygène plus rapidement et avec plus d'éclat que dans l'air. Les yeux peuvent à peine supporter l'éclat du phosphore en combustion.

a, flacon plein d'oxygène;

b, plaque de liége qui supporte une tige de fer terminée par un anneau sur lequel repose un *têt à combustion c* qui renferme le charbon, le soufre ou le phosphore qu'on allume au dehors et qu'on plonge au milieu de l'atmosphère d'oxygène.

3° Le *fer* (*fig.* 3, *Pl. I*) brûle vivement dans l'oxygène en produisant des milliers d'étincelles.

a, cloche pleine d'oxygène et plongée dans l'eau que renferme un plat de porcelaine;

b, bouchon qui porte une spirale d'acier à l'extrémité de laquelle on fixe un morceau d'amadou.

Après avoir enflammé l'amadou on plonge la spirale au milieu de l'atmosphère d'oxygène. L'amadou en brûlant vivement échauffe assez le fer pour qu'il s'enflamme, et la chaleur que développe le fer en brûlant est suffisante pour entretenir sa combustion.

La température développée par la combustion du fer est tellement élevée, que les globules formés par l'oxyde de fer fondu s'incrustent dans la porcelaine après avoir traversé une couche d'eau d'une certaine épaisseur qu'ils font passer à l'*état sphéroïdal*, état particulier dont nous parlerons plus tard.

La combustion dans une atmosphère d'oxygène pur offre un surcroît d'énergie facile à comprendre, puisqu'elle a lieu dans un milieu qui renferme cinq fois plus d'oxygène que dans l'air, comme nous le verrons bientôt.

Les propriétés chimiques de l'oxygène sont plus énergiques lorsqu'il a été soumis à l'influence d'une série d'étincelles électriques, ou lorsqu'il se dégage à une température suffisamment basse, au pôle positif de la pile qui décompose l'eau, ou bien encore lorsqu'il a passé dans l'air humide sur des bâtons de phosphore, etc.; il porte alors le nom d'OZONE parce qu'il est devenu odorant, et il produit des phénomènes que ne peut pas produire l'oxygène ordinaire.

OZONE OU OXYGÈNE ALLOTROPIQUE.

Possède l'odeur de l'air à travers lequel on fait passer des étincelles électriques; *cette odeur rappelle celle du phosphore.*

Oxyde à froid l'argent et le mercure.

Oxyde directement l'azote en présence d'une base, la potasse, KO, par exemple, et il se forme un azotate de potasse.

Réaction : $Az + 5O + KO = AzO^5, KO$.

Suroxyde le plomb.

Décompose l'iodure de potassium, IK, en oxydant le *potassium* qui devient KO et en mettant l'*iode* en liberté.

D'autres corps simples peuvent, comme l'oxygène, présenter cet état particulier dans lequel l'affinité est surexcitée.

EXEMPLE :

Phosphore ordinaire, phosphore rouge.

PROPRIÉTÉS PHYSIOLOGIQUES.

Entretient la respiration; il est donc essentiel à la vie : de là son ancien nom d'*air vital;*

Transforme le sang veineux *noir* en *sang* artériel *rouge;*

La respiration dans une atmosphère d'oxygène pur surexcite les phénomènes de la vie et ne peut pas être prolongée impunément.

USAGES.

Sert à la respiration des animaux;

Indispensable à la végétation;

Produit les combustions;

S'unit à presque tous les corps que nous allons étudier successivement.

PRÉPARATION.

I. — *En décomposant par la chaleur l'oxyde d'argent* AgO ou *l'oxyde de mercure* HgO.

Réaction : $AgO = Ag + O$.
Réaction : $HgO = Hg + O$.

Ces oxydes perdent la totalité de leur oxygène.

APPAREIL : *a*, tube de verre qui renferme l'*oxyde* (*fig.* 4, *Pl. I*);
b, tube de *dégagement* ou *tube abducteur;*
c, éprouvette pleine d'eau placée sur la cuve à eau et dans laquelle se rend le gaz oxygène;
d, lampe pour chauffer l'oxyde.

II. — *En décomposant par la chaleur le bioxyde de manganese* MnO^2.

Réaction : $3MnO^2 = Mn^3O^4 + 2O$.

Cet oxyde perd le tiers de son oxygène.

APPAREIL : *a*, cornue qui renferme l'*oxyde* (*fig.* 5, *Pl. I*);
bcd, fourneau à réverbère;
ef, tube abducteur;
hi, *tube de sûreté* qui permet la rentrée de l'air à travers l'eau qu'il renferme et qui s'élève à la moitié de la hauteur de la boule.
k, éprouvette pleine d'eau pour recueillir le gaz.

Opération.

On porte lentement la cornue au rouge.

3 équivalents de bioxyde de manganèse produisent 1 équivalent d'oxyde rouge de manganèse Mn^3O^4 et 2 équivalents d'oxygène libre.

L'oxygène ainsi obtenu renferme presque toujours un peu d'*acide carbonique*, parce que le bioxyde de manganèse contient presque toujours un peu de *calcaire* CO^2, CaO qui laisse dégager son acide carbonique CO^2, sous l'influence de la chaleur.

C'est un bon procédé lorsqu'on veut produire à bon marché de grandes quantités d'oxygène dont la pureté absolue n'est pas indispensable. D'ailleurs on peut purifier l'oxygène en le lavant avec une dissolution de potasse.

Rendement.

L'équation de chaque réaction permet de calculer facilement le rendement. Ce que nous allons dire pour cette opération s'applique à toutes celles qui vont suivre.

Calcul du rendement.

Les symboles employés dans l'équation d'une réaction avec leurs coefficients et leurs exposants font connaître la nature, le nombre et le poids des molécules chimiques ou équivalents qui réagissent; ainsi, dans l'équation de la réaction précédente $3MnO^2 = Mn^3O^4 + O^2$, nous trouvons dans le premier terme $3MnO^2$, ce qui veut dire que la réaction se produit entre 3 équivalents de bioxyde de manganèse MnO^2 qui renferment chacun 1 équivalent de manganèse et 2 équivalents d'oxygène; ce qui fait en tout 3 équivalents de manganèse et 6 équivalents d'oxygène; or, l'équivalent du manganèse est 27,87 et celui de l'oxygène 8 : il s'ensuit que le poids des éléments qui réagissent est représenté par

$$(3 \times 27,87) + (6 \times 8) = 131,61.$$

Le second terme de l'équation de la réaction indique que sur les 6 équivalents d'oxygène, 2 seulement deviennent libres ou en poids $2 \times 8 = 16$; d'où il suit que 131,61 de bioxyde de manganèse produisent 16 d'oxygène; ce qui fait $12^{gr},157$ pour 100^{gr} de bioxyde ou $8^{lit},501$ d'oxygène sec à 0° et $0^m,760$, en divisant 12,157 par 1,43, poids du litre d'oxygène.

Nous avons supposé dans ce calcul que le bioxyde de manganèse était pur, que sa décomposition était complète, que tout le gaz était recueilli.

III. — *En décomposant par la chaleur le chlorate de potasse* ClO^5, KO.

Réaction : $ClO^6, KO = ClK + O^6$.

Ce corps perd tout son oxygène.

Appareil : *a*, petite cornue en verre renfermant le *chlorate* (*fig.* 6, *Pl. I*);
b, fourneau;
c, éprouvette pleine d'eau pour recueillir le gaz.

Le chlorate de potasse, qui est à un prix assez bas pour qu'on puisse s'en servir généralement dans les laboratoires, doit être introduit dans la cornue en petite quantité.

Opération.

Elle présente deux phases :

Première phase.

Fusion;

Mouvement tumultueux, *semblable à une ébullition*, produit par le dégagement de l'oxygène;

Puis la matière devient solide et *le dégagement d'oxygène s'arrête.*

Réaction : $2(ClO^6, KO) = ClK + ClO^7KO + 4O$.

Dans cette *première phase* 2 équivalents de chlorate produisent 1 équivalent de chlorure de potassium ClK et 1 équivalent de perchlorate de potasse ClO^7, KO en perdant le tiers de l'oxygène qu'ils renferment.

Deuxième phase.

En chauffant davantage, l'*oxygène se dégage de nouveau* et en plus grande abondance, et *la masse n'entre pas en fusion.*

Réaction : $ClO^7, KO = ClK + 8O$.

La réaction ne présente pas ces deux phases et peut être conduite très-régulièrement et avec la plus grande facilité, lorsqu'on mélange le chlorate avec $\frac{1}{4}$ ou $\frac{1}{5}$ de son poids de *bioxyde de manganèse* ou de *bioxyde de cuivre* qui ne sont nullement modifiés pendant l'opération et dont le rôle est encore inexpliqué. La réaction s'accomplit à une température plus basse, et il ne se forme pas de ClO^7, KO. On dit, dans ce cas, que le corps ajouté agit en vertu d'une *action de présence, de contact,* ou CATALYTIQUE.

IV. — *En faisant réagir à chaud l'acide sulfurique* SO^3, HO *sur le bioxyde de manganèse* MnO^2.

Réaction : $MnO^2 + SO^3, HO = SO^3, MnO + O + HO$.

Le bioxyde perd la moitié de son oxygène.

APPAREIL : *a*, ballon renfermant le *bioxyde* et l'*acide sulfurique* (*fig.* 7, *Pl. I*);
b, fourneau;
c, *flacon laveur ;*
d, éprouvette sur l'eau pour recueillir le gaz.

OPÉRATION.

L'*acide sulfurique,* en vertu de son affinité pour les bases, opère la décomposition du *bioxyde de manganèse* MnO^2 en MnO, base à laquelle il se combine, et O qui se dégage.

Comme le bioxyde de manganèse, ainsi que nous l'avons déjà dit, renferme presque toujours un peu de *carbonate de chaux,* il faut faire barboter le gaz dans un *flacon laveur à potasse* qui arrête l'*acide carbonique* mélangé à l'oxygène à la sortie du ballon où il se produit.

RENDEMENT.

Dans cette opération le bioxyde de manganèse supposé pur fournit la moitié de l'oxygène qu'il contient, et comme $MnO^2 = 27,87 + 16 = 43,87$ et fournit 8 d'oxygène, on a

$$\frac{43,87}{8} = \frac{100}{x} : \text{ d'où } \quad x = 18,23$$

qui sera la proportion d'oxygène en poids fournie par 100 de MnO^2.

De tous les corps employés à la préparation de l'oxygène, c'est le chlorate de potasse qui en produit le plus à poids égal. En effet,

$$ClO^5, KO = 35,4 + 39,1 + 48 = 122,5$$

et fournit 48 d'oxygène : d'où la quantité fournie par 100 grammes de chlorate est

$$\frac{48 \times 100}{122,5} = 39,1.$$

HYDROGÈNE. H = 1 = 2 vol.

HISTORIQUE.

Découvert à la fin du XVIe siècle; mais les notions étaient vagues et incomplètes.

Etudié, en 1778, par *Cavendish* qui signala ses principales propriétés.

SYNONYMIE.

Air inflammable,

Hydrogène (générateur de l'eau, de ὕδωρ, eau, et γεννάω, j'engendre).

ÉTAT NATUREL.

Combiné avec l'*oxygène* dans l'*eau;*
avec le *charbon*, l'*oxygène* et l'*azote* dans presque tous les composés organiques.

PROPRIÉTÉS PHYSIQUES.

Gaz permanent;

Incolore, — inodore, — insipide, quand il a été *purifié.*

DENSITÉ 0,06926 (M. Regnault).

1 *litre pèse* $0^{gr},08957$ à $0°$ et $0^{m},76$ de pression, *environ* $14\frac{1}{2}$ *fois moins que l'air.*

Manière de constater sa légèreté.

1° *Il s'échappe de l'éprouvette,* quand en la sortant de l'eau on la renverse en dirigeant son orifice en haut.

2° *En le transvasant dans une autre éprouvette* (*fig.* 8, *Pl. I*).

a, éprouvette remplie d'hydrogène et à sa sortie de l'eau;

b, éprouvette pleine d'air placée au-dessous de *a*.

Éprouvettes *a* et *b* renversées : l'hydrogène a passé en *b* et l'air en *a*, ce qu'on constate en enflammant l'hydrogène en *b*.

3° *Bulles de savon.*

On fait passer le gaz dans une vessie à robinet auquel on adapte un tube dont on plonge l'extrémité dans l'eau de savon. En comprimant la vessie, on produit des bulles pleines d'hydrogène qui s'élèvent dans l'air.

Éminemment endosmotique.

Un gaz renfermé dans un vase fermé par une membrane animale s'échappe de ce vase à travers la membrane, tandis que l'air extérieur qui suit le même chemin, mais en sens inverse, y pénètre pour le remplacer.

Cet échange entre les gaz se fait dans le rapport inverse des racines carrées des densités: l'hydrogène, le plus léger de tous les gaz, est $14\frac{1}{2}$ fois plus léger que l'air; aussi, pour 1 vol. d'air qui entrera dans le vase, il sortira 4 vol. environ d'hydrogène.

Ce phénomène explique la perte rapide qu'un aérostat gonflé avec le gaz hydrogène éprouve dans sa force ascensionnelle par suite du phénomène d'*endosmose*.

Bon conducteur de la chaleur *quoique gazeux.*

Si l'on fait passer un courant voltaïque à travers le fil p (*fig.* 9, *Pl. II*) de platine suffisamment résistant qui relie les fils de cuivre c et d, il devient incandescent dans l'air qui remplit d'abord le tube ab. Mais si l'on remplace l'air par de l'hydrogène qu'on fait circuler de e en f, il ne se produit plus d'incandescence pendant le passage du courant : pourtant le fil reçoit la même quantité de chaleur dans un temps égal; mais l'hydrogène la lui enlève par conductibilité au fur et à mesure de sa production.

Réfrangibilité.

Le plus réfringent des gaz; réfracte la lumière $6\frac{1}{2}$ fois plus que l'air.

Solubilité.

Très-faible dans l'eau, qui en dissout $1\frac{1}{2}$ centième de son volume.

Propriétés chimiques.

Action de l'oxygène.

Très-combustible et **non comburant.**

Expérience qui le prouve (*fig.* 10, *Pl. II*) :

a, bougie enflammant l'hydrogène à son entrée dans l'éprouvette;

b, bougie s'éteignant dans l'atmosphère d'hydrogène;

a', bougie se rallumant à sa sortie de l'éprouvette.

A la température ordinaire, l'oxygène est sans action.

De 400° à 500°, s'y combine en donnant naissance à de l'eau.

Réaction : $H + O = HO$.

Lampe philosophique (*fig.* 11, *Pl. II*) :

a, flacon dans lequel se produit l'hydrogène par la réaction du zinc sur l'acide sulfurique;

b, tube qui laisse dégager l'hydrogène qu'on allume à la flamme d'une bougie;

c, tube de verre dont la surface intérieure ne tarde pas à se recouvris de gouttelettes d'eau.

Mélange détonant.

Un mélange de 1 vol. d'oxygène avec 2 vol. d'hydrogène détone avec violence quand on l'enflamme.

Expériences :

1° On approche de la flamme d'une bougie un petit flacon de verre plein de ce mélange. Comme le flacon pourrait être brisé, on l'entoure avec un linge pour ne pas être blessé par les éclats du verre.

2° On enflamme des bulles de savon également pleines de ce mélange.

Explication de la détonation.

L'eau qui se forme au moment de la combinaison est à l'état de vapeur dont la température est très-élevée. Cette vapeur en se refroidissant brusquement passe à l'état d'eau qui occupe un volume au moins 1700 fois moindre, et forme ainsi un vide dans lequel l'air se précipite subitement.

Harmonica chimique.

Le tube *c* (*fig.* 11, *Pl. II*), ouvert par les deux bouts et à l'intérieur duquel nous avons vu précédemment l'eau se condenser, fait entendre un son qui varie avec son diamètre et sa longueur. Ce son est dû à une série de petites détonations qui se succèdent très-rapidement et qui font vibrer la colonne d'air.

Le mélange détonant s'enflamme par :

1° *L'approche d'un corps enflammé;*

2° *L'étincelle électrique. Exemple :* le pistolet de Volta;

3° *Le contact de la mousse de platine;*

4° *Le contact du noir de platine.*

Expériences :

Action du noir de platine.

a (*fig.* 12, *Pl. II*), tige de fer piquée dans un bouchon *b* et qui porte à son extrémité supérieure un petit anneau, sur lequel on place de l'amiante que l'on saupoudre de noir de platine;

e, éprouvette pleine de mélange détonant qui s'enflamme lorsqu'on lui fait occuper la position *e'* indiquée dans la figure.

ACTION DE LA MOUSSE DE PLATINE. BRIQUET A HYDROGÈNE OU LAMPE DE GAY-LUSSAC (*fig.* 13, *Pl. II*).

APPAREIL :

a, vase à moitié plein d'eau acidulée par l'acide sulfurique;

b, couvercle du vase *a* portant les pièces suivantes :

c, cloche qui plonge dans le vase *a* jusqu'à sa partie inférieure et qui contient un cylindre de zinc *d* suspendu par un fil de cuivre;

e, robinet à travers lequel l'hydrogène sort de la cloche et qu'on ouvre en appuyant sur le levier *f*.

g, grille de cuivre contenant la *mousse de platine;*

l, petite lampe.

OPÉRATION.

L'hydrogène qui se dégage sous la cloche *c* finit par chasser complétement le liquide acide qu'elle renferme, et le zinc complétement émergé ne peut plus être attaqué.

En ouvrant le robinet *e*, le gaz qui est projeté horizontalement se mélange à l'air et forme avec son oxygène un mélange détonant qui, après s'être enflammé en *g* sur la mousse de platine, allume une petite lampe dont la mèche est placée dans la direction du jet de gaz.

Sans chercher à expliquer l'inflammation du mélange détonant par la mousse et par le noir de platine, on dit que ces corps exercent une *action de présence*, une *action catalytique*.

INTENSITÉ LUMINEUSE DE LA FLAMME DE L'HYDROGÈNE.

Très-faible.

Devient considérable, jusqu'à éblouir, en y plongeant des *corps solides*, qui n'y subissent aucune altération, tels que le *platine*, la *chaux*, etc. Ces corps solides, très-fortement chauffés, deviennent très-lumineux.

INTENSITÉ CALORIFIQUE DE LA FLAMME DE L'HYDROGÈNE.

Considérable. 1 gramme d'hydrogène en brûlant produit 34,462 unités de chaleur, c'est-à-dire 34,462 fois la quantité de chaleur qu'il faut pour élever 1 gramme d'eau de 1°. Le *maximum de température* s'obtient en brûlant 2 vol. d'hydrogène par 1 vol. d'oxygène pur et non mélangé à 4 fois son volume d'azote comme dans l'air.

C'est ainsi qu'on fond le platine qui résiste à la température du feu de forge ordinaire.

CHALUMEAU À GAZ HYDROGÈNE.

On réalise la combustion de 2 volumes d'hydrogène par 1 volume d'oxygène, ce qui donne le maximum de température, en faisant d'abord arriver ces gaz dans deux gazomètres dont l'un reçoit l'hydrogène et l'autre l'oxygène : chaque gazomètre porte un robinet qui laisse échapper le gaz qu'il renferme; les deux gaz arrivent au *chalumeau à gaz oxyhydrogène* qui gouverne leur débit.

GAZOMÈTRES.

Chaque gazomètre présente les dispositions suivantes :

APPAREIL (*fig.* 14, *Pl. II*) :

- *a*, vase cylindrique en cuivre;
- *b*, tubulure inclinée qui se ferme à l'aide d'un bouton à vis;
- *c* cuvette de cuivre;
- *d*, tuyau à robinet qui fait communiquer le vase *a* avec la cuvette *c*;
- *e*, tuyau à robinet qui se prolonge jusqu'à la partie inférieure du vase *a* et qui le fait communiquer avec la cuvette;
- *f*, tuyau à robinet qui met le vase *a* en communication avec l'extérieur;
- *i*, tube de verre qui sert d'indicateur et qui permet de reconnaître la hauteur de l'eau dans le vase *a*;
- *k*, cuvette pour recevoir l'eau chassée du vase *a*.

OPÉRATION.

On remplit d'eau le gazomètre en la faisant arriver par le tuyau *e*, l'air s'échappant par le tuyau *d* dont le robinet est ouvert.

Lorsque le gazomètre est plein d'eau, on ferme les robinets des tuyaux *e* et *d* et l'on ouvre la tubulure *b* dans laquelle on introduit un tube *g* qui amène le gaz dans le gazomètre *comme dans une éprouvette :* l'eau chassée par le gaz s'écoule dans la cuvette *k*.

Lorsque le gazomètre est plein de gaz, on ferme la tubulure *b*, on remplit d'eau la cuvette *c*, et en ouvrant le robinet *e* on la fait pénétrer dans le gazomètre, dont elle chasse le gaz lorsqu'on ouvre le robinet *d* ou le robinet *f*.

Supposons que l'on ait rempli deux gazomètres l'un d'oxygène, l'autre d'hydrogène.

Les gaz qui sont chassés des gazomètres par l'écoulement de l'eau et qui franchissent le robinet *f* passent, l'oxygène par la branche O et l'hydrogène par la branche H du CHALUMEAU À GAZ OXYHYDROGÈNE (*fig.* 15, *Pl. II*), et arrivent en M après avoir traversé les robinets à cadran *r* et *r'* qui gouvernent leur débit.

Les gaz, après avoir franchi le robinet R à triple ouverture, se mêlent dans le cylindre M rempli de rondelles de toile métallique, et s'échappent par l'extrémité ouverte *g* du chalumeau où on les enflamme et où ils brûlent en produisant le *maximum de température,* si on a convenablement réglé le débit respectif des deux gaz.

C'est en opérant ainsi qu'on brûle les mélanges détonants sans craindre des explosions dangereuses.

C'est en dirigeant sur un bâton de chaux la flamme produite par la combustion d'un mélange de 2 d'hydrogène et de 1 d'oxygène en volume qu'on lui donne un éclat éblouissant. (*Lumière de Drummond.*)

PROPRIÉTÉS PHYSIOLOGIQUES.

IMPROPRE À LA RESPIRATION, mais NON DÉLÉTÈRE.

Dans une atmosphère d'hydrogène, *l'animal meurt asphyxié* faute d'air, de la même façon qu'il mourrait *asphyxié* si l'on s'opposait à l'entrée de l'air dans ses poumons.

USAGES.

GONFLEMENT DES AÉROSTATS.

On préfère actuellement le gaz de l'éclairage, quoique plus dense et nécessitant par conséquent l'emploi d'un plus grand ballon pour obtenir la même force ascensionnelle, *parce qu'il s'échappe moins facilement à travers l'enveloppe*, par suite du phénomène d'*endosmose*. D'ailleurs son prix de revient est moindre.

FORCE ASCENSIONNELLE.

La capacité d'un aérostat étant de 360 mètres cubes; *son poids*, taffetas gommé, filet, nacelle, etc., étant de 200 kilogrammes :

Quelle sera sa force ascensionnelle lorsqu'il sera plein d'hydrogène?

En multipliant le poids de 1 litre d'air par la densité de l'hydrogène, on obtient le poids de 1 litre d'hydrogène, et par suite le poids de 360 mètres cubes de ce gaz.

360^{mc} d'air pèsent.........	$465^{k},54$	
360^{mc} d'hydrogène pèsent...	$32,28$	
Si de la différence........ l'air et celui de l'hydrogène	$433,26$	entre le poids de
on soustrait.............	$200,00$,	ou le poids du
ballon et de tous ses accessoires, on obtient une différence de.................	$233^{k},26$	qui représente
la force ascensionnelle du ballon.		

PRODUCTION D'UNE TEMPÉRATURE TRÈS-ÉLEVÉE

Par sa combustion.

PRODUCTION D'UNE LUMIÈRE TRÈS-INTENSE

En projetant la flamme du *chalumeau à gaz oxyhydrogène* sur un bâton de craie. (*Lumière de Drummond.*)

PRÉPARATION.

On l'extrait de l'eau, HO, qu'on décompose à l'aide d'un métal *très-avide d'oxygène*; l'hydrogène se trouve ainsi mis en liberté.

EXEMPLES :

1° Le *potassium* K et le *sodium* Na décomposent l'eau à froid.

Un fragment de l'un de ces métaux introduit dans l'éprouvette *a* (*fig.* 16, *Pl. II*) met l'hydrogène en liberté.

APPAREIL : *a*, éprouvette sur le mercure ;
b, eau ;
c, hydrogène dégagé.

Réaction : $K + HO = KO + H$.

Il se produit de la potasse KO ou de la soude NaO qui restent en dissolution dans l'eau, suivant qu'on a employé du potassium ou du sodium, et de l'hydrogène.

Le prix de ces métaux est trop élevé pour les employer à la préparation en grand de l'hydrogène.

Le *fer*, Fe, *chauffé au rouge*, décompose la vapeur d'eau (*fig.* 17, *Pl. II*) et *met l'hydrogène en liberté*.

EXPÉRIENCE DE LAVOISIER POUR L'ANALYSE DE L'EAU.

APPAREIL :

c, cornue contenant l'eau à réduire en vapeur ;
f, petit fourneau ;
ab, tube de grès ou de porcelaine renfermant du fil de fer ;
F, fourneau long à réverbère pour chauffer au rouge ;
e, éprouvette pour recueillir le gaz sur l'eau.

Réaction : $3\,Fe + 4\,HO = Fe^3O^4 + 4\,H$.

Il se produit 1 équivalent d'*oxyde de fer magnétique* Fe^3O^4 et 4 équivalents d'hydrogène H.

Le *zinc*, Zn, décompose l'*eau* en présence de l'*acide sulfurique étendu* et *met l'hydrogène en liberté* (*fig.* 18, *Pl. II*).

APPAREIL : *a*, flacon à deux tubulures ;
b, zinc en grenaille ;
e, eau occupant les deux tiers du flacon ;
c, tube à entonnoir plongeant dans l'eau pour introduire l'acide sulfurique ;
d, tube abducteur qui conduit l'hydrogène à l'éprouvette *f*.

Réaction : $SO^3, HO + Zn = SO^3, ZnO + H$.

Il se produit 1 équivalent de *sulfate de zinc* SO^3, ZnO et 1 équivalent d'*hydrogène*. Le *sulfate de zinc* formé entre en dissolution et ne s'oppose pas à l'action de l'eau acidulée sur le métal.

Précaution importante à prendre.

Les premières portions d'hydrogène qui se dégagent forment avec l'air du flacon un mélange qui *détone* lorsqu'on l'enflamme. Il faut donc, pour avoir de l'hydrogène pur et pour éviter des accidents souvent graves, perdre les premières portions du gaz avant de le recueillir ou de l'enflammer.

Rendement :

$$\underbrace{\begin{matrix} S\ \ O^3, & HO \\ 16+8\times3+1+8 \end{matrix}}_{49} \begin{matrix} +Zn= \\ +33= \\ \end{matrix} \underbrace{\begin{matrix} S\ \ O^3, & ZnO \\ 16+8\times3+33+8 \end{matrix}}_{81} \begin{matrix} +H \\ +1 \end{matrix}$$

$$49 + 33 = 81 + 1$$

Ainsi 49 d'acide sulfurique et 33 de zinc produisent 81 de sulfate de zinc et 1 d'hydrogène en poids.

Purification.

Le métal avec lequel on prépare l'hydrogène, le zinc, par exemple, peut contenir, entre autres corps étrangers, du *charbon*, du *soufre*, de l'*arsenic* et du *phosphore;* ces corps, en s'unissant à l'*hydrogène naissant*, donnent naissance à des composés gazeux qui se mêlent à l'hydrogène.

Pour purifier l'hydrogène, il faut le faire passer à travers trois tubes en U (*fig.* 19, *Pl. II*) qui contiennent, le premier des fragments de ponce imbibés d'azotate de plomb qui arrête l'*acide sulfhydrique*, le second du sulfate d'argent qui arrête les *hydrogènes arsénié* et *phosphoré*, enfin le troisième contient des fragments de potasse pour arrêter les *hydrogènes carbonés*.

COMPOSÉS OXYGÉNÉS DE L'HYDROGÈNE.

EAU. $HO = 9 = 2$ vol. de vapeur $= (2 \text{ vol. } H + 1 \text{ vol. } O)$.

Synonymie.

Protoxyde d'hydrogène.

Historique.

L'un des quatre éléments jusqu'au siècle dernier.

Cavendish, en 1781, reconnut que l'hydrogène en brûlant produisait de l'eau.

Lavoisier, quelques années plus tard, fit l'*analyse* et la *synthèse* de l'eau et mit hors de doute sa composition.

COMPOSITION PAR L'ANALYSE.

1° *En décomposant l'eau par le fer chauffé au rouge* (*expérience classique de Lavoisier*) (*fig.* 17, *Pl. II*).

Soient P, le poids de l'eau décomposée par le fer;
p, le poids du fer employé;
π, le poids du fer oxydé après l'expérience;
φ, le poids de l'hydrogène qui se déduit directement du volume de ce gaz produit pendant l'expérience.

Il est évident que $\pi - p$ représentera le poids d'oxygène, φ représentant d'ailleurs le poids d'hydrogène contenu dans le poids P d'eau; P sera représenté par $(\pi - p) + \varphi$.

En employant cette méthode, Lavoisier a obtenu des nombres qui ne sont pas très-éloignés de ceux qui résultent des méthodes actuelles très-perfectionnées.

2° *En décomposant l'eau par la pile* (*fig.* 20, *Pl. III*).

APPAREIL : a, vase conique fermé à sa partie inférieure par un bouchon de mastic, mauvais conducteur de l'électricité et contenant de l'eau acidulée;
rr', réophores en platine dont les extrémités p, p traversent le bouchon de mastic du vase a;
ee', petites cloches graduées remplies d'eau acidulée et qui recouvrent chacune des extrémités des réophores;
P, pile d'où partent les réophores.

Cet appareil est un VOLTAMÈTRE *attelé à une* PILE.

Dès qu'on ferme le circuit, le courant voltaïque passe à travers l'eau qu'il décompose; l'hydrogène se porte au pôle négatif dans la cloche e', et l'oxygène au pôle positif dans la cloche e; lorsque l'expérience est faite dans des conditions convenables, il se produit 2 vol. d'hydrogène pour 1 vol. d'oxygène.

COMPOSITION PAR LA SYNTHÈSE.

1° En brûlant sous la cloche c (*fig.* 21, *Pl. III*) de l'hydrogène qui s'est desséché en traversant un tube ab rempli de chlorure de calcium. L'eau condensée contre les parois de la cloche s'écoule dans le verre v.

2° En faisant passer une étincelle électrique dans un mélange de volumes égaux d'hydrogène et d'oxygène placés dans l'EUDIOMÈTRE À EAU OU EUDIOMÈTRE DE VOLTA (*fig.* 22, *Pl. III*). Après le passage de l'étincelle, il reste le $\frac{1}{4}$ du volume gazeux primitif, et le gaz restant est de l'oxygène : d'où il résulte que l'eau se forme par la combinaison de l'hydrogène avec 1 volume d'oxygène moitié moindre ou de 2 *volumes d'hydrogène* avec 1 *volume d'oxygène*.

EUDIOMÈTRE DE VOLTA (*fig.* 22, *Pl. III*).

APPAREIL :

ab, tube cylindrique en verre, à parois très-épaisses et par conséquent très-résistantes, muni à chacune de ses extrémités d'une douille en laiton à robinet *r* et *r'*. La douille inférieure se termine par un entonnoir *c* pour introduire facilement le gaz. La douille supérieure porte une cuvette *d* pour recevoir de l'eau.

t, tige en laiton pénétrant dans le cylindre eudiométrique à travers le mastic qui remplit un tube de verre *v* : celui-ci traverse la douille supérieure en passant par un trou qui y est ménagé et dans lequel il est fixé à l'aide d'un mastic mauvais conducteur. Cette tige est terminée à ses deux extrémités par des boules ; la boule intérieure est suffisamment rapprochée de la garniture métallique pour que l'étincelle électrique puisse jaillir à l'intérieur.

p, bandelette de laiton qui réunit la douille supérieure à la douille inférieure et qui la met ainsi en communication avec le sol ;

ef, tube gradué plein d'eau, vissé sur la douille supérieure et plongeant dans la cuvette *c* pleine d'eau : 200 divisions de cette éprouvette représentent la capacité de la petite jauge (*fig.* 23, *Pl. III*) qui sert à mesurer les gaz ; elle consiste en une petite éprouvette *h* terminée à son extrémité ouverte par une douille en laiton qui porte une coulisse dans laquelle peut glisser une plaque rectangulaire *g* percée à l'une de ses extrémités d'un trou circulaire ; suivant son degré de course dans la coulisse, cette plaque peut masquer ou démasquer l'orifice de l'éprouvette.

OPÉRATION.

Pour remplir d'eau l'eudiomètre, on le plonge dans la cuve à eau, les robinets *r* et *r'* étant ouverts. Lorsqu'il est plein, on ferme le robinet r de la douille supérieure; on le soulève et on le pose sur la planchette de la cuve en maintenant l'entonnoir inférieur à moitié immergé et le robinet r' ouvert : c'est alors qu'on visse l'éprouvette cf pleine d'eau dans la cuvette supérieure.

Pour mesurer les gaz, on les introduit dans l'éprouvette (*fig.* 23); on ferme en poussant la plaque dans la coulisse, puis on retourne l'éprouvette sous l'eau, afin de chasser le gaz en excès; on ramène alors l'éprouvette et la plaque à leur première position et l'on transvase dans l'eudiomètre.

Une fois que les gaz sont introduits, on ferme le robinet r'; on fait jaillir l'étincelle et l'on rouvre le robinet r' qui permet à l'eau de se précipiter pour occuper la place des gaz qui ont disparu. Il ne reste plus qu'à ouvrir ensuite le robinet supérieur r pour faire passer dans le tube gradué le gaz qui n'a pas réagi, afin de pouvoir le mesurer.

Alors même qu'on introduit exactement 2 vol. d'hydrogène et 1 vol. d'oxygène et que les deux gaz sont tout à fait purs, on voit encore monter dans le tube gradué quelques bulles de gaz qui proviennent de l'air que l'eau tient en dissolution et qui s'en dégage au moment du vide produit par la disparition des gaz lors de l'explosion.

On peut éviter cet inconvénient en opérant sur le mercure, qui ne dissout pas d'air.

Eudiomètre à mercure (*fig.* 24, *Pl. III*).

Appareil :

- ab, tube de verre à parois très-résistantes;
- c, douille supérieure en fer, car le laiton est attaqué par le mercure;
- d, douille inférieure en fer;
- f, bouchon en fer qui ferme l'instrument en se vissant sur la douille inférieure;
- s, spirale en fer touchant la garniture inférieure et terminée par une petite boule assez rapprochée de la douille supérieure pour qu'une étincelle puisse se produire.

Opération.

On introduit les gaz après qu'ils ont été mesurés dans un tube gradué; on ferme en d; on fait passer l'étincelle;

puis on dévisse le bouchon *f*, afin de permettre au mercure d'occuper l'espace abandonné par les gaz qui se sont combinés : s'il reste du gaz, on le transvase dans le tube gradué pour en connaître le volume.

3° *En réduisant* (1) *un poids connu d'oxyde, oxyde de cuivre, par exemple, par l'hydrogène pur et sec.*

Réaction : H + CuO = HO + Cu.

La composition pondérale de l'eau est déduite, dans ce cas, du poids de l'oxyde avant et après l'expérience, la différence entre ces deux poids exprimant le poids de l'oxygène enlevé par l'hydrogène pour former de l'eau, comparé au poids de l'eau formée; la différence entre ce dernier poids et le poids de l'oxygène ainsi calculé exprime le poids de l'hydrogène. Cette méthode a été appliquée par Berzélius et Dulong, puis par M. Dumas, qui l'a perfectionnée.

SYNTHÈSE DE L'EAU PAR M. DUMAS.

OPÉRATION.

L'hydrogène est produit dans un flacon *f* (*fig.* 25, *Pl. III*) qui contient le *zinc* et l'*eau acidulée par l'acide sulfurique.*

L'acidité de l'eau est maintenue assez constante par l'arrivée lente dans le flacon de l'acide qui sort de l'entonnoir *l* et dont on gouverne l'écoulement à l'aide d'un robinet.

*L'acide sulfurique ne doit pas contenir d'*ACIDE SULFUREUX *ni d'*ACIDE AZOTIQUE, pour que l'hydrogène ne soit pas mêlé à du *gaz sulfureux* et à des *vapeurs nitreuses.*

Le zinc peut contenir du charbon, du soufre, du phosphore et de l'arsenic, et par suite l'*hydrogène peut renfermer des* HYDROGÈNES CARBONÉS, *de l'*ACIDE SULFHYDRIQUE *et des* HYDROGÈNES PHOSPHORÉ ET ARSÉNIÉ dont on le débarrasse en le faisant passer à travers des tubes en U à ponce *t*, t^1, t^2, où l'hydrogène carboné est arrêté en *t* par la potasse caustique, l'acide sulfhydrique en t^1 par un sel de plomb, et les hydrogènes phosphoré et arsénié en t^2 par le sulfate d'argent dont la ponce est imprégnée. Les tubes qui suivent t^3, t^4, et dont les derniers plongent dans la glace,

(1) *On réduit un métal* quand on lui enlève le métalloïde, l'oxygène, par exemple, avec lequel il est combiné. Le corps avide d'oxygène et qui peut le lui enlever est un *corps réducteur ;* si l'intervention de la chaleur est nécessaire, celle-ci agit comme *agent de réduction.*

contiennent de l'acide phosphorique anhydre, divisé par des fragments de pierre ponce : ces tubes dessèchent complétement l'hydrogène purifié. Le tube T est un tube témoin à acide phosphorique anhydre qui ne doit pas changer de poids.

L'hydrogène pur et sec arrive dans un ballon de verre très-peu fusible A *qui contient de l'oxyde de cuivre et qui peut être chauffé au rouge pendant* 12 *à* 15 *heures à l'aide de la lampe* L. *Le ballon avec l'oxyde de cuivre qu'il contient a été préalablement desséché et pesé vide d'air avant d'être mis en place; il est également pesé vide d'air lorsque l'opération est terminée.*

Toute l'eau formée par la réduction de l'oxyde de cuivre pendant l'expérience, et qui s'est élevée de 100 à 500 grammes, *se condense dans le ballon* B, *et dans les tubes de dessiccation t^5, t^6 pesés avant et après l'opération :* les tubes t^5, t^6 retiennent les vapeurs aqueuses entraînées par l'hydrogène en excès. Le tube témoin T', à acide phosphorique, ne doit pas changer de poids.

A la fin de l'expérience et avant de peser les appareils condenseurs de l'eau, il faut chasser l'hydrogène qu'ils renferment et le remplacer par de l'air sec.

Calcul.

Soient P le poids du ballon à oxyde A, *avant l'expérience;*

P' le poids de ce ballon *après l'expérience;*

P — P' *exprimera le poids de l'oxygène enlevé par l'hydrogène pour former de l'eau.*

Soient également :

p le poids du ballon B et des tubes t^5, t^6, *avant l'expérience;*

p' le poids de ces mêmes appareils, *après l'expérience;*

$p' - p$ *exprimera le poids de l'eau produite.*

D'où

$(p'-p) - (P-P')$, ou le poids de l'eau moins le poids de l'oxygène, *exprimera le poids de l'hydrogène contenu dans le poids d'eau formée.*

Il résulte des expériences nombreuses de M. Dumas que 100 d'oxygène se combinent avec 12,5 d'hydrogène en poids, pour former de l'eau ; ce qui correspond à 8 d'oxygène pour 1 d'hydrogène, rapport très-simple.

L'EAU EST DONC FORMÉE :

De............. 1 éq. d'oxygène = 100 ou 8
et de........... 1 éq. d'hydrogène = 12,50 ou 1
ou, en centièmes, de................ 88,888 d'oxygène
et de.......................... 11,112 d'hydrogène.

VOLUME DE L'EAU FORMÉE *par rapport au volume des gaz qui ont concouru à sa formation.*

Il est facile de calculer ce volume x à l'aide des éléments suivants :

Le poids d'un litre d'air	=	$1^{gr},293$
La densité de la vapeur d'eau.	=	0,622
La densité de l'oxygène.......	=	1,1057
La densité de l'hydrogène.....	=	0,0692

Le poids de la vapeur d'eau $1^{gr},293 \times 0,622 \times x$ dont le volume est inconnu est égal au poids de l'oxygène $1^{gr},293 \times 1,1057$ ajouté au poids de l'hydrogène $1^{gr},293 \times 0,0692 \times 2$: on a donc, en supprimant le facteur commun $1^{gr},293$:

$$0,622 \times x = 1,1057 + 0,1384 = 1,2441$$

$$\text{d'où } x = \frac{1,2441}{0,622} = 2.$$

Donc 2 vol. d'hydrogène en se combinant avec 1 vol. d'oxygène donnent 2 vol. de vapeur d'eau.

On déduit facilement de ce qui précède la composition de la vapeur d'eau en poids et en centièmes : en effet, puisque 1,2441 de vapeur d'eau contiennent 1,1057 d'oxygène et 0,1384 d'hydrogène, il y aura 88,88 d'oxygène et 11,12 d'hydrogène sur 100 parties d'eau en poids.

EAU LIQUIDE.

PROPRIÉTÉS PHYSIQUES.

Verdâtre quand elle est vue en grande masse.

Inodore.

Saveur nulle lorsqu'elle est pure.

L'eau commune, qui n'est pas pure, a un peu de saveur ; cette saveur, très-faible à cause de l'habitude, est due à la présence des sels et de l'air qu'elle tient en dissolution.

MAXIMUM DE DENSITÉ. A + 4°.

Elle se contracte par le refroidissement jusqu'à + 4°.

Elle se dilate ensuite en se refroidissant davantage, de $+4^\circ$ à 0°, température à laquelle elle se congèle.

On sait que le poids du centimètre cube d'eau pure doit être pris à $+4^\circ$ pour représenter le gramme.

POUVOIR DISSOLVANT.

Elle dissout un très-grand nombre de corps.

Son pouvoir dissolvant augmente généralement avec la température.

Elle dissout les gaz plus ou moins, suivant leur nature, et en plus forte proportion quand la température est plus basse.

C'est l'air en dissolution qui la rend propre à la respiration des poissons.

PROPRIÉTÉS CHIMIQUES.

Neutre aux réactifs, mais jouant tantôt le rôle de base dans les *acides hydratés*, et tantôt le rôle d'acide (*hydrates de telle ou telle base*).

Décomposable par la chaleur. Une boule de platine chauffée au rouge blanc et plongée dans l'eau la décompose en ses éléments.

Décomposable par l'électricité, lorsqu'elle est acidulée et ainsi rendue conductrice. (*Voyez* l'analyse de l'eau.)

Décomposée par les corps très-avides d'hydrogène, le chlore, par exemple. (*Voyez* les propriétés chimiques du chlore.)

Réaction : $Cl + HO = ClH + O$.

Décomposée par les corps très-avides d'oxygène, le potassium, par exemple. (*Voyez* la préparation de l'hydrogène.)

Réaction : $K + HO = KO + H$.

EAU SOLIDE.

PROPRIÉTÉS PHYSIQUES.

La température maximum est de 0°; car chauffée à cette température, elle fond, et l'eau provenant de sa fusion reste à 0° tant que la fusion n'est pas complète : *la chaleur absorbée et non accusée par le thermomètre est de la chaleur latente de fusion*, c'est-à-dire de la chaleur qui a été employée uniquement à opérer la fusion de la glace ou le changement d'état physique de l'eau et que le thermomètre ne peut pas accuser.

Pour fondre 1 kilogramme de glace, il faut autant de chaleur que pour porter 1 kilogramme d'eau de 0° à 79°.

Cristallisation.

L'eau en se congelant prend des formes qui varient avec les circonstances, mais qui toutes appartiennent au *système rhomboédrique.*

DENSITÉ.

L'eau augmente de volume en se refroidissant et devient plus légère depuis + 4°,1 jusqu'à 0° qui est sa température de congélation : la densité de l'eau à + 4°,1 étant 1, celle de la glace est 0,918; de là :

1° *La glace et l'eau à 0° se trouvent à la surface des lacs, des rivières, etc.*, tandis qu'une eau plus chaude, et par conséquent plus propre à la vie des végétaux et des animaux, occupe, en raison de sa plus grande densité, les couches inférieures.

2° *Rupture des cellules et des vaisseaux capillaires des plantes et des cellules des fruits par la congélation de l'eau qu'ils renferment :* de là, mort des végétaux et décomposition rapide des fruits gelés.

3° *Rupture des fontaines, carafes, tuyaux de conduite, canons de pistolet et bombes les plus épaisses*, lorsqu'ils sont hermétiquement fermés, et *rupture des cellules des pierres perméables à l'eau,* dites *gélives,* par la congélation de l'eau qu'ils renferment.

Dégagement de chaleur pendant la congélation.

En refroidissant de l'eau parfaitement calme, on peut abaisser sa température jusqu'à — 12° sans la solidifier; mais lorsqu'on l'agite, elle se congèle aussitôt en dégageant de la chaleur qui fait remonter rapidement la température à 0°.

La chaleur que l'eau dégage dans cette circonstance est celle qui, ainsi que nous l'avons dit plus haut, est nécessaire à sa fusion et qui lui permet d'exister à l'état liquide.

Séparation des sels en dissolution pendant la congélation.

Les eaux salées se congèlent plus difficilement, et, en se congelant en partie, elles abandonnent les sels qui restent dans la partie encore liquide qu'on appelle *eau mère*. C'est ainsi que dans le Nord on concentre le sel marin dans les *eaux mères* qu'on évapore ensuite à l'aide du feu.

EAU VAPEUR.

PROPRIÉTÉS PHYSIQUES.

Transparente, incolore, inodore.

Vaporisation.

Elle a lieu, *dans un vase métallique*, à 100° sous la pression barométrique de $0^m,76$, en produisant un mouvement tumultueux qu'on appelle *ébullition*. La température de l'eau est alors invariable et toute la chaleur absorbée est entièrement employée à modifier l'état physique de l'eau en la faisant passer de 100° liquide à 100° vapeur, de la même façon qu'elle fait passer l'eau de 0° solide à 0° liquide.

Cette chaleur non accusée par le thermomètre est la chaleur latente de vaporisation.

Elle se produit à une température d'autant plus élevée au-dessus de 100° que la pression est plus forte. (*Marmite de Papin, autoclave.*)

Elle se produit à une température d'autant plus inférieure à 100° que la pression est plus inférieure à $0^m,76$: c'est ce qui a lieu en s'élevant de plus en plus au-dessus du niveau de la mer ou en faisant le vide sur l'eau.

Elle peut être retardée par la nature des vases : ainsi l'ébullition de l'eau est retardée dans un ballon de verre. Pour empêcher ce retard, il suffit de placer dans le ballon des fragments d'un corps anguleux, bon conducteur de la chaleur, tel que le *platine*, par exemple.

Évaporation.

L'eau et même la glace laissent dégager sans cesse de la vapeur, et cette formation lente de vapeur est appelée **évaporation.**

Elle ne peut continuer à se produire qu'à la condition d'être enlevée au fur et à mesure de sa formation; de là l'importance de la *ventilation.*

Elle augmente avec la température.

Elle augmente avec la diminution de pression.

Condensation.

La vapeur d'eau à 100° dégage en se condensant à l'état d'eau à 100° toute la chaleur qui la maintient à l'état gazeux, *chaleur latente de vaporisation.* Cette quantité de chaleur est telle, que 1 kilogramme de vapeur à 100° peut porter de 0° à 100° $5^{kil},370$ d'eau.

Volume.

Environ 1700 fois plus grand que le même poids d'eau à l'état liquide.

FORME GLOBULAIRE OU SPHÉROIDALE DE L'EAU.

Si au lieu de verser de l'eau dans un vase chauffé à 100° on la met en contact avec un vase chauffé à 170° et au-dessus, celui-ci conserve sensiblement sa température, et l'eau

1° *Prend la forme globulaire;*

2° *Ne touche pas les parois du vase;*

3° *Se vaporise très-lentement;*

4° *Possède une température qui ne dépasse pas* 97°.

Supprime-t-on la source de chaleur, la température du vase s'abaisse graduellement, et il arrive un moment où l'eau perd son état globulaire, touche les parois du vase, s'échauffe à 100° et donne une grande quantité de vapeur.

Cet état particulier des liquides à la surface des vases chauffés au-dessus du point d'ébullition de ces liquides a été appelé par M. Boutigny ÉTAT SPHÉROÏDAL.

EXPÉRIENCES :

L'EAU :

1° *Prend la forme globulaire.* Lorsqu'elle est projetée sur une surface de métal fortement chauffée.

2° *Ne touche pas les parois du vase.* En opérant dans une capsule métallique percillée, l'eau, *à l'état sphéroïdal,* ne passe pas à travers les trous qu'elle recouvre.

3° *Se vaporise très-lentement.* On introduit quelques centimètres cubes d'eau dans un vase en cuivre à parois très-épaisses (*chaudière de M. Boutigny*) dont on a chauffé le fond au-dessus de 170° à l'aide d'une lampe qu'on retire après avoir fermé l'orifice de la *chaudière* avec un bouchon de liége. Le bouchon reste en place jusqu'au moment où le vase suffisamment refroidi ne peut plus maintenir l'eau à l'état sphéroïdal; à ce moment seulement la vapeur se produit en grande quantité et le bouchon est projeté avec violence.

4° *Possède une température qui ne dépasse pas* 97°. Ce dont on peut s'assurer à l'aide du thermomètre; cette température est moindre que celle de l'ébullition. Ce qu'on obtient ici pour l'eau se produit également pour tous les liquides qui peuvent prendre l'état sphéroïdal.

Exemples :

	Température à l'état sphéroïdal.	Point d'ébullition
Alcool.................	+ 75,5	+ 78
Éther..................	+ 34,3	+ 35,5
Acide sulfureux liquide....	— 10,5	— 10

EAU DANS LA NATURE.

Eaux des sources, rivières, puits, etc.

Malgré leur limpidité, elles sont loin d'être pures. Elles proviennent toutes de la vapeur d'eau qui forme les nuages et se résout en pluie. L'eau de pluie en tombant se charge dans l'atmosphère des éléments de l'air et des principes solubles et insolubles qui s'y trouvent en suspension ; elle arrive sur le sol, court à sa surface, le pénètre, subit une véritable filtration et lui enlève les principes solubles qu'il renferme.

Air de l'eau.

Un ballon de 3 à 4 litres, plein d'eau, est fermé à l'aide d'un bouchon de liége que traverse un tube recourbé également plein d'eau ; celui-ci se rend sous une cloche placée sur le mercure.

Le ballon chauffé lentement d'abord, puis assez pour porter à l'ébullition le liquide qu'il renferme, laisse bientôt dégager avec la vapeur un mélange des éléments gazeux de l'air.

Cet air de l'eau, qui ne diffère de l'air atmosphérique que par une proportion plus forte d'oxygène, rend l'eau propre à la respiration des poissons et lui communique une saveur fraîche et agréable. L'eau aérée est d'une digestion facile ; elle est *légère*, tandis que, privée d'air par l'ébullition, elle tue les poissons par asphyxie et se digère difficilement ; elle est *lourde*.

Matières fixes en dissolution.

Si l'on évapore de l'eau placée dans une capsule de platine bien propre, il reste une tache constituée par un résidu fixe.

Les substances qu'on rencontre le plus fréquemment dans les eaux et qui varient avec la nature du terrain qu'elles lavent sont :

Carbonate de chaux dissous à l'aide d'un excès d'acide carbonique ;

Chlorures alcalins, surtout du chlorure de sodium;
Chlorure de magnésium;
Sulfate de soude;
Sulfate de chaux;
Silice et silicates alcalins;
Matières organiques.

EAU POTABLE OU LÉGÈRE.

Une eau bonne pour l'alimentation ne doit renfermer que 0gr,1 à 0gr,3 de résidu salin par litre; elle doit contenir une certaine quantité de sels calcaires et être aérée.

EAU LOURDE OU CRUE.

Une eau mauvaise pour l'alimentation renferme un excès de sels calcaires ou ne contient pas assez d'air en dissolution.

Lorsqu'elle est lourde par excès de carbonate de chaux.

On le reconnaît parce qu'elle se trouble par l'ébullition, et à froid par l'addition de l'eau de chaux.

On l'en débarrasse par l'ébullition, qui chasse l'acide carbonique tenant en dissolution le carbonate de chaux, et ce sel se précipite.

Lorsqu'elle est lourde par excès de sulfate de chaux.

On le reconnaît parce que cette eau, dite *séléniteuse*, est :

1° *Impropre au savonnage* par suite de la formation d'un savon calcaire *insoluble* qui s'attache au linge;

2° *Impropre à la cuisson des légumes* par suite de la formation d'un composé insoluble et très-dur qui provient de la réaction du sulfate de chaux sur un principe organique azoté qu'on appelle *légumine*.

On la corrige par le carbonate de soude, qui transforme le sulfate de chaux en *carbonate de chaux* insoluble et en *sulfate de soude*, qui n'exerce aucune des actions dont nous venons de signaler les inconvénients.

Réaction : $SO^3, CaO + CO^2, NaO = CO^2, CaO + SO^3, NaO$.

PURIFICATION DE L'EAU.

On purifie l'eau en la vaporisant et en condensant sa vapeur, opération qui porte le nom de DISTILLATION.

Les produits fixes restent dans le vase distillatoire.

Les produits volatils passent avec les premières vapeurs et sont rejetés avec les premières eaux condensées.

DISTILLATION.

Les appareils que nous allons décrire et qui servent à la distillation de l'eau servent également à la distillation de tous les autres corps volatils.

APPAREILS.

1° APPAREIL DISTILLATOIRE LE PLUS SIMPLE (*fig.* 26, *Pl. III*) :

a, cornue de verre dans laquelle l'eau chauffée entre en vapeur;

b, fourneau pour chauffer la cornue;

c, allonge de verre;

d, ballon tubulé en verre plongeant dans l'eau.

OPÉRATION.

L'eau chauffée entre en vapeur; celle-ci se condense en partie dans l'allonge et complétement dans le récipient refroidi par l'eau.

On rejette les premières portions, qui peuvent être ammoniacales, et on s'arrête lorsqu'on a distillé la majeure partie de l'eau que renfermait la cornue.

Si on poussait trop loin l'opération, les matières organiques que l'eau renferme se décomposeraient sous l'influence d'une température trop élevée et donneraient des produits empyreumatiques qui altéreraient la pureté de l'eau condensée.

2° APPAREIL DISTILLATOIRE DE GAY-LUSSAC (*fig.* 27, *Pl. IV*) :

a, ballon de verre qui renferme l'eau;

bc, tube de verre condensateur de la vapeur;

d, ballon de verre où se rend le liquide provenant de la vapeur condensée;

ef, manchon réfrigérant du tube *bc* dans lequel l'eau froide arrive en *h* et s'échappe en *g*.

3° ALAMBIC (*fig.* 28, *Pl. IV*).

Il est employé pour se procurer de grandes quantités d'eau distillée :

A, chaudière en cuivre, *cucurbite*, qui s'engage dans un fourneau et qui reçoit l'eau qu'on veut distiller;

a, chapiteau qui, avec son col-de-cygne *c* et la cucurbite A, constitue une véritable cornue;

SS, serpentin auquel s'adapte le col-de-cygne *c*;

RR, réfrigérant recevant de l'eau froide qui suit la route *mn*, sort chaude en *e*, et peut alimenter la cucurbite à l'aide du tube de communication *t*;

v, vase où se rend l'eau pure qui provient de la vapeur d'eau condensée dans le serpentin.

ESSAI DE L'EAU DISTILLÉE.

Nous avons fait connaître les corps qui rendent l'eau impure.

Pour s'assurer que ces corps ont été éliminés par la distillation, il faudra constater leur absence à l'aide de réactifs qui nous seront bientôt familiers; ainsi :

L'absence de précipité par les sels de baryte solubles indique l'absence de *sulfates*.

L'absence de précipité par l'azotate d'argent indique l'absence des *chlorures*.

BIOXYDE D'HYDROGÈNE OU EAU OXYGÉNÉE. $HO^2 = 17$.

HISTORIQUE.

Découverte en 1818 par Thenard qui donna à ce second degré d'oxydation de l'hydrogène le nom d'*eau oxygénée*.

PROPRIÉTÉS PHYSIQUES.

Liquide à la température ordinaire et même à — 30°. Dans un mélange d'eau et d'eau oxygénée refroidi, l'eau seule se congèle.

Consistance sirupeuse;

Incolore, inodore;

Saveur métallique; elle provoque une salivation abondante;

Densité = 1,452;

Tension de sa vapeur; moindre que celle de l'eau.

PROPRIÉTÉS CHIMIQUES.

Stable au-dessous de 0°;

Se décompose à 20° avec une certaine lenteur;

Se décompose instantanément à 100°;

Non acide, non basique : c'est le type des oxydes singuliers.

Décolore le tournesol;

Tache la peau en blanc, en causant une vive cuisson; attaque et détruit l'épiderme;

Décomposée par la pile.

$$\textit{Réaction} : HO^2 = H + 2O.$$

CERTAINS CORPS LA DÉCOMPOSENT.

1° *Sans subir eux-mêmes de modification.*

EXEMPLES :

Argent, or, platine, bioxyde de manganèse, charbon, fibrine, etc.

$$\textit{Réaction} : HO^2 + Ag = HO + O + Ag.$$

Ce sont des phénomènes que nous avons appelés *catalytiques*, en les attribuant à des *actions de présence*.

2° *En s'oxydant.*

Exemples :

L'*arsenic* devient de l'*acide arsénique.*

Réaction : $As + 5HO^2 = AsO^5 + 5HO.$

Les *protoxydes* de *calcium* et de *baryum* deviennent des *oxydes singuliers.*

Réaction : $CaO + HO^2 = CaO^2 + HO,$
$BaO + HO^2 = BaO^2 + HO.$

Le *sulfure de plomb* devient du *sulfate de plomb.*

$$SPb + 4HO^2 = SO^3PbO + 4HO.$$

3° *En perdant leur oxygène.*

Exemple :

L'*oxyde d'argent.*

Réaction : $HO^2 + AgO = HO + Ag + 2O.$

Usages.

Restauration des vieux tableaux noircis par les émanations sulfureuses; dans ce cas, l'eau oxygénée, employée en dissolution étendue, transforme le sulfure de plomb noir en sulfate de plomb blanc.

Préparation.

Dans un vase entouré de glace on dissout dans l'*acide chlorhydrique* ClH étendu d'eau, le *bioxyde de baryum* BaO^2 pulvérisé très-finement.

Réaction : $BaO^2 + ClH = HO^2 + ClBa.$

Il se produit de l'eau oxygénée HO^2 et du chlorure de baryum $ClBa$,

Il faut traiter ce chlorure de baryum par l'acide sulfurique SO^3, HO,

Réaction : $ClBa + SO^3, HO = SO^3, BaO + ClH,$

qui précipite la baryte à l'état de sulfate de baryte insoluble et met en liberté l'acide chlorhydrique.

Il faut enlever cet acide chlorhydrique par *le sulfate d'argent* SO^3, AgO employé en quantité strictement nécessaire.

Réaction : $ClH + SO^3, AgO = ClAg + SO^3, HO.$

Il se forme du chlorure d'argent insoluble et de l'acide sulfurique libre.

Il faut enlever cet acide sulfurique par la *baryte* employée en quantité strictement nécessaire, qui le précipite à l'état de sulfate de baryte insoluble.

Réaction : $SO^3HO + BaO = SO^3, BaO + HO$.

Il faut enfin placer dans le vide sec le liquide ainsi obtenu qui ne renferme plus que de l'eau oxygénée en dissolution dans l'eau. *Le vide sec* de la machine pneumatique enlève l'eau en excès.

AZOTE. Az = 14 = 2 volumes.

HISTORIQUE.

Découvert par Rutterford en 1772.

Lavoisier en 1773 reconnut qu'il existait dans l'air atmosphérique à l'état de liberté.

PROPRIÉTÉS PHYSIQUES.

Gaz permanent ;

Incolore, inodore, insipide ;

Densité = 0,9714;

Solubilité dans l'eau moins grande que celle de l'oxygène; l'eau en dissout un quarantième de son volume.

PROPRIÉTÉS CHIMIQUES.

ESSENTIELLEMENT INDIFFÉRENT : aussi les propriétés chimiques de ce gaz sont-elles négatives; ce qui a permis de le retirer de l'air dont chacun des éléments peut être enlevé à l'aide d'un réactif qui n'exerce aucune action sur l'azote.

IMPROPRE À LA COMBUSTION.

Non comburant : une bougie allumée s'éteint dans une éprouvette pleine d'azote.

Non combustible : il ne s'enflamme pas.

Non absorbable par la potasse, ce qui le distingue de l'acide carbonique qui éteint également une bougie allumée et ne s'enflamme pas.

SE COMBINE À L'ÉTAT NAISSANT.

Il se combine difficilement avec les corps quand on le met directement en contact avec eux; il faut presque toujours établir le contact à l'ÉTAT NAISSANT, c'est-à-dire dans la condition particulière où se trouvent les molécules au moment où elles se séparent d'une combinaison; ces conditions sont telles, que deux molécules indifférentes dans les circonstances ordinaires se combinent immédiatement au moment où l'une d'elles ou toutes deux sortent d'une combinaison dans laquelle elles étaient engagées.

Propriétés physiologiques.

Impropre à la respiration, mais *non délétère* : l'animal qui le respire meurt asphyxié par défaut d'oxygène.

Caractère distinctif.

Ses propriétés sont toutes négatives; ce qui n'a lieu pour aucun gaz.

Usages.

Pour faire des atmosphères artificielles non oxydantes dans diverses opérations de la chimie.

Préparation.

I. **On le prend à l'air** qui le renferme mélangé à de l'*oxygène*, de l'*acide carbonique* et de la *vapeur d'eau* en fixant ces trois derniers corps.

Première méthode (*fig.* 29, *Pl. IV*).

f, cuve à eau;

b, bouchon de liége qui supporte un têt à combustion contenant du phosphore enflammé;

a, cloche à l'aide de laquelle on emprisonne l'air après avoir enflammé le phosphore.

Le phosphore s'empare de l'oxygène avec lequel il forme un composé fixe PhO^5,

$$\textit{Réaction} : Ph + 5O = PhO^5,$$

et il ne reste plus dans la cloche que des traces d'*oxygène*, de l'*acide carbonique*, de la *vapeur d'eau* et de la *vapeur de phosphore* mêlés à la totalité de l'*azote* que renfermait l'air atmosphérique confiné sous la cloche.

On enlève les traces d'oxygène en l'absorbant par des bâtons de phosphore qu'on fait séjourner dans la cloche.

On enlève le phosphore en vapeur par quelques bulles de chlore qui produisent un chlorure de phosphore décomposable par l'eau.

On enlève le chlore introduit en excès, l'acide carbonique et la *vapeur d'eau*, à mesure que le gaz est chassé hors de la cloche : pour cela, après avoir ouvert le robinet *r*, on enfonce la cloche dans l'eau de la cuve et on fait passer le gaz dans deux tubes en U, dont l'un *d* à ponce imprégnée de potasse absorbe le chlore et l'acide carbonique, et dont l'autre *d'* à ponce imprégnée d'acide sulfurique concentré enlève complétement la vapeur d'eau.

Le gaz azote pur et sec se dégage en *e* où il peut être recueilli.

Deuxième méthode (*fig.* 30, *Pl. IV*).

f, flacon plein d'eau qui s'écoule en *o*, pénètre dans le flacon *f'* et chasse l'air qu'il renferme. Ces flacons peuvent être remplacés par le gazomètre (*fig.* 14, *Pl. II*).

t, tube en U, contenant des fragments de potasse. L'air chassé par l'eau parcourt ce tube et perd son eau et son acide carbonique.

bc, tube rempli de copeaux de cuivre chauffés au rouge. Le cuivre ainsi chauffé se combine à l'oxygène de l'air qui circule dans le tube; il se forme de l'oxygène de cuivre Cu O et *l'azote pur et sec* se dégage en *e*.

II. On le prend dans un composé.

1° On chauffe dans un ballon une dissolution concentrée d'*azotite d'ammoniaque* AzO^3, AzH^4, HO qui se dédouble en azote et eau.

Réaction : $AzO^3, AzH^3, HO = 2Az + 4HO$

L'azote ainsi préparé est très-pur.

2° On chauffe dans un ballon un mélange formé de

1 vol. de dissolution normale d'*azotite de potasse;*

3 vol. de dissolution concentrée de *chlorhydrate d'ammoniaque.*

Le gaz qui se dégage doit être dirigé à travers l'acide sulfurique qui fixe l'ammoniaque qui se dégage en même temps.

Réaction : $AzO^3 KO + Cl H, AzH^3 = Cl K + 4HO + 2Az.$

Il se forme du chlorure de potassium; de l'eau et de l'azote. L'azote ainsi préparé est très-pur.

On prépare la dissolution normale d'azotite de potasse, en faisant passer du gaz nitreux qui provient de la décomposition de 1 partie d'amidon par 10 parties d'acide azotique dans une dissolution de potasse caustique d'une densité de 1,3 jusqu'à ce que la liqueur soit devenue franchement acide; puis on ajoute un peu de potasse caustique pour la rendre légèrement alcaline.

AIR ATMOSPHÉRIQUE.

HISTORIQUE.

Les Anciens le considéraient comme *l'un des quatre éléments.*

BRUN, pharmacien à Bergerac, vers la moitié du XVIIe siècle, constata que l'étain chauffé à l'air se recouvrait d'une poudre jaunâtre et augmentait de poids.

JEAN REY, médecin du Périgord, dit que l'air se fixe sur l'étain et reste mêlé à ce corps.

LAVOISIER démontra que le métal n'avait pas fixé l'air intégralement, mais seulement une de ses parties, l'autre restant isolée et douée de propriétés essentiellement différentes.

Expérience de Lavoisier (*fig.* 31, *Pl. IV*).

APPAREIL :

a, matras à col très-long, contenant du mercure; recourbé en *b*, ce tube s'engage sous une cloche graduée.

c, cloche graduée placée sur une cuve à mercure *d*.

L'orifice o du tube abducteur est constamment supérieur au niveau du mercure dans la cloche.

L'air de la cloche a été préalablement enlevé en partie à l'aide d'un siphon, de telle sorte que le mercure monte dans son intérieur jusqu'en *e*.

OPÉRATION.

On connaît le volume d'air renfermé dans la cloche, le matras et son col.

On chauffe jusqu'à l'ébullition pendant sept ou huit jours le mercure renfermé dans le matras jusqu'à ce qu'il ne se forme plus sensiblement de poudre rouge à sa surface; on continue encore à chauffer pendant cinq ou six jours avant de mettre fin à l'expérience.

On laisse refroidir.

On note le volume du gaz restant et par conséquent *le volume du gaz absorbé.*

La poudre rouge, qui n'est autre chose que du mercure oxydé HgO, rassemblée et chauffée au rouge dans une très-petite cornue de verre, régénère le mercure en laissant dégager un gaz qui possède toutes les propriétés de l'oxygène et dont le volume est exactement égal au volume du gaz disparu dans l'expérience.

*Le gaz restant présente toutes les propriétés négatives de l'*AZOTE.

En mélangeant le gaz qui provient de la calcination de l'oxyde de mercure avec le gaz restant, on reconstitue l'air par synthèse.

En opérant ainsi *Lavoisier* trouva dans l'air 17 pour 100 d'oxygène environ; c'est 4 pour 100 de moins que la quantité qui y existe réellement.

SCHEELE à la même époque constata l'absorption d'une partie de l'air par les sulfures alcalins et les propriétés négatives de la partie non absorbée.

Cette expérience fixa moins l'attention, parce que l'oxygène enlevé à l'air ne pouvait pas être restitué par les sulfures qui l'avaient absorbé.

En opérant ainsi *Scheele* trouva dans l'air une proportion d'oxygène bien plus considérable que celle qu'avait trouvée *Lavoisier*, ce qui tenait à l'absorption par les dissolutions des sulfures alcalins de la totalité de l'oxygène et d'une quantité d'azote qui n'était pas négligeable.

CONSTITUTION DE L'AIR.

L'air atmosphérique renferme à l'état de mélange tous les gaz qui peuvent se produire à la surface de la terre, tels que l'*ozone;* l'*ammoniaque;* des *principes hydrocarburés, le gaz des marais,* par exemple ; de l'*oxyde de carbone;* etc. Aussi ne peut-on pas dire qu'on connaît sa composition d'une manière définitive, et nous ne nous occuperons que des éléments qui y prédominent.

ANALYSE QUALITATIVE.

On reconnaît facilement la présence dans l'air des corps suivants :

OXYGÈNE.

1° *Par l'ébullition du mercure* au contact de l'air et par la calcination de l'oxyde formé. EXPÉRIENCE DE LAVOISIER.

2° *Par l'oxydation des corps* qui brûlent au contact de l'air, tels que le charbon, le soufre, le phosphore, etc.

AZOTE.

1° *Par l'examen du gaz restant* après la combustion du phosphore dans l'air confiné sous une cloche.

2° *Par l'examen de l'air* après son passage sur du cuivre chauffé au rouge.

ACIDE CARBONIQUE.

Par l'eau de chaux exposée à l'air dans une capsule de verre (*fig.* 32, *Pl. IV*), il se forme une pellicule qui, recueillie dans un verre, fait effervescence avec les acides en dégageant un gaz dont l'odeur est très-faible; *ce qui caractérise un carbonate.*

EAU.

Par un mélange réfrigérant qu'on introduit dans un vase de verre *a* (*fig.* 33, *Pl. IV*). La vapeur répandue dans l'air se condense sur les parois extérieures du vase à l'état de givre qui ne tarde pas à fondre et à s'écouler dans la cuvette *b*. L'eau qu'on produit ainsi se putréfie facilement parce qu'elle contient des matières azotées d'origine organique qui sont empruntées à l'air qui les renferme.

ANALYSE QUANTITATIVE.

OXYGÈNE ET AZOTE CONTENUS DANS L'AIR.

ANALYSE PAR LES VOLUMES.

I. EN FAISANT RÉAGIR LE PHOSPHORE, qui absorbe l'oxygène de l'air *à froid* et *à chaud* et n'agit pas sur l'azote.

1° *A froid* (*fig.* 34, *Pl. IV*).

e, tube étroit et gradué dans lequel on mesure sur l'eau une certaine quantité d'air et dans lequel on introduit ensuite un bâton de phosphore *p*.

Après quelques minutes en été et trois ou quatre heures en hiver, lorsque la température est basse, l'expérience est terminée, ce dont on s'assure en transportant l'appareil dans l'obscurité et en constatant que le phosphore n'est plus lumineux. On enlève alors le phosphore et l'on mesure le résidu gazeux qui est toujours de 79 pour 100 d'air employé.

L'air renferme donc 21 *d'oxygène et* 79 *d'azote.*

2° *A chaud* (*fig.* 35, *Pl. V*).

abc, cloche recourbée placée sur l'eau et dans laquelle on introduit de l'air mesuré sur l'eau à l'aide d'un tube gradué.

p, petit fragment de phosphore logé dans un renflement de la partie recourbée de la cloche.

A l'aide d'une lampe on fond d'abord, puis on volatilise le phosphore qui vient se condenser à la surface de l'eau.

On laisse refroidir la cloche, puis on mesure le résidu gazeux après l'avoir transvasé dans le tube gradué.

Cette méthode, plus prompte que la précédente, donne les mêmes résultats numériques.

II. EN FAISANT RÉAGIR L'HYDROGÈNE.

On fait détoner dans l'eudiomètre l'air mélangé avec un excès d'hydrogène.

L'eudiomètre à mercure donne des résultats plus précis pour des raisons que nous avons fait valoir en parlant de la synthèse de l'eau.

L'eudiomètre de Volta est cependant préféré dans les cours, parce que son maniement est plus facile : en outre son emploi présente peu d'inconvénients sous le rapport de la précision lorsqu'au lieu du robinet inférieur, il porte une soupape qui s'ouvre de bas en haut : celle-ci empêche la sortie des gaz au moment de la réaction et permet à l'eau de se précipiter immédiatement dans le vide qui se produit au moment de la combinaison, sans abandonner des traces sensibles de l'air, qu'elle tient en dissolution.

On calcule la quantité d'oxygène renfermé dans l'air par la diminution de volume du gaz après le passage de l'étincelle; c'est le tiers du volume disparu; puisque 2 volumes d'hydrogène se combinent à 1 volume d'oxygène pour former de l'eau.

Expérience.

A l'aide de la jauge (*fig.* 23, *Pl. III*) on introduit dans l'eudiomètre (*fig.* 22) 100 parties d'air, puis 100 parties d'hydrogène et l'on fait passer l'étincelle.

Sur les 200 parties, il n'en reste que 137 après la détonation, 63 parties ont donc disparu dont le tiers est 21.

Dans 100 *parties d'air il existe donc* 21 *parties d'oxygène.*

On peut s'assurer que le complément est de l'azote : en effet, si aux 137 parties qui restent dans l'eudiomètre après la détonation et qui renferment l'hydrogène en excès, on ajoute 100 parties d'oxygène et si l'on fait passer l'étincelle, 87 parties disparaîtront, et les 150 parties restantes, qui ne renferment plus d'hydrogène, céderont au phosphore tout l'excès d'oxygène employé et se réduiront à 79 parties d'azote pur.

III. EN FAISANT RÉAGIR LE PYROGALLATE DE POTASSE ALCALIN.

Le pyrogallate de potasse alcalin en dissolution, introduit à la place du phosphore dans l'éprouvette qui renferme l'air mesuré, absorbe très-promptement la totalité de l'oxygène, et laisse l'azote comme résidu.

Analyse par les poids.

Procédé de MM. Dumas et Boussingault (*fig.* 36, *Pl. V*).

Appareil.

a, ballon de verre à robinet r *pesé après qu'on y a fait le vide* (*première pesée*).

bc, tube en verre peu fusible, plein de cuivre très-sec, qui porte à ses extrémités les robinets R et R′ et qui a été mis en place après avoir été *pesé vide d'air* (*première pesée*) : il communique d'une part avec le ballon a, et d'autre part avec une série de tubes t, t^1, t^2, t^3 qui contiennent les uns, t, t^1, de l'acide sulfurique, les autres, t^2, t^3, de la potasse et qui enlèvent à l'air qui les traverse l'eau et l'acide carbonique qu'il renferme.

Opération.

Après avoir chauffé le cuivre au rouge, on ouvre le robinet R′; l'air pénètre dans le tube bc et cède son oxygène au cuivre. Après quelques instants on ouvre les robinets R et r de telle sorte que l'azote se précipite peu à peu dans le ballon qui fonctionne comme aspirateur : le tube à boules de Liebig t^2 dans lequel barbote l'air aspiré est un indicateur pour régler l'ouverture du robinet d'après la rapidité de succession des bulles.

On arrête l'opération lorsque le ballon a est à peu près rempli d'azote.

On pèse de nouveau le ballon (*deuxième pesée*); la différence entre les deux pesées fait connaître le poids de l'azote qu'il renferme.

On pèse de nouveau le tube bc plein d'azote (*deuxième pesée*). On y fait ensuite le vide et on le pèse de nouveau (*troisième pesée*).

Calcul.

Soient P le poids du ballon vide (*première pesée*) et P′ le poids du ballon plein d'azote (*seconde pesée*);

p le poids du tube vide d'air (*première pesée*), p' le poids du tube contenant l'oxygène fixé par le cuivre et plein d'azote (*seconde pesée*) et p'' le poids du même tube contenant l'oxygène fixé par le cuivre, mais vide d'azote (*troisième pesée*).

On aura

$P' - P$ qui exprime le poids de l'azote renfermé dans le ballon,

$p' - p''$ qui exprime le poids de l'azote renfermé dans le tube,

d'où $P' - P + p' - p''$ exprime le poids total de l'azote,
et $p'' - p$ exprime le poids de l'oxygène.

A l'aide de cette méthode, qui ne laisse rien à désirer, il a été démontré qu'en moyenne l'air renferme

En poids :	Oxygène..	23,13
	Azote.....	76,87
		100,00
Ce qui correspond :		
En volumes :	Oxygène..	20,8
	Azote.....	79,2
		100,0

L'OXYGÈNE ET L'AZOTE SONT MÉLANGÉS ET NE SONT PAS COMBINÉS DANS L'AIR; en effet :

1° *Ils ne satisfont ni à la loi des volumes* qui exigerait 20 vol. d'oxygène pour 80 vol. d'azote, *ni à la loi des équivalents* qui exigerait dans 100 parties en poids 22,22 d'oxygène et 77,78 d'azote.

2° *Le rapport de l'oxygène à l'azote varie* très-peu sans doute, mais il varie certainement d'après les expériences précises de M. Regnault et de M. Lewy; ce qui n'a jamais lieu pour aucune combinaison.

3° *Il ne se produit aucun des phénomènes qui annoncent une réaction chimique lorsqu'on mélange ces deux corps;* ainsi il est impossible de reconnaître le moindre dégagement de chaleur.

4° L'AIR DISSOUS DANS L'EAU N'EST PAS CONSTITUÉ COMME L'AIR ATMOSPHÉRIQUE.

L'air que l'eau tient en dissolution peut être recueilli très-facilement (*voyez* air de l'eau), mesuré dans une cloche graduée et analysé par les méthodes ordinaires.

Cet air renferme en volumes :

Oxygène...	32	au lieu de	21
Azote.....	68	»	79

que renferme l'air atmosphérique.

Si l'air était un composé défini, il ne changerait pas de composition en se dissolvant dans l'eau; mais comme dans l'air l'oxygène et l'azote sont seulement mélangés, aucune force n'associe ces deux corps et ne peut les empêcher de se dissoudre en obéissant aux *lois de la solubilité des gaz dans les liquides.*

Lois de la solubilité des gaz dans les liquides.

L'eau placée dans une atmosphère limitée d'un gaz en dissout une quantité telle, que cette portion, sous un volume égal à celui du liquide qui la renferme, possède une force élastique qui est constamment une même fraction $\frac{1}{n}$ de la force que le gaz non dissous exerce sur la dissolution. Cette fraction est $\frac{46}{1000}$ pour l'oxygène et $\frac{25}{1000}$ pour l'azote.

Puisque dans l'air, où, pour plus de simplicité, nous admettrons $\frac{1}{5}$ d'oxygène et $\frac{4}{5}$ d'azote la pression exercée sur l'eau par l'oxygène est de $\frac{1}{5}$ d'atmosphère, tandis que celle qu'exerce l'azote est de $\frac{4}{5}$ d'atmosphère, il faut multiplier

I la fraction $\frac{46}{1000}$ par la fraction $\frac{1}{5}$

et II la fraction $\frac{25}{1000}$ par la fraction $\frac{4}{5}$

pour avoir les deux fractions de la pression normale

I $\frac{46}{5000}$

et II $\frac{100}{5000}$

qui expriment la force élastique I de l'oxygène et II de l'azote en dissolution dans l'eau exposée à l'air. D'où 5000cc d'eau renferment

I 46cc d'oxygène

et II 100cc d'azote.

Ces deux gaz sont donc dans le rapport de $\frac{46}{100} = \frac{31,5}{68,5}$, presque $\frac{32}{68}$.

5° *Le pouvoir réfringent de l'air atmosphérique* est égal à la somme du pouvoir réfringent de l'oxygène et de l'azote.

Acide carbonique et vapeur d'eau contenus dans l'air.

PROCÉDÉ DE M. BOUSSINGAULT (*fig.* 37, *Pl. V*).

APPAREIL.

t, t^1, t^2, t^3, t^4, série de tubes dans lesquels passe l'air qui est aspiré;

v, grand vase en métal, plein d'eau, dit ASPIRATEUR À ÉCOULEMENT CONSTANT, et dont le volume est exactement déterminé d'avance.

OPÉRATION.

En ouvrant le robinet r^1, puis r, l'eau s'écoule et l'air aspiré traverse avant d'arriver dans le vase v les tubes t^3 et t^4 à acide sulfurique qui arrêtent la vapeur d'eau; les tubes t^1 et t^2 à potasse qui arrêtent l'acide carbonique, et enfin le tube t à acide sulfurique où se fixe la vapeur d'eau qui pourrait venir du vase v.

CALCUL.

Connaissant d'une part le volume et la température de l'air aspiré pendant une opération et par conséquent son poids; connaissant, d'autre part, le poids des deux séries de tubes t^1, t^2 et t^3, t^4, avant et après l'expérience, on a tous les éléments qui permettent de calculer la quantité de vapeur d'eau et d'acide carbonique contenus dans 100 parties, en poids, d'air atmosphérique. Ces quantités sont de 3 à 6 *dix-millièmes* pour l'acide carbonique et *très-variables* pour la vapeur d'eau.

VARIATIONS DANS LA CONSTITUTION DE L'AIR.

L'OXYGÈNE TEND A DIMINUER PAR LES COMBUSTIONS vives ou lentes, telles que la RESPIRATION des animaux, etc. Il y a production d'acide carbonique et d'eau aux dépens de l'oxygène de l'air.

L'OXYGÈNE TEND A AUGMENTER PAR UN PHÉNOMÈNE INVERSE DE RÉDUCTION opéré par les végétaux qui s'assimilent le carbone de l'acide carbonique et l'hydrogène de l'eau et mettent l'oxygène en liberté.

L'ANTAGONISME ENTRE LES PHÉNOMÈNES DE COMBUSTION ET DE RÉDUCTION maintient l'équilibre dans la constitution moyenne de la masse atmosphérique; les analyses depuis cinquante ans ne montrent pas que les quantités d'oxygène et d'azote contenues dans l'air aient varié.

CES VARIATIONS SONT SEULEMENT LOCALES. Ainsi, lorsque l'air n'est pas brassé par les vents,

L'acide carbonique diminue avec l'eau de la pluie qui le dissout et l'entraîne sur le sol; à la surface des grands lacs où il se dissout facilement; etc.

Augmente avec les gelées qui dessèchent l'air et gercent le sol; dans les lieux habités, et d'autant plus qu'un plus grand nombre d'êtres y respirent.

PROPRIÉTÉS PHYSIQUES.

Celles des éléments qui le constituent.

Densité = 1; car il est pris pour terme de comparaison pour les densités des gaz.

Poids, 1 litre d'air sec à 0° et 0m,76 de pression pèse 1gr,2932.

PROPRIÉTÉS CHIMIQUES.

Celles des éléments qui le constituent; ainsi :

L'AZOTE, *élément essentiellement indifférent.*

Diminue l'énergie de l'oxygène qu'il dilue, dans la respiration, par exemple; comme l'eau dilue l'alcool, dans les boissons alcooliques.

Etc.

L'ACIDE CARBONIQUE.

Se combine aux bases telles que la chaux, dans les mortiers; l'oxyde de cuivre qui se forme à la surface du bronze exposé à l'air; etc.

Etc.

L'EAU.

Favorise l'action de l'oxygène et de l'acide carbonique sur les matières qui peuvent s'oxyder ou se carbonater au contact de l'air. Ainsi, l'air sec ne recouvrirait pas le bronze d'une couche de *carbonate de cuivre* dit *vert-de-gris ou patine du bronze*, et le fer d'une couche de *sesquioxyde de fer hydraté* appelé *rouille.*

Etc.

L'OXYGÈNE.

Élément essentiellement actif et comburant par excellence.

Fait de l'air un bon comburant, comme le prouvent toutes les combustions lentes ou vives qui se produisent sous son influence, telles que la combustion lente du fer qui se rouille, et la combustion vive du charbon dans un foyer.

Produit la flamme en brûlant les gaz ou les vapeurs que fournissent les corps suffisamment chauffés.

FLAMME.

L'hydrogène en brûlant donne une flamme très-chaude, mais peu éclairante. Nous avons dit que cela tenait à ce que dans cette flamme il n'y avait pas de corps solides en suspension.

Pouvoir éclairant de la flamme.

Pour qu'une flamme soit éclairante, il faut deux conditions :

1° *Qu'elle soit très-chaude* comme celle de l'hydrogène, par exemple;

2° *Qu'elle renferme dans son intérieur des particules solides fortement incandescentes.*

Ces conditions se trouvent réalisées dans la combustion des gaz ou des vapeurs carburés qui renferment du charbon uni à l'hydrogène.

En effet, par suite de l'insuffisance de l'oxygène que renferme l'air, l'hydrogène de ces composés, plus combustible que le charbon, s'enflamme le premier en produisant beaucoup de chaleur, tandis que le charbon mis en liberté se trouve en suspension à l'état solide au milieu de la flamme très-chaude, y devient fortement incandescent et la rend éclairante.

Il suffit pour prouver la présence du charbon dans la flamme de la refroidir en la mettant en contact avec une soucoupe de porcelaine qui se recouvre de noir de fumée.

Pour rendre la flamme de l'hydrogène éclairante, il suffit (*fig.* 38, *Pl. V*) de faire barboter l'hydrogène qui se dégage du flacon *a* dans la *benzine* (*carbure d'hydrogène volatil*) que renferme le flacon *b* et de l'enflammer en *c*. Dans ce cas, le pouvoir éclairant de l'hydrogène est dû à la combustion de la vapeur de benzine entraînée et dont le charbon mis à nu voltige dans la flamme.

Lumière de Drummond (page 49).

Anatomie de la flamme que donnent les corps riches en hydrogène et en charbon, tels que les huiles, les graisses ou l'acide stéarique d'une *bougie*, par exemple (*fig.* 39, *Pl. V*) :

m, *mèche* en coton qui aspire par capillarité le corps gras en fusion; celui-ci, décomposé par la chaleur de la flamme, donne des vapeurs carburées dont la combustion par l'oxygène de l'air entretient la température qui provoque leur formation;

a, *partie extérieure, peu lumineuse et très-chaude* du cône de vapeurs qui s'échappent de la mèche. Elle se mélange facilement à l'air qui l'enveloppe; celui-ci complète la combustion en produisant peu de lumière, mais une forte température.

c, *partie centrale et obscure* du cône. Elle est formée par les vapeurs peu chaudes et non encore enflammées, l'air n'arrivant pas jusqu'à elles.

b, *partie intermédiaire et très-lumineuse* du cône. L'air n'arrive pas en quantité suffisante dans cette région; il est arrêté en partie par l'enveloppe extérieure *a*; la combustion est incomplète et l'hydrogène seul est brûlé; aussi la température est inférieure à celle de la partie *a*; mais le charbon mis à nu et porté à l'incandescence la rend très-éclairante. Le charbon mis en liberté dans cette partie de la flamme arrive à la partie *a* et s'y brûle complétement.

d, *partie inférieure et bleuâtre* du cône; la couleur bleuâtre est due à la combustion de l'oxyde de carbone qui se forme dans la partie la plus refroidie de la flamme par le courant continu d'air froid qui s'y rend de bas en haut. En effet, dans la partie la plus refroidie de la flamme l'hydrogène brûle complétement; mais le charbon brûle à demi en produisant de l'oxyde de carbone qui brûle à son tour avec sa flamme bleue caractéristique.

Pouvoir réducteur et oxydant de la flamme.

La partie extérieure et la plus chaude de la flamme *a* (*fig.* 39, *Pl. V*), chassée horizontalement par le *chalumeau* (*fig.* 41, *Pl. V*), peut porter les corps à leur température d'oxydation, et ce phénomène se produit aux dépens de l'oxygène que renferme l'air qui les entoure.

Cette partie de la flamme, ne contenant ni hydrogène ni charbon qui ne soit *complétement* brûlé, n'est nullement propre à réduire les oxydes ainsi formés.

Cette partie a le pouvoir oxydant.

La partie intérieure et la moins chaude de la flamme *c* qui renferme une forte proportion de charbon à l'état soit de charbon libre, soit d'oxyde de carbone, CO, qui peut se suroxyder pour passer à l'état d'acide carbonique, CO^2, et qui renferme même des vapeurs hydrocarburées, peut réduire les oxydes qui sont réductibles par l'hydrogène et le charbon à une température suffisamment élevée.

Cette partie a le POUVOIR RÉDUCTEUR.

CHALUMEAU À AIR (*fig.* 40, *Pl. V*) :

ab, tube de laiton terminé en *c* par une pièce évasée en ivoire qu'on place entre les lèvres (*fig.* 41, *Pl. V*) pour y insuffler de l'air chassé de la bouche par le jeu des muscles des joues et aspiré par les fosses nasales, afin qu'il ne soit pas dépouillé d'une partie de son oxygène et chargé d'acide carbonique comme celui qui viendrait des poumons.

d, chambre destinée à recevoir l'humidité entraînée par l'air insufflé.

e, tube conique terminé en *f* par un petit ajutage en platine qui plonge dans la flamme.

CHALUMEAU À OXYGÈNE.

L'extrémité du dard de la flamme d'une lampe alimentée par l'alcool et par un courant d'air que projette le chalumeau que nous venons de décrire ne peut pas fondre un fil de platine même très-fin ; mais, si l'on remplace l'air par l'oxygène, la température devient assez élevée pour fondre un fil de $\frac{1}{2}$ millimètre de diamètre. L'oxygène est amené par un tuyau de caoutchouc qui, partant du gazomètre décrit à la page 48, aboutit à un chalumeau placé dans l'axe de la flamme.

REFROIDISSEMENT DE LA FLAMME.

Il faut que la flamme soit maintenue à une température suffisamment élevée pour que la combustion des gaz et des vapeurs combustibles qu'elle renferme puisse continuer. Si la flamme est refroidie par un moyen quelconque, il peut arriver un moment où la température des corps combustibles qu'elle renferme s'abaisse assez pour que leur oxydation ne puisse plus se produire. C'est ce qui a lieu lorsqu'on met la flamme au contact de corps très-bon conducteurs de la chaleur, comme les métaux, qui lui enlèvent une partie notable de sa chaleur.

EXEMPLES.

1° Il suffit de placer sur la flamme du gaz hydrogène, par

exemple (*fig.* 42, *Pl. V*), une toile métallique *t* pour la refroidir de telle sorte que le gaz qui passe en *a*, au-dessus de la toile, ne brûle plus.

2° Si après avoir placé la toile métallique, dans la même position, au milieu de l'hydrogène qui se dégage, on enflamme ce gaz en *b* (*même figure*), il brûlera au-dessus de la toile et celle-ci refroidira suffisamment la flamme pour que la combustion ne se propage pas au-dessous.

Nous verrons plus tard une heureuse application de la propriété refroidissante des toiles métalliques.

COMPOSÉS OXYGÉNÉS DE L'AZOTE.

Au nombre de cinq.

Offrent un EXEMPLE REMARQUABLE *de la* LOI DES COMBINAISONS EN PROPORTIONS MULTIPLES *et de la* LOI RELATIVE AUX COMBINAISONS GAZEUSES.

Voici leur composition exprimée en volume et en équivalent :

2 vol. d'*az.*	+ 1 vol. d'*oxyg.*	donnent	2 vol. de *protoxyde d'azote*	$= AzO$,
2 vol. »	+ 2 vol. »	»	4 vol. de *deutoxyde d'azote*	$= AzO^2$,
2 vol. »	+ 3 vol. »	»	vol. inconnu d'*acide azoteux*	$= AzO^3$,
2 vol. »	+ 4 vol. »	»	4 vol. d'*acide hypo-azotique*	$= AzO^4$,
2 vol »	+ 5 vol. »	»	vol. inconnu d'*acide azot. anhydre*	$= AzO^5$.

L'*acide azotique combiné à l'eau*, servant à préparer tous les autres, sera étudié le premier.

ACIDE AZOTIQUE. $AzO^5, HO = 63$.

Synonymie.

Acide nitrique,

Eau forte.

Historique.

Raymond Lulle le découvrit en 1225, en distillant un mélange de *salpêtre* (azotate de potasse) et d'*argile*.

Cavendish, en 1784, fit connaître ses principes constituants.

Gay-Lussac, en 1816, établit nettement sa composition.

Propriétés physiques.

Liquide.

Incolore quand on l'a chauffé légèrement pour le débarrasser des *vapeurs rutilantes* qui le jaunissent.

Fumant à l'air: ce qui prouve qu'il est avide d'eau.

Densité = 1,52 à 18°.

Bout à 86°.

Se congèle à — 55°.

Propriétés chimiques.

Acide très-énergique; car il se combine énergiquement avec les bases et rougit très-fortement la teinture de tournesol.

Eau. *S'y combine et forme un nouvel acide* qui contient 3 équivalents d'eau de plus et présente avec celui que nous étudions les différences suivantes :

Formule : $AzO^5, 4HO$.

Densité = 1,42.

Bout à 123°.

Stabilité: plus grande; car il n'est pas décomposé par la lumière et distille sans décomposition.

Lumière. *Le décompose incomplétement* en acide hypoazotique, oxygène et eau.

Réaction : $AzO^5, HO = AzO^4 + O + HO$.

L'acide hypoazotique, ainsi formé, colore en jaune la partie non décomposée.

Chaleur.

A la température de l'ébullition, le décompose incomplétement.

Réaction : $AzO^5, HO = AzO^4 + O + HO$.

A la température blanche, le décompose complétement.

Réaction : $AzO^5, HO = Az + 5O + HO$.

Désorganise la plupart des matières organiques, la *peau,* la *soie,* par exemple, *en commençant par les jaunir.*

Décomposé par l'acide sulfurique qui lui enlève son eau. En effet, distillé avec cinq fois son poids d'acide sulfurique à 66°, corps très-avide d'eau, il est en partie décomposé en acide hypoazotique et oxygène, après avoir perdu l'équivalent d'eau qu'il renferme.

Réaction : $AzO^5 = AzO^4 + O$.

OXYDANT ÉNERGIQUE.

Les corps avides d'oxygène le décomposent et s'oxydent à ses dépens en le faisant passer à un degré d'oxydation inférieur, de *deutoxyde d'azote*, AzO^2, par exemple, qui emprunte à l'air 2 équivalents d'oxygène pour passer à l'état d'*acide hypoazotique*, AzO^4, dont la couleur rouge, à l'état de vapeur, accuse la réaction.

EXEMPLES.

Métalloïdes.

Arsenic.

Réaction : $As + AzO^5, HO = AsO^3 + AzO^2 + HO$.

Soufre.

Réaction : $S + AzO^5, HO = SO^3, HO + AzO^2$.

Chlore, Brome, Iode, métalloïdes peu avides d'oxygène, sont sans action.

Métaux. Sont généralement attaqués, et les oxydes formés, quand ils sont basiques, se dissolvent dans la partie de l'acide non décomposé et passent à l'état d'*azotates*.

Cuivre.

Réaction :

$$3Cu + 4AzO^5, HO = 3(AzO^5, CuO) + AzO^2 + 4HO.$$

Étain.

Réaction :

$$3Sn + 2AzO^5, HO = 3SnO^2 + 2AzO^2 + 2HO.$$

L'action varie avec le degré de concentration de l'acide employé. Ainsi, *au contact de l'acide monohydraté,* qui est si peu stable, *l'étain et le fer ne sont pas attaqués ;* mais, *si dans cet acide inactif on verse un peu d'eau, l'étain est immédiatement attaqué* et transformé en poudre blanche insoluble qui est l'*acide stannique,* SnO^2 ; tandis que *le fer n'est pas attaqué :* LE FER EST DEVENU PASSIF.

PASSAGE DU FER À L'ÉTAT PASSIF.

Ce métal, si vivement attaqué par l'acide azotique,

même très-étendu, acquiert, par son contact avec cet acide monohydraté, la propriété de résister ultérieurement à l'action oxydante de l'acide azotique étendu; il devient PASSIF; mais, *pour le rendre* ACTIF, *et par conséquent attaquable, il suffit de le toucher avec un fil de cuivre,* par exemple, *ou même avec du fer* NON PASSIF.

*N'attaque pas certains métaux, l'*OR *et le* PLATINE, *par exemple.* Aussi, pour dissoudre ces métaux, il faut que l'*acide azotique* soit mêlé en certaines proportions avec un autre acide, l'*acide chlorhydrique,* par exemple. Ce mélange constitue l'*eau régale,* dont nous parlerons plus tard.

USAGES.

Oxydant énergique dans l'industrie et dans les laboratoires. Ainsi, il transforme l'*acide sulfureux,* SO^2, que donne la combustion directe du soufre, en *acide sulfurique,* SO^3, qu'on fabrique actuellement sur une si grande échelle.

Teint en jaune la plume, la soie, etc.

Oxyde les métaux, et la solubilité des azotates qu'il forme avec les oxydes métalliques ainsi produits en fait un dissolvant précieux des métaux.

PRÉPARATION.

I. *En combinant l'oxygène avec l'azote.*

L'azote, étant un corps très-peu avide d'oxygène, ne se combine pas directement avec lui : il faut, pour combiner ces deux corps, faire intervenir l'*état naissant* ou bien modifier l'oxygène par une série d'étincelles électriques qui le font passer à l'état d'*ozone* dont les affinités chimiques sont plus énergiques.

EXEMPLES :

1° *Expérience de Cavendish* (*fig.* 43, *Pl. V*).

Dans le tube *ab*, plein de mercure, on fait passer de l'*air* et un peu de *potasse,* KO, dissoute.

Sous l'influence d'une série d'étincelles électriques excitées à l'intérieur du tube, le volume gazeux diminue par suite de la formation d'*acide azotique* qui se combine à la *potasse* pour former de l'*azotate de potasse,* AzO^5, KO.

2° Dans l'air, sous l'influence des longues étincelles qu'échangent les nuages, ce corps prend naissance et se retrouve dans l'*eau des pluies d'orage.*

II. *En le retirant des azotates.*

La grande quantité d'acide azotique qui se consomme et qui

n'est pas moindre, en France, de 5 millions de kilogrammes, est retirée des *azotates naturels* et en presque totalité de l'*azotate de soude* qui se trouve accumulé dans le sol de certaines contrées en quantités considérables.

OPÉRATION DANS LE LABORATOIRE.

On chauffe la cornue *a* (*fig.* 44, *Pl. VI*) dans laquelle on a introduit d'abord 100 parties ou 1 équivalent d'azotate de potasse, AzO^5, KO, et ensuite, à l'aide d'un tube à entonnoir (*fig.* 45, *Pl. VI*), 97 parties ou 2 équivalents d'acide sulfurique monohydraté, SO^3, HO. Dans les laboratoires, on emploie parties égales des deux corps.

L'acide azotique qui distille se rend dans le ballon *b*, convenablement refroidi.

Réaction :

$$AzO^5, KO + 2(SO^3, HO) = AzO^5, HO + (SO^3)^2, KO, HO.$$

Il faut faire réagir 2 équivalents d'acide sur 1 équivalent d'azotate de potasse, parce que c'est toujours le *bisulfate de potasse* qui commence à se former et que le *sulfate neutre* ne peut prendre naissance qu'à une température à laquelle l'acide azotique serait décomposé.

Il se produit des vapeurs rouges, au commencement et à la fin de l'opération.

Au commencement de l'opération, le grand excès d'acide sulfurique, corps très-avide d'eau, déshydrate la première partie, très-faible encore, de l'acide azotique mis en liberté, qui se décompose alors en acide hypoazotique et oxygène.

Réaction :

$$AzO^5, HO + (SO^3, HO)^n = AzO^4 + O + [(SO^3, HO)^n + HO].$$

A la fin de l'opération, la température s'élève de plus en plus pendant la décomposition des dernières parties de l'azotate de potasse et détermine la même décomposition des dernières parties de l'acide azotique qui devient libre.

L'acide hypoazotique ainsi produit colore en jaune l'acide azotique obtenu.

OPÉRATION DANS L'INDUSTRIE.

On prépare en grand un acide dont la formule est AzO^5, 4HO, au lieu de AzO^5, HO : il renferme donc une plus forte proportion d'eau. Cette eau est presque tout entière introduite d'avance dans les bonbonnes où l'acide vient se condenser; car il faut éviter qu'elle soit fournie par un acide sulfurique peu concentré qui attaquerait rapidement les grands vases en fonte où se fait le traitement et qui produirait un acide azotique trop aqueux, et par conséquent susceptible d'exercer aussi une action destructive sur le fer, action que l'acide azotique à 1 équivalent d'eau n'exerce pas, ainsi que nous l'avons déjà dit en parlant des propriétés chimiques de cet acide (*voyez* p. 85).

PURIFICATION.

L'acide azotique du commerce contient de l'*acide sulfurique* entraîné, de l'*acide chlorhydrique* qui provient des chlorures que renferment les azotates du commerce employés, et de l'*acide hypoazotique*, qui le jaunit.

On le purifie en le redistillant dans l'appareil (*fig.* 46, *Pl. VI*) avec une petite quantité d'azotate de plomb et en conservant seulement le second tiers.

L'*acide hypoazotique* passe avec le premier tiers.

Les *acides sulfurique* et *chlorhydrique*, fixés par l'oxyde de plomb, restent dans le troisième tiers.

ACIDE AZOTIQUE ANHYDRE. $AzO^5 = 54$.

HISTORIQUE.

Découvert en 1849, par M. *Henri Sainte-Claire Deville*.

Solide.

Cristallisé en prismes droits rhomboïdaux.

Fusible à 29°,5.

Bout à 48° ou 50°.

Très-peu stable.

PRÉPARATION.

En faisant réagir le chlore sec sur l'azotate d'argent sec.

Réaction : $AzO^5, AgO + Cl = AzO^5 + O + Cl\,Ag$.

ACIDE HYPOAZOTIQUE. $AzO^4 = 46 = 4$ vol. $= (2$ vol. $Az + 4$ vol. $O)$.

SYNONYMIE.

Vapeurs nitreuses, vapeurs rutilantes.

PROPRIÉTÉS PHYSIQUES.

Solide à — 9°. — *Prismes transparents et incolores.*

Liquide de — 9° à 22°.

Jaune fauve qui se fonce de plus en plus en s'approchant de 22°.

Densité = 1,42.

Tension de sa vapeur très-forte : aussi répand-il à l'air des vapeurs rutilantes très-abondantes.

Gazeux au-dessus de 22°.

Rouge.

Densité = 1,70.

Soluble dans l'acide azotique, qu'il colore :

En brun, pour un acide à 1,510 de densité qui ne le décompose pas.

En vert, pour un acide à 1,410 de densité qui le décompose *partiellement* en *acide azoteux* et *acide azotique.*

Réaction : $3\,AzO^4 = AzO^4 + AzO^3 + AzO^5$.

En bleu, pour un acide à 1,320 de densité qui le transforme *totalement* en *acide azoteux* et *acide azotique.*

Réaction : $2\,AzO^4 = AzO^3 + AzO^5$.

PROPRIÉTÉS CHIMIQUES.

Oxydant énergique, vu sa richesse en oxygène et son peu de stabilité.

En présence des BASES, il ne se comporte pas comme un acide; mais il se dédouble en *acide azotique*, déjà étudié, et en *acide azoteux* dont il sera question plus bas.

Il se forme un *azotate* et un *azotite* de la base employée, la potasse, KO, par exemple.

Réaction : $2\,(AzO^4) + 2\,KO = AzO^5, KO + AzO^3, KO$.

*En présence de l'*EAU.

Peu d'eau et très-froide le dédouble, à la façon d'une base.

Réaction : $2\,(AzO^4) + 2\,HO = AzO^5, HO + AzO^3, HO$.

Le liquide présente deux couches :

La couche inférieure, *bleue,* renferme de l'*acide azoteux ;*

La couche supérieure, *incolore,* renferme de l'*acide azotique.*

Beaucoup d'eau le décompose en le transformant en *acide azotique* et en *deutoxyde d'azote*, par suite de la transformation de l'*acide azoteux* qui se forme dans la réaction précédente en *acide azotique* et *deutoxyde d'azote*, sous l'influence d'une proportion d'eau plus considérable.

Réaction :

$$3(AzO^3,HO)+Aq.(^*)=AzO^5,HO+2HO+2AzO^2+Aq.$$

Jaunit et désorganise la peau, etc., comme l'acide azotique.

PRÉPARATION :

1° En faisant arriver séparément dans le récipient *a* (*fig.* 47, *Pl. VI*), entouré d'un mélange réfrigérant, 4 vol. de *deutoxyde d'azote*, AzO^2, et 2 vol. d'*oxygène*, 2O. Ces gaz se dessèchent complétement en passant dans des tubes en U remplis de fragments de potasse fondue.

Réaction : $AzO^2 + 2O = AzO^4$.

L'acide hypoazotique, ainsi formé, cristallise dans le récipient, à mesure qu'il s'y condense.

2° *En chauffant*, dans une cornue en grès ou en porcelaine *a* (*fig.* 48, *Pl. VI*), *l'azotate de plomb*, AzO^5,PbO, *desséché autant que possible*. Ce sel se décompose en *oxyde de plomb*, PbO, et *acide azotique*, AzO^5, qui se décompose lui-même en *acide hypoazotique*, AzO^4, et oxygène, O, sous l'influence de la température à laquelle s'opère la séparation des éléments constituants du sel.

Réaction : $AzO^5, PbO = AzO^4 + O + PbO$.

L'acide hypoazotique, ainsi formé, est condensé dans le récipient de verre *b*, qui plonge dans un mélange réfrigérant formé avec la glace et le sel marin.

C'est en recueillant à part la dernière partie de l'acide qu'on peut l'obtenir cristallisé, parce que cette dernière partie est complétement privée d'eau.

ACIDE AZOTEUX. $AzO^3 = 38$.

PROPRIÉTÉS.

Stabilité très-faible, lorsqu'il n'est pas combiné aux bases pour constituer un *azotite*.

Couleur bleu indigo.

(*) Aq exprime un excès d'eau.

Bout à une température probablement très-peu supérieure à o°.

Décomposé par l'eau, employée en excès, en *acide azotique* et *deutoxyde d'azote*.

Réaction : $3AzO^3 + Aq. = AzO^5 + 2AzO^2 + Aq.$

Préparation.

Dans plusieurs réactions qui s'accomplissent avec une *réduction incomplète de l'acide azotique qui perd 2 équivalents d'oxygène*, on ne l'a pas obtenu complétement pur ; il est mélangé d'autres produits nitreux ; mais on connaît des *azotites* définis.

DEUTOXYDE D'AZOTE. $AzO^2 = 30 = 4$ vol. $=$ (2 vol. Az + 2 vol. O).

Propriétés physiques.

Gaz permanent sous une pression de 35 atmosphères et à la température la plus basse qu'on a pu produire.

Incolore.

Saveur et *odeur* qui ne peuvent pas être appréciées à cause de l'action que l'air exerce sur lui, en le transformant en *acide hypoazotique*.

Densité = 1,039 ; 1 litre pèse 1gr,344.

Solubilité. L'eau en dissout à 15° $\frac{1}{20}$ de son volume.

Propriétés chimiques.

Oxydé par l'air qui le rend rutilant, en lui cédant 2 équivalents d'oxygène qui le font passer à l'état d'*acide hypoazotique*.

Réaction : $AzO^2 + 2O = AzO^4$.

Aussi, *dans le flacon où on le prépare, les premières portions sont rutilantes* et restent rutilantes tant que l'air n'a pas été complétement chassé.

La teinture de tournesol, qui reste bleue lorsqu'on l'introduit à l'aide d'une pipette courbe dans une éprouvette placée sur le mercure et pleine de ce gaz, *devient rouge* dès qu'on y introduit quelques bulles d'air, parce qu'il se produit de l'acide hypoazotique décomposable par l'eau en acide azotique et bioxyde d'azote (*voyez* p. 89).

Oxydé par l'acide azotique qu'il réduit et ramène à l'état d'*acide hypoazotique*, AzO^4.

Il passe lui-même à l'état d'acide hypoazotique, AzO^4, qui se dissout dans l'acide azotique non décomposé et le colore diversement suivant le degré de concentration de cet acide (*voyez* p. 89).

Réaction : $2AzO^5 + AzO^2 = 3AzO^4$.

Comburant peu énergique.

Le charbon faiblement allumé s'y éteint.

Le charbon fortement incandescent continue à brûler.

Le soufre s'y éteint.

Le phosphore continue à brûler; mais il peut être fondu dans une atmosphère de ce gaz sans s'enflammer, tandis qu'il s'enflammerait dans l'air.

Les sels de protoxyde de fer l'absorbent et passent du vert pâle au brun de plus en plus foncé à mesure qu'ils en absorbent davantage.

CARACTÈRES DISTINCTIFS.

Devient rutilant à l'air.

Colore en rouge brun les protosels de fer qui l'absorbent.

PRÉPARATION.

En réduisant par le cuivre l'acide azotique très-étendu (*fig* 49, *Pl. VI*).

APPAREIL : *a*, flacon contenant des copeaux de cuivre et de l'eau;
b, tube à entonnoir pour verser l'acide azotique;
c, éprouvette sur l'eau pour recueillir le gaz.

On recueille le gaz lorsqu'il est tout à fait incolore.

Réaction :

$$4(AzO^5, HO) + 3Cu = 3(AzO^5, CuO) + AzO^2 + 4HO.$$

Si l'acide était moins étendu d'eau, la réaction serait trop vive et une partie du *deutoxyde d'azote* formé pourrait oxyder le cuivre et passer à l'état de *protoxyde d'azote.*

Réaction : $AzO^2 + Cu = AzO + CuO.$

Une partie du deutoxyde d'azote pourrait même être réduit complétement par le cuivre avec dégagement d'*azote* mis ainsi en liberté.

Réaction : $AzO^2 + 2Cu = Az + 2CuO,$

et les deux gaz, AzO et Az, seraient mélangés en quantités plus ou moins considérables avec le deutoxyde d'azote, AzO^2, que l'on prépare.

PROTOXYDE D'AZOTE.

HISTORIQUE.

Découvert par Priestley, en 1772.

H. Davy, en 1779, étudia ses propriétés physiologiques.

PROPRIÉTÉS PHYSIQUES.

Gaz non permanent.

Se liquéfie à 0° sous une pression de 30 atmosphères.

Se solifie à — 100°.

Incolore; inodore.

Saveur légèrement sucrée.

Densité = 1,527; 1 litre pèse $1^{gr},976$.

Solubilité.

L'eau en dissout ½ volume.

L'alcool en dissout 1 ½ volume.

PROPRIÉTÉS CHIMIQUES.

COMBURANT.

Le charbon, le soufre et le phosphore y brûlent avec presque autant d'éclat que dans l'oxygène.

Une bougie qui présente un point en ignition s'y rallume et continue à brûler avec un peu moins d'éclat que dans l'oxygène.

Décomposable par la chaleur en azote et oxygène.

Réaction : $AzO = Az + O$.

PROPRIÉTÉS PHYSIOLOGIQUES.

A dose modérée, lorsqu'on le respire, il produit une ivresse heureuse (une délirante extase, selon H. Davy) : de là son nom de *gaz hilarant*, de *gaz de paradis des poëtes anglais.*

A dose plus élevée, il asphyxie.

Ce corps doit être considéré comme le premier anesthésique que l'on ait connu.

PRÉPARATION.

En décomposant par la chaleur, dans la cornue *a* (*fig.* 50, *Pl. VI*), *l'azotate d'ammoniaque qui se dédouble en protoxyde d'azote et eau.*

Réaction : $AzO^5, AzH^3, HO = 2AzO + 4HO$.

On le recueille sur l'eau, ou mieux sur l'eau salée, qui le dissout très-peu.

*On le prépare à l'*ÉTAT LIQUIDE en foulant le gaz dans un réservoir très-résistant et entouré de glace.

COMPOSÉ HYDROGÉNÉ DE L'AZOTE.

AMMONIAQUE. $AzH^3 = 17 = 4$ vol. $=$ (2 vol. Az $+$ 6 vol. H).

SYNONYMIE.

Alcali volatil. — *Alcali fluor.* — *Esprit de sel ammoniac.*

HISTORIQUE.

Connue des anciens chimistes qui ignoraient sa nature.

Priestley trouva qu'elle était formée d'hydrogène et d'azote.

Berthollet, en 1785, détermina les proportions de ses éléments constituants.

PROPRIÉTÉS PHYSIQUES.

Gaz non permanent qu'on appelle GAZ AMMONIAC.

LIQUÉFIABLE.

1° à — 40°; *par le froid* que produit l'évaporation rapide de l'*acide sulfureux liquéfié* (Bussy).

2° *Par sa propre pression* (procédé de M. Faraday).

On introduit (*fig.* 51, *Pl. VI*) dans la partie *a* du tube recourbé *ab* du *chlorure d'argent* sec saturé de *gaz ammoniac*, dont il peut prendre jusqu'à 230 fois son volume.

On ferme le tube en *b*, puis on le chauffe en *a* jusqu'à 40°.

Le gaz ammoniac qui devient libre à cette température exerce sur lui-même, dans un espace aussi restreint, une forte pression; la plus grande partie se liquéfie et va se condenser dans la partie *b* du tube que l'on a soin de refroidir convenablement.

Propriétés de l'ammoniaque à l'état liquide :

Très-mobile.

Densité $= 0,76$.

SOLIDIFIABLE.

Par le refroidissement que produit l'évaporation dans le vide d'un mélange d'acide carbonique solide et d'éther (Faraday).

Propriétés de l'ammoniaque à l'état solide :

Blanche et *transparente.*

Cristalline.

Densité plus forte que celle de l'ammoniaque à l'état liquide.

Incolore.

Saveur âcre.

Odeur vive et piquante qui provoque les larmes.

Densité = 0,591; 1 litre pèse $0^{gr},768$.

SOLUBILITÉ DANS L'EAU.

Très-grande. L'eau en dissout 450 à 500 fois son volume, et la dissolution porte le nom d'*ammoniaque liquide* et remplace dans les laboratoires le gaz trop difficile à manier.

EXPÉRIENCES *qui mettent en évidence la solubilité de l'ammoniaque dans l'eau.*

1° Lorsque après avoir porté dans l'eau l'éprouvette *a* (*fig.* 52, *Pl. VI*) remplie de gaz ammoniac et reposant sur une soucoupe pleine de mercure, on la soulève au-dessus de ce métal, pour lui faire prendre la position *a'*, l'eau s'y précipite avec une telle rapidité et frappe le sommet avec tant de violence, qu'elle le brise presque toujours. Il faut avoir soin de résister convenablement au choc de l'eau, qui agit à la manière d'un marteau, avec la main entourée d'un linge pour éviter d'être blessé par les fragments de verre.

L'eau se précipite dans l'éprouvette qui renferme ce gaz, comme dans le vide.

2° De la glace introduite dans une éprouvette remplie d'ammoniaque fond immédiatement et dissout la totalité de ce gaz.

Densité de la dissolution de l'ammoniaque dans l'eau = 0,85.

PROPRIÉTÉS CHIMIQUES.

BASE ÉNERGIQUE lorsqu'on la met en présence des *hydracides anhydres* et des *oxacides hydratés* (*voyez* les sels ammoniacaux).

Bleuit la teinture de tournesol rougie, en s'y dissolvant.

Verdit le sirop de violettes, en s'y dissolvant.

Ne fume pas à l'air humide.

Fume à l'air, lorsqu'on approche une baguette de verre trempée dans l'acide chlorhydrique qui se combine avec elle et produit au milieu de l'air un corps solide extrêmement divisé, le *chlorhydrate d'ammoniaque* ou *sel ammoniac.*

Réaction : $AzH^3 + ClH = ClH, AzH^3$.

CHALEUR.

Rouge sombre, sans action.

Plus élevée, décomposition partielle.

Rouge vif, décomposition complète en 1 vol. d'azote et 3 vol. d'hydrogène.

$$\textit{Réaction :}\ AzH^3 = \underbrace{Az}_{2\ vol.} + \underbrace{3H}_{6\ vol.}.$$

ÉLECTRICITÉ.

La décompose par une série suffisante d'étincelles.

Son volume devient double. En effet, puisque Az = 2 vol. et H = 2 vol., il s'ensuit que Az + 3H, ou les éléments de l'ammoniaque décomposée, = 8 vol. : volume double de celui de l'ammoniaque, puisque AzH^3 = 4 vol.

Non comburant. Il éteint les corps en combustion.

Incombustible dans l'air, dans les conditions ordinaires.

Combustible dans l'air, lorsqu'on le chauffe fortement.

$$\textit{Réaction :}\ AzH^3 + 3O = Az + 3HO.$$

Sous l'influence de la mousse de platine légèrement chauffée, un mélange de *gaz ammoniac* et d'oxygène se transforme en *acide azotique* et *eau.*

$$\textit{Réaction :}\ AzH^3 + 8O = AzO^5 + 3HO.$$

CHLORE.

Agit par sa grande affinité pour l'hydrogène, qu'il lui enlève. Ainsi :

1° *Le gaz ammoniac est instantanément décomposé par le chlore avec production de lumière;* il se forme de l'*acide chlorhydrique* qui s'unit avec l'*ammoniaque* non décomposée pour former du *chlorhydrate d'ammoniaque* ou *sel ammoniac,* et de *l'azote est mis en liberté.*

$$\textit{Réaction :}\ 4AzH^3 + 3Cl = 3(ClH, AzH^3) + Az.$$

2° *L'ammoniaque en dissolution est également décomposée, mais avec moins d'énergie.*

OPÉRATION.

1° Dans le tube étroit *ab* (*fig.* 53, *Pl. VI*), de 80 centimètres de longueur environ, on verse jusqu'en *e* de l'*eau saturée* de *chlore;* on achève de remplir le tube avec une *dissolution d'ammoniaque.* La longueur de la partie *ae* du tube est de 6 centimètres environ.

Après avoir fermé en *a*, à l'aide du doigt, on renverse le tube dans la position *df*. L'*ammoniaque liquide*, plus légère que l'eau, gagne la partie la plus élevée du tube en passant à travers l'*eau chlorée* qui agit sur elle par le *chlore* qu'elle contient, et l'*azote mis en liberté* se rassemble dans la partie *f* du tube où il *peut être reconnu à ses caractères négatifs*.

2° On peut faire barboter le *chlore* qui se dégage d'un appareil qui le produit d'une manière continue, dans un flacon laveur contenant de l'*ammoniaque liquide*; celle-ci fixe le *chlore*, qui la décompose, et laisse dégager de l'*azote* qu'on peut recueillir dans une éprouvette à l'aide d'un tube abducteur.

C'est une manière de préparer l'azote dans les laboratoires.

Il faut toujours maintenir l'ammoniaque liquide en grand excès, si l'on veut éviter des accidents par suite de la formation de composés détonants.

Brome et iode agissent d'une manière analogue.

Eau.

Affinité nulle ou très-faible; car le gaz ammoniac

1° *Ne fume pas à l'air humide;*

2° *Est chassé en totalité de sa dissolution* par une température de 60° seulement;

3° *S'échappe en totalité de l'eau* lorsqu'on expose sa dissolution à l'air;

4° *Abandonne complétement l'eau* lorsqu'on porte sa dissolution dans le vide, pourvu qu'on absorbe le gaz au fur et à mesure qu'il se dégage.

Le gaz ammoniac se condenserait donc dans l'eau de la même façon qu'il se condense dans le charbon de bois, c'est-à-dire *sous l'influence d'une action analogue à l'action capillaire.*

Caractères distinctifs.

Odeur.

Alcalinité: il *bleuit* la teinture de tournesol rougi par un acide et *verdit* le sirop de violettes.

Fumées blanches lorsqu'on approche une baguette de verre trempée dans l'acide chlorhydrique.

Préparation.

I. *En combinant l'hydrogène avec l'azote.*

L'azote et l'hydrogène ne se combinent pas directement; il faut les mettre en présence à l'état naissant.

EXEMPLES :

1° *Lorsque le fer exposé à l'air humide s'oxyde* aux dépens de l'oxygène qu'il emprunte en même temps à l'air et à l'eau décomposée, *il se forme de l'ammoniaque par la réaction de l'*HYDROGÈNE NAISSANT qui provient de l'eau décomposée *sur l'azote de l'air.*

2° *Lorsque l'étain s'oxyde sous l'influence de l'acide azotique,* l'action est si énergique, que le métal prend son oxygène non-seulement à l'acide, qu'il *réduit complétement,* mais encore à l'eau. *L'azote et l'hydrogène se trouvent donc ainsi en contact, l'un et l'autre à l'*ÉTAT NAISSANT, et se combinent pour former de l'*ammoniaque.*

3° *Dans la distillation des matières animales,* il se produit de l'*ammoniaque* à l'état de *carbonate d'ammoniaque.*

4° *Dans la décomposition spontanée des matières animales* qui constitue la *fermentation putride,* il se produit encore du *carbonate d'ammoniaque.*

5° *Dans la distillation de la houille,* il se produit du *carbonate d'ammoniaque* mêlé à du *sulfhydrate d'ammoniaque.* Ces deux sels, traités par l'acide chlorhydrique, se transforment en *chlorhydrate d'ammoniaque,* ClH, AzH^3, que le commerce offre en abondance et qui sert à préparer l'*ammoniaque.*

Dans ces trois derniers exemples, l'ammoniaque se forme par la combinaison de l'azote et d'une partie de l'hydrogène que renferment les matières qui se décomposent sous l'influence de la chaleur ou par suite d'une fermentation spéciale : ces deux corps réagissent l'un sur l'autre *à l'*ÉTAT NAISSANT.

II. *En le retirant des sels ammoniacaux.*

1° *A l'état gazeux* (*fig.* 54, *Pl. VI*).

Dans le ballon *a*, et de préférence dans une cornue de grès, on chauffe un mélange, à poids égaux, de sel ammoniac et de chaux vive pulvérisés. Le gaz ammoniac qui se dégage est recueilli en *b* sur le mercure.

Réaction : $ClH, AzH^3 + 2CaO = CaO, ClCa + HO + AzH^3$.

Il faut employer 2 équivalents de chaux afin de produire de l'*oxychlorure de calcium,* $CaO, ClCa$, qui ne retient pas l'ammoniaque comme la retiendrait le *chlorure de calcium,* $ClCa$.

Lorsqu'on veut obtenir le gaz ammoniac parfaitement sec,

il faut le faire passer à travers des fragments de potasse fondue renfermés dans un tube en U.

2° *En dissolution* (*fig.* 55, *Pl. VII*).

Le ballon *a* ou la cornue dans laquelle se produit le gaz ammoniac communique avec une série de flacons à trois tubulures *b*, *c*, *d* qui constituent un *appareil de Wolf*. Le flacon *b*, qui contient de l'eau déjà saturée d'ammoniaque, sert de flacon laveur. Les deux autres flacons contiennent de l'eau distillée, jusqu'au tiers de leur hauteur.

L'eau ammoniacale est plus légère que l'eau pure; il faut donc, pour obtenir de l'eau complétement saturée d'ammoniaque, faire plonger dans l'eau jusqu'au fond des flacons *c* et *d* les tubes qui amènent le gaz.

Les vases condenseurs *c* et *d* sont plongés dans l'eau froide.

CHLORE. Cl = 35,5 = 2 vol.

SYNONYMIE.

Acide marin déphlogistiqué.

Acide muriatique oxygéné.

HISTORIQUE.

Découvert par *Scheele* en 1774.

Reconnu comme corps simple par *Gay-Lussac* et *Thenard* en 1809, en France, et par *H. Davy*, en Angleterre.

Nommé chlore par *Ampère*.

PROPRIÉTÉS PHYSIQUES.

Gaz non permanent.

Liquéfiable.

1° *Par un abaissement considérable de température.*

Lorsqu'on le fait arriver dans un tube refroidi *par l'évaporation d'un mélange d'acide carbonique solide et d'éther.*

2° *Sous une pression de 4 à 5 atmosphères.*

Propriétés du chlore liquide.

Couleur du gaz.

Densité = 1,33.

Bout à 33° sous la pression de 4 ou 5 atmosphères.

Tension de 4 atmosphères à 15°.

Jaune verdâtre (χλωρὸς).

Odeur forte et suffocante.

Saveur caustique.

Densité = 2,44. 1 litre pèse 3gr,17.

Solubilité.

L'eau en dissout au maximum 3 *fois son volume.*

Varie avec la température sous la pression de 0m,76.

1 vol. d'eau à la température de 0° dissout 1,44 vol. de chlore.

8	»	3,07
10	»	3,04
17	»	2,42
50	»	1,34
100	»	0,00

Hydrate de chlore.

A + 2°, une dissolution de chlore laisse déposer des cristaux d'*hydrate de chlore* d'un blanc jaunâtre, Cl, 10 HO, qui renferment :

Pour 100, 28 de chlore,
72 d'eau.

Propriétés chimiques.

Comburant.

Le meilleur, après l'oxygène, pour les métalloïdes.

Par excellence, pour les métaux.

Hydrogène.

Le chlore jouit de nombreuses propriétés qui sont dues à sa grande affinité pour l'hydrogène.

Le chlore brûle l'hydrogène ; à la façon de l'oxygène, et avec beaucoup d'énergie.

Réaction : Cl + H = Cl H.

1 équivalent de *chlore* se combine avec 1 équivalent d'*hydrogène* pour former 1 équivalent d'*acide chlorhydrique.*

Exemples.

I. **Hydrogène et chlore mélangés.**

Aucune action à la température ordinaire et dans l'obscurité.

Se combinent :

1° Lorsqu'on les met en contact avec la flamme d'une bougie.

Forte détonation.

2° Lorsqu'on fait passer une étincelle électrique.

Forte détonation.

3° Lorsqu'on les expose à la lumière solaire diffuse.

Lentement.

4° Lorsqu'on les expose à la lumière solaire directe.

Instantanément, en faisant entendre une détonation des plus violentes.

Pour éviter d'être blessé par les fragments du flacon qui se brise toujours, il faut, après avoir introduit les deux gaz à la lumière diffuse, le jeter à une grande distance, au milieu des rayons solaires, après l'avoir entouré d'un fort canevas qui laisse passer la lumière et retient les fragments de verre, comme dans un filet.

II. ACTION SUR L'HYDROGÈNE DÉJÀ ENGAGÉ DANS UNE COMBINAISON.

1° *Une bougie allumée, plongée dans le chlore gazeux, brûle un instant encore,* mais la flamme s'affaiblit de plus en plus, et la bougie finit par s'éteindre. Durant cette courte combustion, la flamme est rougeâtre et peu éclairante.

Le chlore, comme l'oxygène, est donc propre à la combustion; mais, tandis que l'*oxygène* brûle l'un et l'autre des éléments du corps gras (*carbone* et *hydrogène*), le *chlore* brûle seulement l'*hydrogène* en produisant une quantité de chaleur qui ne suffit pas pour entretenir la température à laquelle la combustion peut continuer à se produire.

2° *Le chlore humide, passant dans un tube de porcelaine porté au rouge, décompose l'eau;* s'empare de son *hydrogène* pour former de l'*acide chlorhydrique* et met son *oxygène* en liberté.

Réaction : $Cl + HO = ClH + O$.

3° *Une dissolution de chlore dans l'eau, exposée à la lumière solaire directe et même diffuse, s'altère; l'eau est décomposée;* une partie du *chlore* s'empare de l'*hydrogène* pour former de l'*acide chlorhydrique* et l'*oxygène* mis en liberté se dégage ou se combine, *à l'état naissant,* avec une partie du *chlore* dissous qui n'a pas réagi sur l'eau, pour former avec lui un de ses composés oxygénés.

4° *Les matières organiques sont modifiées par le chlore* qui s'empare de tout ou d'une partie de l'*hydrogène* qu'elles renferment, pour former de l'*acide chlorhydrique,* et qui s'y substitue assez souvent de telle sorte que, dans ce cas, le composé organique est le même, si ce n'est qu'un certain nombre d'équivalents d'*hydrogène* enlevés y sont remplacés par un nombre égal d'équivalents de *chlore : il y a eu substitution du chlore à l'hydrogène.*

EXEMPLE.

L'acide acétique, dont la formule est $C^4H^4O^4$, soumis à l'action de 6 équivalents de *chlore,* aidée de l'action de la lumière solaire, perd 3 équivalents d'*hydrogène* enlevés par 3 équivalents de *chlore* qui forment avec lui de l'*acide chlorhydrique ;* mais ces 3 équivalents d'*hydrogène,* ainsi enlevés, sont remplacés par 3 équivalents de *chlore.*

Réaction :

$$C^4H^4O^4 + 6Cl = C^4\left\{\begin{matrix}H\\Cl^3\end{matrix}\right\}O^4 + 3ClH.$$

Le corps nouveau, $C^4\left\{\begin{matrix}H\\Cl^3\end{matrix}\right\}O^4$, *qui dérive de l'acide acétique, par substitution du chlore à l'hydrogène, constitue un nouvel acide* qui conserve le même groupement moléculaire et les propriétés fondamentales de l'acide dont il dérive ; il porte le nom d'*acide chloracétique.*

L'affinité puissante du chlore pour l'hydrogène explique son ACTION DÉCOLORANTE, DÉSINFECTANTE *et* OXYDANTE.

ACTION DÉCOLORANTE.

Aucune matière colorante d'origine organique ne peut résister à l'action du chlore, qui les modifie ou les détruit en exerçant son action sur l'hydrogène qu'elles renferment.

EXEMPLES.

Décoloration du tournesol dissous.

Décoloration de l'indigo dissous.

Décoloration de l'encre au campêche ou *au gallate de fer.*

L'encre d'imprimerie, colorée en noir par le *charbon* qui n'est pas attaqué par le *chlore,* ne subit aucune altération sous l'influence de cet agent.

Employé dans le blanchiment du *chanvre,* du *coton,* du *lin* et de toutes les fibres textiles d'origine végétale.

Le blanchiment de la soie, de la laine et de toutes les

fibres textiles d'origine animale ne peut être opéré à l'aide du chlore, qui agit non-seulement sur la matière colorante, mais encore sur la fibre animale qu'il détruit.

Le *chlore* agit aussi, mais bien moins énergiquement, sur la fibre végétale ; aussi faut-il toujours l'employer avec précaution.

ACTION DÉSINFECTANTE.

Les miasmes et les émanations infectes qui s'échappent des matières organiques en décomposition sont également détruits par le chlore, qui en agissant sur l'hydrogène qu'elles renferment leur fait perdre l'odeur désagréable qui leur est propre et leur enlève la propriété d'exercer une action fâcheuse sur l'économie.

Les matières organiques en décomposition doivent en partie leur odeur à deux corps sulfurés qui renferment de l'hydrogène : l'*hydrogène sulfuré,* SH, et le *sulfhydrate d'ammoniaque,* SH, AzH^3 ; le chlore, en s'emparant de leur hydrogène, les détruit l'un et l'autre.

ACTION OXYDANTE.

Les corps avides d'oxygène, quelle que soit leur origine organique ou inorganique, peuvent être oxydés par le chlore en présence de l'eau. Dans ce cas, *le chlore décompose l'eau, s'empare de son hydrogène et met l'oxygène en liberté :* celui-ci, *à l'état naissant,* se porte sur le corps qu'il oxyde.

C'est ainsi que les matières colorantes sont quelquefois modifiées ou détruites par oxydation sous l'influence du chlore.

C'est ainsi que 2 équivalents de *protoxyde de fer,* 2 FeO, passent à l'état de *sesquioxyde,* Fe^2O^3, lorsqu'on verse dans l'eau qui les tient en suspension une quantité suffisante d'eau de chlore.

Réaction : $2\,FeO + HO + Cl = Fe^2O^3 + ClH.$

C'est ainsi que le chlore est un agent d'oxydation.

Arsenic et antimoine en poudre s'enflamment à la température ordinaire et brûlent en passant à l'état de chlorures lorsqu'on les projette en poudre dans un flacon de chlore.

Potassium, étain et phosphore s'enflamment également dans un courant de chlore.

Fer et cuivre, légèrement chauffés, brûlent avec incandescence dans le chlore.

Mercure absorbe le chlore en s'y combinant : on ne peut donc pas recueillir le *chlore gazeux sec* sur la cuve à mercure.

LUMIÈRE.

L'action du chlore est rendue plus énergique par la radiation solaire. En effet :

Le chlore insolé mélangé à l'hydrogène peut s'y combiner dans l'obscurité.

Le chlore est donc modifié par la LUMIÈRE, *comme l'oxygène qui passe à l'état d'ozone l'est sous l'influence de l'*ÉLECTRICITÉ, *et comme le soufre et le phosphore le sont sous l'influence de la* CHALEUR, *ainsi que nous le verrons plus tard.*

PROPRIÉTÉS PHYSIOLOGIQUES.

Impropre à la respiration et délétère.

Quelques bulles de chlore introduites avec l'air dans les voies respiratoires produisent une violente suffocation et provoquent des crachements de sang, ce qui s'explique facilement par la désorganisation de la muqueuse qui tapisse les voies respiratoires. Le chlore, en effet, enlève à cette membrane de l'hydrogène pour former de l'acide chlorhydrique dont l'action fâcheuse s'ajoute et accroît les accidents

USAGES.

Préparation des chlorures décolorants que l'industrie consomme en grande quantité.

Agent de chloruration et d'*oxydation* dans les laboratoires et dans les arts.

PRÉPARATION.

I. *On le retire de l'acide chlorhydrique*, ClH, à l'aide d'un corps qui peut en séparer l'hydrogène : le corps ordinairement employé est le bioxyde de manganèse, MnO^2.

$$\textit{Réaction :}\ 2\,ClH + MnO^2 = ClMn + 2\,HO + Cl.$$

Les deux équivalents d'oxygène du bioxyde de manganèse se combinent avec l'hydrogène des deux équivalents d'acide chlorhydrique, pour former 2 équivalents d'eau, et mettent en liberté 2 équivalents de chlore dont l'un se combine au métal devenu libre pour former 1 équivalent de chlorure de manganèse, ClMn, tandis que l'autre reste libre.

La réaction commence à froid et se continue à l'aide d'une douce chaleur.

II. *On le retire d'un chlorure métallique*, le chlorure de sodium,

Cl Na (sel marin), par exemple, qu'on traite par l'acide sulfurique et le bioxyde de manganèse.

L'acide sulfurique réagit en même temps (I) sur le bioxyde de manganèse et (II) sur le chlorure de sodium.

D'où : *Réaction* (I) : $MnO^2+SO^3, HO=SO^3, MnO+HO+O$,
Réaction (II) : $ClNa+SO^3, HO=SO^3, NaO+ClH$.

L'oxygène naissant, produit de la première réaction, réagit sur l'*acide chlorhydrique naissant,* produit de la seconde réaction, avec formation d'eau et de chlore libre.

D'où : *Réaction* (III) : $O+ClH=HO+Cl$.

Les réactions (I), (II) et (III) peuvent être réduites à une seule qui les renferme toutes.

Réaction : $ClNa+MnO^2+2SO^3, HO=$
$SO^3, NaO+SO^3, MnO+2HO+Cl$.

On prend pour cette opération 4 parties de sel marin et 1 partie de bioxyde de manganèse sur lesquelles on fait réagir 2 parties d'acide sulfurique concentré du commerce, étendu de 2 parties d'eau.

Opération.

I. *Pour obtenir le chlore gazeux humide* (*fig.* 54, *Pl. VI*).
a, ballon qui contient les corps qui réagissent.

Le chlore produit se dégage en *b*, dans une éprouvette placée sur l'eau salée qui le dissout moins que l'eau pure.

II. *Pour obtenir le chlore gazeux sec* (*fig.* 56, *Pl. VII*).
Le chlore préparé de la même manière en *a*, lavé dans l'eau du flacon *b* et desséché pendant son passage à travers le tube *c* rempli de fragments de chlorure de calcium fondu (corps très-avide d'eau), pénètre à travers le tube *d* jusqu'au fond d'un flacon à goulot étroit.

Le chlore sec, qui *ne peut pas être recueilli sur le mercure qui l'absorbe,* arrivant au fond du flacon, s'y maintient à cause de sa grande densité, déplace peu à peu, en le soulevant, tout l'air qu'il renferme et finit par le remplacer complétement, ce dont on s'aperçoit à la couleur du flacon et à l'odeur qui se répand tout autour et qui va sans cesse en augmentant. On retire le flacon ainsi rempli en le descendant lentement pour éviter toute agitation, et on le ferme avec un bouchon de verre.

III. *Pour obtenir le chlore en dissolution* (*fig.* 55, *Pl. VII*).

Le chlore préparé de la même manière en *a*, lavé dans le flacon *b*, arrive aux flacons *c* et *d* de l'appareil de Wolf remplis d'eau distillée qui le dissout en partie. L'excès de gaz que l'eau ne peut pas arrêter est absorbé dans le verre *v* par une dissolution alcaline ou un *lait de chaux*.

IV. *Pour obtenir le chlore liquide* (*fig.* 57, *Pl. VII*).

Dans le tube recourbé *ab* et à travers son extrémité ouverte *b*, on introduit, jusqu'en *a''*, des cristaux d'*hydrate de chlore* formés à + 2°, recueillis sur un filtre et exprimés entre des doubles de papier buvard, puis on ferme à la lampe en *b'*.

On chauffe en *a*, jusqu'à 35°. L'hydrate de chlore, qui renferme, pour 100 parties, 28 de chlore et 72 d'eau, se décompose, et l'on voit apparaître deux couches liquides : une couche *a* inférieure et par conséquent plus dense de *chlore liquéfié par la pression* avec sa couleur jaune-verdâtre, et une couche *a'* d'eau également colorée par le chlore qu'elle tient en dissolution.

La couche de chlore liquide, passant à l'état de vapeur à la température de 33° sous la pression de 4 ou 5 atmosphères qui existe dans le tube, ne tarde pas à bouillir et à se condenser dans la partie *b'* suffisamment refroidie.

COMPOSÉS OXYGÉNÉS DU CHLORE.

Nombreux, comme cela a lieu presque toujours lorsque deux corps ont peu d'affinité l'un pour l'autre.

Acide	*hypochloreux*.......	ClO,
»	*chloreux*...........	ClO^3,
»	*hypochlorique*......	ClO^4,
»	*chlorique*..........	ClO^5,
»	*perchlorique*.......	ClO^7.

Très-peu stables : aussi ce sont des corps oxydants par excellence.

Ils ne peuvent pas se produire directement (*voir* ce qui a été dit sur les composés oxygénés de l'azote, p. 68 et 86) : *il faut faire intervenir l'*ÉTAT NAISSANT.

ACIDE CHLORIQUE. $ClO^5HO = 84,5$.

PROPRIÉTÉS PHYSIQUES.

Liquide.

Incolore, inodore.

Saveur fortement acide.

Soluble dans l'eau en toutes proportions.

Propriétés chimiques.

Chaleur le décompose.

$$Réaction: \quad ClO^5HO = ClO^3 + HO + 2O,$$
$$Ou \; 2(ClO^5, HO) = ClO^7 + 2HO + Cl + 3O.$$

Oxydant énergique à cause de sa richesse en oxygène et de son peu de stabilité.

Enflamme l'alcool, le papier, etc.

Détruit par l'acide sulfureux, l'acide chlorhydrique, l'acide sulfhydrique, etc., qui s'oxydent à ses dépens.

Décolore la teinture de tournesol après l'avoir rougie.

Préparation.

On fait passer du chlore dans une dissolution concentrée de potasse; il se forme du chlorate de potasse qui cristallise et que l'on sépare, et du chlorure de potassium qui reste en dissolution.

$$Réaction: 6Cl + 6KO = ClO^5KO + 5ClK.$$

On traite le chlorate de potasse ainsi obtenu par l'acide hydrofluosilicique en excès et on filtre; l'*hydrofluosilicate de potasse* insoluble, d'une consistance gélatineuse et transparent, reste sur le filtre, et l'*acide chlorique* mis en liberté passe avec la liqueur.

On traite la liqueur filtrée par la baryte qui sature et précipite l'excès d'acide hydrofluosilicique.

La baryte sature aussi une petite quantité d'acide chlorique qu'elle fait passer à l'état de *chlorate de baryte* qui reste en dissolution mêlé à l'*acide chlorique* libre.

On traite par une quantité d'acide sulfurique strictement nécessaire pour précipiter la baryte du chlorate de baryte à l'état de *sulfate de baryte* insoluble.

On filtre et on concentre la liqueur qui ne renferme plus que de l'acide chlorique dissous dans l'eau, en la plaçant dans le *vide* à côté d'un vase qui contient de l'acide sulfurique à 66° pour absorber la vapeur d'eau qui se produit et maintenir le *vide sec.*

ACIDE PERCHLORIQUE. $ClO^7, HO = 100,5$.

Propriétés physiques.

Liquide.

Incolore, inodore.

Saveur très-acide.

Soluble dans l'eau en toutes proportions.

Volatil à 140°.

PROPRIÉTÉS CHIMIQUES.

Le plus stable des composés oxygénés du chlore.

En effet :

1° Il est volatil sans décomposition.

2° Il ne se décompose qu'au rouge sombre.

3° Il n'enflamme pas l'alcool et le papier.

4° Il n'est pas détruit par les acides sulfureux, chlorhydrique, sulfhydrique, etc.

5° Il ne décolore pas la teinture de tournesol après l'avoir rougie.

PRÉPARATION.

On chauffe modérément 2 équivalents de chlorate de potasse, $2ClO^5KO$, dont l'un abandonne la totalité de l'oxygène qu'il renferme pour passer à l'état de *chlorure de potassium*, ClK, tandis que l'autre se combine avec une nouvelle proportion d'oxygène et se transforme en *perchlorate de potasse*, ClO^7, KO, qui résiste mieux à l'action de la chaleur.

Réaction : $2ClO^5, KO = ClO^7KO + ClK + 4O.$

Le mélange de perchlorate de potasse et de chlorure de potassium est traité par l'eau qui dissout le chlorure et laisse le perchlorate très-peu soluble.

On traite ce perchlorate de potasse.

1° *Comme le chlorate de potasse* dont on veut retirer l'acide chlorique (*voyez* la préparation de l'acide chlorique).

2° *Par l'acide sulfurique*, 2 parties étendues d'un dixième de leur poids d'eau ; *on distille et on concentre dans le vide.*

ACIDE HYPOCHLOREUX. $ClO = 43,5$.

PROPRIÉTÉS PHYSIQUES.

Liquide.

Couleur rouge de sang artériel.

Odeur vive et pénétrante, rappelant celle du chlore et de l'iode.

Bout à 20° en produisant une vapeur jaune-rougeâtre.

Densité de sa vapeur = 2,977.

L'eau absorbe 200 volumes de sa vapeur, ce qui correspond aux *trois quarts environ de son poids*; cette dissolution est *jaune* et possède l'odeur de l'*eau de Javelle* ou du *chlorure de chaux*.

PROPRIÉTÉS CHIMIQUES.

Oxydant et décolorant très-énergique.

En effet, sa dissolution :

1° Transforme le sulfure de plomb SPb en sulfate de plomb SO^3, PbO.

2° Est décomposée par l'acide chlorhydrique avec dégagement de chlore.

Réaction : $ClO + ClH = HO + 2Cl$.

3° Désorganise la peau.

4° Décolore les matières d'origine organique en agissant par son chlore et par son oxygène.

USAGES.

Décolorant.

Les arts l'emploient sur une très-grande échelle, mais combiné avec la potasse, la soude ou la chaux ; ces combinaisons portent le nom de CHLORURES DÉCOLORANTS.

PRÉPARATION.

I. *Combiné à la potasse.*

On fait passer du chlore dans une dissolution étendue de potasse, et l'on obtient un mélange d'*hypochlorite de potasse,* ClO, KO, et de chlorure de potassium, ClK (*eau de Javelle* du commerce).

Réaction : $2Cl + 2KO = ClO, KO + ClK$.

II. *Libre et en dissolution.*

On fait agir le chlore sur l'oxyde rouge de mercure délayé dans l'eau : cette base est moins énergique que la potasse et ne se combine pas à l'acide qui prend naissance.

OPÉRATION.

On introduit dans un grand flacon plein de chlore de l'*oxyde rouge de mercure* délayé dans un peu d'eau, et l'on agite jusqu'à disparition de la couleur de l'atmosphère intérieure du flacon.

Réaction : $2Cl + HgO = ClHg + ClO$,

Ou $2Cl + 2HgO = ClHg, HgO + ClO$,

Selon qu'on emploiera plus ou moins d'oxyde de mercure.

L'acide ainsi préparé n'est pas pur, car il est mélangé avec du chlorure de mercure également en dissolution.

III. *Libre et à l'état anhydre* (*fig.* 58, *Pl. VII*).

Le chlore produit en *a*, lavé en *b* et desséché en *c*, passe lentement en *d* sur l'oxyde de mercure précipité de son azotate à l'aide d'un excès de potasse, bien lavé, puis calciné à une température qui ne doit pas dépasser 300°.

Réaction : $2Cl + HgO = ClHg + ClO$.

Le chlorure de mercure ainsi formé reste en *d* tandis que l'acide hypochloreux, à l'état de vapeur, se dirige en *e* pour se condenser dans un tube en U entouré d'un mélange réfrigérant.

COMPOSÉ HYDROGÉNÉ DU CHLORE.

Il n'existe qu'un seul composé hydrogéné du chlore. Ce composé, l'*acide chlorhydrique*, est très-stable, ce qui ne doit pas étonner si l'on se rappelle combien est grande l'affinité du chlore pour l'hydrogène.

ACIDE CHLORHYDRIQUE.

$ClH = 36,5 = 4$ vol. (2 vol. de Cl + 2 vol. d'H).

Synonymie.

Acide marin. Esprit de sel. Acide muriatique. Acide hydrochlorique.

Propriétés physiques.

Gaz non permanent : se liquéfie sous une pression de 40 atmosphères.

Incolore.

Odeur piquante et suffocante.

Fume à l'air humide.

Densité = 1,245. 1 litre pèse 1gr,618.

Très-soluble dans l'eau.

L'eau en dissout à 0° 500 fois son volume,

Et à 20° 450 fois son volume.

Aussi elle se précipite dans une éprouvette pleine d'acide chlorhydrique bien dépouillé d'air aussi énergiquement que dans le vide, et elle brise presque toujours la partie supérieure qu'elle frappe à la façon d'un marteau (*voyez* l'expérience analogue faite avec le gaz ammoniac, *fig.* 52, *Pl. VI*, p. 95).

Propriétés chimiques.

Acide très-énergique.

Impropre à la combustion.

Indécomposable par une chaleur rouge intense.

Décomposable partiellement sous l'influence d'une série d'étincelles électriques.

Très-avide d'eau.

Fume à l'air en s'emparant de la vapeur d'eau qu'il ren-

ferme et en formant avec elle un composé dont la tension est plus faible que celle de l'eau et qui se précipite sous la forme d'un brouillard.

Fond la glace pour se combiner à l'eau qui résulte de sa fusion.

DISSOLUTION D'ACIDE CHLORHYDRIQUE : *Saturée à* 0°.

Composition : Cl H, 6 HO.

Très-acide.

Densité = 1,21.

Fume à l'air en perdant la moitié du gaz acide qu'elle renferme.

Sa composition devient Cl H, 12 HO.

Sa densité s'abaisse à 1,13.

Sous l'influence de la chaleur elle perd encore le tiers du gaz acide qu'elle renferme.

Sa composition devient Cl H, 16 HO.

Sa densité s'abaisse à 1,11.

Elle bout à 110° et *distille sans décomposition.*

COMPOSITION DE L'ACIDE CHLORHYDRIQUE.

PAR LA SYNTHÈSE.

APPAREIL (*fig.* 59, *Pl. VII*).

a, ballon rempli d'hydrogène pur et sec et dont la capacité est égale à celle du flacon *b*.

b, flacon rempli de chlore également pur et sec.

Le col du ballon usé à l'émeri s'adapte au col du flacon qu'il ferme hermétiquement.

OPÉRATION.

Cet appareil est exposé à l'action de la lumière diffuse qui détermine la combinaison lente des deux gaz. La teinte du chlore ne tarde pas à s'affaiblir et finit par disparaître complétement, surtout si, lorsque la teinte est très-affaiblie, on expose les vases à l'action directe des rayons solaires qui peut alors s'exercer sans aucun danger.

En ouvrant les flacons sous le mercure, *on constate que le volume gazeux n'a pas varié et qu'il ne reste ni chlore ni hydrogène en excès,* puisque le mercure n'est nullement attaqué et que l'eau absorbe la totalité du gaz.

D'où il faut conclure que 1 *volume de gaz chlorhydrique renferme* $\frac{1}{2}$ *volume de chlore*
et $\frac{1}{2}$ *volume d'hydrogène combinés sans condensation.*

PAR L'ANALYSE.

APPAREIL (*fig.* 35, *Pl. V*).

abc, cloche courbe placée sur le mercure et dans laquelle on a introduit 100 centimètres cubes de gaz chlorhydrique.

p, partie renflée de la cloche qui reçoit un globule de potassium.

OPÉRATION.

On chauffe le potassium, qui décompose le gaz chlorhydrique en fixant le chlore et en mettant l'hydrogène en liberté.

Réaction : $ClH + K = ClK + H$.

L'hydrogène devenu libre n'occupe plus que 50 centimètres cubes.

D'où il faut conclure que le gaz chlorhydrique renferme la moitié de son volume d'hydrogène.

Si de........ 1,2450, densité du gaz chlorhydrique,
On retranche. 0,0347, demi-densité de l'hydrogène,

Il reste...... 1,2103 qui exprime sensiblement la demi-densité du chlore: $\frac{2,440}{2} = 1,2200$.

D'où il faut conclure que le gaz chlorhydrique renferme la moitié de son volume de chlore.

C'est ainsi que les résultats fournis par l'analyse conduisent aux conclusions que la synthèse nous avait déjà permis d'établir.

USAGES.

Surtout employé pour la préparation du chlore.

PRÉPARATION.

I. A L'ÉTAT GAZEUX.

En faisant réagir l'acide sulfurique concentré sur le sel marin.

Réaction : $SO^3, HO + ClNa = SO^3NaO + ClH$.

Le métal Na et l'hydrogène H se substituent l'un à l'autre.

OPÉRATION.

Dans un ballon *a* (*fig.* 54, *Pl. VI*) on introduit des fragments assez gros de sel marin fondu et de l'acide sulfurique concentré. La réaction, qui se produit d'abord à froid, est activée par une douce chaleur.

Le gaz très-soluble dans l'eau est recueilli sur le mercure.

II. En dissolution.

Appareil :

Il ne diffère en rien de celui qui nous a déjà servi à préparer l'ammoniaque et le chlore en dissolution (*fig.* 55, *Pl. VII*) :

a, ballon de 1 à 2 litres contenant le sel marin et l'acide sulfurique qu'on verse peu à peu à l'aide du tube à entonnoir *e* (*fig.* 56, *Pl. VII*).

b, flacon laveur qui arrête l'acide sulfurique entraîné.

c et *d*, flacons de Wolf à moitié remplis d'eau distillée dans laquelle plongent à peine les tubes qui amènent le gaz, afin d'éviter une augmentation de pression inutile.

La dissolution acide est plus lourde que l'eau pure ; elle se précipite donc au fond du flacon, au fur et à mesure qu'elle se produit, et se trouve remplacée par de l'eau plus légère.

EAU RÉGALE.

L'acide chlorhydrique en dissolution concentrée est sans action sur les métaux de la dernière section, tels que l'or ou le platine.

L'acide azotique concentré est également sans action sur ces métaux.

Un mélange de ces deux acides dissout promptement ces métaux, et, pour cela, a reçu le nom d'eau régale.

Son action dissolvante s'explique ainsi :

Ces deux acides mis en présence réagissent l'un sur l'autre et dégagent du *chlore* et des *vapeurs nitreuses* qui agissent à l'*état naissant* pour chlorurer ou oxyder les métaux inattaquables par les acides employés séparément.

Réaction : $AzO^5 + ClH = AzO^4 + Cl + HO$.

On a constaté la présence dans l'eau régale de deux composés :

AzO^2Cl^2, correspondant à l'acide hypoazotique. AzO^4,
AzO^2Cl, correspondant à l'acide azoteux..... AzO^3.

Ces deux composés étant extrêmement peu stables sont des chlorurants et des oxydants très-énergiques.

Préparation.

En mélangeant le plus ordinairement 1 partie d'acide azotique avec 3 ou 4 parties d'acide chlorhydrique.

CHLORURE D'AZOTE. $Cl^3Az = 124,5$.

Ce corps doit être signalé parce qu'il est très-dangereux et qu'il faut éviter de le former dans certaines opérations de la chimie.

PROPRIÉTÉS.

Liquide.

Jaune orangé.

Densité = 1,653.

CHALEUR.

Distille sous une pression inférieure à la pression atmosphérique.

Sa vapeur chauffée à 100° *détone avec une violence extrême.*

Détone avec violence, à la température ordinaire, au contact de certains corps,

Tels que : le *phosphore,*
les *huiles fixes,*
l'*essence de térébenthine.*

PRÉPARATION.

1° On fait passer un courant de chlore dans une dissolution de chlorhydrate d'ammoniaque ou d'un sel ammoniacal quelconque.

Une température de 25° à 30° favorise la réaction.

La dissolution se colore en jaune et il se forme bientôt des *gouttelettes oléagineuses jaunes* qui tombent au fond du flacon.

Réaction : $ClH, AzH^3 + 6Cl = 4ClH + Cl^3Az.$

2° Il prend aussi naissance lorsqu'on fait passer un excès de chlore dans l'ammoniaque en dissolution.

Réaction : $AzH^3 + 6Cl = 3ClH + Cl^3Az.$

BROME, IODE ET FLUOR. Br = 80, I = 126, Fl = 19,18.

L'étude que nous allons en faire sera toute de comparaison et rapportée au chlore comme type. En effet, ces corps, et surtout le *brome* et l'*iode*, présentent, avec le *chlore* que nous venons d'étudier, des analogies si remarquables, qu'on les a tous réunis dans une même famille.

Le fluor seul n'a pas été isolé, parce qu'il est doué d'affinités tellement énergiques, qu'il n'a pas encore pu être enlevé à ses combinaisons sans en contracter immédiatement de nouvelles.

Nous n'aurons donc rien à dire de lui comme corps simple.

ÉTAT DANS LA NATURE.

Jamais libres.

On trouve le *chlore*, le *brome* et l'*iode* dans les eaux de la mer à l'état de *chlorure*, *bromure* et *iodure* qui servent à leur préparation.

PROPRIÉTÉS PHYSIQUES.	*Fluor.*	*Chlore.*	*Brome.*	*Iode.*
Poids de leur équivalent.	18	35,5	80	126
Etat physique.........	»	Gazeux.	Liquide.	Solide : paillettes cristallines opaques douées de l'état métallique.
Couleur à l'état gazeux..	»	Jaune verdâtre.	Jaune orangé.	Violet : de là *iode* (ιωδης).
à l'état liquide.	»	Jaune verdâtre.	Rouge noirâtre.	Violet très-foncé.
à l'état solide..	»	»	Gris de plomb foncé.	Noir grisâtre.
Odeur...............	»	*Sui generis*, forte et suffocante.	Presque celle du chlore : de là *brome* (βρωμος), vu sa fétidité.	Celle du chlore et du brome, mais affaiblie.
Densité à l'état gazeux..	»	2,44	5,39	8,71
à l'état liquide.	»	1,33	2,97	»
à l'état solide..	»	»	»	4,95
Point d'ébullition......	»	»	63°	180°
Point de fusion........	»	»	— 7°,3	107°
Solubilité dans l'eau....	»	Faible.	Plus faible.	Plus faible encore.

De ce qui précède on peut conclure que :

Avec l'augmentation du poids de l'équivalent de ces corps,

1° Leur fixité augmente;

2° Leur densité augmente;

3° Leur point d'ébullition s'élève;

4° Leur point de fusion s'élève;

5° Leur solubilité dans l'eau, déjà très-faible, diminue.

Leur vapeur est toujours colorée, ce qui n'a lieu pour aucun autre métalloïde.

Leur odeur est à peu près la même, elle est seulement plus ou moins forte.

PROPRIÉTÉS CHIMIQUES.

HYDROGÈNE.

Produit avec tous un acide *énergique,*
très-soluble dans l'eau,
renfermant pour 1 vol. d'hydrogène 1 vol. de fluor, de chlore, de brome ou d'iode, sans condensation.

Acide fluorhydrique, FlH, renferme 1 vol. de H+1 vol. de Fl et occupe 2 vol.

Acide chlorhydrique, ClH, renferme 1 vol. de H+1 vol. de Cl et occupe 2 vol.

Acide bromhydrique, BrH, renferme 1 vol. de H+1 vol. de Br et occupe 2 vol.

Acide iodhydrique, IH, renferme 1 vol. de H+1 vol. de I et occupe 2 vol.

L'affinité pour l'hydrogène s'affaiblit avec l'augmentation du poids de leur équivalent. En effet :

Dans leur composé hydrogéné, le fluor chasse le chlore qui chasse le brome qui chasse l'iode dont l'affinité pour l'hydrogène est très-faible.

C'est également dans le même ordre, et par suite de cette affinité décroissante pour l'hydrogène, *que :*

1° *Leur action désorganisatrice sur les matières organiques s'affaiblit ;*

2° *Ils fatiguent de moins en moins les voies respiratoires ;*

3° *Ils ont un pouvoir décolorant, désinfectant et oxydant moins prononcé.*

OXYGÈNE.

A peu d'affinité pour eux.

L'affinité pour l'oxygène croît au fur et à mesure que l'affinité pour l'hydrogène diminue, et les composés oxygénés deviennent moins nombreux et plus stables. Ainsi :

Le *fluor,* dont l'affinité pour l'hydrogène est si énergique, ne donne pas de composé oxygéné.

Le *chlore* fournit cinq composés oxygénés, peu stables.

Le *brome* donne une combinaison oxygénée, l'*acide bromique,* BrO^5, correspondant à l'*acide chlorique,* ClO^5, mais plus stable que lui.

L'*iode,* enfin, donne, il est vrai, un plus grand nombre de composés oxygénés que le *brome,* puisqu'ils sont au nombre de trois, l'*acide hypoiodique*, IO^4, l'*acide iodique*, IO^5, et l'*acide hyperiodique*, IO^7, mais ils sont plus stables que leurs correspondants fournis par le *chlore* et le *brome*.

PRÉPARATION.

A l'aide des mêmes réactifs.

En faisant réagir l'*acide sulfurique* et le *bioxyde de manganèse* sur un *chlorure*, un *bromure* ou un *iodure*, selon qu'on veut préparer du *chlore*, du *brome* ou de l'*iode*.

La formule de la réaction est la même, avec les symboles Cl, Br ou I, substitués l'un à l'autre, selon qu'on veut formuler la réaction qui donne du *chlore*, du *brome* ou de l'*iode*.

Réaction :

$$2SO^3,HO+\left\{\begin{matrix}Cl\\Br\\I\end{matrix}\right\}K+MnO^2=SO^3,KO+SO^3,MnO+\left\{\begin{matrix}Cl\\Br\\I\end{matrix}\right\}+HO.$$

L'appareil est le même, avec la légère modification que nécessite l'état physique du corps mis en liberté ; ainsi, le *brome* et l'*iode*, mis en liberté dans la cornue *a* (*fig.* 44, *Pl. VI*), passent à l'état de vapeur dans le récipient *b* refroidi où ils se condensent, le *brome* à l'état liquide, et l'*iode* à l'état solide.

SOUFRE. S = 16.

ÉTAT NATUREL.

A l'état natif : dans les terrains volcaniques, *solfatares* de la Sicile.

A l'état de sulfure : ainsi, le *bisulfure de fer*, S^2Fe, ou *pyrite martiale*, le *sulfure de plomb*, SPb, ou *galène*, etc.

A l'état de sulfate : ainsi, le *sulfate de chaux*, SO^3,CaO, ou *plâtre*, etc.

PROPRIÉTÉS PHYSIQUES.

DIMORPHE.

Il cristallise dans deux formes incompatibles :

I. OCTAÈDRES À BASE RHOMBE (quatrième système cristallin).

Lorsque les cristaux se forment à la température ordinaire ; ainsi :

1° *Le soufre cristallisé naturellement.*

2° *Le soufre qui se dépose par l'évaporation lente de sa dissolution dans le sulfure de carbone.*

3° *Le soufre cristallisé à chaud et* **PRISMATIQUE** *passe après un certain temps à l'état de soufre* **OCTAÉDRIQUE**, en perdant sa transparence et en devenant friable, *cette forme étant celle qu'il peut conserver à la température ordinaire. Chaque cristal prismatique s'est réduit en une multitude de petits cristaux octaédriques.*

II. **PRISMES OBLIQUES À BASE RHOMBE** (cinquième système cristallin).

Lorsque les cristaux se forment à une température suffisamment élevée; ainsi :

Le soufre fondu et refroidi lentement cristallise à 111° environ et *donne des cristaux prismatiques.*

OPÉRATION.

On fond le soufre dans un creuset de terre.

On le laisse refroidir lentement.

On perce, aux deux extrémités d'un diamètre, *la croûte qui se forme à la surface du soufre fondu,* lorsque cette croûte a acquis une épaisseur de 1 centimètre environ, et bien avant que la masse se soit solidifiée complétement.

On décante la partie encore liquide, on enlève la croûte et l'on aperçoit tout l'intérieur du creuset tapissé de longues aiguilles prismatiques, transparentes et d'une couleur ambrée.

C'est en opérant ainsi qu'on met à nu les cristaux qui se forment pendant le refroidissement.

AMORPHE.

Ce soufre, qui se présente *à l'état pulvérulent,* constitue le **SOUFRE INSOLUBLE** dont nous parlerons plus loin.

Couleur jaune-citron.

Inodore, insipide.

Très-cassant et pouvant facilement être réduit en poudre sous le pilon.

Mauvais conducteur de la chaleur : un bâton de soufre pressé dans la main fait entendre, après un certain temps, un léger craquement et se rompt avec la plus grande facilité : cela tient à ce que la très-faible couche extérieure du bâton de soufre est la seule qui s'échauffe au contact de la main et par conséquent la seule qui se dilate, ce qui produit la rupture par arrachement de la partie plus centrale non échauffée.

Mauvais conducteur de l'électricité et *s'électrisant négativement par le frottement*, avec un morceau de laine, par exemple.

Densité = 2,3 (octaédrique) et 1,97 (prismatique); environ double de celle de l'eau.

CHALEUR. *Produit des phénomènes tout à fait exceptionnels.*

Chauffé graduellement dans un petit matras a (*fig.* 60, *Pl. VII*).

A 111° *il fond* et *le liquide ainsi obtenu est légèrement ambré, assez mobile*, et présente l'aspect d'une huile transparente.

Coulé dans l'eau qui le refroidit brusquement, ce liquide devient solide et *cassant* comme avant la fusion.

A 150° *il est jaune foncé.*

A 190° *il est orangé* et *visqueux.*

A 250° *il est rouge brun* et *très-visqueux*. On peut renverser le matras et le mettre dans la position *a'* (même *fig.*) sans que le soufre coule sensiblement.

Au-dessus :

Il se fonce de plus en plus et *reprend quelque fluidité.*

Coulé, à cette température, dans une terrine pleine d'eau et en filet mince, *il subit une trempe* par son brusque refroidissement et fournit un corps élastique comme le caoutchouc et qu'on peut étirer en fils fins; c'est le SOUFRE MOU.

A 440° *il se vaporise* et distille en totalité.

PROPRIÉTÉS DE LA VAPEUR DE SOUFRE.

Incolore.

Densité = 6,654 à 500°,
= 2,218 à 1000°.

Condensée dans une vaste chambre suffisamment froide, elle donne un soufre pulvérulent, FLEUR DE SOUFRE.

Condensée sur un corps froid, elle prend la forme *utriculaire* à pellicule molle qui renferme du *soufre liquide.*

De 120° à 160°.

Sa vitesse d'échauffement s'accroît d'une manière anormale, ce qui fait penser que le soufre en fusion laisse dégager de la chaleur *pendant son passage de l'état de soufre ambré à celui de soufre rouge-brun* et que *sa capacité pour la chaleur devient moindre.*

A 200° son coefficient de dilatation, à l'état liquide, qui décroît au fur et à mesure que la température augmente, contrairement à ce qui se produit pour les autres liquides, a atteint son minimum.

140° *semble être la température à laquelle le* SOUFRE INSOLUBLE *prend naissance.*

SOUFRE MOU.

Sa nature est la même.

Il contient une plus forte proportion de chaleur qu'il perd en revenant à l'état de soufre ordinaire ; en effet :

Chauffé jusqu'à 98°, sa température s'élève tout à coup jusqu'à 108°, par suite du dégagement de l'excès de chaleur qu'il renferme, pour retomber de nouveau à 98° ; il présente alors toutes les propriétés du soufre ordinaire cassant.

Il revient à l'état de soufre cassant par un changement dans l'orientation des molécules qui s'effectue lentement à la température ordinaire ; aussi, *du soufre mou, après un temps plus ou moins long, se transforme complétement en soufre cassant ordinaire.*

SOLUBILITÉ.

Dans l'*eau,* nulle ;
l'*alcool,* très-faible ;
l'*éther,* un peu plus grande ;
les *huiles volatiles,* plus grande encore, surtout dans la benzine ;
le *sulfure de carbone,* très-grande : *c'est son dissolvant par excellence.*

Elle n'est complète que pour le soufre cristallisé octaédrique ou *prismatique.*

SOUFRE INSOLUBLE.

Couleur jaune plus ou moins foncé.

Amorphe et *pulvérulent.*

Semble se produire à 140° : aussi le trouve-t-on dans tous les soufres qui ont été chauffés.

N'existe pas dans le soufre octaédrique.

En très-faible proportion dans le soufre prismatique.

En quantité plus ou moins considérable dans :

Le *soufre en canon,*
La *fleur de soufre,*
Le *soufre mou,*
Etc.

Devient soluble :

1° Par un refroidissement très-lent après avoir été porté à 300° ;

2° En le maintenant à 100° pendant un certain temps.

DIVERSES ESPÈCES DE SOUFRE. *De ces diverses propriétés physiques si exceptionnelles du soufre soumis à l'action de la chaleur et des dissolvants, il faut conclure qu'il existe diverses espèces de soufre* qui, sans doute, sont identiques par leur composition élémentaire, mais *qui diffèrent complétement par leur* FORME CRISTALLINE, *leur* DENSITÉ, *leur* CAPACITÉ POUR LA CHALEUR, *leur* DILATABILITÉ, *la* DENSITÉ DE LEUR VAPEUR *et leur* SOLUBILITÉ.

PROPRIÉTÉS CHIMIQUES.

OXYGÈNE.

Possède une grande affinité pour le soufre.

L'enflamme à 250°.

Le soufre brûle dans l'air avec une flamme bleue qui acquiert une plus grande vivacité dans une atmosphère d'oxygène pur (*fig.* 1, *Pl. I*).

HYDROGÈNE.

A peu d'affinité pour le soufre ; aussi s'unit-il difficilement à ce corps; il faut employer des moyens indirects et faire intervenir l'*état naissant* pour produire deux composés dont l'un, HS, correspond à l'eau, HO, et l'autre, HS^2, correspond à l'eau oxygénée, HO^2.

CARBONE.

Est brûlé par la vapeur de soufre comme par l'oxygène gazeux, et il se produit un composé, *sulfure de carbone* ou *acide sulfocarbonique,* CS^2, qui correspond à l'*acide carbonique,* CO^2, composés du carbone que nous étudierons plus tard.

MÉTAUX.

S'unissent au soufre, et quelques-uns brûlent dans sa vapeur comme dans l'oxygène en donnant des sulfures qui correspondent aux oxydes.

Les propriétés chimiques que nous venons de faire connaître rapprochent beaucoup le soufre de l'oxygène; aussi ces deux corps sont-ils classés dans la même famille.

EXTRACTION.

On le retire des solfatares. Ce sont des terrains où il existe à l'*état natif.* Ces terrains abondent dans la Sicile, et on en retire annuellement 50 millions de kilogrammes environ.

Le minerai de Sicile, qui renferme de 50 à 60 pour 100 de soufre, est distillé grossièrement (*fig.* 61, *Pl. VII*) dans des pots en terre chauffés, *aa*, dans lesquels on l'introduit par l'ouverture *b* qu'on ferme ensuite à l'aide d'un bouchon luté. Le soufre fond, laisse déposer ses impuretés; sa vapeur s'échappe par une tubulure latérale, et se rend dans les pots récipients *cc* où elle se condense à l'état liquide pour s'écouler ensuite, en passant par la tubulure *d*, dans les baquets *ee* pleins d'eau.

On dispose un grand nombre de ces pots dans le même fourneau qui porte le nom de *fourneau de galère*.

Ce soufre, ainsi préparé, est livré au commerce : il contient 2 à 6 pour 100 de terre entraînée avec la vapeur.

PURIFICATION.

Elle se fait en grand, surtout à Marseille, dans l'appareil (*fig.* 62, *Pl. VIII*). Nous nous bornerons à un exposé très-sommaire.

Le soufre est introduit et chauffé dans la chaudière en fonte *a* jusqu'à l'ébullition. Sa vapeur se rend dans la grande chambre en maçonnerie *b* où, très-divisée par les gaz qui forment l'atmosphère qui y est confinée, elle se refroidit et tombe sur le plancher à l'état de poudre fine, FLEUR DE SOUFRE.

Après un certain temps et avant que la chambre soit trop échauffée, on suspend l'opération, on laisse refroidir suffisamment, et des ouvriers entrent dans la chambre, préalablement débarrassée de l'acide sulfureux qu'elle renferme par une aération convenable, pour enlever la *fleur de soufre* qu'on livre au commerce.

En opérant d'une manière continue, la chambre finit par s'échauffer assez pour que le soufre à l'état de fleur entre en fusion et pour que la vapeur de soufre ne s'y condense plus qu'à l'état liquide. Ce soufre en fusion et qui repose en nappe sur le plancher de la chambre est soutiré en *c* et coulé dans des moules coniques en bois (*fig.* 63, *Pl. VIII*) qu'on refroidit dans des baquets pleins d'eau.

Le soufre conique extrait des moules porte le nom de SOUFRE EN CANON.

USAGES.

Pour combattre certaines *maladies des végétaux*, de la vigne par exemple, et certaines *affections cutanées*;

Pour faire des *moules*, des *médailles*; pour *prendre des empreintes* (soufre mou);

Pour soufrer les allumettes;

Pour faire la *poudre à tirer*, dans laquelle il est mélangé au nitre et au charbon;

Pour faire l'*acide sulfureux*, qui sert au blanchiment de la soie et de la laine ;

POUR FABRIQUER L'ACIDE SULFURIQUE. C'est là son emploi le plus important

COMPOSÉS OXYGÉNÉS DU SOUFRE.

Ils sont tous acides.

Nous signalons les quatre acides suivants :

Acide	*hyposulfureux*	S^2O^2,
»	*sulfureux*	$S\ O^2$,
»	*hyposulfurique* ou *dithionique*.	S^2O^5,
»	*sulfurique*	$S\ O^3$.

Nous n'en étudierons que deux : l'*acide sulfureux* et l'*acide sulfurique*.

ACIDE SULFUREUX. $SO^2 = 32 = 2$ volumes $= (2$ vol. $H + 1$ vol. $S)$.

PROPRIÉTÉS PHYSIQUES :

I. A L'ÉTAT GAZEUX, *qui est son état physique à la température ordinaire,*

Gaz non permanent.

1° *Se liquéfie :*

1° A une température de $-11°$ sous la pression ordinaire ;

2° Sous une pression de 4 à 5 atmosphères à la température ordinaire ;

2° *Se solidifie* à une température de $-76°$.

Incolore.

Odeur piquante et suffocante de l'allumette soufrée que l'on enflamme.

Saveur acide désagréable.

Densité $= 2,234$. 1 *litre pèse* $2^{gr},885$.

Solubilité. L'eau en dissout environ 50 fois son volume à la température ordinaire.

II. A L'ÉTAT LIQUIDE :

Incolore.

Très-mobile.

Densité $= 1,42$.

Volatil à $-10°$.

Avec abaissement considérable de la température qui peut aller jusqu'à $-57°$ dans l'air et $-68°$ dans le vide.

Il peut donc solidifier le mercure et liquéfier quelques gaz tels que le chlore.

Passe à l'état sphéroïdal, comme l'eau, lorsqu'on le verse dans une capsule de platine chauffée au rouge, et sa température à cet état est inférieure à — 10°; aussi l'eau qu'on y fait arriver à l'aide d'une pipette s'y congèle.

PROPRIÉTÉS CHIMIQUES :

Impropre à la combustion.

Très-stable.

Rougit puis *décolore* la teinture de tournesol.

Décolore la soie, la laine.

OXYGÈNE

I. SEC :

1° *Sans action,* quelle que soit la température.

2° L'*oxyde* en le faisant passer à l'état d'*acide sulfurique anhydre,* SO^3, si on fait passer le mélange des deux gaz sur la *mousse de platine* chauffée.

Réaction : $SO^2 + O = SO^3$.

II. HUMIDE. *L'oxyde* et le fait passer de SO^2 à SO^3, HO, *acide sulfurique hydraté;* aussi faut-il *conserver l'acide sulfureux en dissolution à l'abri du contact de l'air.*

HYDROGÈNE. A chaud, le réduit; il se forme de l'eau et le soufre est mis en liberté.

Réaction : $SO^2 + 2H = 2HO + S$.

CHARBON. A chaud, le transforme en *acide carbonique* CO^2 et en *sulfure de carbone* ou *acide sulfocarbonique,* CS^2.

Réaction : $2SO^2 + 3C = 2CO^2 + CS^2$.

CHLORE

I. SEC. *S'y combine* sous l'influence de la radiation solaire et produit de l'*acide chlorosulfurique.*

Réaction : $SO^2 + Cl = SO^2Cl$.

ACIDE CHLOROSULFURIQUE $SO^2Cl = 67,5$.

Liquide.

Bout à 77°.

Odeur suffocante.

Décomposé par l'eau en *acide sulfurique* et en *acide chlorhydrique.*

Réaction : $SO^2Cl + 2HO = SO^3, HO + ClH$.

II. HUMIDE. *Le transforme en acide sulfurique,* en décomposant l'eau et en formant de l'*acide chlorhydrique.*

Réaction : $SO^2 + 2HO + Cl = SO^3, HO + ClH$.

EAU. *Forme plusieurs combinaisons définies*, selon qu'on abaisse plus ou moins la température d'une dissolution d'acide sulfureux.

ACIDE AZOTIQUE. *Exerce sur lui une action vive, même à la température ordinaire, et très-importante, car elle est utilisée dans la fabrication en grand de l'acide sulfurique.*

Réaction : $SO^2 + AzO^5, HO = SO^3, HO + AzO^4$.

Il se forme de l'*acide sulfurique hydraté* et de l'*acide hypoazotique.*

ACIDE HYPOAZOTIQUE. *Forme avec lui un composé cristallisé*, $AzO^3, 2SO^3$, qui se produit plus facilement, mais à l'état d'hydrate, en présence d'un peu d'eau. Une quantité d'eau plus considérable le détruit.

Réaction : $2SO^2 + 2AzO^4 = AzO^3, 2SO^3 + AzO^3$.

Il se forme 2 équivalents d'*acide sulfurique*, SO^3, qui se combinent avec 1 équivalent d'*acide azoteux*, AzO^3 ; le second équivalent d'*acide azoteux* n'entre pas en combinaison.

USAGES.

FABRICATION DE L'ACIDE SULFURIQUE.

Blanchiment de la soie, de la laine, etc., qui seraient altérées par le chlore.

Ces substances, après avoir été trempées dans l'eau, sont suspendues dans une chambre fermée où l'on brûle du soufre ; le gaz sulfureux se dissout dans l'eau qui mouille leur surface et les blanchit.

Pour éteindre les feux de cheminée.

On bouche la cheminée à son ouverture supérieure à l'aide de couvertures mouillées, puis on fait brûler à son foyer du soufre qui produit de l'acide sulfureux en s'emparant de l'oxygène de l'air. Au contact de cet acide, impropre à la combustion, la suie enflammée s'éteint.

Pour enlever les taches de fruits rouges sur le linge.

On mouille la tache et on la maintient au-dessus d'un petit morceau de soufre enflammé ou de quelques allumettes soufrées qui brûlent.

On lave ensuite pour enlever l'acide en dissolution dans l'eau dont l'étoffe est imprégnée.

PRÉPARATION.

I. A L'ÉTAT GAZEUX.

1° *En brûlant le soufre dans l'air.* Dans ce cas, il est mélangé à l'azote de l'air.

2° *En chauffant dans une cornue de terre 1 partie de fleur de soufre et 4 ou 5 parties de bioxyde de manganèse.*

Réaction : $2S + MnO^2 = SMn + SO^2$.

Tout l'oxygène du peroxyde de manganèse se porte sur 1 équivalent de soufre pour former de l'*acide sulfureux*, SO^2, et le manganèse se combine à un second équivalent de soufre pour former du *sulfure de manganèse*, SMn.

3° *En oxydant un métal*, le mercure ou le cuivre en tournure, par exemple, *à l'aide de 1 équivalent d'oxygène emprunté à 1 équivalent d'acide sulfurique* qui en renferme 3 et qui de SO^3 passe ainsi à SO^2 : l'oxyde ainsi formé passe à l'état de *sulfate* en se combinant avec 1 équivalent d'acide sulfurique non décomposé.

Réaction : $2(SO^3, HO) + Cu = SO^3, CuO + 2HO + SO^2$.

Opération.

On chauffe légèrement la ballon *a* (*fig.* 54, *Pl. VI*) qui renferme le métal et l'acide sulfurique.

Lorsqu'on emploie de la tournure de cuivre, ce qui rend l'opération plus économique, il faut laisser le métal au contact de l'acide pendant vingt-quatre ou quarante-huit heures avant de commencer l'opération. Par ce contact prolongé, on détruit le corps gras qui recouvre la surface du cuivre, et l'on n'a plus à craindre le moindre boursouflement.

L'acide sulfureux, soluble dans l'eau, est recueilli en *b* sur le mercure.

II. A l'état liquide.

Le gaz sulfureux préparé comme nous venons de le dire est condensé dans un matras (*fig.* 64, *Pl. VIII*), refroidi par un mélange de glace pilée et de sel marin.

Le gaz sulfureux liquide est conservé dans le matras fermé à la lampe. Pour fermer ainsi le matras, il faut le maintenir plongé dans le mélange réfrigérant pendant qu'on chauffe son col.

III. En dissolution.

Le gaz sulfureux est condensé dans des flacons de Wolf (*fig.* 55, *Pl. VII*) dont le premier *b* sert de flacon laveur qui retient l'acide sulfurique qui peut être entraîné. L'acide sulfureux ainsi purifié se dissout dans les autres flacons.

On peut remplacer le cuivre par le charbon

Réaction : $2(SO^3, HO) + C = 2SO^2 + CO^2 + 2HO$,

qui donne, outre l'*acide sulfureux,* SO^2, du gaz *acide carbonique,* CO^2, peu soluble dans l'eau, dans laquelle il ne peut se maintenir en dissolution en présence d'un excès d'acide sulfureux.

ACIDE SULFURIQUE ANHYDRE. $SO^3 = 40$.

Propriétés physiques.

Solide et sous la forme de *houppes blanches et soyeuses.*

Fusible à 25°.

Bout à 30° environ.

Tension de vapeur considérable.

Fume très-abondamment à l'air en s'emparant de la vapeur d'eau qu'il renferme pour former une combinaison dont la tension est moins considérable.

Densité = 1,97.

Propriétés chimiques.

Très-avide d'eau.

Il fait entendre un sifflement pareil à celui que produit un fer rouge qu'on plonge dans l'eau, lorsqu'on le met en contact avec ce liquide.

Fume très-abondamment à l'air en se combinant à la vapeur d'eau qu'il renferme.

Noircit le papier en enlevant à la fibre ligneuse, et combinés à l'état d'eau, HO, une partie de l'hydrogène H et de l'oxygène O qu'elle renferme et en mettant à nu son charbon.

Préparation.

1° En faisant passer (*fig.* 65, *Pl. VIII*) un mélange d'oxygène et d'acide sulfureux sur de la mousse de platine chauffée en *a* à 200° ou 300°.

L'acide ainsi préparé est condensé dans un matras *b* refroidi par la glace et qu'on ferme ensuite à la lampe.

2° En soumettant à une distillation ménagée, dans une cornue de verre, une dissolution d'acide sulfurique anhydre dans l'acide sulfurique monohydraté ordinaire. Cette dissolution est appelée *acide sulfurique fumant de Saxe ou de Nordhausen.*

Réaction : $(SO^3)^2, HO = SO^3, HO + SO^3$.

L'acide anhydre, sous l'influence de la chaleur, passe à l'état de vapeur qu'il faut condenser comme précédemment dans un matras refroidi par la glace.

Il ne faut employer ni bouchon, ni lut, qui seraient détruits.

ACIDE SULFURIQUE SEMIHYDRATÉ. $(SO^3)^2, HO = 89$.

SYNONYMIE. *Acide sulfurique fumant de Saxe ou de Nordhausen.*

PROPRIÉTÉS.

Liquide.

Coloré en brun le plus souvent par suite de la carbonisation des matières organiques qu'il renferme accidentellement.

Fume à l'air parce qu'il laisse dégager des vapeurs d'acide sulfurique anhydre qui s'hydrate à l'air.

PRÉPARATION.

En distillant le sulfate de protoxyde de fer du commerce, $SO^3, FeO, 7HO$, *préalablement desséché*, mais toujours imparfaitement parce qu'on opère sur de grandes masses de matière.

OPÉRATION.

On introduit le sulfate de fer desséché imparfaitement dans des cornues en terre *a* (*fig.* 66, *Pl. VIII*) qu'on met ensuite en communication avec des récipients *b*. Ces cornues sont disposées sur plusieurs rangées dans un *fourneau de galère.*

Sous l'influence de la chaleur le sel se décompose.

Réaction : $2(SO^3, FeO) = Fe^2O^3 + SO^2 + SO^3$.

Les deux équivalents de *protoxyde de fer*, $2FeO$, passent à l'état de *sesquioxyde*, Fe^2O^3, en se suroxydant aux dépens de 1 équivalent d'acide sulfurique qui passe à l'état d'acide sulfureux, SO^2 ; le second équivalent d'acide abandonne le sesquioxyde de fer, se dégage à l'état anhydre, SO^3, et va se dissoudre dans la faible proportion d'eau que renfermait encore le sel et qui s'est condensée dans le récipient.

USAGES.

Pour dissoudre l'indigo.

Il le dissout mieux que l'acide sulfurique monohydraté.

Il ne détruit pas la couleur, parce qu'il ne renferme pas d'acide azotique, tandis que l'acide monohydraté en contient presque toujours, ce qui tient à la manière de le préparer, comme nous allons le voir.

ACIDE SULFURIQUE MONOHYDRATÉ. $SO^3, HO = 49$.

Synonymie.

Huile de vitriol, parce qu'il a une consistance huileuse et qu'on le retirait du sulfate de fer ou *vitriol vert.*

Acide normal.

Acide sulfurique ordinaire.

Acide sulfurique du commerce.

Acide sulfurique à 66°.

Propriétés physiques.

Liquide d'une *consistance oléagineuse;* de là son nom d'HUILE *de vitriol.*

Incolore, inodore.

Saveur extrêmement acide, lors même qu'il est étendu d'une très-grande quantité d'eau.

Densité = 1,848; marque 66° à l'aréomètre de Baumé.

Tension de vapeur; nulle à la température ordinaire, *même dans le vide,* où une dissolution d'azotate de baryte, dont le sulfate est insoluble, placée à côté de l'acide, reste parfaitement limpide quelle que soit la durée de l'expérience.

Bout à 325°.

Sa distillation *est difficile à conduire dans une cornue de verre* que des soubresauts violents peuvent briser. Ces soubresauts sont dus au départ, par bouffées, de bulles de vapeur qui se forment contre le verre et qui, pour s'élever et venir crever à la surface du liquide, ont besoin d'acquérir une force élastique assez grande pour qu'il leur soit possible de soulever la colonne liquide qui pèse sur elles et de vaincre l'adhérence du verre.

On peut régulariser cette distillation :

1° En mettant dans l'acide des fils de platine qu'il ne peut pas attaquer et sur lesquels se forment les bulles de vapeur qui s'en détachent facilement.

2° En chauffant latéralement la cornue *a* (*fig.* 67, *Pl. VIII*) à l'aide d'une grille *g* formée de deux enveloppes concentriques dont la cornue occupe le centre.

On met le charbon bien allumé dans cette grille, qui entoure la cornue, et on chauffe ainsi toutes les couches du liquide d'une manière uniforme.

Le capuchon en tôle *t*, qui coiffe la cornue, régularise la chaleur et préserve des courants d'air froid.

L'acide se condense dans le récipient *b* qui ne porte pas de bouchon, qui serait attaqué.

Se congèle à — 34°.

PROPRIÉTÉS CHIMIQUES.

Acide très-énergique; étendu de 1000 fois son volume d'eau, il rougit fortement la teinture de tournesol.

Chasse de leurs combinaisons les acides plus volatils, tels que l'acide azotique, dans l'azotate de potasse, par exemple, qu'il transforme en sulfate de potasse.

Réaction : $SO^3, HO + AzO^5, KO = SO^3, KO + AzO^5, HO.$

Chaleur rouge : le décompose en acide sulfureux, oxygène et eau.

Réaction : $SO^3, HO = SO^2 + O + HO.$

Charbon et soufre : le décomposent à l'aide de la chaleur.

Réactions : $2(SO^3, HO) + C = 2SO^2 + CO^2 + 2HO,$
$2(SO^3, HO) + S = 3SO^2 + 2HO.$

MÉTAUX. *Agissent sur lui de deux manières :*

1° *L'acide n'est pas décomposé* et le métal s'oxyde aux dépens de l'eau avec dégagement d'hydrogène.

Réaction : $Zn + SO^3, HO = SO^3, ZnO + H.$

2° *L'acide est décomposé;* le métal s'oxyde à ses dépens et il passe à l'état d'acide sulfureux : l'oxyde ainsi formé se combine avec l'acide non décomposé pour donner naissance à un sulfate.

Réaction : $Cu + 2(SO^3, HO) = SO^3, CuO + SO^2 + 2HO.$

AIR.

1° *Le brunit* en lui apportant des matières organiques qu'il carbonise parce que, très-avide d'eau, il leur enlève les éléments *hydrogène* et *oxygène* qui la constituent, et met ainsi leur charbon en liberté. Il suffit donc de faire bouillir cet acide, ainsi coloré, pour le rendre incolore, le charbon passant à l'état d'acide carbonique.

2° *L'étend et augmente son volume en affaiblissant son énergie,* parce qu'il lui cède sa vapeur d'eau dont il est très-avide : *il absorbe ainsi jusqu'à 15 fois son poids d'eau.*

EAU.

Il a pour l'eau une très-grande affinité. En effet :

1° *Il enlève l'eau aux matières organiques qu'il désorganise.*

EXEMPLE :

Il brunit le bois en lui enlevant une partie de son eau de constitution.

2° *Il dégage beaucoup de chaleur en se combinant à l'eau.*

EXEMPLE :

En mélangeant 500 grammes d'acide avec 150 grammes d'eau, la température produite dépasse 100°.

3° *Il forme avec l'eau deux combinaisons* bien définies que nous nous bornons à signaler :

1° L'acide sulfurique bihydraté.... $SO^3, 2HO$,
2° L'acide sulfurique trihydraté ... $SO^3, 3HO$.

Le premier cristallise à 0° environ, et le second correspond au maximum de contraction que subit l'acide sulfurique monohydraté en se combinant à l'eau.

4° *Il force la fusion de la glace et de la neige pour se combiner à l'eau.* Dans ce cas, il se produit une élévation ou un abaissement de température suivant les proportions du mélange.

(I) *Mélange calorifique :* la température peut s'élever jusqu'à 90 et 100°.

4 parties d'acide,
1 partie de neige.

(II) *Mélange frigorifique* qui peut atteindre — 15° et — 20°.

4 parties de neige,
1 partie d'acide.

EXPLICATION.

1° *L'acide, en se combinant à l'eau, donne de la chaleur :* ACTION CHIMIQUE.

2° *La neige, en fondant sous l'influence de l'acide, donne du froid :* ACTION PHYSIQUE.

*Il y a chaleur ou froid produit, selon que c'est l'*ACTION CHIMIQUE (I) *ou l'*ACTION PHYSIQUE (II) *qui l'emporte.*

PRÉPARATION.

1° *En faisant agir à chaud l'acide azotique sur le soufre.*

Réaction : $S + AzO^5, HO = SO^3, HO + AzO^2$.

2° *En oxydant l'acide sulfureux par l'acide azotique* (procédé de l'industrie).

APPAREIL ET OPÉRATION.

Nous nous bornerons à un exposé très-sommaire, et l'appareil sera représenté (*fig.* 68, *Pl. VIII*) dans sa plus grande simplicité, sans nous préoccuper des dispositions spéciales adoptées dans les fabriques et qui ont été consacrées par une longue expérience.

Le soufre est brûlé par l'air qui arrive dans deux ou un plus grand nombre de fours *a* disposés *ad hoc*, et qui le fait passer à l'état d'acide sulfureux.

On peut remplacer le soufre par la PYRITE DE FER, PYRITE MARTIALE ou *bisulfure de fer*, S^2Fe, qu'on brûle à la façon de la houille dans des fours spéciaux, avec production d'acide sulfureux.

Réaction : $2S^2Fe + 11O = 4SO^2 + Fe^2O^3$.

L'acide sulfureux ainsi produit, mélangé à l'air qui n'a perdu qu'une partie de son oxygène, se rend par une large cheminée *d* dans la partie supérieure d'une grande chambre de plomb *cc* d'une capacité de 1000 à 2000 mètres cubes et même plus. (Dans la fabrication, il existe, le plus souvent, plusieurs chambres qui communiquent entre elles).

L'acide azotique en vapeur pénètre également dans la chambre de plomb, mélangé avec l'acide sulfureux et l'air incomplétement dépouillé de son oxygène. Il provient de l'azotate de soude décomposé par l'acide sulfurique dans des marmites *i* dont les pieds baignent dans le soufre fondu et dont le fond est léché par sa flamme.

De la vapeur d'eau est projetée avec force dans la chambre de plomb qu'elle échauffe et à laquelle elle fournit de l'eau. Cette vapeur, que fournit le générateur *b*, agit aussi mécaniquement ; elle brasse l'atmosphère de la chambre et favorise ainsi les contacts.

La chambre de plomb constitue donc un GRAND VASE DE LABORATOIRE où se passent les réactions que nous allons signaler. *Elle est en plomb,* parce que ce métal résiste assez bien à l'action des divers corps qui réagissent et qui sont les produits de la réaction.

Une cheminée *d'* laisse sortir les gaz qui ne peuvent plus réagir et qui sont chassés par les produits gazeux qui partent des fours à soufre et affluent continuellement dans la chambre

Il arrive donc dans la chambre de plomb cc, dans ce GRAND VASE QUE COMMANDE LA GRANDE INDUSTRIE :

1° De l'acide sulfureux	SO^2,
2° De l'air contenant encore une partie de son oxygène	O,
3° De l'acide azotique	AzO^5, HO,
4° De la vapeur d'eau...	Aq.,

dont nous allons faire connaître le rôle.

RÉACTIONS.

1° *L'acide sulfureux réagit sur l'acide azotique.*

(I) *Réaction :* $SO^2 + AzO^5, HO = SO^3, HO + AzO^4$.

Il se forme de l'acide sulfurique, but de l'opération, et de l'acide hypoazotique.

2° *L'eau réagit sur l'acide hypoazotique,* AzO^4, *ainsi formé.*

(II) *Réaction :* $3\,AzO^4 + 2\,HO = 2\,(AzO^5, HO) + AzO^2$.

3 équivalents d'acide hypoazotique reproduisent en présence de l'eau 2 équivalents d'acide azotique sur lesquels l'acide sulfureux exercera la réaction (I), et 1 équivalent de bioxyde d'azote AzO^2.

3° L'oxygène que renferme encore l'air de la chambre réagit sur le bioxyde d'azote formé dans la réaction (II).

(III) *Réaction :* $AzO^2 + 2O = AzO^4$.

Il se forme de l'acide hypoazotique que l'eau transformera par la réaction (II) en une nouvelle quantité d'acide azotique sur lequel une nouvelle proportion d'acide sulfureux exercera la réaction (I) et en une nouvelle quantité de bioxyde d'azote que l'oxygène de la chambre transformera par la réaction (III) en acide hypoazotique, et ainsi jusqu'à ce que l'atmosphère de la chambre ait perdu tout son oxygène.

En résumé, L'ACIDE SULFUREUX DEVIENT DE L'ACIDE SULFURIQUE en prenant de l'oxygène à l'acide azotique (I) qui se reconstitue par l'action de l'eau sur l'acide hypoazotique (II) qui vient de se former ainsi ou qui provient (III) de l'action de l'oxygène de l'atmosphère de la chambre sur le gaz bioxyde d'azote.

Dans la conduite d'une opération industrielle, tout consiste à introduire dans la chambre l'*acide sulfureux*, l'*acide azotique*, l'*air* et l'*eau* dans des rapports convenables; ainsi, lorsque la quantité d'eau est insuffisante, il se produit contre les parois des chambres des cristaux, $AzO^3, 2SO^3$, que nous avons déjà signalés en parlant de l'action de l'acide hypoazotique sur l'acide sulfureux (p. 125) et qui pour cela ont été appelés *cristaux des chambres de plomb.*

CONCENTRATION.

L'acide ainsi préparé contient un excès d'eau, nécessaire dans une bonne fabrication. Il est moins dense et ne titre que 55° environ à l'aréomètre de Baumé, tandis que l'acide monohydraté, plus dense, titre 66°.

Pour le débarrasser de l'excès d'eau qu'il renferme et l'amener à marquer 66°, on le concentre d'abord jusqu'à 60° et 61° environ en le chauffant dans de grandes bassines de plomb; mais comme, lorsque l'acide est arrivé à ce degré de concentration, le plomb ne résiste plus à son action, on achève de le concentrer dans un alambic de platine qui n'est pas attaqué à la température qu'il faut atteindre pour l'amener à son dernier degré de concentration.

USAGES.

Dans le plus grand nombre des industries chimiques.

Dans la fabrication de la soude artificielle, industrie qui absorbe la majeure partie de l'acide sulfurique qu'on fabrique annuellement.

Dans les laboratoires, comme réactif fréquemment employé.

COMPOSÉS HYDROGÉNÉS DU SOUFRE.

Il en existe deux :

L'*acide sulfhydrique*. SH, correspondant à l'eau....... HO.
Le *bisulfure d'hydrog.* S^2H, correspondant à l'eau oxygénée HO^2.

Nous n'étudierons que l'acide sulfhydrique.

ACIDE SULFHYDRIQUE.

$$SH = 17 = 2 \text{ vol.} = (2 \text{ vol. } H + 1 \text{ vol. de vapeur de soufre}).$$

SYNONYMIE.

Acide hydrosulfurique.

Hydrogène sulfuré.

ÉTAT NATUREL.

Libre ou associé à des sulfures solubles dans les eaux minérales sulfureuses.

PROPRIÉTÉS PHYSIQUES.

Gaz non permanent.

LIQUIDE sous une pression de 17 à 18 atmosphères.

Incolore.

Très-mobile.

Densité = 0,9.

SOLIDE quand on le refroidit à l'aide d'un mélange d'acide carbonique solide et d'éther qui produit une température de — 90° environ.

Incolore.

Odeur fétide d'œufs pourris.

Densité = 1,1912.

EAU.

En dissout 3 fois son volume.

Cette dissolution constitue un des plus précieux réactifs du laboratoire.

L'eau saturée de sel marin le dissout en très-faible proportion et peut être employée pour le recueillir à l'état gazeux.

PROPRIÉTÉS CHIMIQUES.

Acide faible; aussi, comme tous les acides faibles, il communique à la teinture de tournesol la teinte vineuse.

La chaleur le décompose; il est donc peu stable.

L'étincelle électrique le décompose.

OXYGÈNE.

1° *Le brûle complétement* avec production de la flamme bleue qui accompagne la combustion du soufre, et en donnant naissance à de l'acide sulfureux et à de l'eau, lorsqu'on l'enflamme à l'air libre.

Réaction : $SH + 3O = SO^2 + HO$.

2° *Le brûle incomplétement* lorsque l'oxygène est en quantité insuffisante, ce qui se produit lorsqu'on brûle ce gaz dans une éprouvette étroite dans laquelle l'air pénètre difficilement. Dans ce cas il se dépose du soufre contre les parois de l'éprouvette.

Réaction : $SH + O = HO + S$.

3° *Le brûle avec détonation* lorsqu'on enflamme un mélange des deux gaz contenant 2 vol. d'acide sulfhydrique et 3 vol. d'oxygène.

Réaction : $SH + 3O = SO^2 + HO.$

4° *Le brûle incomplétement lorsqu'il est* À L'ÉTAT DE DISSOLUTION DANS L'EAU, avec formation d'eau et dépôt de soufre.

Réaction : $SH + Aq + O = HO + Aq + S.$

Aussi faut-il conserver sa dissolution dans des flacons bien bouchés dans lesquels l'air ne peut pas se renouveler.

5° *Le brûle complétement lorsqu'il est* À L'ÉTAT DE DISSOLUTION DANS L'EAU, avec formation d'eau et d'acide sulfurique.

Réaction : $SH + 4O = SO^3, HO.$

Cette combustion, dans laquelle le soufre passe à son dernier degré d'oxydation, se produit sous l'influence de corps poreux, comme le linge employé dans les établissements d'*eaux sulfureuses thermales*.

Chlore, brome et *iode* le décomposent à la température ordinaire en acides :

Chlorhydrique,

Réaction : $SH + Cl = ClH + S;$

Bromhydrique,

Réaction : $SH + Br = BrH + S;$

Iodhydrique,

Réaction : $SH + I = IH + S;$

et *soufre* qui se dépose.

Si ces corps sont en excès, ils se combinent au soufre pour former des *chlorures*, *bromures* et *iodures* de soufre.

Charbon.

L'absorbe à froid.

Le décompose à chaud avec formation de sulfure de carbone, et l'hydrogène est mis en liberté.

Réaction : $2SH + C = CS^2 + 2H.$

MÉTAUX.

1° *Un grand nombre le décomposent.* Ils passent à l'état de sulfures et l'hydrogène est mis en liberté.

Le mercure et l'argent agissent même à froid.

Réaction : $SH + Ag = SAg + H.$

2° *Un grand nombre sont précipités de leurs dissolutions à l'état de sulfure*, le cuivre, par exemple.

Réaction : $SO^3, CuO + SH = SCu + SO^3, HO$.

ACIDE SULFUREUX.

Les gaz étant secs, rien.

Les gaz étant humides ou en dissolution, il y a décomposition réciproque.

Réaction : $2SH + SO^2 = 2HO + 3S$.

PROPRIÉTÉS PHYSIOLOGIQUES.

Très-délétère, et son action est d'autant plus énergique que la circulation de l'animal qui le respire est plus active : ainsi, les animaux suivants sont tués par une atmosphère qui renferme :

Oiseau, $\frac{1}{1500}$ d'acide sulfhydrique.

Chien, $\frac{1}{800}$ d'acide sulfhydrique.

Cheval, $\frac{1}{200}$ d'acide sulfhydrique.

PRÉPARATION.

A L'ÉTAT GAZEUX.

I. *En faisant réagir l'un sur l'autre l'hydrogène et le soufre*, on ne réussit pas ; car ces deux corps ont trop peu d'affinité l'un pour l'autre ; il faut faire intervenir l'*état naissant*.

II. *En décomposant un sulfure métallique par un acide.*

1° Dans un flacon *a* (*fig.* 18, *Pl. II*) qui contient de l'eau et du sulfure de fer, on verse de l'acide sulfurique.

Réaction : $SFe + SO^3, HO = SO^3 FeO + SH$.

L'acide sulfhydrique ainsi obtenu est pur, si le sulfure ne contient pas de fer libre.

Dans le cas contraire, il est mélangé avec du gaz hydrogène.

Réaction : $SFe + Fe + 2SO^3, HO = 2SO^3, FeO + SH + H$.

2° Dans un ballon *a* (*fig.* 7, *Pl. I*), on introduit du sulfure d'antimoine *en grains* auquel on ajoute une forte proportion d'acide chlorhydrique ; on chauffe légèrement.

Le gaz acide sulfhydrique se produit *sans boursoufle-*

ment et se lave en *c* avant de se rendre dans l'éprouvette *d* placée sur l'eau pour le recueillir.

Réaction : $S^3Sb^2 + 3Cl = Cl^3Sb^2 + 3SH$.

En dissolution.

En faisant barboter le gaz dans les flacons d'un appareil de Wolf (*fig.* 55, *Pl. VII*) remplis d'eau distillée.

Usages.

Réactif des plus importants dans le laboratoire.

Agent thérapeutique dans les eaux sulfureuses.

SÉLÉNIUM ET TELLURE.

Ils présentent de très-grandes analogies avec le soufre qui, à son tour, en présente de très-remarquables avec l'oxygène (*voyez* les composés hydrogénés, carburés et métalliques de l'oxygène et du soufre) : aussi ces quatre corps *ont été réunis dans une même famille.*

Nous nous bornons à signaler ici les analogies que présentent leurs combinaisons oxygénées :

Acide *sulfureux*....	SO^2	Acide *sulfurique*....	SO^3
» *sélénieux*....	SeO^2	» *sélénique*.....	SeO^3
» *tellureux*....	TeO^2	» *tellurique*.....	TeO^3

et hydrogénées :

Acide *oxhydrique* ou *eau*....	$OH = 2$ vol.
» *sulfhydrique*..........	$SH = 2$ vol.
» *sélénhydrique*........	$SeH = 2$ vol.
» *tellurhydrique*........	$TeH = 2$ vol.

Ces composés hydrogénés sont tous des acides faibles, sans en excepter l'eau, et sont tous formés par la combinaison de 2 vol. d'hydrogène avec 1 vol. d'oxygène ou de vapeur de soufre, de sélénium ou de tellure condensés en 2 vol.

PHOSPHORE. $Ph = 32$.

Historique.

Découvert, en 1677, par *Brandt*, alchimiste de Hambourg. Il le retira de l'urine, dans laquelle il cherchait la pierre philosophale qui devait changer les métaux en or.

Retiré pour la première fois des os qui renferment une proportion considérable de phosphate de chaux, par *Scheele* et *Gahn*.

Fabriqué maintenant sur une assez grande échelle et avec des moyens assez perfectionnés pour qu'il ne coûte pas plus de 5 à 7 francs le kilogramme.

C'est ce phosphore, tel que le livre le commerce, ou **PHOSPHORE NORMAL**, *que nous allons étudier et dont nous allons signaler les propriétés et les modifications physiques si remarquables.*

PROPRIÉTÉS PHYSIQUES.

Solide.

Mou : l'ongle le raye.

Flexible.

Cassant et à *cassure vitreuse* à 0° ou lorsqu'il renferme quelques traces de soufre.

Insipide.

Odeur alliacée.

Incolore et *translucide* lorsqu'il a été conservé dans l'obscurité ; quand, en un mot, il n'a subi aucune des influences qui peuvent le modifier.

Non cristallisé dans le commerce.

Cristallise en dodécaèdres rhomboïdaux, lorsqu'on abandonne à l'évaporation spontanée le *sulfure de carbone* qui le tient en dissolution.

Densité = 1,82 à 1,84.

LUMIÈRE.

1° *Diffuse,* le modifie : *sa surface se recouvre d'une poussière opaque de phosphore extrêmement divisé et d'apparence cristalline,* phénomène analogue à la transformation du soufre cristallisé à chaud, et par conséquent prismatique, qui avec le temps perd sa transparence, devient friable et se réduit en poussière dont chaque grain est constitué par un petit cristal octaédrique (page 118).

2° **DIRECTE,** *lui communique une couleur rouge* et des propriétés physiques et chimiques spéciales : *c'est le* **PHOSPHORE ROUGE** *ou* **AMORPHE** *obtenu par insolation.*

CHALEUR.

1° *Le fond* à 44°,2.

Il doit être fondu sous l'eau à cause de sa grande inflammabilité à l'air.

On le réduit en poudre en le fondant sous l'eau qu'on agite vivement jusqu'à son entier refroidissement.

2° *Le vaporise à 290°.*

Densité de sa vapeur = 4,326.

3° *Donne du* PHOSPHORE NOIR, lorsqu'après l'avoir chauffé à 70° on le jette brusquement dans l'eau à 0°. Ce phosphore ainsi obtenu par la *trempe,* chauffé de nouveau et refroidi lentement, reprend son aspect primitif (*Thenard*).

4° *Donne du* PHOSPHORE ROUGE *ou* AMORPHE, lorsqu'on le chauffe pendant dix à douze jours à 250° dans une atmosphère qui ne puisse pas l'altérer chimiquement. Il devient *solide, rouge* et *amorphe,* et acquiert des propriétés spéciales qui sont aussi celles du *phosphore insolé.*

On le débarrasse du phosphore qui n'a pas été transformé, en le traitant par le *sulfure de carbone,* qui dissout le *phosphore normal* et ne dissout pas le *phosphore rouge.*

SOLUBILITÉ.

Dans l'eau, nulle.

Dans l'alcool, faible.

Dans l'éther, plus grande.

Dans le sulfure de carbone, très-grande.

Cette dissolution doit être maniée avec beaucoup de prudence, car le sulfure de carbone en s'évaporant abandonne le phosphore qui s'enflamme spontanément au contact de l'air.

PROPRIÉTÉS CHIMIQUES.

OXYGÈNE : *a pour lui une affinité très-énergique.*

Il brûle lentement dans l'air en répandant des fumées blanches et *en dégageant de la lumière dans l'obscurité;* de là son nom (φῶς, lumière, et φέρω, je porte).

Non phosphorescent dans l'oxygène pur au-dessous de 20° de température; en effet, pour que sa combustion puisse se produire, il faut que les molécules d'oxygène soient suffisamment écartées par l'azote, gaz inerte, comme dans l'air, ou par quelques coups de piston de la machine pneumatique; alors seulement la *phosphorescence* du phosphore annonce la *combustion lente* de ce corps par l'oxygène.

Il faut conserver le phosphore sous l'eau, qui le met à l'abri du contact de l'air, et le laisser peu de temps hors de ce liquide lorsqu'on est obligé de le tenir entre les doigts.

L'acidité de l'eau dans laquelle a séjourné du phosphore est due à l'action de l'oxygène qu'elle tient en dissolution et qui donne, avec le phosphore qu'il brûle lentement, un acide soluble.

La phosphorescence de l'eau dans laquelle a séjourné du phosphore et qui laisse échapper des éclairs dans l'obscurité, lorsqu'on l'agite avec l'air, est due à la combustion par l'oxygène des particules en suspension de cette poussière opaque qui recouvre la surface de phosphore et qui se forme sous l'influence de la lumière diffuse, comme nous l'avons dit plus haut.

Il s'enflamme et brule vivement :

1° Par le choc ou par le frottement;

2° En élevant sa température à 60°;

3° Lorsque la chaleur qu'il dégage en brûlant lentement à l'air a élevé sa température à 60° environ.

La lumière que dégage le phosphore en brûlant est très-vive dans l'air et éblouissante dans l'oxygène (*fig.* 1, *Pl. I*).

Propriétés physiques, chimiques et physiologiques du *phosphore rouge* comparé au *phosphore normal*.

	Phosphore rouge.	*Phosphore normal.*
Physiques	1° Rouge écarlate, opaque	Incolore, translucide.
	2° Amorphe	Dodécaèdre rhomboïdal.
	3° Densité = 1,96	Densité = 1,83.
	4° Chaleur spécifique 0,17	Chaleur spécifique 0,19.
	5° Insoluble dans le sulfure de carbone	Soluble dans le sulfure de carbone.
	6° Chauffé à 260° à l'abri de l'oxygène, il fond et repasse à l'état de phosphore normal.	Fond à 44°,2; bout à 290°.
Chimiques	7° Lentement altérable à l'air et non phosphorescent	Immédiatement altérable à l'air et phosphorescent.
	8° Inflammable à 260°	Inflammable à 60°.
	9° Se combine avec le soufre à 230°	Se combine avec le soufre à 111°.
	10° Lentement attaqué par l'acide azotique chaud	Violemment attaqué par l'acide azotique chaud.
Physiologiques	11° Non délétère	Délétère.

Ainsi que le *soufre*, le *phosphore* se présente donc à divers états :

A l'état vitreux;

A l'état cristallisé;

A l'état de phosphore noir ou trempé; et, enfin,

A l'état de phosphore rouge ou amorphe.

PRÉPARATION.

En désoxygénant par le charbon et à l'aide de la chaleur l'acide phosphorique, PhO^5, *contenu dans le phosphate de chaux des os.*

Réaction : $PhO^5 + 5C = Ph + 5CO$.

PRÉPARATION DES OS ET LEUR TRAITEMENT.

Calciner les os à l'air. Ils perdent leur matière organique, qui est complétement brûlée, et laissent un résidu fixe blanc constitué par un mélange de phosphate de chaux et de carbonate de chaux.

Pulvériser les os calcinés.

Mêler la poudre à l'eau pour en faire une bouillie.

Verser de l'acide sulfurique (2 parties pour 3 de poudre d'os) peu à peu dans la bouillie en ayant soin d'agiter sans cesse : il se produit une réaction accompagnée d'effervescence.

Réaction :

$$CO^2, CaO + PhO^5, (CaO)^3 + 3(SO^3, HO)$$
$$= 3(SO^3, CaO) + PhO^5, (CaO, 2HO) + HO + CO^2.$$

Le carbonate de chaux est transformé en sulfate de chaux avec dégagement de gaz acide carbonique.

Le phosphate de chaux des os, qui renferme 3 équivalents de chaux et 1 équivalent d'acide sur lequel le charbon est sans action, perd 2 équivalents de chaux qui lui sont enlevés par l'acide sulfurique pour former du sulfate de chaux, et gagne 2 équivalents d'eau qui remplacent la chaux et jouent également le rôle de base.

Le phosphate de chaux insoluble des os est ainsi transformé en phosphate de chaux et d'eau très-soluble, et sur l'acide duquel le charbon peut exercer son *action réductrice.*

Passer sur la toile, laver et exprimer le résidu de sulfate de chaux très-peu soluble.

La liqueur filtrée renferme le phosphate soluble.

Évaporer la liqueur à consistance sirupeuse.

Mêler à du charbon de bois en poudre, 25 pour 100 environ.

Dessécher ce mélange.

Introduire ce mélange bien sec dans une cornue de grès *a* (*fig.* 69, *Pl. IX*) dont le col *b*, très-incliné, s'engage dans une allonge en cuivre *c* qui s'engage elle-même dans le col *d* d'un récipient *r* de même métal : celui-ci renferme de l'eau jusqu'au trop-plein *p*; O est une ouverture pratiquée au couvercle, assez large pour laisser passer facilement la main : elle reste fermée pendant l'opération ; *o* est une autre ouverture également pratiquée au couvercle qui laisse dégager les gaz.

Chauffer la cornue au rouge vif. Le phosphore distille et vient se condenser dans le récipient. Si le col *d* du récipient s'engorgeait, il faudrait introduire le bras à travers l'ouverture O et enlever les obstacles avec les doigts gantés. En même temps que le phosphore distille, il se dégage des gaz qui s'enflamment en s'échappant par l'ouverture *o*. Ces gaz sont de l'*oxyde de carbone*, CO, de l'*hydrogène*, H, de l'*hydrogène protocarboné*, C^4H^2, de l'*hydrogène phosphoré*, PhH^3; ces trois derniers ne se produiraient pas si l'eau que renferme le phosphate de chaux mélangé au charbon avait pu être complétement chassée avant d'atteindre la température très-élevée que le mélange subit dans la cornue; aussi, pour plus de simplicité, nous supposons dans la réaction suivante que l'eau a été complétement chassée.

Réaction :

$$2\,(PhO^5, CaO) + 5C = Ph + 5\,CO + PhO^5, (CaO)^2.$$

Un seul équivalent d'acide phosphorique est complétement réduit par le charbon en phosphore libre et oxyde de carbone ; car le charbon est sans action sur le second équivalent d'acide phosphorique qui reste combiné avec les deux équivalents de chaux.

Filtration du phosphore.

Le phosphore retiré du récipient est fondu sous l'eau, et on le passe à travers une peau de chamois dans laquelle il laisse le charbon et les autres corps entraînés.

Moulage du phosphore.

Le phosphore ainsi filtré est fondu sous l'eau et aspiré dans des tubes en verre légèrement coniques qu'on plonge ensuite dans l'eau froide où il se fige et d'où il est facile de le retirer à l'état solide.

Purification du phosphore.

On le distille dans une petite cornue (*fig.* 70, *Pl. IX*) qui communique avec un récipient. Mais pour mettre le phosphore à l'abri du contact de l'air qui l'enflammerait, on fait circuler lentement dans cet appareil un courant de gaz hydrogène qui pénètre en *a* et s'échappe en *r*.

Usages.

Dans les végétaux.

Rôle important, puisque leurs cendres en contiennent toujours et que les céréales, par exemple, ne peuvent pas prospérer dans un terrain pauvre en combinaisons phosphorées.

Les phosphates sont un des éléments de fertilité du sol.

Dans les animaux.

Fait partie de la *charpente osseuse*, à l'état de phosphate de chaux.

» » *substance cérébrale*,

» » » *nerveuse*,

» » » *albumineuse* et de ses congénères.

Allumettes dites à frottement : en absorbent en France jusqu'à 40 000 kilogrammes par an qui, ajoutés aux 30 000 environ qu'on exporte, font 70 000 kilogrammes de phosphore fabriqués en France annuellement.

Allumettes à phosphore rouge : moins dangereuses, le phosphore rouge n'étant pas aussi inflammable que le phosphore normal.

Pâtes phosphorées pour empoisonner les rats.

Analyse de l'air.

COMPOSÉS OXYGÉNÉS DU PHOSPHORE.

1° Acide	*hypophosphoreux*......	PhO,	
2° »	*phosphoreux*..........	PhO^3,	produit par la *combustion lente* du phosphore à la température ordinaire.
3° »	*phosphorique anhydre*..	PhO^5,	produit par la *combustion vive* du phosphore.
4° »	*métaphosphorique*.....	PhO^5, HO	ou *monohydraté*.
5° »	*pyrophosphorique*.....	PhO^5, 2HO	ou *bihydraté*.
6° »	*phosphorique ordinaire*.	PhO^5, 3HO	ou *trihydraté*, ou *normal*.

Nous étudierons seulement l'*acide phosphorique anhydre* et les acides *phosphoriques mono*, *bi* et *trihydraté*.

ACIDE PHOSPHORIQUE ANHYDRE. $PhO^5 = 72$.

PROPRIÉTÉS PHYSIQUES.

Poudre blanche, d'aspect neigeux, qui s'agrége facilement sous la pression.

FIXE aux plus hautes températures de nos fourneaux.

PROPRIÉTÉS CHIMIQUES.

EAU. *Très-grande affinité.*

Il dégage beaucoup de chaleur en s'y combinant et ne peut plus l'abandonner.

Jeté dans ce liquide, il fait entendre le sifflement que ferait entendre un fer rouge qu'on plonge dans l'eau.

Il prend d'abord 1 équivalent d'eau seulement, puis peu à peu *un second équivalent,* et enfin ce n'est qu'après un temps assez long qu'il a pris *un troisième et dernier équivalent,* et que l'eau ne renferme plus un mélange d'acides phosphoriques plus ou moins hydratés.

Il l'enlève à l'air et tombe en déliquescence.

CHALEUR.

Indécomposable.

Décomposable lorsque son action est aidée par l'action désoxydante du charbon.

PRÉPARATION.

Par le tube *a* (*fig.* 71, *Pl. IX*) qui traverse le col *c* d'un ballon à deux tubulures latérales, on fait tomber dans la capsule *o* un fragment de phosphore qu'on enflamme à l'aide d'un fil de fer porté au rouge. L'oxygène chassé d'un gazomètre, ou l'air aspiré en *i*, traverse l'appareil dessiccateur *dd'* rempli de fragments de chlorure de calcium, et arrive sec dans le ballon. Lorsque c'est l'air qui circule, la majeure partie de l'oxygène qu'il renferme se combine au phosphore, tandis que la partie non absorbée, mélangée à la totalité de l'azote, passe dans l'aspirateur *i* après avoir traversé le flacon *f* qui arrête la portion d'acide phosphorique entraîné.

On jette de temps en temps un fragment de phosphore à travers le tube *a* qu'on ferme immédiatement pour éviter l'accès de l'air humide.

L'acide phosphorique formé se dépose sous forme de neige au fond du ballon. A la fin de l'opération on le tasse par l'agitation qu'on imprime au ballon débarrassé des pièces qui lui sont ajustées, puis on le verse rapidement dans un flacon bien sec, à large ouverture et fermé par un bouchon de verre usé à l'émeri.

USAGES.

Pour dessécher les gaz.

Pour enlever de l'eau aux matières organiques. Il leur enlève de l'eau de constitution qui y préexiste, ou de l'eau qui se forme par la combinaison d'une partie de l'hydrogène et de l'oxygène qu'elles renferment.

ACIDES PHOSPHORIQUES HYDRATÉS.

Au nombre de trois.

PROPRIÉTÉS.

Communes à tous les acides énergiques.

	Monohydraté ou *métaphosphorique* PhO^5, HO.	*Bihydraté* ou *pyrophosphorique* $PhO^5, 2HO$.	*Trihydraté* ou *normal* $PhO^5, 3HO$.
Aspect et forme...	Vitreux et incristallisable.	Vitreux et cristallisable.	Vitreux et cristallisable.
Dans l'eau........	Se transforme lentement en acide bihydraté. Cette action est aidée par la chaleur.	Se transforme lentement en acide trihydraté. Cette action est aidée par la chaleur.	
Albumine.........	Le précipite.	Ne le précipite pas.	Ne le précipite pas.
Azotate d'argent...	Le précipite en *blanc*.	Le précipite en *blanc*, après qu'il a été saturé par la potasse ou par la soude.	Le précipite en *jaune*, après qu'il a été saturé par la potasse ou par la soude.

PRÉPARATION.

1. MONOHYDRATÉ OU MÉTAPHOSPHORIQUE.

En chauffant fortement le résidu de l'évaporation des dissolutions de n'importe quel acide phosphorique dans l'eau, on l'obtient en une masse vitreuse qui renferme 11,11 pour 100 d'eau ou 1 équivalent que la chaleur ne peut pas lui enlever.

II. Bihydraté ou pyrophosphorique.

1° *En ajoutant* 1 *équivalent d'eau ou* 11^{gr},11 *à* 100 *grammes de l'acide précédent.* Avec le temps la masse vitreuse fond et finit par donner des cristaux d'acide à 2 équivalents d'eau. (*Procédé très-long.*)

2° *En calcinant le phosphate de soude du commerce,*

$$PhO^5, (2NaO, HO), 24HO,$$

on chasse la totalité de l'eau qu'il renferme et *il devient du pyrophosphate de soude,*

$$PhO^5, 2NaO.$$

Celui-ci dissous dans l'eau et précipité par l'azotate de plomb donne du *pyrophosphate de plomb* insoluble.

Réaction : $PhO^5, 2NaO + 2(AzO^5, PbO) = PhO^5, 2PbO + 2(AzO^5, NaO)$.

On lave bien ce nouveau sel, on le met en suspension dans l'eau et on le décompose par un courant d'acide sulfhydrique

Réaction : $PhO^5, 2PbO + 2HS = 2PbS + PhO^5, 2HO$,

qui met en liberté l'acide phosphorique bihydraté ou acide pyrophosphorique, $PhO^5, 2HO$.

Pour l'obtenir cristallisé, il suffit de l'évaporer dans le vide.

III. Trihydraté ou normal.

1° *En abandonnant à eux-mêmes les deux acides précédents en dissolution dans l'eau* (*procédé très-long*).

2° *En chauffant dans une cornue* (*fig.* 46, *Pl. VI*) 1 *partie de phosphore avec* 18 *parties d'acide azotique d'une densité de* 1,20, et en opérant sur de petites quantités, 30 grammes, par exemple, de phosphore, pour éviter des accidents par suite d'une action trop vive. *On chauffe avec précaution,* puis on concentre dans la cornue jusqu'à consistance sirupeuse, et, comme l'acide phosphorique ainsi concentré attaque le verre, on achève sa concentration dans une capsule de platine.

Le résidu abandonné à lui-même laisse déposer des cristaux d'acide phosphorique trihydraté.

3° *En faisant tomber dans l'eau qui le décompose du per-*

chlorure de phosphore, $PhCl^5$, qui correspond à l'acide phosphorique anhydre, PhO^5.

Réaction : $PhCl^5 + 8HO = PhO^5, 3HO + 5ClH$.

L'acide chlorhydrique formé en même temps que l'acide phosphorique trihydraté est chassé pendant la concentration, qui s'effectue comme précédemment.

CONSIDÉRATION IMPORTANTE.

C'EST UN ACIDE POLYBASIQUE.

L'eau que renferme chacun des trois acides que nous venons d'étudier ne peut pas être assimilée à l'eau d'hydratation que peut contenir l'acide sulfurique, par exemple, car l'acide sulfurique, quelle que soit la quantité d'eau qu'il renferme, qu'il soit *mono, bi* ou *trihydraté*, forme en se combinant à la même base un sel dont la composition est constamment la même. Il n'en est plus de même pour l'acide phosphorique. En effet, celui-ci, mis en présence d'une même base, la soude par exemple, en prendra un nombre d'équivalents égal à la quantité d'eau qu'il renferme et donnera naissance à des *sels neutres* bien définis, qui contiendront pour 1 équivalent d'acide phosphorique anhydre 1, 2 ou 3 équivalents de soude.

Il faut donc, pour neutraliser chimiquement chaque acide phosphorique, et en allant de celui qui renferme le moins d'eau à celui qui en renferme le plus, 1, 2 ou 3 équivalents de base : le premier est donc MONOBASIQUE, le second BIBASIQUE et le troisième TRIBASIQUE ; l'eau qu'ils renferment, et avec laquelle ils peuvent cristalliser, est de l'*eau basique* qui peut être remplacée par un nombre égal d'équivalents d'une base quelconque. (*Voyez*, plus loin, *Neutralité chimique des sels.*)

COMPOSÉS HYDROGÉNÉS DU PHOSPHORE.

Phosphure d'hydrogène solide.... Ph^2H.
Phosphure d'hydrogène liquide... PhH^2.
Phosphure d'hydrogène gazeux ou *hydrogène phosphoré.* .... PhH^3 : c'est le seul que nous étudierons.

HYDROGÈNE PHOSPHORÉ.

$PhH^3 = 35 = 4$ vol. $=$ (2 vol. de vapeur de Ph et 6 vol. d'H).

PROPRIÉTÉS PHYSIQUES.

Gazeux.

Incolore.

Odeur fétide, alliacée, *caractéristique.*

Densité = 1,185. 1 litre pèse 1^{gr},540.

Solubilité.

Peu soluble dans l'eau qui en dissout $\frac{1}{8}$ environ de son volume.

Plus soluble dans l'alcool, l'éther, l'essence de térébenthine, le sulfure de carbone.

PROPRIÉTÉS CHIMIQUES.

OXYGÈNE.

I. NON SPONTANÉMENT INFLAMMABLE, *quand il est pur.*

Il s'enflamme à l'air par l'approche d'un corps enflammé ou seulement *en élevant sa température à* 100°.

Il produit en brûlant des fumées blanches très-épaisses et dépose du phosphore contre les parois de l'éprouvette si celle-ci ne laisse pas pénétrer une quantité d'air suffisante pour le brûler complétement.

Il s'enflamme spontanément dans de l'oxygène raréfié.

II. SPONTANÉMENT INFLAMMABLE *quand il renferme des traces, même infiniment faibles, de vapeurs de phosphure d'hydrogène liquide.*

Chaque bulle qui s'échappe à la surface de l'eau ou du mercure *brûle en faisant entendre une légère explosion et en produisant,* dans une atmosphère calme, *une couronne de fumée blanche* (*fig.* 72, *Pl. IX*) qui s'élève dans l'air en s'élargissant souvent très-régulièrement; cette fumée est formée par l'acide phosphorique.

Réaction : $PhH^3 + 8O = PhO^5 + 3HO$.

Dans l'oxygène pur chaque bulle de gaz brûle avec un éclat remarquable.

CHLORE.

Chaque bulle introduite dans une atmosphère de chlore s'enflamme.

Si les premières bulles ne s'enflamment pas, il faut arrêter l'opération pour ne pas former un mélange explosif qui peut être dangereux pour l'opérateur.

Réaction : $PhH^3 + 8Cl = Cl^5Ph + 3ClH$.

Il se forme 1 équivalent de perchlorure de phosphore et 3 équivalents d'acide chlorhydrique.

Acide iodhydrique s'y combine volume à volume pour donner de magnifiques cubes que l'*eau détruit* et dont la formule

$$\text{IH}, \text{PhH}^3$$

correspond à l'iodhydrate d'ammoniaque

$$\text{IH}, \text{AzH}^3.$$

C'est donc une VÉRITABLE BASE *comme l'ammoniaque.*

ABSORBABLE par les dissolutions de cuivre, argent, plomb, etc., ce qui permet de le séparer des autres gaz et de reconnaître s'il est mélangé à du gaz hydrogène qui peut se produire pendant sa préparation.

PRÉPARATION.

I. *Spontanément inflammable.*

1° Chauffer légèrement un petit ballon de verre (*fig.* 72, *Pl. IX*) complétement rempli de boulettes faites avec une pâte de chaux éteinte et au centre desquelles on a placé un fragment de phosphore.

Réaction : $4\text{Ph}+3\text{CaO}+3\text{HO}=3(\text{PhO},\text{CaO})+\text{PhH}^3$.

L'eau est décomposée ; son oxygène se porte sur une partie de phosphore qui passe à l'état d'acide hypophosphoreux et se combine à la chaux, tandis que son hydrogène s'unit à une autre partie de phosphore pour donner naissance à de l'hydrogène phosphoré.

On peut remplacer la chaux humide par une dissolution de potasse ou de toute autre base puissante.

En le préparant ainsi :

Il est spontanément inflammable à l'air parce qu'il renferme des traces de vapeur *de phosphure d'hydrogène liquide spontanément inflammable.*

Il renferme du gaz hydrogène qui provient de la décomposition de l'eau sous l'influence d'un excès de chaux par l'hypophosphite de chaux formé dans la réaction précédente.

Réaction :

$$\text{PhO},\text{CaO}+4\text{HO}+2\text{CaO}=\text{PhO}^5,(3\text{CaO})+4\text{H}.$$

L'acide hypophosphoreux de l'hypophosphite de chaux prend l'oxygène de 4 équiv. d'eau pour passer à l'état d'acide phosphorique normal qui se combine à 3 équivalents de chaux, et l'hydrogène de l'eau ainsi décomposée se dégage et s'ajoute à l'hydrogène phosphoré qu'il rend impur.

2° *Préparer d'avance du phosphure de calcium* ou *de baryum* en faisant passer des vapeurs de phosphore sur de la chaux ou de la baryte chauffée au rouge.

Réaction : $16CaO + 7Ph = 2(PhO^5, 3CaO) + 5PhCa^2$.

Il se produit du *phosphure de calcium* qui reste mêlé à du phosphate normal de chaux qui prend également naissance et à de la chaux en excès.

Faire réagir l'eau sur ces phosphures en employant l'appareil (*fig.* 75, *Pl. IX*) qui va être décrit.

En le préparant ainsi :

Il est spontanément inflammable, parce qu'il contient également de la vapeur de *phosphure d'hydrogène liquide*.

Il contient aussi une certaine quantité d'hydrogène.

II. *Pur et non spontanément inflammable*.

1° *Décomposer le phosphure de calcium par l'acide chlorhydrique* qui remplit les $\frac{3}{4}$ du flacon à deux tubulures *a* (*fig.* 73, *Pl. IX*). Le phosphure est introduit au moyen du large tube *d* et le gaz produit est recueilli en *e*.

Réaction : $PhCa^2 + 2ClH = 2ClCa + PhH^2$.

Il se forme du chlorure de calcium et du phosphure d'hydrogène liquide que l'acide chlorhydrique décompose au moment de sa formation, sans que cet acide intervienne autrement que par sa présence.

Réaction : $5PhH^2 = 3PhH^3 + Ph^2H$.

Il se forme de l'*hydrogène phosphoré gazeux* parfaitement pur et du *phosphure d'hydrogène solide* qui se dépose.

2° Chauffer de l'acide phosphoreux hydraté dans une cornue de verre munie d'un tube de dégagement.

Réaction : $4PhO^3 + 3HO + Aq = 3PhO^5 + PhH^3 + Aq$.

CONSIDÉRATIONS SUR L'AZOTE, LE PHOSPHORE, L'ARSENIC ET L'ANTIMOINE.

Si l'on considère la manière dont ces corps se comportent chimiquement, on est conduit à reconnaître entre eux des analogies qui permettent de les grouper dans une même famille ; ainsi, pour ne pas sortir de l'ordre des faits qui ont été déjà exposés, ces corps, en se combinant avec l'oxygène et l'hydrogène, donnent naissance à des composés acides ou basiques de même formule et dans lesquels les éléments constituants sont groupés et condensés de la même manière.

COMBINAISONS OXYGÉNÉES.

Acide *azoteux*..... AzO^3	Acide *azotique*....... AzO^5
» *phosphoreux*. PhO^3	» *phosphorique*... PhO^5
» *arsénieux*... AsO^3	» *arsénique*...... AsO^5
....	» *antimonique*.... SbO^5

COMBINAISONS HYDROGÉNÉS.

Ammoniaque .... $AzH^3 = 4$ vol.
Hydrogène phosphoré... $PhH^3 = 4$ vol.
Hydrogène arsénié ..... $AsH^3 = 4$ vol.
Hydrogène antimonié... $SbH^3 = 4$ vol.

Dans ces composés hydrogénés :

Le volume des éléments constituants est réduit de moitié puisque 6 vol. d'hydrogène et 2 vol. de chacun des autres métalloïdes se réduisent à 4 vol. dans chacun des composés formés.

Le rôle de base ne peut pas être mis en doute pour les deux premiers.

Il est bien entendu que les analogies chimiques doivent être établies en se basant sur les considérations qui précèdent et nullement sur l'isomorphisme de leurs composés ou *sur l'énergie de leur affinité pour un même corps;* autrement on séparerait des corps qui se rapprochent le plus par l'ensemble de leurs propriétés chimiques. En effet :

Les azotates ne sont pas isomorphes avec les phosphates et les arséniates qui le sont entre eux :

Le phosphore a autant d'affinité pour l'oxygène que l'azote en a peu ;

Le chlore a autant d'affinité pour l'hydrogène que l'iode en a peu.

CARBONE ou CHARBON. C = 6.

ÉTAT NATUREL.

A l'état natif.

Diamant.

Graphite.

Anthracite, qui est quelquefois du charbon presque pur.

Houille, qui est du charbon très-impur.

Dans toutes les combinaisons de la nature organique.

Combiné à l'oxygène et formant avec lui un acide gazeux, l'*acide carbonique*, qui entre dans la composition de l'air pour $\frac{4}{10000}$ à $\frac{6}{10000}$, et dans la composition des carbonates qui constituent une partie des éléments solides de notre globe.

PROPRIÉTÉS PHYSIQUES.

FORME.

1° *Cristallisé.*

Diamant.

Graphite naturel ou *plombagine.*

Graphite des hauts fourneaux : charbon des cornues à gaz ou *charbon métallique.*

2° *Amorphe.*

Charbon de sucre.

Charbon de bois.

Noir de fumée.

Coke.

Noir animal.

COULEUR.

Transparent et *incolore* ou *diversement teinté :* DIAMANT.

Opaque et noir : TOUS LES AUTRES.

CHALEUR.

Fixe et *infusible* aux plus hautes températures de nos fourneaux.

Mauvais conducteur : diamant, charbon de bois, etc.

Bon conducteur : charbon des cornues à gaz, charbon de bois fortement calciné, etc.

ÉLECTRICITÉ.

Bon ou *mauvais conducteur comme pour la chaleur.*

SOLUBILITÉ.

Nulle, quel que soit le liquide employé, excepté la fonte de fer en fusion qui en se refroidissant lentement l'abandonne à l'état cristallin : *graphite des hauts fourneaux.*

PROPRIÉTÉS CHIMIQUES.

OXYGÈNE.

Porté à une haute température dans un excès de ce gaz, il disparaît en produisant un gaz acide qui possède les propriétés très-caractéristiques de l'*acide carbonique.*

OBSERVATION.

On voit donc par ce simple énoncé qu'*à part la transformation en acide carbonique, la fixité et l'infusibilité aux plus hautes températures de nos fourneaux et l'insolubilité* dans tous les liquides connus, *aucune des autres propriétés signalées ne sont communes à tous les charbons.* Nous pourrions en dire autant de l'*éclat*, de la *dureté*, de la *densité*, de la *combustibilité, etc.*

Il importe donc de les étudier séparément; c'est ce que nous ferons en commençant par les charbons cristallisés et en terminant par les charbons amorphes.

CHARBONS CRISTALLISÉS.

DIAMANT.

Gisement.

Rare et disséminé dans des sables ferrugineux qui constituent des alluvions anciennes.

Principalement dans l'Inde, l'île de Bornéo et le Brésil.

Propriétés physiques.

Formes. Appartiennent au système régulier. Ses faces sont généralement convexes et par suite ses arêtes sont courbes.

Transparent, *quelquefois opaque.*

Couleur.

Pour l'apprécier il faut enlever la croûte rugueuse et opaque qui recouvre la surface du diamant brut.

Incolore, — rosé, — jaune, — vert, — bleu, — noir : le diamant incolore est le plus estimé.

Densité = 3,50 et 3,55.

Dureté.

Le corps le plus dur que l'on connaisse.

Il raye tous les corps et n'est rayé par aucun : sa poussière seule l'entame.

Chaleur.

Mauvais conducteur.

Fixe et *infusible* à la plus haute température de nos fourneaux.

A la chaleur intense d'une forte pile de Bunsen, il devient incandescent, jette une lumière éblouissante, se boursoufle, perd sa transparence, devient moins dense, noir et friable, et se partage en plusieurs fragments qui ressemblent à du coke ordinaire.

Électricité.

Mauvais conducteur.

S'électrise par le frottement en prenant l'électricité positive.

Le fait passer à l'état de graphite.

Une pile de Bunsen de 500 à 600 éléments le fait passer, ainsi que tous les charbons, à l'état de graphite; ce qui conduit à penser que sous l'influence de cette énorme température le charbon fond peut-être puisque le graphite est cristallisé.

LUMIÈRE.

Phosphorescent, car, soumis à l'insolation et porté dans l'obscurité, il émet de la lumière.

Pouvoir réfringent et *pouvoir dispersif* très-considérable; de là ses magnifiques effets de lumière *lorsqu'il est taillé.*

PROPRIÉTÉS CHIMIQUES.

OXYGÈNE.

Disparaît lorsqu'on le chauffe dans un excès d'oxygène, en produisant du gaz *acide carbonique.*

Il laisse une quantité de cendre extrêmement faible.

Sa combustion est difficile.

LE DIAMANT EST DONC DU CHARBON PUR.

FABRICATION.

Les inductions géologiques n'apprennent rien sur son mode de formation.

1° *Par les méthodes ordinaires de cristallisation par fusion, par volatilisation ou par dissolution.*

A la température excessivement élevée que produisent 600 éléments de Bunsen, il ne se produit que du *graphite* qui est du charbon cristallisé en hexaèdres, forme incompatible avec celle du *diamant.*

Par la dissolution dans la fonte de fer fondue, il ne se produit également que du *graphite.*

2° *Par le transport très-lent d'un pôle à l'autre des molécules de charbon sous l'influence d'un courant d'induction.*

Après plusieurs mois, le pôle qui recevait le charbon ainsi transporté était couvert d'une poudre noire dans laquelle on distinguait, à l'aide du microscope, des octaèdres noirs et des octaèdres blanc opalin qui, mêlés à l'huile, polissaient le rubis comme la poudre de diamant.

3° *Par décomposition très-lente du chlorure de carbone étendu d'alcool et soumis à l'action de deux éléments voltaïques très-faibles.*

Après six mois, l'électrode négatif était recouvert d'une gaîne miroitante qui, lorsqu'on a voulu la détacher, s'est réduite en poudre qui polissait le rubis.

TAILLE.

Elle a pour but :

1° D'enlever la croûte rugueuse et opaque qui recouvre le diamant brut.

2° De multiplier ses facettes.

Et pour effet :

D'augmenter son éclat.

Pour tailler le diamant, il faut employer sa propre poussière, aucun autre corps ne pouvant l'entamer.

POIDS DE QUELQUES DIAMANTS.

Le Régent pèse...... 136 carats (le carat = 0gr,212).
L'Étoile du sud pèse.. 125 »
Le Kohi-Noor pèse... 103 »

La valeur de chacun est de plusieurs millions.

GRAPHITE NATUREL.

SYNONYMIE.

Plombagine; mine de plomb.

GISEMENT.

Dans certaines montagnes de formation primitive.

PROPRIÉTÉS PHYSIQUES.

FORME.

Cristallisé en petites paillettes hexaédriques très-minces et rassemblées en masses.

TOUCHER. *Onctueux, tachant les doigts ou le papier* parce que les molécules qui constituent la masse sont liées par une cohésion très-faible. DE LÀ SON EMPLOI POUR LA FABRICATION DES CRAYONS.

DURETÉ. *Rayé très-facilement par l'ongle.*

COULEUR. Gris métallique.

Densité = 2,20.

BON CONDUCTEUR DE LA CHALEUR ET DE L'ÉLECTRICITÉ.

C'est pour cela qu'on l'emploie en galvanoplastie pour recouvrir la surface des moules.

PROPRIÉTÉS CHIMIQUES.

COMBUSTION presque aussi difficile que celle du diamant.

GRAPHITE ARTIFICIEL.

PROPRIÉTÉS.

Celles du graphite naturel généralement.

COULEUR noire.

PRÉPARATION. *Par le refroidissement lent de la fonte de fer,* l'excès de charbon qu'elle tient en dissolution se sépare et cristallise ; les cristaux s'élèvent à la surface et sont débarrassés du fer interposé à l'aide de l'acide chlorhydrique.

CHARBON MÉTALLIQUE DES CORNUES A GAZ.

PROPRIÉTÉS PHYSIQUES.

FORME.

En masse compacte et pesante formée par un agrégat de *petites paillettes* fortement adhérentes les unes aux autres.

Gris, brillant métallique.

TRÈS-DUR : raye le verre.

SONORE.

Densité : presque celle du diamant.

TRÈS-BON CONDUCTEUR de la chaleur et de l'électricité.

PROPRIÉTÉS CHIMIQUES.

Combustion aussi difficile que celle des graphites.

PRÉPARATION.

Par la décomposition partielle des carbures d'hydrogène au contact des parois fortement chauffées des cornues qui servent à la préparation du gaz de l'éclairage.

Le charbon se dépose en masses compactes qui adhèrent à la surface interne des cornues.

CHARBONS AMORPHES.

PRÉPARATION.

I. *Par la distillation d'une matière organique en vase clos, dans une cornue,* par exemple.

Les éléments volatils, hydrogène, oxygène et azote, qui entrent dans sa constitution, distillent, associés entre eux et à une partie du *charbon,* et formant ainsi des composés très-divers, et *il reste du charbon pur,* tel que le *charbon de sucre,* ou *mélangé à des matières inorganiques,* tel que le *charbon de bois,* le *coke,* le *charbon des os.*

II. *Par la combustion incomplète d'une substance organique.*

Lorsque la quantité d'air qui alimente la combustion est insuffisante, les mêmes éléments volatils distillent et l'hydrogène dont la combustion est plus facile brûle en entier tandis que l'élément fixe, le charbon, incomplétement brûlé faute d'oxygène, reste comme résidu.

C'est ainsi qu'on obtient le charbon de bois, par le procédé de carbonisation en meules, ou procédé des forêts, *ainsi que le coke,* par un procédé analogue.

C'est ainsi que la vapeur d'une matière volatile riche en charbon, de la résine ou du goudron, par exemple, brûlée incomplétement par une quantité d'air insuffisante, laisse déposer du charbon, *le noir de fumée*, mis en liberté pendant la combustion de l'hydrogène auquel il se trouvait associé.

PROPRIÉTÉS.

Différentes, suivant la nature de la matière organique et selon les circonstances qui accompagnent sa carbonisation. Ainsi :

Boursouflés, spongieux et luisants, parce que la matière qui les fournit est fusible. Tels sont :

Le CHARBON DE SUCRE *et le* COKE DES HOUILLES GRASSES.

Ayant conservé la forme primitive des matières qui les ont produits lorsque ces matières ne sont pas fusibles. Tels sont :

Le CHARBON DE BOIS *et le* CHARBON D'OS.

Léger et très-divisé, parce que ce charbon provient d'une vapeur incomplétement brûlée et dans laquelle ce corps est déjà divisé chimiquement autant qu'il peut l'être. Tel est :

Le NOIR DE FUMÉE.

Densité varie : mais, pour tous ces charbons, *elle est inférieure à 2.*

CONDUCTIBILITÉ POUR LA CHALEUR ET L'ÉLECTRICITÉ.

Généralement faible.

Augmente avec la densité.

POUVOIR DÉCOLORANT ET DÉSINFECTANT.

Il dépend de la propriété qu'ils possèdent de fixer les matières colorantes et d'absorber les gaz : il se produit dans l'ordre suivant :

Charbon des os ou *charbon animal.*

Charbon de bois.

Noir de fumée calciné.

Coke, etc.

Il diminue avec la porosité.

COMBUSTIBILITÉ d'autant moindre qu'ils sont plus denses et meilleurs conducteurs de la chaleur et de l'électricité.

Nous étudierons d'une manière plus spéciale quelques-uns de ces charbons.

CHARBON DE SUCRE.

Nous le signalons parce qu'il est pur et qu'à cet état il est souvent employé dans le laboratoire.

Il est pur lorsqu'il est le produit de la calcination du sucre pur, tel que le sucre candi, et lorsqu'on lui a enlevé les dernières traces d'hydrogène qu'il peut encore contenir, en le chauffant très-fortement dans un courant de chlore.

Réaction : $C^n + H + Cl = C^n + ClH$.

CHARBON DE BOIS.

PROPRIÉTÉS PHYSIQUES.

Noir brillant.

Cassant et *sonore* quand il est de bonne qualité.

COMPACITÉ. *Varie avec l'essence du bois.* Ainsi, le bois de chêne, par exemple, dur et compacte, donne un charbon beaucoup plus dur et plus compacte que celui qui est fourni par le fusain, bois léger et poreux.

CHALEUR ET ÉLECTRICITÉ.

Mauvais conducteur.

Bon conducteur, quand il a été *fortement chauffé.*

POROSITÉ *considérable.*

Renferme jusqu'à 10 *ou* 12 *pour* 100 *d'eau* empruntée à l'air.

ABSORBE LES GAZ ET LES CONDENSE DANS SES PORES, en quantité quelquefois considérable.

Pour constater le pouvoir absorbant du charbon pour les gaz, il faut le porter au rouge, l'éteindre dans le mercure et le faire ensuite monter dans des éprouvettes où se trouvent des gaz différents.

La quantité de gaz absorbée par le charbon varie avec la nature de ces gaz ; en général, elle est d'autant plus forte qu'ils sont plus solubles dans l'eau ; ainsi, en allant du plus au moins,

Les gaz sont absorbés dans l'ordre suivant :

Ammoniac,

Acide chlorhydrique,

Acide sulfureux,

Acide sulfhydrique, protoxyde d'azote, acide carbonique, etc.

Ces gaz se dégagent lorsqu'on place le charbon dans le vide; ils ne sont donc pas combinés, mais *fixés par l'affinité capillaire.*

FIXE LES MATIÈRES COLORANTES en dissolution dans l'eau. Ces matières contractent avec lui des adhérences sans avoir subi aucune modification dans leur constitution; c'est encore un phénomène d'adhérence par *affinité capillaire.*

FIXE UN GRAND NOMBRE DE COMPOSÉS INORGANIQUES qu'il enlève à l'eau qui les tient en dissolution, tels que l'*acétate de plomb,* l'*acétate de cuivre,* le *bichlorure de mercure,* le *sulfate de cuivre, etc., sels éminemment toxiques.*

PROPRIÉTÉS CHIMIQUES.

COMBUSTION À 240°, et *d'autant plus facile qu'il est plus léger et qu'il n'a pas été rendu bon conducteur de la chaleur par une température trop élevée.* Ainsi :

Le charbon de fusain brûle bien plus facilement que le charbon de chêne : aussi les charbons légers sont-ils préférés pour la préparation de la *poudre à tirer.*

Laisse des cendres, dont la quantité et la composition varient suivant l'essence du bois qui les a fournies et la nature du sol où ce bois s'est développé.

PRÉPARATION.

I. PROCÉDÉ DES FORÊTS OU CARBONISATION DU BOIS EN MEULES.

Il consiste à faire arriver lentement au milieu d'une masse de bois à carboniser, disposé en meules et recouvert d'une couche de terre dans laquelle on pratique des trous d'aération, une quantité d'air suffisante pour brûler la partie la plus combustible et entretenir la chaleur nécessaire à cette combustion, mais insuffisante pour brûler la majeure partie du charbon.

Les *fumerons* sont le produit d'une carbonisation incomplète.

Nous nous bornerons à ce simple énoncé.

II. DISTILLATION DU BOIS EN VASES CLOS.

On opère dans de grandes cornues, en tôle, par exemple, qu'on chauffe ordinairement avec de la houille.

On obtient ainsi une plus forte proportion de charbon et tous les produits volatils condensables, presque tous carburés, qui ont une valeur commerciale.

Les produits gazeux eux-mêmes sont utilisés : on les ramène au foyer pour être brûlés et servir ainsi à la distillation.

Rendement.

En négligeant une quantité très-faible de matière azotée, le bois renferme :

Carbone..............................	38,5
Hydrogène et *oxygène*, dans le rapport voulu pour former de l'eau..................	35,5
Eau libre, qu'il faut enlever autant que possible avant l'opération..................	25,0
Cendres..............................	1,0
	100,0

Le procédé des forêts donne........ 17 à 18 pour 100 de charbon.

La distillation en vases clos donne..... 27 à 28 pour 100 de charbon.

Il est facile de comprendre, en se reportant au mode de préparation et à la nature des produits condensés, pourquoi il est impossible d'obtenir une quantité notablement plus forte de charbon et de se rapprocher davantage du chiffre théorique 38,5.

Usages.

Bon combustible qui donne très-peu de flamme et pas de fumée.

Désinfectant.

Pris en poudre et agité avec une eau de mare qui sent les œufs pourris, il la rend limpide et inodore; elle pourra même, après avoir été filtrée, être bue sans inconvénient.

C'est pourquoi on carbonise légèrement à l'intérieur les parois des tonneaux dans lesquels on conserve l'eau douce à la mer.

Décolorant.

On l'agite comme précédemment avec la dissolution colorée.

Épurateur des eaux.

Il les désinfecte et les décolore, ainsi que nous venons de le dire, et leur enlève certains sels métalliques, ainsi que certains principes amers des végétaux.

CHARBON ANIMAL.

Les os contiennent 30 pour 100 de matière organique riche en charbon au milieu de laquelle se trouve répandue la matière minérale de l'os constituée par du phosphate de chaux et du carbonate de chaux.

PRÉPARATION.

Les os calcinés en vases clos donnent un charbon qui renferme à peine 12 pour 100 de carbone, mais il est très-divisé par les sels minéraux que nous venons de signaler.

Le charbon ainsi préparé est *granulé* ou *pulvérisé*.

USAGES.

Décolorant par excellence; aussi est-il d'une grande utilité industrielle, dans la *fabrication du sucre,* par exemple.

COKE.

C'est un mélange de charbon et de matières terreuses; il renferme environ 90 pour 100 de charbon.

PROPRIÉTÉS PHYSIQUES.

Compacte.

Couleur gris de fer.

Éclat demi-métallique.

Spongieux, lorsque la houille s'est ramollie; car les gaz développés dans son intérieur la boursouflent en se dégageant.

Porosité faible.

Il est plutôt caverneux : aussi il est beaucoup moins absorbant que les derniers charbons que nous venons d'étudier.

Bon conducteur de la chaleur : aussi sa combustion, pour être bonne, doit être pratiquée sur une certaine masse et doit être alimentée par un bon courant d'air.

PROPRIÉTÉS CHIMIQUES.

COMBUSTION.

Facile lorsqu'il est en grandes masses et que le courant d'air est rapide.

Difficile en petites masses, parce qu'il se rapproche du graphite et du charbon métallique par sa densité qui diminue son pouvoir calorifique, par son pouvoir conducteur de la chaleur qui favorise son refroidissement, et par son peu de porosité qui diminue la surface de combustion.

Donne beaucoup de chaleur, parce que, étant plus compacte que le charbon de bois, la quantité de charbon qui peut brûler dans un espace donné est plus considérable, et parce que, ne fondant pas comme certaines *houilles,* il ne ferme pas le passage à l'air qui peut circuler librement.

Ne produit pas de fumée en brûlant.

Préparation.

I. *Calcination en vases clos,* dans les cornues qui servent à fabriquer le gaz de l'éclairage, *de la houille* ou *charbon de terre*. Ce combustible naturel, riche en hydrogène, est surtout très-riche en charbon.

Le coke ainsi obtenu est un produit secondaire de l'opération.

II. Carbonisation de la houille introduite dans des fours à coke ou disposée en tas, procédés analogues à celui de la carbonisation du bois disposé en meules (*voyez* p. 161).

Usages.

Chauffage des appartements, des locomotives, etc.

Combustible employé dans les hauts fourneaux.

Fonte des métaux.

Arts métallurgiques.

NOIR DE FUMÉE.

Préparation.

En brûlant incomplétement certaines matières gazeuses carbonées d'origine organique.

Ainsi :

1° Si on refroidit la flamme d'une bougie en y introduisant un corps froid, tel qu'un morceau de porcelaine, ce corps se recouvrira d'une couche de charbon qui n'est autre que du *noir de fumée.*

2° Si on enflamme un corps très-riche en charbon et qu'on gêne l'arrivée de l'air, la flamme deviendra *fuligineuse,* donnera une fumée très-épaisse et laissera déposer, à distance, des flocons abondants de charbon très-divisé qui est du *noir de fumée.*

On prépare ordinairement le noir de fumée en brûlant, dans des foyers où l'air n'arrive pas en quantité suffisante, du bois résineux, de la résine, du goudron, de la houille, etc., et en dirigeant les produits de la combustion dans une grande chambre qui précède la cheminée. Les fumées se condensent dans cette chambre et laissent déposer la majeure partie du charbon très-divisé qu'elles renferment.

Ce produit renferme environ 20 pour 100 de matières résineuses, bitumineuses et salines.

On l'épure en le calcinant d'abord dans des cylindres en tôle empilés dans un four, et en le lavant ensuite avec de l'acide chlorhydrique étendu et enfin avec de l'eau pure.

USAGES.

Peinture.
Encre d'imprimerie.
Encre de Chine.

COMPOSÉS OXYGÉNÉS DU CARBONE.

Nous étudierons les deux combinaisons qui prennent naissance lorsque le carbone brûle à l'air, et qui sont :

L'*oxyde de carbone*.... CO.
L'*acide carbonique*.... CO^2.

ACIDE CARBONIQUE. $CO^2 = 22 = 2$ vol.

ÉTAT NATUREL.

I. *A l'état de liberté :*

Dans l'air, qui en renferme de $\frac{3}{10000}$ à $\frac{6}{10000}$ (*voyez* la composition de l'air, p. 78).

Vomi par les volcans.

En dissolution dans les eaux. Quelques-unes en renferment des quantités assez fortes.

II. *En combinaison :* surtout à l'état de carbonate de chaux.

ACIDE CARBONIQUE GAZEUX.

PROPRIÉTÉS PHYSIQUES.

Gaz non permanent : car *on peut le liquéfier et même le solidifier.*

Incolore.

Odeur légèrement piquante.

Saveur aigrelette lorsqu'il est en dissolution dans l'eau.

DENSITÉ = 1,529. 1 litre pèse $1^{gr},977$.

Beaucoup plus lourd que l'air ; aussi :

1° *On peut le transvaser d'une éprouvette dans une autre.*

L'acide s'écoule de l'éprouvette *a* (*fig.* 74, *Pl. IX*) dans l'éprouvette *b* en en chassant l'air qu'il remplace, ce dont on peut s'assurer en plongeant dans l'éprouvette *b* une bougie qui s'éteint ; car *l'acide carbonique est impropre à entretenir la combustion.*

2° *On peut éteindre une bougie à l'aide d'une éprouvette pleine d'acide carbonique qu'on verse sur la flamme, à la façon d'un liquide* (*fig.* 75, *Pl. IX*).

3° Grotte du Chien, à Pouzzoles, près de Naples.

Un chien y périt en peu d'instants, tandis qu'un homme peut y rester sans danger. Le chien meurt parce qu'il est plongé en entier dans une atmosphère d'acide carbonique qui s'écoule des fissures de la grotte; mais comme cette couche asphyxiante ne s'élève pas à plus de 1 mètre au-dessus du sol, elle ne peut nullement gêner la respiration de l'homme.

Reproduction du phénomène de la grotte du Chien.

On plonge, jusqu'à moitié de sa hauteur, une éprouvette *b* (*fig.* 76, *Pl. IX*) dans une éprouvette *a* de même hauteur et remplie d'acide carbonique. Cet acide ainsi chassé de la moitié supérieure de l'éprouvette *a* est remplacé par une égale quantité d'air, lorsqu'on a soin de retirer avec précaution l'éprouvette *b*. Si maintenant, dans cette éprouvette, ainsi remplie à moitié d'air qui surnage l'acide carbonique plus lourd que lui, on plonge une bougie, elle brûlera en *d* et s'éteindra en *e*.

Solubilité.

L'eau dissout environ son volume d'acide carbonique à la température et sous la pression ordinaire. La solubilité augmente beaucoup avec la pression; elle est proportionnelle à la pression; ainsi l'eau en dissout 5 fois son volume sous une pression de 5 atmosphères.

Les eaux gazeuses artificielles sont préparées à l'aide d'une pompe qui aspire le gaz acide carbonique renfermé dans un gazomètre et qui le foule dans un réservoir fermé qui contient de l'eau. On introduit l'eau dans les bouteilles lorsqu'elle renferme une quantité de gaz suffisante. En débouchant une bouteille ainsi remplie d'eau qui contient 4 ou 5 fois son volume d'acide carbonique, il se produit une vive effervescence par suite d'un abondant dégagement de gaz que l'eau ne peut plus dissoudre sous la pression ordinaire.

La chaleur ou *le vide* font perdre à l'eau l'acide carbonique qu'elle renferme.

Exposée à l'air, l'eau perd également son acide carbonique, mais *lentement*.

Propriétés chimiques.

Rougit la teinture de tournesol en s'y dissolvant.

Il la rougit à la manière des acides faibles, et lui communique la *nuance vineuse* et non la *nuance pelure d'oignon* que les acides forts peuvent seuls produire.

Impropre à entretenir la combustion : éteint une bougie allumée.

CHALEUR. *Ne le décompose pas* aux plus hautes températures.

ÉLECTRICITÉ. *Le décompose partiellement,* par une série d'étincelles, en oxygène et oxyde de carbone;

Réaction : $CO^2 = CO + O$,

chose remarquable, puisqu'un mélange d'oxyde de carbone et d'oxygène se combine sous l'influence d'une étincelle et donne de l'acide carbonique.

Réaction : $CO + O = CO^2$.

OXYGÈNE. *Est sans action,* car le charbon ne peut pas s'oxyder davantage.

HYDROGÈNE et CHARBON.

Le décomposent à une haute température; il se forme :

1° Pour l'hydrogène, de l'eau et de l'oxyde de carbone :

Réaction : $CO^2 + H = CO + HO$.

2° Pour le charbon, de l'oxyde de carbone :

Réaction : $CO^2 + C = 2CO$.

Et comme, d'une part, CO^2 occupe 2 vol., et que d'autre part CO occupe 2 vol., et que par conséquent $2CO = 4$ vol., il s'ensuit que dans cette dernière réaction le gaz double de volume.

POTASSIUM et SODIUM. *Le décomposent complétement, à une température élevée,* en carbone et oxyde de potassium ou de sodium.

Réaction : $3CO^2 + 2K = 2KO^3 + 3C$.

FER, ZINC, etc. *Le décomposent incomplétement, à une température élevée,* avec formation d'oxyde de carbone et d'oxyde du métal employé.

Réaction : $CO^2 + Zn = ZnO + CO$.

DISSOLUTION DE POTASSE OU DE SOUDE. L'absorbent complétement avec formation de carbonate de potasse ou de soude soluble dans l'eau.

EAU DE CHAUX. *Est précipitée par l'acide carbonique* qu'elle absorbe avec formation de carbonate de chaux insoluble dans l'eau et qui donne à celle-ci un aspect laiteux.

Ce caractère est important.

Le précipité de carbonate de chaux ainsi formé est soluble dans les acides chlorhydrique et azotique et même dans l'acide carbonique; aussi faut-il verser dans l'éprouvette qui renferme le gaz qu'on essaye un excès d'eau de chaux pour éviter la formation d'un *bicarbonate de chaux soluble*.

PROPRIÉTÉS PHYSIOLOGIQUES.

N'EST PAS RESPIRABLE.

Fait mourir par asphyxie, parce qu'il ne peut pas remplacer l'oxygène nécessaire à l'*hématose*.

EXEMPLES :

Grotte du Chien.

Cave dans laquelle se trouve une cuve remplie de jus de raisins en fermentation,

L'acide carbonique qui se produit en grande quantité et qui tombe en cascade le long des parois de la cuve finit par rendre la cave inhabitable.

N'EST PAS DÉLÉTÈRE.

L'air ne devient irrespirable que lorsqu'il en contient 30 pour 100 environ. Si des hommes sont morts asphyxiés dans une atmosphère viciée par la combustion du charbon et qui ne renfermait que 4 à 5 pour 100 d'acide carbonique, c'est qu'elle contenait aussi de l'oxyde de carbone, gaz éminemment délétère.

Si l'on éprouve un malaise dans un air vicié par la respiration, dès que l'acide carbonique atteint la proportion de 1 pour 100, c'est qu'il s'exhale pendant la respiration des émanations dont la nature n'est pas connue et qui exercent sur l'économie une action malfaisante, qui a été faussement attribuée à l'acide carbonique.

ASSAINISSEMENT DES ATMOSPHÈRES *qui ont été rendues irrespirables par l'acide carbonique.*

1° *On absorbe l'acide par des bases* comme l'ammoniaque, la soude et la potasse ou la chaux à l'état de lait de chaux. L'ammoniaque agit plus promptement; mais un excès des autres bases n'est pas à craindre et la chaux est moins coûteuse.

2° *On renouvelle l'air* par l'emploi de moyens mécaniques.

SA PRODUCTION PAR LES ANIMAUX.

Dans l'acte de la respiration, les animaux font pénétrer, *par inspiration*, dans leurs organes respiratoires, les poumons par exemple, l'air atmosphérique qui contient 21 pour 100 environ d'oxygène : cet air, qu'ils chassent ensuite *par expiration*, ne présente plus la même composition : il a perdu une certaine proportion de son oxygène qui a été remplacé, *en partie seulement*, par de l'acide carbonique.

CONSTATATION DE SA PRODUCTION.

En faisant barboter dans de l'eau de chaux de l'air qui vient du poumon, à l'aide d'un tube recourbé dont l'une des extrémités est placée entre les lèvres. L'eau de chaux se trouble immédiatement, tandis qu'il faut un temps assez long pour obtenir le même résultat en faisant barboter dans le même liquide de l'air qui y est poussé à l'aide d'un soufflet.

Un homme qui vit dans une atmosphère confinée, aspirant de l'oxygène et expirant de l'acide carbonique, finit par rendre l'air de moins en moins respirable, parce qu'il lui enlève de l'oxygène qu'il remplace en partie par de l'acide carbonique. C'est ce qu'on peut constater facilement par l'analyse. *En outre, les gaz expirés renferment des matières animales dont la nature n'est pas connue* et qui sont difficilement saisissables par l'analyse.

Les matières animales respirées produisent des phénomènes morbides qu'il ne faut pas attribuer à l'acide carbonique.

La viciation de l'air par la respiration est d'autant plus prompte qu'un plus grand nombre d'individus respirent dans le même lieu : *de là l'importance de la ventilation dans les salles d'assemblée, les dortoirs, les hôpitaux, les écuries, etc.*

QUE DEVIENT L'OXYGÈNE DISPARU DANS L'ACTE DE LA RESPIRATION?

Absorbé dans les cellules capillaires du poumon par le sang noir qui circule dans les vaisseaux qui les tapissent et que le cœur droit y envoie, il communique à ce liquide la couleur rouge du sang artériel. Le sang ainsi modifié est poussé par le cœur gauche jusqu'aux capillaires périphériques, où il redevient noir en perdant l'oxygène qu'il a entraîné avec lui et qui brûle une partie du charbon et de l'hydrogène des matières organiques qu'il renferme, pour former de l'acide carbonique et de l'eau. Rejeté par l'expiration, l'acide carbonique remplace exactement le volume d'oxygène qui s'est fixé sur le charbon, tandis que l'oxygène qui se fixe sur l'hydrogène n'est pas remplacé par un volume égal de vapeur d'eau.

La respiration a donc pour résultat final la combustion des éléments combustibles du sang.

L'acide carbonique produit par la respiration de l'homme est de 450 litres environ en vingt-quatre heures, ce qui ne suppose pas moins de 240 grammes environ de charbon brûlé dans le même temps par l'oxygène emprunté à l'air dans l'acte de la respiration.

SA DÉCOMPOSITION PAR LES PLANTES.

La respiration des animaux s'ajoute donc aux autres combustions qui se produisent sur notre globe pour enlever sans cesse à l'atmosphère de l'oxygène dont une partie seulement est remplacée par du gaz acide carbonique. C'est pourquoi après un temps sans doute fort long, mais infailliblement, l'air finirait par être modifié dans sa composition, si les végétaux n'apportaient aussi leur part d'action inverse de celle des animaux. En effet :

Si l'animal agit par combustion, le végétal agit par réduction et décompose l'acide carbonique et l'eau pour s'assimiler le charbon et l'hydrogène en mettant l'oxygène en liberté.

C'est dans la partie verte des plantes et sous l'influence de la lumière que s'opère ce phénomène de réduction. C'est ainsi que l'arbre grandit; c'est ainsi que les arbres résineux et les plantes aromatiques donnent leurs essences si riches en charbon et en hydrogène.

Constatation de sa décomposition par les plantes.

On fait végéter une plante dans une atmosphère confinée dont on connaît la composition, et après un temps suffisant on constate par l'analyse que l'air a perdu de l'acide carbonique et gagné une quantité d'oxygène plus considérable que celle qui correspond à l'acide carbonique disparu : ce qui prouve qu'une partie provient de l'eau décomposée par la plante.

PRÉPARATION.

I. *On brûle du charbon* dans l'air en excès, ou mieux dans l'oxygène également en excès, et l'on obtient ainsi de l'acide carbonique qui renferme de l'azote dans le premier cas et de l'oxyde de carbone dans l'un et l'autre cas.

II. *On chauffe au rouge* (*fig.* 5, *Pl. I*) *du carbonate de chaux* que la chaleur décompose.

Réaction : $CO^2, CaO = CO^2 + CaO$.

L'acide carbonique qui devient libre est recueilli sur l'eau et la *chaux vive* reste dans la cornue.

III. *On décompose le carbonate de chaux* (le marbre blanc en petits fragments) *par l'acide chlorhydrique* (*fig.* 18, *Pl. II*).

Réaction : $CO^2, CaO + ClH = CO^2 + ClCa + HO$.

L'acide carbonique chassé par l'acide chlorhydrique se dégage, et il se forme de l'eau et du chlorure de calcium très-soluble dans l'eau.

L'acide sulfurique ne convient pas parce qu'il produit du *sulfate de chaux* (plâtre) peu soluble qui recouvre le marbre et s'oppose à son contact avec l'acide.

ACIDE CARBONIQUE LIQUIDE ET SOLIDE.

I. ACIDE LIQUIDE.

A été peu étudié : nous dirons seulement qu'il est très-fluide et que sa tension est de 36 atmosphères à 0° de température, de 50 à 15° et enfin de 75 environ à 30°.

II. ACIDE SOLIDE.

PROPRIÉTÉS.

Aspect de la neige.

S'évapore lentement à l'air et s'y maintient longtemps solide, quoiqu'il soit à la température de — 90°, parce qu'il est mauvais conducteur de la chaleur.

Température de 90° au-dessous de 0°. *Il donne, sur la main, une sensation de froid moins forte qu'on ne serait disposé à le croire,* parce que, vu l'énorme différence qui existe entre la température de la main et sa propre température, il passe à l'état sphéroïdal et qu'une couche de gaz s'interpose et empêche le contact (*voyez* État sphéroïdal, p. 62).

Mais il produit une sensation de brûlure avec désorganisation de la peau, si on le serre entre les doigts.

Mauvais conducteur de la chaleur. C'est pour cela qu'on ne peut pas l'employer seul comme réfrigérant.

Réfrigérant énergique.

On rend son action réfrigérante prompte et par conséquent efficace, en provoquant sa rapide évaporation. Pour cela, on le mélange avec de l'éther qui est *meilleur conducteur de la chaleur* et qui détruit sa porosité. C'est ainsi qu'on peut congeler des masses considérables de mercure et liquéfier le chlore, le protoxyde d'azote, etc.

On rend son action réfrigérante plus énergique, en provoquant une évaporation plus rapide et par suite un refroidissement plus prompt. Pour cela, on place le mélange d'acide carbonique solide et d'éther sous le récipient de la machine pneumatique.

On rend son action réfrigérante encore plus efficace, en comprimant, jusqu'à 40 atmosphères, les gaz qu'on refoule dans des tubes qui plongent dans un mélange d'acide carbonique solide et d'éther placé dans le vide : on obtient ainsi des liquéfactions et des solidifications de gaz qu'aucune autre méthode ne pourrait réaliser.

Préparation.

I. Un tube de verre (*fig.* 77, *Pl. IX*), fermé à ses deux extrémités, renferme du bicarbonate de soude en *a* et de l'acide sulfurique en *b*. En faisant passer l'acide sulfurique en *a*, il se dégage de l'acide carbonique qui, se trouvant confiné dans un espace trop restreint, se liquéfie sous sa propre pression.

Réaction : $(CO^2)^2, NaO + SO^3, HO = SO^3, NaO + 2CO^2 + HO.$

Méthode dangereuse pour l'opérateur et qui donne peu de liquide.

II. **Appareil de Thilorier** (*fig.* 78, *Pl. IX*).

Le générateur *est la partie de l'appareil où se produit l'acide carbonique;* c'est un cylindre en plomb, recouvert de cuivre rouge et renforcé par des barres de fer forgé, fortement reliées par des cercles également de fer forgé : les deux fonds présentent les mêmes conditions de résistance, commandées par un bien triste accident, la mort d'un opérateur.

Dans ce générateur et à travers l'ouverture o, on introduit 1800 *grammes de bicarbonate de soude,* $4\frac{1}{2}$ *litres d'eau, et l'éprouvette en cuivre e qui contient* 1 *kilogramme d'acide sulfurique concentré;* on ferme alors en *o* et l'on incline le cylindre en lui faisant dépasser l'horizontale. L'acide sulfurique s'écoule, arrive au contact du bicarbonate et réagit sur lui.

Le récipient *c, également très-résistant, est mis en communication avec le générateur à l'aide de l'***Arc** *b;* c'est dans ce récipient refroidi que l'acide vient se liquéfier.

En répétant plusieurs fois l'opération, on peut accumuler dans le récipient plusieurs kilogrammes d'acide liquide.

Ce réservoir communique avec l'atmosphère au moyen d'un tube de cuivre recourbé *i* qui plonge jusqu'au fond du liquide. En ouvrant le robinet *f*, une partie du liquide qui jaillit dans l'air avec force reprend l'état gazeux en absorbant une quantité considérable de chaleur à l'autre partie qui se solidifie sous forme de flocons qui ressemblent à de la neige.

La boite lenticulaire *g* est destinée à recevoir le jet d'acide carbonique liquide tangentiellement comme en *i*; les flocons de neige formés roulent donc les uns sur les autres, et s'agglomèrent en une boule de neige qui grossit et finit par remplir la boîte.

OXYDE DE CARBONE. $CO = 14 = 2$ vol.

Propriétés physiques.

Gaz permanent.

Incolore, inodore, insipide.

Densité $= 0,967$.

Solubilité dans l'eau extrêmement faible.

Propriétés chimiques.

Neutre, sans action sur la teinture bleue de tournesol.

Oxygène.

1° *Il brûle à l'air, avec production d'une flamme bleue caractéristique,* en lui empruntant 1 équivalent d'oxygène qui le transforme en acide carbonique.

Réaction : $CO + O = CO^2$.

Avant d'être brûlé, il ne précipite pas l'eau de chaux qu'on verse dans l'éprouvette qui le renferme.

Après avoir été brûlé, il précipite l'eau de chaux puisqu'il s'est transformé en acide carbonique qui forme avec la chaux un *carbonate de chaux insoluble.*

2° *Il réduit plusieurs oxydes, avec l'aide de la chaleur,* et passe à l'état d'acide carbonique.

Exemple.

L'oxyde de cuivre devient du cuivre métallique.

Réaction : $CO + CuO = Cu + CO^2$.

3° *Il réduit un grand nombre de sels,* avec l'aide de la chaleur, et se transforme en acide carbonique.

Exemple.

Le sulfate de chaux devient du sulfure de calcium.

Réaction : $SO^3, CaO + 4CO = SCa + 4CO^2$.

Chlore.

Acide chloroxycarbonique $COCl = 49,5 = 2$ vol.

L'oxyde de carbone, mêlé à son volume de chlore et exposé à l'action de la lumière solaire, s'y combine en produisant un gaz dont le volume est la moitié de celui du mélange, et, par conséquent, égal au volume de l'oxyde de carbone employé.

Réaction : $CO + Cl = COCl$.

Cet acide n'est autre chose que l'acide carbonique, CO^2, *dans lequel 1 équivalent d'oxygène est remplacé par 1 équivalent de chlore;* de là lui vient son nom.

Décomposé par l'eau en acide carbonique et acide chlorhydrique.

Réaction : $COCl + HO = CO^2 + ClH$.

Propriétés physiologiques.

Impropre à la respiration.

Délétère.

D'autant plus dangereux qu'il est inodore et qu'il n'accuse pas sa présence.

En très-faibles proportions il donne des maux de tête et un malaise général.

$\frac{1}{100}$ dans une atmosphère fait périr rapidement un oiseau et plus lentement un homme.

Il cause les accidents qu'on attribuait à l'acide carbonique et qui résultent de l'emploi de mauvais appareils de chauffage, tels que les *braseros* employés en Espagne et en Italie. En effet, l'air y arrive lentement, l'oxygène n'est pas en quantité suffisante pour opérer l'oxydation complète du charbon de bois embrasé, et il se forme un mélange des deux oxydes.

Préparation.

I. *Par la réduction, à l'aide du charbon, d'un oxyde diffici-*

lement réductible et qui par conséquent ne perd son oxygène qu'à une haute température, tel que l'oxyde de zinc, ZnO, par exemple.

On chauffe fortement dans une cornue de grès *a* (*fig.* 79, *Pl. X*) un mélange d'oxyde de zinc et de charbon ; le gaz se dégage et barbote en *b* dans une dissolution de potasse qui retient l'acide carbonique qui pourrait se former.

Réaction : $ZnO + C = CO + Zn$.

II. *Par la réduction de l'acide carbonique à l'aide du charbon.*

On fait passer un courant d'acide carbonique qui se produit en *a* (*fig.* 80, *Pl. X*), dans un tube de porcelaine ou de grès rempli de charbon fortement chauffé.

Réaction : $CO^2 + C = 2CO$.

III. *Par la déshydratation de l'acide oxalique,* $C^2O^3, 3HO$, *à l'aide de l'acide sulfurique concentré.*

Dans un ballon *a* (*fig.* 7, *Pl. I*), on introduit 1 partie d'*acide oxalique* ou de *bioxalate de potasse* (sel d'oseille) et 4 ou 5 parties d'acide sulfurique concentré, puis on chauffe légèrement pour aider la réaction.

Réaction : $C^2O^3, 3HO + SO^3, HO = SO^3, 4HO + CO + CO^2$.

L'acide oxalique ne peut pas perdre l'eau qu'il contient sans se décomposer en volumes égaux d'oxyde de carbone CO et d'acide carbonique CO^2.

Le gaz ainsi produit, après avoir abandonné son acide carbonique dans plusieurs flacons laveurs à potasse dissoute, dont un seul est représenté dans la figure, est recueilli sur l'eau.

COMPOSÉS SULFURÉS DU CARBONE.

Ils sont au nombre de deux.

1° *Protosulfure de carbone*, CS, *gazeux* et correspondant à l'oxyde de carbone, CO, *gazeux.*

2° *Sulfure de carbone*, CS^2, *liquide* et correspondant à l'acide carbonique, CO^2, *gazeux.*

Pour ces deux composés, nous retrouvons la formule des composés oxygénés du carbone ; seulement l'oxygène y est remplacé par le soufre.

Le second de ces composés peut même être considéré comme l'acide carbonique du soufre. C'est le seul dont nous occuperons, afin de faire ressortir ses analogies frappantes avec l'acide carbonique, et, par suite, de nouvelles analogies chimiques du soufre avec l'oxygène.

SULFURE DE CARBONE. $CS^2 = 38 = 2$ vol. de vapeur.

SYNONYMIE.

Acide sulfocarbonique.

PROPRIÉTÉS PHYSIQUES.

Liquide très-mobile.

Incolore.

Odeur qui rappelle celle des *choux pourris.*

Densité = 1,271 à 15°.

CHALEUR.

Bout à 48°.

Densité de sa vapeur = 2,67.

Son volume à l'état gazeux = 2, *comme pour l'acide carbonique*

Non encore solidifié par le froid : aussi l'a-t-on employé quelquefois pour construire des thermomètres destinés à accuser de très-basses températures.

Produit un froid de — 60° par son évaporation dans le vide.

DISSOLVANT du *soufre*, du *phosphore*, du *caoutchouc*, des *résines*, des *corps gras*, des huiles essentielles, etc.

D'un prix peu élevé.

Dont l'évaporation est facile et la distillation rapide.

Mais qui s'enflamme trop facilement.

PROPRIÉTÉS CHIMIQUES.

ACIDE comme l'acide carbonique.

Se combine avec les sulfures métalliques pour former des sulfocarbonates, comme l'acide carbonique avec les oxydes métalliques pour former des carbonates.

Les sulfocarbonates et les carbonates sont isomorphes.

Indécomposable par la chaleur, comme l'acide carbonique.

Brûle à l'air avec une flamme bleue, lorsqu'on le chauffe jusqu'à 350°, en produisant de l'acide carbonique et de l'acide sulfureux.

Réaction : $CS^2 + 6O = CO^2 + 2SO^2$.

Détone vivement lorsqu'on enflamme sa vapeur mêlée à l'oxygène.

Aussi faut-il l'employer avec précaution : car, en vertu de la tension considérable de sa vapeur, dont la densité est deux fois et demie celle de l'air, il tend à se répandre dans l'air, avec lequel il forme un mélange qui s'étale sur le sol et qui peut s'enflammer avec détonation au voisinage d'un foyer. Cette inflammation est d'autant plus à craindre, que les produits qui prennent naissance, *acide carbonique* et *acide sulfureux*, et qui restent mêlés à l'azote de l'air, sont impropres à la respiration.

PRÉPARATION.

Dans un tube *tt* (*fig.* 81, *Pl. X*) de grès ou de porcelaine, incliné comme le fourneau qui le porte, rempli de charbon en fragments et porté au rouge, on introduit en *o*, et de temps en temps, des fragments de soufre, en ayant soin de fermer après chaque introduction.

Le soufre en fusion coule jusqu'à la partie du tube qui renferme le charbon incandescent : là, il entre en vapeur et se combine avec lui.

Le sulfure de carbone, ainsi formé, traverse, à l'état de vapeur, l'allonge *d*, arrive dans le flacon *f* contenant un peu d'eau et suffisamment refroidi, s'y condense et forme une couche liquide qui occupe le fond du flacon, au-dessous de la couche d'eau.

Le bec recourbé de l'allonge affleure l'eau du flacon récipient.

Le sulfure de carbone ainsi recueilli contient en dissolution du soufre entraîné à l'état de vapeur.

Pour purifier le sulfure de carbone, on le distille au bain-marie, puis on dessèche le produit ainsi débarrassé du soufre en le mettant en contact avec du chloruré de calcium desséché et on le distille de nouveau.

ANALOGIES DE L'ACIDE CARBONIQUE ET DE L'ACIDE SULFOCARBONIQUE.

	ACIDE CARBONIQUE.		ACIDE SULFOCARBONIQUE.	
Préparation	Oxygène et charbon incandescent.		Vapeur de soufre et charbon incandescent.	
Composition	1 vol. d'O et $\frac{1}{2}$ vol. de C	donnent 1 vol. d'acide carbonique.	1 vol. de S et $\frac{1}{2}$ vol. de C	donnent 1 vol. d'acide sulfocarbonique
Volume de l'équivalent.	2 vol.		2 vol.	
Formule	CO^2.		CS^2.	
Formule générale des sels	CO^2, MO.		CS^2, MS.	
Cristallisation des sels.	Isomorphes avec les sulfocarbonates.		Isomorphes avec les carbonates.	

COMPOSÉS HYDROGÉNÉS DU CARBONE.

ORIGINE.

Ne peuvent pas se former directement, par suite du peu d'affinité du carbone pour l'hydrogène.

Produits de la décomposition par la chaleur des matières organiques riches en hydrogène et en carbone. Les CARBURES D'HYDROGÈNE ainsi formés varient avec les circonstances dans lesquelles s'accomplit l'expérience.

Produits de la décomposition spontanée des matières organiques : tels que le *gaz des marais.*

PRODUITS NATURELS.

Fossiles et d'origine végétale : tels que l'huile de naphte, l'huile de pétrole, etc.

Fournis par les végétaux actuels : tels que l'essence de térébenthine, etc.

PRODUITS DE RÉACTIONS CHIMIQUES REMARQUABLES PAR LEUR GÉNÉRALITÉ. Ainsi :

I. *En faisant réagir une substance avide d'eau sur les* ALCOOLS *dont la formule peut être dédoublée en carbure d'hydrogène et en eau.*

EXEMPLE :

L'ALCOOL DU VIN, dont la formule, $C^4H^6O^2$, peut être

écrite $C^4H^4, 2HO$, traité à chaud par l'*acide sulfurique* ou l'*acide phosphorique*, perdra ses 2 équivalents d'eau, et le *carbure d'hydrogène*, C^4H^4, deviendra libre et se dégagera à l'état de gaz.

Réaction : $C^4H^6O^2+SO^3, HO=SO^3, 3HO+C^4H^4$.

II. *En faisant agir à chaud une base puissante sur les acides organiques volatils.*

Cette base puissante, telle que la *baryte* ou la *chaux*, employée en excès, décompose l'acide organique en *acide carbonique* plus stable à la température élevée à laquelle on opère, et en *carbure d'hydrogène.*

*L'oxygène de l'acide volatil s'unit à la quantité de charbon nécessaire pour former de l'*ACIDE CARBONIQUE *qui se porte sur la base mise en présence, tandis que le reste du charbon uni à la totalité de l'hydrogène, et constituant un* CARBURE D'HYDROGÈNE, *se dégage.*

EXEMPLE :

L'ACIDE ACÉTIQUE, $C^4H^4O^4$, chauffé avec de la *baryte*, donnera du *carbonate de baryte* et un *carbure d'hydrogène*, C^2H^4.

Réaction: $C^4H^4O^4+2BaO=2(CO^2,BaO)+C^2H^4$.

EXTRÊMEMENT NOMBREUX.

On comprend facilement combien les *carbures d'hydrogène* doivent être nombreux, lorsqu'on dispose d'un si grand nombre de moyens de les produire.

Les plus stables sont ceux dont la composition est la plus simple.

DÉCOMPOSÉS PAR LA CHALEUR.

1° *Complétement*, lorsque la température est suffisamment élevée, en *carbone* et *hydrogène.*

EXEMPLE :

Le protocarbure d'hydrogène ou gaz des marais, C^2H^4.

Réaction : $C^2H^4 = 2C + 4H$.

2° *Incomplétement*, lorsque la température est insuffisante, en *carbone* et *carbure d'hydrogène* d'une composition plus simple.

EXEMPLE :

Le bicarbure d'hydrogène ou gaz oléfiant, C^4H^4, laisse déposer 2 équivalents de *carbone*, 2C, et se transforme en *protocarbure d'hydrogène*, C^2H^4.

Réaction : $C^4H^4 = 2C + C^2H^4$.

Nous étudierons seulement le protocarbure et le bicarbure d'hydrogène.

PROTOCARBURE D'HYDROGÈNE. $C^2H^4 = 16 = 4$ vol.

SYNONYMIE.

Hydrogène protocarboné.
Gaz des marais.

ÉTAT NATUREL.

1° *Il se produit dans la vase des marais* où se décomposent des matières organiques. En remuant cette vase, il se dégage des bulles gazeuses qui sont formées en grande partie par du gaz *protocarbure d'hydrogène* mêlé à de l'*azote*, de *l'oxygène* et de l'*acide carbonique*.

2° *Il se dégage du sol dans certaines localités* en telle quantité, qu'il est employé comme combustible.

3° *Il est renfermé en assez grande quantité dans certaines houilles* où il est comprimé et d'où il s'échappe avec un certain bruit produit par la rupture des lamelles qui forment les parois du réservoir qui l'emprisonne.

Mêlé à l'air des galeries de mines, il constitue le FEU GRISOU.

4° *Il existe, plus ou moins fortement comprimé, dans certains échantillons de sel gemme* qui se dissolvent dans l'eau en décrépitant.

PROPRIÉTÉS PHYSIQUES.

Gaz permanent.
Incolore.
Odeur assez désagréable.
Insoluble dans l'eau.
Densité = 0,556. 1 litre pèse $0^{gr},727$.

PROPRIÉTÉS CHIMIQUES.

Une chaleur très-forte le décompose en *hydrogène* qui occupe un volume double de celui du gaz sur lequel on a opéré, et en *charbon*.

L'électricité le décompose par une longue série d'étincelles.

Non absorbable par l'acide sulfurique monohydraté.
Non comburant, il éteint les corps en combustion.

EN PRÉSENCE DE L'OXYGÈNE.

Brûle avec une flamme pâle et bleuâtre en produisant de l'eau et de l'acide carbonique.

$$\textit{Réaction :}\ \underbrace{C^2H^4}_{4\ \text{vol.}} + \underbrace{8O}_{8\ \text{vol.}} = 4HO + 2CO^2.$$

Détone avec violence lorsqu'on l'enflamme après l'avoir mêlé avec sept ou huit fois son volume d'air.

En opérant sur quelques centaines de centimètres cubes de ce mélange, on brise presque inévitablement le flacon de verre qui le renferme.

En le mélangeant avec deux fois son volume d'oxygène pur, *la détonation est encore plus violente.*

FEU GRISOU. Dans les mines de houille il se dégage trop souvent de l'*hydrogène protocarboné* qui produit avec l'air des galeries des mélanges détonants qui occupent souvent quelques centaines de mètres cubes. Ces mélanges, qu'on appelle *grisou*, et qui s'accumulent dans les galeries mal ventilées, s'enflamment à l'approche de la lanterne des mineurs; de là les explosions formidables qui leur sont si fatales.

LAMPE DE SURETÉ DE DAVY *et principe sur lequel repose sa construction.*

Le gaz hydrogène protocarboné, mêlé à l'air, ne s'enflamme pas au contact du charbon de bois allumé ou d'un fil métallique incandescent; il lui faut la température beaucoup plus élevée que produit une flamme.

Mais si par un moyen quelconque on peut abaisser la température de la flamme, il doit arriver un moment où elle sera impropre à allumer un mélange d'hydrogène protocarboné et d'air ou GRISOU : c'est ce qu'on réalise facilement en la mettant en contact avec une toile métallique qui la refroidit, comme nous l'avons déjà démontré (p. 82).

Supposons donc une lampe de mineur qu'une toile métallique enveloppe complètement, de telle sorte que l'atmosphère dans laquelle se développe la flamme qu'elle alimente ne peut communiquer avec l'air des galeries qu'à travers ses mailles plus ou moins serrées. Qu'arrivera-t-il si le mineur, porteur d'une pareille lampe, pénètre dans une galerie qui renferme du *grisou?* Évidemment le *grisou* pourra pénétrer dans l'espace que limite la toile métallique en passant à travers ses mailles et arriver au contact de la flamme; il est également évident que ce *grisou* s'allumera et produira une flamme qui se propagera du centre à la périphérie pour arriver à la toile métallique; mais arrivée là, elle ne franchira pas cette limite; elle sera trop refroidie par le contact du métal pour pouvoir enflammer le mélange extérieur : *le grisou enflammé s'éteindra donc dans la lampe, et le mineur en sera quitte pour rester dans l'obscurité.*

Cette lampe ainsi disposée a été inventée par *Davy;* elle est représentée *fig.* 82, *Pl. X :*

a, réservoir d'huile.

b, cylindre en toile métallique renfermant 50 mailles par centimètre carré.

c, fil de fer passant à frottement dans un tube qui traverse le réservoir : il est destiné à moucher la mèche.

d, ouverture pour introduire l'huile.

e, *e*, fils de fer qui protégent la toile métallique.

f, anneau pour suspendre la lampe.

En remplaçant entre g et h la toile métallique par un cylindre de cristal, on rend la lampe plus éclairante.

EN PRÉSENCE DU CHLORE.

Un mélange de chlore et de gaz hydrogène protocarboné, soumis à l'action de la lumière, donne les composés

(I)	C^2H^3Cl,
(II)	$C^2H^2Cl^2$,
(III)	$C^2H\,Cl^3$,
(IV)	$C^2\,Cl^4$,

qui prennent naissance suivant que l'opération dure plus ou moins longtemps et que la quantité de chlore employé est plus ou moins considérable. Ils correspondent tous à l'*hydrogène protocarboné*, C^2H^4, dans lequel 1, 2, 3 ou 4 équivalents d'hydrogène enlevés à l'état d'acide chlorhydrique ont été remplacés par 1, 2, 3 ou 4 équivalents de chlore.

Réaction (I) : $C^2H^4 + 2Cl = C^2H^3Cl + ClH$.
Réaction (II) : $C^2H^4 + 4Cl = C^2H^2Cl^2 + 2ClH$.
Réaction (III) : $C^2H^4 + 6Cl = C^2H\ Cl^3 + 3ClH$.
Réaction (IV) : $C^2H^4 + 8Cl = C^2\ Cl^4 + 4ClH$.

Pour éviter les accidents qui pourraient résulter d'une action trop vive du chlore sur le gaz hydrogène protocarboné, sous l'influence de l'action de la lumière, il faut modérer cette action en adoptant des dispositions que nous n'avons pas à signaler ici.

PRÉPARATION.

On l'obtient pur, dans le laboratoire, en introduisant dans la cornue *a* (*fig.* 6, *Pl. I*) et en chauffant jusqu'à 350° ou 400° un mélange fait avec 1 partie d'*acétate de soude* fondu, $C^4H^3O^3, NaO$, et 4 parties de *chaux sodée* (qui s'obtient en calcinant 2 parties de chaux vive avec 1 partie de soude caustique : la chaux n'ayant d'autre rôle que de rendre la soude moins fusible et de l'empêcher ainsi d'attaquer trop fortement le verre).

Le gaz est recueilli sur l'eau.

Réaction : $C^4H^3O^3, NaO + NaO, HO = 2(CO^2, NaO) + C^2H^4$.

BICARBURE D'HYDROGÈNE. $C^4H^4 = 28 = 4$ vol.

SYNONYMIE.

Hydrogène bicarboné.
Gaz oléfiant.

PROPRIÉTÉS PHYSIQUES.

Gaz non permanent, qui se liquéfie sous l'influence simultanée d'une forte pression et du froid produit par un mélange d'acide carbonique solide et d'éther.

Incolore, insipide.

Odeur faiblement empyreumatique.

Densité = 0,985. 1 litre pèse 1gr,274.

Solubilité : dans l'eau, très-faible.
dans l'alcool et l'*éther,* plus grande.

PROPRIÉTÉS CHIMIQUES.

ACTION DE LA CHALEUR.

1° *Le décompose incomplétement* en charbon et gaz protocarbure d'hydrogène.

Réaction : $C^4H^4 = 2C + C^2H^4$.

2° *Le décompose complétement,* quand elle est très-élevée, en charbon et hydrogène.

Réaction : $C^4H^4 = 4C + 4H$.

Électricité le décompose par une longue série d'étincelles.

Absorbable par l'acide sulfurique monohydraté, ce qui n'a pas lieu pour le gaz *protocarbure d'hydrogène.*

EN PRÉSENCE DE L'OXYGÈNE.

Brûle avec une flamme très-éclairante, en produisant de l'eau et de l'acide carbonique.

Réaction : $\underbrace{C^4H^4}_{4\ \text{vol.}} + \underbrace{12O}_{12\ \text{vol.}} = 4HO + 4CO^2$

Détone avec une violence extrême lorsqu'on l'enflamme après l'avoir mélangé avec trois fois son volume d'oxygène, et les flacons sont ordinairement brisés : aussi faut-il avoir soin de les entourer d'un linge en plusieurs doubles, pour ne pas être blessé.

EN PRÉSENCE DU CHLORE.

1° Un mélange de 2 vol. de *chlore* avec 1 vol. d'*hydrogène bicarboné* brûle à l'approche d'une allumette enflammée avec formation d'*acide chlorhydrique* et *dépôt de charbon.*

Réaction : $\underbrace{C^4H^4}_{4\ \text{vol.}} + \underbrace{4Cl}_{8\ \text{vol.}} = 4ClH + 4C.$

2° Un mélange à volumes égaux de *chlore* et d'*hydrogène bicarboné,* abandonné à lui-même à la température ordinaire, soit à la lumière, soit dans l'obscurité, donne naissance à un nouveau corps *d'aspect huileux* (de là son nom de *gaz oléfiant*), qui renferme du chlore et qu'on a appelé *liqueur des Hollandais.*

Réaction : $\underbrace{C^4H^4}_{4\ \text{vol.}} + \underbrace{2Cl}_{4\ \text{vol.}} = C^4H^4, Cl^2.$

PRÉPARATION.

On introduit dans une cornue ou dans un ballon *a* (*fig.* 7, *Pl. I*) 1 partie d'*alcool,* $C^4H^6O^2$, à laquelle on ajoute peu à peu, et en agitant chaque fois, afin d'éviter une trop brusque élévation de température, 4 à 6 parties d'*acide sulfurique concentré.*

Ce mélange, auquel on a ajouté du sable siliceux à grains fins, est chauffé lentement jusqu'à ce qu'il se manifeste un mouvement tumultueux produit par le gaz qui se dégage et qu'on recueille sur l'eau.

On arrête l'opération lorsqu'il apparaît des vapeurs blanches. *Le sable s'oppose au boursouflement et rend le dégagement du gaz très-régulier.*

Réaction : $C^4H^6O^2 + SO^3, HO = C^4H^4 + SO^3, 3HO$.

L'acide sulfurique, très-avide d'eau, surtout à la température de 175° à 180°, température de l'opération, s'empare de celle que l'alcool peut fournir et met en liberté le bicarbure d'hydrogène, C^4H^4.

Pour l'avoir pur, il faut lui enlever l'éther, l'acide sulfureux et l'acide carbonique qui se forment toujours simultanément et, pour cela, laver le gaz dans un premier flacon aux trois quarts rempli d'une dissolution de potasse qui retient l'acide sulfureux et l'acide carbonique, puis dans un second flacon à acide sulfurique concentré qui retient l'éther.

GAZ DE L'ÉCLAIRAGE.

C'est un mélange des divers gaz qui prennent naissance pendant la distillation de la houille dans les cornues en fonte ou en terre réfractaire des usines à gaz.

Composition.

Les produits de la distillation de la houille, très-nombreux, *sont fixes, liquides et gazeux.*

Les produits fixes sont constitués par un excès de *charbon* qui reste dans la cornue et par les *substances inorganiques* que renferme la houille : *ils forment le* coke.

Les produits liquides et gazeux sont constitués en grande partie par des *carbures d'hydrogène,* ce qui ne doit pas étonner, si l'on songe que le *charbon* et l'*hydrogène* sont les deux éléments qui dominent dans la composition élémentaire de la houille.

Ce sont les carbures d'hydrogène gazeux que contient le gaz de la houille qui lui donnent son pouvoir éclairant.

On y trouve aussi une certaine quantité d'acide carbonique, CO^2, *d'oxyde de carbone,* CO, *d'acide sulfhydrique,* SH, *de vapeur de sulfure de carbone,* CS^2, *et enfin d'ammoniaque,* AzH^3, *à l'état de carbonate et de sulfhydrate d'ammoniaque.*

La présence de ces corps s'explique facilement. En effet, la houille contient aussi une certaine quantité d'*oxygène* et d'*azote* et trop souvent du *soufre* combiné au fer à l'état de *bisulfure de fer* (*pyrite martiale, pyrite de fer*), S^2Fe, qui se combinent au charbon et à l'hydrogène pour leur donner naissance.

Il contient également :

1° *De l'hydrogène libre* qui provient de la décomposition d'une certaine quantité de carbure d'hydrogène gazeux au contact des parois fortement chauffées des cornues.

2° *De l'azote et des traces d'oxygène également libres* introduits dans les cornues pendant qu'on les charge de houille.

3° *Enfin jusqu'à 2 pour 100 de vapeurs de carbures d'hydrogène liquides* très-volatils et qui, très-riches en charbon, augmentent son pouvoir éclairant.

ÉPURATION.

Parmi ces gaz et vapeurs ainsi mêlés aux carbures d'hydrogène gazeux et à la vapeur des carbures très-volatils, les uns, tels que l'acide carbonique et l'azote, sont impropres à la combustion; d'autres, tels que l'oxyde de carbone et l'hydrogène, sont peu ou pas éclairants; d'autres enfin, comme l'acide sulfhydrique et le sulfure de carbone qui renferment du soufre, donnent naissance, en brûlant, à de l'acide sulfureux qui communique à l'air de fâcheuses propriétés. On s'en débarrasse en partie en faisant passer les produits gazeux de la distillation de la houille dans des *épurateurs* qui contiennent des matières absorbantes appropriées. Ainsi épuré, le gaz présente à peu près la composition suivante :

Hydrogène bicarboné...........	9
Hydrogène protocarboné........	82
Vapeurs de carbures volatils.... Hydrogène libre............... Oxyde de carbone............ Azote......................	9
	100

Le pouvoir éclairant augmente avec la quantité d'hydrogène bicarboné qu'il renferme : aussi, comme ce gaz ne peut se produire qu'à la condition de n'avoir pas à supporter une température trop élevée, et comme, pendant la distillation d'une charge de houille, la température de la cornue augmente sans cesse, il n'est pas étonnant que le gaz qui se produit le premier soit plus éclairant que celui qui se dégage à la fin de l'opération.

L'analyse des gaz au commencement et à la fin d'une distillation montre que les choses se passent ainsi. En effet, voici la composition du premier et du dernier gaz donnés par une même charge de houille :

	Premier gaz.	Dernier gaz.
Hydrogène bicarboné.....	13	0
Hydrogène protocarboné..	82,5	20
Hydrogène libre.........	0	60
Oxyde de carbone.......	3,2	10
Azote..................	1,3	10
	100,0	100
Pouvoir éclairant........	54	10

Il possède une odeur empyreumatique désagréable qui lui est propre et qui permet de reconnaître l'existence des fuites qui peuvent se produire, de les faire boucher et d'éviter ainsi les accidents qui sont la suite de l'inflammation d'un mélange détonant de gaz de l'éclairage et d'air (voyez *Protocarbure d'hydrogène,* FEU GRISOU et *Bicarbure d'hydrogène,* p. 180 à 183).

COMPOSÉS AZOTÉS DU CARBONE.

Nous n'étudierons que le cyanogène, ainsi nommé parce qu'il donne naissance à quelques combinaisons dont la couleur est bleue, le *bleu de Prusse,* par exemple.

CYANOGÈNE. C^2Az ou $Cy = 26 = 2$ vol.

C'EST UN CORPS COMPOSÉ QUI JOUE LE RÔLE DE CORPS SIMPLE.

C'est le premier exemple d'un corps composé qui jouit de toutes les propriétés d'un corps simple métalloïde.

On l'a donc appelé RADICAL COMPOSÉ.

Par l'ensemble de ses propriétés, il vient se placer, dans la même famille, à côté du chlore, du brome et de l'iode qui sont des RADICAUX SIMPLES.

Il forme des combinaisons qui présentent tant d'analogie avec celles qui sont fournies par les métalloïdes que nous venons de citer, qu'on aurait pu le considérer comme un véritable corps simple, si son mode de formation et son analyse n'avaient pas fait connaître sa véritable nature.

PROPRIÉTÉS PHYSIQUES.

Gaz non permanent.

I. SE LIQUÉFIE :

1° A la température ordinaire, sous une pression de 4 atmosphères environ ;

2° Par un froid de 20° au-dessous de zéro.

II. SE SOLIDIFIE :

Sous l'influence du froid produit par un mélange d'acide carbonique solide et d'éther.

Incolore.

Odeur pénétrante, difficile à définir, mais *caractéristique* comme l'odeur du *chlore,* du *brome* et de l'*iode.*

Affecte vivement les yeux.

Densité = 1,806.

SOLUBILITÉ.

L'eau en dissout 4 *ou* 5 *fois son volume,* et la dissolution, qui *se conserve dans l'obscurité,* brunit à la lumière et laisse déposer des flocons noirs qui semblent être du *cyanogène hydraté,* tandis qu'on trouve dans la liqueur du *carbonate d'ammoniaque,* du *cyanhydrate d'ammoniaque,* de l'*acide oxalique* et de l'*urée,* principe cristallisable que renferme l'urine de l'homme.

L'alcool en dissout environ 20 *fois son volume.*

PROPRIÉTÉS CHIMIQUES.

Chaleur élevée le décompose en ses éléments.

$$\textit{Réaction :}\ C^2Az = 2C + Az.$$

EN PRÉSENCE DE L'OXYGÈNE.

Brûle avec une flamme bleu-pourpre caractéristique, et il se forme de l'acide carbonique, facile à reconnaître parce qu'il précipite l'eau de chaux, et de l'azote.

$$\textit{Réaction :}\ \underbrace{C^2Az}_{2\ \text{vol.}} + \underbrace{4O}_{4\ \text{vol.}} = 2CO^2 + Az.$$

Détone lorsqu'on enflamme, par la chaleur ou par l'étincelle électrique, son mélange avec l'oxygène, et il se forme de l'acide carbonique et de l'azote.

Absorbé par les dissolutions alcalines, avec formation d'un mélange de cyanure de potassium et de cyanate de potasse, lorsqu'on a opéré avec une dissolution de potasse, par exemple.

Réaction : $2KO + 2Cy = CyK + CyO, KO$.

C'est la réaction du chlore, du brome et de l'iode placés dans les mêmes conditions.

Potassium et sodium. S'y combinent directement à l'aide d'une faible élévation de température.

Ces métaux se combinent aussi directement au *chlore*, au *brome* et à l'*iode*, avec la seule différence, que pour ces corps la combinaison se produit à la température ordinaire.

PRÉPARATION.

I. NE PEUT PAS SE FORMER DIRECTEMENT, *à moins de faire intervenir l'action d'un carbonate alcalin*, du carbonate de potasse, par exemple. Ainsi :

On fait passer un courant d'azote à travers un tube incandescent qui contient un mélange de charbon et de carbonate de potasse.

Réaction : $CO^2, KO + 4C + Az = C^2Az, K + 3CO$.

Il se produit du *cyanure de potassium* et de l'*oxyde de carbone* qui se dégage.

Sur le cyanure de potassium ainsi formé, et en dissolution concentrée et bouillante, on fait réagir de l'azotate de mercure également en dissolution concentrée et bouillante; *il se forme du cyanure de mercure* qui cristallise par le refroidissement et dont on peut retirer le cyanogène.

II. ON CHAUFFE LE CYANURE DE MERCURE, PARFAITEMENT DESSÉCHÉ, dans un petit tube placé horizontalement sur une grille ou dans une petite cornue *a* (*fig.* 6, *Pl. I*), et on reçoit le gaz sur le mercure.

Réaction : $CyHg = Cy + Hg$.

Le *cyanure de mercure* est décomposé en ses éléments *cyanogène* et *mercure.*

Il reste toujours dans la cornue une certaine quantité d'un résidu noir dont la composition est la même que celle du *cyanogène*, et que pour cette raison on appelle PARACYANOGÈNE.

COMPOSÉ HYDROGÉNÉ DU CYANOGÈNE.

Il n'existe qu'un seul composé hydrogéné du cyanogène, correspondant aux composés hydrogénés du *chlore,* du *brome* et de l'*iode*; c'est l'*acide cyanhydrique.*

ACIDE CYANHYDRIQUE. $CyH = 27 = 2 \text{vol.} = (1 \text{vol.} Cy + 1 \text{vol.} H)$.

Synonymie.

Acide prussique.

Composition. 1 vol. de *cyanogène* s'unit à 1 vol. d'*hydrogène* pour produire 2 vol. d'*acide cyanhydrique,* comme le *chlore,* le *brome* et l'*iode* dans leurs hydracides.

Propriétés physiques.

Liquide au-dessous de 26°,5.

Se vaporise à 26°,5.

Se solidifie à — 15°.

Incolore.

Odeur caractéristique d'amandes amères.

Densité :

A l'état liquide = 0,697 à 18° de température.

A l'état de vapeur = 0,967.

Soluble dans l'eau, l'alcool et l'éther en toutes proportions.

Les cyanures sont isomorphes avec les *chlorures, bromures* et *iodures.*

Propriétés chimiques.

En présence des oxydes métalliques.

I. *Se combine avec eux* en donnant de l'eau et des cyanures du métal, M, de l'oxyde, *comme le chlore, le brome et l'iode.*

Exemples :

1° *Pour l'acide cyanhydrique,*

Réaction : $CyH + MO = HO + CyM$.

2° *Pour l'acide chlorhydrique,*

Réaction : $ClH + MO = HO + ClM$.

II. *Les cyanures, ainsi formés, traités par un acide,* l'acide sulfurique, par exemple, *régénèrent l'acide cyanhydrique; comme les chlorures, bromures et iodures* d'un métal quelconque, M, *régénèrent l'hydracide qui leur correspond.*

Exemples :

1° *Pour un cyanure,*

Réaction : $CyM + SO^3, HO = SO^3, MO + CyH$.

2° *Pour un chlorure,*

Réaction : $ClM + SO^3HO = SO^3, MO + ClH$.

GAZ AMMONIAC. *S'y combine à volumes égaux,*

Réaction : $CyH + AzH^3 = CyH, AzH^3$,

pour former du cyanhydrate d'ammoniaque, de la même façon que les acides chlorhydrique, bromhydrique et iodhydrique se combinent au gaz ammoniac pour former des chlorhydrate, bromhydrate et iodhydrate d'ammoniaque.

PROPRIÉTÉS PHYSIOLOGIQUES.

Un des poisons les plus énergiques, peut-être le plus énergique. Son action est si prompte, qu'il est rare qu'on puisse arriver à temps pour combattre ses effets.

PRÉPARATION.

On l'obtient pur, en faisant arriver lentement le gaz sulfhydrique pur, qui se produit en *a* (*fig.* 83, *Pl. X*) et se dessèche en *b*, *sur du cyanure de mercure* renfermé dans un tube *c*; l'acide cyanhydrique se rend en *d*, où il se condense à l'état liquide dans un tube en U entouré d'un mélange réfrigérant.

Réaction : $CyHg + SH = SHg + CyH$.

Il se forme du *sulfure de mercure* et de l'*acide cyanhydrique.*

BORE ET SILICIUM.

Ces deux corps offrent de telles analogies avec le charbon, qu'ils peuvent former avec lui une quatrième famille, tout aussi naturelle que les trois familles qui comprennent les autres métalloïdes. En effet,

Le charbon, le bore et le silicium sont également

Fixes et infusibles (nous devons dire cependant que le silicium a été fondu, mais qu'il n'a pas été volatilisé aux températures les plus élevées des fourneaux ordinaires, et que le charbon s'est ramolli et est entré sensiblement en vapeur sous l'influence de la chaleur énorme dégagée par une pile de 500 éléments).

Insolubles, si ce n'est dans les métaux fondus : ainsi le charbon ne se dissout que dans la *fonte de fer*, tandis que les deux autres se dissolvent dans plusieurs métaux et notamment dans l'*aluminium.*

SUSCEPTIBLES D'AFFECTER TROIS FORMES DIFFÉRENTES, et chacune de ces formes trouve sa forme équivalente parmi celles des deux autres corps; ainsi

Le bore et le silicium se montrent avec la forme

AMORPHE,

GRAPHITOÏDE *et*

ADAMANTINE *du carbone, et nous savons que ces trois diamants jouissent des mêmes propriétés.*

On ne retrouve pas ces analogies si remarquables lorsqu'on compare leurs composés binaires, et c'est dans le bore et le silicium seulement qu'il faut alors les chercher.

ACIDE SILICIQUE. $SiO^3 = 45,35$, et $SiO^3, HO = 54,35$.

Comme le composé du *silicium* avec l'*oxygène*, l'*acide silicique*, entre dans la composition des *argiles* qui servent à fabriquer les poteries, et comme il est employé dans la fabrication du *verre*, etc., nous l'étudierons ici.

SYNONYMIE.

Silice.

ÉTAT NATUREL.

Très-abondant dans la nature, qui nous l'offre avec profusion.

I. LIBRE.

A l'état anhydre dans le *cristal de roche*, le *quartz*, l'*agate*, le *sable quartzeux*, la *pierre à fusil*, etc.

A l'état d'hydrate, dans l'*opale* ainsi que dans l'*hydrophane*, singulier corps qui est opaque dans l'air et transparent dans l'eau.

En dissolution dans les eaux de certaines sources.

Dans certaines plantes : ainsi dans la tige des céréales.

II. COMBINÉ *à la potasse, à la soude, à la chaux, à l'alumine, à l'oxyde de fer*, etc , il forme des *silicates* et entre dans la composition d'un grand nombre de *roches* et dans la composition des *argiles*.

ACIDE SILICIQUE ANHYDRE. $SiO^3 = 45,35$.

PROPRIÉTÉS PHYSIQUES.

Cristallisé et *transparent* comme dans le *cristal de roche*.

Amorphe, pulvérulent et *blanc* quand il provient de la calcination de l'*acide silicique hydraté*.

Inodore, insipide, rude au toucher.

Densité = 2,6 dans les cristaux naturels.
= 2,2 dans les cristaux naturels et la silice artificielle fortement calcinés.

Fusible seulement au chalumeau à gaz oxyhydrogène qui lui fait subir la *fusion visqueuse.*

Solubilité nulle dans l'eau pure.

Propriétés chimiques.

Alcalis.

La potasse ou la soude en dissolution bouillante dissout la *silice calcinée* ou *fondue,* ainsi que le *quartz;* mais ce dernier n'est dissous qu'avec une extrême lenteur. Il se forme du *silicate de potasse* ou *de soude.*

Le carbonate de potasse et le carbonate de soude l'attaquent facilement, même à l'état de *quartz,* à une température élevée; l'*acide carbonique* est chassé et il se forme du *silicate de potasse* et *du silicate de soude.*

Acides. *Ne l'attaquent pas, excepté l'acide fluorhydrique.*

Réaction : $SiO^3 + 3FlH = SiFl^3 + 3HO$.

3 équivalents d'*acide fluorhydrique* réagissent sur 1 équivalent de *silice,* et il se forme 1 équivalent de *fluorure de silicium* et 3 équivalents d'*eau.*

Chlore. L'attaque lorsqu'il agit sur un mélange intime de silice et de charbon chauffé : il faut l'intervention de deux affinités dont l'une s'exerce sur l'oxygène et l'autre sur le silicium.

Réaction : $SiO^3 + 3C + 3Cl = SiCl^3 + 3CO$.

Préparation.

En calcinant l'acide silicique hydraté.

ACIDE SILICIQUE HYDRATÉ. $SiO^3, HO = 54,35$.

Propriétés.

Blanc et *gélatineux,* lorsqu'on vient de le précipiter.

Blanc et *pulvérulent,* lorsqu'il a été desséché dans le vide sec.

Perd la moitié de son eau, lorsqu'on le chauffe à 120° et devient $2SiO^3, HO$.

Perd la totalité de son eau à une température plus élevée.

Alcalis. La potasse ou la soude en dissolution, même étendue et froide, le dissolvent facilement.

Acides.

Le dissolvent, lorsqu'il est à l'état naissant. Il semble qu'à cet état il se forme un hydrate soluble dans les acides, mais qui se modifie promptement dans l'eau même où il se forme; il importe donc que l'acide saisisse cet hydrate au moment de sa formation; c'est ce qui arrive lorsqu'on verse brusquement dans la liqueur qui contient du silicate de potasse un grand excès d'acide chlorhydrique.

Ne le dissolvent plus quand, après avoir évaporé le liquide qui le tient en dissolution, on le chauffe à 100° au moins.

PRÉPARATION.

On chauffe à une très-haute température du sable blanc avec un excès de carbonate de potasse ou de soude : il se forme un silicate de potasse ou de soude soluble.

On verse *peu à peu* dans la dissolution qui renferme le silicate ainsi préparé de l'acide chlorhydrique, jusqu'à ce qu'il se manifeste une réaction acide : *l'acide silicique se précipite à l'état d'hydrate sous la forme d'une matière blanche gélatineuse.*

Si l'on versait l'acide en trop grand excès et *tout d'un coup,* la silice resterait entièrement dissoute.

CLASSIFICATION DES MÉTALLOIDES EN QUATRE FAMILLES NATURELLES.

Cette classification, établie par M. Dumas, est basée sur les analogies manifestes que nous avons déjà signalées entre :

1° Le *fluor*, le *chlore*, le *brome* et l'*iode*;
2° L'*oxygène*, le *soufre*, le *silicium* et le *tellure*;
3° L'*azote*, le *phosphore*, l'*arsenic* et l'*antimoine*;
4° Le *carbone*, le *bore* et le *silicium*.

Elle présente un avantage incontestable, puisque l'histoire de celui de ces corps qui joue le rôle le plus important dans une famille est l'histoire de tous les corps qui appartiennent au même groupe, sauf quelques faits de détail.

Nous rappelons ici les analogies que nous avons déjà signalées en terminant l'étude de chacun des corps qui nous ont servi de type dans chaque famille, et que nous avons étudiés d'une manière tout à fait spéciale.

Les analogies que présentent les corps placés dans la même famille, et leurs dissemblances lorsqu'on les compare en les prenant dans des familles différentes, seront faciles à saisir dans les tableaux suivants :

Premiere famille : comprend le *fluor*, le *chlore*, le *brome* et l'*iode*.

	FLUOR.	CHLORE.	BROME.	IODE.	OBSERVATIONS.
Symbole	Fl	Cl	Br	I	»
Équivalent	19	35,5	80	126	Va en augmentant.
Densite	»	1,33 à l'état liquide.	3 à l'état liquide.	5 à l'état solide.	Augmente avec le poids de l'equivalent
Densité de vapeur........	»	2,44	4,4	8,7	Augmente avec le poids de l'equivalent.
Couleur et aspect	»	Jaune verdâtre.	Rouge très-foncé presque opaque.	Éclat métallique.	L'aspect se rapproche de l'aspect métallique a mesure que le poids de l'équivalent augmente.
Couleur de la vapeur.....	»	Jaune verdâtre.	Rouge.	Violette.	Tous colores.
Odeur	»	Suffocante et *sui generis*.	Celle du chlore, *fetide*	Celle du chlore, plus faible.	Tous odorants. Odeur qui présente de l'analogie et s'affaiblit avec le poids de l'équivalent.
Point d'ebullition.	»	— 50° ou 60°	63	175	S'éleve avec le poids de l'equivalent.
Vol. de l'équivalent gazeux.	»	2 vol.	2 vol.	2 vol.	Le même pour tous
État physique à la température ordinaire	»	Gazeux.	Liquide.	Solide.	La fixité augmente avec le poids de l'equivalent.
Affinité pour l'hydrogène..	Excessive.	Très-forte.	Moins forte.	Faible.	Diminue avec l'augmentation du poids de l'equivalent; d'ou il resulte que le *fluor* déplace le *chlore*, qui déplace le *brome*, qui deplace l'*iode*.
1 vol. d'hydrogène combiné avec..	»	1 vol.	1 vol.	1 vol.	Produit 2 vol. d'hydracide : *combinaison sans condensation.*
Les hydracides formés sont.	Fumant à l'air.	Fumant à l'air.	Fumant à l'air.	Fumant a l'air.	Donc tous sont *très-avides d'eau* et tous sont *tres-energiques.*
Affinité pour l'oxygène....	Nulle.	Très-faible.	Faible.	Notable.	Elle augmente avec le poids de l'équivalent.

13.

DEUXIÈME FAMILLE : comprend l'*oxygène*, le *soufre*, le *sélénium* et le *tellure*.

	OXYGÈNE.	SOUFRE.	SÉLÉNIUM.	TELLURE.	OBSERVATIONS.
Symbole	O	S	Se	T	»
Équivalent	8	16	32	64	Va en augmentant : le double de celui qui précède.
Densite du solide	»	2	4,3	6,1	Augmente avec le poids de l'équivalent.
Couleur et aspect	Incolore.	Jaune.	Rouge brun	Métallique.	Se rapproche de l'aspect métallique a mesure que le poids de l'equivalent augmente.
Point de fusion	»	111°	200°	350°	S'élève avec le poids de l'équivalent
Point d'ébullition	»	440°	Rouge.	Au-dessus du rouge	S'élève avec le poids de l'équivalent.
Volume de l'équivalent	2 vol.	2 vol.	»	»	Le même.
Densite du gaz	1,106	2,25	»	»	S'élève avec le poids de l'équivalent.
État physique à la température ordinaire	Gazeux	Solide	Solide.	Solide.	La fixité augmente avec le poids de l'équivalent.
Affinité pour l'hydrogène	Forte.	Faible	Plus faible	Plus faible encore.	Décroît avec l'augmentation du poids de l'equivalent.
2 vol. d hydrogène combinés avec	1 vol.	1 vol.	1 vol.	1 vol.	Produisent 2 vol d'hydracide *combinaison avec condensation* de 3 vol. à 2 vol.
Les hydracides formés sont	»	»	»	»	Faibles ; l'acidité s'affaiblit avec l'augmentation du poids de l'equivalent.

Troisième famille : comprend l'*azote*, le *phosphore*, l'*arsenic*, l'*antimoine*.

	AZOTE.	PHOSPHORE.	ARSENIC.	ANTIMOINE.	OBSERVATIONS.
Symbole	Az	Pb	As	Sb	
Equivalent	14	32	75	128	Augmente avec le poids de l'equivalent.
Densité du solide	»	1,82	5,7	6,7	Augmente avec le poids de l'équivalent.
Couleur et aspect	Gazeux.	Solide translucide.	Metallique	Métallique.	Se rapproche de l'aspect métallique à mesure que le poids de l'equivalent augmente.
Point de fusion	»	44°	Presque rouge.	Rouge.	S'elève avec le poids de l'équivalent.
Point d'ebullition	»	290°	Au rouge.	Au-dessus du rouge.	S'élève avec le poids de l'équivalent.
Volume de l'équivalent	2	2	2		Le même.
Densité du gaz	0,972	4,32	10,3	»	Augmente avec le poids de l'équivalent.
Etat physique à la température ordinaire	Gazeux.	Solide.	Solide.	Solide.	Fixité augmente avec le poids de l'equivalent.
Affinité pour l'hydrogène	Assez faible.	S'affaiblit.	S'affaiblit encore.	Extrêmement faible.	Décroît avec l'augmentation de poids de l'équivalent.
6 vol. d'hydrogène combinés avec	2 vol.	2 vol.	»	»	Produisent 4 vol. d'un composé gazeux : *combinaison avec condensation* de 8 vol. à 4 vol. ou de 2 vol. a 1 vol.
Les composés hydrogénés sont basiques	Fortement.	Faiblement	»	»	L'acidité ne s'est pas seulement affaiblie avec l'augmentation de l'hydrogene, comme dans la famille qui précede, elle a même été remplacée par la basicité

QUATRIÈME FAMILLE : comprend le *carbone*, le *bore* et le *silicium*.

On avait d'abord groupé ces corps dans une quatrième famille, moins parce qu'ils présentaient des analogies frappantes que parce qu'on n'avait pas pu les rattacher aux familles précédentes. C'était moins une famille qu'un groupe de corps qui n'offraient aucune analogie qui pût permettre de les classer. *Mais*

Des analogies remarquables entre ces trois métalloïdes, pris à l'état de liberté, ont été mises en évidence dans ces dernières années par *M. Henri Sainte-Claire Deville*. En effet :

1° *Ils jouissent également d'une grande fixité, d'une grande infusibilité et d'une grande insolubilité*, puisqu'ils n'ont qu'une seule espèce de dissolvants, les métaux fondus.

2° *Ils se présentent également sous trois formes :*

A l'état *amorphe ;*
A l'état de *graphite ;*
A l'état de *diamant.*

3° *De tous les métalloïdes ce sont ceux dont l'affinité pour l'azote est la plus puissante;* le bore amorphe s'unit même directement à ce gaz en dégageant de la chaleur et de la lumière.

Ces analogies ne se retrouvent plus lorsqu'on compare les composés binaires du bore et du silicium aux composés binaires du carbone; mais elles sont si remarquables pour les composés binaires du *bore* comparés à ceux du *silicium*, que l'histoire des uns est l'histoire des autres. Ainsi :

1° L'*acide borique*, BO^3, et

L'*acide silicique*, SiO^3, ont la même formule, sont *les seuls acides vitrifiables connus*, produisent des sels analogues et peuvent être considérés comme les *dissolvants ignés des substances minérales.*

2° Le *fluorure de bore*, BFl^3, et

Le *fluorure de silicium*, $SiFl^3$, ont la même formule et *leur décomposition par l'eau offre la plus grande analogie.*

3° Le *chlorure de bore*, BCl^3, et

Le *chorure de silicium*, $SiCl^3$, ont la même formule et subissent le même mode de décomposition.

QUANT A L'HYDROGÈNE, *qui joue un rôle si important dans cette classification, il constitue un corps à part qui se rapproche plutôt des métaux que des métalloïdes. En effet,*

Il est bon conducteur de la chaleur (*voyez* p. 45).

Il remplace un métal dans les acides hydratés, l'acide sulfurique, par exemple, SO^3HO, dans lequel il remplace le *cuivre* du *sulfate de cuivre,* SO^3, CuO, ou le *zinc* du *sulfate de zinc,* SO^3ZnO; c'est pour cela que le *zinc,* qui précipite le *cuivre* de la dissolution du *sulfate de cuivre,* en s'y substituant, peut aussi remplacer l'*hydrogène* dans l'*acide sulfurique* ou *sulfate d'eau,* et mettre ce MÉTAL GAZEUX en liberté. (Voyez *Préparation de l'hydrogène,* p. 51.)

Il remplace également un métal dans les hydracides, l'acide chlorhydrique, par exemple, ClH, dans lequel il remplace le *cuivre* du *chlorure de cuivre,* Cl Cu, ou le *zinc* du *chlorure de zinc,* Cl Zn.

MÉTHODE A SUIVRE POUR FORMULER LES RÉACTIONS.

Elle permet d'établir la formule des réactions sans tâtonnement et avec une grande promptitude.

Il faut, d'abord, écrire dans le premier terme de l'équation la formule des corps qui réagissent, et dans le second terme la formule des corps qui sont le produit de la réaction, en employant les signes + et — avec leur signification ordinaire, et l'on arrive à la formule définitive de la réaction en raisonnant comme dans les exemples suivants.

EXEMPLES :

1. *L'acide hypoazotique,* AzO^4, mis en présence d'une quantité d'eau suffisante, se transforme en *acide azotique hydraté,* AzO^5, HO, et en *bioxyde d'azote,* AzO^2. Aussi nous écrirons d'abord :

$$\text{(I)}\quad AzO^4 + HO + Aq = AzO^5, HO + AzO^2 + Aq.$$

Mais il ressort de l'examen du second terme, qui renferme 2 équivalents d'*azote,* qu'il en faut également 2 dans le premier, et que la réaction nécessite l'emploi de 2 équivalents d'*acide hypoazotique,* au moins, qu'il faut écrire dans le premier terme.

D'où

$$\text{(II)}\quad 2AzO^4 + HO + Aq = AzO^5, HO + AzO^2 + Aq.$$

Mais nous remarquerons encore que le *bioxyde d'azote,* AzO^2, ne peut naître de l'*acide hypoazotique,* AzO^4, qu'à la condition que celui-ci perdra 2 équivalents d'*oxygène* et oxydera 2 équivalents d'*acide hypoazotique*, pour produire 2 équivalents d'*acide azotique*, $2AzO^5$, qui prendront 2 équivalents d'eau, $2HO$, pour s'hydrater et devenir $2(AzO^5, HO)$.

La réaction s'exerce donc entre 3 équivalents d'acide hypoazotique, 2 équivalents d'eau de première hydratation et un EXCÈS D'EAU, *et produit 2 équivalents d'acide azotique en dissolution dans l'eau et 1 équivalent de bioxyde d'azote.*

D'où la formule définitive de la réaction,

$$\text{(III)}\quad 3AzO^4 + 2HO + Aq = 2(AzO^5, HO) + AzO^2 + Aq.$$

II. *L'azotate d'ammoniaque*, AzO^5, AzH^3, HO, chauffé, se décompose en *protoxyde d'azote*, AzO, et en *eau*, HO. Aussi nous écrirons d'abord :

$$\text{(I)}\quad AzO^5, AzH^3, HO = AzO + HO.$$

Mais parce que le premier terme renferme 2 équivalents d'*azote*, on est conduit à placer dans le second terme 2 équivalents de *protoxyde d'azote*.

D'où

$$\text{(II)}\quad AzO^5, AzH^3, HO = 2AzO + HO.$$

Mais parce que le premier terme renferme 4 équivalents d'*hydrogène*, on est conduit à placer dans le second terme 4 équivalents d'*eau*.

D'où la formule définitive de la réaction :

$$\text{(III)}\quad AzO^5, AzH^3, HO = 2AzO + 4HO.$$

III. *L'acide azotique*, AzO^5HO, en présence du cuivre, Cu, donne naissance à de l'*azotate de cuivre*, AzO^5, CuO, à du *bioxyde d'azote*, AzO^2, et à de l'*eau*, HO. Aussi nous écrirons d'abord :

$$\text{(I)}\quad AzO^5, HO + Cu = AzO^5, CuO + AzO^2 + HO.$$

Mais nous remarquons que le *bioxyde d'azote*, AzO^2, ne peut provenir de l'*acide azotique*, AzO^5, HO, qu'autant que celui-ci perdra, avec son eau, 3 équivalents d'*oxygène* qui produiront 3 équivalents d'oxyde de cuivre, $3CuO$: d'où la nécessité de faire intervenir

3 autres équivalents d'acide azotique, $3\,(AzO^5, HO)$, qui se combinent aux 3 équivalents d'*oxyde de cuivre* ainsi formés, avec élimination de 3 nouveaux équivalents d'*eau*, $3HO$, et production de 3 équivalents d'*azotate de cuivre* $3\,(AzO^5CuO)$.

La réaction se produit donc entre 4 équivalents d'acide azotique et 3 équivalents de cuivre, qui donnent naissance à 3 équivalents d'azotate de cuivre, 1 équivalent de bioxyde d'azote et 4 équivalents d'eau.

D'où la formule définitive de la réaction :

$$\text{(II)} \quad \left\{ \begin{array}{l} 4\,(AzO^5, HO) + 3Cu \\ = 3\,(AzO^5, CuO) + AzO^2 + 4HO. \end{array} \right.$$

Il est donc rendu bien évident, par les exemples qui précèdent, qu'on arrive à la formule définitive de la réaction en opérant sur la formule de départ (I), *dans laquelle on fait précéder le symbole de chaque corps du coefficient que le raisonnement fait connaître.*

CHAPITRE III.

GÉNÉRALITÉS SUR LES MÉTAUX ET LEURS COMPOSÉS.

UN CORPS EST UN MÉTAL, *lorsqu'il fournit au moins un oxyde basique.*

CLASSIFICATION DES MÉTAUX.

I. ÉTABLIE PAR THENARD ET MODIFIÉE PAR M. REGNAULT.

Tout à fait arbitraire et bien imparfaite, surtout depuis les travaux récents et remarquables de quelques chimistes sur plusieurs métaux.

Basée sur l'affinité des métaux pour l'oxygène, que l'on constate par :

1° *Leur oxydation par l'oxygène emprunté à l'eau décomposée plus ou moins facilement* à la température ordinaire, à des températures plus ou moins élevées ou sous l'influence des acides ;

2° *Leur oxydation par l'oxygène gazeux;* car tous s'oxydent à une température plus ou moins élevée, excepté ceux de la dernière classe ;

3° *La stabilité de leurs oxydes.* Tous résistent à l'action de la chaleur qui ne peut jamais les décomposer complétement, excepté ceux des deux dernières classes.

Les métaux qui seront étudiés sont écrits en *lettres italiques.*

1re CLASSE.	2e CLASSE.
Décomposent l'eau *à froid.*	Décomposent l'eau *au-dessus de* 50°.
Potassium.	*Magnésium.*
Sodium.	Cérium. — Lanthane. — Didyme.
Lithium.	Glucinium.
Baryum.	Yttrium. — Erbium. — Terbium.
Strontium.	Zirconium.
Calcium.	Thorium.
	Ilménium.
	Aluminium.

3e classe.

1° Décomposent l'eau *au rouge*.
2° Décomposent à froid l'eau acidulée par l'acide sulfurique.

Manganèse.
Fer.
Zinc.
Nickel.
Cobalt.
Vanadium.
Cadmium.
Chrome.

4e classe.

1° Décomposent l'eau *au rouge*.
2° Ne décomposent pas à froid l'eau acidulée par l'acide sulfurique.

Étain.
Antimoine.
Uranium.
Titane.
Molybdène.
Tungstène.
Colombium.—Pelopium.—Niobium.
Osmium.

5e classe.

1° Décomposent l'eau *au rouge blanc*.
2° Ne décomposent pas à froid l'eau acidulée par l'acide sulfurique.

Cuivre.
Plomb.
Bismuth.

6e classe.

1° Ne décomposent l'eau à *aucune température*.
2° Absorbent l'oxygène à une *certaine température*.
3° Leurs oxydes perdent leur oxygène à une température plus élevée et *sont complétement réductibles par la chaleur*.

Mercure.
Rhodium.
Palladium.
Ruthénium.

7e classe.

1° Ne décomposent l'eau à *aucune température*.
2° N'absorbent l'oxygène à *aucune température*.
3° Leurs oxydes sont *complétement réductibles par la chaleur*.

Argent.
Or.
Platine.
Iridium.

Le degré d'affinité des métaux pour l'oxygène va bien évidemment en diminuant de la première à la dernière classe, puisque la décomposition de l'eau qui leur cède son oxygène, d'abord si facile, puisqu'elle se produit à froid, devient de plus en plus difficile et nécessite l'emploi d'une température de plus en plus élevée. Cette affinité finit même par devenir si faible, que les oxydes des métaux appartenant aux deux dernières classes sont décomposés par l'action de la chaleur seule; ainsi, en chauffant à la lampe à esprit-de-vin l'oxyde d'argent *brun-olive* placé dans une capsule de porcelaine.

il devient d'un *blanc mat*, couleur de l'argent métallique.

Réaction : $AgO = Ag + O$.

Cette classification est tout à fait arbitraire, nous l'avons déjà dit ; en effet, les métaux d'une même classe sont loin d'être doués de ces analogies chimiques si remarquables que présentent les métalloïdes appartenant à la *même famille naturelle :* ainsi le même métal peut donner naissance à plusieurs oxydes qui possèdent des propriétés bien différentes et qui pourraient le faire placer avec autant de raison dans des groupes bien différents.

EXEMPLES : pris dans les composés oxygénés du *manganèse* (3ᵉ classe).

MnO est isomorphe avec la chaux ou *oxyde de calcium,* CaO (1ʳᵉ classe).

MnO est isomorphe avec la magnésie ou *oxyde de magnésium,* MgO (2ᵉ classe).

MnO^2 est isomorphe avec le *bioxyde d'étain*, SnO^2 (4ᵉ classe).

Mn^2O^3 est isomorphe avec l'alumine, *oxyde d'aluminium,* Al^2O^3 (2ᵉ classe).

MnO^3 est isomorphe avec l'acide sulfurique, SO^3, *composé oxygéné d'un métalloïde.*

II. AUTRE CLASSIFICATION DES MÉTAUX.

1° MÉTAUX ALCALINS ET ALCALINO-TERREUX.

Parmi les oxydes métalliques il existe des oxydes ALCALINS, fournis par le *potassium* et le *sodium,* et des oxydes ALCALINO-TERREUX, fournis par le *baryum,* le *strontium* et le *calcium.* Ces oxydes sont appelés ALCALINS, parce qu'ils sont solubles dans l'eau, à laquelle ils communiquent une saveur urineuse, *saveur alcaline,* et ALCALINO-TERREUX, parce que, outre leur solubilité, ils possèdent aussi quelques caractères des oxydes des métaux terreux ; de là, le nom qui a été donné aux métaux qui les fournissent.

2° MÉTAUX TERREUX.

Avant de connaître la composition chimique des oxydes d'*aluminium,* de *magnésium, etc.*, ces oxydes étaient appelés *terres ;* de là le nom de MÉTAUX TERREUX.

3° MÉTAUX PROPREMENT DITS.

Tous ceux qui ne sont pas compris dans les sections qui précèdent.

Il est bon de connaître ces dénominations qu'on emploie quelquefois.

PROPRIÉTÉS PHYSIQUES DES MÉTAUX.

SOLIDES *à la température ordinaire, excepté le mercure,* qui est liquide.

CRISTALLISABLES. Le plus grand nombre affecte la *forme cubique.*

1° *Par fusion.*

EXEMPLE :

Le *bismuth :* l'opération se pratique comme pour le *soufre* (*voyez* p. 118).

2° *Par leur séparation lente des dissolutions,* à l'aide d'un métal plus avide d'oxygène.

EXEMPLES :

Le *plomb* précipité de sa dissolution sur une lame de *zinc.*

L'*argent* précipité de sa dissolution sur une lame de *cuivre.*

OPAQUES, même sous de faibles épaisseurs.

TRANSPARENTS, quand ils sont réduits en feuilles très-minces.

EXEMPLE :

Une lame d'or obtenue par le battage et collée sur une lame de verre *laisse passer de la lumière verte.*

ASPECT.

Éclat métallique.

Terne et de couleur noire ou grise *lorsqu'ils sont très-divisés.*

La poussière métallique prend l'éclat métallique lorsqu'on la frotte avec un corps dur, un *brunissoir,* par exemple.

COULEUR.

1° *Le rayon de lumière n'étant réfléchi qu'une fois, la couleur est :*

Blanche, diversement teintée, pour l'argent, le zinc et le fer.

Jaune pour l'or.

Rouge rosé pour le cuivre.

2° *Le rayon de lumière étant réfléchi plusieurs fois,* le métal finit par absorber en totalité certains rayons simples incomplétement enlevés par une seule réflexion, et réfléchit les autres rayons simples qui composent la lumière blanche. C'est ainsi que les métaux précédents ne présentent plus la même couleur, qui deviendra

Rouge écarlate pour le cuivre;
Rouge vif pour l'or;
Jaune pour l'argent;
Bleu indigo pour le zinc;
Violette pour le fer.

Odeur.

Nulle généralement.

Désagréable, pour quelques-uns : ainsi l'*étain*, le *cuivre* ou le *fer* frottés avec la main.

Bons conducteurs de la chaleur.

Expériences qui le prouvent :

1° *Action des toiles métalliques sur la flamme* (*voyez* p. 82).

2° Sur une étoffe mince de fil ou de coton, tendue à la surface d'une boule massive de cuivre ou de tout autre métal, on place un charbon incandescent dont on active la combustion pendant un certain temps avec un soufflet. Après avoir enlevé le charbon, on constate que le tissu n'a subi aucune altération.

Ce résultat est facile à comprendre : en effet, la chaleur que le tissu reçoit à son point de contact avec le charbon incandescent est immédiatement transmise par conductibilité à *toute la masse du métal* qui s'échauffe d'une manière uniforme et lentement.

Bons conducteurs de l'électricité.

Fusibilité : varie.

Exemples :

Le *mercure* est liquide à la température ordinaire.

L'*étain*, le *plomb* fondent au-dessous du rouge.

Le *platine*, le *rhodium* ne fondent qu'aux températures les plus élevées.

Volatilité.

1° Quelques-uns *sont volatils à des températures qui ne sont pas très-élevées*.

EXEMPLES.

Le *potassium*, le *sodium*.

2° D'autres *sont volatils à de très-hautes températures*.

EXEMPLES.

L'*argent*, le *platine*.

3° D'autres enfin *sont fixes*.

EXEMPLE.

Le *fer*.

Dans les tableaux suivants, où nous inscrivons seulement quelques métaux, il sera facile de saisir les analogies et les différences qu'ils présentent dans quelques-unes de leurs propriétés physiques.

DENSITÉ.	CONDUCTIBILITÉ pour la chaleur.	FUSIBILITÉ.	CAPACITÉ. pour la chaleur.	DUCTILITÉ		TÉNACITÉ.	DURETÉ.
				Au laminoir	À la filière.		
Platine forgé.. 21,50	Or......... .. 1000	Mercure.... — 0,39	Fer......... 0,1138	Or.	Or.	Nombre de kilos nécessaire pour rompre un fil de 2 millimètres de diametre.	Corps qui les rayent.
Or fondu...... 19,26	Platine....... 981	Potassium.. 55	Zinc....... 0,0955	Argent.	Argent.	Fer..... 249,66	Fer ......, Zinc ...... } Par le verre.
Mercure 13,56	Argent........ 973	Sodium..... 90	Cuivre...... 0,0952	Cuivre.	Platine.	Cuivre . 137,40	Platine.., Cuivre ..., Or.... ..., Argent.., Étain ..... } Par le carbonate de chaux.
Plomb fondu.. 11,35	Cuivre.... ... 898	Étain...... 228	Argent... .. 0,0570	Étain.	Fer.	Platine.. 124,69	Plomb .... } Par l'ongle
Argent fondu.. 10,47	Fer........... 374	Plomb... .. 335	Étain...... 0,0562	Platine.	Cuivre.	Argent.. 85,06	Potassium., Sodium.. } Mous comme la cire.
Cuivre fondu.. 8,78	Zinc. 363	Zinc 500	Or.......... 0,0324	Plomb.	Zinc.	Or...... 68,22	Mercure .. } Liquide.
Fer en barres. 7,78	Étain...... ... 303	Argent..... 1022	Platine...... 0,0324	Zinc.	Étain.	Zinc 49,79	
Étain fondu. . 7,29	Plomb......... 180	Cuivre..... 1092	Plomb..... . 0,0314	Fer.	Plomb.	Étain ... 15,74	
Zinc fondu.... 6,86		Or...... ... 1102				Plomb .. 9,56	
Sodium....... 0,97		Fer forge.. 2118					
Potassium..... 0,86		Platine... au-dessus					

PROPRIÉTÉS PHYSIQUES QUI SE RATTACHENT LE PLUS AUX APPLICATIONS DES MÉTAUX DANS LES ARTS ET DANS L'INDUSTRIE.

TÉNACITÉ : résistance à la rupture.

MALLÉABILITÉ : facilité à se laisser écraser par le laminoir ou par le marteau, et à se réduire en feuilles plus ou moins minces par le *battage;* l'opposé de la propriété d'être CASSANTS.

DUCTILITÉ : facilité à se laisser étirer à la *filière* en fils plus ou moins ténus.

FUSIBILITÉ.

DURETÉ.

ALLIAGES : ce sont les

COMPOSÉS QUE FORMENT LES MÉTAUX EN SE COMBINANT ENTRE EUX.

Peu de métaux possèdent les qualités qui permettent de les employer seuls dans les arts.

Les métaux qui peuvent être employés seuls, tels que le *cuivre* et l'*étain,* par exemple, peuvent acquérir de nouvelles qualités et, par suite, *peuvent trouver de nouvelles applications lorsqu'on les associe à d'autres métaux.*

Pour utiliser les métaux qui ne peuvent pas être employés seuls et rendre plus fréquent l'usage de ceux qui sont plus heureusement doués, il faut modifier leurs propriétés en les combinant entre eux.

C'est ainsi qu'on produit de nouveaux corps qui jouent dans l'industrie le rôle de VÉRITABLES MÉTAUX COMPOSÉS, plus utiles souvent que les MÉTAUX SIMPLES.

EXEMPLE :

Le plomb et l'antimoine, unis dans certaines proportions,

Plomb...........	80
Antimoine........	20

constituent un alliage précieux pour façonner les caractères d'imprimerie; car cet alliage n'a ni la mollesse du plomb qui s'écraserait, ni la fragilité de l'antimoine qui se briserait sous la presse.

Les mêmes métaux, en s'unissant entre eux, peuvent donner des alliages qui possèdent des propriétés essentiellement différentes lorsqu'on fait varier les proportions.

Exemples :

1° 90 de *cuivre* et 10 d'*étain* forment l'*alliage des bouches à feu, plus dur que le cuivre* qui serait trop vite usé par le frottement du boulet dans l'*âme* de la pièce.

2° 80 de *cuivre* et 20 d'*étain* forment l'*alliage des cloches*, qui jouit d'une *grande sonorité* que ne possède pas l'alliage précédent, mais que sa fragilité rendrait impropre à la fabrication des *canons.*

3° 67 de *cuivre* et 33 d'*étain* forment l'*alliage blanc très-cassant*, auquel on peut donner un *très-beau poli* qui le rend propre à la fabrication des *miroirs de télescopes.*

Fusibilité des alliages.

La *fusibilité* des métaux est singulièrement modifiée dans les alliages.

Exemple :

8 parties de *bismuth* fondant à...	264°
5 parties de *plomb* fondant à....	335
et 5 parties d'*étain* fondant à......	228

fournissent un alliage qui fond à une température de 93° à 99°.

Deux manières d'être des métaux dans les alliages.

Dire que les métaux peuvent s'associer en toutes proportions pour former des alliages, ce n'est pas dire qu'ils se combinent en toutes proportions. En effet, deux métaux ne peuvent se combiner qu'en un certain nombre de proportions pour fournir des composés définis qui satisfont à la loi des équivalents et à celle des proportions multiples. Mais ces composés sont solubles dans un excès de l'un ou de l'autre métal en pleine fusion, et ils peuvent s'en séparer par cristallisation lorsque le refroidissement est lent, ou y rester mélangés par suite de la brusque solidification du dissolvant métallique.

Un alliage est homogène :

Lorsqu'on met beaucoup de soin à brasser le bain métallique, à élever suffisamment sa température pour que le composé défini soit dissous en totalité dans le métal en fusion, *et à le refroidir promptement.*

UN ALLIAGE N'EST PAS HOMOGÈNE :

Lorsque son refroidissement est lent; de là la difficulté de former des alliages homogènes lorsqu'on opère sur de grandes masses, surtout quand les métaux alliés ont une densité et un point de fusion notablement différents.

Par le refroidissement le bain métallique devient de moins en moins apte à dissoudre les composés métalliques définis : ceux-ci cristallisent et gagnent le fond du vase, ou se portent à la surface du liquide, selon que la densité de leurs cristaux est plus ou moins considérable : aussi l'analyse accuse des différences souvent assez grandes dans la composition des diverses parties d'un même alliage.

L'ALLIAGE PEUT ÊTRE CONSIDÉRÉ COMME UNE DISSOLUTION PASSÉE A L'ÉTAT SOLIDE.

On peut donc considérer presque tous les alliages que prépare l'industrie comme des dissolutions de composés métalliques définis ou de métaux dans un métal fondu qui ont passé à l'état solide, sans que les positions relatives de chacune des molécules à l'état liquide aient été changées pendant la solidification.

Les alliages les plus usuels seront étudiés plus loin, à la suite des métaux qui entrent dans leur constitution.

OXYDES MÉTALLIQUES.

LEUR FORMATION :

L'oxygène se combine directement avec tous les métaux, excepté ceux de la septième classe: l'argent, l'or et le platine, par exemple.

OXYDATION PAR L'OXYGÈNE SEC.

A la température ordinaire, nulle.

A une température plus ou moins élevée, tous les métaux s'oxydent, excepté ceux de la septième classe.

L'oxygène dilué par l'azote, dans l'air atmosphérique, agit de la même manière, mais avec moins d'énergie.

Cette oxydation se produit avec dégagement de chaleur qui peut aller jusqu'à produire l'incandescence, lorsque l'oxydation s'effectue rapidement.

EXEMPLE :

Combustion du fer dans l'oxygène (*voyez* p. 39).

L'oxydation est rapide lorsque la surface du métal reste constamment au contact de l'oxygène, ce qui a lieu :

1° *Lorsque, le métal étant fixe, l'oxyde est fusible ou volatil.*

EXEMPLES :

1° Le *fer* fixe donne un oxyde qui fond et s'écoule.

2° L'*antimoine* fixe donne un oxyde volatil qui se sublime.

2° *Lorsque, l'oxyde étant fixe, le métal est volatil.*

EXEMPLE :

Le *zinc*, dont l'oxyde est fixe, est volatil et va chercher l'oxygène en passant à l'état de vapeur.

L'OXYDATION EST AIDÉE PAR LES AFFINITÉS DE L'OXYDE QUI PEUT SE FORMER.

I. *Elle est aidée par l'action des acides.*

1° Les acides mis en présence des métaux favorisent la formation des oxydes basiques avec lesquels ils peuvent se combiner pour former des sels.

EXEMPLE :

Le cuivre, Cu, *humecté d'acide sulfurique*, s'oxyde promptement à l'air : il se transforme en *oxyde de cuivre*, CuO, qui forme avec l'acide sulfurique du *sulfate de cuivre*, SO^3, CuO.

2° *Un acide anhydre ne provoquerait pas l'oxydation;* ainsi l'*air sec*, qui renferme pourtant de l'*acide carbonique* et de l'oxygène, n'oxyde pas les métaux, tandis que l'air humide peut les transformer en *carbonates.*

EXEMPLE :

Le cuivre exposé à l'air humide finit par se recouvrir d'une couche de *carbonate de cuivre basique* ou *vert-de-gris du bronze.*

II. *Elle est aidée par l'action des bases.*

Les bases mises en présence des métaux favorisent la formation des oxydes qui peuvent se combiner avec elles.

EXEMPLE :

Le chrome, Cr, *chauffé à l'air avec de la potasse*, KO, s'oxyde et produit du *chromate de potasse*, CrO^3, KO.

III. *Elle est aidée par l'action de l'eau.*

1° *L'eau fonctionne tantôt comme acide, tantôt comme base,* et favorise ainsi l'oxydation du métal.

2° *L'eau agit aussi par l'oxygène qu'elle tient en dissolution* et qui, dans cet état, se combine au métal avec plus de facilité.

3° *L'eau peut agir en cédant son oxygène au métal, alors même que ce métal ne peut pas la décomposer à la température ordinaire.*

Exemple :

Le fer exposé à l'air humide se combine d'abord avec l'oxygène que l'eau condensée à la surface du métal tient en dissolution.

Le premier oxyde ainsi formé constitue par son contact avec le métal non encore attaqué un *couple voltaïque,* dans lequel il constitue l'*élément électro-négatif,* le métal constituant l'*élément électro-positif.*

Ce couple peut décomposer l'eau : de là une nouvelle source d'oxydation du fer sur lequel se porte l'oxygène de l'eau décomposée, tandis que l'hydrogène se dégage.

Il est facile de prouver la décomposition de l'eau : il suffit pour cela d'introduire dans un ballon, muni d'un tube de dégagement, de la limaille de fer à laquelle on ajoute assez d'eau pour en faire une bouillie. Après un certain temps il s'est dégagé un gaz qui possède tous les caractères de l'hydrogène.

Nous pouvons même ajouter que l'oxyde de fer ainsi préparé renferme de l'ammoniaque résultant de la combinaison de l'hydrogène naissant avec l'azote de l'air en dissolution dans l'eau.

Réaction : $3H + Az = H^3Az.$

L'énergie d'oxydation des métaux est mesurée :

1° Par la manière dont les métaux se comportent au contact de l'oxygène.

2° Par le plus ou moins de facilité qu'on éprouve à ramener à l'état métallique les oxydes formés.

3° Par la facilité plus ou moins grande avec laquelle les métaux décomposent l'eau.

4° Par la quantité de chaleur que les métaux dégagent en s'oxydant.

L'OXYDATION DES MÉTAUX PEUT CESSER :

Par la formation d'une couche d'oxyde ou de sel qui recouvre leur surface et qui les soustrait aux actions oxydantes.

EXEMPLES :

1° Le fer se recouvre d'un oxyde pulvérulent qui ne le protége nullement.

2° Le zinc se recouvre d'une couche mince, serrée et adhérente de *carbonate de zinc* qui le protége comme le ferait un vernis.

Aussi le zinc s'oxyde à l'air moins que le fer, malgré son affinité plus grande pour l'oxygène, grâce à la nature et aux propriétés physiques du produit qui se forme à sa surface et qui le met à l'abri des causes d'altération ultérieures.

CLASSIFICATION DES OXYDES MÉTALLIQUES :

1° *Oxydes basiques* ou *bases;*
2° *Oxydes acides;*
3° *Oxydes indifférents;*
4° *Oxydes salins;*
5° *Oxydes singuliers.*

I. OXYDES BASIQUES.

Neutralisent les acides en formant avec eux des sels.

Verdissent le sirop de violettes et ramènent au bleu la teinture de tournesol rougie par un acide, quand ils sont solubles.

EXEMPLE :

L'*oxyde de potassium* ou *potasse,* KO, dont la dissolution verdit le sirop de violettes, etc., et qui neutralise l'acide sulfurique, par exemple, pour former du sulfate de potasse.

II. OXYDES ACIDES.

Neutralisent les bases.

Rougissent le sirop de violettes et la teinture de tournesol, quand ils sont solubles.

Exemple :

L'*acide chromique*, CrO^3, qui rougit le sirop de violettes, etc., et qui neutralise la potasse pour former avec elle du chromate de potasse.

III. Oxydes indifférents.

Jouent le rôle de bases avec les acides énergiques.
Jouent le rôle d'acides avec les bases énergiques.

Exemples :

1° Le *protoxyde de plomb*, PbO, qui joue le rôle de base avec tous les acides et le rôle d'acide avec la potasse, par exemple, base énergique avec laquelle il forme du plombate de potasse.

2° Le *sesquioxyde d'aluminium* ou *alumine*, Al^2O^3, qui forme avec l'acide sulfurique, par exemple, du *sulfate d'alumine*, et avec la potasse de l'*aluminate de potasse*.

IV. Oxydes salins.

Résultent de la combinaison de deux oxydes du même métal, dont l'un joue le rôle d'acide et l'autre le rôle de base.

Exemples :

1° L'*oxyde de manganèse*, Mn^3O^4, qui peut être dédoublé en *sesquioxyde*, Mn^2O^3, qui joue le rôle d'acide, et en *protoxyde*, MnO, qui joue le rôle de base.

2° L'*oxyde rouge de plomb* ou *minium*, Pb^3O^4, qui peut être dédoublé en *peroxyde de plomb*, PbO^2, ou *acide plombique*, et en 2 équivalents de *protoxyde de plomb*, $2PbO$, et qu'on peut appeler *plombate de plomb bibasique*.

V. Oxydes singuliers.

Se refusent absolument à contracter des combinaisons.
Ne cessent d'opposer cette résistance, qu'à la condition d'abandonner une partie de leur oxygène, *ce qui les ramène à l'état d'oxydes basiques*, ou d'en gagner, *ce qui les fait passer à l'état d'oxydes acides.*

Exemples :

1° Le *bioxyde de baryum*, BaO^2, *chauffé*, perd la moitié de son oxygène et passe à l'état de *protoxyde de baryum* ou *baryte*, BaO, base énergique.

2° Le *peroxyde de manganèse*, MnO^2, *chauffé avec la potasse au contact de l'air*, passe à l'état d'*acide man-*

ganique, MnO^3, qui forme avec la potasse du *manganate de potasse.*

L'OXYGÈNE TEND A PARALYSER L'ÉNERGIE DES BASES.

EXEMPLE :

La *baryte*, BaO, *base énergique, devient du bioxyde de baryum*, BaO^2, OXYDE SINGULIER.

L'OXYGÈNE TEND A IMPRIMER AUX OXYDES MÉTALLIQUES LE CARACTÈRE D'ACIDITÉ.

EXEMPLE :

Le *protoxyde de manganèse*, MnO, *basique, devient de l'acide manganique*, MnO^3.

PROPRIÉTÉS PHYSIQUES DES OXYDES MÉTALLIQUES.

Solides, à la température ordinaire.

Inodores, excepté l'*acide osmique.*

Saveur alcaline, quand ils sont solubles.

Couleur : quelques-uns *blancs*, la plupart *diversement colorés.*

Densité : supérieure à celle de l'eau.

SOUMIS A L'ACTION DE LA CHALEUR.

Infusibles, en général.

Fusibles, quelques-uns.

EXEMPLE :

Le *protoxyde de plomb*, PbO.

Volatils, rares.

EXEMPLES :

Le *sesquioxyde d'antimoine*, Sb^2O^3.

L'*acide osmique*, OsO^4.

MOINS VOLATILS QUE LES MÉTAUX.

En général, les métaux perdent leur volatilité en s'unissant à l'oxygène. *C'est le contraire de ce qui arrive lorsqu'ils se combinent avec le chlore.*

SOLUBILITÉ DANS L'EAU.

1° *Très-solubles :* tels que les protoxydes des métaux de la première classe, excepté la *chaux.*

2° *Très-peu solubles :* tels que la *chaux*, la *magnésie* qui l'est encore moins, le *protoxyde de plomb* et le *protoxyde d'argent* qui le sont à peine.

3° *Insolubles :* généralement.

PROPRIÉTÉS CHIMIQUES DES OXYDES MÉTALLIQUES.

CHALEUR.

1° *Ne décompose complétement aucun des oxydes des métaux des cinq premières classes.*

2° *Décompose incomplétement quelques-uns des oxydes des métaux des cinq premières classes*, qu'elle ramène à un degré d'oxydation inférieur.

EXEMPLE :

Le *peroxyde de manganèse* chauffé laisse dégager le tiers de l'oxygène qu'il renferme (*voyez* p. 40).

3° *Décompose complétement les oxydes des métaux des deux dernières classes.*

OXYGÈNE SEC.

1° *N'agit pas sur les oxydes* à la température ordinaire.

2° *Est absorbé par certains oxydes* sous l'influence d'une température élevée, et il se produit des oxydes qui sont stables à la haute température de leur formation.

EXEMPLE :

Le *protoxyde d'étain*, SnO, passe à l'état d'*acide stannique*, SnO^2, quand on le chauffe au contact de l'air : l'*oxydation se fait avec incandescence*.

OXYGÈNE HUMIDE.

Agit sur certains oxydes à la température ordinaire.

EXEMPLE :

Le protoxyde de manganèse, MnO, précipité dans l'eau exposée à l'air, passe à l'état de sesquioxyde, Mn^2O^3.

HYDROGÈNE.

1° *Réduit les oxydes des métaux des cinq dernières classes* à l'aide d'une chaleur plus ou moins considérable : il se forme de l'eau, et LE MÉTAL EST MIS EN LIBERTÉ.

EXEMPLE : $CuO + H = HO + Cu$.

2° *Fait passer les peroxydes des métaux de la première classe, à l'état de protoxydes.*

EXEMPLE : $BaO^2 + H = BaO, HO$.

Le *bioxyde de baryum* est réduit incomplétement : il passe à l'état de *baryte* avec production d'*eau* qui s'y combine, et donne de l'*hydrate de baryte*.

3° *Ne réduit pas les oxydes des métaux des deux premières classes.*

CARBONE.

I. *Réduit un plus grand nombre d'oxydes que l'hydrogène :* il réduit même des oxydes appartenant aux métaux de la première classe, la *potasse*, KO, et la *soude*, NaO, et met en liberté le *potassium* et le *sodium*.

LE MÉTAL EST MIS EN LIBERTÉ :

1° *Avec production d'acide carbonique,*

Lorsque l'oxyde métallique est réduit à une température peu élevée.

EXEMPLE :

L'*oxyde de cuivre est réduit* par le *noir de fumée* à la température du rouge sombre, *avec dégagement d'acide carbonique.*

Réaction : $2CuO + C = 2Cu + CO^2$.

L'expérience peut se faire dans un tube de verre (*fig.* 4, *Pl. I*) contenant le mélange des deux corps, et chauffé avec la flamme d'une lampe à alcool.

2° *Avec production d'oxyde de carbone,*

Lorsque l'oxyde ne peut être réduit qu'à une température élevée.

EXEMPLE :

L'oxyde de zinc chauffé avec du charbon (voyez *Pl. X*, *fig.* 79, *Préparation de l'oxyde de carbone*, p. 174).

Réaction : $ZnO + C = Zn + CO$.

II. *Ne réduit pas les oxydes des métaux de la seconde classe.*

CHLORE SEC.

Se combine au métal et met l'oxygène en liberté lorsqu'il réagit sur le plus grand nombre des oxydes secs et chauffés.

L'HYDROGÈNE ET LE CHARBON ONT UNE ACTION INVERSE de celle du chlore ; car ils s'emparent du métalloïde et mettent le métal en liberté.

Presque tous les *oxydes* se changent ainsi en *chlorures* avec dégagement d'*oxygène*.

EXEMPLE :

La *chaux*, CaO, se transforme en *chlorure de calcium*,

ClCa, en laissant dégager de l'*oxygène*.

Réaction : $CaO + Cl = ClCa + O$.

CHLORE HUMIDE.

1° *Produit un mélange de chlorure et d'hypochlorite en agissant sur une dissolution étendue* des oxydes des métaux de la première classe.

Réaction : $2KO + 2Cl = ClK + ClO,KO$.

2 équivalents de *chlore*, 2Cl, réagissent sur 2 équivalents de *potasse*, 2KO, et donnent naissance à 1 équivalent de *chlorure de potassium*, ClK, et à 1 équivalent d'*hypochlorite de potasse*, ClO, KO.

2° *Produit un mélange de chlorure et de chlorate en agissant sur une dissolution concentrée* des mêmes oxydes.

Réaction : $6KO + 6Cl = 5ClK + ClO^5, KO$.

6 équivalents de *chlore*, 6Cl, réagissent sur 6 équivalents de *potasse*, 6KO, et donnent naissance à 5 équivalents de *chlorure de potassium*, 5ClK, et à 1 équivalent de *chlorate de potasse*, ClO^5,KO.

CHLORE ET CHARBON.

Réduisent les oxydes de la formule M^2O^3, qui presque tous ne sont pas modifiés par l'action du *chlore* seul ou du *charbon* également seul, *et les transforment en chlorures*.

Sous la double action du chlore et du charbon, aidée de l'action de la chaleur, *il se produit une réaction dans laquelle deux affinités sont mises en jeu* : l'affinité du *charbon* pour l'*oxygène* qui est enlevé à l'état d'*oxyde de carbone*, et l'affinité du chlore pour le *métal* qui passe à l'état de *sesquichlorure*.

EXEMPLE :

En faisant passer 3 équivalents de *chlore*, 3Cl, sur un mélange d'*alumine*, Al^2O^3, et de *charbon* placé dans un tube de grès ou de porcelaine et porté à une température élevée, il se produit du *sesquichlorure d'aluminium*, Al^2Cl^3, et de l'*oxyde de carbone*.

Réaction : $Al^2O^3 + 3Cl + 3C = Al^2Cl^3 + 3CO$.

SOUFRE.

I. PAR VOIE SÈCHE.

N'exerce aucune action ou se combine avec les deux éléments de l'oxyde. Ainsi :

1° *Il est sans action* sur les oxydes des métaux de la seconde classe et de quelques-uns des métaux de la quatrième.

2° *Il donne des sulfures et des sulfates* avec les oxydes qui sont des bases énergiques, tels que ceux que fournissent les métaux de la première classe.

EXEMPLE : $4BaO + 4S = SO^3 + BaO + 3SBa$.

La réaction a lieu avec incandescence.

3° *Il donne des sulfures et de l'acide sulfureux* avec le plus grand nombre des oxydes des métaux des cinq dernières classes, parce que ce sont des bases moins énergiques dont les sulfates sont décomposés par la chaleur, et parce que le sulfure et l'acide sulfureux formés sont plus stables que l'oxyde décomposé.

EXEMPLES :

$2CuO + 3S = 2SCu + SO^2$. La réaction a lieu avec incandescence.

$2AgO + 3S = 2SAg + SO^2$. La réaction a lieu avec explosion et est très-dangereuse.

II. PAR VOIE HUMIDE.

Il agit sur les oxydes des métaux de la première classe et produit un mélange de bisulfure et d'hyposulfite.

EXEMPLE : $3MO + 6S = 2S^2M + S^2O^2,MO$.

MÉTAUX.

Les métaux très-avides d'oxygène réduisent les oxydes des métaux qui ont pour l'oxygène une affinité moins grande.

EXEMPLE :

Le *potassium* s'empare de l'oxygène des oxydes des métaux des cinq dernières classes et met le métal en liberté.

Ces *métaux*, pas plus que l'*hydrogène*, le *carbone*, le *soufre* et le *chlore*, employés séparément, n'agissent sur les oxydes des métaux de la seconde classe.

ACIDES.

1° Les *oxacides* se combinent aux *oxydes basiques* pour former des sels.

EXEMPLE : $SO^3 + PbO = SO^3,PbO$.

2° Les *hydracides* se décomposent en produisant un *sulfure*, un *chlorure*, etc., et de l'*eau*.

EXEMPLES :

$$SH + PbO = SPb + HO;$$
$$ClH + PbO = ClPb + HO;$$
$$3ClH + Sb^2O^3 = Cl^3Sb^2 + 3HO.$$

EAU.

S'unit au plus grand nombre et forme des hydrates plus ou moins stables.

EXEMPLES :

Les protoxydes de potassium, de sodium, de baryum, de strontium forment des hydrates:

$HO, KO,$

$HO, NaO,$

$HO, BaO,$

$HO, StO,$

indécomposables aux plus hautes températures de nos fourneaux.

L'oxyde de cuivre forme un hydrate

$HO, CuO,$

décomposable lorsqu'on fait bouillir l'eau dans laquelle il a pris naissance.

PRÉPARATION DES OXYDES MÉTALLIQUES.

1° *En chauffant le métal dans l'oxygène ou dans l'air.*

2° *En calcinant les carbonates ou les azotates*, qui sont facilement décomposés sous l'influence d'une température qui n'est pas en général très-élevée.

EXEMPLE : $AzO^5, PbO = PbO + AzO^4 + O.$

3° *En calcinant certains sulfates.*

EXEMPLE : $SO^3, ZnO = ZnO + SO^2 + O.$

4° *En les précipitant de leurs chlorures ou de leurs azotates solubles* par une base soluble.

EXEMPLE : $AzO^5, AgO + CaO = AgO + AzO^5, CaO.$

SULFURES MÉTALLIQUES.

Ressemblent remarquablement aux oxydes.
Plus nombreux que les oxydes.

LEUR FORMATION.

I. PAR VOIE SÈCHE.

Le soufre se combine directement avec presque tous les métaux.

Il faut presque toujours élever plus ou moins la température jusqu'à sa fusion ou sa volatilisation, et même au delà.

La réaction se produit avec dégagement de chaleur, et même assez souvent avec incandescence.

EXEMPLE :

1° 160 *parties de cuivre en limaille et* 30 *parties de soufre en fleurs,* chauffées dans un matras, *se combinent avec incandescence* dès qu'on a dépassé la température de fusion du soufre.

Réaction : $Cu + S = SCu$.

2° *Le cuivre,* placé dans un tube de porcelaine chauffé, *brûle dans la vapeur de soufre comme dans l'oxygène.*

L'ordre des affinités du soufre pour les métaux n'est pas celui des affinités de l'oxygène pour les mêmes corps : c'est ce qui ressort de la lecture du tableau suivant, dans lequel quelques métaux sont inscrits par ordre d'affinité décroissante pour le soufre :

1 Cuivre.	5 Plomb.
2 Fer.	6 Argent.
3 Étain.	7 Antimoine.
4 Zinc.	

(Voyez *Classification des métaux par ordre d'affinité pour l'oxygène,* p. 202.)

II. AIDÉE PAR L'EAU.

EXEMPLE :

Le fer en limaille et le soufre en fleurs, très-secs, sont sans action l'un sur l'autre à la température ordinaire.

Les mêmes corps, en présence de l'eau, se combinent à la température ordinaire : la combinaison se produit graduellement avec dégagement de chaleur.

OPÉRATION.

On prend 2 parties de *limaille de fer,* 1 partie de *fleurs de soufre* et une quantité d'eau tiède suffisante pour former une pâte molle qu'on introduit dans une fiole à fond plat munie d'un tube recourbé qui plonge dans l'eau.

Ce mélange, abandonné dans un lieu dont la température est un peu élevée, *ne tarde pas à dégager de la vapeur d'eau en abondance, en prenant une couleur noire qui est celle du sulfure de fer hydraté.*

C'est l'expérience du VOLCAN DE LÉMERI.

CLASSIFICATION DES SULFURES MÉTALLIQUES.

L'analogie des sulfures métalliques avec les oxydes métalliques est telle, que leur classification est la même. En effet, il existe des

1° *Sulfures basiques,*

2° *Sulfures acides,*

3° *Sulfures indifférents,*

4° *Sulfures salins,*

5° *Sulfures singuliers,*

qui sont tous caractérisés par les propriétés fondamentales qui caractérisent les oxydes.

ACTION DE LA CHALEUR SUR LES SULFURES MÉTALLIQUES.

1° *Elle peut modifier leur état physique.*

2° *Elle ne les décompose jamais complétement,* tandis qu'il n'en est pas de même pour les oxydes des métaux des deux dernières classes.

3° *Elle les amene quelquefois à un degré de sulfuration inférieur.*

ACTION DE L'OXYGÈNE OU DE L'AIR SUR LES SULFURES MÉTALLIQUES.

Cette action présente la plus grande analogie avec celle que le soufre exerce sur les oxydes.

I. PAR VOIE SÈCHE.

A FROID : rien.

A CHAUD :

I. *L'oxygène se combine avec les deux éléments du sulfure,* à la façon du *soufre* qui, placé dans les mêmes conditions, se combine avec les deux éléments des oxydes :

1° *Pour donner des sulfates,* lorsqu'il agit sur les sulfures des métaux qui donnent avec l'oxygène des bases puissantes, *tels que les sulfures des métaux de la première classe et du magnésium.*

EXEMPLE : $SK + 4O = SO^3,KO$.

2° *Pour donner des oxydes et de l'acide sulfureux,* lorsqu'il agit :

1. Sur les sulfures des métaux qui donnent avec l'oxygène des bases moins puissantes et dont les sulfates sont décomposés par une température plus ou moins élevée : *tels sont les sulfures des métaux de la troisième classe, ainsi que les sulfures de cuivre et de bismuth dans la cinquième classe,* sur lesquels on fait réagir l'oxygène à la température de décomposition des sulfates.

EXEMPLE : $SCu + 3O = CuO + SO^2$.

2. Sur les sulfures des métaux qui donnent des oxydes acides qui ne sont pas susceptibles de se combiner à l'acide sulfurique, et qui, par conséquent, ne provoquent pas sa formation : *tels sont les sulfures des métaux de la quatrième classe,* l'*étain,* par exemple, qui donne de l'*acide stannique.*

EXEMPLE : $SSn + 4O = SnO^2 + SO^2$.

II. *L'oxygène se combine avec le soufre seulement,*

Pour donner de l'acide sulfureux, et le métal libre, lorsqu'il agit sur les sulfures des métaux dont les oxydes sont décomposables par la chaleur : *tels sont les sulfures des métaux des deux dernières classes, excepté le sulfure d'argent sur lequel l'oxygène est sans action.*

EXEMPLE : $SHg + 2O = Hg + SO^2$.

II. PAR VOIE HUMIDE.

A froid, l'oxygène agit sur les sulfures solubles d'après les mêmes règles que nous avons observées en étudiant l'action du soufre sur les oxydes : *il y a formation d'acide hyposulfureux;* c'est donc l'acide inférieur qui prend naissance, tandis que le contraire arrive lorsque l'oxygène agit à chaud sur les sulfures anhydres, puisqu'il se forme de l'acide sulfureux et de l'acide sulfurique, comme nous venons de le voir.

EXEMPLE : $2SK + 4O = KO + S^2O^2,KO$.

Les hyposulfites, ainsi formés, se transforment en sulfates par suite d'une action ultérieure de l'oxygène.

EXEMPLE : $KO + S^2O^2,KO + 4O = 2(SO^3,KO)$.

ACTION DE L'EAU SUR LES SULFURES MÉTALLIQUES.

I. ACTION PHYSIQUE.

Dissout tous les sulfures des métaux de la première classe et le sulfure de magnésium : ces dissolutions ont une réaction alcaline.

II. ACTION CHIMIQUE.

1° *Décompose à froid les sulfures des métaux de la seconde classe,* avec formation d'acide sulfhydrique et des oxydes correspondants.

EXEMPLE : Le *sulfure d'aluminium.*

Réaction : $S^3Al^2 + 3HO = Al^2O^3 + 3SH$.

2° *Décompose à chaud les sulfures des métaux de la troisième classe,* avec formation d'acide sulfhydrique et des oxydes correspondants.

Réaction : $SM + HO = MO + SH$.

3° *Sans action* sur les sulfures des métaux des quatre dernières classes.

ACTION DES ACIDES SUR LES SULFURES MÉTALLIQUES qui correspondent aux oxydes basiques.

ACTION DES HYDRACIDES.

Pour l'acide chlorhydrique, par exemple, *le chlore se substitue au soufre* combiné au métal, pour produire le chlorure correspondant, et *l'hydrogène se combine au soufre* pour former autant d'équivalents d'acide sulfhydrique que le sulfure renferme d'équivalents de soufre.

Il ressort de là que *le nombre d'équivalents d'acide chlorhydrique, bromhydrique, etc., qui réagissent, est toujours égal au nombre d'équivalents de soufre renfermé dans le sulfure.*

Réactions :

$$SM + ClH = ClM + SH,$$
$$S^3M^2 + 3ClH = Cl^3M^2 + 3SH$$

ACTION DES OXACIDES.

Lorsqu'un oxacide réagit sur un sulfure métallique, *il intervient autant d'équivalents d'eau qu'il existe d'équivalents de soufre dans le sulfure. Cette eau est décomposée :* elle cède son oxygène au métal pour former un oxyde qui se combine à l'oxacide, tandis que son hydrogène se combine au soufre pour former de l'acide sulfhydrique qui se dégage.

Réactions : $SM + SO^3,HO = SO^3,MO + SH,$

$S^3M^2 + 3(SO^3HO) = (SO^3)^3M^2O^3 + 3SH.$

Il se dégage donc autant d'équivalents d'acide sulfhydrique qu'il intervient d'équivalents d'eau décomposée.

PRÉPARATION DES SULFURES MÉTALLIQUES.

1° *En chauffant le métal dans le soufre fondu ou en vapeur.*

2° *En chauffant le soufre au contact des oxydes* (*voyez* p. 219).

3° *En réduisant les sulfates par le charbon,* et à l'aide d'une température plus ou moins élevée.

Réaction : $SO^3,BaO + 4C = SBa + 4CO.$

4° *Par double décomposition.* On prépare ainsi tous les sulfures insolubles en faisant réagir l'hydrogène sulfuré ou un sulfure soluble sur un sel soluble du métal dont on veut avoir le sulfure.

Réactions : $SO^3,CuO + SH = SCu + SO^3,HO,$

$SO^3,ZnO + SK = SZn + SO^3,HO.$

Ce que nous avons dit des sulfures peut s'appliquer aux SÉLÉNIURES *et aux* TELLURURES.

CARACTÈRES DISTINCTIFS DES SULFURES MÉTALLIQUES.

Traités par un acide, ils font effervescence et laissent dégager un gaz que son odeur d'œuf pourri fait facilement reconnaître pour de l'*acide sulfhydrique.*

Réaction : $SK + SO^3,HO = SH + SO^3,KO.$

Précipite en noir les sels de plomb, parce qu'il se forme un sulfure insoluble qui est noir.

Réaction : $SK + AzO^5,PbO = SPb + AzO^5,KO.$

CHLORURES MÉTALLIQUES.

LEUR FORMATION.

Le CHLORE *agit sur les métaux avec plus d'énergie que l'oxy-*

gène. En effet, l'oxygène sec et froid n'a pas d'action sur les métaux, tandis que le chlore sec et froid en attaque un très-grand nombre.

I. A FROID.

Le chlore attaque vivement un grand nombre de métaux : la réaction se produit souvent avec incandescence.

EXEMPLE :

L'antimoine en poudre projeté dans le chlore y brûle vivement et passe à l'état de *perchlorure d'antimoine.*

Réaction : $2Sb + 5Cl = Cl^5Sb^2$.

II. A CHAUD.

Le chlore brûle vivement les métaux qu'il ne peut pas brûler à froid.

EXEMPLE :

Le *mercure* introduit chaud dans une atmosphère de chlore y brûle vivement et passe à l'état de *chlorure de mercure.*

Réaction : $Hg + Cl = ClHg$.

La combustion des métaux par le chlore est facile, surtout à chaud, parce que les chlorures, qui sont plus ou moins volatils, entrent en vapeur à mesure qu'ils se forment, et laissent la surface métallique toujours exposée à l'action comburante du chlore.

CLASSIFICATION DES CHLORURES MÉTALLIQUES.

Elle est basée sur les actions réciproques des chlorures entre eux, de même que pour les oxydes et les sulfures; et *comme on ne connaît pas encore de chlorures correspondant aux oxydes et sulfures singuliers,* ils fournissent quatre classes au lieu de cinq, qui sont les

1° *Chlorures basiques,*

2° *Chlorures acides,*

3° *Chlorures indifférents,*

4° *Chlorures salins.*

PROPRIÉTÉS PHYSIQUES DES CHLORURES MÉTALLIQUES.

Par leur état physique ils diffèrent beaucoup des oxydes corres-

fondants : en effet, les oxydes sont tous solides, quelques-uns fusibles, quelques-uns volatils, et en général *moins volatils que les métaux,* tandis que les chlorures sont le plus souvent solides, mais fusibles, quelques-uns liquides et *tous volatils ;* on peut donc dire, avec les anciens chimistes : « *Le chlore donne des ailes aux métaux,* » et ajouter avec autant de raison : « *L'oxygène coupe les ailes des métaux qui n'en sont déjà pas trop richement pourvus.* »

Tous solubles dans l'eau, excepté le *protochlorure de mercure*, le *protochlorure de cuivre* et le *chlorure d'argent.*

PROPRIÉTÉS CHIMIQUES DES CHLORURES MÉTALLIQUES.

ACTION DE LA CHALEUR.

Elle décompose les chlorures des métaux des deux dernières classes, à l'exception du *chlorure d'argent* et du *chlorure de mercure.*

ACTION DE L'HYDROGÈNE.

Il réduit les chlorures des métaux des cinq dernières classes : il se produit de l'acide chlorhydrique, et *le métal est mis en liberté.*

EXEMPLE :

Le *chlorure d'argent* chauffé dans un courant d'hydrogène.

Réaction : $ClAg + H = ClH + Ag$.

C'est ainsi qu'on peut obtenir des métaux très-purs.

ACTION DES MÉTAUX.

I. *Ils décomposent toujours les chlorures des métaux de la classe qui vient après celle à laquelle ils appartiennent eux-mêmes ;* cette règle est générale : ainsi, les métaux de la première classe s'emparent du chlore combiné aux métaux des six dernières et mettent le métal en liberté; c'est ainsi qu'à l'aide du *potassium* ou du *sodium* on a pu isoler les métaux des chlorures de la seconde classe.

EXEMPLES :

Le *chlorure de magnésium,* chauffé avec du *potassium,* donne du *chlorure de potassium* et du *magnésium* libre.

Réaction : $ClMg + K = ClK + Mg$.

Le *chlorure d'aluminium,* chauffé avec du *sodium,* donne du *chlorure de sodium* et de l'*aluminium* libre.

Réaction : $Cl^3Al^2 + 3Na = 3ClNa + 2Al$.

II. *Ils font passer les chlorures à un état de chloruration inférieur.*

EXEMPLE :

En agitant une dissolution de bichlorure de cuivre avec du mercure, la liqueur perd sa transparence, parce qu'il se forme du *protochlorure de cuivre* insoluble, et le *mercure* perd son éclat parce qu'il se recouvre de *protochlorure de mercure.*

Réaction : $2ClCu + 2Hg = ClCu^2 + ClHg^2$.

ACTION DE L'EAU.

I. *Quelques chlorures décomposent évidemment l'eau :* ce sont certains *chlorures acides.*

EXEMPLE :

Le bichlorure d'étain, Cl^2Sn, *mis en présence de l'eau,* en décompose 2 équivalents pour produire 2 équivalents d'acide chlorhydrique qui restent en dissolution, et 1 équivalent de bioxyde d'étain, SnO^2, qui se précipite.

Réaction : $Cl^2Sn + 2HO = 2ClH + SnO^2$.

II. *Quelques chlorures ne peuvent plus abandonner l'eau sans la décomposer une fois qu'ils ont été dissous.* Ce sont certains *chlorures acides ou indifférents qui se décomposent lorsqu'on veut les dessécher* pour les ramener à l'état anhydre.

EXEMPLES :

Une dissolution de chlorure de magnésium, d'aluminium ou de fer, évaporée à siccité, laisse dégager de l'acide chlorhydrique, et il reste de la magnésie, de l'alumine ou du sesquioxyde de fer.

Réactions :
$$ClMg + HO = MgO + ClH,$$
$$Cl^3Al^2 + 3HO = Al^2O^3 + 3ClH,$$
$$Cl^3Fe^2 + 3HO = Fe^2O^3 + 3ClH.$$

III. *D'autres chlorures ne décomposent pas l'eau lorsqu'on les ramène à l'état anhydre après avoir été dissous :* tels sont les *chlorures indifférents* des deux dernières classes, et en général tous les *chlorures basiques.*

EXEMPLES :

Le *chlorure d'or* en dissolution dans l'eau lui est enlevé

par l'éther qui, en s'évaporant, l'abandonne à l'état anhydre.

Le *chlorure de potassium*, en dissolution dans l'eau, cristallise à l'état anhydre par évaporation.

EN PRÉSENCE DES OXACIDES.

ILS DÉCOMPOSENT L'EAU ; ce qu'il est impossible de méconnaître lorsqu'on fait réagir l'*acide sulfurique*, SO^3,HO, par exemple, sur un chlorure en dissolution, le *chlorure de potassium*, ClK, par exemple. L'oxygène de l'eau se porte sur le métal et l'hydrogène sur le chlore, puisqu'il se forme du *sulfate de potasse*, SO^3,KO, et de l'*acide chlorhydrique*, ClH, qui se dégage.

Réaction : $ClK + SO^3HO = SO^3,KO + ClH.$

Il est vrai qu'on pourrait prétendre que les choses ne se passent pas ainsi, et que le *chlorure de potassium*, mis en présence de l'eau, l'a immédiatement décomposée en produisant un *chlorhydrate de potasse*.

Réaction : $ClK + HO = ClH,KO.$

Dans ce cas, l'oxacide réagirait sans que l'eau eût besoin d'intervenir.

Réaction : $ClH,KO + SO^3HO = SO^3,KO + ClH + HO.$

C'est une question qu'on ne peut pas trancher si les *oxacides* et les *hydracides* sont considérés, ainsi que nous l'avons fait jusqu'à présent, comme appartenant à deux *types* différents.

QUELLE QUE SOIT LA CONSTITUTION DES CHLORURES EN DISSOLUTION, *le nombre d'équivalents d'eau qui interviennent et qui réagissent sur les chlorures*, immédiatement ou sous l'influence des acides, *est égal au nombre d'équivalents de chlore que renferment les chlorures et ils donnent naissance à un nombre égal d'équivalents d'acide chlorhydrique.*

EXEMPLES : $ClM + HO = MO + ClH,$

$Cl^3M^2 + 3HO = M^2O^3 + 3ClH.$

D'où il ressort que *chaque chlorure correspond à un oxyde* dans lequel un ou plusieurs équivalents d'*oxygène* sont remplacés par un nombre égal d'équivalents de *chlore*.

Pour trouver la réciproque de l'action de l'eau sur les chlo-

rures, nous n'avons qu'à rappeler l'action des hydracides sur les oxydes (*voyez* p. 221), car nous aurions pu dire, en parlant de cette action, que *le nombre d'équivalents d'acide chlorhydrique qui interviennent et réagissent sur les oxydes est égal au nombre d'équivalents d'oxygène que renferment ces oxydes, et qu'ils donnent naissance à un nombre égal d'équivalents d'eau.*

Mais *si chaque chlorure correspond à un oxyde, la réciproque n'a pas lieu.* En effet, ainsi que nous l'avons déjà fait remarquer, *les oxydes singuliers n'ont pas de chlorures correspondants :* aussi, lorsqu'on fait agir l'acide chlorhydrique sur ces oxydes, le *peroxyde de manganèse*, MnO^2, par exemple, il se dégage une partie du chlore.

Réaction : $MnO^2 + 2ClH = ClMn + Cl + 2HO.$

C'est ainsi qu'on prépare le chlore (*voyez* p. 104).

PRÉPARATION DES CHLORURES MÉTALLIQUES.

1° *En faisant agir le chlore sur un métal* placé dans un tube de verre ou de porcelaine, ou bien encore dans une cornue de verre et chauffé, si cela est nécessaire : *c'est ainsi qu'on prépare les chlorures volatils.*

EXEMPLE :

Préparation du *chlorure d'étain.*

2° *En faisant agir l'eau régale sur un métal.* Dans ce cas, le chlore réagit à l'ÉTAT NAISSANT et peut attaquer des métaux qu'il n'attaque pas directement.

EXEMPLE :

Préparation du *chlorure d'or* et du *chlorure de platine.*

3° *En faisant agir le chlore sur les oxydes* chauffés dans un tube de porcelaine (voyez *Action du chlore sur les oxydes*, p. 218).

4° *En faisant agir l'acide chlorhydrique sur un métal :* le chlore se combine au métal, le *zinc*, par exemple, et l'hydrogène se dégage.

Réaction : $Zn + ClH = ClZn + H.$

5° *En faisant agir l'acide chlorhydrique sur les oxydes*, le *sesquioxyde de fer*, par exemple.

Réaction : $Fe^2O^3 + 3ClH = Cl^3Fe^2 + 3HO.$

6° *En faisant agir l'acide chlorhydrique sur les sulfures*, le *sul-*

fure de baryum et le *sulfure d'antimoine,* par exemple : il se dégage de l'acide sulfhydrique.

Réactions : $SBa + ClH = ClBa + SH,$
$S^3Sb^2 + 3ClH = Cl^3Sb^2 + 3SH.$

7° *En faisant agir les métaux sur les chlorures* (voyez *Action des métaux sur les chlorures,* p. 228).

8° *Par double décomposition :* c'est ainsi qu'on prépare les chlorures insolubles, le *chlorure d'argent,* par exemple.

Réaction : $AzO^5, AgO + ClH = ClAg + AzO^5, HO.$

Ce que nous avons dit des chlorures peut s'appliquer aux BROMURES *et aux* IODURES.

CARACTÈRES DISTINCTIFS DES CHLORURES MÉTALLIQUES.

Précipités par l'azotate d'argent.

Le précipité est *blanc, se rassemble en flocons caillebottés,* par l'agitation, *ne se dissout pas dans l'eau et dans les acides, se dissout très-bien dans l'ammoniaque et les hyposulfites alcalins,* et *se colore en violet par l'action de la lumière.*

SELS.

LEUR DÉFINITION.

I. Donnée par Lavoisier.

Les sels sont des composés formés par la combinaison d'un acide et d'une base et dans lesquels les propriétés de cet acide et de cette base sont plus ou moins neutralisées.

Exemple :

L'acide sulfurique, SO^3, en se combinant à la potasse, KO, donne naissance à un sel dans lequel les propriétés de l'acide et de la base sont complétement neutralisées.

Réaction : $SO^3 + KO = SO^3, KO.$

A l'époque de Lavoisier, les hydracides n'étaient pas encore connus : aussi ce chimiste n'appliquait-il cette définition qu'aux combinaisons des oxacides avec les bases et nullement aux combinaisons des hydracides avec les mêmes bases et par conséquent aux *sulfures, chlorures, bromures, etc.*

II. Donnée par Berzélius.

Les sels sont les composés qui résultent de la réaction des acides sur les bases.

C'est ainsi qu'à côté des sels de Lavoisier, qu'il appela sels amphides, vinrent se placer les *sulfures, chlorures, etc.,* qu'il appela SELS HALOÏDES : *ces derniers,* en effet, qui proviennent également de la réaction des hydracides sur les bases, *ne renferment pas la somme des éléments qui ont réagi.*

EXEMPLE :

Le *sel marin,* ClNa, *sel haloïde,* qui se produit lorsqu'on fait réagir l'*acide chlorhydrique,* ClH, sur la soude, NaO, ne renferme ni l'hydrogène de l'acide ni l'oxygène de la base qui ont été éliminés à l'état d'eau, HO.

Réaction : $ClH + NaO = ClNa + HO$.

III. EXTENSION DE LA DÉFINITION.

Plus tard on a proposé d'appliquer le nom de SELS *à tous les composés qui résultent de la combinaison de deux composés binaires,* l'un jouant le rôle d'*acide*, l'autre jouant le rôle de *base* (voyez *Classification des oxydes, sulfures, chlorures,* p. 214, 223 et 227), *et ayant tous deux un élément commun.* De là, les

OXYSELS.

Ce sont les OXYDES DOUBLES ou *sels de Lavoisier.*

L'oxygène est l'élément commun.

EXEMPLES :

$AzO^5 + KO = AzO^5, KO$, *azotate de potasse.*

$CO^2 + NaO = CO^2, NaO$, *carbonate de soude.*

SULFOSELS.

Ce sont tous les SULFURES DOUBLES.

Le soufre est l'élément commun.

EXEMPLES :

$S^2C + SK = S^2C, SK$, *sulfocarbonate de potasse* ou mieux *de sulfure de potassium.*

$SH + SNa = SH, SNa$, *sulfhydrate de soude* ou mieux *de sulfure de potassium.*

CHLOROSELS.

Ce sont tous les CHLORURES DOUBLES.

Le chlore est l'élément commun.

EXEMPLE :

$ClFe + ClK = ClFe, ClK$, *chlorure double de potassium et de fer,* ou mieux *chloroferrate de chlorure de potassium.*

BROMOSELS.

Etc.

CE SYSTÈME DUALISTIQUE qu'impliquent les définitions précédentes, *le premier que devait suggérer l'étude de la formation des sels,* est encore consacré dans l'enseignement classique de la Chimie : il nous faut donc l'adopter, quoiqu'il soit loin de répondre aux besoins actuels de la science.

IV. DONNÉE PAR GERHARDT.

Les sels sont des composés formés d'une partie métallique et d'une partie non métallique simple ou composée qui peuvent s'échanger par double décomposition.

Il n'existerait donc qu'un type salin, auquel se rattachent tous les corps qui subissent ce double échange. Ainsi les corps inscrits dans le tableau ci-dessous sont des sels.

Sels.		Partie non métallique.	Partie métallique.
Acide sulfurique	SO^3, HO	(SO^4)	H
Acide azotique	AzO^5, HO	(AzO^6)	H
Acide chlorhydrique ...	ClH	Cl	H
Acide sulfhydrique	SH	S	H
Eau	HO	O	H
Potasse	KO	O	K
Sulfate de potasse	SO^3, KO	(SO^4)	K
Chlorure de potassium.	ClK	Cl	K
Sulfure de potassium ...	SK	S	K

Les réactions se formuleraient simplement et sans jamais avoir besoin de faire intervenir l'eau, ainsi que nous avons été obligé de le faire lorsque nous avons parlé de l'action des *oxacides* sur les *sulfures, chlorures, etc.* (*voyez* p. 226 et 230).

EXEMPLES :

1° *Un oxacide, l'acide sulfurique,* par exemple, *réagit sur un sulfure,* le *sulfure de potassium,* par exemple.

Réaction : $(SO^4)H + SK = (SO^4)K + SH.$

2° *Le même acide réagit sur un chlorure,* le *chlorure de potassium,* par exemple.

Réaction : $(SO^4)H + ClK = (SO^4)K + ClH.$

3° *Le même acide réagit sur un oxyde,* la *potasse,* par exemple.

Réaction : $(SO^4)H + KO = (SO^4)K + HO.$

4° *Le sulfate de potasse réagit sur l'azotate de baryte.*

Réaction : $(SO^4)K + (AzO^6)Ba = (SO^4)Ba + (AzO^6)K.$

5° *Le même sulfate réagit sur le chlorure de baryum.*

Réaction : $(SO^4)K + Cl\,Ba = (SO^4)Ba + Cl\,K$.

6° *L'acide chlorhydrique réagit sur un sulfure*, le *sulfure de potassium,* par exemple.

Réaction : $Cl\,H + SK = Cl\,K + SH$.

Ce **système unitaire** qu'implique la définition et que les exemples font comprendre ne sera pas adopté dans ce livre, quoiqu'il soit bien préférable au **système dualistique** que nous avons maintenu pour les motifs que nous avons signalés; mais il nous a semblé que nous devions le faire connaître.

Tout ce que nous allons dire sur les sels en général s'applique aux oxysels seulement, c'est-à-dire aux sels qui sont formés par la réaction d'un acide oxygéné sur une base oxygénée.

NEUTRALITÉ CHIMIQUE DES SELS.

Une dissolution d'acide sulfurique, acide énergique, *rougit le tournesol bleu.*

Une dissolution de potasse, base énergique, *bleuit le tournesol rougi.*

Si dans une dissolution d'acide sulfurique on verse goutte à goutte une dissolution de potasse, il arrive un moment où le mélange n'agit plus sur le tournesol coloré en rouge ou en bleu. On dit alors que *l'acide et la base se sont neutralisés mutuellement.*

Si maintenant on évapore complétement la dissolution, il reste un sel cristallisé (I), *le sulfate de potasse, complétement neutre au réactif coloré.* Ce sel analysé renferme 47 de *potasse* pour 40 d'*acide sulfurique* anhydre.

Si on fait une seconde opération dans laquelle on remplace la potasse par la soude, base également très-énergique, on obtient des résultats identiques.

Ce second sel (II), *le sulfate de soude, complétement neutre au réactif coloré,* renferme 31 de soude pour le même poids d'*acide sulfurique.*

Si on fait une troisième opération, en traitant le même poids d'acide sulfurique par une base plus faible, mais toujours de la formule MO, l'*oxyde de cuivre,* par exemple, et si on fait cristalliser, *on obtient un sel,* le *sulfate de cuivre, qui rougit le tournesol bleu, et qui, par conséquent, n'est pas neutre au réactif coloré.*

Ce troisième sel (III) renferme 40 d'*oxyde de cuivre* pour 40 également d'*acide sulfurique.*

Si maintenant nous calculons la formule de chacun de ces sels (I), (II) et (III) d'après les résultats numériques fournis par l'analyse, *nous trouvons qu'à* 1 *équivalent d'acide sulfurique correspond* 1 *équivalent de chacune des bases employées* et que ces formules sont :

(I) SO^3, KO, *sulfate de potasse.*
(II) SO^3, NaO, *sulfate de soude.*
(III) SO^3, CuO, *sulfate de cuivre.*

Ces formules se rattachent à un type, SO^3, MO, *qui est également le type de tous les sulfates qui renferment une base de la formule* MO, quelle que soit l'énergie de cette base.

Tous ces sulfates, dans lesquels le rapport constant de l'oxygène de la base à l'oxygène de l'acide est de $\frac{1}{3}$, *sont des* SULFATES CHIMIQUEMENT NEUTRES *quelle que soit leur action sur les réactifs colorés.*

Ce rapport de $\frac{1}{3}$ *ne change nullement lorsque la base change de formule et devient,* M^2O^3 ; en effet, si dans les sulfates auxquels donnent naissance les sesquioxydes d'*aluminium*, Al^2O^3, de *fer*, Fe^2O^3, et de *chrome*, Cr^2O^3, par exemple, la quantité d'oxygène que renferme la base est trois fois plus forte, cette base se combine avec trois fois plus d'acide, comme on peut le voir dans la formule de leurs sulfates.

$(SO^3)^3, Al^2O^3$, *sulfate d'alumine.*
$(SO^3)^3, Fe^2O^3$, *sulfate de sesquioxyde de fer.*
$(SO^3)^3, Cr^2O^3$, *sulfate de sesquioxyde de chrome.*

Ces formules se rattachent toutes au même type $(SO^3)^3, M^2O^3$, *dans lequel le rapport de* $\frac{3}{9}$ *égale le rapport de* $\frac{1}{3}$.

En faisant pour les autres classes de sels ce qu'il avait fait pour la classe des sulfates, BERZÉLIUS *reconnut qu'il existait également un* RAPPORT CONSTANT ENTRE L'OXYGÈNE DE LA BASE ET CELUI DE L'ACIDE, *pour chacune d'elles :* ce rapport, qui est de

$\frac{1}{3}$ pour les *sulfates,* est de
$\frac{1}{5}$ pour les *azotates,* et de
$\frac{1}{2}$ pour les *carbonates,*

par exemple ; aussi tout ce que nous avons dit pour les sulfates doit s'appliquer aux azotates, etc.

Cette LOI DE BERZÉLIUS peut être énoncée ainsi :

Dans les sels l'oxygène de la base et celui de l'acide sont dans un rapport simple et constant.

Ou :

Les quantités pondérables des diverses bases qui forment les sels neutres avec un même poids d'un même acide renferment la même quantité d'oxygène.

D'où :

Les bases qui neutralisent un certain poids d'un acide neutralisent également un poids proportionnel d'un acide quelconque, et réciproquement.

EXEMPLES :

L'expérience montre que :

47 de *potasse* 31 de *soude* 76 de *baryte* 28 de *chaux* 40 d'*oxyde de cuivre* Etc.	qui saturent 40 d'*acide sulfurique* satureront	54 d'*acide azotique* 32 d'*acide sulfureux* 22 d'*acide carboni*que 36 d'*acide oxalique* Etc. qui sont proportionnels à 40 d'*acide sulfurique*.

L'expérience montre que la réciproque a lieu et que

40 d'*acide sulfurique* 54 d'*acide azotique* 32 d'*acide sulfureux* 22 d'*acide carboni*que 36 d'*acide oxalique* Etc.	qui saturent 47 de *potasse* satureront	31 de *soude* 76 de *baryte* 28 de *chaux* 40 d'*oxyde de cuivre* Etc. qui sont proportionnels à 47 de *potasse*.

D'où il résulte que :

Si l'on mêle deux dissolutions neutres qui peuvent se décomposer mutuellement, la liqueur sera neutre après la décomposition.

EXEMPLE :

Une dissolution de *sulfate de soude*, mêlée à une dissolution d'*azotate de baryte*, l'une et l'autre neutres au réactif coloré, précipite du *sulfate de baryte*

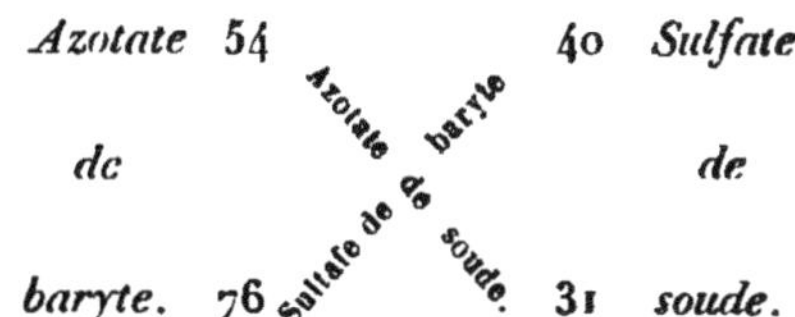

et donne une liqueur également neutre au réactif coloré, parce que l'*azotate de soude* qui reste dans la liqueur est nécessairement neutre.

La manière d'agir des sels sur la teinture de tournesol n'est pas ce qui établit leur neutralité chimique.

En effet, les oxydes des métaux de la première classe et les oxydes de plomb et d'argent sont les seuls qui peuvent servir à préparer des sels qui soient sans action sur la teinture de tournesol : si donc, pour être neutre, un sel devait être sans action sur le réactif, le nombre en serait bien restreint.

CE QUE C'EST QUE LA TEINTURE DE TOURNESOL : *explication de ses diverses colorations.*

Ce réactif coloré n'est autre chose qu'un sel résultant de la combinaison d'un *acide rouge*, ACIDE LITMIQUE, avec une base, pour former un LITMATE *bleu*.

La teinture de tournesol doit sa couleur bleue au LITMATE DE CHAUX.

Action des acides forts. Ces acides peuvent mettre en liberté l'*acide litmique* qui apparaît avec sa *couleur pelure d'oignon*.

Action des acides faibles. Ces acides ne mettent en liberté qu'une partie de l'*acide litmique;* de là la *couleur vineuse*, qui est un mélange de rouge et de bleu.

Action des bases. En se combinant à l'*acide litmique rouge*, mis en liberté par un acide, les bases forment des *litmates bleus*.

Action des sels qui ne modifient pas la couleur de la teinture de tournesol. Elle est nulle, parce l'acide et la base de ces sels, retenus par une forte affinité réciproque, ne peuvent exercer aucune action sur l'acide et la base du réactif coloré. Celui-ci doit donc conserver sa couleur primitive.

EXEMPLE :

Action nulle du *sulfate de potasse* sur la teinture de tournesol *rouge* ou *bleue*.

Action des sels à réaction acide. Une portion de l'acide du sel, faiblement retenu par une base qui n'est pas assez énergique, s'empare de la *chaux*, base énergique, du *litmate de chaux*, dont l'*acide rouge* est mis en liberté.

EXEMPLE :

Action du *sulfate de cuivre* qui rougit la teinture de tournesol bleue.

Action des sels à réaction alcaline. Une portion de la base du sel, faiblement retenue par un acide qui n'est pas assez énergique, se portera sur l'*acide litmique* libre et le fera passer à l'état de *litmate bleu*.

EXEMPLE :

Action du *carbonate de soude* sur la teinture de tournesol rouge.

La neutralité, l'acidité ou l'alcalinité des sels par rapport aux réactifs colorés ne sont donc que des propriétés relatives, et ne peuvent pas servir à fixer la véritable saturation chimique des acides et des bases.

SELS DOUBLES ET SELS ACIDES.

Ce que nous allons dire des sulfates peut s'appliquer aux autres sels.

Les sulfates doubles et les sulfates acides se rattachent au même type.

I. *Les sulfates doubles.*

Sont formés par la combinaison de deux sulfates.

EXEMPLE :

En mêlant une dissolution de *sulfate de potasse* avec une dissolution de *sulfate de protoxyde de fer* et en faisant cristalliser, on obtient un composé qui renferme 1 équivalent de chacun des sels.

Réaction : $SO^3KO + SO^3, FeO = (SO^3, KO), (SO^3, FeO)$.

II. *Les sulfates acides.*

Sont formés par la combinaison d'un sulfate avec une nouvelle proportion d'acide sulfurique. Ces sulfates doivent évidemment agir sur les teintures végétales.

EXEMPLE :

En ajoutant de l'*acide sulfurique* à une dissolution de *sulfate de potasse* et en faisant cristalliser, on obtient un composé qui renferme 1 équivalent de sulfate de potasse et 1 équivalent d'acide sulfurique.

Réaction : $SO^3, KO + SO^3, HO = (SO^3, KO), (SO^3, HO)$.

Mais comme l'eau, oxyde indifférent du métal hydrogène, joue le rôle de base dans l'acide sulfurique, qui devient ainsi du sulfate d'eau, analogue au sulfate de fer, LE SULFATE ACIDE PEUT AUSSI ÊTRE CONSIDÉRÉ COMME UN VÉRITABLE SEL DOUBLE.

Les sels doubles et les sels acides présentent donc la plus grande analogie et se rattachent évidemment au même type.

Les sels doubles et les sels acides ne prennent pas naissance lorsqu'on mélange deux dissolutions qui renferment chacune un des composés qui concourent à les former; ils ne se produisent qu'au moment où ils cristallisent.

Les sels doubles et les sels acides présentent la plus grande analogie de composition avec les sels neutres dont on double la formule. Ainsi, en doublant la formule des sulfates neutres cristallisés, et rien ne s'y oppose, elle devient

$$(SO^3, MO), (SO^3, MO)$$

d'une manière générale, et

$$(I) \ (SO^3, KO), (SO^3, KO)$$

pour le *sulfate de potasse* qui ne diffère du *sulfate double de potasse et de fer*

$$(II) \ (SO^3, KO), (SO^3, FeO)$$

et du *sulfate acide de potasse*

$$(III) \ (SO^3, KO), (SO^3, HO)$$

que par 1 équivalent de *fer*, Fe (II), ou 1 équivalent d'*hydrogène*, H (III), se substituant à 1 équivalent de *potassium*, K (I).

SELS BASIQUES.

I. *Certains sels basiques peuvent être considérés comme les sels neutres qui correspondent aux acides hydratés.* En effet :

La plupart des acides, véritables sels à base d'eau, peuvent prendre, en sus de cette *eau de constitution et basique*, une nouvelle proportion d'eau qu'on appelle *eau d'hydratation*.

EXEMPLES :

1° L'*acide sulfurique* ou *sulfate d'eau*, SO^3, HO, peut cristalliser avec un second équivalent d'eau, *eau d'hydratation* ou *de cristallisation*.

Réaction : $SO^3, HO + HO = SO^3, HO, HO.$

2° Le même acide peut prendre 2 équivalents d'eau.

Réaction : $SO^3, HO + 2HO = SO^3, HO, 2HO.$

3° L'*acide azotique* ou *azotate d'eau*, AzO^5, HO, peut prendre 3 équivalents d'eau.

Réaction : $AzO^5, HO + 3HO = AzO^5, HO, 3HO.$

4° L'*acide acétique* ou *acétate d'eau*, $C^4H^3O^3$, HO, peut prendre 2 équivalents d'eau.

Réaction : $C^4H^3O^3, HO + 2HO = C^4H^3O^3, HO, 2HO.$

Puisque l'eau peut jouer le même rôle que les bases, et que tous les chimistes considèrent l'acide acétique, par exemple, $C^4H^3O^3$, HO, comme un véritable *acétate d'eau* comparable à un acétate neutre, il est bien permis d'admettre que les bases peuvent à leur tour jouer le rôle de l'*eau d'hydratation* et la remplacer dans les acides sans que le type soit changé : *l'acétate de plomb tribasique,*

$$C^4H^3O^3, PbO, 2PbO,$$

correspondrait donc à l'acide acétique trihydraté,

$$C^4H^3O^3, HO, 2HO,$$

dans lequel 1 équivalent d'oxyde de plomb remplace 1 équivalent d'eau basique et dans lequel aussi deux autres équivalents d'oxyde de plomb remplacent 2 équivalents d'eau d'hydratation et jouent le même rôle : il serait l'*acétate neutre de plomb biplombique* correspondant à l'*acétate neutre d'eau bihydraté.*

II. *Certains sels basiques peuvent être considérés comme des sels doubles.*

On peut les considérer ainsi lorsqu'ils sont hydratés et qu'on ne peut pas enlever l'eau qu'ils renferment sans les décomposer : *dans ce cas l'eau, oxyde indifférent, jouerait le rôle d'acide.*

EXEMPLE :

Le *sous-sulfate de zinc* renferme 1 équivalent d'eau qu'on ne peut pas enlever sans mettre en liberté un des deux équivalents d'oxyde de zinc qui entrent dans sa constitution : il peut donc être formulé

$$(SO^3, ZnO), (HO, ZnO)$$

et être considéré comme une combinaison de deux sels, le *sulfate de zinc* et l'*hydrate de zinc : ce serait un sel double.*

SELS FORMÉS PAR LES ACIDES POLYBASIQUES.

(*Voyez* CONSIDÉRATIONS IMPORTANTES SUR LA NEUTRALITÉ DES PHOSPHATES, p. 149, et GÉNÉRALITÉS SUR LES ACIDES ORGANIQUES.)

PROPRIÉTÉS PHYSIQUES DES SELS.

Solides.

Cristallisables, quand ils sont solubles.

Colorés :

Lorsque l'acide est coloré. EXEMPLES : *chromates, manganates,*

Lorsque la base est colorée. EXEMPLES : *sels de cuivre, de fer, de chrome.*

Sapides, quand ils sont solubles.

Les sels d'une même base présentent généralement la même saveur ; ainsi :

Les sels d'aluminium ont une *saveur astringente.*

»	de magnésie	»	»	*amère.*
»	de chaux	»	»	*piquante.*
»	de plomb	»	»	*sucrée,* puis *styptique.*
»	de fer	»	»	*métallique* (saveur désagréable à laquelle on donne ce nom).

Densité plus forte que celle de l'eau.

ACTION DE LA CHALEUR.

I. *Elle les fond presque tous, quand elle ne les décompose pas.*

1° FUSION IGNÉE.

C'est la fusion qui se produit en l'absence de l'eau.

Presque tous les sels anhydres que la chaleur ne décompose pas *subissent la fusion ignée.*

EXEMPLE :

Le *sulfate de potasse,* SO^3, KO.

Les sels hydratés peuvent subir la fusion ignée après avoir perdu l'eau qu'ils renfermaient.

Exemple :

Le *carbonate de soude*, $CO^2NaO, 10HO$, qui devient CO^2,NaO, après qu'il a perdu ses 10 équivalents d'eau de cristallisation.

2° **Fusion aqueuse.**

C'est la fusion qui se produit dans l'eau de cristallisation.

La chaleur fond ordinairement les sels qui renferment de l'eau de cristallisation.

Exemple :

Le *carbonate de soude cristallisé*, $CO^2,NaO, 10HO$, fond dans ses 10 équivalents d'eau.

La chaleur, après avoir fait subir à un sel la *fusion aqueuse*, peut chasser la totalité de l'eau qu'il renferme. Ce sel, qui est redevenu solide en se déshydratant, peut, sous l'influence d'une température plus élevée, fondre de nouveau : il subit alors la *fusion ignée*.

Exemple :

Le *carbonate de soude*.

II. *Elle volatilise quelques sels ammoniacaux.*

III. *Elle fait décrépiter quelques sels.*

Certains sels, lorsqu'on les jette sur des charbons ardents, sont projetés de tous les côtés en faisant entendre une série de petites détonations.

Exemple :

Le *sulfate de potasse*.

Ce phénomène est produit par la répartition inégale de la chaleur qui détermine la rupture des cristaux.

PROPRIÉTÉS CHIMIQUES DES SELS.

Action de l'électricité.

Lorsqu'on fait passer un courant voltaïque à travers une dissolution saline placée dans un tube en U (*Pl. X, fig.* 84) et colorée par du sirop de violettes, on ne tarde pas à s'apercevoir que le sel est décomposé de telle sorte, que son acide se porte à l'électrode positif *p*, tandis que sa base se porte au pôle négatif *n*; en effet, la dissolution passe du violet au rouge en *p* et du violet au vert en *n*.

Cette expérience de décomposition, qui est ordinairement pratiquée sur le sulfate de soude, *semble venir à l'appui du* SYSTÈME DUALISTIQUE *des sels,* et prouver les propriétés électro-négatives des acides et électro-positives des bases; *mais nous ferons remarquer,* sans vouloir le démontrer ici, *que l'acide et la base qui prennent ainsi naissance ne sont que les produits d'une action secondaire et non des produits de première formation, et que ces derniers sont précisément ceux que l'on peut prévoir en admettant la constitution des sels dans le* SYSTÈME UNITAIRE.

ACTION DE LA CHALEUR.

I. *Déshydratation.*

Les sels qui cristallisent avec de l'eau la perdent à des températures plus ou moins élevées.

Toute l'*eau de cristallisation* d'un sel ne se laisse pas expulser à la même température.

EXEMPLE :

Le *sulfate de fer,* SO^3, FeO, 7HO, perd 6 équivalents d'eau à la température de l'eau bouillante, tandis qu'il faut une température bien plus élevée pour chasser le septième et dernier équivalent.

II. *Décomposition.*

1° *Lorsque l'acide du sel est décomposable par la chaleur ou facilement volatil,* ce sel se décompose assez généralement.

EXEMPLES :

Les *azotates,*
Les *azotites,*
Les *chlorates,*
Etc.

Tous les *carbonates*, excepté les carbonates alcalins,
Tous les *sulfates,* excepté les sulfates alcalins, le sulfate de magnésie et le sulfate de plomb.

Le résidu fixe est constitué par la base du sel, à moins que cette base ne soit elle-même décomposable, comme l'*oxyde d'argent,* par exemple, qui laisse de l'*argent métallique.*

2° *Lorsque la base est volatile.*

EXEMPLES :

Tous les *sels ammoniacaux* qui ne sont pas volatils, tels que

Le *phosphate d'ammoniaque,*

Le *borate d'ammoniaque,*

Etc.

Le résidu fixe est constitué par l'acide du sel.

RÔLE ET ACTION DE L'EAU.

Sels anhydres.

Ce sont ceux qui cristallisent sans eau.

Sels hydratés.

Ce sont ceux qui cristallisent avec de l'eau dont la quantité est constante dans les mêmes conditions. Cette eau est l'EAU DE CRISTALLISATION.

Eau d'interposition.

Elle est interposée entre les lamelles des cristaux ou elle tapisse leur surface.

Sels efflorescents.

Ce sont les sels hydratés qui abandonnent à l'air une *portion* seulement ou la *totalité* de leur eau de cristallisation : ces sels perdent leur transparence, tombent en poussière en passant à l'état de *sels effleuris.*

EXEMPLES :

Sulfate de soude cristallisé, $SO^3,NaO,10HO$.
Carbonate de soude cristallisé, $CO^2,NaO,10HO$.

Sels déliquescents.

Ce sont les sels hydratés qui absorbent l'humidité de l'air : ces sels deviennent liquides en tombant en *déliquescence.*

EXEMPLE :

Carbonate de potasse, $CO^2,KO,2HO$.

SOLUBILITÉ DES SELS.

Très-variable : depuis l'insolubilité jusqu'à la solubilité dans un poids d'eau moindre que le leur.

Ils se dissolvent avec production de chaleur.

Lorsqu'un sel a été préalablement privé de son eau de cristallisation, il commence par la reprendre, et ce phénomène chimique est accompagné d'un dégagement de chaleur. Puis il se dissout en absorbant de la chaleur par suite de son changement d'état physique. Il ne faut pas confondre ces deux phases de l'opération.

Ils se dissolvent avec production de froid,

Presque toujours, lorsqu'on fait dissoudre un sel qui cristallise à l'état anhydre ou un sel qui renferme la totalité de son eau de cristallisation. L'abaissement de température est la suite du changement d'état physique du sel, qui, pour passer de l'état solide à l'état liquide, absorbe une quantité plus ou moins considérable de chaleur qui passe à l'état latent.

La chaleur que les sels absorbent en entrant en dissolution peut être très-considérable, et par suite la température de l'eau peut s'abaisser considérablement.

Exemple :

Proportion des mélanges réfrigérants.	Abaissement de température.
1 chlorure de sodium... 4 eau.................	de 0° à — 1°,9
1 chlorure de potassium. 4 eau.................	de 0° à — 11°,4
1 nitrate d'ammoniaque. 1 eau.................	de +10° à — 16°,0
5 sel ammoniac........ 7 azotate de potasse..... 16 eau.................	de +10° à — 15°,0

Comment il faut comprendre le phénomène de dissolution.

Nous avons dit que, presque toujours, il y a production de froid : quelquefois l'absorption de chaleur est à peine sensible; quelquefois même il y a dégagement de chaleur. Pour comprendre de pareils résultats, il faut admettre qu'il se produit pendant la dissolution deux phénomènes qui marchent parallèlement : un *phénomène physique*, qui consiste dans le changement d'état du sel, et un *phénomène pseudo-chimique* d'attraction moléculaire pour l'eau qui le dissout. Le premier phénomène ne peut pas s'accomplir sans absorber de la chaleur et le second sans en dégager; et, suivant que l'un ou l'autre prédomine, c'est une production de froid ou de chaleur que l'observateur est appelé à constater.

L'attraction moléculaire des sels pour l'eau qui les tient en dissolution ne peut pas être mise en doute, puisqu'ils la rendent plus fixe. En effet, par suite de cette attraction, *les sels retiennent suffisamment l'eau pour que son point d'ébullition soit retardé très-notablement.*

EXEMPLES :

L'eau saturée de *chlorate de potasse* bout à...	104°,2
L'eau saturée de *chlorure de sodium* (sel marin), bout à..........................	108,4
L'eau saturée de *sel ammoniac* bout à.......	114,2
L'eau saturée d'*azotate de soude* bout à......	121,0
L'eau saturée d'*azotate de chaux* bout à......	151,0
L'eau saturée de *chlorure de calcium* bout à...	179,5

L'eau est saturée d'un sel lorsqu'elle contient tout le sel qu'elle peut dissoudre à une température donnée.

La solubilité varie avec la température,

Les sels sont *généralement plus solubles à chaud qu'à froid,* mais *cette règle souffre des exceptions :* nous allons en citer quelques-unes.

EXEMPLES :

Le *sulfate de chaux* cristallisé est également soluble à 10 et 100°.

Le *sulfate de soude* cristallisé se dissout d'une manière irrégulière ; ainsi :

A 0° 100gr d'eau en dissolvent....	12gr,17
A 32°,73 le même poids d'eau en dissout....................	322,12
A 103°,17 le même poids d'eau ne dissout plus que............	210,20

Le *butyrate de chaux* est plus soluble à froid qu'à chaud : en effet, une dissolution saturée à 16° se prend en masse à 100°.

L'*eau saturée d'un sel peut dissoudre un second sel,* et même un plus grand nombre, pourvu que ces sels ne renferment pas un élément commun et ne puissent pas, par un échange réciproque de leurs acides et de leurs bases, donner naissance à des sels moins solubles.

EXEMPLES :

L'eau saturée d'*azotate de potasse* dissout encore une assez forte proportion de *chlorure de sodium* (sel marin).

L'eau également saturée d'*azotate de potasse* en laisse précipiter une partie lorsqu'on y introduit du *chlorure de potassium* qui renferme un élément commun.

ACTION DES MÉTAUX.

Un métal plus oxydable se substitue dans un sel à un métal moins oxydable que lui, et comme les métaux sont classés d'après leur affinité respective pour l'oxygène, il suffit de consulter leur classification pour savoir quels sont les métaux qui peuvent en chasser d'autres de leurs combinaisons salines.

EXEMPLES :

1° *Dans l'acide sulfurique étendu,* SO^3,HO, véritable sulfate d'un oxyde métallique dans lequel le radical est l'*hydrogène,* MÉTAL GAZEUX à la température ordinaire, ce qui n'est pas plus difficile à admettre que l'état liquide du mercure, *on introduit une lame de zinc :* ce métal, dont l'affinité pour l'oxygène est plus grande, se substitue à l'hydrogène dans le sel.

Réaction : $SO^3,HO + Zn = SO^3,ZnO + H.$

C'est ainsi qu'on prépare l'hydrogène.

2° *Dans une dissolution de sulfate d'argent, on introduit une lame de cuivre :* après un certain temps l'argent est complétement déposé à la surface de la lame métallique, et le cuivre a remplacé l'argent dans le sel.

Réaction : $SO^3,AgO + Cu = SO^3,CuO + Ag.$

3° *Même chose pour le fer agissant sur un sel de cuivre dissous,* le *sulfate de cuivre,* par exemple.

Réaction : $SO^3,CuO + Fe = SO^3,FeO + Cu.$

Etc.

LOIS DE BERTHOLLET.

Elles consistent dans l'action des acides et des bases sur les sels et dans l'action mutuelle des sels.

ACTION DES ACIDES SUR LES SELS.

I. L'ACIDE EST LE MÊME.

1. *Il n'y a pas d'action.*

EXEMPLE :

De l'*acide sulfurique* ajouté à du *sulfate de baryte.*

II. *La dissolution du sel devient plus facile.*

Exemple :

L'*azotate de potasse* est plus soluble dans de l'eau chargée d'*acide azotique*.

III. *Le sel s'y combine.*

Exemple :

L'*acide sulfurique* et le *sulfate de potasse* forment du *sulfate acide de potasse*.

Réaction :

$$SO^3,HO + SO^3,KO = (SO^3,HO), (SO^3,KO).$$

II. L'acide est différent.

Il y a décomposition :

I. *Si l'acide qui intervient peut former un sel insoluble ou moins soluble avec la base du sel dissous :* ce sel prend naissance et se précipite.

Exemple :

L'*acide sulfurique* versé dans une dissolution d'*azotate de baryte* produit du *sulfate de baryte insoluble qui se précipite.*

Réaction :

$$AzO^5,BaO + SO^3,HO = SO^3,BaO + AzO^5,HO.$$

II. *Si l'acide du sel est insoluble ou moins soluble que l'acide qui intervient :* l'acide du sel se précipite.

Exemple :

L'*acide sulfurique* versé dans une dissolution de *silicate de soude* produit du *sulfate de soude* soluble et de l'*acide silicique insoluble qui se précipite.*

Réaction :

$$SiO^3,NaO + SO^3,HO = SO^3,NaO + SiO^3,HO.$$

III. *Si l'acide du sel est moins fixe que l'acide qui intervient :* l'acide du sel est expulsé.

Exemple :

L'*acide sulfurique* versé dans une dissolution d'un *carbonate soluble*, ou sur un *carbonate insoluble* placé sous l'eau, *chasse l'acide carbonique gazeux qui se dégage* avec une vive effervescence.

Réaction :

$$CO^2,CaO + SO^3,HO = SO^3,CaO + CO^2 + HO.$$

IV. *Si l'acide qui intervient, et qui est à peu près aussi volatil et aussi énergique que l'acide du sel, est employé en grand excès :* l'acide du sel est expulsé.

Exemples :

1° *L'acide sulfhydrique,* agissant en grand excès sur une dissolution de carbonate de potasse, *chasse complétement l'acide carbonique.* La réciproque a lieu : *l'acide carbonique,* agissant en grand excès sur une dissolution de sulfhydrate de potasse, *chasse complétement l'acide sulfhydrique.*

2° *Un courant d'acide carbonique chasse l'eau de l'hydrate de potasse en dissolution,* et il se forme du carbonate de potasse qui, chauffé fortement et soumis à un courant de vapeur d'eau, repasse à l'état d'hydrate de potasse.

ACTION DES BASES SUR LES SELS : *analogue à celle des acides.*

I. **La base est la même.**

I. *Il n'y a pas d'action.*

Exemple :

De la *baryte* ajoutée à du *sulfate de baryte.*

II. *Le sel s'y combine.*

Exemple :

La *potasse* mise en présence du *bicarbonate de potasse* le transforme en *carbonate de potasse neutre.*

Réaction : $(CO^2),2KO + KO = 2(CO^2,KO).$

II. **La base est différente.**

Il y a décomposition :

I. *Si la base qui intervient peut former un sel insoluble ou moins soluble avec l'acide du sel dissous :* ce sel prend naissance et se précipite.

Exemple :

Une dissolution de *baryte* versée dans une dissolution de *sulfate de soude* produit du *sulfate de baryte insoluble,* qui se précipite.

Réaction :

$$SO^3,NaO + BaO,HO = SO^3,BaO + NaO,HO.$$

II. *Si la base du sel est insoluble ou moins soluble que la base qui intervient :* la base du sel se précipite.

Exemple :

Une dissolution de *potasse* versée dans une dissolution de *sulfate de cuivre* produit du *sulfate de potasse soluble* et de l'*oxyde de cuivre insoluble*, qui se précipite.

Réaction :

$$SO^3,CuO + KO,HO = SO^3,KO + CuO,HO.$$

III. *Si la base du sel est moins fixe que la base qui intervient :* la base du sel est expulsée.

Exemple :

Une dissolution de *potasse* versée dans une dissolution de *sulfate d'ammoniaque* chasse l'*ammoniaque qui se dégage* en entier sous forme de gaz.

Réaction :

$$SO^3,H^3Az,HO + KO,HO = SO^3,KO + 2HO + H^3Az.$$

IV. *Si la base qui intervient est insoluble, mais plus énergique que la base insoluble du sel :* la base la plus énergique peut déplacer l'autre.

Exemple :

L'*oxyde d'argent*, insoluble, déplace l'*oxyde de cuivre* dans une dissolution bouillante de *sulfate de cuivre*.

Réaction : $SO^3,CuO + AgO = SO^3,AgO + CuO.$

ACTION MUTUELLE DES SELS.

I. Ils ont un élément commun.

1. *Il n'y a pas d'action.*

Exemples :

Le *sulfate de soude* dissous ajouté à une dissolution de *sulfate de potasse*.

Le *sulfate de soude* dissous ajouté à une dissolution d'*azotate de soude*.

II. *Ils se combinent pour former un sel double.*

EXEMPLE :

Une dissolution de *sulfate de potasse* mêlée avec une dissolution de *sulfate d'alumine* forme un *sulfate double d'alumine et de potasse*, ou *alun de potasse*.

Réaction :

$$SO^3,KO+(SO^3)^3,Al^2O^3=(SO^3,KO),[(SO^3)^3,Al^2O^3].$$

II. ILS N'ONT PAS D'ÉLÉMENT COMMUN.

Ils réagissent :

I. PAR VOIE SÈCHE, c'est-à-dire à l'état sec et sous l'influence de la chaleur.

Il y a décomposition si, par l'échange des acides et des bases, il peut se former un sel plus volatil que les deux sels employés : le sel plus volatil prend naissance et se sublime.

EXEMPLE :

Le *sulfate d'ammoniaque* mélangé avec du *carbonate de chaux* donne naissance, sous l'influence de la chaleur, à du *carbonate d'ammoniaque, sel très-volatil,* et à du *sulfate de chaux*.

Réaction :

$$SO^3,H^3Az,HO+CO^2CaO=SO^3,CaO+CO^2,H^3Az,HO.$$

II. PAR VOIE HUMIDE, c'est-à-dire au sein de l'eau.

1° ILS SONT TOUS DEUX SOLUBLES.

Il y a décomposition, si, par l'échange des acides et des bases des sels mis en présence, il peut se former un sel insoluble ou moins soluble : ce sel prend naissance et se précipite.

EXEMPLES :

1. Une dissolution de *sulfate de potasse* mélangée avec une dissolution d'*azotate de baryte* forme du *sulfate de baryte insoluble qui se précipite,* et de l'*azotate de potasse* qui reste en dissolution.

Réaction :

$$SO^3,KO+AzO^5,BaO=SO^3BaO+AzO^5,KO.$$

2. *Lorsqu'on mélange une dissolution de chlorure de potassium avec une dissolution d'azotate de*

soude, on obtient des résultats essentiellement différents selon qu'on concentre le mélange à froid ou à chaud.

A froid. En évaporant la liqueur sous le récipient de la machine pneumatique, il arrive un moment où le *chlorure de potassium,* moins soluble dans l'eau que l'*azotate de soude*, cristallise et se sépare de l'*azotate de soude,* qui reste dans les eaux mères.

Dans ce cas, il ne se produit pas de phénomène de double décomposition.

A chaud. En évaporant la liqueur à l'aide de la chaleur, le *chlorure de sodium* ou *sel marin,* dont la solubilité ne s'accroît pas sensiblement avec la température, cristallise et se sépare de l'*azotate de potasse*, très-soluble à chaud, qui reste en dissolution dans la liqueur bouillante et cristallise par le refroidissement.

Dans ce cas, il se produit un phénomène de double décomposition, parce qu'un acide et une base se trouvent en présence, qui peuvent former un sel moins soluble à chaud que les sels primitivement employés.

On voit par ce dernier exemple qu'*on obtient des produits qui varient avec la température,* et combien il importe, pour obtenir certains sels par double décomposition, de connaître leur solubilité dans l'eau à diverses températures.

2° L'UN EST SOLUBLE ET L'AUTRE EST INSOLUBLE.

Il y a décomposition, lorsqu'on fait réagir un grand excès de carbonate alcalin en dissolution sur un sel insoluble, un *sulfate*, par exemple.

EXEMPLE :

Du *sulfate de baryte insoluble*, réduit en poudre aussi fine que possible, et mis en suspension dans 15 ou 20 fois son poids d'eau tenant en dissolution un grand excès de *carbonate de soude,* 5 ou 6 fois le poids du sulfate, et portée à l'ébullition pendant 4 ou 5 heures, se transforme complétement en *carbonate de baryte*. L'acide sulfurique du sel qui s'est substitué à une quantité équivalente d'acide carbonique du carbonate de soude est entré tout entier en dissolution à l'état de *sulfate de soude*.

UTILITÉ DE CETTE RÉACTION.

Elle permet de reconnaître la nature de l'acide et de la base d'un sel insoluble et de les doser. En effet, dans l'exemple précédent, il est facile de caractériser la nature de l'acide et de le doser, puisqu'on l'a fait passer à l'état soluble. Quant à la base recueillie sur un filtre à l'état de carbonate de baryte, il est facile de la faire passer à l'état soluble. Pour cela, on traite ce carbonate de baryte par l'eau acidulée avec un excès d'acide azotique qui chasse l'acide carbonique et produit un azotate de baryte soluble dans lequel il est facile de rechercher la nature de la base et de la doser.

PROPRIÉTÉS ET CARACTÈRES DISTINCTIFS DES SULFATES, DES AZOTATES ET DES CARBONATES.

SULFATES.

Le rapport de l'oxygène de la base à celui de l'acide est $\frac{1}{3}$ dans les sels neutres.

SOLUBILITÉ.

1° Dans l'eau.

Solubles: presque tous.

Peu solubles: le sulfate de chaux et surtout le sulfate de strontiane.

Insolubles: le sulfate de baryte et le sulfate de plomb.

2° Dans l'alcool.

Insolubles.

ACTION DES ACIDES.

I. *Ils décomposent les sulfates à la température ordinaire,* lorsqu'ils peuvent précipiter leurs bases en formant avec elles un composé insoluble.

EXEMPLES :

1° *L'acide sulfhydrique* précipite le *cuivre* du *sulfate de cuivre* à l'état de *sulfure de cuivre*.

Réaction : $SH + SO^3, CuO = SCu + SO^3, HO$.

2° L'*acide chlorhydrique* précipite l'*argent* du *sulfate d'argent* à l'état de *chlorure d'argent.*

Réaction : $ClH + SO^3, AgO = SAg + SO^3, HO.$

II. *Ils décomposent les sulfates à une température plus ou moins élevée,* lorsqu'ils sont plus fixes que l'acide sulfurique.

EXEMPLES :

Les *acides phosphorique* et *borique* déplacent l'acide sulfurique qui distille sans se décomposer.

Réaction : $PhO^5, HO + SO^3, MO = PhO^5, MO + SO^3, HO.$

L'*acide silicique* déplace l'acide sulfurique à une température assez élevée pour qu'il se décompose.

Réaction : $SiO^3 + SO^3, MO = SiO^3, MO + SO^2 + O.$

ACTION DES BASES.

Elles décomposent les sulfates à la température ordinaire, lorsqu'elles peuvent précipiter l'acide sulfurique à l'état de sulfate insoluble ou une base insoluble.

EXEMPLES :

La *baryte* en dissolution précipite du *sulfate de baryte.*

Réaction : $HO, BaO + SO^3, MO = SO^3, BaO + HO, MO.$

La *potasse* en dissolution précipite l'*oxyde de cuivre insoluble* du *sulfate de cuivre.*

Réaction : $HO, KO + SO^3 CuO = SO^3, KO + HOCuO.$

ACTION DE LA CHALEUR.

I. SEULE.

I. *Elle ne décompose pas les sulfates des métaux de la première classe, le sulfate de magnésie et le sulfate de plomb* qui sont très-stables parce que leurs bases sont très-énergiques.

II. *Elle décompose tous les autres.* Ainsi :

1° L'*acide sulfurique distille sans être décomposé,* lorsque la température de décomposition du sel n'est pas trop élevée.

EXEMPLE :

Le *sous-sulfate de sesquioxyde de fer* donne de l'acide sulfurique anhydre.

Réaction : $(SO^3)^2, Fe^2O^3 = Fe^2, O^3 + 2SO^3.$

2° L'*acide sulfurique est décomposé* lorsque la température de décomposition du sel est trop élevée.

EXEMPLE :

Le *sulfate de zinc* donne de l'acide sulfureux et de l'oxygène.

Réaction : $SO^3, ZnO = ZnO + SO^2 + O$.

3° Le *métal reste* lorsque son oxyde est décomposable par la chaleur.

EXEMPLE :

Le *sulfate d'argent* donne de l'*argent métallique.*

Réaction : $SO^3, AgO = SO^3 + Ag + O$.

II. AIDÉE DE L'ACTION DU CHARBON.

I. *Elle transforme en sulfures* tous les sulfates ALCALINS ou ALCALINO-TERREUX, ou des *métaux de la première classe,* avec dégagement d'oxyde de carbone.

Réaction : $SO^3, MO + 4C = SM + 4CO$.

II. *Elle transforme en oxydes métalliques* les sulfates TERREUX ou des *métaux de la seconde classe,* avec dégagement d'oxyde de carbone, d'acide sulfureux et même de soufre.

EXEMPLE :

Le *sulfate de magnésie* et *le sulfate d'alumine* donnent de la magnésie et de l'alumine.

Réaction : $SO^3, MgO + C = MgO + SO^2 + CO$.

III. *La réaction varie beaucoup avec la température et la quantité de charbon employé,* lorsqu'on opère sur les sulfates des MÉTAUX PROPREMENT DITS. *Il se produit des oxydes, des sulfures ou des métaux, avec dégagement de produits gazeux également variables.* Ainsi :

1° *Influence de la température.*

EXEMPLES :

Sulfate de zinc sec et charbon.

1. *Au rouge sombre.* Il se produit de l'*oxyde de zinc* avec dégagement d'acide carbonique et d'acide sulfureux dans le rapport de $\frac{1}{2}$.

Réaction : $2(SO^3, ZnO) + C = 2ZnO + 2SO^2 + CO^2$.

En chauffant au rouge vif ce résidu d'oxyde de zinc mêlé à un excès de charbon, on réduit l'oxyde avec dégagement d'oxyde de carbone et on obtient du *zinc métallique*.

Réaction : $2ZnO + 2C = 2Zn + 2CO$.

2. *A une température très-élevée et développée rapidement*, il se produit du sulfure de zinc et de l'oxyde de carbone.

Réaction : $SO^3, ZnO + 4C = SZn + 4CO$.

2° *Influence de la quantité de charbon.*

EXEMPLE :

Sulfate de plomb et charbon, chauffés au rouge sombre.

1. *Le mélange est fait avec 1 équivalent de sulfate de plomb et 2 équivalents de charbon.* Il se produit du sulfure de plomb et il se dégage de l'acide carbonique.

Réaction : $SO^3, PbO + 2C = SPb + 2CO^2$.

2. *Le mélange est fait avec 2 équivalents de sulfate de plomb et 2 équivalents de charbon.* Il est évident que la moitié seulement du sulfate de plomb pourra être transformée en sulfure de plomb.

(I) *Réaction :*

$$2(SO^3, PbO) + 2C = SO^3, PbO + SPb + 2CO^2.$$

Mais la réaction ne s'arrête pas là; une seconde réaction se produit immédiatement, et dans celle-ci, qui ne peut être séparée de la première que par la pensée, le sulfure de plomb ainsi formé réagit sur le sulfate de plomb non décomposé, pour produire du plomb métallique et de l'acide sulfureux.

(II) *Réaction :* $SO^3, PbO + S, Pb = 2Pb + 2SO^2$.

Aussi, en ne tenant compte que du point de départ et du résultat final de la réaction, nous pouvons l'écrire, en combinant les formules (I) et (II) :

(III) *Réaction :*

$$2(SO^3, PbO) + 2C = 2Pb + 2CO^2 + 2SO^2,$$

ou mieux

$$SO^3, PbO + C = Pb + CO^2 + SO^2.$$

CARACTÈRES DISTINCTIFS DES SULFATES.

I. *Solubles.*

Précipités en blanc par les sels de baryte : le précipité est insoluble dans les acides.

II. *Insolubles.*

Chauffés sur le charbon avec du carbonate de soude et dans la flamme réductrice du chalumeau, ils donnent du sulfure de sodium facile à reconnaître. (Voyez *Caractères distinctifs des sulfures,* p. 226.)

AZOTATES.

Le rapport de l'oxygène de la base à celui de l'acide est $\frac{1}{5}$ dans les sels neutres.

SOLUBILITÉ. *Tous sont solubles dans l'eau,* excepté quelques azotates basiques.

ACTION DES ACIDES.

I. *Ils décomposent les azotates à la température ordinaire,* lorsqu'ils peuvent précipiter leurs bases. (Voyez *Action des acides sur les sels,* p. 248.)

II. *Ils décomposent les azotates à une température peu élevée* et qui ne dépasse pas 100°; l'acide azotique devient libre.

EXEMPLES :

1° *Tous les acides fixes,* l'acide sulfurique et l'acide phosphorique, par exemple, les décomposent, même à froid.

2° *L'acide chlorhydrique* les décompose, et s'il est en excès, il peut, par l'ébullition, en même temps qu'il les transforme en chlorures, donner naissance aux produits qui résultent de la réaction de l'acide chlorhydrique sur l'acide azotique. (Voyez *Eau régale,* p. 113.)

III. *Ils décomposent les azotates à la température de l'ébullition de l'acide azotique, et celui-ci distille.* (Voyez *Préparation de l'acide azotique,* p. 86.)

ACTION DES BASES.

Elles décomposent les azotates à la température ordinaire, lorsqu'elles peuvent précipiter une base insoluble. (Voyez *Action des bases sur les sels,* p. 250.)

ACTION DE LA CHALEUR.

Elle décompose tous les azotates, en chassant l'acide azotique ou les produits gazeux qui proviennent de sa décomposition et qui varient avec la température à laquelle s'opère la décomposition du sel et par conséquent avec l'énergie de la base qui retient l'acide en combinaison.

EXEMPLES :

1° *L'azotate de baryte, qui renferme une base énergique,* donne d'abord de l'azotite de baryte en perdant 2 équivalents d'oxygène.

Réaction : $AzO^5, BaO = AzO^3, BaO + 2O$.

En chauffant davantage, l'azotite se décompose à son tour en baryte, acide hypoazotique, oxygène et azote.

Réaction :

$$2(AzO^3, BaO) = 2BaO + AzO^4 + 2O + Az.$$

2° *L'azotate d'oxyde de plomb, dont la base est moins énergique,* se décompose en oxyde de plomb, acide hypoazotique et oxygène.

Réaction : $AzO^5, PbO = PbO + AzO^4 + O$.

3° *Les azotates dont les bases sont faibles* et qui contiennent de l'eau de cristallisation perdent avec cette eau une portion de leur acide non décomposé, et passent à l'état de sous-azotates qui sont détruits à leur tour par une température plus élevée, avec décomposition de l'acide azotique.

ACTION DU CHARBON.

I. *Le charbon brûle vivement en présence des azotates.* Ces sels, si riches en oxygène et qui l'abandonnent si facilement, le cèdent en abondance au charbon incandescent sur lequel on les projette; le charbon brûle alors avec une grande vivacité, en faisant entendre un *bruit de fusée* qui est dû à la production instantanée d'une grande quantité de gaz; c'est pourquoi on dit que *les azotates* FUSENT *sur les charbons ardents.*

EXEMPLE :

L'azotate de potasse fusant sur des charbons ardents se transforme en carbonate de potasse, acide carbonique et azote.

(I) *Réaction :*

$$2(AzO^5, KO) + 5C = 2(CO^2, KO) + 3CO^2 + 2Az.$$

II. *Le charbon brûle plus vivement encore lorsqu'on le chauffe mélangé intimement avec les azotates.* En projetant ce mélange dans un creuset de terre porté au rouge, il se produit également du carbonate de potasse, de l'acide carbonique et de l'azote.

ACTION DU SOUFRE.

La combustion du soufre est des plus vives, lorsqu'on projette, dans un creuset porté au rouge, un mélange intime de soufre et d'azotate de potasse. L'azotate de potasse est transformé en sulfate de potasse, avec dégagement d'acide sulfureux et d'azote.

(II) *Réaction :* $AzO^5, KO + 2S = SO^3, KO + SO^2 + Az.$

ACTION DU SOUFRE ET DU CHARBON MÉLANGÉS.

Ces mélanges constituent les poudres balistiques, dont nous parlerons à propos de l'azotate de potasse.

La combustion de ces mélanges participe des deux réactions précédentes ; mais, comme le sulfate de potasse qui se forme dans la réaction (II) est facilement transformé en sulfure de potassium par le charbon, on comprend que par un dosage convenable on peut obtenir, comme produits de la réaction, du sulfure de potassium, de l'acide carbonique et de l'azote.

Réaction : $AzO^5, KO + S + 3C = SK + 3CO^2 + Az.$

CARACTÈRES DISTINCTIFS DES AZOTATES.

Fusent sur les charbons ardents.

Donnent des vapeurs rutilantes lorsqu'on les mêle avec de la tournure de cuivre et de l'acide sulfurique.

Donnent une couleur rose ou brune à une dissolution de sulfate de protoxyde de fer dans l'acide sulfurique concentré, lorsqu'on additionne cette dissolution d'une quantité même très-faible d'un azotate quelconque.

Décolorent l'indigo qui colore leurs dissolutions, lorsqu'on les chauffe après y avoir ajouté de l'acide sulfurique.

CARBONATES.

Le rapport de l'oxygène de la base à celui de l'acide est $\frac{1}{2}$ dans les sels neutres.

SOLUBILITÉ DANS L'EAU.

I. *Sont solubles :*

Les carbonates de potasse, de soude, de lithine et d'ammoniaque ;

Les carbonates de chaux et de magnésie, à la faveur d'un excès d'acide carbonique.

II. *Sont insolubles :*

Tous les autres.

Action des acides.

Ils décomposent tous les carbonates à la température ordinaire, avec effervescence produite par le dégagement de l'acide carbonique gazeux.

Réaction : $CO^2, MO + A$ (1) $= A, MO + CO^2$.

Action de la chaleur.

I. *Seule.*

Elle décompose tous les carbonates, excepté ceux de potasse, de soude, de lithine et de baryte : l'acide carbonique est chassé.

Exemple : *Le carbonate de chaux.*

Réaction : $CO^2, CaO = CaO + CO^2$.

II. *Aidée par l'action de la vapeur d'eau.*

Elle décompose tous les carbonates.

Exemples : *Le carbonate de potasse.*

Réaction : $CO^2, KO + HO = HO, KO + CO^2$.

III. *Aidée par l'action du charbon.*

Elle décompose tous les carbonates que ne décompose pas la chaleur seule, en mettant en liberté la base (I) ou le métal (II), avec dégagement d'oxyde de carbone.

Exemples : (I.) Le *carbonate de baryte.*

Réaction : $CO^2, BaO + C = BaO + 2CO$.

(II.) Le *carbonate de potasse.* La décomposition se produit à une température plus élevée.

Réaction : $CO^2, KO + 2C = K + 3CO$.

Caractères distinctifs des carbonates.

Ils font effervescence avec les acides : l'acide carbonique qui se dégage a une odeur piquante et une saveur légèrement aigrelette.

Précipitent l'eau de chaux en blanc, parce qu'il se produit un carbonate de chaux insoluble.

---

(1) A représente un acide quelconque.

RECHERCHE SUR LA NATURE D'UN MÉTAL EN DISSOLUTION.

Il importe de connaître les réactifs et l'ordre dans lequel il faut les employer, lorsqu'on veut arriver promptement à la connaissance de la nature d'un métal, sans multiplier les réactions et en se bornant à produire celles qui limitent le champ des recherches et qui caractérisent le métal.

QUATRE RÉACTIFS AU PLUS, ET EMPLOYÉS TOUJOURS DANS LE MÊME ORDRE, permettent de restreindre, par voie d'exclusion, le champ des recherches et d'établir des *catégories,* de telle sorte qu'il suffit ensuite d'un ou de deux réactifs, au plus, pour caractériser le métal cherché.

*Il est bien entendu que dans ce qui va suivre nous admettons qu'*IL N'EXISTE QU'UN SEUL MÉTAL EN DISSOLUTION.

I. ACIDE CHLORHYDRIQUE (*premier réactif*).

Ce premier réactif est employé pour rendre la liqueur acide, avant d'employer le second réactif.

Ce réactif précipite en blanc :

Argent........................	1re *catégorie.*
Mercure des protosels............	
Plomb en dissolution suffisamment concentrée....................	

Si ce réactif produit un précipité, l'emploi des trois autres réactifs est inutile et il faut exclure tous les métaux moins ceux de la 1re *catégorie.*

L'ammoniaque suffit alors pour caractériser le métal. En effet :

1° *Elle dissout* le chlorure d'argent.

2° *Elle colore en noir* le protochlorure de mercure qu'elle ne dissout pas.

3° *Elle ne colore pas* le chlorure de plomb qu'elle ne dissout pas.

Si ce réactif ne produit aucun précipité, il faut exclure les métaux de cette 1re *catégorie* et employer le second réactif.

II. ACIDE SULFHYDRIQUE en dissolution (*second réactif*), versé dans la dissolution du métal rendue acide par l'acide chlorhydrique.

Ce second réactif précipite tous les métaux dont les sulfures sont insolubles dans les liqueurs acides :

Platine........................	2ᵉ *catégorie*.
Or..........................	
Antimoine....................	
Étain........................	
Arsenic......................	

Les sulfures des métaux de cette 2ᵉ *catégorie sont solubles dans les sulfures alcalins,* le *sulfhydrate d'ammoniaque,* par exemple, qui est le troisième réactif qu'on emploie pour limiter le champ des recherches.

Plomb suffisamment étendu........	3ᵉ *catégorie*.
Cadmium......................	
Cuivre.......................	
Bismuth......................	
Mercure à l'état de bioxyde........	
Fer à l'état de sesquioxyde.........	

Les sulfures des métaux de cette 3ᵉ *catégorie ne sont pas solubles dans les sulfures alcalins.*

Si ce réactif produit un précipité, soluble ou non soluble par le troisième réactif, l'emploi des deux derniers réactifs devient inutile; le métal appartient à la 2ᵉ ou à la 3ᵉ *catégorie.*

La couleur du sulfure ou l'emploi d'un ou deux réactifs au plus, que nous ferons connaître lorsque nous étudierons chaque métal en particulier, *suffit alors pour caractériser le métal.*

EXEMPLES :

Le sulfure d'antimoine est jaune orangé : il est le seul de cette couleur.

Le sulfure de plomb est noir; mais *la dissolution de plomb précipite,* par l'acide sulfurique ou un sulfate soluble, *du sulfate de plomb blanc.*

Le sulfure de bismuth est noir; mais *la dissolution de bismuth précipite en blanc lorsqu'on l'étend d'eau.*

Le bisulfure de mercure est noir; mais *la dissolution de*

bioxyde de mercure précipite................	*en jaune* par la potasse.
	en blanc par l'ammoniaque.

Si ce réactif ne produit pas de précipité, il faut exclure les métaux des 1ʳᵉ, 2ᵉ et 3ᵉ *catégories* et employer le troisième réactif.

III. SULFHYDRATE D'AMMONIAQUE (*troisième réactif*), versé dans la liqueur neutre ou alcaline.

Ce troisième réactif précipite tous les métaux dont les sulfures sont solubles dans les liqueurs acides, mais insolubles dans les liqueurs neutres ou alcalines :

Chrome	4ᵉ *catégorie*.
Fer	
Cobalt	
Nickel	
Manganèse	
Zinc	
Aluminium	

Si ce réactif produit un précipité, l'emploi du dernier réactif est inutile; le métal appartient à la 4ᵉ *catégorie*.

La couleur du sulfure ou l'emploi d'un réactif ou de deux au plus suffit alors pour caractériser le métal.

EXEMPLES :

Le sulfure de manganèse est rose; il est le seul de cette couleur.

Le sulfure de zinc est blanc ; mais la dissolution de zinc n'est pas précipitée par la potasse ou l'ammoniaque employée en excès.

L'alumine précipitée par le sulfhydrate d'ammoniaque est blanche; mais la dissolution d'alumine, qui n'est pas précipitée par la potasse employée en excès, est précipitée par un excès d'ammoniaque : ce qui empêche de confondre un sel d'alumine avec un sel de zinc.

Si ce réactif ne produit aucun précipité, il faut exclure les métaux des 1ʳᵉ, 2ᵉ, 3ᵉ et 4ᵉ *catégories* et employer le quatrième réactif.

IV. CARBONATE DE SOUDE (*quatrième réactif*) versé dans la liqueur qui renferme le métal cherché.

Ce quatrième réactif précipite en blanc tous les métaux dont les carbonates sont insolubles dans l'eau :

Magnésium	5ᵉ *catégorie*.
Calcium	
Strontium	
Baryum	

Si ce réactif produit un précipité, le métal appartient à la 5ᵉ *catégorie.*

L'emploi d'un réactif ou de deux au plus suffit alors pour caractériser le métal.

EXEMPLE :

Le carbonate d'ammoniaque ne précipite pas le magnésium, même à chaud, et précipite les trois autres métaux.

Si ce réactif ne produit aucun précipité, il faut exclure les métaux des 1ʳᵉ, 2ᵉ, 3ᵉ, 4ᵉ et 5ᵉ *catégories* et chercher le métal parmi ceux qui restent et qui forment la 6ᵉ *catégorie :*

Potassium	6ᵉ *catégorie.*
Sodium	
Ammonium	

L'emploi d'un réactif ou de deux au plus suffit alors pour caractériser le métal.

EXEMPLES :

Deux réactifs font reconnaître le potassium.

1° *Le chlorure de platine* précipite en jaune le potassium et l'ammonium et ne précipite pas le sodium.

2° *La potasse caustique* ne produit rien dans un sel de potasse et dégage de l'ammoniaque dans un sel d'ammoniaque.

C'est en procédant ainsi dans l'emploi des réactifs que nous caractériserons chacun des métaux que nous allons étudier en particulier.

CHAPITRE IV.

MÉTAUX EN PARTICULIER.

Nous nous bornerons à étudier les métaux les plus usuels et ceux dont les composés sont le plus fréquemment employés.

POTASSIUM.

HISTORIQUE.

Découvert en 1807, *par Humphry Davy :* c'est une des plus importantes découvertes de la Chimie ; elle a fait connaître la nature des alcalis et des terres.

PROPRIÉTÉS PHYSIQUES.

Mou comme de la cire. On peut le pétrir entre les doigts ; mais comme ce métal est très-inflammable, il faut opérer avec les doigts plongés dans l'huile de naphte.

Cassant et *à cassure cristalline,* quand il a été refroidi à la température de 0°.

Éclat métallique de l'argent, quand il est fraîchement coupé avec des ciseaux ; mais *il se ternit vite au contact de l'air* qui l'oxyde.

Densité = 0,86 ; aussi flotte-t-il sur l'eau.

Fusible à 55°.

Volatil au-dessous du rouge : *sa vapeur est verte.*

PROPRIÉTÉS CHIMIQUES.

ACTION DE L'OXYGÈNE.

I. *Le potassium s'oxyde à froid dans l'air sec et dans l'oxygène sec,* en perdant son éclat ; il prend d'abord une teinte violette particulière, puis il se recouvre d'une couche blanche de protoxyde, KO, qui, *déliquescent,* s'empare de l'eau, dans l'air humide, se liquéfie, et finit par se carbonater en restant liquide, le carbonate formé étant également déliquescent.

II. *Le potassium s'oxyde en décomposant l'eau très-vivement, à la température ordinaire*, tant son affinité pour l'oxygène est énergique. La température de la réaction est tellement élevée, que l'hydrogène qui provient de l'eau décomposée s'enflamme et brûle à l'air avec une flamme purpurine. Cette coloration de la flamme est produite par la présence d'un peu de potassium dans son intérieur.

Si la réaction se produit à l'abri du contact de l'air, en introduisant, par exemple, un fragment de potassium sous une éprouvette pleine de mercure et contenant à sa partie supérieure un peu d'eau, l'hydrogène devient libre comme précédemment, mais il ne s'enflamme pas, puisqu'il ne trouve pas d'oxygène pour s'y combiner.

Réaction : $K + HO = KO + H$.

L'eau passe à l'état sphéroïdal au contact du métal fondu d'abord, puis au contact de l'oxyde de potassium également fondu, parce que le métal et l'oxyde sont portés tous deux à une très-haute température. *De là :*

1° *Un mouvement giratoire* du métal pendant son oxydation aux dépens de l'oxygène de l'eau décomposée.

2° *Une légère détonation stridente,* lorsque l'oxyde de potassium fondu et suffisamment refroidi peut arriver au contact de l'eau qu'il réduit vivement en vapeur, soit par la chaleur qu'il possède encore, soit par la chaleur qu'il produit en se combinant à l'eau.

La réaction alcaline de l'eau, après que le potassium a disparu, et par conséquent la présence dans l'eau de la potasse qui a pris naissance, est accusée par la coloration en bleu de la teinture de tournesol rougie par un acide.

III. *Le potassium s'oxyde en décomposant la plupart des corps oxygénés,* à une température plus ou moins élevée.

Aussi on ne peut conserver le potassium que dans des flacons remplis d'huile de naphte ou d'huile de pétrole, corps qui ne renferment que du carbone et de l'hydrogène.

Action du chlore.

Le potassium s'enflamme dans le chlore à la température ordinaire, et y brûle très-vivement.

Réaction : $Cl + K = ClK$.

Le potassium enlève le chlore à presque tous les corps qui en renferment.

Préparation.

I. **Préparation classique** (*Davy*). *Décomposition de l'hydrate de potasse sous l'influence du courant développé par une pile très-puissante.*

Une capsule faite avec de l'hydrate de potasse et qui renferme du mercure dans lequel plonge le réophore négatif, repose sur une lame de platine qui termine le réophore positif. Sous l'influence du courant, le potassium se porte au pôle négatif et s'amalgame; on distille l'amalgame de potassium dans une petite cornue au milieu d'un courant d'azote; le mercure est chassé et le potassium reste comme résidu.

En opérant ainsi, on ne peut s'en procurer qu'une très-petite quantité et à un prix très-élevé.

II. **Préparation par le fer** (*Gay-Lussac et Thenard*). En réduisant la potasse par le fer, on obtient du potassium très-pur.

Appareil (*Pl X, fig.* 85).

Dans la partie *bc* d'un tube de fer *abc* deux fois recourbé on introduit de la tournure de fer. Cette partie, fortement chauffée, est recouverte d'un lut d'argile réfractaire.

La partie *ab* est remplie de fragments d'hydrate de potasse et peut être chauffée par quelques charbons que reçoit la grille *f*.

Le tube de fer, auquel est adapté en *e* un tube de verre plongeant dans le mercure, s'engage à son autre extrémité dans un récipient en cuivre *d* auquel est adapté un tube de verre *g* qui laisse dégager les gaz.

On active la combustion à l'aide du vent que donne un bon soufflet.

Opération.

On porte au rouge blanc la partie *bc* du tube de fer.

On enlève ensuite les linges mouillés qui maintenaient froide la partie *ab*, qu'on échauffe même à l'aide de quelques charbons introduits dans la grille *f*.

L'hydrate de potasse fond, arrive au contact du fer, qui s'empare de son oxygène et de l'oxygène de l'eau qu'elle renferme.

Réaction : $2KO,HO + 3Fe = Fe^3O^4 + 2K + 2H.$

L'hydrogène se dégage, et le potassium, chassé à l'état de vapeur, se condense dans le récipient, d, qu'on plonge ensuite dans l'huile de naphte pour en retirer le métal au moyen d'une tige de fer.

Ce procédé donne du potassium très-pur, mais en petite quantité et très-cher.

III. Procédé actuellement employé. *Décomposition du carbonate de potasse par le charbon.* (*Procédé de M. Brunner, modifié par MM. Mareska et Donny.*)

Appareil (*Pl. XI, fig.* 86).

Dans une cornue en fer *a* qui n'est autre chose qu'une de ces bouteilles en fer forgé dans lesquelles on transporte le mercure, on introduit un mélange intime d'environ 3 $\frac{1}{2}$ parties de carbonate de potasse provenant de la calcination du tartre pour 1 partie de charbon.

A cette cornue, recouverte d'un lut réfractaire ou mieux de borax fondu, et placée horizontalement sur deux briques réfractaires dans un fourneau à vent, on visse un canon de fusil *b*, long de 10 à 12 centimètres, dont l'extrémité libre s'engage dans un récipient condensateur *c*.

Le condensateur (*Pl. XI, fig.* 87) consiste en une boîte longue et aplatie ouverte à ses deux extrémités, dont l'une *d*, terminée en col de 2 centimètres de longueur, peut s'adapter au col de la cornue.

Ce condensateur, composé de deux pièces *cc'*, réunies par quatre vis de pression, est construit en fer laminé de 4 millimètres d'épaisseur. Sa longueur est de 30 centimètres; il a 12 centimètres de largeur; sa hauteur est de 14 millimètres, y compris l'épaisseur des parois.

Opération.

On chauffe la cornue jusqu'au rouge blanc, et lorsque, après une heure et demie ou deux heures de feu, les gaz qui se dégagent brûlent en donnant des vapeurs blanches dues à la formation d'un certaine quantité de potasse provenant d'une certaine quantité de vapeur de potassium qui s'oxyde à l'air, on adapte le récipient qu'on refroidit avec un linge mouillé.

En opérant ainsi la condensation dans un récipient très-petit, on soustrait le potassium à l'action de l'oxyde de carbone qui l'attaque au rouge, et l'on obtient une plus grande quantité de métal.

Réaction: $CO^2, KO + 2C = K + 3CO$.

Le récipient dans lequel s'est condensé le potassium est plongé dans l'huile de naphte, où il se refroidit, puis ouvert pour en extraire le potassium qu'on introduit immédiatement dans un flacon qui contient de l'huile de naphte.

Le potassium ainsi recueilli n'est pas pur; pour le purifier, on le filtre d'abord dans un linge sous l'huile de naphte chauffée, et on le sépare ainsi du charbon qu'il renferme, puis on le distille dans une cornue de fer en condensant les vapeurs dans l'huile de naphte ou de pétrole.

COMPOSÉS OXYGÉNÉS DU POTASSIUM.

On en connaît trois :

K^2O, sous-oxyde.
KO, protoxyde ou *potasse*.
KO^3, peroxyde.

Nous n'étudierons que le protoxyde.

PROTOXYDE DE POTASSIUM.

Synonymie.

Potasse anhydre.

Propriétés.

Blanc.
Densité plus forte que celle de l'eau.
Fusible au-dessous du rouge.
Indécomposable par la chaleur.
Déliquescent.
Soluble dans l'eau.
Se combine à l'eau, en dégageant beaucoup de chaleur.
Conserve 1 équivalent d'eau aux températures les plus élevées, qu'il ne peut plus perdre après qu'il s'y est combiné. Cet équivalent ne peut être chassé que par un acide qui le remplace.

Réaction : $HO, KO + A = A, KO + HO$.

Usages.

Le protoxyde de potassium anhydre est sans application, et son hydrate, qui seul est employé, se prépare sur une grande échelle par un moyen moins dispendieux que l'oxydation du potassium par l'eau et l'évaporation de l'eau que renferme cet oxyde.

PRÉPARATION.

1° En chauffant 1 équivalent de peroxyde de potassium avec 2 équivalents de potassium.

Réaction : $KO^3 + 2K = 3KO$.

2° En chauffant 1 équivalent d'hydrate de potasse avec 1 équivalent de potassium.

Réaction : $KO,HO + K = 2KO + H$.

POTASSE HYDRATÉE. $HO,KO = 56$.

SYNONYMIE.

Protoxyde de potassium hydraté.
Hydrate de potasse.
Potasse caustique.

PROPRIÉTÉS PHYSIQUES.

Blanche.

Saveur urineuse et brûlante.

Onctueuse au toucher.

Fusible au-dessous du rouge.

Volatile sans se déshydrater à une température voisine de la fusion de l'argent.

Au rouge blanc, sa volatilisation est très-rapide.

Très-soluble dans l'eau et *avec dégagement de chaleur considérable :* la température peut dépasser 100°.

PROPRIÉTÉS CHIMIQUES.

Très-alcaline.

Déliquescente.

Se carbonate ensuite à l'air et reste liquide, le carbonate formé étant également déliquescent.

Cristallise dans une dissolution concentrée avec 4 équivalents d'eau de plus : de là sa composition $KO, 5HO$, à l'état cristallisé.

Indécomposable par la chaleur, qui la ramène toujours à l'état de potasse monohydratée, KO, HO.

Très-caustique : détruit la peau; de là son emploi pour faire les cautères, et son nom de *pierre à cautère*. Sa dissolution concentrée attaque rapidement les matières organiques, telles que la *peau*,

les *poils*,

la *soie*, etc.,

en développant *une odeur de lessive*.

PRÉPARATION.

Basée sur la solubilité du carbonate et de l'hydrate de potasse, d'une part, et, d'autre part, *sur la solubilité de l'hydrate de chaux et l'insolubilité du carbonate de chaux*.

On prépare une dissolution renfermant :

10 parties de *carbonate de potasse*,
80 parties d'*eau*,
6 parties de *chaux éteinte*.

On la fait bouillir en maintenant la même quantité d'eau jusqu'à ce que l'eau de chaux ne précipite plus une petite portion du liquide filtré et soumis à l'essai.

En vertu d'une des lois de Berthollet, la chaux de l'hydrate de chaux en dissolution pouvant former, avec l'acide carbonique du carbonate de potasse, du carbonate de chaux insoluble, s'empare de cet acide, et la potasse, à l'état d'hydrate, reste en dissolution.

Réaction :

$$CO^2,KO + HO,CaO = CO^2,CaO + HO,KO.$$

Il importe beaucoup d'opérer avec la quantité d'eau indiquée ; car la chaux n'agit pas sur une dissolution concentrée de carbonate de potasse : bien plus, en faisant bouillir une dissolution concentrée de potasse caustique avec du carbonate de chaux en poudre, il se forme du carbonate de potasse et de l'hydrate de chaux, ce qui est l'inverse de ce qu'on doit chercher à produire dans la préparation de la potasse caustique.

POTASSE À LA CHAUX.

Cette dissolution d'hydrate de potasse ainsi préparée, décantée au siphon après qu'elle s'est éclaircie par le repos, évaporée rapidement dans un vase de cuivre ou d'argent, chauffée jusqu'au rouge sombre et coulée sur un plateau de même métal, où elle se prend en plaque par le refroidissement, ne retient plus que 1 équivalent d'eau et porte le nom de *potasse à la chaux.*

Cette potasse, *outre le carbonate de potasse* qui a pu échapper à l'action de la chaux ou qui s'est formé par l'absorption d'une certaine quantité d'acide carbonique emprunté à l'air pendant l'évaporation, *renferme les sels étrangers solubles, chlorures et sulfates,* que contient encore le carbonate de potasse du commerce, malgré sa purification.

POTASSE A L'ALCOOL.

Pour purifier la potasse, on l'agite avec de l'alcool assez concentré qui dissout la potasse et ne dissout pas les sels étrangers. La liqueur reposée se partage en deux couches : la couche supérieure, qui est une dissolution de potasse pure dans l'alcool, est décantée et évaporée dans un alambic d'abord, pour recueillir l'alcool, puis à l'air libre dans un vase d'argent et très-rapidement, afin que la vapeur d'eau la préserve de l'action de l'acide carbonique de l'air.

Cette potasse, qui porte le nom de *potasse à l'alcool,* est bien débarrassée des chlorures et des sulfates, mais elle contient encore du carbonate de potasse : cela provient de ce que, sous l'influence de la potasse et de l'oxygène de l'air, une certaine quantité d'alcool se transforme en acide acétique : de là de l'acétate de potasse qui, sous l'influence d'une température plus élevée, se transforme en carbonate.

POTASSE PURE.

Le seul moyen de l'obtenir est de traiter le carbonate de potasse pur qui provient de la calcination de la crème de tartre par la chaux débarrassée des sels solubles qu'elle renferme par un lavage à l'eau pure suffisamment prolongé.

COMPOSÉS SULFURÉS DU POTASSIUM.

Monosulfure...........	SK.
Sulfhydrate de sulfure...	SH, SK.
Bisulfure...............	S^2K.
Trisulfure..............	S^3K.
Quadrisulfure...........	S^4K.
Pentasulfure............	S^5K.

Nous dirons quelques mots des deux premiers et du dernier.

MONOSULFURE DE POTASSIUM.

Préparation.

A la moitié d'une dissolution de potasse qui a été saturée par l'acide sulfhydrique et qui renferme ainsi du *sulfhydrate de sulfure de potassium*, SH,SK, on ajoute l'autre moitié, qui transforme ce sel en *monosulfure de potassium*.

Réaction : SH,SK + KO = 2SK + HO.

Pyrophore de Gay-Lussac.

On prépare encore le monosulfure de potassium en calcinant fortement un mélange intime de sulfate de potasse et de charbon de bois dans une cornue en grès munie d'un tube de verre recourbé à angle droit, et dont la branche verticale, longue de 80 centimètres, plonge par son extrémité dans le mercure.

Le sulfate est réduit avec dégagement d'oxyde de carbone, et il reste un sulfure très-divisé par le charbon.

Réaction : SO^3, KO + 4C + *n*C = SK + 4CO + *n*C.

On laisse refroidir lorsque le dégagement a cessé; le mercure s'élève alors dans le tube sans rentrer dans la cornue, qui ne renferme que de l'oxyde de carbone à la place de l'air qu'elle contenait primitivement.

Ce sulfure s'enflamme lorsqu'on le projette doucement dans l'air.

Réaction : SK + 4O = SO^3, KO.

Usages.

En dissolution, il constitue un réactif qu'il faut conserver à l'abri du contact de l'air, qui l'altère en l'oxydant. (Voyez *Action de l'oxygène sur les sulfures*, p. 223.)

Ce réactif, en précipitant de leurs dissolutions le plus grand nombre des métaux à l'état de sulfures insolubles et diversement colorés, aide beaucoup à la recherche de la nature des métaux et à leur séparation.

Réaction : SK + A, MO = A, KO + SM.

SULFHYDRATE DE SULFURE DE POTASSIUM.

Préparation.

En faisant passer dans de la potasse pure en dissolution un courant d'acide sulfhydrique jusqu'à saturation.

Réaction : HO, KO + 2SH = SH, SK + 2HO.

C'est un sulfosel formé par la combinaison de deux sulfures jouant l'un le rôle d'acide, *le sulfure d'hydrogène,* l'autre le rôle de base, *le sulfure de potassium; analogue aux oxysels* qui sont formés par la combinaison d'un oxyde acide et d'un oxyde basique. (Voyez *Classification des sulfures,* p. 223, et *Définition des sels,* p. 232.)

PENTASULFURE DE POTASSIUM.

Préparation.

I. *Par voie sèche.*

1° En chauffant au rouge sombre un mélange de monosulfure et de soufre en excès.

Réaction : $SK + 4S = S^5K$.

2° En fondant et calcinant un mélange de parties égales de carbonate de potasse, de soufre et de charbon.

Réaction : $CO^2, KO + 5S + 2C = S^5K + 3CO$.

II. *Par voie humide.*

En faisant bouillir de la potasse en dissolution avec un excès de soufre. Il est toujours mêlé à de l'hyposulfite de potasse.

Réaction : $3KO + 12S = 2S^5K + S^2O^2, KO$.

Propriétés.

Brun.

Déliquescent.

Très-soluble dans l'eau et dans l'alcool.

Décomposé dans sa dissolution aqueuse, par l'acide chlorhydrique, *en bisulfure d'hydrogène et en soufre.*

Réaction : $S^5K + ClH = ClK + S^2H + 3S$.

SELS DE POTASSE = A, KO.

RECONNAITRE UN SEL DE POTASSE EN DISSOLUTION.

Acide chlorhydrique	Rien.
Acide sulfhydrique en dissolution versé dans la liqueur acidulée	Rien.
Sulfure alcalin (*ordinairement le sulfhydrate d'ammoniaque*) versé dans la liqueur neutre	Rien.
Carbonate de soude	Rien.
Bichlorure de platine	*Précipité jaune.*

Ce qui ne permet plus d'hésiter qu'entre la potasse et l'ammoniaque.

Chauffé avec la potasse caustique..... *Ne laisse pas dégager de l'ammoniaque*

qu'on reconnaîtrait à son odeur,

au papier réactif qu'elle ferait passer du rouge au bleu,

à la fumée qu'elle produirait à l'approche d'une baguette de verre trempée dans l'acide chlorhydrique étendu.

SULFATE DE POTASSE NEUTRE. $SO^3, KO = 87$.

Propriétés.

Anhydre.

Cristallise en prismes à six pans terminés par des pyramides hexaèdres.

Cristaux incolores,
transparents;
croquent sous la dent;
saveur amère;
décrépitent quand on les chauffe. (Voyez *Action de la chaleur sur les sels,* p. 242.)

Fusible à une haute température.

Indécomposable par la chaleur.

Soluble dans l'eau : la solubilité croît avec la température.

100 d'eau à 12°,7 dissolvent 10,5 de sulfate de potasse.
101°,5 » 26,3 » »

Insoluble dans l'alcool.

Préparation.

Retiré des cendres des varechs.
des eaux de la mer.

Produit secondaire d'autres préparations.

Usages.

Fabrication de l'alun.

Fabrication du nitre.

CARBONATE DE POTASSE NEUTRE. $CO^2, KO, 2HO = 87$.

Propriétés physiques.

Se présente ordinairement en masse blanche et pulvérulente : il est alors à l'état anhydre.

Cristallise difficilement : il prend alors 2 équivalents d'eau.

Saveur âcre légèrement caustique.

Très-déliquescent.

Très-soluble dans l'eau, qui en dissout son poids à la température ordinaire.

Insoluble dans l'alcool.

Fusible au rouge.

Propriétés chimiques.

Réaction alcaline.

Indécomposable par la chaleur seule.

Décomposable par la vapeur d'eau à une température élevée.

$$\textit{Réaction :}\ CO^2KO + HO = HO,KO + CO^2.$$

Il se forme de l'hydrate de potassse et de l'acide carbonique qui se dégage.

Décomposable par le charbon à une très-haute température. (Voyez *Préparation du potassium,* p. 268.)

Décomposé par la chaux en dissolution. (Voyez *Préparation de l'hydrate de potasse,* p. 272.)

Préparation.

I. **Carbonate de potasse impur.**

En le retirant des cendres.

Les plantes renferment des sels alcalins à acides organiques, qui sont décomposés par la chaleur et se transforment en carbonates qu'on retrouve dans leurs cendres. *L'alcali qui prédomine dans ces sels est la potasse, dans les cendres des végétaux terrestres, et la soude, dans les cendres des plantes maritimes.*

Lessivage des cendres. En lessivant les cendres, on dissout tous les principes solubles qu'elles renferment, parmi lesquels figure notamment le carbonate de potasse.

Le salin livré au commerce est le résidu légèrement fritté et granulé que fournit cette dissolution évaporée dans des fours à réverbère. Sa quantité et sa qualité varient avec l'espèce de plante qui a fourni les cendres, son âge et la nature du sol sur lequel elle a végété. Le meilleur provient des cendres du bouleau.

Rendement. En général, 100 de cendres donnent 10 kilogrammes de salin.

La potasse perlasse est le *salin* qui n'est plus coloré en brun par des matières organiques, parce qu'il a été calciné au contact de l'air; calciné ainsi, le *salin* devient blanc et prend le nom de *potasse perlasse.*

Les potasses d'Amérique,
de Russie,
d'Allemagne,
des Vosges,
etc., suivant leur provenance,

sont des produits qu'on prépare en traitant le salin par son poids d'eau froide : le carbonate de potasse se dissout en totalité, tandis que la plus grande partie des autres sels, beaucoup moins solubles, ne se dissout pas : la dissolution évaporée donne du carbonate plus pur que le *salin.*

La valeur des potasses dépend de la quantité de carbonate de potasse qu'elles contiennent réellement et qu'on peut connaître en faisant un *essai alcalimétrique,* dont nous n'avons pas à nous occuper ici.

II. Carbonate de potasse pur.

1° *En calcinant dans un poêlon de fonte un mélange à poids égaux de crème de tartre (bitartrate de potasse) et de nitre (azotate de potasse).*

Le flux noir, ainsi nommé à cause de sa couleur, est le produit de la calcination du mélange précédent; il est constitué par un mélange de carbonate de potasse et de charbon. *C'est un réducteur et un fondant.*

La potasse du tartre est retirée du flux noir que l'on traite par l'eau; on obtient ainsi une dissolution qui fournit par l'évaporation du *carbonate de potasse pur, à quelques traces près de cyanure de potassium,* et qu'on appelle *potasse du tartre.*

2° En calcinant un mélange contenant 1 partie de crème de tartre pour 2 parties de nitre.

Réaction :

$$\underbrace{C^8H^4O^{10},KO,HO}_{\text{Crème de tartre}}+2AzO^5,KO=3(CO^2,KO)+5CO^2+5HO+2Az.$$

Le flux blanc est le produit de la calcination du mélange précédent ; il est blanc, parce que le nitre a fourni une quantité d'oxygène suffisante pour brûler tout le charbon : *c'est un fondant, mais non un réducteur.* Il est constitué par du carbonate de potasse mêlé à un peu d'azotate de potasse.

3° En calcinant dans une capsule d'argent du *sel d'oseille* (*bioxalate de potasse*), le résidu est du *carbonate de potasse très-pur.*

USAGES.

Fabrication du savon mou à base de potasse.
» du cristal.
» du verre à base de potasse.
» de la potasse caustique.
» du potassium.
» du sel de nitre.

Blanchiment du linge.

AZOTATE DE POTASSE. $AzO^5,KO = 101$.

SYNONYMIE.

Nitrate de potasse. — Nitre. — Sel de nitre. — Salpêtre.

ÉTAT NATUREL.

Tous les azotates alcalins ou terreux sont préparés par la nature.

Dans l'Inde, en Égypte, en Espagne, etc., les azotates alcalins existent tout formés, et, dans certains terrains, ils s'effleurissent à la surface du sol.

En Amérique, on trouve des gîtes qui renferment des quantités vraiment prodigieuses d'*azotate de soude.* C'est de là qu'on retire la majeure partie de celui que l'industrie consomme annuellement. Ce sel est mélangé au sable et à l'argile dans les proportions de 20 et même de 65 pour 100.

Dans les pays froids ou tempérés, la nature produit moins d'azotates alcalins; mais, en revanche, elle produit des quantités assez considérables d'*azotates terreux,* toutes les fois qu'il existe en même temps dans les terrains humides, dont la température est de 15 à 20 degrés, des carbonates de chaux, de magnésie et de potasse dans un grand état de division, et des matières organiques azotées en décomposition, ainsi que cela a lieu aux environs des lieux d'aisances, dans les caves, dans les rez-de-chaussée et dans quelques terres cultivées.

Propriétés physiques.

Cristallise en longs prismes à six pans terminés par des pyramides à six faces.

Saveur fraîche et piquante.

Densité = 1,933.

Fusible à la température de 350° environ. Par le refroidissement, il se solidifie sans cristalliser, et prend alors le nom de *cristal minéral*. Dans cet état, *il peut être facilement pulvérisé*.

Soluble dans l'eau, bien plus à chaud qu'à froid. En effet,

100 parties d'eau en dissolvent		10,32	à	0°,0
»	»	29,00	à	18°,0
»	»	33,40	à	24°,9
»	»	76,60	à	45°,0
»	»	167,30	à	79°,3
»	»	236,40	à	97°,7
»	»	335,00	à	115°,9

qui est le point d'ébullition d'une dissolution saturée.

Une dissolution ainsi saturée à chaud se prend en masse par le refroidissement, la totalité de l'eau se trouvant emprisonnée dans les espaces qui séparent les cristaux anhydres, comme dans une éponge.

Insoluble dans l'alcool.

Légèrement déliquescent : lorsque l'air est saturé d'humidité.

Propriétés chimiques.

I. **Décomposé par la chaleur** :

1° *Au rouge vif*, en *azotite de potasse* avec dégagement d'oxygène.

Réaction : $AzO^5,KO = AzO^3,KO + 2O$.

2° *Au rouge blanc.* L'azotite ainsi produit se décompose en *protoxyde de potassium* et *peroxyde de potassium*, avec dégagement d'oxygène et d'azote. (Voyez *Action de la chaleur sur les azotates*, p. 258.)

Réaction : $2AzO^3,KO = KO + KO^3 + 4O + 2Az$.

II. **Décomposé lorsqu'on le met au contact du charbon incandescent**, dont il active vivement la combustion : **il fuse sur les charbons ardents**. (Voyez *Action du charbon sur les azotates*, p. 259.)

III. **Décomposé par le charbon mélangé avec lui, sous l'influence de la chaleur.**

1° *Un mélange de 5 équivalents de charbon avec 2 équivalents de nitre brûle avec vivacité* lorsqu'on le projette dans un creuset porté au rouge. Sous l'influence de la chaleur, l'acide nitrique de l'azotate de potasse se décompose en oxygène qui brûle le charbon avec formation d'acide carbonique, dont une partie se combine avec la potasse, et en azote qui devient libre.

(I) *Réaction :*

$$2(AzO^5, KO) + 5C = 2(CO^2, KO) + 3CO^2 + 2Az.$$

2° *Un mélange d'une quantité plus forte de charbon, 8 équivalents avec 2 équivalents, ou la même quantité de nitre, brûle avec beaucoup moins de vivacité*, mais l'oxyde de carbone remplace l'acide carbonique libre.

(II) *Réaction :*

$$2(AzO^5, KO) + 8C = 2(CO^2, KO) + 6CO + 2Az.$$

La combustion du premier mélange (I) *fournit* 10 *volumes de gaz ;* en effet :

$$\left.\begin{array}{lll} CO^2 = 2\text{ vol.,} & \text{donc} & 3CO^2 = 6\text{ vol.} \\ Az = 2\text{ vol.,} & \text{donc} & 2Az = 4\text{ vol.} \end{array}\right\} = 10\text{ vol.}$$

La combustion du second mélange (II) *fournit* 16 *volumes de gaz ;* en effet :

$$\left.\begin{array}{lll} CO = 2\text{ vol.,} & \text{donc} & 6CO = 12\text{ vol.} \\ Az = 2\text{ vol.,} & \text{donc} & 2Az = 4\text{ vol.} \end{array}\right\} = 16\text{ vol.}$$

Mais comme la combustion du premier mélange est beaucoup plus énergique et plus prompte que celle du second, et qu'elle dégage beaucoup plus de chaleur, la force expansive des gaz produits par le premier mélange est plus considérable que celle des gaz produits par le second.

IV. **Décomposé par le soufre mélangé avec lui, sous l'influence de la chaleur.**

Un mélange de 4 équivalents de soufre avec 2 équivalents,

ou la même quantité de nitre que précédemment, S'ENFLAMME PLUS FACILEMENT *que les mélanges précédents et brûle avec une plus grande vivacité.* Il se forme du sulfate de potasse, de l'acide sulfureux et de l'azote libre.

Réaction :

$$2(AzO^5,KO)+4S=2(SO^3,KO)+2SO^2+2Az.$$

La température des gaz qui prennent naissance est plus élevée que dans les exemples qui précèdent ; mais leur volume est moins considérable, puisque ces gaz n'occupent que 8 volumes : en effet,

$$\left.\begin{array}{ll} SO^2=2\,\text{vol., donc} & 2SO^2=4\,\text{vol.} \\ Az\;=2\,\text{vol., donc} & 2Az\;=4\,\text{vol.} \end{array}\right\}=8\,\text{vol.}$$

PRÉPARATION.

Elle présente des applications heureuses des LOIS DE BERTHOLLET, et c'est surtout à ce point de vue qu'elle offre ici de l'intérêt.

I. *Dans la liqueur qui provient du lessivage des matériaux salpêtrés,* et qui renferme les azotates suivants :

Azotate de potasse,
» *de soude,* en quantité assez faible pour qu'on puisse le négliger,
» *de chaux,*
» *de magnésie,*
» *d'ammoniaque.*

1° *On verse du carbonate de potasse en dissolution jusqu'à ce qu'il ne se forme plus de précipité, puis on fait bouillir;* on laisse reposer, on décante, et enfin on fait évaporer pour faire cristalliser l'azotate de potasse.

Que s'est-il passé ?

La potasse du carbonate de potasse a remplacé dans les azotates, d'une part, la chaux et la magnésie qui ont été précipitées à l'état de carbonates insolubles, et, d'autre part, l'ammoniaque qui a été chassée par l'ébullition à l'état de carbonate volatil. (Voyez *Lois de Berthollet*, p. 248.) *Il ne reste plus en dissolution que de l'azotate de potasse.*

Réactions :

Matériaux des lessives.	Réactifs.	Sels insolubles ou volatils qui prennent naissance.	Lessive après la réaction.
AzO^5, KO	....	....	AzO^5, KO.
AzO^5, CaO	$+ CO^2, KO =$	CO^2, CaO	$+ AzO^5, KO$.
AzO^5, MgO	$+ CO^2, KO =$	CO^2, MgO (1)	$+ AzO^5, KO$.
AzO^5, H^3Az, HO	$+ CO^2, KO =$	CO^2, H^3Az, HO	$+ AzO^5, KO$.

2° *Ou bien on verse un lait de chaux.*

La chaux précipite la magnésie et chasse l'ammoniaque volatile des azotates de magnésie et d'ammoniaque qui sont transformés en azotate de chaux. Cet azotate de chaux s'ajoute à celui qui existait déjà, et la lessive ne renferme plus que des azotates de potasse et de chaux.

Puis on ajoute du sulfate de potasse dissous et en quantité convenable qui décompose l'azotate de chaux en sulfate de chaux qui se précipite, et en azotate de potasse qui reste en dissolution.

Réaction :

$$AzO^5, CaO + SO^3, KO = SO^3, CaO + AzO^5, KO.$$

La liqueur éclaircie et séparée par décantation ne contient plus que de l'azotate de potasse.

Ce dernier procédé est plus économique.

La lessive ainsi traitée ne contient plus que de l'azotate de potasse mêlé à 37 *pour* 100 *environ d'autres sels,* tels que du *chlorure de sodium,* du *chlorure de potassium, etc.,* dont il importe de la débarrasser autant que possible, ce qu'on réalise assez facilement en la concentrant à chaud.

En effet, en évaporant cette lessive dans une grande chaudière de fonte ou de cuivre (*Pl. XI, fig.* 88), l'*azotate de potasse, extrêmement soluble à chaud,* reste en dissolution, tandis que les chlorures de sodium et de potassium, qui prédominent parmi les sels étrangers et dont la solubilité à chaud n'est pas sensiblement plus grande, se précipitent au sein de la liqueur qui se concentre, et forment des dépôts boueux qu'on recueille dans un petit chaudron suspendu, à l'aide d'une chaîne, à une petite distance du fond de la chaudière, et qu'on enlève de temps en temps. La liqueur est

(1) Le carbonate neutre de magnésie insoluble est transformé par l'ébullition en hydrocarbonate de magnésie également insoluble.

suffisamment concentrée, lorsqu'une goutte se prend en masse quand on la met en contact avec un corps froid : on la décante alors dans des cristallisoirs, où on l'agite pendant qu'elle cristallise. Les cristaux d'azotate de potasse qui se déposent ainsi constituent le *salpêtre brut de première cuite;* il renferme encore 25 pour 100 environ de corps étrangers.

On raffine le salpêtre brut en le clarifiant d'abord au sang de bœuf, qui forme des écumes que l'on enlève avec soin, et en le faisant cristalliser plusieurs fois.

II. *On lessive les matériaux salpêtrés mêlés avec une quantité déterminée de cendres* qui renferment du carbonate et du sulfate de potasse : on obtient ainsi dès le début une lessive qui ne contient que du nitrate de potasse mêlé au chlorure de sodium, etc., dont on la débarrasse en la traitant comme il vient d'être dit.

III. *On transforme l'azotate de soude du commerce en azotate de potasse.* Pour cela on fait réagir dans l'eau bouillante du chlorure de potassium sur l'azotate de soude : le chlorure de sodium, moins soluble à chaud que le chlorure de potassium, se précipite, et l'azotate de potasse reste en dissolution et cristallise par le refroidissement.

POUDRE A TIRER.

Nous avons dit :

Les mélanges de nitre et de charbon fournissent une plus forte proportion de gaz.

Le mélange de nitre et de soufre est plus combustible.

C'est donc en associant intimement et dans certaines proportions le nitre avec le charbon et le soufre qu'on obtient un mélange qui possède à un degré convenable les deux qualités essentielles, la *combustibilité* et la *force expansive.* Ce mélange ainsi réalisé est la POUDRE À TIRER.

Trois espèces de mélanges sont employés en France ; ce sont : *la poudre de guerre, la poudre de chasse, la poudre de mine.*

	La poudre de guerre.	La poudre de chasse.	La poudre de mine.
Nitre.....	75,0	76,9	62
Charbon ..	12,5	13,5	18
Soufre....	12,5	9,6	20
	100,0	100,0	100

En mettant de côté les proportions des éléments constituants et quelques considérations de détail, ce que nous allons dire s'applique également aux diverses poudres.

Nous nous bornerons à faire connaître sa composition, les produits de sa combustion, ses propriétés, et sa préparation, d'une manière très-sommaire.

Composition de la poudre.

C'est un mélange très-intime de nitre, de charbon et de soufre.

Ce n'est pas une combinaison, car on peut séparer
le nitre par l'eau qui le dissout,
le soufre par le sulfure de carbone qui le dissout,
le charbon restant comme résidu.

Sa composition fait comprendre sa combustion sans aucune intervention étrangère. En effet, *elle porte avec elle les éléments comburants et les éléments combustibles* dans des rapports tels, que l'oxygène, *élément comburant,* y existe en quantité suffisante pour opérer la combustion complète du charbon, *élément combustible*, tandis que le soufre, *autre élément comburant,* brûle exactement le potassium, *autre élément combustible.*

C'est ce que nous allons démontrer pour la poudre de guerre. Cette poudre est celle qui se rapproche le plus de la composition suivante :

74,8 de nitre = 1 équivalent de AzO^5,KO,
13,3 de charbon = 3 équivalents de C,
11,9 de soufre = 1 équivalent de S,

qui représente la composition théorique d'une poudre qui, en brûlant, donne théoriquement aussi des produits complétement brûlés sans aucune intervention étrangère.

Réaction :

$$AzO^5,KO+3C+S=SK+3CO^2+Az=8\text{ vol. de gaz.}$$

Produits de la combustion de la poudre.

Ils font comprendre ses effets, puisqu'il se produit théoriquement, dans un espace très-limité, 8 vol. de gaz portés à une très-haute température, et jouissant par conséquent d'une force expansive considérable.

Pour comprendre facilement la force expansive de la poudre, admettons comme absolument vraie la formation des seuls produits signalés plus haut, et, connaissant le volume occupé par la poudre, voyons quel sera le volume occupé par les gaz auxquels elle donne naissance à 0° de température et à $0^{m},76$ de pression.

Un litre de poudre pèse à peu près autant qu'un litre d'eau.

Un litre de poudre, ou 1000 grammes, produit 328 litres de gaz acide carbonique et azote. *Ce volume est au moins triplé par la chaleur.*

Les gaz qui se développent tendront donc à occuper, au moment de l'inflammation, un volume mille fois plus considérable que celui qu'occupe la poudre qui les produit.

Les gaz confinés agissent donc sur les parois de l'arme et chassent le projectile avec une force expansive égale à 1000 *atmosphères.*

Le phénomène de la combustion n'est pas aussi simple que nous l'avons admis théoriquement; mais tous les produits accessoires qui peuvent prendre naissance ne changent rien à la conséquence fondamentale de l'inflammation de la poudre.

PROPRIÉTÉS DE LA POUDRE.

Elle s'enflamme plus ou moins facilement selon qu'elle sera
en poudre,
en masse ou
en grains, qui varieront dans leur *grosseur,* leur *forme,* leur *pureté,* leur *densité, l'état de leur surface, et elle produira des effets balistiques bien différents;* elle fera long feu ou émettra les gaz avec tant de rapidité, qu'elle sera *brisante.*

C'est donc une chose importante et dont nous ne pouvons pas nous occuper ici, que de savoir fabriquer une poudre dans des conditions physiques telles, qu'elle puisse s'enflammer à une température convenable, brûler assez vite et pas trop vite.

Sa combustibilité dépend aussi beaucoup de la nature du charbon employé dans sa fabrication.

Elle s'enflamme à une température de 300° *brusquement appliquée; car une chaleur lentement croissante en sépare le soufre par fusion* et lui fait perdre toutes ses qualités.

Le choc peut l'enflammer, pourvu qu'il élève suffisamment sa température ; de là des précautions à prendre dans sa préparation et dans son emploi.

L'étincelle électrique peut l'enflammer.

Couleur noire qui provient du charbon.

Saveur salée qui provient du nitre.

Solubilité incomplète ; car *l'eau dissout le nitre ;*
le sulfure de carbone dissout le soufre;
rien ne dissout le charbon.

S'altère à l'air humide, en absorbant de l'eau ; alors elle brûle lentement et finit par perdre ses propriétés. *L'absorption de l'eau varie avec les conditions physiques de la poudre.*

C'est pourquoi on n'emploie pas l'azotate de soude dans sa confection, parce que ce sel est beaucoup plus hygrométrique que l'azotate de potasse.

FABRICATION DE LA POUDRE.

Choix des matières premières.

1° *Nitre très-pur ;* 3 millièmes au plus de sels étrangers.
Les chlorures qu'il pourrait renfermer rendraient la poudre déliquescente.

2° *Soufre en canons pulvérisé.*
La fleur de soufre qui renferme toujours de l'acide sulfureux et de l'acide sulfurique doit être rejetée.

3° *Charbon.*
Doit brûler avec le moins de résidu possible ;
Doit renfermer encore des quantités notables d'hydrogène ;
Doit être roux par suite d'une calcination incomplète;
Doit être produit par une sorte de torréfaction du bois à l'aide de la vapeur d'eau surchauffée.
Doit être *léger,* ce qui dépend de l'essence de bois ;
sec ;
facile à pulvériser.

Mélanger intimement ces matières,
Granuler le mélange,
Sécher et lisser les grains,
En employant des instruments spéciaux que nous n'avons pas à décrire ici.

CHLORATE DE POTASSE. $ClO^5, KO = 122,5$.

PROPRIÉTÉS.

Nous parlerons seulement de sa décomposition par la chaleur et de ses propriétés oxydantes.

ACTION DE LA CHALEUR.

Fusible à 400° environ.

Décomposé :

1° *A une température supérieure à* 480°, il laisse dégager de l'oxygène en se transformant en chlorure de potassium, et en perchlorate de potasse qui se prennent en une masse solide.

Première phase.

Réaction : $2(ClO^5, KO) = ClK + ClO^7, KO + 4O$.

2° *A une température encore plus élevée,* le perchlorate se décompose à son tour en chlorure de potassium et oxygène.

Deuxième phase.

Réaction : $ClO^7, KO = ClK + 8O$.

Le chlorate de potasse cède donc d'abord le tiers de l'oxygène qu'il renferme, et c'est le perchlorate qui abandonne à une température plus élevée les deux autres tiers.

Lorsqu'on mélange le chlorate de potasse avec de l'oxyde de cuivre ou de manganèse, il se décompose sans fondre, très-régulièrement et complétement, sans présenter les deux phases dont nous venons de parler.

SEL OXYDANT PAR EXCELLENCE.

Il suffit de se rappeler ce que nous avons dit de l'*azotate de potasse* et de ses propriétés oxydantes pour comprendre que le *chlorate de potasse, sel moins stable que l'azotate, dont la décomposition est accompagnée d'un dégagement de chaleur,* et *également riche en oxygène,* doit agir de la même façon, mais avec plus d'intensité ; ainsi, comme l'azotate,

Il fuse sur les charbons incandescents.

Mêlé avec du charbon, il brûle avec une vivacité extrême.

Mêlé avec du soufre, il détone violemment par le choc.

Mêlé avec le charbon et le soufre, il forme une *poudre brisante* par excellence, par suite de la presque instantanéité de production de ses gaz et de la haute température à laquelle ils sont portés.

Mêlé avec du phosphore, du nitrate de potasse, de la gomme et une matière colorante, telle que du bleu de Prusse, du minium, etc., il forme une pâte colorée qui, après avoir été desséchée, s'enflamme par le frottement.

Préparation.

En faisant passer un courant de chlore dans une dissolution concentrée de potasse.

Réaction : $6Cl + 6KO = 5ClK + ClO^5, KO$.

5 équivalents de chlore se substituent à 5 équivalents d'oxygène que renferment 5 équivalents de potasse pour former 5 équivalents de chlorure de potassium; les 5 équivalents d'oxygène, ainsi déplacés, se combinent au sixième équivalent de chlore pour produire de l'acide chlorique qui se combine avec le sixième équivalent de potasse non décomposé pour former du chlorate de potasse qui se précipite en paillettes cristallines, en vertu de sa faible solubilité.

ALLUMETTES PHOSPHORIQUES ou CHIMIQUES.

Composition.

Ce sont les allumettes soufrées ordinaires portant à leur extrémité soufrée une petite quantité d'une pâte adhérente qui s'enflamme par la simple friction sur un corps dur.

La pâte renferme :

1° *La matière combustible,* qui est toujours le *phosphore.*

2° *Les matières comburantes* mêlées au phosphore pour activer sa combustion et par conséquent propres à fournir facilement de l'oxygène, qui sont :

Le minium............... Pb^3O^4,

Le peroxyde de manganèse. MnO^2,

L'azotate de potasse....... AzO^5, KO,

qui donne une pâte dont la combustion est tranquille.

Le chlorate de potasse..... ClO^5, KO,

qui donne une pâte détonante. L'allumette frottée s'enflamme en produisant une petite explosion et en projetant quelquefois de la matière enflammée.

et qu'il faut ajouter en faible proportion à la pâte qui renferme de l'azotate de potasse pour lui donner une inflammabilité convenable.

3° *Une matière mucilagineuse,* la *gomme,* par exemple, qui donne à la pâte une cohérence convenable et recouvre le phosphore qu'il met ainsi à l'abri du contact de l'air.

PRÉPARATION.

On fait fondre le phosphore dans une quantité suffisante d'eau à 50°.

On ajoute une proportion déterminée d'azotate et de chlorate de potasse qui se dissolvent dans l'eau.

On ajoute les oxydes métalliques, lorsqu'on croit devoir les employer.

On ajoute enfin le mucilage de gomme.

On triture jusqu'à ce qu'on ait obtenu une pâte homogène dans laquelle on n'aperçoit pas à l'œil le moindre globule de phosphore.

On colore la pâte, soit avec du *bleu de Prusse,* soit avec du *minium* qui lui donne une couleur rouge.

On trempe l'extrémité soufrée dans la pâte, de façon qu'une très-faible longueur de la partie soufrée soit recouverte.

On fait sécher.

INFLAMMATION.

L'extrémité phosphorée s'enflamme lorsqu'on la frotte sur un corps dur et rugueux.

La matière phosphorée enflammée communique son inflammation au soufre.

Le soufre en brûlant porte le bois sous-jacent à la température à laquelle il peut s'enflammer et brûler à l'air, et comme, en brûlant, le *soufre* donne naissance à un produit gazeux, l'*acide sulfureux,* il laisse le bois, suffisamment échauffé, au contact de l'air qui l'enflamme.

SODIUM. Na = 23.

Nous répéterons pour le sodium presque tout ce que nous avons dit en parlant du potassium, tant ces deux métaux présentent d'analogie dans leurs caractères physiques et leur mode de préparation.

PROPRIÉTÉS PHYSIQUES.

Mou comme de la cire.

Éclat métallique de l'argent, quand il est fraîchement coupé avec des ciseaux ; mais *il se ternit vite au contact de l'air humide* qui l'oxyde.

Densité = 0,972, aussi flotte-t-il sur l'eau.

Fusible à 90°.

Volatil à la température rouge.

Propriétés chimiques.

Action de l'oxygène.

Il est **beaucoup moins oxydable que le potassium.**

A l'air, il peut être laminé entre deux feuilles de papier, coupé et manié sans danger, pourvu que les doigts et les instruments ne soient pas humides;

il peut être fondu et coulé sans s'enflammer, son inflammation n'ayant lieu qu'à une température voisine de son point d'ébullition.

Se ternit à l'air parce qu'il s'oxyde sous l'influence de la vapeur d'eau que l'air renferme. L'oxyde formé attire l'humidité de l'air, tombe en déliquescence, absorbe l'acide carbonique de l'air et finit par se carbonater complétement; il perd alors l'état liquide, parce que le carbonate de soude formé est efflorescent.

Décompose l'eau immédiatement à la température ordinaire, s'empare de son oxygène et met l'hydrogène en liberté.

Cet hydrogène ne s'enflamme pas au moment de sa production, parce que la température ne s'élève pas autant que dans la même réaction du potassium sur l'eau.

Mais si l'on empêche le déplacement du sodium à la surface de l'eau, rendue épaisse par la gomme, et par suite la diffusion d'une partie de la chaleur qui se dégage pendant la réaction, cette chaleur est encore assez forte pour enflammer l'hydrogène qui brûle alors avec une flamme jaune due à la vapeur de sodium qu'elle renferme.

L'état sphéroïdal de l'eau, au contact du métal, se produit comme pour le potassium et détermine également son mouvement giratoire et la *légère détonation stridente* qui accompagne la fin de l'opération.

L'eau devient également très-alcaline.

Enlève l'oxygène à presque tous les corps qui en renferment, à une température plus ou moins élevée.

Aussi faut-il conserver ce métal dans l'huile de naphte ou de pétrole, composés liquides qui ne contiennent que du carbone et de l'hydrogène.

ACTION DU CHLORE.

S'enflamme dans le chlore à la température ordinaire et y brûle vivement.

Réaction : $Cl + Na = ClNa$.

Enlève le chlore à presque tous les corps qui en renferment.

PRÉPARATION.

Ressemble en tout point à celle du potassium.

Le mélange soumis à l'action de la chaleur dans la cornue en fer renferme :

Carbonate de soude très-sec et pulvérisé.	20
Houille sèche et à longue flamme.......	9
Craie de Meudon....................	3

La craie ajoutée au mélange empêche que le carbonate de soude en fondant ne se sépare du charbon, et que la masse ne s'affaisse. Elle sert encore à donner des gaz qui facilitent l'entraînement du métal.

Les perfectionnements importants introduits dans cette fabrication par M. H. Sainte-Claire Deville permettent de fabriquer à très-bon marché des quantités considérables de sodium très-pur qui sert de matière première pour la fabrication de l'aluminium et qu'on emploie de préférence dans les laboratoires à la place du potassium, moins pur et beaucoup plus cher.

COMPOSÉS OXYGÉNÉS DU SODIUM.

On en connaît trois :

Na^2O, sous-oxyde,
$Na\,O$, protoxyde ou *soude*,
Na^2O^3, peroxyde.

Nous dirons un mot seulement du protoxyde.

PROTOXYDE DE SODIUM ou SOUDE. $NaO = 31$.

Nous n'aurions qu'à répéter tout ce que nous avons dit en parlant de la potasse,

Avec la seule différence que la soude exposée à l'air, après être tombée en déliquescence, comme la potasse, ne reste pas liquide comme elle lorsqu'elle s'est transformée en carbonate : en effet, elle se dessèche et devient pulvérulente parce que *son carbonate est efflorescent.*

COMPOSÉS SULFURÉS DU SODIUM.

Ils correspondent aux composés sulfurés que fournit le potassium.

Monosulfure.........	SNa,
Sulfhydrate de sulfure.	SH, SNa,
Bisulfure............	S^2Na,
Trisulfure...........	S^3Na,
Quadrisulfure.........	S^4Na,
Pentasulfure.........	S^5Na.

MONOSULFURE DE SODIUM. $SNa = 39$.

Analogue au composé correspondant du potassium par l'ensemble de ses caractères; mais employé de préférence dans le laboratoire parce qu'il s'altère moins promptement à l'air.

CHLORURE DE SODIUM. $ClNa = 58,5$.

SYNONYMIE.

Sel marin, — sel de cuisine, — sel gemme, SEL.

PROPRIÉTÉS.

Cristaux cubiques.

Saveur salée, mais agréable.

Densité = 2,13.

Décrépite fortement à 200° ou à 300°.

Fusible au rouge.

Volatil à une température plus élevée.

Déliquescent : un peu, et seulement à 80° de l'hygromètre de Saussure, lorsqu'il est pur.

Soluble dans l'eau, et sa solubilité augmente peu avec la température. En effet :

100 parties d'eau à 15° dissolvent 35,8 de sel marin.
» » à l'ébullition » 40,4 »

Cette solubilité, presque égale à chaud et à froid, permet de le séparer facilement de la plupart des autres sels. (Voyez *Fabrication du nitre,* p. 282.)

USAGES.

Assaisonnement des aliments.

Conservation des viandes.

Fabrication du sulfate de soude.
» de l'acide chlorhydrique.
» du carbonate de soude.
» du chlore.
» des chlorures décolorants.

EXTRACTION *du sel :*
I. *Des eaux des sources salées et du sel gemme.*
II. *Des eaux de la mer.*

I. EXTRACTION DU SEL DES EAUX DES SOURCES SALÉES ET DU SEL GEMME.

1° Extraction du sel des sources salées.

Les eaux souterraines, en lavant des terrains salifères, dissolvent plus ou moins de sel avant de s'échapper à la surface du sol.

Ces sources étaient encore exploitées il n'y a pas un grand nombre d'années; mais, comme les eaux qu'elles fournissent ne contiennent pas, en moyenne, la moitié du sel que l'eau peut dissoudre, et que leur évaporation au feu aurait été trop coûteuse, on faisait précéder cette opération d'une première concentration, qui consistait à les évaporer d'abord spontanément à l'air. Pour cela :

On les exposait à l'air dans un grand état de division, afin de multiplier les surfaces d'évaporation.

On réalisait facilement cet état de division en les faisant tomber en cascades sur des fagots d'épines disposés en longs murs protégés par une toiture et alignés dans une direction perpendiculaire à celle du vent dominant de la localité.

On appelait cet appareil *bâtiment de graduation.* On a complètement abandonné l'exploitation des sources salées depuis qu'on exploite les gisements salifères par trou de sonde.

2° Extraction du sel par trou de sonde.

Partout où l'on exploitait les sources salées pour en retirer le sel par la méthode coûteuse que nous venons de faire connaître, on a soupçonné avec raison l'existence de gîtes salifères, qu'on a pu atteindre au moyen d'un trou de sonde.

Dans ce trou de sonde, on amène de l'eau douce, qui descend jusqu'à la couche de sel en cheminant dans l'espace annulaire compris entre les parois du trou de sonde et le tuyau d'ascension d'une pompe aspirante qui pénètre à une certaine profondeur dans l'épaisseur même de la couche.

L'eau qui s'est ainsi saturée de sel est enlevée par la pompe pour être évaporée dans de grandes chaudières chauffées au bois ou à la houille, soit immédiatement, soit après avoir subi un traitement spécial qui la débarrasse de certains sels qui nuisent à la qualité du sel qu'on veut livrer à l'industrie.

C'est ainsi qu'on exploite en France, sur une très-grande échelle, *le sel gemme de plusieurs localités de la Lorraine et de la Franche-Comté.*

3° Extraction du sel par galeries.

Dans plusieurs localités, à Cardona en Espagne, à Wieliczka en Pologne, à Dieuze en France, on exploite le sel gemme *à l'état de roche,* en pratiquant des puits et des galeries.

Le sel en roche, après son extraction de la mine, est pulvérisé lorsqu'il est suffisamment pur, afin d'être livré au commerce, ou bien, lorsqu'il n'est pas assez pur, on le traite par l'eau dans des bassins disposés *ad hoc;* puis on évapore la dissolution saturée comme il a été dit précédemment.

II. EXTRACTION DU SEL DES EAUX DE LA MER.

1° *Par évaporation spontanée à l'air.*

Cette extraction se fait sur une très-grande échelle dans l'ouest et dans le midi de la France.

Les eaux de la mer, qui renferment :

	Océan.	Méditerranée.
Chlorure de sodium.......	25,10	27,22
» de potassium.....	0,50	0,70
» de magnésium....	3,50	6,14
Sulfates de magnésie......	5,78	7,02
» de chaux.........	0,15	0,15
Carbonates de magnésie...	0,18	0,19
» de chaux......	0,02	0,01
» de potasse.....	0,23	0,21
Iodures, bromures et matières organiques.......	?	?
Eau et perte............	964,54	958,36
	1000,00	1000,00

sont amenées dans des réservoirs dont l'ensemble constitue les *marais salants*, qui sont très-peu profonds et dont l'étendue est considérable.

Les eaux, qui circulent lentement dans les divers compartiments de ces vastes bassins, se concentrent de plus en plus, et on dirige leur mouvement de telle sorte, qu'elles n'arrivent dans les bassins où le sel se dépose et qu'on appelle *tables salantes* qu'après leur concentration complète et après qu'elles se sont débarrassées de certains sels qu'elles laissent déposer pendant qu'elles se concentrent.

Le sel ainsi obtenu est réuni en tas, qu'on laisse égoutter; c'est ainsi qu'il se débarrasse des eaux mères et de la majeure partie des sels déliquescents qu'il renferme.

Les eaux mères, c'est-à-dire les eaux qui ont laissé déposer le chlorure de sodium, *sont encore une source de richesse* lorsqu'elles sont exploitées convenablement; car on peut en retirer des sels très-importants par leurs applications dans l'industrie.

2° *Par la concentration à l'aide de la congélation et l'évaporation au feu des eaux concentrées.*

Dans le nord de l'Europe, on fait congeler l'eau de mer, qui se partage alors en deux parties, l'une solide, qui est de l'eau pure, l'autre liquide et chargée d'une plus forte proportion de sel. Si l'on répète cette opération plusieurs fois, on finit par obtenir une eau qui sera presque saturée de sel, qu'on pourra retirer par une simple évaporation au feu.

SELS DE SOUDE. A, NaO.

RECONNAITRE UN SEL DE SOUDE EN DISSOLUTION.

Acide chlorhydrique	Rien.
Acide sulfhydrique en dissolution versé dans la liqueur acide	Rien.
Sulfure alcalin versé dans la liqueur neutre..	Rien.
Carbonate de soude	Rien.
Bichlorure de platine.....................	Rien.
Antimoniate de potasse	*Précipité blanc.*

SULFATE DE SOUDE. $SO^3,NaO,10HO = 161$.

Synonymie.

Sel admirable de Glauber.

Propriétés.

Cristallise en prismes à quatre pans terminés par des sommets dièdres, renfermant 56 pour 100 d'eau.

Cristaux : incolores.
transparents.

Saveur fraîche et amère.

Fusible.

1° *Dans son eau,* FUSION AQUEUSE, qu'il perd en redevenant solide.

2° *A l'état anhydre,* FUSION IGNÉE, mais à une plus haute température.

Indécomposable par la chaleur, après être devenu anhydre.

Efflorescent.

SOLUBILITÉ DANS L'EAU. Constitue un des traits saillants de son histoire.

Elle augmente de 0° à 32°,7,

Et diminue de 32°,7 à 103°.

En effet :

100 parties d'eau à	0°	dissolvent	5,02 de sulfate de soude anhydre.
»	à 32°,7	»	50,65
»	à 103°	»	42,65

Le sel dissous entre 0° et 32°,7 *ne semble pas être le même que le sel dissous entre* 32°,7 et 103° : en effet,
de 32°,7 à 0°, les cristaux qui se déposent par le refroidissement sont hydratés;
de 32°,7 à 103°, les cristaux qui se déposent à mesure qu'on élève la température sont anhydres.

Le sulfate de soude en dissolution présente un singulier exemple d'inertie de ses molécules; en effet :

Si, sur une dissolution saturée à 33°, on verse une couche d'huile, elle n'abandonnera pas ses cristaux par un refroidissement lent et tranquille; mais si l'on fait pénétrer à travers la couche d'huile une pointe de verre jusqu'au contact de la dissolution, la cristallisation commence aussitôt.

Une dissolution de sulfate de soude saturée à 33° ne cristallise pas dans le vide, quelle que soit l'agitation qu'on lui communique; mais, si on casse brusquement l'extrémité effilée du tube de verre qui la renferme et qu'on avait fermé à la lampe, lorsque la vapeur du liquide en ébullition en avait complétement chassé l'air, le sel cristallise instantanément.

Dans cette expérience, *l'augmentation de solubilité dans le vide n'est qu'apparente,* et l'absence de cristallisation paraît devoir être attribuée à l'inertie des molécules du sulfate de soude en l'absence d'une action spéciale de l'air, qui a été étudiée avec beaucoup de sagacité par M. Lœwel.

PRÉPARATION.

On attaque le sel marin par l'acide sulfurique dans une grande calotte sphérique *a* (*fig.* 89, *Pl. XI*) en fonte qui forme le fond d'une cornue dont les parois latérales et la voûte sont en briques réfractaires ou en pierres siliceuses. Cette espèce de cornue, chauffée en *b*, communique, à l'aide d'un ou de deux larges tubes en grès *c* qui lui servent de col, avec la première bonbonne d'une longue série de bonbonnes disposées en appareil de Woolf, où la majeure partie de l'acide chlorhydrique va se condenser. La réaction se termine, à une haute température, sur la sole *s* en grès ou en briques réfractaires d'un four à réverbère, qui est juxtaposé et dans lequel *on passe le produit de l'opération* encore pâteux à travers l'ouverture *o*, qu'on ferme ensuite à l'aide du registre *r*.

Réaction : $ClNa + SO^3, HO = SO^3, NaO + ClH$.

Le sulfate de soude anhydre retiré du four et dissous dans l'eau donne de très-beaux cristaux, qui renferment 10 équivalents d'eau.

USAGES.

Fabrication du carbonate de soude.

Fabrication du verre.

CARBONATE DE SOUDE. $CO^2, NaO, 10HO = 143$.

PROPRIÉTÉS PHYSIQUES.

Gros prismes rhomboïdaux, qui renferment 10 équivalents d'eau.

Saveur âcre et légèrement caustique.

Efflorescent.

Fusible :

1° *Dans son eau ;* FUSION AQUEUSE qu'il perd en redevenant solide.

2° *A l'état anhydre ;* FUSION IGNÉE, mais au rouge.

Soluble dans l'eau.

Sa solubilité ne croît pas régulièrement avec la température.

100 parties d'eau	à 14°	en dissolvent	60,4
»	à 36°	»	833
»	à 104°	»	445

PROPRIÉTÉS CHIMIQUES.

Réaction alcaline.

Indécomposable par la chaleur.

Décomposable par la vapeur d'eau à une température élevée.

Réaction : $CO^2, NaO + HO = HO, NaO + CO^2$.

Décomposé par la chaux. (Voyez *Préparation de l'hydrate de potasse*, p. 272.)

Réaction : $CO^2, NaO + HOCaO = CO^2, CaO + HO, NaO$.

PRÉPARATION.

1° *En lessivant les cendres que produit la combustion des plantes maritimes.* Pendant longtemps, on n'a eu que ce seul moyen de le préparer. (Voyez *Préparation du carbonate de potasse par lessivage des cendres que fournissent les plantes terrestres*, p. 277.)

Les deux préparations sont identiques.

Le carbonate de soude ainsi préparé porte le nom de *soude de varech ; soude d'Alicante, de Carthagène, de Malaga, etc.*

2° *Par la méthode de Leblanc,* qui fournit actuellement tout le carbonate de soude que l'industrie emploie en quantités énormes.

En calcinant sur la sole en briques réfractaires d'un four à réverbère (*fig.* 90, *Pl. XI*) un mélange grossier de

1000	parties	de sulfate de soude anhydre,
1040	»	de carbonate de chaux,
530	»	de houille de bonne qualité.

Ce qui correspond à peu près à 2 équiv. de SO^3, NaO.

3	»	de CO^2, CaO
9	»	de C.

Ce mélange, introduit par l'ouverture *o* et travaillé convenablement, est bon à retirer après 4, 5, ou 6 heures de feu, selon la grandeur du four, qui permet d'opérer sur des quantités de matière plus ou moins considérables.

Le produit retiré porte le nom de SOUDE BRUTE.

Les matières premières ont subi les transformations suivantes.

Réaction :

$$2(SO^3, NaO) + 3(CO^2, CaO) + 9C$$
$$= 2(CO^2, NaO) + CaO, 2CaS + 10CO.$$

Il s'est formé du *carbonate de soude*, de l'*oxysulfure de calcium* et de l'*oxyde de carbone*. L'oxyde de carbone s'est dégagé; la *soude brute* contient donc du *carbonate de soude*, de l'*oxysulfure de calcium* et un excès de chaux et de charbon.

En lessivant la soude brute, l'eau dissout le carbonate de soude et laisse l'oxysulfure insoluble.

La lessive évaporée dans un four à réverbère à sole creuse donne un carbonate de soude qui n'est pas pur, mais qui vaut encore mieux que les soudes d'Espagne les plus riches en carbonate.

Le carbonate de soude pur se prépare en faisant cristalliser les lessives : on obtient alors des cristaux de carbonate de soude, qu'on purifie par plusieurs cristallisations successives.

USAGES.

Fabrication du verre.

Fabrication des savons.

BICARBONATE DE SOUDE. $2(CO^2), NaO, HO = 84$.

PROPRIÉTÉS.

En masses blanches et poreuses ou *en prismes rectangulaires à quatre pans.*

Saveur salée un peu urineuse, mais beaucoup moins caustique que le carbonate neutre.

Solubilité : 100 parties d'eau à 10° en dissolvent 10,04.
» à 70° » 16,69.

Réaction alcaline.

Décomposé dans l'eau au-dessus de 70°, il perd la moitié de son acide carbonique et devient du carbonate neutre.

Décomposé par la chaleur en carbonate neutre anhydre, acide carbonique et eau.

Réaction : $2(CO^2), NaO, HO = CO^2, NaO + CO^2 + HO.$

Se décompose très-lentement à l'air humide, en perdant la moitié de son acide carbonique.

PRÉPARATION.

En faisant arriver un courant d'acide carbonique sur des cristaux de carbonate de soude placés dans des caisses en bois. Les cristaux perdent une partie de leur eau de cristallisation et absorbent de l'acide carbonique.

Réaction :

$$CO^2, NaO, 10HO + CO^2 = 2(CO^2), NaO, HO + 9HO.$$

USAGES.

Préparation domestique des eaux gazeuses.

COMPOSÉS AMMONIACAUX.

THÉORIE DE L'AMMONIUM. $H^4Az = 18$.

L'AMMONIAQUE GAZEUSE, H^3Az,

1° *Se combine aux oxacides anhydres,* l'acide sulfurique, par exemple.

Réaction : $SO^3 + H^3Az = SO^3, H^3Az.$ (I.)

Mais le composé n'est pas un sel ; car à l'ammoniaque qu'il renferme on ne peut pas substituer une base, la baryte, par exemple, par voie de double échange.

2° *Se combine aux oxacides hydratés*, l'acide sulfurique, par exemple.

Réaction : $SO^3, HO + H^3Az = SO^3, H^3Az, HO.$ (II.)

Mais, dans ce cas, à l'ammoniaque que renferme le composé ainsi formé, on peut substituer une base quelconque, la baryte, par exemple, qui le transforme en sulfate de baryte.

Réaction :

$$SO^3, H^3Az, HO + BaO = SO^3, BaO + H^3Az, HO.$$

Ce dernier composé ammoniacal se comporte donc comme un véritable sel : aussi porte-t-il le nom de sulfate d'ammoniaque ; *mais la présence d'un équivalent d'eau est in-*

dispensable. Enlevez cet équivalent d'eau, et le sulfate n'existera plus, il sera remplacé par le composé précédent.

Avec 1 équivalent d'eau, l'ammoniaque se comporte donc comme un véritable oxyde métallique.

3° *Se combine aux hydracides*, l'acide chlorhydrique, par exemple,

$$\textit{Réaction : } ClH + H^3Az = ClH, H^3Az. \quad (III.)$$

et la réaction a lieu sans qu'il se produise aucune élimination, et le composé formé jouit de toutes les propriétés des chlorures métalliques.

4° *Se combine avec l'eau;*

$$\textit{Réaction : } H^3Az + HO = H^3Az, HO. \quad (IV.)$$

et le composé jouit de toutes les propriétés d'une base alcaline énergique, comme la potasse et la soude que nous venons d'étudier.

Il bleuit le tournesol rougi.

Il verdit le sirop de violettes.

Il est caustique.

Il sature les acides.

Il précipite les bases insolubles en les remplaçant.

Tout ce que nous venons de dire conduit à admettre que

Ce n'est pas l'ammoniaque, H^3Az, *mais bien* H^3Az, HO, *qui est comparable à un oxyde métallique, et au lieu d'écrire* H^3Az, HO, *il faut écrire* $(H^4Az)O$, *qui représente un oxyde d'un corps* (H^4Az), *véritable* MÉTAL COMPOSÉ, *qu'on a appelé* AMMONIUM.

Dans ce cas, l'identité complète du composé que forme le gaz ammoniac en se combinant aux hydracides avec les sulfures, chlorures, etc., métalliques, s'explique facilement, puisque ces composés ne sont autre chose que des sulfures, chlorures, etc., du métal AMMONIUM, et par conséquent de véritables sulfures, chlorures, etc., métalliques.

Le *gaz ammoniac*, H^3Az, dissous dans l'eau....	H^3Az, HO	devient donc $(H^4Az)O$,	de l'oxyde d'ammonium.
» combiné à un oxacide hydraté..	A, H^3Az, HO	» $A, (H^4Az)O$,	un sel d'oxyde d'ammonium.
» combiné à un hydracide.......	ClH, H^3Az	» $Cl(H^4Az)$	un chlorure d'ammonium.

L'hypothèse de l'existence de l'AMMONIUM dans les composés précédents simplifie beaucop le rôle de l'ammoniaque en l'expliquant par les notions que nous possédons déjà sur les composés métalliques. Elle simplifie aussi les formules : en effet, si nous donnons à ce *métal composé*, au lieu de la formule H^4Az, la formule Am comme nous avons donné la formule Na au sodium, nous formulerons :

L'ammoniaque en dissolution.........	AmO	comme la soude.............	NaO.
Le sulfate d'ammoniaque............	SO^3, AmO	comme le sulfate de soude....	SO^3, NaO.
Le chlorhydrate d'ammoniaque......	$ClAm$	comme le chlorure de sodium.	$ClNa$.

AMALGAME D'AMMONIUM.

L'ammonium n'a jamais pu être isolé; mais Ampère l'a obtenu à l'état d'amalgame.

PRÉPARATION *de l'amalgame d'ammonium.*

Dans un tube de verre qui contient un peu de mercure, on introduit un fragment de potassium; on chauffe légèrement, et les deux métaux s'allient en produisant un bruit sec.

Sur cet amalgame de potassium, et après son refroidissement, *on verse une dissolution saturée de chlorhydrate d'ammoniaque* (*chlorure d'ammonium*), on bouche le tube avec le pouce, et on agite vivement : *le mercure conserve son aspect métallique, mais son volume s'accroît considérablement*, *et il acquiert la consistance du beurre;* dans cet état *il renferme les éléments de l'ammonium* H^4Az.

Réaction : $HgK + Cl(H^4Az) = Hg(H^4Az) + ClK$.

Le potassium se substitue à l'ammonium du chlorure d'ammonium pour produire du chlorure de potassium, et l'ammonium naissant *s'allie* au mercure.

PROPRIÉTÉS *de l'amalgame d'ammonium.*

Se décompose à la température ordinaire, en laissant dégager de l'ammoniaque et de l'hydrogène.

Réaction : $Hg(H^4Az) = Hg + H^3Az + H$.

Ce qui prouve le peu de stabilité de l'alliage et la stabilité moins grande encore de l'ammonium à l'état de liberté.

Stable, dur et cassant à — 90°.

CHLORHYDRATE D'AMMONIAQUE. ClH, H^3Az.

SYNONYMIE.

Sel ammoniac.

Chlorure d'ammonium, $Cl(H^4Az)$.

ÉTAT NATUREL.

Anciennement tout le sel ammoniac consommé en Europe venait de l'Égypte et se retirait de la suie produite par la combustion de la *fiente de chameau.*

Dans les environs des volcans.

PROPRIÉTÉS PHYSIQUES.

Cristaux longs et aiguillés le plus souvent, qui se groupent sous la forme de feuilles de fougère.

Flexibles : aussi sont-ils difficiles à pulvériser mécaniquement.

Saveur piquante.

Odeur nulle.

Volatil au rouge et *sans fusion :* celle-ci exige pour se produire une pression plus grande que celle de l'atmosphère.

Soluble dans l'eau :

100 parties d'eau à 18° en dissolvent 36 en produisant beaucoup de froid.

» 100° » 89 en produisant beaucoup de froid.

PROPRIÉTÉS CHIMIQUES.

Décomposé sous l'influence de la chaleur par plusieurs métaux des premières classes, qui passent à l'état de chlorures avec dégagement d'ammoniaque et d'hydrogène, ou d'hydrogène et d'azote.

Exemples :

1° Le *potassium* et le *sodium* agissent à une température assez basse, avec dégagement d'ammoniaque et d'hydrogène.

Réaction : $K + ClH, H^3Az = ClK + H^3Az + H.$

2° Le *zinc* et le *fer* agissent à une température plus élevée, avec dégagement d'hydrogène et d'azote.

Réaction : $Zn + ClH, H^3Az = ClZn + 4H + Az.$

Décomposé sous l'influence de la chaleur par les oxydes des métaux proprement dits de la formule MO, avec formation de chlorures métalliques volatils, dégagement d'eau et d'azote et réduction complète de l'oxyde.

Réaction : $4MO + ClH, H^3, Az = ClM + 3M + 4HO + Az.$

C'est ainsi que les surfaces métalliques peuvent être débarrassées des oxydes qui les recouvrent, *ce qui constitue l'opération du* **DÉCAPAGE**.

Préparation.

I. Par quatre opérations qui se succèdent.

I. *Formation du carbonate d'ammoniaque :*

1° Dans la distillation des matières animales ;
2° Dans l'urine qui fermente ;
3° Dans la distillation de la houille.

II. *Transformation du carbonate d'ammoniaque en sulfate d'ammoniaque.*

On prend les eaux qui renferment le carbonate d'ammoniaque ainsi formé, et on les filtre à travers le sulfate de chaux. Il se produit un phénomène de double décomposition : le sulfate de chaux qui entre en dissolution réagit sur le carbonate d'ammoniaque ; il se forme du carbonate de chaux insoluble et du sulfate d'ammoniaque qui remplace le carbonate dans les eaux. (Voyez *Lois de Berthollet*, p. 248.)

Réaction :

$$CO^2H^3, Az, HO + SO^3, CaO = SO^3, H^3Az, HO + CO^2, CaO.$$

III. *Transformation du sulfate d'ammoniaque en chlorhydrate d'ammoniaque.*

On concentre la dissolution de sulfate d'ammoniaque, et lorsqu'elle marque 19 à 20° à l'aréomètre de Baumé, on ajoute une quantité équivalente de sel marin, et on évapore rapidement.

Le sulfate de soude, moins soluble, se précipite (*Lois de Berthollet*); et plus il s'en précipite, plus il se forme de chlorhydrate d'ammoniaque qui reste en dissolution.

Réaction :

$$SO^3, H^3Az, HO + ClNa = SO^3, NaO + ClH, H^3Az.$$

Par le refroidissement le chlorhydrate, dont la solubilité décroît avec la température, cristallise.

IV. *Purification du chlorhydrate d'ammoniaque.*

On le purifie par la distillation.

II. Dans les localités où l'acide chlorhydrique est à bon marché, on peut *traiter directement les liqueurs par l'acide chlorhydrique,* qui chasse l'acide carbonique du carbonate d'ammoniaque.

Réaction :

$$CO^2, H^3Az, HO + ClH = ClH, H^3Az + CO^2 + HO.$$

On évapore à siccité et *on distille.*

C'est par suite de cette sublimation qu'on le rencontre dans le commerce en pains hémisphériques assez volumineux.

USAGES.

Préparation de l'ammoniaque dans les arts et le laboratoire.
Décapage des métaux et surtout du cuivre.

CARACTÈRES GÉNÉRAUX DES SELS AMMONIACAUX.

Neutres aux réactifs colorés lorsque leur acide est énergique.

Isomorphes avec les sels de potasse correspondants.

Incolores, excepté le chromate.

Saveur piquante.

Odeur nulle ou pénétrante de l'ammoniaque, pour le carbonate d'ammoniaque volatil à la température ordinaire.

Volatils sans décomposition par la chaleur, lorsque l'acide est gazeux : tel est le *carbonate d'ammoniaque* et toutes les combinaisons que l'ammoniaque forme avec les hydracides.

Décomposés partiellement par la chaleur lorsque l'acide est volatil : tels sont le *sulfate*, l'*azotate*, l'*azotite ;* ainsi le sulfate d'ammoniaque, au-dessus de 180°, se transforme en bisulfate en laissant dégager du gaz ammoniac.

Réaction :

$$2(SO^3, H^3Az, HO) = 2(SO^3), H^3Az, 2HO + H^3Az.$$

Décomposés par la chaleur, lorsque l'acide est fixe, en ammoniaque et en eau qui se dégagent, et en acide qui reste comme résidu ; ainsi le *borate*, le *phosphate*, etc.

Réaction : $BO^3, H^3Az, HO = BO^3 + H^3Az + HO.$

Décomposés par les alcalis fixes, tels que la potasse, la soude, la chaux, etc., qui chassent l'ammoniaque et l'eau qui constituent à eux deux une base volatile, pour s'y substituer en vertu de l'une des lois de Berthollet.

Réaction :

$$SO^3, H^3Az, HO + KO = SO^3, KO + H^3Az + HO.$$

RECONNAITRE UN SEL D'AMMONIAQUE EN DISSOLUTION.

Acide chlorhydrique	Rien.
Acide sulfhydrique dissous versé dans la liqueur acide	Rien.
Sulfure alcalin versé dans la liqueur neutre...	Rien.
Carbonate de soude	Rien.
Bichlorure de platine	*Précipité jaune.*

Ce qui ne permet plus d'hésiter qu'entre la potasse et l'ammoniaque.

Chauffé avec la potasse, il laisse dégager de l'ammoniaque qu'on reconnaît *à son odeur ;*

au papier réactif rouge qui vire au bleu ;

à la fumée qu'elle produit à l'approche d'une baguette de verre trempée dans une dissolution étendue d'acide chlorhydrique.

AZOTATE D'AMMONIAQUE. $AzO^5, H^3Az, HO = 80.$

SYNONYMIE.

Nitre inflammable.

Propriétés physiques.

Longs cristaux prismatiques à six pans ressemblant à ceux du nitre ;
flexibles ;
très-transparents.

Saveur fraîche et piquante.
Fusible à 200° environ.
Déliquescent : légèrement.
Soluble dans 2 parties d'eau froide en produisant beaucoup de froid.
dans 1 partie d'eau bouillante.

Propriétés chimiques.

Décomposé par la chaleur :

1° *Entre* 240° *et* 250°, en donnant de l'eau et du protoxyde d'azote.

Réaction : $AzO^5,H^3Az,HO = 2AzO + 4HO$.

2° *En le projetant dans un creuset chauffé au rouge ;* la décomposition a lieu avec incandescence et donne un mélange très-complexe de vapeur d'eau, d'acide azotique, de bioxyde d'azote et d'azote libre provenant en partie de réactions secondaires.

Préparation.

On verse un léger excès d'ammoniaque liquide dans de l'acide azotique; on concentre et on fait cristalliser.

Usages.

Préparation du protoxyde d'azote.
Comme sel réfrigérant. (Voyez *Solubilité des sels*, p. 245.)

BARYUM. Ba = 68,5.

Historique.

Découvert en 1807 par Davy en décomposant la *baryte* par la pile.

Propriétés.

Couleur et éclat de l'argent.
Densité pas encore bien déterminée, plus forte que celle de l'eau.
Fusible au rouge.
Fixe à la température de fusion du verre.
Se ternit à l'air en absorbant l'oxygène.

Décompose l'eau à la température ordinaire, en donnant de l'*oxyde de baryum* ou *baryte,* et de l'hydrogène.

Réaction : $Ba + HO = BaO + H$.

Aussi le conserve-t-on dans l'huile de naphte.

Préparation.

1° *Par la pile.* (Voyez *Préparation du potassium par la pile*, p. 268.)

2° *En décomposant la baryte par la vapeur de potassium.* Dans un tube de fer fortement chauffé on place deux nacelles contenant l'une de la baryte, l'autre du potassium. Le potassium en vapeur est entraîné vers la baryte par un faible courant de gaz inerte, l'hydrogène, par exemple.

Réaction : $BaO + K = KO + Ba$.

Le baryum qui a été mis en liberté par le potassium, et qui reste dans la nacelle, est traité par le mercure, qui le sépare de la baryte non attaquée, et l'amalgame ainsi formé, distillé dans un courant d'hydrogène, laisse pour résidu du baryum à l'état de pureté.

COMPOSÉS OXYGÉNÉS DU BARYUM.

Protoxyde de baryum......	BaO.
Bioxyde de baryum........	BaO^2.

PROTOXYDE DE BARYUM ou BARYTE. $BaO = 76,5$.

Propriétés physiques.

En masses spongieuses, ce qui dépend de son mode de préparation.

Friable.

Couleur grisâtre.

Saveur âcre et urineuse.

Infusible.

Solubilité dans l'eau plus grande à chaud qu'à froid.

Cristallise dans l'eau avec 10 équivalents d'eau, en formant un hydrate, $BaO, 10HO$.

Propriétés chimiques.

Indécomposable par la chaleur.

Affinité pour l'eau considérable.

1° Quand on plonge la baryte dans ce liquide, elle fait entendre le bruit d'un fer rouge qu'on plonge dans l'eau, ce qui résulte de la grande quantité de vapeur qu'elle développe dans un temps très-court.

2° Des 10 équivalents d'eau qu'elle renferme dans ses cristaux, la chaleur ne peut en chasser que 9; le dixième résiste à l'action des températures les plus élevées.

Très-caustique; désorganise promptement les substances végétales et animales.

S'hydrate et se carbonate à l'air.

Elle blanchit à l'air en peu de temps et tombe en poussière; elle s'est transformée en carbonate de baryte en prenant à l'air sa vapeur d'eau d'abord, puis son acide carbonique.

Sa dissolution, très-alcaline, doit être conservée à l'abri de l'air, pour éviter sa carbonatation.

Absorbe l'oxygène au rouge sombre, en devenant incandescente, et forme du bioxyde de baryum.

Réaction : $BaO + O = BaO^2$.

Devient incandescente au contact de l'acide sulfurique concentré versé sur elle goutte à goutte, ce qui prouve sa grande affinité pour cet acide, et par conséquent son énergie comme base.

La strontiane, la base qui se rapproche le plus de la baryte et qui est fournie par le strontium, ne produit pas ce phénomène.

PRÉPARATION.

(I.) *Préparer d'abord du sulfure de baryum.*

En traitant le sulfate de baryte naturel par le charbon, à une haute température.

Réaction : $SO^3, BaO + 4C = SBa + 4CO$.

(II.) *Transformer le sulfure de baryum en azotate de baryte.*

En traitant le sulfure de baryum SBa ainsi obtenu, et mis en dissolution, par l'acide azotique,

Réaction : $SBa + AzO^5, HO = AzO^5, BaO + SH$,

qui produit de l'azotate de baryte, en dégageant de l'hydrogène sulfuré.

On concentre et on fait cristalliser.

(III.) *Transformer l'azotate de baryte en baryte.*

On chauffe graduellement jusqu'au rouge blanc un creuset

de platine ou une cornue de porcelaine contenant l'azotate de baryte ainsi obtenu.

L'azotate fond et se décompose *en se boursouflant;* il perd tout son acide azotique, qui se décompose en vapeurs nitreuses et oxygène.

Réaction : $AzO^5, BaO = BaO + AzO^4 + O.$

L'opération est terminée lorsqu'il ne se dégage plus de vapeurs rutilantes.

BIOXYDE DE BARYUM. $BaO^2 = 84,5.$

Propriétés.

En masses spongieuses comme la baryte.

Saveur nulle.

Se délite dans l'eau sans produire de chaleur, et donne naissance à un hydrate, $BaO^2, 6HO$.

Abandonne la moitié de son oxygène au rouge vif et passe à l'état de baryte, qui peut absorber de nouveau l'oxygène de l'air au rouge sombre, pour le rendre ensuite de la même manière.

Réaction : $BaO^2 = BaO + O.$

Traité par les acides, il perd la moitié de son oxygène pour se combiner avec eux, et l'oxygène mis en liberté se fixe sur l'eau, pour former de l'*eau oxygénée.*

Réactions : $BaO^2 + ClH = ClBa + HO^2.$

$BaO^2 + AzO^5 HO = AzO^5 BaO + HO^2.$

Préparation.

En faisant passer sur de la baryte chauffée au rouge sombre, dans un tube de porcelaine ou de verre, de l'air dépouillé d'acide carbonique seulement : la baryte se suroxyde en fixant l'oxygène de l'air, et cette suroxydation est rendue plus facile par l'intervention d'un peu de vapeur d'eau que l'air peut contenir. L'opération est terminée lorsque l'air sort du tube tel qu'il y est entré.

La suroxydation de la baryte se produit avec incandescence.

CARACTÈRES GÉNÉRAUX DES SELS DE BARYTE.

Incolores, excepté le chromate.

Solubles, tels que le sulfure, le chlorure, l'azotate.

Insolubles, tels que le sulfate, le carbonate.

Saveur âcre et piquante, quand ils sont solubles.

Précipités par la potasse et la soude dans leurs dissolutions concentrées.

Ne sont pas précipités par l'ammoniaque.

Précipités par les carbonates alcalins, le carbonate de baryte étant insoluble.

Précipités par l'acide sulfurique et les sulfates : *le sulfate précipité est insoluble dans les acides.*

RECONNAITRE UN SEL DE BARYTE EN DISSOLUTION.

Acide chlorhydrique	Rien.
Acide sulfhydrique dissous versé dans la liqueur acide	Rien.
Sulfure alcalin versé dans la liqueur neutre.	Rien.
Carbonate de soude	*Précipité blanc.*
Carbonate d'ammoniaque	*Précipité blanc.*
Acide hydrofluosilicique	*Précipité blanc.*

Les sels de strontiane et de chaux ne sont pas précipités par l'acide hydrofluosilicique.

STRONTIUM. Sr = 44.

Ce métal se prépare de la même manière que le baryum et présente, ainsi que ses composés, de si grandes analogies avec le baryum et ses composés, qu'on peut dire que l'histoire du baryum est également l'histoire du strontium.

CALCIUM. Ca = 20.

PROPRIÉTÉS PHYSIQUES.

Couleur jaune rappelant le métal des cloches.

Éclat métallique à un haut degré, quand il est limé fraîchement; *il conserve son éclat dans l'air sec.*

Cassure grenue.

Malléable.

Fond au rouge.

PROPRIÉTÉS CHIMIQUES.

Se couvre rapidement, à l'air humide, *d'une couche d'hydrate de chaux*, qui passe ensuite à l'état de carbonate.

S'enflamme au rouge, après s'être fondu, et *brûle avec un éclat extraordinaire.*

Décompose l'eau à froid.

PRÉPARATION.

1° *Par la pile,* comme le *potassium,* le *baryum,* etc. (*Davy*).

2° *En faisant réagir le potassium sur la chaux,* à une température élevée.

Réaction : $CaO + K = KO + Ca$.

3° *En faisant fondre dans un creuset de fer un mélange de sodium et d'iodure de calcium.*

Le creuset est fermé à vis et chauffé jusqu'au rouge cerise. La réaction a lieu sous pression : il se forme de l'iodure de sodium, et le calcium est mis en liberté.

Réaction : $ICa + Na = INa + Ca$.

COMPOSÉS OXYGÉNÉS DU CALCIUM.

Protoxyde de calcium....	CaO
Bioxyde de calcium......	CaO^2

Nous ne parlerons que du protoxyde.

PROTOXYDE DE CALCIUM ou CHAUX. $CaO = 28$.

ÉTAT NATUREL.

JAMAIS LIBRE, à cause de son affinité pour l'eau et pour l'acide carbonique de l'air.

COMBINÉ A L'ACIDE CARBONIQUE et constituant des masses souvent énormes de *carbonate de chaux* ou *calcaire,* et qui portent aussi le nom de *pierres à bâtir, craie, marbre, etc.*

Combiné à l'acide sulfurique et constituant le *plâtre* si abondant dans la nature.

Combiné à l'acide carbonique et à l'acide phosphorique dans les os des animaux.

Combiné à la silice dans un grand nombre de roches.

PROPRIÉTÉS PHYSIQUES.

En masse blanche amorphe, dont la forme est celle des fragments qui ont servi à la préparer.

Saveur âcre.

Infusible aux températures les plus élevées.

Solubilité dans l'eau à froid, très-faible : à 15 degrés, l'eau en dissout $\frac{1}{778}$;

à chaud, plus faible encore. A 100 degrés, l'eau en dissout $\frac{1}{1270}$; aussi l'eau saturée de chaux à froid se trouble par l'ébullition.

Le lait de chaux est une dissolution de chaux tenant en suspension un grand excès de chaux.

PROPRIÉTÉS CHIMIQUES.

Indécomposable par la chaleur.

Affinité pour l'eau, très-grande.

Lorsqu'on verse ce liquide sur la *chaux anhydre* ou CHAUX VIVE, on entend un bruit pareil à celui que fait entendre la baryte dans les mêmes circonstances; elle dégage beaucoup de chaleur et la chaux, en s'emparant de 1 équivalent d'eau, se transforme en *hydrate de chaux,* CaO, HO, ou *chaux éteinte.*

En s'hydratant, et pourvu que l'eau ne soit pas en excès, la chaux augmente considérablement de volume et se divise; *elle foisonne* et *se délite.*

Caustique, elle désorganise assez promptement les matières végétales et animales.

S'hydrate et se carbonate à l'air.

Exposée à l'air, elle absorbe la vapeur d'eau, *s'éteint, se délite;* elle absorbe également l'acide carbonique et finit par se transformer en carbonate de chaux.

L'hydrate de chaux perd son eau par la calcination.

LA DISSOLUTION DE CHAUX, OU EAU DE CHAUX,

A une réaction alcaline.

Se trouble à l'air, parce que la chaux absorbe l'acide carbonique et se précipite à l'état de carbonate de chaux insoluble.

PRÉPARATION.

I. DANS LE LABORATOIRE. *En calcinant le carbonate de chaux.* Ce sel se décompose au rouge clair; il se dégage de l'acide carbonique, et la chaux fixe reste comme résidu.

Réaction : $CO^2, CaO = CaO + CO^2$.

On peut chauffer le carbonate dans une cornue de grès (*fig.* 5, *Pl. I*) et recueillir l'acide carbonique.

La décomposition peut avoir lieu à une température moins élevée, en faisant arriver de la vapeur d'eau sur le carbonate chauffé dans un tube de grès (*fig.* 17, *Pl. II*).

Selon que le calcaire employé est pur ou non, on obtient de la chaux pure ou de la chaux plus ou moins impure.

II. DANS L'INDUSTRIE. On porte au rouge le carbonate de chaux introduit dans des *fours à chaux.*

La décomposition est facilitée par la vapeur d'eau que fournissent les calcaires eux-mêmes, le combustible employé, et enfin l'air qui traverse le four.

Selon que l'on opère sur des calcaires assez purs ou renfermant, en certaine proportion, des substances étrangères, telles que du sable et de l'argile, on obtient des chaux *grasse, maigre* et *hydraulique*, dont nous parlerons plus loin.

Les fours à chaux sont de deux sortes :

Intermittents, lorsque le travail est suspendu pour retirer la chaux;

Coulants, lorsque la chaux peut être retirée sans interrompre le travail.

I. Fours intermittents ou *fours à cuisson discontinue* (*fig.* 91, *Pl. XI*).

Les plus gros morceaux de pierre calcaire sont disposés d'abord en voûte surbaissée, qu'on recouvre de fragments de plus en plus petits. On remplit ainsi la totalité du four.

Le combustible est brûlé sous la voûte jusqu'à calcination complète ; on laisse refroidir et on enlève la chaux, pour recommencer ensuite une nouvelle opération.

II. Fours coulants.

1° Dans le four (*fig.* 92, *Pl. XI*) construit en briques, et dont la forme est celle d'un cône renversé, on place alternativement une couche de houille et une couche de calcaire, et *on le maintient constamment plein jusqu'à la partie supérieure par laquelle s'opère la charge.* A la partie inférieure sont ménagées trois ouvertures en maçonnerie par lesquelles on retire la chaux cuite ; l'une d'elles est figurée en *d*.

Dans ces fours, les cendres du combustible sont mélangées à la chaux, ce qui altère sa qualité.

2° Dans le four (*fig.* 93, *Pl. XII*), on ne mêle pas au calcaire le combustible, qui, dans ces conditions, peut être de qualité inférieure, comme houille menue, lignite, tourbe, etc.

Ces fours ont ordinairement deux foyers *f*, quelquefois trois.

On retire la chaux cuite en *o*, tandis qu'on charge le calcaire neuf par la partie supérieure.

Ces fours peuvent fonctionner des années entières sans interruption; on n'arrête le travail que lorsque le four, crevassé, est hors de service.

USAGES.

Préparation des mortiers.

Décarbonatation de la potasse et de la soude, etc.

CHLORURE DE CALCIUM. $ClCa, 6HO = 109,5$.

PROPRIÉTÉS.

Très-déliquescent.

A 200°, il perd 4 équivalents d'eau et se transforme en une *masse poreuse* EXCELLENTE POUR DESSÉCHER LES GAZ.

Au rouge, il perd complétement son eau, subit la fusion ignée, et peut être coulé en plaques qu'on réduit en fragments, afin de pouvoir les introduire dans des vases parfaitement clos.

A cet état, il est surtout employé pour OPÉRER LA DESSICCATION DES GAZ : *il faut en excepter le gaz ammoniac qu'il absorbe.*

PRÉPARATION.

En traitant le carbonate de chaux par l'acide chlorhydrique, jusqu'à cessation de toute effervescence.

Réaction : $CO^2, CaO + ClH = ClCa + CO^2 + HO$.

On concentre par l'évaporation, et la liqueur refroidie laisse déposer des cristaux de chlorure de calcium qui renferment 6 équivalents d'eau, $ClCa, 6HO$.

SELS DE CHAUX. A, CaO.

Ils sont précipités par l'oxalate d'ammoniaque, et l'oxalate de chaux précipité, complétement insoluble dans l'eau, est soluble dans les acides et donne de la *chaux vive* par une forte calcination.

RECONNAITRE UN SEL DE CHAUX EN DISSOLUTION.

Acide chlorhydrique...............	Rien.
Acide sulfhydrique dissous versé dans la liqueur acide.................	Rien.
Sulfure alcalin versé dans la liqueur neutre.........................	Rien.
Carbonate de soude...............	*Précipité blanc.*
Carbonate d'ammoniaque..........	*Précipité blanc.*
Sulfate de chaux dissous...........	Rien.

Le sulfate de chaux précipite en blanc les sels de baryte et de strontiane.

CARBONATE DE CHAUX. $CO^2,CaO = 50$.

ÉTAT NATUREL.

Forme une partie de l'écorce du globe et se présente dans la nature sous des formes très-variées.

Cristallisé et diamorphe, comme dans le *spath d'Islande* et l'*arragonite;* et *c'est le premier cas de dimorphisme qui ait été signalé.* En effet :

1° *Dans le* SPATH D'ISLANDE, les cristaux sont des rhomboèdres et présentent le phénomène de la double réfraction.
Densité $= 2,7$.

2° *Dans l'*ARRAGONITE, les cristaux sont des prismes rectangulaires.
Densité $= 2,93$.

Amorphe, comme dans la *craie.*

A l'état de STALACTITES *et de* STALAGMITES.

Certaines eaux chargées d'acide carbonique dissolvent le carbonate de chaux en le faisant passer à l'état de bicarbonate soluble.

$$\textit{Réaction} : CO^2,CaO + CO^2 = (CO^2)^2,CaO.$$

Lorsque ces eaux, ainsi chargées de carbonate de chaux, arrivent à la surface du sol, l'excès d'acide carbonique qui tient en dissolution le carbonate neutre de chaux se dégage; celui-ci se précipite et forme des dépôts calcaires plus ou moins volumineux.

Telles sont les EAUX INCRUSTANTES de *Saint-Alyre,* près de Clermont-Ferrand, dans lesquelles il suffit de plonger et de laisser séjourner pendant un certain temps des objets quelconques, tels que médailles, fruits, etc., pour les voir se recouvrir d'une couche plus ou moins épaisse de carbonate de chaux cristallisé.

Telles sont certaines eaux qui arrivent par infiltration à la partie supérieure d'une grotte : chaque goutte d'eau, chargée du sel calcaire, et qui suinte à la voûte de l'excavation, laisse dégager à l'air une partie de l'acide carbonique qu'elle renferme et précipiter une quantité correspondante de carbonate de chaux; les gouttes d'eau se succèdent, le dépôt s'accroît donc sans cesse en formant un cône dont la base est attachée à la voûte et dont la pointe est dirigée vers le bas, et qui porte le nom de *stalactite;* c'est l'ALBATRE DES ANCIENS, lorsqu'elle se présente avec une belle couleur blanche.

Mais une partie de l'eau qui suinte tombe avant d'avoir perdu tout l'acide carbonique qu'elle peut perdre ; de là, sur le sol, un autre dépôt conique dont la pointe est dirigée vers le sommet de la grotte, et qui porte le nom de *stalagmite.*

Ces deux cônes, dont les dimensions s'accroissent sans cesse, finissent par se rejoindre après un temps plus ou moins long et par former de véritables colonnes.

Dans les os.
Dans les coquilles d'œufs.
Dans les écailles d'huîtres.
Etc.

ACTION DE LA CHALEUR.

Il se décompose. (Voyez *Fabrication de la chaux*, p. 314.)

Il fond lorsqu'on le chauffe dans un appareil qui ne permet pas à l'acide carbonique de s'échapper, et cristallise ensuite par le refroidissement en présentant tous les caractères du *marbre.*

SULFATE DE CHAUX. $SO^3, CaO, 2HO = 86$.

SYNONYMIE.

Gypse.
Pierre à plâtre.

ÉTAT NATUREL.

Très-répandu dans la nature, moins cependant que le carbonate de chaux.

Quelquefois en cristaux parfaitement définis qui affectent la forme de *fer de lance,* qui sont très-tendres, puisqu'ils peuvent être rayés par l'ongle, et qui se clivent en feuilles très-minces.

Quelquefois en masses blanches et translucides qui sont composées d'une infinité de petits cristaux entrelacés, et qu'on appelle l'ALBATRE GYPSEUX.

On le rencontre aussi à l'état anhydre, l'*anhydrite,* SO^3, CaO.

PROPRIÉTÉS.

Solubilité dans l'eau, très-faible, et moins *à chaud qu'à froid;*

aussi une dissolution saturée à froid se trouble par l'ébullition.

Son maximum de solubilité correspond à la température de 35°.

1 litre d'eau à	12°	dissout	2gr,33	de sulfate de chaux.
»	35°	»	2gr,50	»
»	100°	»	2gr,00	»

Les eaux sont dites SÉLÉNITEUSES, lorsqu'elles renferment du sulfate de chaux.

Elles ne sont pas potables.

Elles sont impropres à l'alimentation,
à la cuisson des légumes,
au savonnage,
à l'alimentation des générateurs de vapeur, parce qu'elles produisent des dépôts considérables,
etc.

Chauffé à 130°, il devient anhydre, mais il s'hydrate rapidement lorsqu'on le met en contact avec l'eau.
à 160° il s'hydrate encore, mais très-lentement.
au rouge cerise, il ne peut plus s'hydrater.
au rouge blanc, il fond, et, par le refroidissement, il se prend en une masse cristalline qui ressemble à l'*anhydrite*.

Le plâtre, gâché avec l'eau, augmente sensiblement de volume en se solidifiant, ce qui le rend *très-précieux pour les mouleurs,* parce qu'il tend à pénétrer dans les plus petites cavités du moule.

PRÉPARATION.

Comme mortier, le plâtre joue un grand rôle dans les constructions; son emploi se rattache à la propriété qu'il possède, après avoir perdu son eau à une température modérée, de s'hydrater de nouveau très-rapidement en reprenant la forme cristalline, et de *faire prise* par suite de l'entrelacement de ses cristaux.

Il importe donc de conduire la cuisson du plâtre de façon à ne pas trop élever la température.

Pour cela on forme avec les plus gros morceaux de *pierre à plâtre* une série de voûtes rapprochées les unes des autres (*fig* 94, *Pl. XII*) qu'on recouvre de couches successives de fragments de moins en moins gros, de façon à atteindre la hauteur de charge du four.

Cela fait, on allume sous chaque voûte des fagots ou tout autre combustible susceptible de donner une longue flamme, et l'on a soin de conduire l'opération avec lenteur et régularité.

Le plâtre ainsi cuit est mis en poudre et livré au commerce.

Il est évident que la cuisson est inégale, quels que soient les soins et l'habileté apportés à la conduite du feu ; ainsi :

1° La partie la plus rapprochée du feu a subi l'action d'une température trop élevée ; elle ne peut pas *faire prise* avec l'eau ; *elle est inerte*

2° La partie la plus éloignée du feu a subi une déshydratation incomplète, *mais elle n'est pas inerte.*

3° Enfin, la partie moyenne *est cuite au point voulu.*

Le tout réuni forme un plâtre d'excellente qualité, puisqu'il est reconnu qu'un bon plâtre de construction doit contenir une certaine quantité de corps étrangers inertes qui peut aller jusqu'à 20 pour 100.

USAGES.

Comme mortier. On l'emploie de la manière suivante :

Le plâtre mis en poudre est délayé avec de l'eau de manière à former une bouillie. Après quelques instants cette bouillie s'échauffe un peu ; le sulfate de chaux se combine à l'eau qu'il solidifie en quantité considérable en passant lui-même à l'état solide.

Pour prendre l'empreinte des médailles. On opère de la manière suivante :

On entoure une médaille ou une pièce de monnaie légèrement graissée d'une bande de papier huilé, dont on réunit avec soin les deux extrémités de manière à former un rebord autour de la pièce (*fig.* 95, *Pl. XII*).

Dans un vase on gâche avec de l'eau du plâtre des mouleurs, plâtre de choix et cuit avec grand soin, hors du contact du combustible, dans des fours analogues aux fours des boulangers et à une température qui ne dépasse pas 160° ; on en forme une pâte claire qu'on verse dans le cylindre formé par le papier qui s'enroule autour de la pièce. Après un instant on peut enlever le plâtre durci qui porte l'empreinte de la pièce de monnaie reproduite avec la plus grande netteté.

Le moule en plâtre pourra, par la même méthode, servir à reproduire le relief de la pièce dont il porte l'empreinte en creux.

C'est ainsi qu'on peut, en coulant du soufre dans un moule en plâtre préparé comme nous venons de le dire, reproduire en soufre une médaille dont les dimensions sont exactement celles d'une médaille de bronze, par exemple, dont on a pris l'empreinte : en effet, en sens contraire du plâtre, qui augmente de volume en se solidifiant, le soufre en fusion se contracte en passant à l'état solide ; mais ces deux effets contraires sont égaux, donc ils se neutralisent mutuellement.

STUC AU PLATRE, *ou plâtre gâché avec de l'eau tenant de la gélatine en dissolution.*

Ce plâtre devient beaucoup plus dur, se laisse polir facilement, et, dans cet état, *ressemble beaucoup à du marbre.*

PLATRE ALUNÉ. Il se prépare en faisant cuire de la pierre à plâtre de première qualité qu'on trempe ensuite dans une dissolution qui renferme 10 pour 100 d'alun, et en la faisant cuire de nouveau jusqu'au rouge.

La prise de ce plâtre exige un temps plus considérable, ce qui lui permet de pénétrer dans les plus petites cavités du moule.

Il acquiert une plus grande dureté que le plâtre ordinaire.

Il donne un produit mat qui possède à la fois la dureté et la demi-transparence du marbre.

CHLORURE DE CHAUX. $ClO, CaO + ClCa = 127$.

ACTION DU CHLORE SUR LES HYDRATES ALCALINS OU ALCALINO-TERREUX.

Nous rappellerons ce que nous avons déjà dit de l'action du chlore sur les oxydes alcalins en présence de l'eau (p. 219).

Lorsqu'on fait arriver du chlore dans une dissolution étendue de potasse ou *de soude*, dans un *lait de chaux* ou sur de la *chaux éteinte*, 2 équivalents de chlore réagissent sur un premier équivalent de la base employée : l'un s'empare du métal pour former un chlorure, et l'autre se combine à l'oxygène pour donner naissance à de l'acide hypochloreux qui se combine à un second équivalent de base pour former un hypochlorite.

Le mélange de chlorure et d'hypochlorite, ainsi formé, *porte un nom qui varie avec la base employée :* ainsi, on l'appelle :

1° *Eau de Javel,* lorsqu'il est formé avec la potasse,

Réaction : $2Cl + 2KO = ClK + ClO, KO$;

2° *Liqueur de Labarraque,* lorsqu'il est formé avec la soude,

Réaction : $2Cl + 2NaO = ClNa + ClO, NaO$;

3° *Chlorure de chaux,* lorsqu'il est formé avec la chaux,

Réaction : $2Cl + 2CaO = ClCa + ClO, CaO$.

Le chlorure de chaux est donc un mélange d'hypochlorite de chaux et de chlorure de calcium, dans lequel il existe toujours un excès de chaux hydratée, et ce que nous allons dire sur ses propriétés et sur sa manière d'agir peut s'appliquer à l'*eau de Javel* et à la *liqueur de Labarraque.*

Synonymie.

Chlorure désinfectant.
Chlorure pour blanchiment.

Propriétés.

Blanc.

Amorphe.

Pulvérulent.

Odeur qui rappelle celle du chlore.

Très-soluble dans l'eau. Sa dissolution a une *réaction alcaline ;* elle *ramène au bleu le papier de tournesol rougi* par un acide, et *finit par le décolorer.* Il agit d'abord par la chaux qu'il renferme et ensuite par le chlore qu'il dégage.

Se transforme dans l'eau portée à l'ébullition en un mélange de chlorate de chaux et chlorure de calcium.

Réaction :

$$3(ClO, CaO + ClCa) = ClO^5, CaO + 5ClCa.$$

Décomposé par les acides, même les plus faibles, tels que l'acide carbonique, qui mettent en liberté le chlore de l'acide hypochloreux et du chlorure de calcium.

Réaction :

$$ClO,CaO + ClCa + 2A = 2(A,CaO) + 2Cl.$$

Cette propriété d'être décomposé par les acides et de donner tout le chlore qu'il renferme explique son emploi comme agent de décoloration. (Voyez *Action décolorante du chlore*, p. 102.)

Il présente aussi le précieux avantage de contenir sous un petit volume des quantités considérables de chlore, d'où il résulte qu'on peut, sans beaucoup de frais, transporter des quantités considérables de ce précieux agent de décoloration.

PRÉPARATION.

Elle se fait en grand, en faisant arriver du chlore sur un excès de chaux éteinte, étalée en couche de 3 à 4 centimètres d'épaisseur sur des tablettes horizontales qui sont placées dans de grandes chambres en maçonnerie.

MAGNÉSIUM. Mg = 12.

PROPRIÉTÉS PHYSIQUES.

Éclat de l'argent.

Assez malléable.

Densité = 1,75.

Fusible au rouge à 500° environ, *comme le zinc.*

Volatil à la chaleur blanche, *comme le zinc.*

PROPRIÉTÉS CHIMIQUES.

S'oxyde très-lentement à l'air humide,

très-lentement dans l'eau à la température ordinaire de 30°,

promptement au contact de l'eau chaude,

vivement quand on le chauffe dans l'oxygène ; il brûle alors avec une flamme éclatante et donne de la magnésie.

Réaction : $Mg + O = MgO$.

PRÉPARATION.

LA PILE RÉDUIT *la potasse*, la *soude*, la *baryte*, la *strontiane* et la *chaux*.

Réaction : $KO = K + O$.

LE CHARBON RÉDUIT la *potasse et la soude*, et donne leurs métaux.

Réaction : $KO + C = CO + K$.

Le potassium et le sodium réduisent la *baryte*, la *strontiane* et la *chaux*, et donnent leurs métaux.

Réaction : $BaO + K = KO + Ba$.

Ni la pile, ni le charbon, ni le potassium et le sodium ne peuvent réduire l'oxyde de magnésium ou magnésie, et l'oxyde d'aluminium ou alumine.

C'est en faisant agir à une température peu élevée le potassium et le sodium sur les chlorures de magnésium et d'aluminium qu'on peut mettre en liberté ces deux métaux.

Réaction : $ClMg + K = ClK + Mg$.

OXYDE DE MAGNÉSIUM ou MAGNÉSIE. $MgO = 20$.

On ne connaît qu'un seul oxyde de magnésium.

Propriétés.

Pulvérulente.

Blanche.

Un peu sapide; car elle n'est pas tout à fait insoluble dans l'eau.

Infusible et fixe au feu de forge.

Solubilité extrêmement faible : l'eau en dissout de $\frac{1}{100000}$ à $\frac{2}{1000000}$, et acquiert une réaction faiblement alcaline; elle *verdit le sirop de violettes.*

S'hydrate très-lentement au contact de l'eau.

Se carbonate lentement à l'air.

Base énergique, qui sature bien les acides.

Préparation.

1° *En calcinant le carbonate de magnésie :* l'eau et l'acide carbonique qui entrent dans sa constitution sont chassés, et il reste de la magnésie, dont on reconnaît la causticité en la traitant par un acide qui doit la dissoudre sans effervescence.

2° *En la précipitant d'un de ses sels par la potasse :* elle contient alors 1 équivalent d'eau et se formule MgO, HO.

Usages.

Comme, d'une part, malgré qu'elle soit une base énergique, elle n'agit pas à la façon des bases caustiques sur la membrane muqueuse qui tapisse les voies digestives, à cause de sa presque insolubilité, et comme, d'autre part, elle n'est nullement toxique, on peut l'administrer à toutes doses, à l'intérieur, pour saturer les acides qui peuvent se développer dans l'estomac, tels que l'acide carbonique, ou qui peuvent y être introduits. C'est le contre-poison des acides et même de l'acide arsénieux, avec lequel elle forme un sel insoluble, et par conséquent non absorbable.

SELS DE MAGNÉSIE.

ÉTAT NATUREL.

Le *chlorure*, le *sulfate*, le *bicarbonate* existent dans certaines eaux naturelles.

Les *silicates* sont nombreux : tels sont l'écume de mer, le talc, la serpentine, etc.

Le *carbonate neutre*, qui peut exister seul, est le plus souvent associé, en proportions très-variables, avec le carbonate de chaux.

On appelle DOLOMIE le sel double que forme le carbonate de magnésie uni au carbonate de chaux et formant le composé (CO^2, CaO), (CO^2, MgO).

QUELQUES CARACTÈRES DES SELS DE MAGNÉSIE.

Saveur très-amère, lorsqu'ils sont solubles; de là le nom de *terre amère* donné à la magnésie.

Précipités par le phosphate de soude et d'ammoniaque, le *phosphate ammoniaco-magnésien étant presque insoluble*.

RECONNAITRE UN SEL DE MAGNÉSIE EN DISSOLUTION.

Acide chlorhydrique	Rien.
Acide sulfhydrique dissous versé dans la liqueur acide	Rien.
Sulfure alcalin versé dans la liqueur neutre	Rien.
Carbonate de soude	*Précipité blanc.*
Carbonate d'ammoniaque en ébullition.	Rien.

Tandis que la chaux, la baryte ou la strontiane donnent un précipité blanc.

SULFATE DE MAGNÉSIE. SO^3, MgO, 7HO = 123.

ÉTAT NATUREL.

Dans les eaux de la mer, en grande quantité.

Dans certaines eaux de sources, Epsom, en Angleterre.
Sedlitz, en Bohême.

Il est probable que les eaux se chargent de sulfate de magnésie en se chargeant d'abord de sulfate de chaux, qui, lorsqu'elles filtrent à travers les *roches dolomitiques*, se transforme, au contact du carbonate de magnésie, en sulfate de magnésie. On peut vérifier cette réaction en faisant passer plusieurs fois une dissolution de sulfate de chaux sur une couche de calcaire magnésien pulvérisé : l'eau se charge de sulfate de magnésie, tandis qu'il se forme du carbonate de chaux insoluble.

PROPRIÉTÉS.

Incolore.

Saveur amère et salée.

Solubilité : 100 parties d'eau à 14° en dissolvent 32,76.
» 97° » 72

Efflorescent.

Eau de cristallisation. Varie avec la température à laquelle se sont formés les cristaux ; ainsi

les cristaux formés	à 15°	renferment	7 équiv. d'eau ;
»	entre 25° et 30°	»	6 »
»	à 0°	»	12 »

Fusion aqueuse. Il fond dans son eau de cristallisation, qu'il perd en se solidifiant.

Fusion ignée. Après avoir perdu son eau, il fond de nouveau, à une température plus élevée.

Décomposé par la chaleur à une température élevée.

ALUMINIUM. Al = 13,67.

HISTORIQUE.

Isolé, en 1827, par *Wœhler.*

En traitant le chlorure d'aluminium par le potassium, il obtint une poudre grise qui prenait sous le brunissoir l'éclat métallique de l'étain.

M. H. Sainte-Claire Deville, en 1854, *lui a fait prendre rang parmi les métaux usuels.*

PROPRIÉTÉS PHYSIQUES

Couleur blanche, légèrement bleuâtre.

Malléable.

Ductile.

Dureté presque aussi grande que celle de l'argent.

Ténacité presque aussi grande que celle de l'argent.

Sonorité très-grande.

Densité = 2,56, celle du verre ordinaire.

Fusibilité ; son point de fusion est intermédiaire entre celui du zinc et celui de l'argent.

Volatilité pas sensible.

Propriétés chimiques.

Non attaqué par l'air, l'eau ou sa vapeur, *l'hydrogène sulfuré,* qui sont également sans action à la température rouge.

Acide azotique.

1° *A froid,* rien.

2° *Bouillant,* l'attaque lentement.

Acide sulfurique étendu, rien.

Acide chlorhydrique, l'attaque très-énergiquement.

$$\textit{Réaction :}\ 2\,Al + 3\,Cl\,H = Cl^3\,Al^2 + 3\,H$$

Alcalis en dissolution et même l'*ammoniaque,* l'attaquent rapidement.

Alcalis fondus, sans action.

Nitre. Peut être fondu avec lui, sans l'oxyder.

S'allie à plusieurs métaux. L'alliage de cuivre, qui renferme 10 pour 100 d'aluminium et qui constitue un bronze d'un beau jaune d'or très-dur, rend de réels services et est appelé à en rendre de plus grands encore.

Préparation.

En faisant réagir le sodium sur le chlorure double d'aluminium et de sodium.

$$\textit{Réaction :}\ Cl^3\,Al^2,\,Cl\,Na + 3\,Na = 4\,Cl\,Na + 2\,Al.$$

Usages.

Sa malléabilité,

Sa légèreté, et

Son inaltérabilité en font un métal précieux, dont les emplois se multiplient et se multiplieront encore avec l'abaissement de son prix de revient.

OXYDE D'ALUMINIUM ou ALUMINE. $Al^2\,O^3 = 51,34$.

État naturel.

I. Alumine anhydre.

Le *corindon hyalin* ou *saphir blanc* est de l'alumine pure cristallisée, **LE CORPS LE PLUS DUR APRÈS LE DIAMANT.**

Le *rubis oriental,* le *saphir,* etc., sont également constitués par de l'alumine cristallisée et colorée par des traces d'oxydes métalliques.

L'*émeri,* employé pour le polissage des agates, etc., est du corindon opaque, qui doit sa coloration à de l'oxyde de fer.

Ces corps sont *très-durs*,
insolubles dans les acides et les alcalis.

II. **Alumine hydratée.**

Le *gibsite*, le *diaspore*, etc., sont constitués par de l'alumine naturelle hydratée.

III. **Alumine en combinaison**, dans les *argiles*, les *marnes*, les *feldspaths*, le *mica*, etc.

Propriétés.

I. **Alumine hydratée.**

Gélatineuse.

Insoluble dans l'eau.

Soluble dans les acides, avec lesquels elle donne des sels à base d'alumine.

Soluble dans la potasse, avec laquelle elle donne un aluminate de potasse.

Soluble dans la soude, avec laquelle elle donne un aluminate de soude.

Très-peu soluble dans l'ammoniaque.

C'est donc un oxyde indifférent, jouant tantôt le rôle de base, tantôt le rôle d'acide.

Ne perd complétement son eau que par une très-forte calcination.

S'unit aux matières colorantes d'origine organique, pour donner naissance à des composés colorés ou *laques* qu'on emploie dans la peinture.

II. **Alumine anhydre.**

Amorphe et en poudre.

Indécomposable par la chaleur.

Fusible seulement au chalumeau à gaz oxyhydrogène.

Insoluble dans les acides et les alcalis quand elle a été portée au rouge.

Préparation.

I. **Alumine hydratée.** Al^2O^3, HO.

En précipitant un sel d'alumine soluble, le sulfate d'alumine ou l'alun, par exemple, par l'*ammoniaque*, ou mieux, par le *carbonate d'ammoniaque*.

Le carbonate d'alumine précipité, en admettant qu'il puisse se former, est si peu stable, qu'il se décompose immédiatement en alumine hydratée et acide carbonique qui se dégage.

Le précipité, reçu sur un filtre, est lavé à l'eau bouillante.

II. Alumine anhydre.

1° *En calcinant l'alumine hydratée* ainsi obtenue.

2° *En décomposant par la chaleur le sulfate double d'alumine et d'ammoniaque* ou *alun ammoniacal*. La matière blanche et très-légère qui reste dans le creuset est de l'alumine anhydre.

Pourquoi l'alumine est-elle formulée Al^2O^3 ?

Nous ne connaissons qu'un oxyde d'aluminium; il paraîtrait donc naturel de donner à cet oxyde la formule de la potasse ou de la soude; mais on a dû lui assigner la formule Al^2O^3, à cause de son isomorphisme avec certains oxydes qui appartiennent au type M^2O^3. Ainsi le corindon cristallise comme le sesquioxyde de fer, Fe^2O^3, et comme le sesquioxyde de chrome, Cr^2O^3, et ces oxydes peuvent se remplacer mutuellement dans les combinaisons salines, sans altérer la forme cristalline des sels. (Voyez *Isomorphisme*, p. 35, et *Aluns*, p. 330; voyez également *Neutralité chimique des sels*, p. 235.)

CHLORURE D'ALUMINIUM. $Cl^3Al^2 = 133,63$.

Propriétés.

Solide et cristallin.

Très-fusible.

Volatil à une température peu supérieure à 100°. *Il répand à l'air des fumées suffocantes.*

Très-déliquescent.

Très-soluble dans l'eau, dont il élève considérablement la température.

La dissolution de chlorure d'aluminium est décomposée par l'évaporation en alumine et acide chlorhydrique :

Réaction : $Cl^3Al^2 + 3HO = Al^2O^3 + 3ClH$;

on ne peut donc pas produire du chlorure d'aluminium anhydre, en évaporant à siccité une dissolution d'alumine dans l'acide chlorhydrique.

Préparation.

En faisant réagir au rouge sombre le chlore parfaitement sec sur un mélange intime de 100 parties d'alumine pure provenant de la calcination de l'alun ammoniacal avec 40 parties de charbon.

Dans cette réaction on fait intervenir deux affinités pour opérer la décomposition de l'alumine : l'affinité du charbon pour l'oxygène, et celle du chlore pour l'aluminium.

$$\textit{Réaction :}\ Al^2O^3 + 3C + 3Cl = Cl^3Al^2 + 3CO.$$

On introduit le mélange dans une cornue de grès chauffée ; cette cornue porte une tubulure dans laquelle s'engage un tube de grès qui pénètre jusqu'au fond, et qui livre passage au chlore : les vapeurs de chlorure d'aluminium sont condensées dans un récipient disposé pour cela.

SELS D'ALUMINE. A^3, Al^2O^3.

RECONNAITRE UN SEL D'ALUMINE EN DISSOLUTION.

Acide chlorhydrique	Rien.
Acide sulfhydrique dissous versé dans la liqueur acide	Rien.
Sulfure alcalin versé dans la liqueur neutre...	*Précipité blanc.*
Ce qui fait qu'on ne peut le confondre qu'avec un sel de zinc.	
Ammoniaque en dissolution	*Précipité blanc,*

insoluble dans un excès de réactif, tandis que le précipité que donne un sel de zinc est soluble dans un excès d'ammoniaque.

ALUNS.

LEUR FORMULE GÉNÉRALE EST

$$[(SO^3)^3, M^2O^3], (SO^3, MO), 24HO.$$

Ce sont donc des sulfates doubles formés par la combinaison d'un sulfate d'une base à formule MO avec un sulfate d'une base à formule M^2O^3. Ainsi

$$[(SO^3)^3, Al^2O^3], (SO^3 KO), 24HO$$

est un alun qu'on appelle *alun à base d'alumine et de potasse.*

Les aluns ne contiennent pas nécessairement de l'alumine ; cette base peut être remplacée par une base de même formule, M^2O^3.

EXEMPLES :

$[(SO^3)^3, Fe^2O^3], (SO^3, KO), 24HO$, *alun de fer ;*
$[(SO^3)^3, Cr^2O^3], (SO^3, KO), 24HO$, *alun de chrome.*

Les aluns ne contiennent pas nécessairement de la potasse; cette base peut être remplacée par une base de même formule, MO.

EXEMPLES :

$[(SO^3)^3, Al^2O^3], (SO^3, NaO), 24HO$, *alun à base de soude;*

$[(SO^3)^3, Al^2O^3], (SO^3, H^3Az, HO), 24HO$, *alun à base d'ammoniaque.*

Ou mieux :

$[(SO^3)^3, Al^2O^3], [SO^3, (H^4Az)O], 24HO$, *alun à base d'oxyde d'ammonium;*

car c'est en adoptant la théorie de l'ammonium qu'on comprend l'isomorphisme de l'oxyde d'ammonium, $(H^4Az)O$, avec l'oxyde de potassium, KO.

Ces composés offrent un exemple remarquable d'isomorphisme; car toutes les substitutions des bases les unes aux autres n'altèrent en rien la forme octaédrique des cristaux.

ALUN A BASE D'ALUMINE ET DE POTASSE.

PROPRIÉTÉS PHYSIQUES.

Octaédrique ordinairement.

Saveur sucrée d'abord, puis styptique et amère.

Solubilité plus grande à chaud.

100 parties d'eau à	10°	en dissolvent	9,52
»	60°	»	30,92
»	100°	»	357,48

Il fond dans son eau de cristallisation, fusion aqueuse, et, lorsqu'on le refroidit dans cet état, il a l'aspect vitreux et porte le nom d'*alun de roche*.

S'effleurit très-lentement.

PROPRIÉTÉS CHIMIQUES.

Réaction acide.

Perd son eau par la chaleur, se boursoufle et forme une masse blanche, poreuse, opaque, qui a la forme d'un champignon (*fig.* 96, *Pl. XII*), et qui porte le nom d'ALUN CALCINÉ. Cet alun anhydre est très-avide d'eau et s'emploie quelquefois comme caustique.

Décomposé par une température plus élevée, *sans subir la fusion ignée,* et il laisse pour résidu de l'*aluminate de potasse.*

Chauffé avec du charbon, il est réduit à l'état de *sulfure de potassium* très-divisé par le charbon en excès et par l'alumine, qui est également un des produits de la réaction.

Réaction : $[(SO^3)^3, Al^2O^3], (SO^3, KO) + 7C + nC$
$= Al^2O^3 + SK + 3SO^2 + 7CO + nC.$

Ce sulfure s'enflamme à l'air et constitue un pyrophore analogue au *pyrophore* de Gay-Lussac, dont nous avons déjà parlé en étudiant le *monosulfure de potassium.* (Voyez p. 274.)

PRÉPARATION.

1° *En combinant directement le sulfate d'alumine dissous avec le sulfate de potasse* également dissous.

Réaction : $(SO^3)^3, Al^2O^3 + SO^3, KO + 24\,HO$
$= [(SO^3)^3, Al^2O^3], (SO^3, KO), 24\,HO.$

2° *En calcinant à l'air des schistes argileux* qui contiennent des pyrites de fer, S^2Fe, et des matières charbonneuses ou bitumineuses : la pyrite de fer s'oxyde à l'air avec production de sulfate de fer et d'acide sulfurique libre.

Réaction : $S^2Fe + 7O + HO = SO^3\,FeO + SO^3, HO.$

L'acide sulfurique libre se combine à l'alumine de l'argile qui a été rendue plus attaquable par une légère calcination, et donne naissance à du sulfate d'alumine.

Si les schistes sont très-pauvres en principes combustibles, on les stratifie avec de la houille même, du menu bois ou des fagots, de manière à en former des tas très-étendus : on met le feu au centre de chaque tas et on conduit la combustion en ouvrant çà et là des évents.

Les cendres lessivées donnent des liqueurs qui sont soumises à l'évaporation jusqu'à ce que le sulfate de fer cristallise, tandis que le sulfate d'alumine, beaucoup plus soluble, reste dans les eaux mères.

Il suffit d'ajouter à ces eaux mères du sulfate de potasse pour obtenir de l'alun.

3° *En calcinant un produit naturel, appelé* ALUNITE *ou* PIERRE D'ALUN, qui a la composition suivante,

$$3\,(SO^3, Al^2O^3), (SO^3, KO), 9HO,$$

on obtient, en Italie, l'alun connu sous le nom d'ALUN DE ROME.

La calcination chasse l'eau et sépare 2 équivalents d'alumine qui reste mêlée à l'alun ordinaire :

$$2\,Al^2O^3 + [(SO^3)^3, Al^2O^3)], (So^3, KO).$$

En traitant ce résidu par l'eau, on dissout l'alun qui cristallise avec ses 24 équivalents d'eau, mais EN CUBES, ce qui paraît devoir être attribué au léger excès d'alumine qu'il retient toujours.

USAGES.

Dans la teinture comme mordant, c'est-à-dire pour fixer sur les étoffes les matières colorantes d'origine organique qui sont solubles dans l'eau.

ARGILES.

Ce sont des combinaisons en proportion variable de silice et d'alumine, et *éminemment plastiques* lorsqu'elles sont imbibées d'eau.

FORMATION DES ARGILES.

Elles semblent être le produit de la décomposition des feldspaths, qui sont des silicates doubles dont le caractère le plus remarquable est de s'altérer sous l'influence des agents extérieurs. Cette altération consiste dans la séparation des deux bases qui entrent dans leur composition, et dont l'une est toujours l'alumine, l'autre pouvant être une base quelconque alcaline ou alcalino-terreuse.

Ces deux bases, en se séparant, se partagent l'acide silicique, et le silicate d'alumine ainsi formé semble constituer les argiles qui renferment presque toujours des débris de nombreuses variétés de feldspath, et quelquefois de faibles quantités de silicates alcalins ou alcalino-terreux, comme témoignage de leur origine.

Ainsi, le KAOLIN OU TERRE A PORCELAINE, qui est l'*argile la plus pure*, semble provenir de la décomposition du feldspath *orthose*. En effet, si de ce feldspath

$$(SiO^3, KO), [(SiO^3)^3, Al^2O^3]$$

on retranche les éléments du kaolin,

$$SiO^3, Al^2O^3,$$

il reste

$$(SiO^3)^3, KO,$$

trisilicate de potasse insoluble que l'eau dédouble en silicate de potasse soluble et silice insoluble qu'on trouve toujours mélangée au kaolin, et dont on peut la séparer à l'aide d'une faible dissolution de soude, qui l'enlève sans toucher à la véritable argile.

Ce qui rend l'origine du kaolin encore plus probable, c'est que *tout prouve qu'il est resté là où il a pris naissance;* car on le trouve toujours à côté de feldspaths sur lesquels on peut suivre les altérations successives qui finissent par les transformer complétement en argiles.

Les autres argiles, transportées loin de leur gîte de formation, ont pu subir des altérations chimiques ultérieures ou se modifier par leur mélange avec des matières étrangères très-variées, ce qui expliquerait leurs différences de composition et de propriétés, et la nécessité d'établir parmi elles des divisions; mais elles conservent toujours suffisamment les caractères que possède à un haut degré l'*argile type*, le *kaolin*, pour qu'il soit permis de leur reconnaître la même origine.

PROPRIÉTÉS PHYSIQUES DES ARGILES.

Toutes sont hydratées,

$$SiO^3, Al^2O^3, 2HO,$$

et ne perdent leur eau qu'à une température élevée.

Happent à la langue, parce que, avides d'eau, elles enlèvent celle qui la recouvre.

Forment avec l'eau une pâte plus ou moins liante,
se fendillant par la dessiccation,
n'abandonnant son eau qu'à une température élevée.

Colorées ordinairement par une certaine quantité d'oxyde de fer.

Infusibles quand elles sont pures ou lorsqu'elles ne renferment que des traces d'oxyde de fer ou de chaux.

Fusibles par l'oxyde de fer et la chaux qu'elles renferment.

Se contractant par la chaleur : elles éprouvent le *retrait* à la cuisson.

PROPRIÉTÉS CHIMIQUES DES ARGILES.

Perdent leur eau au-dessus de 100° et même au rouge seulement.

Cèdent leur alumine aux acides puissants, surtout après une légère calcination.

Cèdent leur silice aux alcalis en dissolutions concentrées, surtout après une légère calcination.

Inattaquables par les acides et les alcalis après qu'elles ont été très-fortement chauffées.

CLASSIFICATION DES ARGILES.

1° *Plastiques.*	*Onctueuses au toucher.* *Forment avec l'eau* une pâte tenace, très-liante et *longue.* *Infusibles.* *Acquièrent une grande dureté* par la chaleur. *Éminemment plastiques.* *Servent à la fabrication des poteries réfractaires.*
2° *Smectiques.*	*Onctueuses.* *Forment avec l'eau* une pâte peu ductile. *Fusibles* à la température du four à porcelaine. *Servent au dégraissage et foulage des draps :* de là son nom de TERRE A FOULON.
3° *Figulines..*	*Onctuosité et plasticité suffisantes.* *Fusibles* facilement à cause de l'oxyde de fer et de la chaux qu'elles renferment. *Servent à la fabrication des poteries grossières,* à pâte poreuse et rouge.
4° *Marnes...*	*Association intime d'argile et de carbonate de chaux* qui se délite à l'air. *Servent en agriculture pour diviser les terres trop argileuses* auxquelles elles fournissent l'élément calcaire.
5° *Ocres.....*	*Argiles associées au sesquioxyde de fer,* en proportion plus ou moins considérable. *Servent comme couleurs.*

La classification des argiles est donc basée sur le plus ou moins de pureté des argiles et sur les propriétés qu'elles acquièrent par la présence de tel ou tel corps.

Les PRODUITS CÉRAMIQUES *sont les objets fabriqués avec les argiles* et portés ensuite à une température plus ou moins élevée.

Maintenant que nous avons fait l'histoire des éléments qui entrent dans la composition des POTERIES, VERRES, MORTIERS et CIMENTS, nous pouvons nous occuper de ces intéressants produits de l'industrie.

POTERIES.

Suivant la nature des matières qu'elles renferment les argiles peuvent servir à la fabrication des BRIQUES, *des* POTERIES COMMUNES, *des* FAÏENCES, *et des* PORCELAINES FINES.

L'argile en forme la base en raison de sa plasticité considérable et du durcissement qu'elle acquiert par la cuisson.

Mais l'argile, par suite du retrait considérable qu'elle éprouve à la cuisson, présente l'inconvénient grave de se fendiller; il faut donc, pour obtenir des *produits céramiques* qui ne soient pas fendillés ou déformés, ajouter aux argiles trop plastiques des matières non plastiques, qui ne font point pâte avec l'eau et ne se contractent pas par la cuisson, et qu'on appelle MATIÈRES DÉGRAISSANTES.

Un second inconvénient que présente l'argile cuite, c'est d'être poreuse; il faut donc aussi, pour obtenir des *produits céramiques* qui ne se laissent pas pénétrer par les liquides :

1° *Ajouter des* FONDANTS *aux argiles trop réfractaires*, afin qu'en s'unissant intimement à l'argile sous l'influence de la chaleur ils forment avec elle un mélange susceptible d'éprouver au feu une demi-fusion, ou

2° *Recouvrir les pâtes poreuses d'un vernis imperméable* ou COUVERTE.

Les poteries demi-vitrifiées, et par conséquent imperméables, ont une surface rugueuse et salissante qui rend aussi nécessaire l'application du vernis.

Les COUVERTES, composées de matières fusibles et vitrifiables, *sont transparentes et incolores pour les poteries fines, et opaques et colorées pour les poteries ordinaires* dans lesquelles il est bon de cacher la pâte cuite dont l'aspect est peu flatteur. Elles doivent être imperméables et offrir assez de dureté pour que le couteau, par exemple, ne les puisse pas entamer, ce qui leur ferait perdre leur imperméabilité.

Les *briques, tuiles, fourneaux, tuyaux de conduite, pots à fleurs*, enfin toutes les *terres cuites* proprement dites ne reçoivent pas de couverte.

EN RÉSUMÉ :

Lorsque les argiles avec lesquelles on fabrique les poteries ne renferment pas accidentellement les matières étrangères qui les rendent propres à être employées directement, après un simple lavage qui en sépare, en vertu de leur densité supérieure, les cailloux et les substances siliceuses qui nuisaient à la fabrication, il faut y ajouter, soit une MATIÈRE DÉGRAISSANTE qui, étant peu plastique et ne se contractant pas par la cuisson, rend leur retrait régulier, soit un FONDANT qui rend la pâte susceptible d'éprouver au feu une demi-fusion.

Les poteries sont demi-vitrifiées ou poreuses, suivant la proportion de leurs éléments ou la température qu'elles ont supportée.

Les poteries sont recouvertes d'un vernis qui doit les rendre imperméables ou qui doit donner un poli convenable à leur surface.

On peut établir deux classes de poteries :

I. *L'une comprend les poteries dont la pâte ayant subi un commencement de fusion est compacte* et impénétrable aux liquides : telles sont les *porcelaines* et les *grès cérames.*

II. *L'autre comprend celles dont la pâte est poreuse après la cuisson :* telles sont les *faïences communes* ou *terres cuites.*

Comme exemple de fabrication des poteries, nous donnerons celle de la porcelaine, que nous allons décrire en peu de mots.

FABRICATION DE LA PORCELAINE.

Choix des matières premières de la pate.

Les matières premières sont :

1° *Le kaolin argileux,* partie la plus divisée et la plus pure du kaolin.

C'est l'élément plastique par excellence.

2° *Le kaolin caillouteux,* kaolin argileux mêlé à des fragments de feldspath quartzeux.

C'est un mélange d'éléments plastiques avec des éléments dégraissants et fondants.

3° *Le sable de kaolin,* la plus lourde des parties qui ont été séparées par lixiviation, presque uniquement formée de feldspath et de quartz.

C'est un mélange d'éléments dégraissants et fondants; c'est la partie la plus riche en alcali.

4° *Le sable d'Aumont.*

5° *La craie.*

Composition de la pate.

La composition des matières premières peut varier; aussi doit-on faire varier leurs proportions, dans les mélanges, de telle sorte que la pâte présente toujours la même composition élémentaire suivante :

Silice	58,00
Alumine	34,50
Chaux et magnésie	4,50
Potasse et soude	3,00
	100,00

C'est en opérant avec une pâte dont la composition élémentaire est toujours la même, ce qu'on réalise en associant convenablement les principes plastiques, dégraissants et fondants, que cette pâte doit contenir, qu'on arrive à fabriquer des porcelaines qui réunissent toutes les qualités de ce genre de poteries. On voit donc que l'anayse des matières premières peut seule éclairer le porcelainier qui ne veut pas exposer sa fabrication aux caprices du hasard.

PRÉPARATION, TRAVAIL ET CUISSON DE LA PATE.

1° BROYAGE des matières premières sous les meules.

2° LÉVIGATION des matières broyées, afin d'en séparer la partie la plus ténue.

3° MÉLANGE INTIME des matières ainsi divisées, au moyen de l'eau.

4° MALAXATION de la pâte lorsqu'elle a acquis la solidité convenable, afin de la rendre plus homogène.

5° POURRISSAGE de la pâte en la faisant vieillir sous l'eau pendant un an.

Elle noircit et dégage de l'hydrogène sulfuré qui provient de la décomposition par l'acide carbonique des sulfures qui se sont formés.

Les sulfures proviennent des traces de sulfates que renferme la pâte et qui sont réduits par les matières organiques en décomposition.

Ce dégagement gazeux, qui s'effectue dans les moindres parties de la pâte, a été considéré comme préférable à une malaxation mécanique, parce qu'il opère un brassage de la pâte dans ses plus petites parties.

6° FAÇONNAGE. A la pâte suffisamment *vieille* on donne la forme de l'objet qu'on veut fabriquer, et comme il faut tenir compte du retrait par la cuisson, *il faut donner à la pièce, au façonnage à l'aide du tour, ou par le moulage, des dimensions plus grandes que celles qu'elle doit avoir après sa cuisson.*

7° DESSICCATION. Les objets façonnés sont très-humides en sortant des mains de l'ouvrier; il faut les laisser sécher pendant quelques jours avant de les placer dans les *cazettes* (*voyez* plus loin *Encastage*), pour les soumettre à une première cuisson.

8° PREMIÈRE CUISSON. Cette première cuisson amene les objets à un état qu'on appelle DÉGOURDI. Dans cet état de cuisson incomplète, la porcelaine est poreuse, très-happante à la langue et perméable à l'eau : elle est bonne à être *mise en couverte*.

9° MISE EN COUVERTE. Elle consiste dans l'application à la surface de la *porcelaine dégourdie* d'une matière fusible et vitrifiable, qu'on appelle *couverte* ou *émail*.

La matière à couverte de la porcelaine est de la PEGMATITE, mélange naturel de feldspath et de quartz qui donne un vernis très-riche en silice et par conséquent très-résistant.

La pegmatite fond à une température élevée, mais un peu inférieure à celle que nécessite la cuisson de la pâte; elle peut donc s'étaler à sa surface en couche vitreuse très-régulière, y adhérer sans la pénétrer et former avec elle un tout solidaire dont chaque partie se dilate également, de telle sorte que *la porcelaine peut se dilater ou se contracter sans que sa surface se fendille et qu'il s'y produise, comme on dit, des* TRESSAILLURES.

APPLICATION DE LA COUVERTE. Elle se fait en plongeant rapidement la pièce dégourdie dans l'eau vinaigrée qui tient en suspension la pegmatite en poudre impalpable et à l'état de bouillie claire, et en la retirant aussitôt; la pièce, très-poreuse, absorbe l'eau, et la poudre vitrifiable reste à la surface en couches dont l'épaisseur peut varier avec la durée de l'immersion.

10° ENCASTAGE. On introduit chaque pièce dans une *cazette* ou étui fabriqué avec une terre moins fusible que la *pâte céramique*. Chaque pièce occupe une cazette qui lui est propre; elle se trouve donc complétement isolée et ne peut être déformée lorsqu'elle subit l'action du feu, puisqu'elle n'a pas à supporter le poids des pièces qui sont placées au-dessus d'elle.

11° SECONDE CUISSON. Elle s'opère dans les étages inférieurs d'un four cylindrique à trois étages. Ces deux étages sont également chauffés, puisqu'ils ont l'un et l'autre à leur base plusieurs foyers à flamme renversée, nommés *alandiers*. C'est dans ces parties fortement chauffées que se trouvent placées les cazettes contenant les pièces qui ont reçu leur couverte et qui doivent subir la cuisson complète.

Dans le troisième étage, chauffé par la chaleur perdue, sont placées les cazettes qui contiennent les pièces à dégourdir.

On peut surveiller la marche du feu à travers des ouvertures ménagées dans diverses parties du four, ou *visières*, et juger de la cuisson en ouvrant de temps en temps les visières pour retirer, à l'aide d'une longue tringle de fer, un des tessons de porcelaine identiques à la porcelaine que l'on cuit et qu'on appelle *montres*. Quand, par la *montre* retirée, on juge que la cuisson est à point, on cesse le feu, on ferme les alandiers pour empêcher l'entrée de l'air froid, on *couvre*, en terme de métier, et on défourne dès que le four est suffisamment refroidi.

VERRES, CRISTAUX ET ÉMAUX.

CE SONT DES ASSOCIATIONS DE SILICATES ALCALINS AVEC DES SILICATES TERREUX OU PLOMBIQUES.

LES SILICATES SIMPLES *de potasse et de soude*, qu'on appelle aussi VERRES SOLUBLES, offrent peu d'intérêt, car ils sont solubles dans l'eau, à moins qu'ils ne renferment une très-forte proportion de silice ; mais, dans ce cas, ils sont très-peu fusibles.

Les silicates alcalins se comportent autrement lorsqu'on les associe aux SILICATES TERREUX. En effet, ceux-ci qui, pris isolément, sont, il est vrai, insolubles dans l'eau, mais présentent l'inconvénient d'être trop peu fusibles et de tendre à la cristallisation, donnent avec les silicates alcalins des composés qui portent le nom de *verres*, et possèdent des propriétés spéciales qui les rendent précieux.

PROPRIÉTÉS DES VERRES.

Cristallisation nulle.

Transparents.

Solides à la température ordinaire.

Susceptibles d'être colorés par l'addition de certains oxydes métalliques.

Fragiles et à cassure vitreuse.

Élastiques et *sonores.*

Non attaquables sensiblement par l'eau, et même par les acides et les bases alcalines, ils sont cependant attaqués à la longue par ces agents ; en effet :

1° *L'eau tend, à la longue, à les décomposer en silicates alcalins solubles et silicates terreux insolubles.*

EXEMPLE. C'est sous l'influence de cette action que la surface des vieilles vitres des anciennes maisons est dépolie et présente une teinte irisée.

2° *Les acides tendent aussi à les décomposer* en s'emparant des bases et en mettant l'acide silicique en liberté.

EXEMPLE. De l'acide sulfurique, qui séjourne pendant plusieurs années dans une bouteille ordinaire, forme des sulfates avec les bases du verre, et peut finir par percer la bouteille.

3° *Les bases alcalines tendent également à les décomposer* en formant des silicates basiques solubles.

FUSIBILITÉ.

Elle se manifeste à une température qui n'est pas trop élevée et qui varie avec la nature et la proportion des bases; ainsi :

Elle augmente avec la potasse, la soude, les oxydes de fer et de plomb.

Elle diminue avec la chaux et l'alumine.

ÉTAT PATEUX, *en passant de l'état liquide à l'état solide*; cet état se maintient assez longtemps, *ce qui les rend faciles à façonner par le soufflage, le moulage ou le coulage.*

DÉVITRIFICATION.

Observée pour la première fois par de Saussure.

Elle se produit lorsqu'après la fusion on les laisse refroidir très-lentement, ou lorsqu'on les chauffe jusqu'au point de les ramollir et qu'on les maintient longtemps dans cet état de demi-fusion.

Elle se produit plus facilement lorsque les verres sont chargés d'alumine et de chaux.

Durant cette transformation, la silice se partage les bases et forme des silicates définis qui cristallisent sans perte ou avec perte d'une partie de la base alcaline qui se volatilise.

LE VERRE DÉVITRIFIÉ EST APPELÉ QUELQUEFOIS PORCELAINE DE RÉAUMUR.

Le verre dévitrifié est plus dur, car il fait feu au briquet.

» *moins fusible*, car les silicates séparés par la cristallisation sont moins fusibles que lorsqu'ils sont associés, comme dans le verre transparent.

» *opaque* comme la porcelaine; de là son nom de *porcelaine de Réaumur*, qu'on prépare en chauffant assez fortement et pendant un temps plus

» ou moins long dans du sable la pièce qu'on a soin de remplir de sable afin d'empêcher sa déformation.

» *supportant mieux les variations de température.*

TREMPE.

Le verre en fusion refroidi brusquement devient très-cassant : IL EST TREMPÉ.

EXEMPLE. Une goutte de verre en fusion, qui tombe dans l'eau froide, se prend en une petite masse ovoïde terminée en pointe (*fig.* 97, *Pl. XII*) qu'on appelle LARME BATAVIQUE.

Cette masse vitreuse est dans un état d'équilibre forcé, puisqu'elle conserve à peu près le volume qu'elle occupait à l'état liquide; ce qui provient du refroidissement brusque de la surface, pendant que son intérieur possède encore une température considérable. Aussi, lorsqu'on vient à briser en *a* cette surface dont toutes les molécules sont solidaires, l'équilibre est détruit et la larme batavique tombe en poussière en faisant entendre une légère détonation.

RECUIT. Pour éviter un état de trempe et rendre le verre susceptible de résister suffisamment au *choc* et à des *variations de température* assez brusques, il faut le soumettre à un *refroidissement très-lent et gradué* qu'on appelle *recuit.*

DENSITÉ. Varie avec sa composition.

Les verres alcalins calcaires sont les plus légers.

Le verre à bouteille vient ensuite.

Les verres à oxyde de plomb, CRISTAL, FLINT-GLASS, sont les plus lourds.

COMPOSITION DES VERRES.

I. VERRES ALCALINS.

Silicate de potasse } VERRES SOLUBLES.
Silicate de soude }

II. VERRES ALCALINO-TERREUX.

1° *Incolores.*

Silicate de potasse et de chaux : VERRE DE BOHÊME et CROWN-GLASS.

Silicate de soude et de chaux : VERRE A GLACES et VERRE A VITRES.

2° *Colorés communs.*

Silicate de soude, de chaux, d'alumine et de fer : VERRE A BOUTEILLES, préparé avec des matières impures; ce qui rend sa préparation économique.

Les verres à base de potasse sont moins fusibles et plus blancs que ceux à base de soude, qui sont plus faciles à travailler.

Les verres à base de soude sont plus fusibles et légèrement teintés en vert : ils deviennent plus fusibles et moins dévitrifiables si l'on diminue la quantité de chaux en augmentant la quantité de soude; tel est le *verre à glaces,* plus fusible que le *verre à vitres,* et moins dévitrifiable.

Les verres dans lesquels on augmente la quantité de silice sont moins fusibles et plus durs : tel est le verre avec lequel on fait les tubes qui sont employés dans les laboratoires pour les analyses organiques.

Le verre à bouteilles est facilement fusible, ce qui ajoute encore à l'économie de sa préparation.

III. VERRES ALCALINO-PLOMBIQUES.

1° *Incolores.*

Silicate de potasse et de plomb : CRISTAL ORDINAIRE.

Silicate de potasse et de plomb : FLINT-GLASS, plus riche en oxyde de plomb.

Silicate de potasse et de plomb : STRASS, encore plus riche en oxyde de plomb.

2° *Opaques.*

Silicate de potasse ou de soude;
Silicate de plomb;
Oxyde d'étain : } ÉMAIL BLANC.

L'émail blanc est donc un cristal rendu opaque par un oxyde métallique, tel que l'oxyde d'étain.

Les émaux colorés présentent la composition de l'émail blanc dans lequel on introduit pendant la fusion des oxydes colorants.

Les verres alcalino-plombiques ou CRISTAUX *sont plus fusibles que les verres alcalino-terreux,* et plus faciles à travailler.

COLORATION DES VERRES.

Tous les verres peuvent être colorés :

1° *Par teinture*, en incorporant la matière colorante qui est ordinairement un oxyde métallique coloré dans le verre pendant la fusion.

2° *Par peinture*, en traçant à la surface des sillons avec des oxydes colorants vitrifiables qu'on applique à l'aide d'un pinceau, comme cela se pratique sur les vernis qui recouvrent les poteries que l'on veut décorer.

3° *Par doublure*, en plongeant une masse incolore de verre en fusion placé à l'extrémité du tube de fer ou canne des verriers dans un verre coloré par teinture; en soufflant on obtient un verre dont la surface extérieure seule est teinte ou un *verre doublé*.

FABRICATION DES VERRES.

I. VERRES INCOLORES ORDINAIRES.

MATÉRIAUX EMPLOYÉS.

Sable quartzeux blanc.
Carbonate de soude artificiel ou *sulfate de soude.*
Carbonate de chaux.

En proportions qui varient avec les qualités du verre que l'on veut obtenir.

FRITTE. Consiste dans la calcination préalable de ces matières, ce qui détermine un commencement de combinaison; cette calcination se pratique dans la partie la moins chaude du four à fusion.

FONTE. Dans des *creusets* ou *pots de terre réfractaire*, qui sont placés dans la partie la plus chaude du four et qui reçoivent la matière frittée.

Réactions :

L'acide silicique se substitue à l'acide carbonique du carbonate de soude et du carbonate de chaux pour former du silicate de soude et du silicate de chaux.

Lorsqu'on emploie le sulfate de soude, on ajoute à 12 ou 14 parties de ce sel 1 partie de charbon; le charbon rend la décomposition plus facile; il s'empare d'une partie de l'oxygène, et il se dégage de l'oxyde de carbone et de l'acide sulfureux.

Réaction : $SO^3, NaO + C = NaO + SO^2 + CO$.

On chauffe fortement, pour rendre la masse bien liquide, afin que le verre puisse se débarrasser de toutes les bulles gazeuses et des matières étrangères qui montent à la surface où elles forment des *crasses :* ces crasses, qu'on appelle *fiel du verre,* sont enlevées avec une cuiller en fer.

On laisse refroidir jusqu'à consistance pâteuse pour le façonnage.

FAÇONNAGE.

1° *Par soufflage :* on plonge l'extrémité d'un tube de fer semblable à un canon de fusil, CANNE, en terme de métier, dans le creuset pour la retirer chargée d'une masse de verre pâteux, et on souffle dans cette canne afin de gonfler le verre encore mou ; c'est ainsi qu'on lui donne toutes les formes possibles en imprimant à la canne certains mouvements et en s'aidant de quelques outils fort simples.

2° *Par moulage :* en moulant le verre encore pâteux.

3° *Par coulage :* c'est ainsi qu'on fabrique les glaces. On coule le verre fondu sur une table de bronze et on l'étale avec des rouleaux. La plaque de verre ainsi préparée est recuite, puis soumise au polissage.

RECUIT. Nous avons fait comprendre son importance : il se pratique dans des galeries spéciales qui sont chauffées par la chaleur perdue des fours à fusion.

II. VERRE A BOUTEILLE.

Sa fabrication diffère seulement par le choix des matériaux qui sont ordinairement de peu de valeur. C'est celui qui est le plus exposé à se dévitrifier à cause de sa richesse en alumine et en chaux. Aussi il importe de ne pas trop réchauffer la masse de verre que l'on veut façonner.

III. CRISTAL.

MATÉRIAUX EMPLOYÉS, *très-purs :*

Sable très-pur et très-fin ;
Carbonate de potasse raffiné ;
Minium.

On n'emploie pas de la litharge, parce que celle-ci, qui n'est autre chose que du protoxyde de plomb, PbO, pourrait être facilement réduite par les gaz carburés ou les poussières charbonneuses qui peuvent pénétrer dans le creuset. Il n'en est pas de même du *minium* ou oxyde salin formé par du protoxyde de plomb combiné à du bioxyde du même métal ; car cet oxyde est, d'une part, toujours exempt de plomb métallique, et peut, d'autre part, brûler les substances réductives par l'excès d'oxygène qu'il renferme.

La fonte doit être faite dans des creusets couverts, dont nous donnons une coupe verticale (*fig.* 98, *Pl. XII*), qui ressemblent à des cornues dont le col est très-largement ouvert. C'est par cette ouverture dirigée du côté de l'*ouvreau* correspondant du four que l'ouvrier puise le cristal, qui n'est nullement exposé à l'influence des gaz réducteurs qui pourraient le noircir en mettant le plomb en liberté.

MORTIERS.

Ce sont toutes les matières destinées à lier les matériaux employés dans les constructions.

MORTIERS ORDINAIRES ou AÉRIENS.

Ce sont des mélanges de chaux grasses ou maigres, mais non hydrauliques, CHAUX AÉRIENNES, *avec du sable quartzeux grossier.*

CHAUX GRASSES.

Elles proviennent de calcaires presque purs.

Lorsqu'elles sont mises au contact de l'eau, elles s'échauffent, se *délitent, foisonnent* (deux à trois fois le volume primitif) et forment une *pâte forte et liante.*

CHAUX MAIGRES, MAIS NON HYDRAULIQUES.

Elles proviennent de calcaires qui renferment de la magnésie, de l'oxyde de fer et du sable quartzeux, en assez grande proportion.

Lorsqu'elles sont mises au contact de l'eau, elles ne s'échauffent guère, se *délitent* lentement, *foisonnent* peu et forment une *pâte sèche et courte.*

ILS DURCISSENT A L'AIR *après un certain temps* :

1° Parce qu'ils absorbent l'acide carbonique de l'air, qui forme à leur surface du carbonate de chaux, et plus profondément une combinaison de carbonate et d'hydrate de chaux.

2° Parce que la chaux, qui, lorsqu'elle forme à elle seule une pâte avec l'eau, se dessèche en se fendillant et en devenant friable, possède la propriété d'adhérer fortement au sable du mortier et aux pierres qui sont en contact avec elle.

La silice n'est nullement combinée à la chaux dans les mortiers solidifiés; car, traités par un acide, ils ne donnent jamais de silice gélatineuse, ce qui aurait lieu s'il s'était formé un silicate de chaux.

Le rôle du sable mélangé à la chaux se borne à donner de la dureté au mortier dans l'épaisseur de sa propre masse, parce que la chaux adhère à chaque grain de sable comme aux deux surfaces opposées des pierres qu'elle doit lier entre elles.

Ces mortiers se désagrègent complétement dans l'eau; ils ne peuvent donc pas être employés pour lier entre eux les matériaux des constructions hydrauliques : aussi les chaux qui servent à leur préparation sont-elles appelées *chaux aériennes.*

MORTIERS HYDRAULIQUES.

Ils sont formés avec les chaux qui proviennent de la calcination des calcaires qui renferment une certaine quantité d'argile ou de silice en poudre très-ténue, et qui sont employées seules ou après avoir été mélangées avec des matières étrangères.

Ils durcissent sous l'eau : de là leur nom, et le nom de *chaux hydrauliques* donné aux chaux qui servent à leur préparation.

CHAUX HYDRAULIQUES.

Les chaux qui servent à former les mortiers hydraùliques sont ainsi appelées, parce qu'elles *durcissent sous l'eau.*

Traitées par l'eau, elles *se délitent lentement;*
foisonnent peu; leur volume augmente dans le rapport de 10 à 16;
s'échauffent peu;
donnent une pâte courte.

Elles contiennent un silicate de chaux et un aluminate de chaux; en effet, traitées par un acide étendu, elles donnent de la silice gélatineuse, ce qui prouve que la silice est à l'état de silicate de chaux.

Le silicate de chaux se forme pendant la cuisson, puisque le calcaire, traité par un acide étendu avant la cuisson, ne donne pas de traces de silice gélatineuse.

Une portion de silice renfermée dans l'argile peut donc, par la calcination, quitter l'alumine et se combiner à la chaux ;

la silice gélatineuse desséchée et la silice naturelle en poudre presque impalpable peuvent également se combiner à la chaux, mais le sable quartzeux ne jouit pas des mêmes propriétés.

THÉORIE DE LEUR DURCISSEMENT.

Le silicate de chaux formé pendant la cuisson,

$SiO^3, 3CaO$, *en s'hydratant, produit un composé,*

$SiO^3, 3CaO, 6HO$, *insoluble et doué d'une forte cohésion :*

ce qui explique l'hydraulicité des chaux qui en renferment.

L'aluminate de chaux possède les mêmes propriétés.

CHAUX MOYENNEMENT HYDRAULIQUES.

Ce sont celles qu'on obtient en cuisant à une température qui ne doit pas être trop élevée les calcaires qui renferment de 8 à 12 pour 100 d'argile.

Elles durcissent après quinze ou vingt jours d'immersion.

CHAUX HYDRAULIQUES.

Ce sont celles qu'on obtient en cuisant un calcaire qui renferme 15 à 18 pour 100 d'argile.

Elles durcissent après huit jours.

CHAUX ÉMINEMMENT HYDRAULIQUES.

Ce sont celles qu'on obtient en cuisant un calcaire qui renferme 25 pour 100 d'argile.

Elles durcissent après trois ou quatre jours.

CIMENTS ROMAINS.

Ce sont les chaux hydrauliques qu'on obtient en cuisant un calcaire qui renferme de 30 à 40 pour 100 d'argile.

Ils durcissent après quelques heures, une heure, une demi-heure, et même quelques minutes.

Ce qui les distingue essentiellement des chaux hydrauliques, c'est la RAPIDITÉ DE LA PRISE.

CHAUX HYDRAULIQUES ARTIFICIELLES.

Ce sont les chaux hydrauliques qu'on obtient en calcinant des mélanges artificiels de calcaires non argileux et d'argile.

MORTIERS HYDRAULIQUES ARTIFICIELS.

On les prépare en mélangeant de la chaux ordinaire, *chaux aérienne,* avec différentes matières qui lui font acquérir les propriétés des chaux hydrauliques.

Matières qui font acquérir a la chaux aérienne les propriétés hydrauliques.

I. **Pouzzolanes naturelles.**

A la tête de ces matières, il faut placer les pouzzolanes, qui sont des argiles poreuses, d'origine évidemment volcanique, que l'on trouve abondamment au Vésuve.

D'autres argiles volcaniques (strass) *produisent le même effet.*

II. **Pouzzolanes artificielles.**

Argiles cuites, telles que *briques, tuiles, etc.*

Cendres des houillères embrasées.

Tripolis.

Laves.

Etc.

Ces matières agissent comme les pouzzolanes, mais bien *plus faiblement.*

Elles agissent par l'argile cuite qu'elles renferment, et si les pouzzolanes agissent plus énergiquement, c'est que ce sont des argiles cuites presque pures.

Ces mortiers hydrauliques artificiels renferment donc, comme les chaux hydrauliques, les produits de la cuisson du calcaire et de l'argile; mais ils en diffèrent en ce que, le calcaire et l'argile ayant été cuits séparément, le silicate de chaux, qui possède à un si haut degré la propriété de durcir sous l'eau, n'y préexiste pas et ne se forme que sous l'influence de l'eau et avec une certaine lenteur.

MANGANÈSE. Mn = 27,87.

Historique.

Entrevu en 1774 par Scheele, qui démontra que la *magnésie noire* (minerai de manganèse) renfermait une nouvelle terre.

Isolé par Gahn, qui l'obtint en réduisant son oxyde par le charbon.

Préparation.

On mélange l'oxyde qui provient de la calcination de son carbonate

$$\textit{Réaction :}\ CO^2, MnO = MnO + CO^2,$$

avec $\frac{1}{10}$ de son poids de charbon en poudre très-fine et $\frac{1}{10}$ de borax. On introduit ce mélange dans un creuset de terre réfractaire BRASQUÉ, c'est-à-dire dont les parois intérieures sont recouvertes d'une couche épaisse de charbon, et on le calcine fortement, pendant deux heures, à la température élevée que peut produire une bonne forge. Le creuset, retiré du feu et refroidi, renferme un petit culot de manganèse.

L'oxyde a été réduit par le charbon avec production d'oxyde de carbone.

Réaction : $MnO + C = Mn + CO$.

Le manganèse ainsi obtenu contient du charbon et du silicium qui provient d'un peu de silice que renferme le charbon, et que le charbon réduit facilement en présence du métal.

Réaction : $SiO^3 + 3C = Si + 3CO$.

On le purifie par une nouvelle calcination avec du carbonate de manganèse : on le débarrasse ainsi du charbon et du silicium qu'il renferme, et qui sont brûlés par l'oxygène de l'oxyde de manganèse.

Réactions : $CMn + MnO = 2Mn + CO$.
$SiMn + 3MnO = 4Mn + SiO^3$.

Le manganèse à l'état de liberté offre encore trop peu d'intérêt pour que nous ne passions pas de suite à l'étude de ses composés.

COMPOSÉS OXYGÉNÉS DU MANGANÈSE.

C'est le métal qui produit le plus grand nombre de composés oxygénés.

Ils sont au nombre de six et appartiennent à toutes les classes d'oxydes, moins une :

2 sont *acides*,
2 sont *basiques*,
1 est *salin*,
1 est *singulier*.

Protoxyde	MnO,	base énergique.
Oxyde rouge	Mn^3O^4,	oxyde salin $= MnO + Mn^2O^3$.
Sesquioxyde	Mn^2O^3,	base faible.
Bioxyde	MnO^2,	oxyde singulier.
Acide manganique	MnO^3.	
Acide permanganique.	Mn^2O^7.	

PROTOXYDE DE MANGANÈSE. $MnO = 35,87$.

Propriétés.

I. Anhydre.

Vert.

S'enflamme dès qu'on le touche avec un corps incandescent, et passe à l'état d'oxyde rouge.

Réaction : $3MnO + O = Mn^3O^4$.

II. Hydraté.

S'oxyde à l'air et devient rapidement du sesquioxyde.

Réaction : $2MnO + O = Mn^2O^3$.

Base énergique.

Préparation.

I. Anhydre :

En calcinant de l'oxalate de manganèse dans un tube de verre où circule du gaz hydrogène sec.

Réaction : $C^2O^3, MnO = MnO + CO^2 + CO$.

Il se dégage un mélange, en volumes égaux, d'acide carbonique et d'oxyde de carbone, et il reste pour résidu fixe du *protoxyde anhydre.*

II. Hydraté :

En le précipitant par la potasse d'un de ses sels solubles.

Réaction : $SO^3, MnO + KO, HO = SO^3, KO + MnO, HO$.

BIOXYDE DE MANGANÈSE. $MnO^2 = 43,87$.

Synonymie.

Peroxyde de manganèse.

État naturel.

Très-abondant et plus ou moins pur, il est appelé communément *manganèse.*

Propriétés.

Cristallisé en prismes allongés, d'un gris foncé et offrant l'éclat métallique.

Chauffé, il perd, sans fondre, $\frac{1}{3}$ de son oxygène et se change en oxyde rouge. (*Voyez* la *Préparation de l'oxygène*, p. 40.)

Réaction : $3MnO^2 = Mn^3O^4 + 2O$.

COMME TOUS LES OXYDES SINGULIERS TRAITÉS PAR LES OXACIDES PUISSANTS, *il laisse dégager une portion de son oxygène* pour passer à l'état d'*oxyde basique*.

EXEMPLE :

Chauffé avec l'acide sulfurique, il perd la moitié de son oxygène et passe à l'état de protoxyde, qui se combine avec l'acide. (*Voyez* la *Préparation de l'oxygène*, p. 43.)

Réaction : $MnO^2 + SO^3, HO = SO^3, MnO + O + HO.$

COMME TOUS LES OXYDES SINGULIERS TRAITÉS PAR LES HYDRACIDES, *il met en liberté une partie du radical de l'hydracide, et forme avec l'autre partie une combinaison inférieure.*

EXEMPLE :

Chauffé légèrement avec l'acide chlorhydrique, il produit un dégagement de chlore, Cl, et un chlorure inférieur, ClMn, c'est-à-dire correspondant à un oxyde, MnO, moins oxygéné que le bioxyde de manganèse, MnO^2, qui n'a pas de chlorure correspondant, Cl^2Mn. (*Voyez* la *Préparation du chlore*, p. 104.)

Réaction : $MnO^2 + 2ClH = ClMn + Cl + 2HO.$

CHAUFFÉ AVEC LA POTASSE OU LA SOUDE : *à l'abri du contact de l'air*, il se transforme en ACIDE MANGANIQUE, MnO^3, qui se combine à la potasse, et en oxyde rouge de manganèse, Mn^3O^4.

Réaction : $5MnO^2 + 2KO = 2(MnO^3, KO) + Mn^3O^4.$

La masse traitée par l'eau et filtrée à travers l'amiante donne une liqueur verte, qu'on concentre dans le vide de la machine pneumatique et *qui laisse déposer des aiguilles prismatiques vertes de manganate de potasse.*

CHAUFFÉ AVEC LE CHLORATE DE POTASSE ET LA POTASSE CAUSTIQUE :

4 parties de bioxyde de manganèse en poudre fine ;
3 ½ parties de chlorate de potasse, qui joue le rôle de corps oxydant ;
5 parties de potasse caustique,

au rouge sombre, pendant une heure, il se transforme en PERMANGANATE DE POTASSE.

Réaction : $2MnO^2 + 3O + KO = Mn^2O^7, KO.$

La masse traitée par l'eau et filtrée à travers l'amiante donne une liqueur d'un rouge intense, qu'on concentre à une faible chaleur, et *qui donne par le refroidissement des cristaux rouges de permanganate de potasse.*

Cet oxyde offre un exemple remarquable de la tendance des oxydes à acquérir des propriétés acides par leur suroxydation.

MANGANATE DE POTASSE. $MnO^3, KO = 98,87$.

Propriétés qui lui ont fait donner le nom de caméléon minéral et qui prouvent le peu de stabilité des acides du manganèse.

I. *Sa dissolution verte se transforme en dissolution rouge de permanganate de potasse :*

1° *Par l'ébullition,* en laissant déposer du bioxyde de manganèse.

Réaction :

$$3(MnO^3, KO) + 2HO = Mn^2O^7, KO + MnO^2 + 2(KO, HO).$$

2° *Par l'action d'un acide,* avec formation d'un sel à base de protoxyde de manganèse.

Réaction :

$$5(MnO^3, KO) + 4(SO^3, HO) = 2(Mn^2O^7, KO) + SO^3, MnO + 3(SO^3, KO) + 4HO.$$

3° *Par l'addition d'une grande quantité d'eau froide,* qui suroxyde l'acide manganique par l'oxygène qu'elle apporte.

Réaction :

$$2MnO^3, KO + O + HO = Mn^2O^7, KO + HO, KO.$$

II. **Cette dissolution, qui a passé du vert au rouge, repasse au vert :**

Par un grand excès de potasse, qui fait passer le permanganate de potasse à l'état de manganate, avec dégagement d'oxygène.

Réaction :

$$Mn^2O^7, KO + nKO = 2(MnO^3, KO) + O + (n-1)KO.$$

Les manganates et les permanganates sont des oxydants par excellence.

SELS DE PROTOXYDE DE MANGANÈSE. A, MnO.

QUELQUES CARACTÈRES DES SELS DE MANGANÈSE.

Incolores ou *colorés légèrement* en rose.

Solubles, tels que le sulfate, etc.

Insolubles, tels que le carbonate, le phosphate, etc.

POTASSE; précipite dans les sels solubles la totalité du protoxyde à l'état d'hydrate,

Réaction : $SO^3, MnO + HO, KO = SO^3, KO + HO, MnO,$

qui s'oxyde rapidement à l'air et devient du sesquioxyde,

Réaction : $2(HO, MnO) + O = Mn^2O^3 + 2HO,$

qui, à son tour calciné, passe à l'état d'*oxyde rouge,*

Réaction : $3Mn^2O^3 = 2Mn^3O^4 + O.$

*On dose donc le manganèse à l'état d'*OXYDE ROUGE.

RECONNAITRE UN SEL DE MANGANÈSE EN DISSOLUTION.

Acide chlorhydrique...............	Rien.
Acide sulfhydrique dissous versé dans la liqueur acide............... .	Rien.
Sulfure alcalin versé dans la liqueur neutre........................	*Précipité couleur de chair.*

Potasse. — Précipité blanc, passant au brun, puis au noir en s'oxydant à l'air : ce changement s'opère rapidement par le chlore, qui décompose l'eau.

Réaction : $2HO, MnO + Cl = Mn^2O^3 + ClH = HO.$

FER. Fe = 28.

LE PLUS IMPORTANT PARMI LES MÉTAUX par ses nombreuses applications.

ÉTAT NATUREL.

Très-abondant.

A l'état natif : quelquefois ;
d'oxyde;
de sulfure;
de carbonate;

et son extraction nécessite des opérations qui supposent une civilisation assez avancée.

État dans le commerce.

I. **Presque pur**, c'est le *fer doux* ou *fer en barres.*

II. **En combinaison avec le carbone et le silicium**, ce sont les *fontes* et les *aciers.*

Rôle dans les arts.

Selon qu'il est pris à l'état de **fer doux**,
de **fonte**,
*ou d'***acier**,

le fer, à ces divers états, présente des propriétés tellement différentes et satisfait à tant de conditions opposées réclamées par les arts, qu'*on peut dire qu'il joue à lui seul le rôle de plusieurs métaux.*

FER DOUX.

Le fer obtenu par les méthodes industrielles que nous signalons plus loin, et livré au commerce sous le nom de *fer doux,* retient toujours une petite quantité de carbone et des traces de silicium et de phosphore que l'*affinage* n'a pu lui enlever.

PROPRIÉTÉS PHYSIQUES DU FER DOUX.

Couleur gris bleuâtre; il a *beaucoup d'éclat* quand il est poli.

Saveur et *odeur* très-faibles.

Malléable.

Ductile.

Ténacité. *Le plus tenace des métaux :* un fil de 2 millimètres de diamètre rompt sous une charge de 250 kilogrammes.

Cassant par l'écrouissage : le *recuit* lui fait perdre cette fâcheuse propriété.

La cassure d'un bon fer présente un nerf tordu, fin et brillant.

Le meilleur fer est celui qui, en offrant la plus grande dureté, ne se fend pas par le choc.

Texture.

Il est naturellement grenu et d'autant meilleur que son grain est plus fin et plus brillant.

Il devient fibreux et *possède alors son maximum de ténacité* par le martelage. *L'état fibreux est donc un état anormal.*

Il peut repasser de l'état fibreux ou nerveux a l'état cristallin et perdre sa ténacité.

Ce changement se produit, parce que le fer tend à reprendre son état normal, qui est l'état cristallin.

Les vibrations et le magnétisme produisent ce changement moléculaire.

EXEMPLES.

1° *Un clou fixé au haut d'un édifice perd son état fibreux* par suite des vibrations continuelles imprimées à l'édifice par le passage des voitures sur le sol.

2° *Le fer des ponts suspendus se modifie* de la même manière.

3° *Les essieux des wagons*, qui deviennent très-magnétiques pendant leur rotation, *perdent assez rapidement leur état fibreux* sous cette influence, à laquelle s'ajoute l'influence des vibrations.

LES FERS FORTS sont ceux qui se laissent forger et courber à froid et à chaud.

LES FERS ROUVERAINS cassent à froid ou à une température plus ou moins élevée ; ils doivent cette propriété à la présence d'une certaine quantité de soufre, d'arsenic ou de phosphore.

La plus faible proportion de soufre rend le fer insoudable.

Les fers qui cassent à froid et à chaud n'ont aucune application.

LES PAILLES sont dues à l'interposition dans son épaisseur de scories ou d'oxyde de fer.

CRISTALLISATION.

Le fer fondu et qui se refroidit lentement cristallise en cubes ou en octaèdres.

Nous avons vu que le fer fibreux peut cristalliser à froid sous l'influence des vibrations ou du magnétisme.

Du fer fibreux en barres, chauffé au rouge et refroidi lentement, devient cristallin.

DENSITÉ = 7,7 et 7,9 par le martelage.

FUSIBILITÉ.

Il fond à la température la plus élevée que l'on puisse obtenir dans un bon fourneau à vent, ou à 1500° environ du thermomètre à air.

La fusibilité du fer augmente avec la quantité de charbon qu'il renferme; car elle va en croissant du fer à la fonte, en passant par l'acier.

RAMOLLISSEMENT.

Par la chaleur, il se ramollit à une température bien inférieure à celle qui le fait entrer en fusion.

Dans cet état, il prend sous le marteau toutes les formes voulues, et il se soude parfaitement à lui-même.

MAGNÉTIQUE.

Il perd cette propriété à la chaleur blanche.

Le fer pur ou *fer doux* s'aimante sous l'influence d'un aimant et se désaimante lorsqu'on le soustrait à son influence, et ces deux phénomènes inverses se produisent avec une rapidité d'autant plus grande que le fer est plus pur.

Les fers carburés, fontes et aciers, conservent leurs propriétés magnétiques après qu'on les a soustraits à l'influence d'un aimant.

PROPRIÉTÉS CHIMIQUES DU FER DOUX.

ACTION DE L'OXYGÈNE.

I. SEC.

Nulle à la température ordinaire.

II. HUMIDE.

Le fer s'oxyde à l'air humide et se recouvre d'une couche de sesquioxyde de fer hydraté ou ROUILLE.

La rouille qui s'est formée active l'oxydation, parce qu'elle forme avec le fer un *couple voltaïque*, dont celui-ci est l'élément positif sur lequel se porte l'oxygène de l'*eau décomposée*.

L'acide carbonique de l'air active aussi l'oxydation, en formant d'abord un *carbonate de protoxyde*, qui finit par se suroxyder.

Aussi trouve-t-on cet acide dans la rouille.

L'AMMONIAQUE *qui provient de la combinaison de l'hydrogène naissant de l'eau décomposée avec l'azote de l'air se trouve également dans la rouille.*

ON PRÉSERVE LE FER DE L'OXYDATION :

1° En le recouvrant d'une matière grasse ou d'un vernis;

2° En le maintenant plongé dans de l'eau qui tient en dissolution des alcalis ou des sels alcalins.

EXEMPLE :

Le fer se conserve dans une eau qui renferme $\frac{1}{500}$ de carbonate de potasse ou de soude.

3° En le recouvrant d'une couche de zinc : c'est le FER GALVANISÉ.

ACTION DE LA CHALEUR.

I. CHAUFFÉ AU-DESSOUS DU ROUGE, *il absorbe l'oxygène de l'air et se recouvre d'une pellicule très-mince d'oxyde, qui présente le phénomène des* ANNEAUX COLORÉS : les couleurs apparaissent aux mêmes températures et dans le même ordre que pour l'acier.

II. CHAUFFÉ AU ROUGE, *il s'oxyde rapidement* et produit l'*oxyde des battitures.*

III. CHAUFFÉ AU BLANC, *il brûle vivement.*

ACTION DE L'EAU.

Au rouge, il décompose la vapeur d'eau et se recouvre de cristaux noirs et brillants d'oxyde de fer magnétique. (Voyez *Expérience de Lavoisier,* p. 53.)

Réaction : $3\,Fe + 4\,HO = Fe^3O^4 + 4\,H.$

ACTION DES ACIDES.

I. ACIDE AZOTIQUE.

1° *Étendu :* l'attaque avec dégagement d'*hydrogène,* comme les acides *sulfurique* et *chlorhydrique.*

2° *Moyennement concentré :* l'attaque vivement avec dégagement de *vapeurs rutilantes* très-abondantes.

Réaction :

$$2\,Fe + 6\,AzO^5,HO = (AzO^5)^3,Fe^2O^3 + 3\,AzO^4 + 6\,HO.$$

3° *Monohydraté* ou *fumant :* sans action.

Bien plus, le fer devient PASSIF. En effet, si on enlève cet acide fumant qui recouvre le fer sans l'attaquer, et si on le remplace par l'acide moyennement concentré, celui-ci n'exerce plus d'action.

Le fer est donc devenu passif au contact de l'acide monohydraté.

Pour le rendre de nouveau actif et par conséquent attaquable, il suffit de le chauffer ou de le toucher avec un fil de cuivre ou même avec du fer NON PASSIF (voyez *Acide azotique* et *Passage du fer à l'état passif*, p. 85) : l'attaque du métal se produit alors avec son énergie habituelle.

II. Acide sulfurique.

1° *Concentré et chaud :* l'oxyde à ses dépens, avec formation de *sulfate de fer* et dégagement d'*acide sulfureux.*

Réaction :

$$Fe + 2SO^3, HO = SO^3, FeO + SO^2 + 2HO.$$

2° *Étendu et froid :* l'oxyde aux dépens de l'eau, avec formation de *sulfate de fer* et dégagement d'*hydrogène.*

Réaction :

$$Fe + SO^3, HO = SO^3, FeO + H.$$

III. Acide chlorhydrique.

1° *A l'état gazeux :* attaque le fer porté au rouge, avec formation de *protochlorure de fer* et dégagement d'*hydrogène.*

Réaction :

$$Fe + ClH = ClFe + H.$$

2° *En dissolution et à froid :* attaque le fer, avec formation des mêmes produits.

Réaction :

$$Fe + ClH + Aq. = ClFe + H + Aq.$$

PRÉPARATION DU FER.

L'étude de la préparation du fer, qui est assez complexe, nous fournira l'occasion d'acquérir quelques notions métallurgiques sur le choix et la manipulation mécanique des minerais, et sur leur traitement pour en extraire le métal.

Choix du minerai.

Il faut qu'on en puisse retirer du bon fer à un prix rémunérateur.

Il ne doit donc pas contenir de *soufre,* de *phosphore* et d'*arsenic,* qui rendent le fer *aigre,* c'est-à-dire cassant.

Il doit contenir au moins 25 pour 100 de fer.

On emploie généralement les peroxydes de fer anhydres ou hydratés, l'oxyde magnétique, quelquefois les carbonates.

LAVAGE DU MINERAI.

Les mines terreuses sont lavées dans un courant d'eau, en les remuant à la pelle ou au moyen d'un *patouillet,* qui se compose d'une caisse demi-cylindrique qui renferme le minerai et dans laquelle tourne l'arbre d'une roue hydraulique; cet arbre porte des lames de fer qui agitent le minerai placé dans la caisse et qui mettent en suspension, dans de l'eau courante, les matières moins denses dont on veut le débarrasser et qui s'échappent avec elle par un déversoir.

GRILLAGE DU MINERAI.

Les mines terreuses ne sont pas grillées.

Les mines en roches sont souvent grillées :

1° Pour rendre le minerai moins dur, plus poreux, et par conséquent plus facile à réduire;

2° Pour chasser l'eau et l'acide carbonique.

On peut griller : 1° en tas, à l'air libre;

2° dans des enceintes de maçonnerie;

3° dans des fours à cuisson continue, semblables aux fours à chaux.

ANALYSE DU MINERAI POUR AJOUTER LE FONDANT.

Les minerais contiennent toujours des matières terreuses appelées GANGUES, et, comme il importe beaucoup que ces matières puissent former des composés fusibles qui puissent s'écouler avec le fer en fusion, il faut presque toujours ajouter au minerai des substances capables d'opérer la fusion de ces *gangues,* dont l'analyse a fait reconnaître l'infusibilité. Ces substances, que l'analyse permet de choisir avec discernement, sont appelées FONDANTS.

FONDANTS.

L'oxyde de fer lui-même et le carbonate de chaux ou CASTINE *sont de très-bons fondants, lorsque le minerai est à gangues quartzeuses ou argileuses,* parce qu'ils déterminent la formation de *silicates de fer* ou de *chaux,* ou de *silicates doubles d'alumine et de fer,* ou *d'alumine et de chaux,* tous plus ou moins fusibles.

Les matières siliceuses ou ERBUE *sont de très-bons fondants lorsque le minerai est à gangue calcaire,* parce qu'elles déterminent la formation d'un silicate double d'alumine et de chaux fusible.

REMARQUES.

Lorsque la silice de la gangue produit avec l'oxyde de fer un silicate de fer et d'alumine très-fusible qui constitue la SCORIE, il se produit directement du fer, parce qu'on opère à une température à laquelle le charbon ne se combine pas au fer ; mais *on perd une grande quantité d'oxyde de fer, et par conséquent le fer qui lui correspond.*

Il faut donc, lorsque les conditions d'extraction commandent de retirer le plus de fer possible du minerai, ajouter du carbonate de chaux, afin de rendre la gangue fusible par la chaux, sans que l'oxyde de fer intervienne, comme fondant, pour une part notable.

Mais, dans ce cas, le silicate double d'alumine et de chaux qui prend naissance n'est fusible qu'à une température très-élevée, et à laquelle le fer se combine au charbon, passe à l'état de fonte et devient lui-même fusible.

Les silicates fusibles qu'il est nécessaire de produire ne le sont pas tous également : ceux dans lesquels l'oxygène de l'acide est double de celui que renferment les bases sont plus fusibles que ceux dans lesquels l'acide et la base en renferment la même proportion ; c'est au métallurgiste à préparer, par une addition convenable de fondants, la formation de l'un ou de l'autre, selon qu'il doit opérer à une température plus basse ou à une température plus élevée.

EXTRACTION DU FER A L'ÉTAT DE FER.

MÉTHODE CATALANE.

Elle n'exige pas l'énorme chaleur à laquelle le fer se combine au charbon pour former la fonte ; cela est dû à la grande fusibilité de la scorie.

Elle ne donne qu'une partie du fer, l'autre partie se combinant à la gangue, qu'elle rend très-fusible, à l'état de silicate double d'alumine et de fer.

Elle est donc reléguée dans quelques contrées qui possèdent des minerais très-riches et de belles forêts.

La disposition de la forge catalane est très-simple ; elle consiste en une espèce de creuset *c* emprisonné dans un massif *m*, au-dessous d'une tuyère *t* (*fig.* 99, *pl. XII*).

Ce creuset reçoit du charbon de bois incandescent, sur lequel on étale deux masses distinctes et juxtaposées, l'une de charbon, plus considérable, placée du côté de la tuyère, dont elle reçoit directement le vent ; l'autre de minerai, placée du côté opposé.

A mesure que la combustion marche et que la double masse s'affaisse, on ajoute du charbon seulement.

On juge que la réduction est complète et que l'opération est terminée, lorsque tout le minerai est descendu dans le creuset sous forme de scorie fondue et de fer réduit.

Une portion de la scorie s'écoule par une ouverture placée à la partie inférieure du creuset, tandis que l'autre portion reste emprisonnée dans la masse pâteuse et spongieuse du métal.

Cette masse, qu'on appelle LOUPE, est portée sous un lourd marteau appelé MAIL, et fortement battue; la scorie s'écoule, le métal s'agrége, et on le divise, au moyen de couteaux, en LOPINS qui sont forgés et étirés en barres.

RÉACTIONS CHIMIQUES DANS LA FORGE CATALANE.

1° L'air lancé par le soufflet convertit en acide carbonique le charbon placé près de la tuyère.

Réaction : $3C + 6O = 3CO^2$.

2° Cet acide carbonique est ramené à l'état d'oxyde de carbone par le charbon incandescent, contre lequel il est poussé.

Réaction : $3CO^2 + 3C = 6CO$.

3° L'oxyde de carbone arrivant au contact de l'oxyde de fer chauffé réduit la portion qui ne se combine pas avec la gangue pour former le LAITIER ou *scorie en fusion*.

Réaction : $6CO + 2Fe^2O^3 = 4Fe + 6CO^2$.

EXTRACTION DU FER A L'ÉTAT DE FONTE.

MÉTHODE DES HAUTS FOURNEAUX.

Elle exige une température très-élevée et à laquelle le fer se combine au charbon pour former de la FONTE.

Elle donne tout le fer du minerai, puisqu'une partie de l'oxyde de fer ne forme pas de scorie avec la gangue, comme dans la *méthode catalane*.

DISPOSITIONS GÉNÉRALES DES HAUTS FOURNEAUX (*fig.* 100, *Pl. XII*).

Ils sont formés par deux troncs de cône réunis par leur base.

Leur hauteur est de 10 mètres environ lorsqu'ils sont chauffés au charbon de bois, et de 20 mètres environ lorsqu'ils sont chauffés au coke.

g, gueulard par lequel on jette le combustible et le minerai dans le fourneau.

h, cheminée où sont pratiquées des portes pour le service du gueulard.

g v, la cuve.

v e, les étalages : la partie la plus évasée à la hauteur *d* porte le nom de *ventre.*

d d, le ventre ou raccordement cylindrique qui réunit les deux troncs de cône.

o, ouvrage : il a la forme prismatique, des étalages aux tuyères.

t, une des tuyères des machines soufflantes qui amènent l'air dans le fourneau immédiatement au-dessous de l'ouvrage.

c, creuset.

i, dame ou pierre prismatique réfractaire qui forme une des parois du creuset, les trois autres n'étant que le prolongement des parois de l'ouvrage. Cette pierre se trouve au-dessous et un peu en avant de la paroi *k* de l'ouvrage qu'on nomme *tympe.*

l, plan incliné qui se joint à la dame.

MARCHE DE L'OPÉRATION.

On charge par le gueulard le coke mêlé au minerai et au fondant de sa gangue, à mesure que la charge précédente descend dans la *cuve.*

L'air nécessaire à la combustion, qui afflue incessamment par les tuyères à la base de l'*ouvrage,* s'échappe par la cheminée qui surmonte le *gueulard.*

L'air est donc animé d'un mouvement ascensionnel inverse de celui des matières solides d'abord, et qui arrivent dans le creuset à l'état liquide et séparées en FONTE et en LAITIER.

La fonte est retirée du creuset par une ouverture qui reste bouchée, pendant la fusion, à l'aide d'un tampon d'argile : cette ouverture porte le nom de TROU DE COULÉE ; elle laisse s'écouler le métal fondu dans des sillons creusés dans du sable, où il se refroidit.

La fonte solidifiée et qui présente la forme de demi-cylindres prend le nom de GUEUSES ou de GUEUSETTES, suivant leurs dimensions.

PHÉNOMÈNES CHIMIQUES.

Nous nous bornerons à signaler les réactions principales.

I. MODIFICATIONS DES GAZ DANS LEUR MARCHE ASCENDANTE.

Composition des gaz extraits d'un haut fourneau à coke, par Ebelmen.

GAZ.	VOISINAGE de la tuyère.	A $0^m,67$ au-dessus de la tuyère.	AU VENTRE.	A LA MOITIÉ de la cuve.	AU GUEULARD.
Acide carbonique....	8,11	0,16	0,17	0,68	7,15
Oxyde de carbone ...	16,53	36,15	34,01	35,12	28,37
Hydrogène..........	0,26	0,99	1,45	1,48	2,01
Azote..........	75,10	62,70	64,47	62,72	62,47
Totaux	100,00	100,00	100,00	100,00	100,00

Il est facile, après avoir inspecté ces nombres, de se rendre bien compte des phénomènes chimiques qui se passent dans un haut fourneau.

1° *L'air* venant de la *tuyère brûle le charbon* en développant beaucoup de chaleur *et donne de l'acide carbonique.*

2° *L'acide carbonique,* en s'élevant dans l'*ouvrage* et dans les *étalages, se transforme en oxyde de carbone* au contact du charbon incandescent ; cette transformation s'opère avec une notable absorption de chaleur.

3° *L'oxyde de carbone rencontrant,* dans la partie supérieure des *étalages* et dans la *cuve, de l'oxyde de fer suffisamment chauffé, le réduit en redevenant de l'acide carbonique.*

4° Enfin, dans la partie supérieure de la cuve, l'eau et l'acide carbonique de la *castine,* chassés par la chaleur, s'ajoutent aux gaz précédents.

II. MODIFICATIONS DU MINERAI, DU FONDANT ET DU CHARBON DANS LEUR MARCHE DESCENDANTE.

1° *Dans la partie supérieure de la cuve* ils se dessèchent, le minerai se déshydrate, la castine se décarbonate : C'EST LA ZONE DE DESSICCATION ET DE DÉCARBONATATION.

2° *Dans la partie inférieure de la cuve,* l'oxyde de carbone réduit l'oxyde de fer porté à une température suffisamment élevée, et repasse à l'état d'acide carbonique qui s'ajoute à celui que dégage *la castine* : C'EST LA ZONE DE RÉDUCTION.

3° *Dans les étalages,* commencent les réactions de la chaux sur la gangue, pour former la scorie, et du fer sur le charbon, pour former de la fonte : C'EST LA ZONE DE CARBURATION.

4° *Dans l'ouvrage,* partie la plus chaude du haut fourneau, les silicates et la fonte entrent complétement en fusion et coulent dans le creuset : C'EST LA ZONE DE FUSION.

5° *Dans le creuset, la fonte plus lourde se sépare du laitier qui surnage,* finit par déborder et s'écoule par la *dame.*

HAUT FOURNEAU AU CHARBON DE BOIS.

La cendre du charbon de bois peu abondante et très-fusible ne renferme rien qui puisse altérer la qualité du fer. Aussi cherche-t-on à produire le laitier le plus fusible ; ce qu'on réalise en ajoutant assez de fondant pour que le rapport de l'oxygène, de l'acide et celui des bases soit de $\frac{2}{1}$.

Le laitier étant plus fusible, il n'est pas nécessaire de produire une aussi forte température : de là l'emploi de hauts fourneaux moins élevés et n'ayant en général que deux tuyères.

HAUT FOURNEAU AU COKE.

La cendre du coke étant presque toujours pyriteuse renferme du sulfure de fer qui passerait dans la fonte et en altérerait la qualité, si on n'avait pas soin d'augmenter la dose de chaux en ajoutant une plus forte proportion de castine afin que le rapport de l'oxygène de l'acide à celui des bases devienne $\frac{1}{1}$.

Grâce à l'excès de chaux, le soufre passe dans la scorie à l'état de sulfure de calcium ; mais *grâce aussi à l'excès de chaux, la scorie devient moins fusible* et nécessite l'emploi de hauts fourneaux plus élevés et ayant ordinairement trois tuyères qui produisent une plus forte température.

Comme, à cette haute température, le charbon réduit plus facilement la silice en présence du fer qui s'empare du silicium qu'elle renferme,

$$\textit{Réaction :}\ Fe + SiO^3 + 3C = FeSi + 3CO,$$

il en résulte que les fontes au coke sont plus riches en *silicium* que les fontes au charbon de bois.

AFFINAGE DE LA FONTE.

C'est la transformation de la fonte en fer par l'enlèvement du carbone et du silicium qu'elle renferme.

On enlève ces éléments à la fonte en la soumettant à l'action simultanée de la chaleur et de l'oxygène que fournit l'air atmosphérique; celui-ci brûle le charbon qui passe à l'état d'acide carbonique gazeux, et le silicium qui passe à l'état d'acide silicique; ce dernier se combine avec le manganèse et une certaine quantité de fer qui passent à l'état d'oxydes et forment un silicate de manganèse et un silicate de fer très-fusible.

Le phosphore et le soufre sont également brûlés.

I. Affinage au charbon de bois ou procédé comtois ou affinage au petit foyer.

On opère dans une forge qui ressemble beaucoup à la forge catalane (*fig.* 99, *Pl. XII*).

Dans le creuset quadrangulaire *c* qui reçoit l'air apporté par les tuyères *t*, on introduit du charbon incandescent sur lequel on place la fonte qui se trouve ainsi au-dessus de la tuyère.

La fonte fond et tombe par gouttes au fond du creuset en recevant le vent de la tuyère qui brûle la presque totalité du silicium, une partie du charbon et une certaine quantité de fer qui forme avec l'acide silicique un silicate de fer très-fusible qui tend à se rapprocher de la formule

$$SiO^3, 3FeO.$$

C'est à l'aide d'une plus forte proportion d'oxyde de fer, renfermé dans le silicate de fer ainsi formé, c'est même à l'aide de l'oxyde de fer que ce silicate renferme, mais plus difficilement, que s'achève la décarburation du fer. En effet, cet oxyde à une haute température brûle par son oxygène le reste du charbon que retient encore le fer et, passant à l'état de fer métallique, il s'ajoute au fer qu'il a décarburé.

Réaction : $FeC + SiO^3, 4FeO = SiO^3, 3FeO + CO + 2Fe$.

Il importe donc, pour produire la quantité nécessaire d'oxyde de fer décarburant, de soulever à l'aide d'un ringard la fonte qui devient de plus en plus consistante, pour l'exposer une seconde fois à l'action oxydante du vent de la tuyère, et de recommencer encore la même opération si l'affinage n'est pas terminé.

La fonte ainsi affinée, et qui est devenue pâteuse en se décarburant parce que le fer est moins fusible que la fonte, est réunie et ramassée dans le fond du creuset, à l'aide d'un ringard, en une seule masse spongieuse appelée LOUPE, qu'on porte ensuite sous un marteau.

EN CINGLANT CETTE LOUPE *sous le marteau,* on exprime les scories qui sont interposées dans le métal, et le fer prend la forme d'un prisme allongé qu'on divise en quatre ou cinq morceaux, LOPINS, qui seront étirés en barres.

Ce procédé donne du fer de très-bonne qualité, mais avec une perte inévitable, puisque l'affinage dépend de l'oxydation d'une partie du métal. Ce procédé ne donne en effet que 72 à 76 de fer ductile pour 100 de fonte.

II. AFFINAGE À LA HOUILLE OU PROCÉDÉ ANGLAIS.

Il importe de ne pas sulfurer le fer en le mettant en contact avec la houille, qui est un combustible presque toujours pyriteux; aussi faut-il rejeter la méthode précédente lorsqu'on substitue la houille au charbon de bois et affiner au contact de la flamme seulement?

Le procédé anglais d'affinage se divise en deux phases bien distinctes qu'on appelle

FINAGE et

PUDDLAGE.

1° FINAGE OU MAZÉAGE.

C'est une opération qui consiste dans une première fusion de la fonte qui se pratique dans un creuset rectangulaire *c* (*fig.* 101, *Pl. XII*) dont les parois sont formées avec des caisses en fonte dans lesquelles circule de l'eau pour empêcher leur fusion.

Le fond du creuset est formé par du sable.

Ce creuset porte un trou par lequel on fait écouler les scories et la fonte.

Des tuyères *t* projettent de l'air dans le creuset; elles peuvent résister à une haute température sans fondre, parce qu'elles sont rafraîchies par de l'eau courante.

La fonte, placée en *b* au-dessus des tuyères, sur le coke incandescent qui remplit le creuset, se liquéfie, tombe par gouttes dans le creuset et traverse le vent des tuyères dont l'action est identique à celle qu'il exerce dans la *première phase de l'affinage au charbon de bois*. En effet, il brûle la presque totalité du silicium qu'elle renferme, à peu près la moitié de son charbon et une certaine quantité de fer qui forme avec la silice une scorie très-fusible.

La fonte réunie dans le creuset et qui a subi ce commencement d'affinage est en pleine fusion; on la coule en plaques dans un bassin large et peu profond, en ayant soin de la refroidir brusquement avec de l'eau froide.

Le Fine-metal ainsi obtenu est blanc, aigre et très-cassant.

2° Puddlage.

Cette seconde opération, qui doit compléter l'affinage de la fonte en lui enlevant le reste de son charbon, correspond à la *seconde phase de l'affinage au charbon de bois* dans laquelle on soulève la loupe pour l'exposer au vent de la tuyère.

Elle se pratique dans un four à réverbère appelé four à puddler (*fig.* 102, *Pl. XIII*).

Sur la sole en briques très-réfractaires de ce four, recouverte de scories très-ferrugineuses et chauffée au rouge blanc par la flamme de la houille qui, partant du foyer *f* et passant au-dessus de l'autel *i*, traverse le four dans toute sa longueur pour se rendre dans la cheminée *c*, on dispose le *fine-metal* que l'on introduit par la porte *p*.

Sous l'action de la chaleur, le *fine-metal* ne tarde pas à rougir, puis à blanchir et enfin à fondre en se recouvrant de scories auxquelles on ajoute des scories ferrugineuses ou des *battitures de fer* (un des oxydes du fer).

A l'aide d'un ringard qu'il passe par l'ouverture *p'*, l'ouvrier retourne le *fine-metal* dès qu'il a pris un état demi-pâteux, afin d'exposer toutes les parties à l'action réductrice de l'oxyde de fer des silicates qui brûle par son oxygène les dernières traces de charbon qui restent encore.

Brasser ainsi la masse de métal s'appelle PUDDLER.

Le fer affiné est alors *mis en loupe* et traité comme il a été dit plus haut pour le fer affiné par le procédé comtois.

EXTRACTION DU FER PUR.

Pour avoir du fer chimiquement pur, il faut le débarrasser du reste de carbone, de silicium et de phosphore qu'il peut encore renfermer.

1° *En fondant un excellent fer avec de l'oxyde de fer et du verre pilé.*

L'oxyde de fer brûle par son oxygène le charbon, le silicium et le phosphore.

Le verre pilé agit comme un fondant dans lequel passent les produits d'oxydation et qui protége le fer contre l'action de l'air.

2° *En réduisant par l'hydrogène* (*fig.* 103) *le sesquioxyde de fer pur* et en laissant refroidir dans ce gaz le fer mis en liberté.

Réaction : $Fe^2O^3 + 3H = 2Fe + 3HO$.

Le fer ainsi obtenu à la température que donne la lampe à alcool n'est nullement agrégé; *il est tellement divisé, que sa couleur est noire* et qu'il s'enflamme dès qu'on l'expose au contact de l'air, tant il absorbe l'oxygène avec énergie : de là vient son nom de *fer pyrophorique*.

On obtient un fer éminemment pyrophorique lorsqu'on réduit par l'hydrogène un mélange de sesquioxyde de fer et d'alumine qui se prépare en précipitant par l'ammoniaque une dissolution de sel de fer au maximum mêlée d'un peu d'alun.

3° *En réduisant par l'hydrogène et à la température rouge le protochlorure de fer.*

Réaction : $ClFe + H = Fe + ClH$.

Le fer ainsi obtenu forme sur les parois du tube dans lequel se passe l'opération *une couche brillante dans laquelle on observe des cristaux parfaitement déterminés.*

FONTES.

La fonte donnée par les hauts fourneaux présente des différences; mais on peut la ramener à deux types :

FONTE BLANCHE,

FONTE GRISE.

La fonte la plus riche en carbone et qui possède les propriétés de la fonte grise portées à leur maximum est appelée

FONTE NOIRE.

Un mélange de fonte grise et de fonte blanche qui participe des propriétés de l'une et de l'autre est appelé

FONTE TRUITÉE.

COMPOSITION DES FONTES.

Elle est presque la même pour les deux fontes.

I. CHARBON.

Les fontes en contiennent de 2 à 5 pour 100 qui n'est pas distribué de la même manière.

1° DANS LA FONTE GRISE, *le charbon, qui n'y existe pas en plus forte proportion que dans les fontes blanches, n'est pas uniformément répandu;* il est en partie combiné au fer et en partie interposé dans la masse à l'état de charbon cristallisé ou de *graphite*.

Ce qui le prouve, c'est que la fonte grise, attaquée par l'acide chlorhydrique, laisse dégager de l'hydrogène pur, mêlé à de l'hydrogène plus ou moins carburé, et il reste comme résidu du charbon en paillettes cristallines qui n'est autre chose que du *graphite*.

2° DANS LA FONTE BLANCHE, *le charbon est uniformément répandu à l'état de combinaison.*

Ce qui le prouve, c'est qu'attaquée par l'acide chlorhydrique, la fonte blanche laisse dégager les mêmes produits gazeux, mais ne donne pas *de graphite*.

II. SILICIUM.

Il existe en quantités d'autant plus fortes dans les fontes que la température à laquelle elles se sont produites a été plus élevée; mais alors elles sont moins riches en charbon.

III. AZOTE. *Son rôle dans la fonte n'est pas encore bien établi.*

Etc.

PROPRIÉTÉS DES FONTES.

I. FONTES GRISES.

Couleur gris foncé ou gris clair.

Cassure grenue.

Poreuses.

Densité de 6,79 à 7,05.

Malléabilité : faciles à limer,
à couper au ciseau,
à forer.
Reçoit l'empreinte du marteau, *surtout quand elle est noire.*

Altérabilité. Elles se rouillent plus facilement et sont plus rapidement altérées par l'eau que les fontes blanches à cause de leur porosité d'une part, et, d'autre part, parce que le fer juxtaposé au graphite joue le rôle de l'élément positif d'un couple voltaïque qui décompose l'eau avec oxydation du métal.

Fusibilité. Elles fondent plus tardivement que les fontes blanches; sans doute parce qu'il leur faut reprendre le charbon qu'elles renferment à l'état de graphite, avant d'entrer en fusion; mais *leur fusion est franche et non pâteuse comme la fusion des fontes blanches.*

Aussi sont-elles employées de préférence pour le moulage :

1° *Soit de première fusion,* en les recevant dans des moules à leur sortie du haut fourneau, comme cela se pratique pour la fabrication des grosses pièces, telles que tuyaux de conduite d'eau, etc.

2° *Soit de seconde fusion,* en les refondant avant de les couler dans les moules, comme cela se pratique pour la fabrication des petites pièces ou des pièces d'un plus grand fini.

Les fontes très-carburées, comme les fontes noires, sont préférables pour le moulage de seconde fusion, parce qu'elles perdent moins de leur fluidité par un commencement d'*affinage.*

II. FONTES BLANCHES.

Éclat métallique : quelquefois *couleur argentine.*

Très-cassantes : cèdent au choc du marteau.

Cassure : grenue.
à larges lames cristallines brillantes, FONTES LAMELLEUSES, *quand elles sont très-manganésifères.*

Très-dures : résistent à la lime,
au ciseau,
au foret.

Compactes et non poreuses comme les fontes grises.

Moins altérables que les fontes grises.

Densité = 7,44 à 7,81.

Fusibilité. Leur fusion est pâteuse : aussi sont-elles rarement employées pour le moulage et sont-elles presque toujours affinées.

Les fontes peuvent se transformer *en passant de l'état de fontes grises à l'état de fontes blanches, et réciproquement.*

Les fontes grises deviennent des fontes blanches par un refroidissement brusque après fusion, *par une véritable trempe.*

Dans ce premier cas le charbon n'a pas le temps de se séparer en partie à l'état de graphite : il reste combiné et la fonte grise prend de l'homogénéité.

Les fontes blanches deviennent grises par un refroidissement lent après fusion, *par une véritable détrempe.*

Dans ce second cas, le charbon se sépare en partie à l'état de graphite et la fonte blanche perd son homogénéité.

Toute fonte en fusion est donc une fonte blanche, et le passage de l'une à l'autre variété dépend de conditions de temps et de trempe.

La transformation d'une fonte blanche en fonte grise ne peut plus se produire lorsqu'elle renferme du phosphore ou du soufre ou lorsqu'elle est très-manganésifère.

La production des fontes grises ou blanches dans les hauts fourneaux, en laissant de côté le rôle que joue la composition du minerai, *dépend de la température,* et on peut dire que la température la plus basse donne des fontes blanches, généralement moins siliceuses que les fontes grises obtenues à des températures plus élevées.

Aussi, en augmentant la charge du minerai, on fait de la fonte blanche, par suite de la température moins élevée du haut fourneau.

ACIERS.

*En enlevant du charbon à la fonte ou en ajoutant du charbon au fer, on produit l'*Acier, qui en renferme plus que le fer et moins que la fonte, ainsi qu'on peut le remarquer dans le tableau ci-dessous.

Composition moyenne du fer, de l'acier et de la fonte.

	Fer.	Acier.	Fonte au charbon de bois	
			Grise.	Blanche.
Fer	99,51	98,18	95,90	94,38
Carbone	0,24	0,71	2,20	2,50
Silicium	0,25	0,05	1,00	0,39
Manganèse	traces.	traces.	traces.	2,40
Phosphore	traces.	0,06	0,06	0,33
Totaux	100,00	100,00	100,00	100,00

D'où l'on peut conclure qu'*un minerai traité convenablement à la forge catalane* et qu'*une fonte moyennement affinée peuvent donner directement de l'acier :* c'est l'acier naturel.

I. Acier naturel.

1° Obtenu dans les forges catalanes ou fer aciéreux.

Il faut pour le produire augmenter l'action carburante, en augmentant la quantité de charbon, et *éloigner la cause décarburante* en favorisant l'écoulement fréquent des scories ferrugineuses qui sont l'agent de décarburation et en abrégeant ainsi la durée de leur contact. (Voyez *Affinage de la fonte*, p. 366.)

Dans les forges catalanes, l'action de la cause carburante et l'action de la cause décarburante, ainsi qu'on a pu le voir, ne peuvent jamais être rendues complétement indépendantes; aussi l'ouvrier, quelque habile qu'il soit, obtient rarement du fer lorsqu'il veut en préparer; dans ce cas, il ne peut presque jamais éviter de produire un peu d'acier et par suite un *fer aciéreux :* d'autre part, lorsqu'il veut préparer de l'acier, celui-ci est toujours mélangé à une certaine quantité de fer. *Le produit qu'on obtient n'est jamais homogène.*

2° Obtenu par décarburation partielle de la fonte ou acier de forge.

Il faut pour le produire traiter les fontes manganésifères obtenues au charbon de bois *et arrêter l'opération d'affinage lorsqu'on a amené ces fontes à un point de carburation convenable.*

Dans l'affinage, *le manganèse rend les scories très-fusibles;* ce qui diminue leur action décarburante sur la fonte, puisqu'elles s'écoulent très-facilement.

L'opération se pratique au petit foyer (p. 366) et comporte des détails que nous ne pouvons pas donner ici.

Le produit qu'on obtient n'est jamais homogène; il est également mélangé avec du fer comme l'acier naturel obtenu dans les forges catalanes.

II. ACIER DE CÉMENTATION.

On l'obtient en chauffant dans des caisses en briques réfractaires du bon fer en barres entouré de charbon en poudre : on maintient la température rouge pendant un nombre de jours proportionné à la section tranversale des barres et au degré de carburation qu'on veut leur donner.

Cette opération dure de seize à vingt jours.

La surface des barres devient inégale et se recouvre d'ampoules, ce qui a fait donner à l'acier de cémentation le nom d'ACIER-POULE.

Le produit n'est jamais homogène; il est plus ou moins carburé et plus ou moins mélangé avec du fer, comme cela a lieu pour l'acier naturel.

Il est facile de comprendre qu'il doit en être ainsi; en effet, *les barres se cémentent en s'imbibant de charbon,* qui part de la surface et qui gagne de proche en proche vers le centre : le centre peut donc être encore à l'état de fer doux après que la surface est devenue de l'acier.

III. ACIER CORROYÉ.

Pour faire disparaître autant que possible ce manque d'homogénéité, on pratique l'opération du CORROYAGE, qui consiste à composer des trousses avec les barres d'acier brut, en alternant celles qui sont très-aciérées avec celles qui le sont moins; ces trousses, chauffées et forgées, donnent de nouvelles barres qui sont trempées et brisées pour former de nouvelles trousses, qui sont chauffées et forgées à leur tour.

Après chaque opération, la masse est devenue plus homogène, mais elle a perdu une partie de son charbon; de là des modifications dans les qualités des aciers, qui varient avec le nombre de chauffes qu'ils ont eu à subir.

Quoique plus homogène, l'acier corroyé est loin de présenter une homogénéité parfaite; aussi ne peut-il pas encore servir à la fabrication des instruments à tranchant délié.

IV. ACIER FONDU.

C'est par la fusion qu'on arrive enfin à donner à l'acier une homogénéité satisfaisante.

On opère dans un grand creuset BRASQUÉ, c'est-à-dire tapissé à l'intérieur d'une couche de charbon.

On prépare ce creuset en tassant dans son intérieur une pâte faite avec du charbon de bois en poudre et de l'eau.

Après avoir fait sécher la BRASQUE, on y pratique une cavité, dans laquelle on introduit les aciers précédents qui sont mélangés au fer doux, et on les recouvre avec de la *brasque* pour éviter le contact de l'air qui pourrait s'introduire sous le couvercle.

Ce creuset, placé dans un four disposé *ad hoc*, est porté à la température de fusion du métal qui devient homogène. En effet, on obtient ainsi :

1° Un mélange plus intime du fer doux avec l'acier;

2° La carburation du fer doux par le charbon de la brasque.

On le coule, on le martèle et on l'étire en barres.

Sa texture est très-homogène.

Il peut prendre un beau poli.

Il est ductile et malléable et très-propre aux usages les plus délicats de la coutellerie et de la bijouterie.

V. ACIER DAMASSÉ.

Si on bat l'acier non homogène, de l'acier de cémentation, par exemple, de manière à en faire une lame, sa surface est formée à la fois de fer doux et d'acier; si on plonge cette lame dans de l'eau acidulée par de l'acide sulfurique ou nitrique, on dissout le métal de la surface, et le charbon isolé apparaît et forme des taches noires qui sont disposées irrégulièrement, ce qui n'aurait pas lieu si l'acier était très-homogène, et par conséquent si le charbon était réparti également dans la masse, comme cela a lieu pour l'acier fondu.

Le DAMAS, *qui nous est d'abord venu d'Orient,* est de l'acier dans lequel le carbone n'est pas réparti d'une manière uniforme, et c'est en plongeant cet acier dans un acide, que le carbone de sa surface, mis à nu, lui donne l'aspect qui le distingue.

La méthode la plus sûre pour obtenir un acier propre au DAMASSAGE consiste à fondre dans un creuset réfractaire un mélange qui renferme :

3 kilogrammes de *fer,*

$\frac{1}{12}$ de *graphite,*

$\frac{1}{32}$ de *battitures,*

$\frac{1}{24}$ de *dolomie,* comme fondant.

Quand le creuset commence à s'affaisser, l'opération est terminée. L'acier damassé ainsi préparé paraît être beaucoup plus dur que le meilleur acier fondu.

Le *damas* peut encore être fabriqué avec de l'acier auquel on a allié de petites quantités de *tungstène* ou de *molybdène.*

PROPRIÉTÉS PHYSIQUES DES ACIERS.

Texture grenue, à grains très-fins, égaux et serrés.

Susceptibles d'acquérir un beau poli et beaucoup de brillant.

Très-ductiles et très-malléables.

Densité un peu moindre que celle du fer.

Dureté plus grande que celle du fer.

TREMPE.

CHAUFFÉS AU ROUGE ET REFROIDIS LENTEMENT, ils conservent toutes leurs propriétés physiques.

CHAUFFÉS AU ROUGE ET REFROIDIS BRUSQUEMENT OU TREMPÉS, ils deviennent très-durs et très-cassants, et constituent L'ACIER TREMPÉ.

La dureté que l'acier acquiert par la trempe augmente avec :

1° *Une plus grande différence entre la température du métal et celle du milieu refroidissant.* Ainsi, à échauffement égal de l'acier, l'eau à 0° trempe plus dur que l'eau à 30°, et une même masse d'acier devient d'autant plus dure qu'elle est trempée dans ce liquide après avoir été portée à une température plus élevée.

2° *Un refroidissement plus prompt.* Ainsi, une même masse d'acier, également chauffée, devient plus dure lorsqu'on la trempe dans le mercure que lorsqu'on la trempe dans l'eau à la même température, parce que, dans le mercure, qui est meilleur conducteur de la chaleur, le refroidissement est plus prompt.

De là l'importance de chauffer plus ou moins l'acier et

de le plonger dans des liquides différents pour obtenir des trempes différentes.

CHAUFFÉS AU ROUGE APRÈS LA TREMPE ET REFROIDIS LENTEMENT, *ils se détrempent complétement* et ils perdent toutes les propriétés que leur avait données la trempe.

CHAUFFÉS GRADUELLEMENT APRÈS LA TREMPE, *ils se détrempent graduellement et de plus en plus à mesure que la température s'élève davantage.*

Mais à mesure que la température s'élève, il se produit à la surface de l'acier une série de teintes dont chacune correspond à un degré particulier de DÉTREMPE, de telle sorte qu'on peut obtenir une trempe voulue en partant de la trempe maximum obtenue au maximum de température et en réchauffant graduellement jusqu'au moment où apparaît la couleur qui correspond à la trempe cherchée.

Voici un tableau qui fait connaître ces différentes nuances et les températures auxquelles elles correspondent :

	Température du recuit.
Jaune paille....................	220°
Jaune d'or.....................	240°
Brun..........................	255°
Pourpre......................	265°
Bleu clair.....................	285°
Bleu indigo....................	295°
Bleu très-foncé................	315°
Vert d'eau....................	332°

L'acier éprouve par la trempe une modification comparable à celle que subit la fonte sous l'influence de la même cause : le carbone n'est pas réparti de la même façon qu'avant l'opération. En effet, l'acier non trempé, traité par un acide, laisse un résidu de charbon, tandis que l'acier trempé ne laisse aucun résidu, le carbone partant en entier à l'état de carbure d'hydrogène gazeux.

La densité diminue un peu par la trempe.

La sonorité disparaît par la trempe : l'acier trempé ne rend plus que des sons ternes et voilés.

PROPRIÉTÉS CHIMIQUES DES ACIERS. Ce sont celles du fer.

COMPOSÉS OXYGÉNÉS DU FER.

Protoxyde de fer....	FeO	basique.
Oxyde magnétique..	Fe^3O^4	salin = F^2O^3, FeO.
Oxyde des battitures.	$Fe^2O^3, 4FeO$ $Fe^2O^3, 6FeO$	salin qui se forme en chauffant le fer au contact de l'air et qui se détache sous le marteau.
Sesquioxyde de fer..	Fe^2O^3	basique.
Acide ferrique......	FeO^3	

PROTOXYDE DE FER. $FeO = 36$.

I. Anhydre. On le prépare en faisant réagir un mélange gazeux de $CO^2 + CO$, qui résulte de la décomposition de l'acide oxalique sur le sesquioxyde de fer, Fe^2O^3, porté au rouge sombre.

Réaction : $Fe^2O^3 + CO + CO^2 = 2FeO + 2CO^2$.

II. Hydraté. On le précipite à cet état en versant de la potasse dans un sel de protoxyde.

Réaction : $SO^3FeO + HO, KO = SO^3, KO + HO, FeO$.

C'est le seul que nous étudierons.

Propriétés.

Blanc légèrement verdâtre.

Absorbe rapidement l'oxygène de l'air; il passe d'abord à l'état d'oxyde magnétique hydraté d'un vert foncé,

Réaction : $3FeO + O = Fe^3O^4$,

puis à l'état du sesquioxyde de fer d'un jaune rougeâtre, en absorbant une nouvelle quantité d'oxygène.

Réaction : $2Fe^3O^4 + O = 3Fe^2O^3$.

Dans une dissolution alcaline en ébullition, il devient noir et il se transforme en oxyde de fer magnétique anhydre, en décomposant l'eau et en dégageant de l'hydrogène.

Réaction : $3FeO + HO = Fe^3O^4 + H$.

Soluble dans l'ammoniaque : cette dissolution, exposée à l'air, s'oxyde et laisse déposer du sesquioxyde de fer.

Solubilité : l'eau en dissout $\frac{1}{150000}$.

Base énergique.

SESQUIOXYDE DE FER ou PEROXYDE DE FER. $Fe^2O^3 = 80$.

ÉTAT NATUREL.

Très-abondant.

Il colore les argiles et les *ocres.*

Il constitue les principaux minerais de fer exploités.

Anhydre ou *hydraté.*

I. ANHYDRE.

PROPRIÉTÉS PHYSIQUES.

Rouge : tel est le COLCOTHAR.

Presque noir, comme celui qui provient de la calcination de l'azotate.

Dureté.

Le colcothar est assez dur pour polir les glaces.

Extrêmement dur lorsque, par une calcination convenable, on l'obtient cristallisé ; à cet état, il porte le nom de *poudre à rasoir.*

PROPRIÉTÉS CHIMIQUES.

CALCINÉ AU ROUGE, il dégage de la lumière, subit un changement moléculaire et devient insoluble dans les acides étendus, et lentement soluble dans les acides énergiques et bouillants.

CALCINÉ AU ROUGE BLANC, il est décomposé en oxygène et oxyde magnétique ;

Réaction : $3\,Fe^2O^3 = 2\,Fe^3O^4 + O$;

aussi le fer qui brûle dans l'oxygène ne donne jamais que de l'oxyde magnétique, à cause de la haute température que développe cette combustion.

Réduit par l'hydrogène, en donnant de l'eau et du fer métallique.

Réaction : $Fe^2O^3 + 3H = 3HO + 2Fe$.

Base moins énergique que le protoxyde de fer.

PRÉPARATION.

1° *En calcinant le sulfate de protoxyde de fer.*

Réaction : $2\,(SO^3, FeO) = Fe^2O^3 + SO^2 + SO^3$.

Le résidu de sesquioxyde de fer est pulvérulent, *d'un beau rouge,* et porte le nom de COLCOTHAR.

2° *En calcinant le sulfate de protoxyde de fer avec trois fois son poids de sel marin :* on obtient un sesquioxyde cristallisé en belles paillettes *d'un violet foncé presque noir, très-dur, employé pour donner le fil aux rasoirs;* de là son nom de POUDRE À RASOIR.

3° *En calcinant au rouge vif l'azotate de peroxyde de fer.*

Réaction : $(AzO^5)^3, Fe^2O^3 = Fe^2O^3 + 3AzO^4 + 3O$.

Le résidu de sesquioxyde de fer est *presque noir.*

II. HYDRATÉ.

COMPOSITION. $2Fe^2O^3, 3HO$.

PROPRIÉTÉS PHYSIQUES.

Jaune rougeâtre.

PROPRIÉTÉS CHIMIQUES.

Réduit par l'hydrogène très-facilement et à la température d'une lampe à alcool ; *il est alors pyrophorique.*

Très-soluble dans les acides, même les plus faibles.

Mis en ébullition dans l'eau pendant sept ou huit heures, il se modifie beaucoup ; ainsi :

Il devient rouge brique ;

Il perd 2 équivalents d'eau et devient

$$2Fe^2O^3, HO;$$

Il est à peine attaqué par l'acide azotique concentré et bouillant ;

Il est dissous par l'acide chlorhydrique, mais il faut que celui-ci soit concentré et bouillant, et l'opération est longue ;

Il ne devient plus incandescent au rouge sombre.

OXYDE DE FER MAGNÉTIQUE. $Fe^3O^4 = 116$.

ÉTAT NATUREL.

Assez abondant.

Il forme quelquefois des montagnes entières, comme à Talberg, en Suède.

*Il constitue l'*AIMANT NATUREL.

PROPRIÉTÉS.

Magnétique, soit à l'état anhydre, soit à l'état hydraté.

Fusible sans décomposition à une haute température.

Traité par une quantité insuffisante d'acide chlorhydrique, il se forme du protochlorure et il reste du sesquioxyde de fer;

c'est donc bien une combinaison du protoxyde avec le sesquioxyde de fer, *un oxyde salin.*

PRÉPARATION.

1° *En faisant agir la vapeur d'eau sur le fer incandescent :* il est alors anhydre. (Voyez l'*Expérience de Lavoisier sur la décomposition de l'eau par le fer,* p. 51 et 53.)

Réaction : $3Fe + 4HO = Fe^3O^4 + 4H$.

2° *Le protoxyde de fer hydraté, en suspension dans une liqueur alcaline, se transforme par l'ébullition en oxyde magnétique anhydre,* avec dégagement d'hydrogène provenant de l'eau décomposée.

Réaction : $3(FeO, HO) = Fe^3O^4 + H + 2HO$.

3° *En versant dans l'ammoniaque un mélange à équivalents égaux de sulfate de protoxyde et de sesquioxyde de fer :* les deux oxydes se combinent en se précipitant et donnent de l'oxyde magnétique hydraté.

Réaction : $SO^3, FeO + (SO^3)^3, Fe^2O^3 + 4(H^4Az)O$
$= 4[SO^3, (H^4Az)O] + FeO, Fe^2O^3$.

Si on versait l'ammoniaque dans le mélange, le sesquioxyde de fer se précipiterait le premier, parce qu'il constitue une base moins énergique, et par conséquent plus facile à déplacer, et il ne se formerait qu'un mélange des deux bases et non une combinaison.

COMPOSÉS SULFURÉS DU FER.

La liste des composés sulfurés du fer est plus nombreuse que celle de ses composés oxygénés :

1° *Sous-sulfure* .... $S Fe^8$.
2° *Id.* .... $S Fe^2$.
3° *Protosulfure* .... $S Fe$.
4° *Sesquisulfure*.............. S^3Fe^2.
5° *Bisulfure* ou *pyrite martiale*. S^2Fe.
6° *Pyrite magnétique*......... S^4Fe^3.
7° *Persulfure*................ S^3Fe.

SELS DE FER.

I. *Sels de protoxyde de fer* ou *protosels de fer* ou *sels de fer au minimum*, A, FeO,

II. *Sels de sesquioxyde de fer* ou *sesquisels de fer* ou *sels de fer au maximum*, A^3, Fe^2O^3, ou enfin *persels de fer.*

RECONNAITRE UN SEL DE FER EN DISSOLUTION.

I. Protosels.

Acide chlorhydrique.................. *Rien.*
Acide sulfurique dissous versé dans la liqueur acide..................... *Rien.*
Sulfure alcalin versé dans la liqueur neutre........................... *Précipité noir.*
Prussiate rouge..................... *Précipité bleu.*

II. Persels.

Acide chlorhydrique................. *Rien.*
Acide sulfhydrique dissous versé dans la liqueur acide..................... *Précipité blanc sale* de soufre et le sel est ramené au minimum.

Réaction :

$$(SO^3)^3, Fe^2O^3 + SH = 2(SO^3, FeO) + SO^3, HO + S.$$

Sulfure alcalin versé dans la liqueur neutre........................... *Précipité noir.*
Prussiate jaune..................... *Précipité bleu.*

SULFATE DE PROTOXYDE DE FER. $SO^3, FeO, 7HO = 139$.

Synonymie.

Couperose verte.

Vitriol vert.

Propriétés physiques.

Cristallisé en prismes rhomboïdaux obliques.
Verdâtre.
Saveur styptique.
Solubilité dans l'eau :

100 parties d'eau	à	15°	en dissolvent	70
»	»	»	à 100°	»	300

Propriétés chimiques.

Chaleur :

A 100°, il perd 6 équivalents d'eau et devient blanc.
A 300°, il perd encore 1 équivalent d'eau, le dernier.

Au rouge sombre, il se décompose en sesquioxyde de fer, *colcothar,* acide sulfureux et acide sulfurique anhydre.

Réaction : $2(SO^3, FeO) = Fe^2O^3 + SO^2 + SO^3.$

Alcool : lui enlève 6 équivalents d'eau sur les 7 qu'il renferme.

Air : *suroxyde le protoxyde de fer;* aussi les cristaux perdent leur transparence et prennent un aspect ocreux, par suite de la formation d'un *sous-sulfate de sesquioxyde de fer.*

Réaction: $2(SO^3, FeO) + O = (SO^3)^2, Fe^2O^3$.

Une dissolution de sulfate de protoxyde exposée à l'air laisse déposer du sous-sulfate de sesquioxyde de fer.

De là les précautions qu'il faut apporter à la préparation d'une dissolution de sulfate de protoxyde de fer dans laquelle on ne veut pas qu'il y ait une trace de sulfate de sesquioxyde.

Chlore : *agit à la façon de l'air, mais comme agent indirect d'oxydation.* En effet, il s'empare d'une partie du fer, ce qui fait que l'autre partie passe à l'état de sesquioxyde en se combinant à l'oxygène que le fer abandonne.

Réaction :

$$6(SO^3, FeO) + 3Cl = Fe^2Cl^3 + 2[(SO^3)^3, Fe^2O^3].$$

Acide azotique : agit également à la façon de l'air comme agent direct d'oxydation.

Réaction :

$$6(SO^3, FeO) + 6AzO^5 = 2[(SO^3)^3, Fe^2O^3] + (AzO^5)^3, Fe^2O^3 + 3AzO^4.$$

Préparation.

I. **Dans l'industrie** : *par l'oxydation à l'air des pyrites de fer humides grillées préalablement ou non grillées.*

On lave fréquemment les pyrites disposées en tas et on évapore les lessives jusqu'à cristallisation.

Réaction : $S^2Fe + 7O + Aq = SO^3, FeO + SO^3 + Aq$.

Ce sulfate n'est jamais pur; il renferme du cuivre, du zinc, etc., que renferment les pyrites.

II. **Dans le laboratoire et pur** : en attaquant le fil de fer par l'acide sulfurique étendu.

Réaction : $Fe + SO^3, HO = SO^3, FeO + H$.

On opère dans un flacon ((*fig.* 104, *Pl. XIII*) qui porte un bouchon percé dans lequel s'engage un tube de verre effilé et recourbé de haut en bas.

L'hydrogène, qui se dégage par le tube effilé du bouchon,

chasse l'air du flacon, s'oppose à sa rentrée et, par conséquent, à la suroxydation du sulfate de protoxyde et à son passage à l'état de sulfate de sesquioxyde.

On a soin de laisser le fer en excès et un peu d'acide sulfurique libre pour maintenir un faible dégagement d'hydrogène qui, à l'état naissant, ramène à l'état de sel de protoxyde les traces de sel de sesquioxyde qui pourraient se former.

Cette dissolution ainsi préparée, et qui ne contient pas de traces de sel de sesquioxyde de fer, est employée pour montrer les caractères des protosels de fer.

En attaquant le fer par l'acide sulfurique, comme nous venons de le dire, et en faisant cristalliser plusieurs fois, on obtient un sulfate de fer cristallisé et pur.

CHROME. Cr = 26,28.

COMPOSÉS OXYGÉNÉS.

1° *Protoxyde*.................	CrO	basique.
2° *Sesquioxyde*...............	Cr^2O^3	basique.
3° *Acide chromique*...........	CrO^3	stable.
4° *Acide perchromique*.........	Cr^2O^7.	
5° *Oxyde correspondant à l'oxyde de fer magnétique*...........	Cr^3O^4	salin $= Cr^2O^3, CrO$.
6° *Chromate de chrome*.........	Cr^2O^4	salin $= CrO^3, CrO$.

Les plus importants sont le protoxyde, le sesquioxyde et l'acide chromique.

I. Protoxyde de chrome.

Il est plus éphémère que le protoxyde de fer, et subit, sous l'influence de l'air et de l'ébullition, les mêmes modifications, mais beaucoup plus rapidement.

II. Sesquioxyde de chrome : *difficilement attaquable par les acides lorsqu'il a été porté au rouge*, comme ses isomorphes, l'*alumine,* Al^2O^3, et le *sesquioxyde de fer,* Fe^2O^3.

Il produit avec les acides les sels de sesquioxyde de chrome VERTS, VIOLETS OU ROUGES.

III. Acide chromique.

Il rappelle par sa formule les acides *sulfurique* et *manganique* et il produit avec les bases des *chromates* qui, comme les sulfates, peuvent être acides. Ainsi :

le *bichromate de potasse* .... $2(CrO^3)$, KO,
correspond au *bisulfate de potasse*....... $2(SO^3)$, KO.

Les chromates sont jaunes lorsqu'ils sont neutres.

Les chromates sont rouges ou orangés lorsqu'ils sont acides.

RECONNAITRE UN SEL DE SESQUIOXYDE DE CHROME EN DISSOLUTION.

Acide chlorhydrique............ *Rien.*

Acide sulfhydrique dissous versé dans la liqueur acide.......... *Rien.*

Sulfure alcalin versé dans la liqueur neutre................ *Précipité vert* d'hydrate de sesquioxyde de chrome.

Potasse...................... *Précipité verdâtre* d'hydrate de sesquioxyde de chrome, *soluble dans un excès de potasse, en communiquant à la dissolution une belle couleur verte, et pouvant en être précipité de nouveau par l'action de la chaleur.*

RECONNAITRE UN CHROMATE EN DISSOLUTION.

Acide chlorhydrique.. *Rien* quand c'est un bichromate dont la couleur est rouge.

La liqueur devient rouge quand c'est un chromate neutre, parce qu'il se forme un bichromate rouge.

Réaction : $2(CrO^3, KO) + ClH = 2CrO^3, KO + ClK + HO.$

Acide sulfhydrique dissous versé dans la liqueur acide......... *La liqueur passe du rouge au vert en précipitant du soufre,*

Réaction :

$$2CrO^3, KO + 4ClH + 3HS = Cl^3Cr^2 + ClK + 7HO + 3S,$$

parce que l'acide chromique rouge devient du sesquichlorure de chrome vert.

NICKEL. Ni $= 29,54$.

Allié au fer dans la proportion de $\frac{1}{100}$, il s'oppose à la rouille.

Allié au cuivre et au zinc, il forme un alliage très-utile que nous ferons connaître en parlant du cuivre.

COBALT. Co = 29,49.

Son oxyde, CoO, *est doué d'une faculté colorante très-énergique.*

Il sert à la préparation des verres colorés en bleu et du SMALT, espèce de verre bleu qu'on pulvérise et qu'on soumet à la lévigation : dans cet état, le smalt, qui porte le nom d'*azur,* sert à teinter légèrement les papiers blancs. Il sert également comme couleur dans la fabrication des papiers peints et dans la décoration des poteries.

ZINC. Zn = 33.

HISTORIQUE.

Connu des anciens qui employaient la *calamine* ou carbonate de zinc pour faire du *laiton* ou alliage de cuivre et de zinc.

Paracelse l'a décrit le premier comme un métal particulier.

ÉTAT NATUREL.

Surtout à l'état de *silicate,*
carbonate ou *calamine,*
sulfure ou *blende.*

C'est de ces deux derniers minerais qu'on retire le zinc.

PROPRIÉTÉS PHYSIQUES.

Solide.

Texture lamelleuse.

Couleur : blanc bleuâtre.

Densité = 6,862 lorsqu'il a été fondu,
7,215 lorsqu'il a été laminé.

Dureté : assez mou, moins pourtant que l'étain et le plomb.
Il adhère aux limes ; il les *graisse.*

Malléabilité.

I. ZINC PUR.

Très-grande, car il se réduit sous le marteau en feuilles très-minces, et sans la moindre gerçure.

II. ZINC DU COMMERCE.

1° *Faible à la température ordinaire,* car il se gerce en s'aplatissant sous le marteau.

2° *Assez grande à la température de* 100 *à* 150°, car il peut être forgé, laminé et tiré en fils.

3° *Très-cassant à* 200°, car, à cette température, il peut être pulvérisé avec la plus grande facilité.

Ténacité : faible ; un fil de 2 millimètres de diamètre se rompt sous une charge de 12 kilogrammes.

Action de la chaleur.

1° *Fond entre 450 et 500°.*

Le zinc fondu est facilement réduit en grenaille en le coulant d'une certaine hauteur dans une terrine pleine d'eau.

2° *Distille au rouge blanc.*

L'opération se fait très-facilement dans une cornue de terre. Il faut avoir soin de faire sortir de temps en temps le zinc condensé dans le col au moyen d'une tige de fer; on évite ainsi l'obstruction. Le zinc qui distille est reçu dans une terrine pleine d'eau.

Propriétés chimiques.

Action de l'air.

I. Sec.

1° *A la température ordinaire :*

N'oxyde pas le zinc.

2° *Au-dessus de 500° :*

Oxyde le zinc, dont la vapeur brûle avec une flamme dont l'éclat est dû à l'oxyde de zinc fixe et infusible et porté à une haute température qui voltige dans son intérieur.

II. Humide.

Oxyde lentement le zinc, qui se recouvre d'une couche d'oxyde continue et adhérente qui forme vernis à la surface du métal, qui se trouve ainsi protégé ; de là :

1° *Avantage de son emploi pour les toitures.*

2° *Danger de son emploi pour les ustensiles de cuisine*, par suite de l'action dissolvante des acides et des sels sur sa surface oxydée.

Action de l'eau.

1° *Sensiblement décomposée à* 100°. Cette propriété le rapproche du *magnésium.*

2° *Rapidement décomposée au-dessus de* 100°.

Opération. Elle consiste à faire passer la vapeur d'eau produite en *c* (*fig.* 17, *Pl. II*) sur du zinc chauffé dans le tube *ab :* l'oxygène de l'eau décomposée se fixe sur le zinc et l'hydrogène se dégage en *e*.

Réaction : $HO + Zn = ZnO + H.$

Action des acides.

1° *N'attaquent pas le zinc pur.*

2° *Attaquent rapidement le zinc qui n'est pas pur.*

Réactions :

1° $SO^3, HO + Zn = SO^3, ZnO + H.$

2° $AzO^5, HO + Zn = AzO^5, ZnO + H.$

3° $ClH + Zn = ClZn + H.$

Les métaux qui sont alliés au zinc du commerce jouent le rôle de l'élément électro-négatif d'un couple voltaïque, le zinc étant l'élément positif, et provoquent ainsi l'attaque par les acides.

Le zinc pur placé dans une nacelle de platine est aussi rapidement attaqué que le zinc impur; car, dans ce cas, le platine remplace le plomb, le cuivre, etc., alliés au zinc du commerce.

Action des alcalis.

Attaquent rapidement le zinc avec dégagement d'hydrogène et forment des zincates.

Réaction : $HO, KO + Zn = ZnO, KO + H.$

Action des métaux.

Un grand nombre de métaux sont précipités de leur dissolution par le zinc, qui les remplace; tels sont le cuivre, l'étain, l'antimoine, etc.

Réaction : $SO^3, CuO + Zn = SO^3, ZnO + Cu.$

C'est une réaction analogue à celle par laquelle le zinc se substitue à l'hydrogène, qui joue le rôle d'un véritable métal dans l'acide sulfurique. (Voyez *Action des acides sur le zinc*, p. 388.)

Préparation du zinc pur.

Le zinc du commerce renferme à peu près $\frac{1}{100}$ *de son poids de corps étrangers,* qui sont surtout du plomb et du fer; il renferme souvent du carbone, du cuivre, du cadmium et de l'arsenic.

Opération.

1° *On le distille d'abord,* ce qui ne le purifie pas complétement.

On le débarrasse ainsi du fer, du cuivre et du charbon qui ne sont pas volatils.

Il retient encore de l'arsenic, du cadmium et même du plomb, corps qui sont tous plus ou moins volatils.

2° *On le traite ensuite au rouge par $\frac{1}{8}$ de son poids de nitre,* qui l'oxyde en partie et qui transforme l'arsenic en arséniate de potasse, que l'on enlève par un lavage à l'eau.

On le débarrasse ainsi de l'arsenic.

3° *On dissout dans l'acide sulfurique faible* la masse ainsi débarrassée d'arsenic.

On le débarrasse ainsi du plomb, qui reste à l'état de sulfate de plomb insoluble.

4° *On traite par l'acide sulfhydrique* la liqueur acide, qui ne renferme plus que du zinc et du cadmium.

On le débarrasse ainsi du cadmium, qui se précipite à l'état de sulfure jaune insoluble.

5° *On précipite par un carbonate alcalin,* dans la liqueur qui ne renferme plus que du sulfate de zinc pur, *tout le zinc à l'état de carbonate de zinc pur.*

6° *On calcine le carbonate pur mélangé au charbon pour obtenir de nouveau le* MÉTAL.

7° *On distille de nouveau : le charbon reste dans la cornue, et l'on obtient ainsi le* MÉTAL PUR.

USAGES.

Toitures. — Gouttières. — Vases d'arrosage et objets analogues.

Ornements repoussés. — Objets moulés.

Construction des piles voltaïques, dont il constitue l'élément positif.

Fabrication du fer galvanisé, qu'il protége contre la rouille : dans ce cas, les deux métaux forment un couple voltaïque dont le fer est l'élément électro-négatif.

Fabrication du laiton (alliage de cuivre et de zinc).

» *maillechort* (alliage de cuivre, de zinc et de nickel).

COMPOSÉS OXYGÉNÉS DU ZINC.

Sous-oxyde .... Zn^2O.

Protoxyde.............. $Zn\,O$, basique.

Bioxyde................ $Zn\,O^2$.

PROTOXYDE DE ZINC ANHYDRE. $ZnO = 41$.

Synonymie. *Fleurs de zinc. — Pompholix. — Nihilum album. — Lana philosophica, etc.*

Propriétés physiques.

Blanc.

Jaune lorsqu'on le chauffe, et repassant au blanc par le refroidissement.

Infusible.

Fixe.

Solubilité. L'eau en dissout $\frac{1}{1000000}$ environ.

Propriétés chimiques.

Base énergique.

Chaleur : ne le décompose pas.

Air : le carbonate et lui communique ainsi la propriété de faire effervescence avec les acides.

Charbon : le réduit facilement.

Réaction : $ZnO + C = Zn + CO$.

Alcalis.

Le dissolvent difficilement, même lorsque leurs dissolutions sont concentrées.

S'y combinent facilement, lorsqu'on les fond au creuset d'argent.

Réaction : $HO, KO + ZnO = ZnO, KO + HO$.

Il se forme des *zincates*.

Préparation.

1° *En faisant passer la vapeur d'eau sur le zinc chauffé.*

Réaction : $Zn + HO = ZnO + H$.

2° *En chauffant le zinc au contact de l'air.*

Réaction : $Zn + O = ZnO$.

Dans le laboratoire, on peut en préparer de petites quantités en chauffant du zinc dans un creuset ouvert : une partie, qui provient de la vapeur de zinc qui brûle hors du creuset, est emportée dans l'air en flocons blancs très-légers ; une partie reste attachée aux parois du creuset et à la surface du métal, et il faut l'enlever de temps en temps pour laisser à l'air un libre accès.

3° *En calcinant l'azotate de zinc ou le carbonate de zinc.*

Réactions : $AzO^5, ZnO = ZnO + AzO^4 + O.$
$CO^2, ZnO = ZnO + CO^2.$

USAGES.

Remplace la céruse dans la peinture à l'huile, et porte alors le nom de BLANC DE ZINC.

La peinture au blanc de zinc ne noircit pas par les émanations sulfureuses, comme la peinture à la céruse ou *carbonate de plomb, parce que son sulfure est blanc.*

Sa préparation et son emploi n'offrent pas les dangers de la céruse.

PROTOXYDE DE ZINC HYDRATÉ. $ZnO, HO = 50.$

PROPRIÉTÉS.

Blanc.

ALCALIS.

1° *Le dissolvent très-facilement* dans une dissolution même très-étendue, lorsqu'il vient d'être précipité, en formant des ZINCATES.

Réaction : $HO, ZnO + HO, KO = ZnO, KO + 2HO.$

2° *Le dissolvent encore, mais à l'aide de la chaleur,* lorsqu'il a été simplement desséché à l'air.

PRÉPARATION.

En versant de la potasse étendue et non en excès dans une dissolution d'un sel de zinc.

Réaction :

$SO^3, ZnO + HO, KO = SO^3, KO + HO, ZnO.$

SELS DE ZINC. A, ZnO.

RECONNAITRE UN SEL DE ZINC EN DISSOLUTION.

Acide chlorhydrique..................	*Rien.*
Acide sulfhydrique dissous versé dans la liqueur acide......................	*Rien.*
Sulfure alcalin versé dans la liqueur neutre.	*Précipité blanc.*
Ammoniaque versée dans la liqueur neutre :	
1° *Un peu*........................	*Précipité blanc.*
2° *En excès*......................	*Précipité redissous.*

La dernière réaction ne permet pas de confondre un sel de zinc avec un sel d'alumine; car un excès d'ammoniaque ne redissout pas l'alumine précipitée.

SULFATE DE ZINC. $SO^3, ZnO, 7HO = 144$.

SYNONYMIE. *Vitriol blanc.* — *Couperose blanche.*

PROPRIÉTÉS PHYSIQUES.

Cristaux prismatiques incolores.

Isomorphe avec le sulfate de magnésie.

Saveur : styptique, amère et nauséabonde de tous les sels de zinc.

Solubilité :

1° *A la température ordinaire*	100 parties d'eau en dissolv.			40
2° *A 100°*	100	»	»	100

PROPRIÉTÉS CHIMIQUES.

ACTION DE LA CHALEUR :

1° *A 100°, il fond dans son eau de cristallisation*, et redevient solide après avoir perdu 6 équivalents d'eau.

2° *A 238°, il perd son dernier équivalent d'eau.*

3° *A une température assez élevée, il se décompose* de la manière suivante :

Réaction : $SO^3, ZnO = ZnO + SO^2 + O$.

PROPRIÉTÉS PHYSIOLOGIQUES.

Il est vénéneux comme tous les sels de zinc.

PRÉPARATION.

I. EN GRAND.

On grille la blende ou *sulfure de zinc naturel*, SZn : celle-ci s'oxyde aux dépens de l'oxygène de l'air et devient du sulfate de zinc, SO^3, ZnO.

Réaction : $SZn + 4O = SO^3, ZnO$.

On lave et on fait cristalliser.

Les cristaux obtenus sont fondus dans leur eau de cristallisation, coulés dans des moules sous forme de briques et livrés dans cet état au commerce sous le nom de *vitriol blanc.*

Le vitriol blanc, ainsi préparé, est loin d'être pur; il contient des sels étrangers, dont il importe de le débarrasser lorsqu'on le destine à certains usages.

II. Dans le laboratoire et pur.

En faisant cristalliser la dissolution de sulfate de zinc pur que l'on obtient dans la préparation du zinc pur. (Voyez *Préparation du zinc pur*, p. 388.)

ÉTAIN. Sn = 58, 82.

Historique. *Un des métaux le plus anciennement connus.*

État naturel. *Combiné à l'oxygène à l'état d'acide stannique.*

Propriétés physiques.

Blanc argentin, à reflets un peu jaunâtres.

Odeur désagréable quand on le frotte entre les doigts.

Malléabilité très-grande. On peut le réduire par le battage en feuilles très-minces.

Ténacité faible; un fil de 2 millimètres de diamètre rompt sous une charge de $15^{kil},7$ environ.

Dureté : un des métaux les plus mous.

Élasticité : un des métaux les moins élastiques ; aussi n'est-il pas sonore.

Cri de l'étain : bruit qu'il fait entendre lorsqu'on le ploie ; ce bruit provient du frottement, les uns contre les autres, des cristaux qui constituent la masse.

S'échauffe d'une manière très-sensible à la main, en le ployant plusieurs fois et rapidement dans le même point.

Densité = 7,285 ; elle n'augmente pas sensiblement par le martelage.

Action de la chaleur.

Fusible à 228° avant que le papier puisse être décomposé par la chaleur; aussi peut-on le fondre dans une feuille de papier lorsqu'on a soin d'opérer sur des lames minces de métal.

On pulvérise l'étain en le faisant fondre à une température aussi basse que possible et en l'agitant pendant le refroidissement avec un pinceau fait avec des fils de fer très-fins. On peut encore verser l'étain fondu dans une boîte à savonnette en bois, et agiter vivement pendant le refroidissement.

Non volatil.

Cristallisation.

Il cristallise par le refroidissement et d'autant plus facilement qu'il est moins pur.

On peut le faire cristalliser dans deux formes incompatibles : les cristaux peuvent être des prismes à base carrée ou des cubes, suivant les conditions dans lesquelles s'est produite la cristallisation.

Lorsqu'on attaque par un acide étendu la surface lisse de l'étain fondu, les cristaux sous-jacents apparaissent et présentent l'aspect de l'eau congelée sur les vitres ; c'est ainsi qu'on produit sur le fer-blanc le MOIRÉ MÉTALLIQUE.

PROPRIÉTÉS CHIMIQUES.

ACTION DE L'AIR.

1° *A la température ordinaire*, l'air sec ou humide n'agit pas sensiblement sur lui.

2° *Lorsqu'on élève la température*, l'air l'oxyde rapidement, en produisant du *protoxyde d'étain*, SnO, d'abord,

Réaction : $Sn + O = SnO$,

puis de l'*acide stannique* anhydre, SnO^2,

Réaction : $SnO + O = SnO^2$.

ACTION DE L'EAU.

Elle est décomposée au rouge par l'étain, avec production d'*acide stannique*.

Réaction : $Sn + 2HO = SnO^2 + 2H$.

ACTION DE L'ACIDE SULFURIQUE.

I. *Étendu*, ne l'attaque pas d'une manière bien sensible.

II. *Concentré et bouillant*, l'attaque très-vivement : il se dégage de l'*acide sulfureux*, SO^2, de l'*hydrogène sulfuré*, HS, et du *soufre* est mis en liberté.

Pour expliquer ces résultats, il faut admettre la succession des réactions suivantes :

1° L'étain passe à l'état de protoxyde d'étain et d'acide stannique, en s'oxydant à la fois par l'oxygène de l'eau et par l'oxygène de l'acide décomposé, et en dégageant de l'hydrogène et de l'acide sulfureux.

Réactions :

I. $2(SO^3, HO) + Sn = SO^3, SnO + SO^2 + 2HO$.

II. $SO^3, HO + Sn = SO^2 + SnO^2 + H$.

2° L'hydrogène naissant agit sur une partie de l'acide sulfureux également naissant et produit de l'hydrogène sulfuré.

Réaction : III. $SO^2 + 3H = 2HO + HS$.

3° L'hydrogène sulfuré ainsi formé agit, à son tour, sur une autre partie de l'acide sulfureux, et du soufre est mis en liberté.

Réaction : IV. $SO^2 + 2HS = 2HO + 3S$.

Action de l'acide chlorhydrique.

I. *Étendu :* ne le dissout qu'avec une grande lenteur et avec dégagement d'hydrogène.

II. *Concentré et chaud :* le dissout avec beaucoup d'énergie et avec dégagement d'hydrogène.

Réaction : $Sn + ClH = ClSn + H$.

Action de l'acide azotique.

I. *Moyennement concentré :* le suroxyde vivement avec production de vapeurs rutilantes.

Réaction : $Sn + 2AzO^5 = SnO^2 + 2AzO^4$.

II. *Très-concentré :* est sans action sur lui. (Voyez *Acide azotique*, p. 85.)

III. *Étendu :* l'attaque sans dégagement gazeux, et il se forme de l'azotate d'ammoniaque qui reste en dissolution.

Réaction :

$$2(AzO^5, 2HO) + 4Sn = 4SnO^2 + AzO^5, (H^4Az)O.$$

Action des alcalis en dissolution.

Ils déterminent la suroxydation de l'étain aux dépens de l'eau qui cède son oxygène au métal et dont l'hydrogène se dégage. L'oxyde ainsi formé se combine à l'alcali et reste en dissolution à l'état de *métastannate* alcalin, $Sn^5O^{10}, MO, 4HO$.

Réaction :

$$5Sn + 14HO + nKO = Sn^5O^{10}, KO, 4HO + (n-1)KO + 10H.$$

Préparation de l'étain pur.

En traitant par l'acide azotique un étain du commerce non antimonieux.

L'acide suroxyde le métal et l'acide métastannique ainsi formé, à l'état de poudre blanche insoluble, est lavé successivement à l'acide chlorhydrique et à l'eau, puis desséché et enfin chauffé dans un creuset brasqué.

Les métaux étrangers ont été entraînés par les eaux de lavage à l'état d'azotates solubles.

USAGES.

Pour fabriquer des vases et ustensiles de ménage.

Pour l'étamage du *cuivre,*
fer, pour produire le *fer-blanc.*

Pour préserver un grand nombre de substances de l'action de l'air et de l'humidité, on enveloppe ces substances dans des feuilles d'étain.

Pour l'étamage des glaces.

Pour la fabrication du bronze, alliage de cuivre et d'étain.

Pour la fabrication de la soudure des plombiers, alliage de plomb et d'étain.

COMPOSÉS OXYGÉNÉS DE L'ÉTAIN.

Protoxyde d'étain	SnO, basique.
Acide métastannique	$Sn^5O^{10}, 10HO$.
Acide stannique	SnO^2, HO.
Stannate de protoxyde d'étain....	Sn^2O^3, salin $= SnO^2, SnO$.
Métastannate de protoxyde d'étain.	Sn^6O^{11}, salin $= Sn^5O^{10}, SnO$.

PROTOXYDE D'ÉTAIN HYDRATÉ. $SnO, HO = 75,82$.

PROPRIÉTÉS.

Blanc.

Insoluble dans l'eau.

Devient anhydre lorsqu'on le chauffe à l'abri de l'air.

Acides : le dissolvent facilement.

ACTION DES ALCALIS.

La potasse ou la soude le dissolvent en formant des *stannites alcalins.*

Ces bases alcalines ne peuvent plus le dissoudre lorsqu'il devient anhydre; ainsi, en évaporant une dissolution de protoxyde d'étain dans la potasse, il arrive qu'à un certain degré de concentration l'alcali en excès déshydrate l'oxyde d'étain qui se dépose.

PRÉPARATION.

En le précipitant du protochlorure d'étain par l'ammoniaque,

Réaction : $ClSn + H^3Az, HO = SnO + ClH, H^3Az,$

ou mieux *par le carbonate de soude ou de potasse,*

Réaction : $ClSn + CO^2, KO = SnO + ClK + CO^2$;

mais alors il se dégage de l'acide carbonique.

PROTOXYDE D'ÉTAIN ANHYDRE. $SnO = 66,82$.

PROPRIÉTÉS.

Insoluble dans l'eau.

Acides : le dissolvent facilement.

Alcalis en dissolution : ne le dissolvent pas.

ACTION DE L'OXYGÈNE.

Lorsqu'on le chauffe au contact de l'air, il s'enflamme comme de l'amadou en passant à l'état d'acide stannique.

Réaction : $SnO + O = SnO^2$.

NOIR, BRUN OU ROUGE, *selon le mode de préparation.*

I. NOIR. Il se prépare en faisant bouillir du protoxyde d'étain avec une dissolution étendue de potasse ; à mesure que la dissolution se concentre, il se précipite de petits cristaux noirs de protoxyde d'étain anhydre, SnO.

II. BRUN. Il se prépare :

1° En portant à 250° l'oxyde noir : il décrépite, augmente de volume et se transforme, sans que sa composition chimique soit en rien modifiée, en lamelles de couleur *brun olivâtre.*

2° En faisant bouillir le protoxyde d'étain hydraté avec de l'ammoniaque ; les flocons blancs se transforment en lamelles identiques aux précédentes.

III. ROUGE. Il se prépare en précipitant le protochlorure d'étain par l'ammoniaque en excès, en faisant bouillir pendant quelques minutes et en desséchant ensuite le précipité à une température modérée en présence du sel ammoniac qui a pris naissance.

Il passe à la modification brune, lorsqu'on le frotte avec un corps dur.

La composition chimique de ces trois oxydes, diversement

colorés, est la même. Ils sont tous les trois formulés SnO.

Le plus stable de ces trois oxydes d'étain est donc l'oxyde brun, puisque le noir sous l'influence de la chaleur, et le rouge par le frottement, se modifient et passent à l'état d'oxyde brun.

ACIDE MÉTASTANNIQUE. $Sn^5O^{10}, 10HO = 464,10$.

PROPRIÉTÉS.

Blanc.

En poudre cristalline.

Insoluble dans l'eau.

Insoluble dans les acides sulfurique et azotique étendus et dans l'acide chlorhydrique.

Soluble dans la potasse et la soude avec lesquelles il forme des *métastannates.*

Insoluble dans l'ammoniaque.

Soluble dans l'ammoniaque lorsqu'il est à l'état gélatineux et qu'il vient d'être précipité d'un *métastannate* par un acide : il contient alors plus d'eau que lorsqu'il est cristallisé et il perd cet excès d'eau et redevient insoluble dans l'ammoniaque par la plus légère dessiccation à la température ordinaire et même par une ébullition de quelques minutes.

A 100°, il perd 5 équivalents d'eau.

Il forme des métastannates dont la formule générale est

$$Sn^5O^{10}, MO, 4HO,$$

qui sont en général incristallisables et qui ne peuvent pas exister à l'état anhydre.

PRÉPARATION.

En attaquant l'étain par l'acide azotique moyennement concentré.

Réaction : $5Sn + 10(AzO^5, HO) = Sn^5O^{10}, 10HO + 10AzO^4$.

ACIDE STANNIQUE. $SnO^2, HO = 83,82$.

PROPRIÉTÉS.

Blanc.

Gélatineux.

Insoluble dans l'eau.

Soluble dans les acides sulfurique et azotique étendus et dans l'acide chlorhydrique.

Soluble dans la potasse et dans la soude avec lesquelles il forme des *stannates.*

CHAUFFÉ LÉGÈREMENT, *il se transforme en acide métastannique.*

CHAUFFÉ AU ROUGE, *il se déshydrate complétement* et l'acide à l'état anhydre n'est pas décomposé.

Il forme des stannates dont la formule générale est SnO^2, MO qui cristallisent facilement et qui peuvent exister à l'état anhydre.

PRÉPARATION.

1° *En décomposant par l'eau le perchlorure d'étain,* Cl^2Sn.

Réaction : $Cl^2Sn + 3HO = SnO^2, HO + 2ClH.$

2° *En précipitant l'acide stannique insoluble par un acide,* dans un stannate soluble.

Réaction : $SnO^2, KO + SO^3, HO = SnO^2, HO + SO^3, KO.$

COMPOSÉS CHLORÉS DE L'ÉTAIN.

Protochlorure............. $ClSn$.
Bichlorure................ Cl^2Sn.

PROTOCHLORURE D'ÉTAIN HYDRATÉ. $ClSn, 2HO = 112,25$.

SYNONYMIE. *Sel d'étain* dans le commerce.

PROPRIÉTÉS PHYSIQUES.

En masse cristalline composée de petites aiguilles.

Odeur désagréable.

Saveur styptique.

Soluble dans une petite quantité d'eau, sans s'altérer.

PROPRIÉTÉS CHIMIQUES.

ACTION DE L'EAU.

L'eau le décompose lorsqu'elle est employée en excès, et il se produit un oxychlorure d'étain insoluble, $ClSn, SnO$, et un chlorhydrate de chlorure d'étain soluble, $ClH, ClSn$.

Réaction : $3ClSn + HO = ClSn, SnO + ClH, ClSn.$

Cette décomposition n'a pas lieu en présence d'un excès d'acide chlorhydrique.

Action de l'air.

L'air l'oxyde rapidement et le transforme en bichlorure et acide stannique.

Réaction : $2ClSn + 2O = Cl^2Sn + SnO^2$.

Essentiellement réducteur; car il est très-avide d'oxygène ou de chlore qui le transforment en acide stannique ou en bichlorure d'étain.

Exemples :

1° Le mercure est amené de l'état maximum de chloruration à l'état minimum par une réduction incomplète.

Réaction : $2ClHg + ClSn = ClHg^2 + Cl^2Sn$.

2° Le mercure à l'état minimum de chloruration est ramené à l'état métallique par une réduction complète.

Réaction : $ClHg^2 + ClSn = Cl^2Sn + 2Hg$.

3° Il ramène les sesquioxydes de fer et de manganèse à l'état de protoxyde.

Réactions :

$$2Fe^2O^3 + 2ClSn = 4FeO + SnO^2 + Cl^2Sn.$$
$$2Mn^2O^3 + 2ClSn = 4MnO + SnO^2 + Cl^2Sn.$$

Aussi est-il employé comme rongeur dans les fabriques de toiles peintes. En effet, supposons une étoffe teinte en rouille par le peroxyde de fer ou en solitaire par le sesquioxyde de manganèse; si on promène sur cette étoffe un rouleau recouvert de dessins imprégnés de protochlorure d'étain, ce sel ramènera le fer ou le manganèse au minimum d'oxydation (*voyez* les *réactions* précédentes), et à cet état, le fer et le manganèse, rendus solubles, peuvent être enlevés par des lavages.

Préparation.

On dissout l'étain dans l'acide chlorhydrique liquide et bouillant ; il se dégage de l'hydrogène, dont l'odeur est fétide.

Réaction : $Sn + ClH = ClSn + H$.

La liqueur est évaporée jusqu'à ce qu'elle cristallise en petites aiguilles.

BICHLORURE D'ÉTAIN. $Cl^2Sn = 129,68$.

Synonymie. *Liqueur fumante de Libavius.*

Propriétés physiques.

Liquide.

Incolore.

Fume abondamment à l'air, en se combinant avec la vapeur d'eau qu'il renferme : de là son nom de *liqueur fumante.*

Densité = 2,28.

Bout à 120° et distille sans altération.

Densité de sa vapeur = 9,2.

Propriétés chimiques.

Action de l'eau.

Elle s'y combine en dégageant beaucoup de chaleur et en formant un composé dont la formule est $Cl^2Sn, 5HO$.

Elle se décompose lorsqu'on la fait agir en excès, avec production d'acide stannique et d'acide chlorhydrique.

Réaction : $Cl^2Sn + 3HO = SnO^2, HO + 2ClH$.

La dissolution du bichlorure d'étain se décompose en partie par l'évaporation; il se dégage de l'acide chlorhydrique et il reste un dépôt d'acide stannique.

Réaction : $Cl^2Sn + 2HO = SnO^2 + 2ClH$.

Préparation.

En faisant réagir (*fig.* 105, *Pl. XIII*) *directement le chlore,* qui se produit en *b* et se dessèche en *e*, *sur de l'étain en grenaille* légèrement chauffé dans une cornue de verre *f*, dont le col se rend dans un récipient *c* qu'on a soin de refroidir et où la vapeur de bichlorure va se condenser.

RECONNAITRE L'ÉTAIN EN DISSOLUTION.

I. A l'état minimum.

Acide chlorhydrique...........	*Rien.*
Acide sulfhydrique dissous versé dans la liqueur acide........	*Précipité brun soluble dans les sulfures alcalins.*
Chlorure d'or.	
1° Lorsque la dissolution est étendue..................	*Coloration pourpre.*
2° Lorsque la dissolution est concentrée...............	*Précipité brun* ou *pourpre de Cassius*, composé encore mal défini.

II. A L'ÉTAT MAXIMUM.

Acide chlorhydrique.......	*Rien.*
Acide sulfhydrique dissous versé dans la liqueur acide.	*Précipité jaune sale, soluble dans les sulfures alcalins*, tandis que le sulfure jaune de cadmium y est insoluble.
Ammoniaque.............	*Précipité blanc* soluble dans un excès de réactif : *cette réaction ne permet pas de confondre l'étain avec l'arsenic,* qui ne donne pas de précipité avec l'ammoniaque.

ÉTAMAGE DES MÉTAUX.

L'étamage des métaux consiste à recouvrir leur surface d'une couche d'étain qui les préserve de l'oxydation.

La couche d'étain, qui est immédiatement au contact du métal qu'elle recouvre, est alliée avec lui.

ÉTAMAGE DU CUIVRE. *Il faut enlever tout l'oxyde qui recouvre sa surface et qui empêcherait l'étain de s'allier au métal qu'il doit protéger; il faut, en un mot,* DÉCAPER LE CUIVRE. Pour cela, on le frotte à chaud avec du sel ammoniac, qui réduit l'oxyde qu'il transforme en partie en chlorure facile à enlever par le frottement.

Réaction : $4CuO + ClH, H^3Az = 4HO + 3Cu + CuCl + Az.$

ÉTAMAGE DU FER. *Le fer étamé porte le nom de* FER-BLANC.

Les feuilles de fer passées au laminoir et bien décapées sont plongées d'abord pendant une heure dans un bain de graisse fondue, où elles se sèchent; *puis ensuite dans un bain d'étain recouvert de graisse fondue*, où elles séjournent pendant une heure et demie. *On les lave ensuite* pour enlever l'excès d'étain qui les recouvre, ce qui consiste à les plonger rapidement, l'une après l'autre, dans un bain d'étain très-pur, à les brosser immédiatement et à les plonger de nouveau dans un second bain d'étain et dans la graisse fondue; on efface ainsi les marques de la brosse : il ne reste plus qu'à les nettoyer en les frottant avec du son.

Le fer-blanc ainsi obtenu a l'aspect de l'étain, dont il conserve longtemps l'éclat, à moins qu'il n'offre à sa surface une fissure qui laisse le fer à découvert : dans ce cas, il se forme des taches de rouille qui s'accroissent rapidement, car les deux métaux forment un couple voltaïque dont le fer est l'élément électro-positif; c'est le contraire de ce qui arrive pour le fer recouvert de zinc ou *fer galvanisé.*

Moiré métallique. *La surface étamée du fer présente une cristallisation à grandes lames* recouverte d'une mince couche d'étain qui la masque, et qu'il suffit de dissoudre à l'aide d'un acide pour la faire apparaître : le fer-blanc prend alors cet aspect qu'on a nommé le *moiré métallique.*

On peut employer plusieurs mélanges pour moirer le fer-blanc, parmi lesquels se trouvent les trois que nous donnons ici :

1° Eau, 8;	sel marin, 4;	acide azotique, 2.
2° Eau, 8;	acide chlorhydrique, 3;	acide azotique, 2.
3° Eau, 8;	acide chlorhydrique, 2;	acide sulfuriq., 1.

Manière d'opérer.

La feuille, suspendue horizontalement au-dessus d'un fourneau, est chauffée jusqu'à ce qu'elle prenne une teinte jaune; on la dégraisse avec de l'acide sulfurique étendu de 2 parties d'eau, on la lave, on l'égoutte, et l'on y applique à l'aide d'une éponge un des mélanges précédents, qui fait apparaître les larges lames fibreuses. Il faut alors, en plongeant la feuille dans l'eau, arrêter l'action, afin qu'elle ne s'étende pas jusqu'au fer.

Conservation du moiré.

On conserve le moiré en le séchant rapidement et en le recouvrant d'un vernis transparent et diversement coloré.

A l'aide de certains artifices, on peut obtenir des moirés à petites lames.

CUIVRE. Cu = 32.

Historique.

Connu depuis la plus haute antiquité, BIEN AVANT LE FER.

Était employé, allié à l'étain, pour la confection des armes et de divers instruments tranchants.

Fut appelé CYPRIUM, de là CUPRUM, par les Grecs et les Romains, du nom de l'île de Chypre, consacrée à Vénus et d'où on le retirait.

État naturel.

A l'état natif, il en existe des gisements considérables : ainsi, aux États-Unis, sur les rives méridionales du *lac Supérieur,* il existe des masses de cuivre natif qui pèsent de 20 à 50 tonnes (20 000 à 50 000 kilogrammes).

A l'état de sulfure, de carbone, etc.

Propriétés physiques.

Couleur rouge.

Odeur désagréable par le frottement entre les doigts.

Malléabilité très-grande; il peut être réduit en feuilles très-minces.

Ductilité très-grande.

Dureté : plus dur que l'or et l'argent, auquel il s'allie en leur donnant de la dureté.

Ténacité : le plus tenace après le fer; un fil de 2 millimètres de diamètre se rompt sous une charge. de 137 kilogrammes.

Densité = 8,780, quand il est fondu.
8,960, quand il est étiré en fils.

Chaleur : le fond au rouge vif ou à 1000° environ.

Propriétés chimiques.

Action de l'air.

I. **Sec.**

1° *A la température ordinaire :*

N'oxyde pas le cuivre.

2° *A une température plus élevée :*

Oxyde le cuivre, sans incandescence. Le cuivre se recouvre d'une couche *rougeâtre* de protoxyde, d'abord, puis *noire* de bioxyde, si on prolonge l'opération.

II. **Humide.**

A la température ordinaire, il attaque le cuivre et forme du *vert-de-gris*, qui est un *hydrocarbonate de cuivre :* l'air intervient donc par l'oxygène, l'eau et l'acide carbonique qu'il renferme.

Ce vert-de-gris forme vernis à la surface du cuivre et le protége, et c'est grâce à cela que nous possédons encore des statues antiques en cuivre.

Ce vernis naturel porte, en terme d'art, le nom de **patine.**

Action de l'eau.

1° *A froid,* elle n'est pas décomposée, même en présence des acides les plus énergiques.

2° *A une température très-élevée,* elle est décomposée.

Action des acides.

1° *L'acide sulfurique concentré et chaud l'oxyde en perdant 1 équivalent d'oxygène* et en se transformant en acide sulfureux.

Réaction :

$$2(SO^3, HO) + Cu = SO^3, CuO + SO^2 + 2HO.$$

2° *L'acide azotique, même étendu, l'oxyde à froid en se décomposant* et en passant à l'état de bioxyde d'azote.

Réaction :

$$3Cu + 4AzO^5, HO = 3(AzO^5, CuO) + AzO^2 + 4HO.$$

3° *Tous les acides, étendus et quelque faibles qu'ils soient, mis à la surface du cuivre, déterminent sa prompte oxydation par l'oxygène de l'air,* et par suite la formation d'un sel de cuivre.

Exemple : avec l'*acide sulfurique.*

Réaction :

$$Cu + SO^3, HO + O = SO^3, CuO + HO.$$

Action des alcalis.

Tous les alcalis, et surtout l'ammoniaque, déterminent la prompte oxydation du cuivre à l'air; ainsi, il suffit d'agiter de l'ammoniaque avec de la limaille de cuivre dans un flacon plein d'air pour lui voir prendre une teinte bleue due à la présence de l'oxyde de cuivre qui s'est formé et qui est entré en dissolution.

Il est donc très-dangereux de négliger les soins de propreté que l'on doit aux ustensiles de cuivre destinés aux usages culinaires.

Préparation du cuivre pur.

En plongeant une lame de fer bien décapée dans une dissolution d'un sel de cuivre, le sulfate, par exemple, le cuivre se dépose sur la lame; on le détache, on le sépare de la liqueur par décantation et on le fait digérer pendant quelque temps avec de l'acide chlorhydrique qui enlève la dernière trace de fer. Après l'avoir lavé et desséché, on le fait fondre dans un creuset avec du borax, auquel on a ajouté un peu d'oxyde de cuivre.

COMPOSÉS OXYGÉNÉS DU CUIVRE.

1° *Protoxyde*........... Cu^2O, basique.
2° *Bioxyde*............ $Cu\ O$, basique.
3° *Oxyde intermédiaire*.. Cu^4O^3, salin = $CuO, 2Cu^2O$.
4° *Peroxyde*............ $Cu\ O^2$
5° *Acide cuivrique*...... non analysé.

PROTOXYDE DE CUIVRE. $Cu^2O = 72$.

ÉTAT NATUREL. Il existe dans la nature et porte le nom d'*oxydule de cuivre*.

PROPRIÉTÉS PHYSIQUES.

Poudre cristalline.

Couleur rouge rosé.

Très-fusible : sans altération lorsqu'on opère à l'abri du contact de l'air.

PROPRIÉTÉS CHIMIQUES.

ACTION DE L'AIR.

Il le fait passer à l'état de bioxyde lorsqu'on élève la température.

Réaction : $Cu^2O + O = 2CuO$.

ACTION DE L'EAU.

Elle forme avec lui un hydrate jaune, qu'on prépare en traitant le protochlorure de cuivre par la potasse.

Réaction : $ClCu^2 + HO, KO = HO, Cu^2O + ClK$.

Cet hydrate se dissout dans les acides et forme des sels de protoxyde.

ACTION DES ACIDES.

1° *L'acide azotique l'oxyde en lui cédant de l'oxygène :* il se forme de l'azotate de bioxyde et il se dégage des vapeurs nitreuses.

Réaction : $Cu^2O + 3AzO^5 = 2(AzO^5, CuO) + AzO^4$.

2° *L'acide chlorhydrique concentré le dissout sans le décomposer.*

Réaction : $Cu^2O + ClH = ClCu^2 + HO$.

3° *L'acide sulfurique étendu, acétique, et en général tous les acides qui ne sont pas très-faibles, le décomposent en bioxyde* qui se combine avec l'acide, *et en cuivre métallique.*

Réaction : $SO^3, HO + Cu^2O = SO^3, CuO + Cu + HO$.

Action de l'ammoniaque. Elle le dissout : *la dissolution est incolore, mais elle bleuit si on l'expose à l'air*, le protoxyde devenant du bioxyde également soluble dans l'ammoniaque et dont la dissolution est bleue.

Réaction : $Cu^2O + O = 2CuO$.

La liqueur, qui est devenue bleue, redevient incolore lorsqu'on y introduit une lame de cuivre, qui ramène le cuivre à l'état de protoxyde, qui donne avec l'ammoniaque une dissolution incolore.

Réaction : $CuO + Cu = Cu^2O$.

Colore les verres en rouge.

Préparation.

1° *En grand pour les arts,* en calcinant à la chaleur blanche un mélange de

100	parties	de *sulfate de cuivre.*
28	»	de *carbonate de soude.*
25	»	de *limaille de cuivre.*

On obtient une masse frittée, qui, par de longs lavages, donne une poudre rouge de *protoxyde de cuivre des arts.*

Dans cette opération, le cuivre ramène au minimum le bioxyde de cuivre du sulfate de cuivre.

Réaction : $CuO + Cu = Cu^2O$.

2° *Dans le laboratoire,* en faisant bouillir une dissolution d'*acétate de cuivre* à laquelle on a ajouté du *glucose* ou *sucre d'amidon ;* il se forme un dépôt cristallin rouge qui constitue le *protoxyde de cuivre des collections.*

Le glucose, matière organique, *est partiellement brûlé par l'oxygène du bioxyde, qu'il ramène au minimum d'oxydation.*

Réaction : $2CuO - O = Cu^2O$.

Usages.

Il sert à colorer le verre en rouge. Dans ce cas, il faut éviter son oxydation à l'air, car le verre prendrait la couleur verte que lui communique le bioxyde de cuivre.

BIOXYDE DE CUIVRE. $CuO = 40$.

PROPRIÉTÉS PHYSIQUES.

Pulvérulent.

Couleur noire.

PROPRIÉTÉS CHIMIQUES.

AU ROUGE VIF, *il laisse dégager de l'oxygène* et entre en fusion : l'oxyde ainsi fondu est de l'*oxyde intermédiaire*, Cu^5O^3.

Réaction : $5CuO = Cu^5O^3 + 2O$.

HYDROGÈNE : *le réduit facilement* à l'aide d'une faible élévation de température ; la réduction s'opère avec incandescence.

Réaction : $CuO + H = Cu + HO$.

MATIÈRES ORGANIQUES : *chauffées avec le bioxyde de cuivre, le ramènent à l'état métallique* en lui enlevant son oxygène, qui brûle complétement le charbon et l'hydrogène qu'elles renferment, pour former de l'acide carbonique et de l'eau.

EXEMPLES :

1° *De la vapeur d'alcool,* $C^4H^6O^2$, passant sur le bioxyde de cuivre chauffé au rouge.

Réaction :

$$C^4H^6O^2 + 12CuO = 12Cu + 4CO^2 + 6HO.$$

2° *Du sucre de canne,* $C^{12}, H^{11}O^{11}$, intimement mêlé avec le bioxyde de cuivre et chauffé avec certaines précautions.

Réaction :

$$C^{12}H^{11}O^{11} + 24CuO = 24Cu + 12CO^2 + 11HO.$$

Aussi cet oxyde est-il employé pour faire l'analyse élémentaire des matières organiques.

AMMONIAQUE : *le dissout facilement* en prenant la belle couleur *bleu céleste des pharmacies.*

EAU : *forme avec lui un hydrate bleu* qu'on obtient en précipitant par la potasse un sel de bioxyde de cuivre soluble.

Réaction :

$$SO^3, CuO + HO, KO = SO^3, KO + HO, CuO.$$

Cet oxyde se déshydrate, AU MILIEU DE L'EAU, par l'ébullition et devient brun très-foncé, presque noir.

Colore les verres en vert.

PRÉPARATION.

1° *En calcinant l'azotate de cuivre :* il est alors sous la forme pulvérulente.

Réaction : $AzO^5, CuO = CuO + AzO^4 + O$.

2° *En chauffant le cuivre au contact de l'air* et en battant le métal pour l'en détacher à l'état de plaques minces.

Réaction : $Cu + O = CuO$.

SELS DE BIOXYDE DE CUIVRE. A, CuO.

COULEUR.

Bleue,

Lorsqu'ils sont neutres;

Verte,

Lorsque, étant en dissolution, ils contiennent un excès d'acide;
Lorsque, étant insolubles, ils sont basiques.

Réaction acide, quand ils sont chimiquement neutres.

Vénéneux.

RECONNAITRE UN SEL DE BIOXYDE DE CUIVRE EN DISSOLUTION.

Acide chlorhydrique................	*Rien.*
Acide sulfhydrique dissous versé dans la liqueur acide..................	*Précipité noir.*
Ammoniaque :	
1° *Un peu*......................	*Précipité bleu.*
2° *En excès*, le précipité se redissout, et la liqueur prend une..........	*Couleur bleu céleste.*
Prussiate jaune....................	*Précipité brun marron.*
Ce réactif accuse des quantités excessivement faibles de cuivre par une.	*Coloration rougeâtre.*

SULFATE DE CUIVRE. $SO^3, CuO, 5HO = 125$.

SYNONYMIE.

Vitriol bleu, couperose bleue.

PROPRIÉTÉS PHYSIQUES.

Cristallise en parallélipipèdes obliques.

Isomorphe avec les sulfates de magnésie, de fer, de zinc, de cobalt, de nickel et de manganèse, lorsqu'ils renferment le même nombre d'équivalents d'eau : ainsi le sulfate de cuivre, qui cristallise avec 5 équivalents d'eau, et le sulfate de fer, qui cristallise avec 7, peuvent cristalliser ensemble, à la condition d'en renfermer l'un et l'autre 5 ou 7 équivalents, selon que c'est le sulfate de cuivre ou le sulfate de fer qui prédomine.

Couleur : beau bleu.

Saveur : métallique, styptique, désagréable.

Densité = 2,19.

Soluble dans 4 parties d'*eau froide.*

» 2 parties d'*eau bouillante.*

PROPRIÉTÉS CHIMIQUES.

A L'AIR, il s'effleurit : il perd 2 équivalents d'eau et devient opaque.

ACTION DE LA CHALEUR.

1° *A* 100°, il perd 4 équivalents d'eau et verdit.

2° *A* 243°, il perd son dernier équivalent d'eau et devient blanc.

Le sulfate anhydre ainsi obtenu, traité par l'eau, reprend les 5 équivalents d'eau qui lui ont été enlevés. La réaction se produit avec dégagement de chaleur, et le sulfate reprend sa couleur bleue.

3° *A une température plus élevée,* il se décompose en bioxyde de cuivre, acide sulfureux et oxygène.

Réaction : $SO^3, CuO = CuO + SO^2 + O$.

PRÉPARATION.

1° *En arrosant le cuivre avec l'acide sulfurique faible,* le cuivre s'oxyde à l'air et l'oxyde formé se combine à l'acide sulfurique.

Réaction : $SO^3, HO + Cu + O = SO^3, CuO + HO$.

2° *En chauffant le cuivre au contact de l'acide sulfurique concentré.*

Réaction :

$$2(SO^3, HO) + Cu = SO^3, CuO + SO^2 + 2HO.$$

3° *En décomposant le sulfate d'argent par le cuivre,* dans l'opération de l'affinage des alliages d'argent : *le cuivre se substitue à l'argent, qui devient libre.*

Réaction : $SO^3, AgO + Cu = SO^3, CuO + Ag$.

USAGES.

En médecine, léger caustique.

En agriculture, pour *chauler* les blés; il détruit un champignon particulier.

En teinture, pour teindre la soie et la laine en noir, etc.

Etc.

ALLIAGES DE CUIVRE.

I. ALLIAGES DE CUIVRE ET DE ZINC.

Ils sont connus dans les arts sous le nom de LAITONS et portent des noms particuliers, tels que CUIVRE JAUNE, TOMBAC, SIMILOR, etc., suivant leur composition et leur couleur.

Couleur : varie avec la quantité de zinc allié au cuivre.

Densité : est en général plus grande que la moyenne des densités des deux métaux qui le constituent.

Plus fusibles que le cuivre.

Ils supportent parfaitement le laminage et le choc du marteau, et ils conviennent à la fabrication du fil et des épingles lorsqu'ils contiennent le tiers environ de leur poids de zinc.

Graissent les limes et se laissent difficilement travailler au tour.

Le travail de la lime et du tour est rendu plus facile par l'addition d'une petite quantité de plomb et d'étain.

Composition de divers laitons, variable avec l'usage auquel on les destine.

	Pour fils.	Pour marteaux.	Pour tourner.	Pour statuaires.
Cuivre....	64,2	70	65	91,22
Zinc......	35	30	33	5,57
Plomb.....	0,4	»	1,6	1,43
Étain.....	0,4	»	0,4	1,78

II. ALLIAGES DE CUIVRE ET D'ÉTAIN.

Ils sont connus sous les noms de BRONZE, AIRAIN.

Couleur : varie avec les proportions des éléments constituants.

Densité : est en général plus grande que la moyenne des densités des deux métaux qui les composent.

Plus durs que le cuivre.

Plus fusibles que le cuivre.

Moins oxydables à l'air que les deux métaux qui les composent.

Malléabilité : S'OBTIENT PAR LA TREMPE QUI L'ENLÈVE A L'ACIER.

Ils peuvent donc, après la trempe, être travaillés au marteau pour cymbales, être frappés pour médailles, etc.

En les réchauffant et en les refroidissant ensuite lentement, ils deviennent cassants et sonores : LE CONTRAIRE ENCORE DE CE QUI A LIEU POUR L'ACIER.

Composition de divers bronzes, variable avec l'usage auquel on les destine.

	Canons.	Cloches.	Cymbales.	Miroirs de télescopes.	Médailles.
Cuivre...	90	78	80	67	95
Étain....	10	22	20	33	5
					Quelques millièmes de zinc.

III. ALLIAGE DE CUIVRE, DE ZINC ET DE NICKEL, ou MAILLECHORT.

COMPOSITION.

En général il renferme :

Cuivre.................	50
Zinc..................	25
Nickel.................	25

COULEUR *de l'argent*, qu'il perd avec le temps.

USAGE. Il est surtout employé à la *fabrication des couverts*.

PLOMB. $Pb = 104$.

HISTORIQUE.

Connu depuis la plus haute antiquité sous le nom de SATURNE.

Les anciens croyaient que ce métal dévorait les autres pendant la calcination : en effet, ce métal, qui a une grande tendance à s'allier avec l'or, l'argent, etc., enlève à ces métaux leurs propriétés.

ÉTAT NATUREL.

Très-abondant dans la nature.

L'OXYDE DE PLOMB se rencontre quelquefois.

Le SULFURE DE PLOMB OU GALÈNE, SPb, est le minerai qu'on traite plus spécialement pour en extraire le plomb, et, comme il est *presque toujours argentifère*, le plomb que l'on obtient demande un traitement spécial pour en extraire l'argent.

Le CARBONATE DE PLOMB OU PLOMB BLANC est également exploité pour plomb.

PROPRIÉTÉS PHYSIQUES.

Couleur : blanc bleuâtre très-éclatant, lorsque sa surface vient d'être mise à nu.

Odeur particulière, lorsqu'on le frotte entre les doigts.

Densité = 11,445.

Dureté très-faible. Il est le plus mou de tous les métaux usuels; il est facile à ployer sous les doigts, qu'il tache en gris bleuâtre; *il est rayé par l'ongle.*

Il laisse une trace sur le papier sur lequel on le frotte.

Malléabilité assez grande : on peut le réduire en feuilles assez minces.

Ductilité notable : on peut le réduire en fils assez déliés, très-flexibles, mais peu tenaces.

Ténacité : le moins tenace des métaux.

Un fil de 2 millimètres rompt sous une charge de 2 kilogrammes

CHALEUR.

A 335°, *il fond.*

A une température très-élevée, il se volatilise très-sensiblement; de là des pertes très-notables de ce métal dans quelques opérations métallurgiques.

PROPRIÉTÉS CHIMIQUES.

ACTION DE L'AIR.

I. SEC.

1° *A froid,* sans action.

2° *A chaud,* l'oxyde très-rapidement.

II. HUMIDE. *Le ternit promptement,* et il se produit un sous-oxyde, qui forme vernis et protége le reste du métal.

ACTION DE L'EAU.

1° DISTILLÉE OU PURE. *L'oxyde promptement* au contact de l'air, en produisant du carbonate de plomb hydraté.

2° ORDINAIRE. *Ne l'altère pas,* parce qu'elle renferme généralement des matières salines en dissolution.

Aussi peut-on faire circuler de l'eau ordinaire dans des conduits de plomb et la conserver dans des réservoirs faits avec ce métal, ce qu'il faut éviter à l'égard de l'eau pluviale, qui est de l'eau à peu près pure, et à l'égard de l'eau distillée, qu'il ne faut pas condenser dans des serpentins en plomb.

ACTION DES ACIDES.

I. *Acide sulfurique*

1° *Étendu,* l'attaque très-difficilement.

2° *Concentré*, l'attaque à chaud en se décomposant.

Réaction :

$$2(SO^3, HO) + Pb = SO^3, PbO + SO^2 + 2HO.$$

II. *Acide chlorhydrique.* L'attaque très-difficilement.

III. *Acide azotique.* Est son meilleur dissolvant, parce qu'il est facilement décomposable et qu'il donne naissance à un sel assez soluble.

Réaction : $Pb + 2AzO^5 = AzO^5, PbO + AzO^4$.

COMPOSÉS OXYGÉNÉS DU PLOMB.

Sous-oxyde...... Pb^2O.
Protoxyde...... PbO, basique.
Bioxyde........ PbO^2, acide plombique.
Minium........ Pb^3O^4, salin $= 2(PbO), PbO^2$.

PROTOXYDE DE PLOMB. $PbO = 112$.

SYNONYMIE.

Massicot, quand il a été préparé par la voie sèche et non fondu.
Litharge, » » » » et fondu.

PROPRIÉTÉS PHYSIQUES.

COULEUR : varie.

Jaune,
Rouge ou
Rose, selon le mode de préparation qui modifie son état moléculaire sans modifier sa composition.

ACTION DE LA CHALEUR.

1° AU-DESSOUS DU ROUGE :

Il entre en fusion.

Il absorbe l'oxygène de l'air, lorsqu'il est fondu, *pour l'abandonner ensuite en se refroidissant.*

Il cristallise par le refroidissement en feuilles micacées.

Il perce les creusets de terre, si on prolonge trop la fusion, en formant avec la silice un silicate très-fusible.

2° TRÈS-ÉLEVÉE, *le volatilise.*

SOLUBILITÉ.

Appréciable dans l'eau pure, à laquelle elle communique une réaction alcaline; cette dissolution en contient $\frac{1}{7000}$.

Nulle dans de l'eau qui renferme un sel en dissolution.

PROPRIÉTÉS CHIMIQUES.

ACTION DE L'AIR.

Il l'oxyde et le fait passer à l'état de minium, lorsqu'on le soumet à l'action d'une température ménagée.

ACTION DE L'EAU.

Elle forme avec lui un HYDRATE BLANC, que l'on prépare en traitant à froid un sel de protoxyde de plomb soluble par l'ammoniaque.

Cet *hydrate* se dissout plus facilement dans l'eau et dans les alcalis que l'oxyde anhydre.

ACTION DES ACIDES.

Ils forment avec lui des sels très-stables; car son énergie comme base peut être comparée à l'énergie des bases alcalines.

ACTION DES BASES ÉNERGIQUES.

Elles se combinent avec lui, et il joue alors le rôle d'acide : ces combinaisons portent le nom de PLOMBITES.

PRÉPARATION.

I. *En chauffant le plomb à l'air :*

1° Sans fondre l'oxyde : l'oxyde, ainsi formé, constitue le *massicot ;*

2° En fondant l'oxyde : l'oxyde, ainsi formé, constitue la *litharge.*

II. *En décomposant par la chaleur :*

1° *Le carbonate de plomb.*

Réaction : $CO^2, PbO = PbO + CO^2$.

2° *L'azotate de plomb.*

Réaction : $AzO^6, PbO = PbO + AzO^4 + O$.

BIOXYDE DE PLOMB. $PbO^2 = 120$.

SYNONYMIE. *Acide plombique, oxyde puce, peroxyde de plomb.*

PROPRIÉTÉS PHYSIQUES.

Pulvérulent.

Couleur puce.

Insoluble dans l'eau.

PROPRIÉTÉS CHIMIQUES.

CHALEUR : *le décompose au-dessous du rouge obscur,* en le transformant en *minium,* Pb^3O^4, d'abord, puis en protoxyde fondu, PbO, ou *litharge.* Les réactions se produisent avec dégagement d'oxygène.

Réactions : I. $3PbO^2 = Pb^3O^4 + 2O$.

II. $Pb^3O^4 = 3PbO + O$.

Oxydant énergique des corps qui sont avides d'oxygène.

Exemples :

1° 1 partie de soufre en fleurs broyée vivement avec 6 parties de bioxyde de plomb dans un mortier un peu chaud s'enflamme et passe à l'état de sulfate de plomb.

Réaction : $S + 3PbO^2 = SO^3, PbO + 2PbO$.

2° Du bioxyde de plomb réduit en bouillie épaisse à l'aide d'un peu d'eau et introduit dans un flacon plein de gaz sulfureux blanchit immédiatement, en produisant du sulfate de plomb.

Réaction : $PbO^2 + SO^2 = SO^3, PbO$.

Aussi ce corps est-il employé pour séparer l'acide sulfureux d'un mélange gazeux.

Joue uniquement le rôle d'acide.

Il se combine aux bases et forme des sels parfaitement caractérisés.

Il ne se combine pas aux acides.

Ce n'est donc ni un oxyde indifférent ni un oxyde singulier, quoique sa formule appartienne au type MO^2.

Préparation.

En traitant le minium ou plombate de plomb par l'acide azotique en excès et étendu de deux ou trois fois son poids d'eau.

L'acide décompose le plombate de plomb, s'empare du protoxyde, avec lequel il forme un azotate soluble, et le bioxyde reste à l'état de poudre, qu'on lave et qu'on dessèche à une température qui ne doit pas dépasser 100°.

Réaction : $Pb^3O^4 + 2AzO^5 = 2(AzO^5, PbO) + PbO^2$.

MINIUM. $Pb^3O^4 = 344$.

Composition.

C'est un oxyde salin, un *plombate de plomb,* $PbO^2, 2PbO$.

Cette composition est loin d'être constante; car voici la composition de plusieurs miniums :

PbO^2, PbO.
$PbO^2, 2PbO$.
$PbO^2, 3PbO$.
$PbO^2, 5PbO$.

Propriétés.

Couleur : rouge brillant, légèrement orangé et d'autant plus beau qu'il est mieux préparé et qu'il est dans un plus grand état de division.

Chaleur *rouge,* le transforme en *protoxyde de plomb* et *oxygène.*

Réaction : $Pb^3O^4 = 3PbO + O$.

Acide azotique, le transforme en *azotate de plomb* soluble et *bioxyde de plomb* insoluble.

Réaction :

$$Pb^3O^4 + 2AzO^5 = 2(AzO^5, PbO) + PbO^2.$$

Préparation.

I. 1° *On oxyde le plomb dans un four à réverbère à une température ménagée,* et on le transforme ainsi en *massicot* ou protoxyde qui n'a pas subi de fusion.

Réaction : $Pb + O = PbO$.

2° *Le massicot ainsi produit est ensuite broyé entre des meules et soumis à l'action de l'eau courante,* qui entraîne le massicot dans des caisses où il se dépose par le repos. *On le sépare ainsi du plomb non oxydé.*

Le massicot préparé avec du plomb qui n'est pas pur diffère suivant qu'il a été produit au commencement, au milieu ou à la fin de l'oxydation du plomb.

Dans le premier se trouvent les oxydes des métaux plus oxydables que le plomb.

Dans le second se trouvent peu d'oxydes des métaux étrangers ; *il est donc préférable.*

Dans le troisième se trouvent les oxydes des métaux moins oxydables que le plomb et les métaux non oxydables.

3° *Le massicot débarrassé par le lavage du plomb qu'il pouvait contenir est introduit dans des caisses de tôle et soumis, dans un four à réverbère, à une température qui ne doit pas dépasser* 300° : une chaleur plus forte, qui décompose le minium, empêcherait sa formation.

Une partie du massicot se suroxyde et forme de l'acide plombique qui se combine à la partie qui n'est pas suroxydée.

Réaction : $3PbO + O = PbO^2, 2PbO$.

II. *On prépare un minium très-estimé en calcinant à l'air le carbonate de plomb.*

Ce minium porte le nom de *mine orange.*

Réaction :

$$3CO^2, PbO + O = PbO^2, 2PbO + 3CO^2.$$

USAGES.

Peinture, à cause de sa belle couleur rouge.

Fabrication du cristal, de préférence à la litharge : en effet, il ne contient pas de plomb, il ne renferme pas autant d'oxydes de métaux étrangers qui peuvent colorer le cristal, et l'oxygène qu'il dégage, lorsqu'il se combine à la silice pour former du silicate de plomb, sert à brûler les matières organiques que peut renfermer la potasse.

SELS DE PLOMB. A, PbO.

INCOLORES, lorsque les acides qui entrent dans leur composition ne sont pas colorés.

SAVEUR sucrée et styptique.

VÉNÉNEUX.

RECONNAITRE UN SEL DE PLOMB EN DISSOLUTION.

Acide chlorhydrique versé dans une liqueur *concentrée*............	*Précipité blanc, insoluble dans l'ammoniaque qui ne modifie pas sa couleur.*
Acide chlorhydrique versé dans une liqueur *étendue*............... Car le chlorure de plomb est loin d'être complétement insoluble.	*Rien.*
Acide sulfhydrique dissous versé dans la liqueur acide..........	*Précipité noir.*
Acide sulfurique et *sulfates*.......	*Précipité blanc.*

CARBONATE DE PLOMB. $CO^2, PbO = 134$.

SYNONYMIE. *Céruse, blanc de plomb, blanc d'argent.*

PROPRIÉTÉS.

Pulvérulent.

Couleur blanche.

Insoluble dans l'eau.

Décomposable par la chaleur.

Réaction : $CO^2, PbO = PbO + CO^2.$

PRÉPARATION.

I. PROCÉDÉ DE CLICHY, imaginé par *Thenard.*

Il présente plusieurs phases.

1° *L'acétate de plomb en dissolution est mis en ébullition avec un excès de litharge*, et passe à l'état d'*acétate de plomb tribasique.*

Réaction : $C^4H^3O^3, PbO + 2PbO = C^4H^3O^3, 3PbO.$

2° *Dans la dissolution qui renferme l'acétate de plomb tribasique*, ainsi formé, *on fait passer un courant d'acide carbonique qui précipite 2 équivalents d'oxyde de plomb à l'état de carbonate de plomb,* et ramène l'acétate tribasique à l'état d'acétate neutre.

Réaction :

$$C^4H^3O^3, 3PbO + 2CO^2 = C^4H^3O^3, PbO + 2(CO^2, PbO).$$

3° *La dissolution d'acétate neutre de plomb ainsi reproduit est mise de nouveau en ébullition avec un excès de litharge,* qui le fait passer à l'état d'acétate de plomb tribasique, qu'on ramène de nouveau à l'état d'acétate neutre en le précipitant de nouveau par l'acide carbonique, etc.

La céruse, ainsi préparée, ne couvre pas très-bien, parce que chaque grain est cristallisé et a de la transparence, ce qui n'a pas lieu pour la céruse préparée par le *procédé hollandais,* qui est *opaque et amorphe.*

II. PROCÉDÉ HOLLANDAIS.

Il consiste à exposer des lames de plomb, soumises à une température de 40° environ, à l'action simultanée de l'air, des vapeurs du vinaigre et de l'acide carbonique.

Le plomb s'oxyde aux dépens de l'oxygène de l'air ; l'oxyde ainsi formé se combine à l'acide acétique du vinaigre et forme de l'acétate de plomb basique, qui cède son excès d'oxyde de plomb à l'acide carbonique pour former du carbonate de plomb.

L'acide carbonique et la chaleur sont fournis par la fermentation du fumier de cheval, au milieu duquel sont disposés par étages des pots qui portent des rebords à l'intérieur, de telle sorte que les lames de plomb, roulées en spirale, peuvent rester suspendues au-dessus du vinaigre qui en occupe le fond.

L'acide acétique est employé pour la préparation de la céruse, parce qu'il forme un acétate de plomb basique qui peut céder à l'acide carbonique l'excès d'oxyde de plomb qu'il renferme.

Ce serait vainement qu'on essayerait de remplacer l'acide acétique par un autre acide organique qui ne serait pas susceptible de produire un sel basique avec l'oxyde de plomb.

Il faut donc admettre que dans les deux procédés le carbonate de plomb ne peut se former qu'à la condition de mettre en présence de l'acide carbonique, de l'oxyde de plomb déjà engagé dans une combinaison, mais retenu avec peu d'énergie, comme cela a lieu dans les sels basiques tels que l'acétate de plomb tribasique.

COMPOSITION.

La céruse préparée par l'industrie n'a pas une composition constante; elle contient toujours de l'oxyde de plomb hydraté, ou pour mieux dire du carbonate de plomb basique.

Voici la composition de quelques céruses du commerce :

$$(CO^2, PbO)^2, PbO, HO.$$
$$(CO^2, PbO)^3, PbO, HO.$$

USAGES.

Peinture à l'huile. La *céruse*, qui fournit un blanc très-pur et très-opaque, couvre mieux que le *blanc de zinc* (oxyde de zinc), c'est-à-dire qu'il suffit d'une faible épaisseur de peinture à la céruse pour masquer complétement la couleur de l'objet recouvert.

La peinture à la céruse noircit par l'acide sulfhydrique, comme tous les sels de plomb, *tandis que la peinture au blanc de zinc*, qui couvre moins, *ne présente pas cet inconvénient*, parce que le sulfure de zinc est blanc.

La peinture à la céruse doit être préparée et employée avec de grandes précautions, car l'absorption des poussières plombifères produit de graves accidents.

Mastic des vitriers. C'est de la céruse broyée avec une petite quantité d'huile.

ALLIAGES DE PLOMB.

ALLIAGES DE PLOMB ET D'ÉTAIN.

Moins brillants que l'étain.

Plus durs que l'étain.

Plus fusibles que l'étain.

Très-combustibles.

Ainsi l'*alliage des ferblantiers* est plus oxydable que chacun des métaux qui le constituent ; il s'enflamme à la chaleur rouge et continue à brûler tout seul. Le produit de cette combustion est la *potée d'étain* ou *stannate de plomb* qui entre dans la composition des couvertes des faïences.

Principaux alliages de plomb et d'étain.

	Plomb.	Étain.
Soudure des plombiers.......	66	33
Soudure des ferblantiers.....	50	50
Vaisselle et *robinets*.........	92	8
Flambeaux et *cuillers*.......	20	80

ALLIAGES DE PLOMB, D'ÉTAIN ET DE BISMUTH ou ALLIAGES FUSIBLES DE DARCET.

Ils sont remarquables par leur grande fusibilité, bien supérieure à celle des métaux qui entrent dans leur composition.

Principaux alliages fusibles.

	Plomb. Fusible à 335°.	Étain. Fusible à 228°.	Bismuth. Fusible à 264°.	Point de fusion de l'alliage.
1°	3 parties.	2 parties.	5 parties.	91°,6
2°	1	1	2	93°,0
3°	5	3	8	94°,5
4°	2	3	5	99°,0

ALLIAGES DE PLOMB ET D'ANTIMOINE.

	Plomb.	Antimoine.
Caractères d'imprimerie.......	80	20
Clichés......................	86	14

Ils sont très-fusibles, ce qui leur permet de prendre avec précision la forme des moules.

Ils ne sont pas trop mous, ce qui leur permet de ne pas se déformer par l'action de la presse.

Ils ne sont pas trop durs, et par conséquent ils ne coupent pas le papier.

PLOMB DE CHASSE.

Le plomb qui tombe liquide à l'état de gouttelettes d'une hauteur assez élevée, pour se solidifier avant de toucher la terre, *prend la* FORME D'UNE LARME.

Il faut, pour lui faire prendre une FORME PARFAITEMENT SPHÉRIQUE, lui ajouter une certaine dose d'arsenic : 3 millièmes pour le plomb doux très-malléable, 8 millièmes pour des plombs aigres (*antimonifères*).

Lorsque la quantité d'arsenic est trop forte, les grains prennent une FORME LENTICULAIRE.

MERCURE. Hg = 100.

ÉTAT NATUREL.

A l'état natif, mais en petite quantité.

A l'état de sulfure de mercure ou CINABRE. C'est ce minerai qui donne tout le mercure que consomme l'industrie.

PROPRIÉTÉS PHYSIQUES.

Liquide à la température ordinaire.

Couleur blanche et brillante de l'argent.

Saveur nulle.

Odeur nulle.

Densité = 13,596.

ACTION DE LA CHALEUR.

Très-dilatable ; son coefficient de dilatation est à peu près constant.

Il bout à 350° du thermomètre à air.

Densité de sa vapeur = 6,976.

On le distille dans les bouteilles de fer forgé (*fig.* 106, *Pl. XIII*) *qui servent à le transporter* et dont on fait des cornues qui communiquent avec une terrine pleine d'eau, dans laquelle se rend la vapeur condensée au moyen d'un canon de fusil courbé qui porte à son extrémité un linge mouillé.

On peut aussi le distiller dans une cornue de verre.

ÉVAPORATION SPONTANÉE.

Nulle quand il est suffisamment refroidi.

Facilement appréciable à 20° ou 25°.

Sa vapeur n'obéit pas à la loi du mélange des gaz et des vapeurs : on peut le constater en suspendant une feuille d'or au bouchon d'un flacon qui contient une certaine quantité de mercure et à une faible distance de ce métal. En abandonnant ce flacon, dans lequel l'air n'est nullement agité, dans un lieu dont la température est peu élevée, on reconnaît après quelques jours que la feuille n'a blanchi que sur une longueur de quelques centimètres, dans la partie voisine du mercure ; le reste a conservé sa couleur ordinaire.

Il dissout l'air et l'eau en petite quantité, dont on peut le débarrasser par l'ébullition.

Il ne mouille pas les corps *lorsqu'il est pur :* dans ce cas, il court à la surface du verre, etc., à l'état de globules sphériques, sans laisser aucune trace après lui.

C'est parce qu'il ne mouille pas le verre qu'il forme dans les tubes de verre un ménisque convexe.

Il mouille les corps *lorsqu'il est impur* et qu'il contient des métaux étrangers, tels que le cuivre, le plomb, etc. : dans ce cas, il court à la surface du verre, etc., à l'état de globules allongés, qui laissent après eux une pellicule grise adhérente ; *il fait la queue.*

Il se solidifie *à — 40° ; il prend alors place entre l'étain et le plomb pour la ténacité, la malléabilité et la ductilité.*

Refroidi *à* — 90° par un mélange d'acide carbonique solide et d'éther, *il peut être laminé et frappé au balancier pour faire des médailles.*

Sa densité, à l'état solide = 14,391.

Propriétés chimiques.

Air.

1° *L'oxyde lentement à la température ordinaire ;* il prend alors une teinte terne et se recouvre d'une pellicule grise qui est formée d'oxyde de mercure intimement mêlé à du mercure très-divisé : cette oxydation se produit surtout pendant l'été et lorsque le métal est souvent agité, comme dans la cuve à mercure des laboratoires.

2° *L'oxyde moins lentement, mais lentement encore, à la température de* 350° ; il passe alors à l'état de bioxyde. (Voyez *Analyse de l'air par Lavoisier,* p. 71.)

Acide azotique : l'attaque à froid et à chaud.

Réaction : $Hg + 2AzO^5 = AzO^5, HgO + AzO^4$.

Acide sulfurique.

1° *Étendu :* sans action.

2° *Concentré et chaud :* l'attaque avec dégagement d'acide sulfureux.

Réaction :

$$2SO^3, HO + Hg = SO^3, HgO + SO^2 + 2HO.$$

Propriétés physiologiques.

Action délétère lente sur l'économie animale. Il produit des tremblements et la salivation chez les ouvriers qui le touchent et qui sont exposés à sa vapeur.

Préparation du mercure pur.

La distillation ne suffit pas pour le débarrasser des métaux étrangers qu'il peut renfermer, parce qu'il en entraîne toujours une quantité notable : aussi n'est-ce qu'une première opération de purification.

L'acide azotique étendu dissout les métaux étrangers et leurs oxydes.

On le laisse agir à froid pendant vingt-quatre heures au moins. Il se forme de l'azotate de mercure dans lequel les métaux étrangers, le cuivre, par exemple, se substituent au mercure qu'il renferme et qui se précipite.

Réaction : $AzO^5, Hg^2O + Cu = AzO^5, CuO + 2Hg.$

COMPOSÉS OXYGÉNÉS DU MERCURE.

Protoxyde........ Hg^2O,
Bioxyde..... ... HgO.

BIOXYDE DE MERCURE, $HgO = 108$.

Propriétés physiques.

Pulvérulent : *le rouge et le violacé ont l'aspect cristallin.*

Couleur.

Jaune, lorsqu'il est précipité de son azotate par la potasse.

Rouge et d'aspect cristallin, lorsqu'il provient de la calcination de son azotate.

Violacé et d'aspect cristallin, lorsqu'il provient de l'oxydation à l'air du mercure chauffé à 350°.

Solubilité dans l'eau *très-légère;* la dissolution verdit le sirop de violettes.

Chaleur.

1° *Le brunit* lorsqu'on le chauffe à une température peu élevée; mais il revient à sa couleur primitive par le refroidissement.

2° *Le décompose* à 400°, il est donc *très-peu stable.*

Réaction : $HgO = Hg + O.$

Propriétés chimiques.

Les affinités chimiques de l'oxyde jaune sont plus énergiques.

Exemples :

Le chlore agit plus facilement sur lui.

L'ammoniaque s'y combine plus facilement.

Préparation.

1° Le jaune est précipité par la potasse versée dans une dissolution d'azotate de bioxyde de mercure.

Réaction : $AzO^5, HgO + HO, KO = AzO^5, KO + HgO + HO$.

2° Le rouge provient de la décomposition par le feu de l'azotate de bioxyde de mercure; *il faut éviter d'atteindre la température de 400°* qui décomposerait l'oxyde.

Réaction : $AzO^5, HgO = HgO + AzO^4 + O$.

3° Le violacé, ou *précipité per se* des anciens qui l'avaient appelé ainsi parce qu'ils n'avaient pas pu se rendre compte de sa formation, s'obtient en faisant bouillir longtemps du mercure en présence de l'air. (Voyez *Analyse de l'air par Lavoisier*, p. 71.)

Réaction : $Hg + O = HgO$.

COMPOSÉS CHLORÉS DU MERCURE.

Protochlorure........ $ClHg^2$.

Bichlorure........... $ClHg$.

PROTOCHLORURE DE MERCURE. $ClHg^2 = 235,5$.

Synonymie.

Calomel, calomélas, mercure doux.

Propriétés physiques.

Cristallisé en prismes à quatre pans terminés par des pyramides à quatre faces, lorsque sa vapeur se condense contre les parois du vase dans lequel elle est dirigée.

Pulvérulent.

1° Lorsque sa vapeur se condense avant d'arriver au contact des parois du récipient dans lequel elle est dirigée.
C'est le calomel à la vapeur.

2° Lorsqu'il est obtenu dans l'eau par double décomposition.

Réaction : $AzO^5, Ag^2O + ClNa = AzO^5, NaO + ClAg^2$.

C'est le précipité blanc des pharmacies.

Couleur blanche.

Odeur et *saveur* nulles.

Solubilité nulle dans l'eau et l'alcool.

Densité = 7,156.

Chaleur : le volatilise ; il est moins volatil que le *bichlorure.*

PROPRIÉTÉS CHIMIQUES.

LUMIÈRE : *le noircit;* elle le décompose en *mercure* et *bichlorure.*

Réaction : $ClHg^2 = Hg + ClHg$.

CHLORURES ALCALINS, tels que le *sel marin,* le *chlorure de potassium,* le *sel ammoniac* dissous, surtout en présence des matières organiques, *le transforment en mercure et bichlorure ou sublimé corrosif.*

Réaction : $ClHg^2 = Hg + ClHg$.

Et comme ce dernier corps est un poison très-énergique, on comprend combien le médecin doit être prudent dans l'administration du calomel : ainsi il ne doit pas l'administrer peu de temps avant les repas ou immédiatement après l'ingestion de mets salés.

EAU DE CHLORE : *le dissout* en le transformant en bichlorure soluble.

Réaction : $ClHg^2 + Cl = 2ClHg$.

AMMONIAQUE : *le noircit* en formant un composé, $ClHg^2, Hg(H^2Az)$, qui est une combinaison de protochlorure de mercure avec l'ammoniaque, H^3Az, dans laquelle 1 équivalent de mercure a remplacé 1 équivalent d'hydrogène et qu'on appelle *amidure de mercure,* parce qu'on appelle *amidogène* le corps H^2Az ou l'ammoniaque privée de 1 équivalent d'hydrogène.

PRÉPARATION.

1° En distillant un mélange intime de sulfate de bioxyde de mercure, fait avec 8 parties de mercure, de 8 parties de mercure et de 3 parties de sel marin.

Réaction : $SO^3, HgO + Hg + ClNa = SO^3NaO + ClHg^2$.

Le produit ainsi obtenu est redistillé en ayant soin de diriger les vapeurs dans un grand récipient, tel que le réservoir de grès d'une fontaine ordinaire; de cette manière, les vapeurs sont condensées avant de toucher les parois du récipient et se précipitent en *poudre impalpable facile à débarrasser par le lavage du bichlorure qu'elle peut renfermer.* (*C'est le calomel à la vapeur.*)

2° En précipitant l'azotate de protoxyde de mercure par le sel marin. (*C'est le précipité blanc.*)

Réaction : $AzO^5, Hg^2O + ClNa = AzO^5, NaO + ClHg^2$.

BICHLORURE DE MERCURE. $ClHg = 135,50$.

Synonymie. *Sublimé corrosif.*

Propriétés physiques.

Cristallisé en octaèdres rectangulaires lorsqu'il a été obtenu par sublimation.

Blanc satiné, transparent.

Saveur âcre et désagréable.

Solubilité.

Dans l'eau : 100 parties d'eau en dissolvent 6,57 à 10°.
» » » » 53,96 à 100°.

Dans l'alcool et l'éther, assez grande. *Il cristallise dans l'alcool* en prismes droits à base rhomboïdale.

Action de la chaleur.

Fond à 265°.

Bout à 295°. Plus volatil que le protochlorure.

Propriétés chimiques.

Lumière : *ne noircit pas ses cristaux;* mais sa dissolution exposée aux rayons solaires devient acide et laisse déposer du protochlure et dégager de l'oxygène.

Réaction : $2ClHg + HO = ClHg^2 + ClH + O$.

Mercure : trituré avec le bichlorure, *le change en protochlorure.*

Réaction : $ClHg + Hg = ClHg^2$.

Alcalis fixes : versés dans sa dissolution, *précipitent l'oxyde jaune de mercure.*

Réaction : $HgCl + KO = KCl + HgO$.

Lorsqu'ils ne sont pas employés en excès, l'oxyde de mercure en se précipitant entraîne des quantités variables du bichlorure en excès et forme des composés insolubles qui portent le nom d'*oxychlorures de mercure.*

AMMONIAQUE : versée dans sa dissolution, donne un principe blanc qui est une combinaison de 3 équivalents de bichlorure de mercure avec 1 équivalent d'*amidure de mercure*

$$3(HgCl), Hg(H^2Az).$$

ALBUMINE : le précipite en blanc ; aussi emploie-t-on l'albumine, ou le blanc d'œuf qu'elle constitue presque en entier, comme antidote du bichlorure de mercure.

PROPRIÉTÉS PHYSIOLOGIQUES.

Très-vénéneux.

PRÉPARATION.

1° *En distillant un mélange de 5 parties de sulfate de bioxyde de mercure, de 5 parties de sel marin et de 1 partie de bioxyde de manganèse.*

Réaction : $SO^3, HgO + ClNa = SO^3, NaO + ClHg.$

Le bioxyde de manganèse du mélange oxyde le sulfate de protoxyde de mercure que le sulfate de bioxyde pourrait renfermer et s'oppose ainsi à la formation d'une certaine quantité de protochlorure de mercure correspondant.

En opérant dans un matras de verre (*fig.* 107, *Pl. XIII*) chauffé au bain de sable, le bichlorure se sublime et se condense dans la moitié supérieure moins chaude du vase qui n'est pas recouverte de sable, d'où il est facile de le retirer en cassant le matras après son refroidissement complet.

2° *En faisant arriver le chlore sec sur le mercure chauffé.*

USAGES.

Employé en médecine, mais à très-faibles doses, comme agent thérapeutique.

Conserve les pièces anatomiques,
les bois,
etc.

SELS DE MERCURE.

Sels de protoxyde .... A, Hg^2O.
Sels de bioxyde .... A, HgO.

RECONNAITRE UN SEL DE PROTOXYDE DE MERCURE EN DISSOLUTION.

Acide chlorhydrique .... *Précipité blanc que l'ammoniaque fait passer au noir.*

RECONNAITRE UN SEL DE BIOXYDE DE MERCURE EN DISSOLUTION.

Acide chlorhydrique .... *Rien.*
Acide sulfhydrique dissous versé dans la liqueur acide .... *Précipité noir.*
Potasse .... *Précipité jaune.*
Ammoniaque .... *Précipité blanc.*

C'est le seul cas dans lequel l'ammoniaque ne produit pas dans un sel un précipité identique avec celui que produisent les alcalis fixes, tels que la potasse ou la soude.

ALLIAGES DE MERCURE OU AMALGAMES.

Nous ne parlerons que de l'amalgame d'étain qui est employé POUR L'ÉTAMAGE DES GLACES.

Sa composition n'est pas constante, ce que l'on comprendra facilement en tenant compte des conditions dans lesquelles il se forme.

Pour étamer une glace, on étend sur une plaque parfaitement horizontale une feuille d'étain mince et dont la dimension est égale à celle de la glace que l'on veut étamer, et on l'imbibe de mercure que l'on étend à l'aide d'une patte de lièvre. Cela fait, on verse du mercure de manière à former une couche de 4 à 5 millimètres d'épaisseur et on fait glisser la glace sur la feuille métallique de telle sorte qu'elle pousse devant elle l'excès du métal liquide. Lorsque les deux surfaces coïncident dans toute leur étendue, on charge la glace avec des poids; l'excès de mercure s'écoule et, après quinze ou vingt jours, la surface du verre s'est recouverte d'une pellicule adhérente, formée par un amalgame d'étain qui présente à peu près la composition suivante :

4 parties d'étain,
1 partie de mercure.

ARGENT. $Ag = 108$.

ÉTAT NATUREL.

A l'état natif.

A l'état de sulfure ; tantôt seul, tantôt associé avec des sulfures de plomb, de cuivre, de fer, d'antimoine, d'arsenic, etc.

PROPRIÉTÉS PHYSIQUES.

Couleur : LE PLUS BLANC de tous les métaux.

Saveur nulle.

Odeur nulle.

Malléabilité très-grande : ce métal vient après l'or.

Ductilité très-grande : ce métal vient après l'or.

Dureté :

Plus dur que l'or, moins que le cuivre.

Elle augmente en l'alliant au cuivre, ce qu'on fait pour éviter l'usure trop prompte de la monnaie d'argent.

Ténacité : il occupe le quatrième rang; un fil de 2 millimètres de diamètre se rompt sous une charge de 90 kilogrammes.

Densité = 10,474, et par l'écrouissement elle devient 10,542.

CHALEUR.

1° *Le fond à 1000° environ et sa densité augmente ;* aussi l'argent solide surnage dans un bain d'argent fondu.

A l'état de fusion, il absorbe environ vingt-deux fois son volume d'oxygène qu'il abandonne en se refroidissant. Comme c'est au moment de sa solidification qu'il abandonne l'oxygène ainsi absorbé, il arrive souvent que le gaz en se dégageant des parties centrales déchire la couche déjà solidifiée à la surface, entraîne avec lui une certaine quantité de métal encore liquide et le projette à une certaine distance : dans ce cas, on dit que L'ARGENT ROCHE.

Une petite quantité d'or enlève à l'argent la propriété d'absorber l'oxygène.

2° *Le volatilise à une température plus élevée.*

La volatilisation est aidée par un courant de gaz.

Ainsi, dans les ateliers d'affinage où l'on fond chaque jour de grandes quantités d'argent, on évite les pertes par volatilisation en faisant communiquer les fourneaux de fusion avec un conduit de 25 à 30 mètres de longueur qui, avant de se rendre dans la cheminée de l'usine, débouche dans une grande chambre d'où l'on retire de temps en temps les poussières argentifères qui s'y sont condensées.

PROPRIÉTÉS CHIMIQUES.

AIR SEC OU HUMIDE : *ne l'oxyde ni à froid, ni à chaud.*

ACIDE SULFHYDRIQUE : *le noircit instantanément* en formant à sa surface un *sulfure de mercure.*

Réaction : $SH + Ag = SAg + H$.

Aussi, lorsqu'on vide les fosses d'aisances, a-t-on soin de mettre l'argenterie à l'abri des émanations sulfureuses qui se produisent pendant cette opération.

ACIDE AZOTIQUE, même dilué, *l'attaque.*

Réaction :

$$3Ag + 4(AzO^5, HO) = 3(AzO^5, AgO) + AzO^2 + 4HO.$$

ACIDE SULFURIQUE.

1° *Étendu :* sans action.

2° *Concentré et bouillant :* l'attaque avec dégagement d'acide sulfureux.

Réaction :

$$2SO^3, HO + Ag = SO^3, AgO + SO^2 + 2HO.$$

ACIDE CHLORHYDRIQUE, *chaud et concentré :* l'attaque sensiblement avec dégagement d'hydrogène.

ACIDE BROMHYDRIQUE (*moins stable que l'acide chlorhydrique*) : l'attaque plus vivement.

ACIDE IODHYDRIQUE (*encore moins stable*) : l'attaque avec beaucoup d'énergie.

ALCALIS CAUSTIQUES : *n'attaquent pas l'argent ;* de là l'emploi de capsules et creusets d'argent dans les laboratoires pour les attaques aux alcalis.

SEL MARIN : *l'attaque en formant du chlorure d'argent ;* aussi faut-il dorer les salières d'argent.

Réaction : $Ag + ClNa + 2HO = ClAg + HO, NaO + H$.

COMPOSÉS OXYGÉNÉS DE L'ARGENT.

Sous-oxyde .... Ag^2O.

Oxyde .... AgO, basique.

Bioxyde .... AgO^2.

PROTOXYDE D'ARGENT. $AgO = 116$.

Propriétés physiques.

Brun olivâtre.

Soluble dans 3000 parties d'eau : cette dissolution possède une réaction alcaline.

Propriétés chimiques.

Chaleur : *le décompose très-facilement;* il est donc *très-peu stable.*

Réaction : $AgO = Ag + O$.

Lumière : *le décompose, mais avec lenteur.*

Réaction : $AgO = Ag + O$.

Mercure : s'allie à l'argent qui abandonne son oxygène.

Réaction : $AgO + Hg = AgHg + O$.

Ammoniaque.

1° *Dissout l'oxyde d'argent,* puisque cet oxyde ne se précipite pas lorsqu'on verse un excès d'ammoniaque dans une dissolution d'azotate d'argent.

2° *Le transforme* **en argent fulminant.**

Dans de l'ammoniaque très-concentrée, on fait digérer de l'oxyde d'argent qui se transforme en une poudre noire très-fulminante : c'est *l'argent fulminant,* que quelques chimistes considèrent comme un *amidure d'argent,* $Ag(H^2Az)$,

Réaction : $AgO + H^3Az = Ag(H^2Az) + HO$,

tandis que le plus grand nombre le considèrent comme un *azoture d'argent,* Ag^3Az.

Réaction : $3AgO + H^3Az = Ag^3Az + 3HO$.

Comprimé avec un corps dur, alors même qu'il est encore humide, *l'argent fulminant détone avec violence,* même sous l'eau.

Touché avec une barbe de plume, lorsqu'il est sec, *il détone avec une violence extrême.*

Base très-énergique, malgré son peu de stabilité; aussi il donne un sel neutre au papier de tournesol, en se combinant à l'acide azotique qui est un acide puissant.

Préparation.

En versant de la potasse dans une dissolution d'azotate d'ar-

gent, il se forme un précipité *brun clair* qui est probablement un hydrate très-peu stable, car il passe promptement au *brun olivâtre*, couleur de l'oxyde anhydre.

SELS D'ARGENT. A, AgO.

RECONNAITRE UN SEL D'ARGENT EN DISSOLUTION.

Acide chlorhydrique.................... *Précipité blanc.*

Ammoniaque........................ *Dissout ce précipité.*

AZOTATE D'ARGENT. $AzO^5, AgO = 170$.

Propriétés physiques.

Cristallisé en lames rhomboïdales.

Incolore.

Solubilité : 100 parties d'eau en dissolvent 100 *à froid*.
» » 200 *à chaud*.
10 parties d'alcool en dissolvent 10 *à froid*.
» » 25 *à chaud*.

Chaleur : le fond au-dessous du rouge sombre, et il se prend par le refroidissement en une masse cristalline qui constitue la PIERRE INFERNALE.

LA PIERRE INFERNALE, employée très-souvent comme caustique par les chirurgiens, est blanche, quand elle est pure, et noire, lorsqu'elle est recouverte d'un peu d'argent, qui provient de l'action réductrice des matières organiques qui peuvent salir les parois de la lingotière.

Lorsque la couleur noire existe dans toute son épaisseur, elle est due à la présence de l'oxyde de cuivre *noir* qui provient de la décomposition de l'azotate de cuivre que renferme souvent l'azotate d'argent, ou à la présence de l'oxyde d'argent qui provient d'une décomposition partielle de l'azotate d'argent.

Propriétés chimiques.

Neutre au papier de tournesol.

Chaleur : le décompose au rouge en azotite et oxygène, d'abord,

$$Réaction : AzO^5, AgO = AzO^3, AgO + 2O,$$

puis en argent métallique et acide hypoazotique,

$$Réaction : AzO^3, AgO = Ag + AzO^4.$$

Lumière : le décompose en présence des matières organiques; aussi

Il tache la peau en noir violet;

Il tache le linge en noir violet; c'est pour cela qu'il est employé pour le marquer.

PRÉPARATION.

1° *En traitant l'argent pur par l'acide azotique,* on obtient une dissolution d'azotate d'argent.

Réaction :

$$3Ag + 4(AzO^5, HO) = 3(AzO^5, AgO) + AzO^2 + 4HO.$$

En faisant évaporer cette dissolution, on obtient l'azotate d'argent cristallisé.

En fondant les cristaux et en coulant l'azotate ainsi fondu dans une lingotière, on obtient la PIERRE INFERNALE.

2° *En traitant l'argent monétaire qui renferme du cuivre par l'acide azotique,* on obtient une dissolution qui renferme un azotate des deux métaux.

Cette dissolution, évaporée à siccité, laisse un résidu qui fond et que l'on maintient pendant quelque temps à une température un peu inférieure au rouge sombre pour décomposer l'azotate de cuivre.

La matière est reprise par l'eau qui dissout l'azotate d'argent non décomposé.

On filtre et l'oxyde de cuivre reste sur le filtre.

Dans la liqueur filtrée, on peut enlever les dernières traces d'oxyde de cuivre contenues dans l'azotate de cuivre qui n'a pas été décomposé par la chaleur, en la faisant bouillir avec de l'oxyde d'argent, qui précipite complétement l'oxyde de cuivre.

Réaction : $AzO^5, CuO + AgO = AzO^5, AgO + CuO.$

ALLIAGES D'ARGENT ET DE CUIVRE.

Ce sont des alliages très-importants.

Le cuivre rend l'argent plus dur et s'oppose ainsi à l'usure trop prompte des objets qui sont fabriqués avec ce métal.

COMPOSITION DE DIVERS ALLIAGES USITÉS EN FRANCE et dont le titre est garanti par la loi avec une tolérance dont les limites sont rigoureusement fixées :

	Argent.	Cuivre.	Tolérance. Au-dessus.	Au-dessous
Monnaies d'argent.....	900	100	3	3
Médailles............	950	50	3	3
Vaisselle et *argenterie*..	950	50	»	5
Bijouterie............	800	200	»	5

Le cuivre employé dans une proportion qui n'est pas trop forte n'altère pas d'une manière bien sensible la blancheur de l'argent; cependant, comme l'éclat de l'alliage est toujours moindre, on lui fait subir l'opération du *blanchiment*, qui consiste à le chauffer au rouge sombre de façon à oxyder le cuivre et à le plonger immédiatement dans de l'eau acidulée par de l'acide azotique ou sulfurique qui dissolvent l'oxyde de cuivre et mettent à nu l'argent, qui se trouve ainsi ramené à l'état de pureté à la surface de la pièce que l'on *blanchit*. *Cette surface mate est rendue brillante par le frottement.*

ESSAI D'ARGENT PAR COUPELLATION ou PAR VOIE SÈCHE.

APPAREILS.

La coupelle, dont la coupe verticale est représentée, avec ses dimensions les plus ordinaires, *fig.* 108, *Pl. XIII*, est une petite coupe ou capsule poreuse à parois épaisses, faite avec des cendres d'os pulvérisées qu'on mêle à l'eau pour en faire une pâte épaisse, qu'on comprime dans un moule et qu'on fait ensuite sécher.

Elle peut absorber son propre poids d'oxyde de plomb fondu.

Le fourneau de coupelle est représenté *fig.* 109, *Pl. XIII.*

Le moufle (*fig.* 110, *Pl. XIII*) est un demi-cylindre en terre réfractaire qu'on introduit en *m* par la porte *p* du fourneau de coupelle; une de ses extrémités fermée repose sur un support *s*, tandis que l'autre, ouverte, s'encadre dans le pourtour de la porte à travers laquelle on l'a introduite. Ses parois sont minces et portent des fentes horizontales, de telle sorte qu'elle peut être rapidement portée à une haute température par le charbon qui l'entoure, et qu'un courant d'air peut s'établir dans son intérieur, qui part de l'ouverture *p* et se dirige vers les fentes.

Ce courant d'air, qui s'échauffe sans être soumis à l'action immédiate du charbon, jouit de toutes ses propriétés oxydantes sur les métaux qu'il peut rencontrer en passant dans le moufle.

OPÉRATION.

QUE SE PASSE T-IL DANS LE MOUFLE PORTÉ A UNE HAUTE TEMPÉRATURE ?

1° DU CUIVRE *qu'on introduit dans une coupelle placée dans le moufle et qu'on porte ainsi à une haute température* s'oxyde ; mais son oxyde infusible reste dans la coupelle.

2° DU PLOMB *placé dans les mêmes conditions* fond, s'oxyde ; mais son oxyde fondu est absorbé dans les pores de la coupelle.

3° DU CUIVRE ET DU PLOMB *placés dans les mêmes conditions,* le cuivre étant en faible proportion par rapport au plomb, fondent l'un et l'autre et s'oxydent ; mais l'oxyde de cuivre, bien qu'infusible, se trouve entraîné en totalité dans les pores de la coupelle par l'oxyde de plomb fondu qui l'enveloppe de toutes parts.

4° 1 GRAMME DE CUIVRE ET D'ARGENT, A L'ÉTAT D'ALLIAGE MONÉTAIRE, *placés dans les mêmes conditions,* ne peuvent ni s'oxyder ni fondre : en effet, le cuivre, protégé par l'argent qui l'enveloppe, ne peut s'oxyder qu'à la surface, et la température n'est pas assez élevée pour fondre l'alliage.

5° 1 GRAMME DE CUIVRE ET D'ARGENT, A L'ÉTAT D'ALLIAGE MONÉTAIRE, et 8 GRAMMES DE PLOMB, *placés dans les mêmes conditions,* entrent en fusion, parce qu'ils forment un alliage fusible ; le plomb et le cuivre, qui seuls sont oxydables, passent à l'état d'oxydes qui pénètrent dans la coupelle, l'oxyde de cuivre infusible étant entraîné par l'oxyde de plomb en fusion, ainsi que nous l'avons dit plus haut, et *l'argent reste seul sous la forme d'un* BOUTON.

CE BOUTON DE RETOUR, car c'est ainsi qu'on l'appelle, est pesé, et son poids, qui est celui de l'ARGENT PUR que renferme l'alliage, soustrait du poids de 1 gramme, qui constitue LA PRISE D'ESSAI, donne une différence qui exprime le poids du cuivre allié à l'argent.

CETTE DERNIÈRE OPÉRATION N'EST AUTRE CHOSE QU'UN ESSAI D'ARGENT PAR COUPELLATION.

Nous ne pouvons pas entrer dans les détails minutieux de cette opération ; il nous suffit de dire :

IL NE FAUT PAS PROCÉDER PAR COUPELLATION LORSQU'ON SE PROPOSE DE FAIRE UNE ANALYSE TRÈS-EXACTE : en effet,

1° *Un peu d'argent est entraîné dans la coupelle,* d'une part, avec l'oxyde de cuivre et l'oxyde de plomb ;

Un peu d'argent se volatilise, d'autre part, et est entraîné par le courant d'air avec une partie de l'oxyde de plomb également volatilisé.

De là un poids moindre d'argent, d'autant plus considérable que le moufle a été plus fortement chauffé.

2° *Le bouton de retour qui reste sur la coupelle renferme un peu de cuivre et de plomb.*

De là un excédant de poids pour l'argent, d'autant plus considérable que le moufle a été porté à une température moins élevée, *et quelquefois des compensations fortuites* qui ne peuvent pas enlever au procédé ce qu'il présente de défectueux et d'incertain.

Ces différences inévitables dans les résultats expliquent la TOLÉRANCE DE LA LOI.

Ce procédé, qui n'est pas interdit aux essayeurs du commerce, n'est plus employé dans les monnaies de l'Empire; il est remplacé par un procédé que l'on doit à Gay-Lussac, et que nous allons exposer brièvement.

ESSAI D'ARGENT PAR VOIE HUMIDE.

CE PROCÉDÉ EST FONDÉ :

I. *Sur l'insolubilité complète du chlorure d'argent* et sur la facilité avec laquelle il se rassemble et se sépare du liquide au milieu duquel il s'est formé, en lui laissant toute sa limpidité première;

II. *Sur la solubilité du chlorure de cuivre;*

III. *Sur l'emploi des liqueurs titrées,* c'est-à-dire de liqueurs qui renferment, sous un volume donné, un poids connu de réactifs, et qu'on prépare en s'appuyant sur les considérations suivantes :

1° 1 *gramme d'*ARGENT PUR *dissous nécessite l'emploi de* $0^{gr},542$ *de chlorure de sodium* (sel marin pur) *pour être précipité en totalité à l'état de chlorure d'argent complétement insoluble.* En effet, l'équivalent de l'argent étant 108 et celui du chlorure de sodium 58,5, on a

$$\frac{108}{58,5} = \frac{1}{0,542}.$$

2° 1 *gramme d'*ARGENT MONÉTAIRE *renfermant* $\frac{1}{10}$ *de cuivre ne contient que* $\frac{9}{10}$ *d'argent pur, qui ne demandent, pour* *être précipités, que les $\frac{9}{10}$ des* 0gr, 542 *de sel marin ou les $\frac{9}{10}$ de la dissolution qui les renferme.*

3° 1gr, 115 *d'*ARGENT MONÉTAIRE, *renfermant* 1 *gramme d'argent pur, si l'alliage contient exactement* 897 *millièmes de ce métal, minimum toléré par la loi, nécessiteront l'emploi de la totalité des* 0gr, 542 *de sel marin.*

4° *Si donc une dissolution faite avec* 1gr, 115 *d'argent monétaire est traitée par un volume de liqueur normale de chlorure de sodium qui en renferme* 0gr, 542, *et si, après ce traitement, elle ne contient plus d'argent ou de chlorure en excès, il faudra en conclure que l'alliage essayé renferme exactement* 887 *millièmes d'argent pur.*

Il est facile de constater la présence d'un excès d'argent ou de chlorure de sodium, en versant dans la liqueur éclaircie par l'agitation quelques gouttes de chlorure de sodium qui troubleront la liqueur s'il existe un excès d'argent, ou quelques gouttes d'azotate d'argent qui la troubleront également s'il existe un excès de chlorure de sodium.

ON PRÉPARE LA LIQUEUR NORMALE SALÉE de telle sorte qu'elle renferme exactement 0gr, 542 de sel marin pur par décilitre ou 100 centimètres cubes, poids de sel marin qui précipite exactement 1 gramme d'argent.

ON PRÉPARE UNE SECONDE LIQUEUR NORMALE SALÉE en étendant, avec de l'eau, celle que nous venons de préparer de façon que son volume soit dix fois plus considérable et que 0gr, 542 de sel marin, qui se trouvaient contenus dans 1 décilitre ou 100 centimètres cubes, soient contenus dans 1 litre ou 1000 centimètres cubes. Dans ces conditions, il est évident que 1 centimètre cube de cette seconde dissolution, dite LIQUEUR DÉCIME, précipite exactement 1 milligramme d'argent.

Voici à quoi sert cette seconde liqueur. Après avoir dissous dans l'acide azotique pur 1gr, 115 de l'argent qu'on veut essayer et avoir traité la dissolution par 1 décilitre de la première liqueur normale, mesuré à l'aide d'une pipette, *on verse la liqueur décime, par centimètre cube,* dans la liqueur éclaircie par l'agitation, jusqu'à ce qu'elle ne se trouble plus, et l'on compte autant de milligrammes d'argent en plus qu'on a ajouté de centimètres cubes de liqueur décime. Ainsi, si l'on a ajouté 4 centimètres cubes, la portion d'alliage soumise à l'essai contenait $1^{gr},004$ d'argent.

ON PRÉPARE UNE LIQUEUR NORMALE D'ARGENT en dissolvant 1 gramme d'argent pur dans l'acide azotique également pur et en étendant la dissolution de manière qu'elle occupe exactement 1 litre. Cette liqueur normale d'argent, dont chaque centimètre cube précipite exactement 1 centimètre cube de *liqueur décime de sel marin*, est appelée *liqueur décime d'argent* et sert à reconnaître l'excès de liqueur normale salée qu'on a pu employer.

OR. Au = 98,18.

HISTORIQUE.

Connu dès la plus haute antiquité et hautement apprécié pour son inaltérabilité.

Son emploi dans les premiers temps historiques se comprend par la facilité de son exploitation, puisqu'on le trouve à l'*état natif* et, souvent, à la surface de la terre.

ÉTAT NATUREL.

Presque toujours à l'état natif.

Pur : quelquefois.

Allié : le plus souvent :

A des quantités variables d'argent : c'est le cas le plus fréquent.

A du rhodium (Mexique).

A de l'argent et à du palladium (Brésil).

A l'iridium ou à l'état de tellurure (Californie).

Cristallisé ordinairement en cubes ou en octaèdres, ou sous des formes qui en dérivent.

En lamelles, paillettes ou ramifications.

En masses isolées et irrégulières qui portent le nom de PÉPITES et qui atteignent quelquefois un poids considérable.

A l'état de filons; tels sont les riches filons de sulfure d'argent aurifère.

A l'état de paillettes disséminées dans les sables, qu'on appelle pour cela SABLES AURIFÈRES.

PROPRIÉTÉS PHYSIQUES.

COULEUR.

Jaune, par réflexion.

Rouge, lorsque la lumière a été réfléchie plusieurs fois à sa surface.

Vert bleuâtre par transmission à travers une feuille très-mince et *transparente*.

Très-brillant et pouvant prendre un beau poli.

Le plus malléable des métaux; on peut le réduire en feuilles de $\frac{1}{10000}$ de millimètre d'épaisseur.

Le plus ductile des métaux; on peut, avec 1 gramme d'or, faire un fil de 3000 mètres de longueur.

DURETÉ.

Moins dur que l'argent, moins mou que le plomb.

Elle augmente par son alliage avec le cuivre; aussi est-il allié à ce métal dans la monnaie d'or, afin d'accroître sa durée.

TÉNACITÉ.

Elle ne correspond pas à sa malléabilité et à sa ductilité.

Elle est inférieure à celle du fer, du cuivre, du platine et de l'argent.

Un fil d'or de 2 millimètres de diamètre se rompt sous une charge de 68 kilogrammes.

DENSITÉ = 19,258, fondu.
19,367, écroui.

CHALEUR.

Le fond à 1100° environ du thermomètre à air.

Le volatilise lentement aux plus hautes températures qu'on peut produire dans les fourneaux ordinaires. Il émet des vapeurs à la flamme du chalumeau à gaz oxyhydrogène, et un fil d'or soumis à l'action d'une puissante pile voltaïque ou d'une forte batterie se volatilise complétement; de telle sorte que, si le fil est compris entre deux feuilles de papier, celles-ci se recouvrent d'une poussière d'or très-divisé qui les colore en brun.

Le volatilise plus facilement lorsqu'il est allié au cuivre que lorsqu'il est pur ou allié avec l'argent; aussi faut-il éviter de maintenir en fusion à une trop haute température l'or des monnaies.

Soudable à lui-même, sans fusion préalable, en le comprimant fortement à la façon du fer et du platine; c'est ainsi que l'or, précipité de ses dissolutions par le sulfate de protoxyde de fer, par exemple, se change en une masse adhérente lorsqu'on le comprime fortement à la presse hydraulique.

Propriétés chimiques.

Air : sans action à froid et à chaud.

Eau : sans action.

Acides

Sulfurique, azotique et chlorhydrique : sans action.

Sélénique : l'oxyde en passant à l'état d'acide sélénieux.

Réaction : $SeO^3 + 2Au = SeO^2 + Au^2O$.

Sulfhydrique : ne le ternit pas.

Eau régale ou *mélange d'acide azotique et chlorhydrique :* le dissout en formant du chlorure d'or. Ce liquide attaque l'or, parce qu'il fournit abondamment du chlore à l'état naissant; aussi l'or est-il attaqué par l'acide chlorhydrique toutes les fois que cet acide est en présence d'un corps qui met son chlore en liberté, tel que le peroxyde de manganèse, etc.

Polysulfures alcalins : le dissolvent en formant avec lui un sulfure d'or soluble dans les sulfures alcalins, avec lesquels il forme des sulfures doubles.

Alcalis.

Sans action à froid et à chaud, lorsque l'air ne peut pas intervenir.

Se combinent à l'oxyde d'or qui prend naissance lorsqu'on chauffe au contact de l'air ce métal mis en présence de la potasse, par exemple.

L'oxyde qui prend naissance est de l'acide aurique, Au^2O^3, qui forme avec la potasse de l'aurate de potasse.

Chlore et brome : l'attaquent à froid.

Phosphore et arsenic : l'attaquent à chaud.

Alliages.

S'allie avec presque tous les métaux.

Se dissout très-facilement dans le mercure.

C'est le plus inaltérable des métaux et celui qui serait le plus utile aux chimistes s'il n'était pas aussi fusible.

Préparation de l'or pur.

On dissout, dans de l'eau régale, une pièce d'or qui renferme du cuivre et quelquefois de l'argent. L'eau régale que l'on emploie est faite avec 1 partie d'acide azotique et 4 parties d'acide chlorhydrique.

On évapore jusqu'à siccité et *on reprend par l'eau.*

On filtre la liqueur pour en séparer le chlorure d'argent.

On ajoute du sulfate de protoxyde de fer, qui précipite l'or sous la forme d'une poudre brune très-divisée.

Réaction : $Au^2Cl^3 + 6SO^3, FeO$
$= 2[(SO^3)^3, Fe^2O^3] + Cl^3Fe^2 + 2Au.$

On lave avec de l'acide chlorhydrique faible, d'abord, puis avec de l'eau.

On fond enfin le produit ainsi obtenu avec un peu de borax et de nitre.

USAGES.

Décoration du verre et de la porcelaine. On emploie pour cela l'or très-divisé précipité de sa dissolution par le sulfate de fer.

Dorure sur bois. On emploie pour cela l'or en feuilles très-minces.

COMPOSÉS OXYGÉNÉS DE L'OR.

Sous-oxyde.......... Au^2O.
Sesquioxyde......... Au^2O^3.

PEU STABLES; car ils sont décomposés l'un et l'autre en or et oxygène, par une température de 250° environ.

COMPOSÉS CHLORÉS DE L'OR.

Protochlorure.......... $Cl\,Au^2$.
Sesquichlorure......... Cl^3Au^2.

SESQUICHLORURE D'OR. $Cl^3Au^2 = 302,57$.

PROPRIÉTÉS PHYSIQUES.

En masse cristalline formée par la réunion de petites aiguilles prismatiques.

Couleur rouge brun.

Déliquescent.

SOLUBLE :

Dans l'eau; la dissolution est jaune foncé.

Dans l'alcool.

Dans l'éther, qui l'enlève à l'eau, tant son action dissolvante est énergique.

L'éther, agité avec une dissolution aqueuse de sesquichlorure d'or, forme à la partie supérieure du liquide une couche jaune qui le renferme en presque totalité.

PROPRIÉTÉS CHIMIQUES.

Lumière : le décompose en chlore et protochlorure.

Réaction : $Cl^3Au^2 = Cl\,Au^2 + 2Cl$.

Chaleur.

A 160°, *il se décompose, comme précédemment,* en chlore et protochlorure.

A 250°, *il se décompose complétement;* le chlore est chassé en totalité, et il reste de l'or métallique.

Réaction : $Cl^3Au^2 = 2Au + 3Cl$.

Facilement réduit par les corps réducteurs proprement dits, c'est-à-dire avides d'oxygène, de chlore, etc.

EXEMPLES :

Le sulfate de protoxyde de fer, qui précipite l'or. (*Voyez,* plus haut, la *Préparation de l'or pur,* p. 441.)

Un mélange de protochlorure et de bichlorure d'étain, qui précipite du sous-oxyde d'or à l'état de *pourpre de Cassius,* substance encore mal définie.

L'acide oxalique, qui précipite l'or en passant à l'état d'acide carbonique.

Réaction :

$$Cl^3Au^2 + 3(C^2O^3, HO) = 2Au + 6CO^2 + 3ClH.$$

La peau, qu'il tache en violet.

DONNE NAISSANCE À DES CHLORURES DOUBLES. *C'est un chloracide* qui, en se combinant avec d'autres chlorures qui jouent le rôle de *chlorobases,* donne naissance à des *chlorosels.*

EXEMPLES :

$Cl^3Au^2, ClK,$	$5HO,$	*chlorure d'or et de potassium.*
$Cl^3Au^2, ClNa,$	$4HO,$	*chlorure d'or et de sodium.*
$Cl^3Au^2, Cl(H^4Az),$	$2HO,$	*chlorure d'or et d'ammonium.*

Ammoniaque : produit dans sa dissolution un précipité jaune fulminant, l'OR FULMINANT.

PRÉPARATION.

On dissout l'or dans l'eau régale.

On évapore jusqu'à cristallisation, et on obtient ainsi de longues aiguilles qui sont une combinaison de sesquichlorure d'or et d'acide chlorhydrique.

Ces cristaux chauffés graduellement fondent en un liquide brun qui ne renferme plus d'acide chlorhydrique, mais seulement du sesquichlorure d'or, et qui se prend en une masse formée par la réunion de petites aiguilles prismatiques.

RECONNAITRE L'OR EN DISSOLUTION.

Acide chlorhydrique............	*Rien.*
Acide sulfhydrique dissous versé dans la liqueur acide.........	*Précipité noir soluble, dans un sulfure alcalin.*
Protosulfate de fer dissous. Colore les dissolutions auriques en....	*Vert violet,* couleur de l'or extrêmement divisé.
Mélange de protochlorure et de bichlorure d'étain.............	*Précipité violet,* POURPRE DE CASSIUS.

ALLIAGES D'OR.

L'or s'unit avec un grand nombre de métaux. Nous dirons quelques mots des alliages qu'il forme avec le cuivre.

ALLIAGES D'OR ET DE CUIVRE.

PROPRIÉTÉS.

Couleur :

Le cuivre rehausse la couleur de l'or.

La soudure des bijoutiers est rouge; on l'appelle *or rouge.* C'est l'alliage d'or le plus riche en cuivre ; aussi cette couleur s'observe pour tous les alliages dans lesquels la proportion de cuivre est un peu considérable.

Dureté : plus considérable que celle de l'or, ce qui les rend propres à la fabrication de la monnaie, des médailles et des bijoux.

Malléabilité et *ductilité : moindres que celles de l'or.*

Fusibilité : plus grande que celle de l'or; elle augmente avec la quantité de cuivre : aussi la soudure des bijoutiers est l'alliage d'or le plus fusible.

Densité : moindre que la moyenne des densités des métaux qui les composent.

COMPOSITION.

	Or.	Cuivre.	Tolérance.
Monnaies	900	100	2
Médailles	916	84	2
Bijoux	750	250	3
»	840	160	3
»	920	80	3
Soudure des bijoutiers	5	1	

ESSAI D'UN ALLIAGE D'OR ET DE CUIVRE.

1° *En le passant à la coupelle, avec une certaine quantité de plomb,* le *bouton de retour* représente assez approximativement la quantité d'or pur que renferme l'alliage.

Cette méthode présente les inconvénients que nous avons déjà signalés pour les essais d'argent faits par le même procédé. Sans doute, l'or étant moins volatil que l'argent, il s'en perd moins par volatilisation; mais un peu d'or peut être entraîné dans la coupelle, tandis qu'une certaine quantité de cuivre et de plomb peut rester dans le bouton.

2° *En coupellant l'alliage, après y avoir ajouté une certaine quantité d'argent.*

L'analyse exacte se fait ainsi.

Le bouton de retour qui renferme cet argent, allié à tout l'or de l'alliage, *est traité par un excès d'acide azotique* TRÈS-PUR qui dissout l'argent et laisse l'or à l'état de pureté. *Cette dernière opération porte le nom de* DÉPART.

La coupellation de l'or ainsi allié à l'argent n'exige pas les mêmes soins minutieux qu'exige la coupellation de l'argent; en effet, le *rochage* est moins à craindre, l'or est très-peu volatil et la coupelle l'absorbe difficilement.

Le rapport entre l'argent ajouté et l'or de l'alliage doit être de 3 parties d'argent pour 1 partie d'or, et l'opération par laquelle on ajoute l'argent à l'or s'appelle *inquartation.*

En employant trop peu d'argent, l'opération du départ se ferait d'une manière incomplète; en effet, l'argent ne serait pas enlevé en totalité par l'acide azotique qui ne pénétrerait qu'incomplétement la masse au sein de laquelle il doit aller le chercher; l'or s'y opposerait.

En employant trop d'argent, l'or, après que l'acide azotique aurait dissous l'argent, serait trop divisé et par conséquent difficile à rassembler.

Pour inquarter convenablement, il faut donc faire un essai préparatoire, afin de connaître le titre approximatif de l'alliage, il faut *approximer l'alliage.*

Pour approximer l'alliage, il faut en passer $0^{gr},1$ à la coupelle avec $0^{gr},3$ d'argent et 1 gramme de plomb, traiter par 5 ou 6 grammes d'acide azotique le bouton de retour et peser le résidu d'or obtenu.

Connaissant ainsi le titre approximatif de l'alliage, on peut alors inquarter.

Nous nous bornons à signaler ces principes sur lesquels repose une méthode qui permet d'analyser très-exactement un alliage d'or et de cuivre, et nous ne croyons pas devoir entrer dans les détails d'une opération qui est trop délicate pour pouvoir être traitée convenablement en quelques mots et trop spéciale pour être traitée ici complétement.

PLATINE. Pt = 98,58.

Historique.

Il était connu depuis longtemps par les mineurs d'Amérique qui le nommaient *platina* (*petit argent*) mais on n'en faisait aucun usage.

Introduit en Europe en 1741.

Scheffer entreprit son étude en 1752 et lui donna le nom d'or blanc.

Après lui, les chimistes s'en sont beaucoup occupés, et grâce à eux l'industrie possède un métal très-utile, mais malheureusement trop cher et peu abondant, puisqu'on n'en extrait guère que 2300 kilogrammes par an.

État naturel.

A l'état natif.

Dans des sables d'alluvion qui ont beaucoup d'analogie avec les sables aurifères.

Sous forme de petits grains et associé avec beaucoup d'autres métaux.

Sous la forme de grosses pépites, quelquefois.

Propriétés physiques.

Blanc gris.

Malléabilité : occupe le cinquième rang.

Ductilité : occupe le troisième rang.

Dureté : plus grande que celle de l'argent, même lorsque le platine est pur et ne renferme pas d'iridium qui le rend plus dur.

Ténacité : un fil de 2 millimètres se rompt sous une charge de 124 kilogrammes.

Densité = 21, quand il a été fondu.

21,47 à 21,53, suivant qu'il a été plus ou moins écroui.

ACTION DE LA CHALEUR.

Infusible dans nos fourneaux ordinaires les plus puissants.

Fusible et même volatil.

1° *Dans une petite forge à vent alimentée par des escarbilles.*

Pour faire cette opération, il faut placer le platine dans un creuset de chaux, creuset complétement infusible.

2° *Au chalumeau à gaz oxyhydrogène.*

3° *A la chaleur produite par une forte pile.*

Il roche comme l'argent au moment où il se solidifie, mais il faut opérer sur une masse de 500 ou 600 grammes au moins, l'entretenir en fusion pendant longtemps et provoquer son refroidissement rapide en découvrant le bain métallique au moment où il est le plus liquide.

Ce métal absorbe donc l'oxygène à une température élevée.

Il se ramollit au rouge blanc ; on peut alors le forger et le souder sur lui-même comme le fer, l'or, etc.

GRANDE DIVISION DU PLATINE : *noir de platine.* Ce métal peut être obtenu à un état de division extrême en le précipitant d'une de ses dissolutions.

Il se présente alors sous la forme d'une poudre noire qu'on appelle NOIR DE PLATINE et qui jouit, comme le charbon, de la propriété de condenser les gaz avec dégagement de chaleur.

Le NOIR DE PLATINE *condense jusqu'à 745 fois son volume d'hydrogène.*

ÉTAT SPONGIEUX DU PLATINE : *éponge* ou *mousse de platine.*

En calcinant du chlorure de platine ammoniacal,

$$Cl^2Pt, Cl(H^4Az),$$

on obtient du platine spongieux terne et d'un gris cendré qu'on nomme *éponge* ou *mousse de platine* et qui prend de l'éclat par le frottement.

Réaction : $Cl^2Pt, Cl(H^4Az) = Pt + 2Cl + Cl(H^4Az)$.

L'éponge de platine condense également les gaz, mais pas autant que le noir de platine.

Action catalytique.

Ce métal détermine des combinaisons par sa seule présence.

Cette action de présence a été appelée par Berzélius *action catalytique,* et il l'attribuait à une force particulière qu'il a appelée *force catalytique.* Cette action serait d'autant plus énergique que le métal est plus divisé et plus chaud.

Il semble convenable d'admettre que le noir et la mousse de platine déterminent des combinaisons parce qu'ils condensent les gaz qui dégagent alors une chaleur considérable.

Exemples :

1° Un mélange gazeux de 2 vol. d'hydrogène et de 1 vol. d'oxygène finit par disparaître s'il se trouve au contact d'une lame de *platine non fondu.*

2° La combinaison des deux gaz se ferait immédiatement si la lame était chauffée à 200°, ou si le mélange était en contact avec l'*éponge* et à plus forte raison avec le *noir de platine.*

3° Une spirale en fil de platine (*fig.* 111, *Pl. XIII*) portée au rouge et suspendue au milieu de la vapeur que fournit de l'alcool, $C^4H^6O^2$, placé au fond d'un verre, reste incandescente, parce qu'elle détermine à son contact la combustion de cette vapeur par l'oxygène de l'air et sa transformation en vapeur d'acide acétique $C^4H^4O^4$.

Réaction : $C^4H^6O^2 + 4O = C^4H^4O^4 + 2HO$.

Cette oxydation de l'alcool, qui se produit avec dégagement de chaleur, s'oppose au refroidissement de la spire : celle-ci reste rouge et présente le phénomène d'une LAMPE SANS FLAMME.

Propriétés chimiques.

Air : sans action.

Eau : sans action.

Soufre, sélénium, phosphore, arsenic, bore, silicium : l'attaquent à l'aide de la chaleur; aussi faut-il éviter l'action réductrice du charbon sur les matières qui renferment ces éléments, lorsqu'on les chauffe dans des vases en platine.

ACIDES :

Sulfurique, azotique et chlorhydrique, même concentrés, sont sans action.

Azotique : le dissout lorsqu'il est allié à l'argent ou au mercure.

EAU RÉGALE : est son dissolvant naturel. (*Voyez* son action sur l'or, p. 441.)

Chlore : l'attaque, surtout lorsqu'il est très-divisé.

Potasse : l'attaque.

Soude : l'attaque difficilement.

Bisulfate de potasse : l'attaque.

Nitrate de potasse : l'attaque.

PLUSIEURS OXYDES, même ceux qui sont irréductibles par la chaleur, l'attaquent à la chaleur blanche en perdant un peu de leur poids : tels sont les oxydes de plomb, de bismuth, de cuivre, etc.

Nous indiquons l'action que certains corps exercent sur le platine, sans la discuter, afin de montrer qu'il faut être prudent lorsqu'on emploie des vases faits avec ce métal.

PRÉPARATION.

On lave le minerai pour en séparer la terre.

On enlève les parties magnétiques au moyen d'un barreau aimanté.

On sépare par amalgamation l'or et l'argent, si ces corps s'y trouvent en assez grandes proportions.

Puis on traite ce minerai par l'eau régale qui fait passer le platine à l'état de bichlorure soluble.

On concentre suffisamment et *on laisse refroidir.*

On verse ensuite dans la liqueur refroidie une dissolution saturée de sel ammoniac qui précipite un chlorure double de platine et d'ammoniaque, $Cl^2Pt, Cl(H^4Az)$, qui renferme toujours un peu d'*iridium.*

On calcine ce chlorure double, et l'on obtient le platine à l'état d'éponge.

Le platine en éponge se soude à lui-même par la compression et prend une certaine cohésion, qui permet de le marteler doucement, pourvu qu'on ait soin de le chauffer de temps en temps au rouge blanc.

Il finit enfin par être suffisamment compacte pour être forgé et prendre toutes les formes qu'on juge nécessaire de lui donner.

PURIFICATION.

Pour le débarrasser d'un peu d'iridium qui le rend plus dur et plus difficile à travailler, on le reprend par l'eau régale : la dissolution est traitée par le chlorure de potassium qui précipite un chlorure double de platine et de potassium,

$$Cl^2Pt, ClK.$$

Ce sel, lavé, séché, mêlé à du carbonate de potasse et chauffé au rouge dans un creuset de terre, se décompose en platine et oxyde d'iridium tous deux englobés dans du chlorure de potassium et dans du carbonate de potasse fondu : ces deux sels sont enlevés par l'eau et on en sépare le platine par de l'eau régale faible qui le dissout sans toucher à l'oxyde d'iridium.

Le chlorure de platine pur ainsi obtenu est précipité par le sel ammoniac et le chlorure double obtenu donne par la calcination du platine pur en mousse.

USAGES.

Pour fabriquer des creusets, des capsules et autres ustensiles de laboratoire qui doivent supporter de très-hautes températures.

Pour fabriquer des alambics qui servent à distiller les acides.

Il importe de ne pas oublier les actions chimiques qu'un grand nombre de corps exercent sur le platine sous l'influence de la chaleur, afin de ne pas détériorer des instruments dont le prix est toujours très-élevé.

COMPOSÉS OXYGÉNÉS DU PLATINE.

Protoxyde........ PtO.

Bioxyde.......... PtO^2.

Peu stables; car ils se décomposent à une température peu élevée en platine et oxygène.

COMPOSÉS CHLORÉS DU PLATINE.

Protochlorure .... $ClPt$.
Bichlorure .... Cl^2Pt.

BICHLORURE DE PLATINE. $Cl^2Pt = 169,44$.

Propriétés physiques.

Couleur.

Rouge brun, à l'état solide.
Jaune foncé, en dissolution.
Saveur styptique.
Déliquescent.

Solubilité.

Dans l'eau : plus grande à chaud qu'à froid.
Dans l'alcool : très-grande.

Propriétés chimiques.

Réaction acide : au papier.
Chaleur : le décompose facilement.

Réaction : $Cl^2Pt = 2Cl + Pt$.

Véritable acide. C'est un *chloracide* qui forme des *chlorosels* en se combinant avec d'autres chlorures qui jouent le rôle de *chlorobases*.

Exemples :

Chloroplatinate de chlorure de potassium. Cl^2Pt, ClK,
Chloroplatinate de chlorure d'ammonium. $Cl^2Pt, Cl(H^4Az)$,

dont nous avons déjà parlé en nous occupant de la préparation du platine.

Préparation.

On dissout le platine dans l'eau régale.

On évapore la dissolution à une douce chaleur et on obtient une masse cristalline rouge qui est une combinaison de bichlorure de platine avec l'acide chlorhydrique.

On chauffe cette masse cristalline ; elle brunit; l'acide chlorhydrique est chassé, et il reste du bichlorure de platine.

RECONNAITRE LE PLATINE EN DISSOLUTION A L'ÉTAT DE BICHLORURE.

Acide chlorhydrique...............	*Rien.*
Acide sulfhydrique dissous dans la liqueur acide.....................	*Précipité noir soluble dans les sulfures alcalins.*
Chlorure de potassium.............	*Précipité jaune cristallin.*
Chlorhydrate d'ammoniaque........	*Précipité également jaune et cristallin.*

MANIÈRE D'ÊTRE DES MÉTAUX DANS LA NATURE.

I. A L'ÉTAT NATIF, *c'est-à-dire à l'état de liberté.*

EXEMPLES :

Or et
Platine, presque toujours;
Argent,
Cuivre et
Fer, quelquefois.

D'autant moins que le métal est plus altérable.

II. ENGAGÉS DANS UNE COMBINAISON *et constituant des* MINERAIS.

1° A L'ÉTAT DE COMPOSÉS BINAIRES.

EXEMPLES :

Sulfure de plomb;
Sulfure d'argent;
Sulfure de fer;
Oxydes de fer;
Oxydes d'étain;
Etc.

2° A L'ÉTAT DE SELS.

EXEMPLES :

Carbonates de cuivre;
Carbonates de fer;
Silicates de fer;
Etc.

MÉTALLURGIE.

L'extraction des métaux est le but de la métallurgie dont nous ne donnons ici qu'un aperçu extrêmement sommaire.

EXTRACTION DES MÉTAUX.

Cette opération comprend le plus généralement deux phases bien distinctes :

1° *Séparation du minerai de sa gangue,* c'est-à-dire des substances étrangères qui l'accompagnent presque toujours, *par une opération purement mécanique.*

2° *Opérations chimiques qui dégagent les métaux de leurs combinaisons et de la gangue qui les accompagne.*

I. Traitement mécanique.

1° *Triage* au sortir de la mine, afin de séparer les morceaux riches en métal de ceux qui sont trop pauvres pour être traités.

2° *Concassage* en morceaux exploitables :

Entre deux cylindres broyeurs dont les axes sont dans un même plan horizontal et dont l'un, mis en mouvement par un puissant moteur, entraîne le mouvement de l'autre.

Ou à l'aide de bocards, qui sont de grands mortiers formés par une caisse en bois ayant pour fond une plaque de fer résistante et dans lesquels se meut un pilon qui consiste en une poutre garnie d'un disque de fer à sa partie inférieure et qui, soulevé à l'aide d'une roue garnie de quatre dents, retombe par son poids et à intervalles réguliers sur le minerai.

3° *Lavage,* afin de séparer le minerai pulvérisé des matières terreuses moins denses qui sont entraînées par l'eau.

II. Traitement chimique.

On n'en peut rien dire de bien général.

1° *Les métaux précieux, or* et *argent,* sont amalgamés, la valeur des métaux soldant le prix du mercure.

2° *Les sulfures et arséniures :* sont grillés ; l'oxygène chasse le soufre et l'arsenic à l'état d'acide sulfureux et d'acide arsénieux et fait passer le métal à l'état d'oxyde.

Réactions : $MS + 3O = SO^2 + MO$,
et $MAs + 4O = AsO^3 + MO$.

L'oxyde métallique ainsi formé est chauffé avec du charbon qui le réduit ; celui-ci met en liberté le métal en passant à l'état d'oxyde de carbone.

Réaction : $MO + C = CO + M$.

3° *Les carbonates :* sont grillés ; l'acide carbonique est chassé et l'oxyde restant est chauffé avec du charbon.

4° *Les silicates :* sont calcinés avec des bases et du charbon : les bases, telles que la chaux du carbonate de chaux ou l'oxyde de fer, enlèvent la silice à l'état de silicates fusibles ou *scories* et le charbon réduit l'oxyde métallique.

On peut séparer les gangues siliceuses ou calcaires en chauffant le minerai d'oxyde de fer, par exemple, avec des matières basiques ou acides qui forment des silicates fusibles. (*Voyez* l'*Extraction du fer*, p. 361.)

5° *Pour les minerais contenant des métaux volatils :* les minerais de zinc, par exemple.

On distille le métal en chauffant avec du charbon l'oxyde de zinc qui provient du sulfure de zinc grillé ou du carbonate de zinc calciné.

CHAPITRE V.

CHIMIE ORGANIQUE.

GÉNÉRALITÉS :

LA CHIMIE ORGANIQUE COMPREND L'ÉTUDE :

I. DES MATIÈRES ORGANIQUES, c'est-à-dire des substances qui existent dans les *êtres organisés* et qui s'y sont développées sous l'influence des forces que met en jeu la *vie organique*, soit *végétale*, soit *animale*.

EXEMPLES :

Les sucres, que renferment certains sucs des végétaux.

Les gommes, qui découlent de certains arbres.

La cholestérine, qu'on extrait de la bile.

II. DES PRODUITS QUI DÉRIVENT DES MATIÈRES ORGANIQUES, celles que nous venons de signaler, par exemple, et qui portent également le nom de *matières organiques*.

EXEMPLES :

1° *L'alcool*, qui dérive, par analyse ou dédoublement, du sucre renfermé dans le moût du raisin, par exemple.

Réaction : $\underbrace{C^{12}H^{12}O^{12}}_{\text{Sucre.}} = \underbrace{2(C^4H^6O^2)}_{\text{Alcool.}} + \underbrace{4CO^2}_{\text{Acide carbonique.}}$.

2° *L'acide acétique* (acide du vinaigre), qui dérive par oxydation de l'alcool renfermé dans le vin, par exemple.

Réaction : $\underbrace{C^4H^6O^2}_{\text{Alcool.}} + 4O = \underbrace{C^4H^4O^4}_{\text{Acide acétique.}} + \underbrace{2HO}_{\text{Eau.}}$.

III. DU MODE DE FORMATION PAR SYNTHÈSE DES MATIÈRES ORGANIQUES, DANS LES ÊTRES ORGANISÉS, sous l'influence de cette puissance mystérieuse qu'on appelle *la vie*, ET DANS LE LABORATOIRE où nous ne pouvons pas faire intervenir *la vie* pour mettre en jeu les forces de la nature.

EXEMPLES :

1° *Formation de l'essence de citron*, $C^{10}H^{8}$, DANS LA PLANTE, par l'union du charbon qu'elle enlève à l'acide carbonique avec l'hydrogène qu'elle enlève à l'eau.

2° *Formation de l'alcool*, $C^{4}H^{6}O^{2}$, DANS LE LABORATOIRE, par l'union du gaz oléfiant avec 2 molécules d'eau.

Réaction : $\underbrace{C^{4}H^{4}}_{\text{Gaz oléfiant.}} + \underbrace{2HO}_{\text{Eau.}} = \underbrace{C^{4}H^{6}O^{2}}_{\text{Alcool.}}$

LES MATIÈRES ORGANIQUES SONT DITES :

I. SUBSTANCES ORGANISÉES, lorsqu'elles font partie constituante d'un organe végétal ou animal, ELLES VIVENT.

Elles sont toujours insolubles,
incristallisables,
fixes.

EXEMPLES :

L'utricule du citron qui renferme l'acide citrique.
La fibre musculaire.

II. SUBSTANCES ORGANIQUES, lorsqu'elles sont contenues dans les organes des plantes et des animaux : elles peuvent prendre part aux phénomènes de la vie, en être la conséquence ou servir à son entretien, mais elles ne font pas partie des organes, ELLES NE VIVENT PAS.

Elles peuvent être solubles,
cristallisables,
volatiles sans décomposition,

ce qui les rapproche des composés de la nature minérale.

EXEMPLES :

1° *Le sucre* en dissolution dans les cellules du végétal.

Ce corps prend bien naissance sous l'influence de la vie du végétal, mais il ne fait pas partie de ses organes.

Ce corps, comme aliment, entretient bien la vie de l'animal, mais il ne peut jamais faire partie de ses organes.

2° *L'acide citrique* renfermé dans l'utricule du citron.

3° *L'huile* renfermée dans les cellules de l'amande.

CONSTITUTION DES MATIÈRES ORGANIQUES.

TOUTES LES MATIÈRES ORGANIQUES CONTIENNENT DU CARBONE.

	EXEMPLES :	
Uni à l'HYDROGÈNE	*Essence de térébenthine.*	$C^{20}H^{16}$
à l'AZOTE..........	*Cyanogène*...........	C^2Az
à l'HYDROGÈNE et à l'OXYGÈNE.......	*Alcool*...............	$C^4H^6O^2$
à l'HYDROGÈNE et à l'AZOTE.........	*Acide cyanhydrique*....	$(C^2Az)H$
à l'HYDROGÈNE, l'OXYGÈNE et l'AZOTE.	*Quinine*..............	$C^{40}H^{24}Az^2{}^4O$
au SOUFRE et au PHOSPHORE qui s'ajoutent aux corps simples que nous venons de signaler. Ces composés sulfurés et phosphorés sont peu nombreux.	*Essence de moutarde*....	$C^8H^5AzS^2$
	Matières protéiques, telles que *fibrine*, etc.	

LES VÉGÉTAUX, SOUS L'INFLUENCE DE LA LUMIÈRE, AGISSENT A LA FAÇON D'APPAREILS RÉDUCTEURS sur les molécules d'acide carbonique, d'eau et d'ammoniaque qu'ils prennent dans l'atmosphère où respirent leurs feuilles et dans le sol où plongent leurs racines, et, à l'aide des éléments simples que renferment ces corps qu'ils décomposent, d'abord, ILS PRODUISENT LES MATIÈRES ORGANIQUES LES PLUS COMPLEXES.

Ces matières ne doivent donc renfermer dans leur plus grand état de complexité que du carbone, de l'hydrogène, de l'oxygène et de l'azote, en négligeant, bien entendu, quelques composés sulfurés et phosphorés peu nombreux.

LES VÉGÉTAUX POSSÈDENT DONC PAR SYNTHÈSE, APRÈS AVOIR TOUTEFOIS PROCÉDÉ PAR ANALYSE ; ils décomposent d'abord pour composer ensuite.

LES VÉGÉTAUX ÉLABORENT :

1° *Un grand nombre de matières organiques qui constituent des médicaments.*

EXEMPLE : *la quinine.*

2° *Des substances précieuses pour l'industrie.*

EXEMPLES : *les fibres textiles*, telles que le *coton ;*
les matières colorantes, telles que celles de la *garance, etc.*

3° *Les composés si complexes qui servent à l'alimentation des animaux.*

EXEMPLES : *le sucre ;*
la fécule ;
l'albumine.

LES VÉGÉTAUX CONSERVENT TOUJOURS LEUR INDIVIDUALITÉ. Ainsi :

Les végétaux qui élaborent les substances alimentaires peuvent se produire sur le même sol et croître à côté d'autres végétaux qui engendrent les poisons les plus actifs.

LES ANIMAUX SE NOURRISSENT DES MATIÈRES ORGANIQUES ÉLABORÉES PAR LES VÉGÉTAUX ET AGISSENT A LA FAÇON D'APPAREILS COMBURANTS.

En effet, c'est aux végétaux qu'ils empruntent leurs aliments, soit directement, ainsi que le font les *herbivores*, soit indirectement, ainsi que le font les *carnivores*, et c'est à l'aide de l'oxygène qu'ils prennent à l'atmosphère ou à l'air de l'eau qu'ils brûlent ces aliments *immédiatement* lorsque ce sont des ALIMENTS RESPIRATOIRES, c'est-à-dire qui, ne pouvant pas faire partie de leurs organes, jouent uniquement le rôle de COMBUSTIBLES.

EXEMPLES : *le sucre ;*
les matières féculentes ;
l'alcool;

ou *après un certain temps* lorsque ce sont des ALIMENTS PLASTIQUES OU ASSIMILABLES, c'est-à-dire qui peuvent faire partie de leurs organes avant d'être brûlés.

EXEMPLES : *la fibrine ;*
l'albumine.

LES ANIMAUX PROCÈDENT DONC PAR ANALYSE.

Ils brûlent les éléments combustibles des aliments à composition si complexe que leur préparent les végétaux et les ramènent par des combustions successives qui font passer ces aliments par des états de plus en plus simples à leur état primitif d'*acide carbonique*, d'*eau* et d'*ammoniaque*.

PROPRIÉTÉS PHYSIQUES DES MATIÈRES ORGANIQUES.

1° SOLIDES OU LIQUIDES à la température ordinaire.

EXEMPLES :
Sucre ;
Alcool.

2° Volatils.

Exemples :

Alcool ;

Camphre ;

Huiles essentielles, telles que l'*essence de térébenthine.*

3° Fixes :

Exemples.

Sucre ;

Fibre musculaire ;

Huiles grasses, telles que l'*huile d'olive.*

ACTION DE LA CHALEUR SUR LES MATIÈRES ORGANIQUES.

I. Sans intervention de l'air.

1° Distillation sans décomposition *de celles qui sont volatiles.*

Exemple :

L'alcool.

2° Décomposition *de celles qui sont fixes, en* produits pyrogénés, variables avec leur nature et la température à laquelle elles sont soumises.

Ces produits pyrogénés sont :

1. *Volatils.*

Exemples :

L'acide acétique qui se produit pendant la distillation du bois et appelé pour cela *acide pyroligneux ;*

L'esprit de bois ou *alcool méthylique ;*

Les carbures d'hydrogène, tels que la *benzine ;*

L'eau.

Etc.

2. *Gazeux.*

Exemples :

L'hydrogène bicarbone ;

L'hydrogène protocarbone ;

L'acide carbonique ;

L'oxyde de carbone ;

L'hydrogène ;

L'hydrogène sulfure ;

L'ammoniaque.

3. *Solides.*

Exemple :

Le charbon qui reste comme résidu lorsqu'on chauffe

suffisamment les matières qui en renferment une forte proportion.

Ces produits pyrogénés sont obtenus en plaçant la matière dans une cornue qu'on chauffe plus ou moins suivant qu'on veut obtenir tel ou tel dédoublement, et par conséquent tels ou tels produits pyrogénés. Ainsi, le bois, chauffé dans ces conditions, donne tous les produits pyrogénés qui nous ont servi d'exemples.

3° MODIFICATION DE LEURS PROPRIÉTÉS PHYSIQUES.

EXEMPLES :

1. *Sucre candi* cristallisé et fondant à 180°, qui, sous l'influence de la chaleur, devient, sans changer de composition :
   Sucre d'orge non cristallisé et fondant à 90° ;
2. *Albumine de l'œuf liquide,* qui devient par la chaleur :
   Albumine de l'œuf coagulé, dont la composition est la même.

II. AVEC L'INTERVENTION DE L'AIR EN EXCÈS.

COMBUSTION COMPLÈTE DU CHARBON ET DE L'HYDROGÈNE *avec formation d'acide carbonique et d'eau.*

EXEMPLE :

Combustion de l'acide stéarique d'une bougie.

DÉCOMPOSITION DES MATIÈRES ORGANIQUES EXPOSÉES A L'AIR.

Elle porte le nom de FERMENTATION,
PUTRÉFACTION,
ÉRÉMACAUSIE,

selon la nature des substances qui se décomposent.

Elle porte aussi le nom de DÉCOMPOSITION SPONTANÉE.

CONDITIONS QUI PERMETTENT LES DÉCOMPOSITIONS DITES SPONTANÉES.

I. UNE CERTAINE HUMIDITÉ : *la dessiccation est donc favorable à la conservation.*

II. UNE TEMPÉRATURE DE 15 À 35° : *les températures extrêmes de l'échelle thermométrique favorisent donc la conservation.*

III. L'INTERVENTION DE L'AIR.

1° *Il apporte les germes des êtres organisés* sans lesquels aucune de ces décompositions ne peut se produire (PASTEUR).

Ces êtres organisés, qui sont appelés FERMENTS, *modifient les matières organiques diversement selon leur nature.*

Ces ferments se développent, vivent et se multiplient au sein de ces matières qu'ils modifient, et le phénomène qu'ils provoquent prend le nom de FERMENTATION *que l'on qualifie par l'un des produits essentiels du phénomène.*

EXEMPLES :

1. FERMENTATION ALCOOLIQUE : *c'est la transformation du sucre en alcool,* produit prédominant, etc., sous l'influence d'une *végétation cryptogamique,* la *levûre de bière.*
2. FERMENTATION LACTIQUE : *c'est la transformation du sucre en acide lactique,* produit prédominant, etc., sous l'influence d'une *végétation cryptogamique,* la *levûre lactique.*
3. FERMENTATION BUTYRIQUE : *c'est la transformation du sucre en acide butyrique,* produit prédominant, etc., sous l'influence d'un *infusoire vivant sans oxygène libre.*
4. FERMENTATION MIXTE : *les trois fermentations que nous venons de faire connaître peuvent exister simultanément,* et le sucre peut donner un mélange des trois produits essentiels que nous venons de nommer, si les *végétaux ferments* et l'*infusoire* que nous avons signalés vivent en même temps au sein de la dissolution sucrée qu'ils transforment chacun à sa manière.

Tous les moyens qui pourront empêcher l'arrivée des germes, qui pourront s'opposer à leur développement ou qui pourront les tuer, seront donc favorables à la conservation d'une matière organique.

2° *Il apporte également l'oxygène* qui intervient dans certaines fermentations.

EXEMPLE :

FERMENTATION ACÉTIQUE : c'est l'oxydation de l'alcool, $C^4H^6O^2$, et sa transformation en acide acétique, $C^4H^4O^4$, produit prédominant, etc., sous l'influence d'un *végétal particulier* qui constitue le *ferment acétique.*

Réaction : $C^4H^6O^2 + 4O = C^4H^4O^4 + 2HO.$

PRINCIPES IMMÉDIATS ORGANIQUES.

Tous les corps dont on ne peut retirer plusieurs sortes de matières sans altérer leur nature sont des principes immédiats.

EXEMPLES : *Sucre, acide citrique, acide stéarique, glycérine.*

I. ILS PEUVENT CONTRACTER DES COMBINAISONS.

EXEMPLES :

L'acide citrique avec la *magnésie*, pour former du *citrate de magnésie ;*

L'acide stéarique avec la *glycérine*, pour former de la *stéarine.*

II. ILS PEUVENT SE MÉLANGER EN TOUTES PROPORTIONS. C'est ainsi que :

LES ÊTRES ORGANISÉS SONT DES AGRÉGATS DE PRINCIPES IMMÉDIATS DIFFÉRENTS, *et, à ce point de vue, ils sont, jusqu'à un certain point, comparables à des* ROCHES.

EXEMPLES :

Une graine ;
Un fruit.

III. LEUR SÉPARATION PRÉSENTE DE GRANDES DIFFICULTÉS, et l'opération à l'aide de laquelle on pratique cette séparation porte le nom d'ANALYSE IMMÉDIATE.

ANALYSE IMMÉDIATE.

Elle présente des difficultés faciles à comprendre, lorsqu'on se rend bien compte du peu de stabilité des matières organiques, comparée à la stabilité de matières inorganiques ; en effet :

1° *Les* RÉACTIFS *à l'aide desquels on peut isoler chacun des principes immédiats,* d'une *graine,* par exemple, sans exercer sur eux d'action chimique qui puisse les modifier dans leur nature, *sont peu nombreux.*

2° *La* CHALEUR, *qui joue un si grand rôle dans l'analyse inorganique, appliquée à l'analyse immédiate, doit être employée avec beaucoup de précaution. Elle doit se borner à opérer la séparation des principes immédiats en aidant l'action des dissolvants ou en sublimant ceux qui sont volatils.*

EXEMPLE :

Séparation, par distillation, de l'essence de térébenthine contenue dans le *suc* qui s'écoule des arbres qui la produisent.

Mais pour peu qu'elle s'élève, elle dénature les principes immédiats en agissant sur eux, soit lorsqu'ils sont seuls, soit lorsqu'ils sont au contact des *dissolvants* et des *réactifs* que ces dissolvants peuvent renfermer.

3° *Les* DISSOLVANTS *employés, ordinairement neutres,* sont l'*eau,* l'*alcool*, l'*esprit de bois*, l'*éther ordinaire*, quelques *éthers composés*, les *huiles volatiles* bien pures, le *sulfure de carbone*, parce qu'ils sont dénués d'actions chimiques énergiques.

Exemples :

I. **Séparation du sucre contenu dans le suc de la canne à sucre.**

Cette séparation peut être réalisée À L'AIDE DE TROIS DISSOLVANTS :

1° *L'alcool suffisamment étendu* dissout le *sucre*, une certaine quantité de *matières grasses*, et ne dissout pas les *principes albuminoïdes et mucilagineux* qui sont solubles dans l'eau.

2° *L'alcool anhydre* (alcool absolu) ne dissout pas le *sucre*.

3° *L'éther* dissout les *matières grasses* et ne dissout pas le *sucre*.

Opération.

1° *Le suc sucré est traité par l'alcool concentré qui s'étend* en s'emparant de l'eau que ce suc renferme; on l'emploie en quantité suffisante pour précipiter l'albumine et les matières mucilagineuses qui restent sur le filtre.

2° *La liqueur alcoolique filtrée* et qui renferme la totalité du sucre *est placée dans le vide sec* sur de la chaux vive qui finit par absorber, à l'état de vapeur, la totalité de l'eau mélangée à l'alcool.

3° *L'alcool absolu, ainsi produit*, et qui a laissé déposer le sucre *est décanté;* puis *les cristaux de sucre sont lavés avec l'éther* pour enlever toute la matière grasse qui peut se trouver à leur surface.

II. **Séparation de l'acide citrique contenu dans le jus de citron.**

*Cette séparation peut être réalisée à l'aide d'un seul dissolvant, l'*EAU, *de deux réactifs, la* CHAUX *et l'*ACIDE SULFURIQUE, *et d'une température qui ne dépasse pas* 100°.

Opération.

1° *Fermentation du jus qui transforme le sucre en alcool.* Celui-ci précipite une matière mucilagineuse qui reste sur le filtre.

2° *Traitement du jus filtré par la chaux à la température de l'ébullition.* Le citrate de chaux insoluble se précipite, on le reçoit sur un filtre et on le lave à l'eau chaude.

3° *Traitement du citrate de chaux, ainsi formé, par l'acide sulfurique* en léger excès qui forme du sulfate de chaux très-peu soluble que l'on sépare par une seconde filtration.

4° *Évaporation de la liqueur filtrée* qui renferme l'acide citrique en dissolution, jusqu'à cristallisation.

ANALYSE ÉLÉMENTAIRE D'UN PRINCIPE IMMÉDIAT ORGANIQUE.

Lorsqu'un principe immédiat, primitivement mélangé avec d'autres, a été isolé à l'aide des méthodes dont nous venons de donner un aperçu, lorsque en un mot il est à l'état de pureté, il faut procéder à l'opération qui fait connaître les éléments simples, charbon, hydrogène, oxygène, etc., et la proportion de ces éléments qui entrent dans sa constitution. *Cette opération porte le nom d'*ANALYSE ÉLÉMENTAIRE.

Nous nous bornerons à décrire l'analyse élémentaire des composés organiques qui renferment du charbon, de l'hydrogène, de l'oxygène et de l'azote.

ANALYSE ÉLÉMENTAIRE QUALITATIVE des principes immédiats organiques.

Elle consiste à rechercher la nature des éléments simples des composés organiques, de telle sorte que l'analyse quantitative puisse se faire dans des conditions convenables.

Ces éléments simples sont :

I. Le CARBONE : *inutile de le chercher;* car toutes les matières organiques en renferment.

II. L'OXYGÈNE : *inutile de le chercher;* car on le dose par différence dans l'analyse quantitative, ainsi qu'on le verra plus loin.

III. L'HYDROGÈNE : *inutile de le chercher,* puisque, s'il en existe, il sera dosé à l'état d'eau dans l'analyse quantitative, ainsi qu'on le verra plus loin.

IV. L'AZOTE : *il est indispensable de le chercher;* car sa présence dans une matière organique nécessite certaines modifications dans la disposition des appareils.

On reconnaît la présence de l'azote :

1° *Lorsqu'on dispose d'une quantité de matière suffisamment considérable :* on la distille en la chauffant seule ou avec un fragment de potasse dans un tube de verre bouché à l'une de ses extrémités : il se forme de l'ammoniaque que l'on reconnaît à son odeur, à son action sur le papier rouge de tournesol et aux fumées blanches dont s'entoure une baguette de verre humectée d'acide chlorhydrique et approchée de l'extrémité ouverte du tube.

2° *Lorsqu'on a à sa disposition une quantité très-minime de matière :* on la place, bien desséchée, au-dessus d'un petit fragment de potassium gros comme un grain de millet et qui a été introduit et tassé au fond d'un tube de verre de 2½ centimètres de longueur sur 1½ millimètre de diamètre. Si la matière est volatile, on l'introduit la première et le potassium après.

On chauffe à la lampe à alcool, peu à peu d'abord, jusqu'au départ complet de tout le potassium en excès à l'état de vapeurs verdâtres, puis au rouge obscur.

La partie du tube où se trouve la matière carbonisée, après avoir été détachée par un trait de lime, est traitée par un peu d'eau distillée.

La dissolution qui en résulte devient d'un beau bleu lorsqu'après y avoir ajouté une goutte d'acide chlorhydrique, on y verse une goutte d'une dissolution de protosulfate de fer mélangé à du sesquisulfate du même métal.

Dans ce cas, l'*azote* de la matière, en présence du *potassium,* se combine à une certaine proportion de *charbon* pour former du *cyanogène* qui se combine à ce métal, et *le cyanure de potassium, ainsi formé, donne du bleu de Prusse par les réactifs indiqués.*

ANALYSE ÉLÉMENTAIRE QUANTITATIVE des principes immédiats organiques.

Elle consiste à rechercher la proportion des éléments simples qui entrent dans la composition d'une matière organique.

I. Le CHARBON ET L'HYDROGÈNE SONT DOSÉS RIGOUREUSEMENT en

brûlant par l'oxygène un poids connu de la matière organique qu'on veut analyser et en pesant l'acide carbonique et l'eau qui se sont formés.

Le poids du charbon et de l'hydrogène est calculé en partant de la composition bien connue de l'acide carbonique et de l'eau.

11^{gr} d'acide carbonique renferment. 3^{gr} de charbon.
9^{gr} d'eau renferment............ 1^{gr} d'hydrogène.

La présence de l'azote nécessite une modification dans la disposition des appareils à l'aide desquels on brûle ces deux corps : nous la ferons connaître plus loin.

II. L'AZOTE EST DOSÉ RIGOUREUSEMENT en chauffant avec un alcali un poids connu de la matière azotée qu'on veut analyser et en recueillant et dosant l'ammoniaque qui se produit, et qui renferme la totalité de l'azote de la substance soumise à l'analyse.

Le poids de l'azote est calculé en partant de la composition bien connue de l'ammoniaque :

17^{gr} d'ammoniaque renferment.. 14^{gr} d'azote.

III. L'OXYGÈNE EST DOSÉ PAR DIFFÉRENCE, en soustrayant du poids de la matière organique soumise à l'analyse la somme des poids des autres éléments qu'elle renferme et qui ont pu être dosés rigoureusement comme il vient d'être dit.

EXEMPLE :

L'acide acétique renferme du CHARBON, *de l'*HYDROGÈNE *et de l'*OXYGÈNE.

1° On pèse 0^{gr},790 de cette substance.
2° On brûle complétement le charbon et l'hydrogène que renferment ces 0^{gr},790 de matière.
3° On pèse séparément l'*acide carbonique* et l'*eau* qui en proviennent.
4° L'*acide carbonique* pèse......... 1^{gr},160,

d'où $\frac{11}{3} = \frac{1,160}{x \text{ charbon}}$ et charbon =......... 0^{gr},316

L'*eau* pèse..................... 0^{gr},470,

d'où $\frac{9}{1} = \frac{0,470}{x \text{ hydrogène}}$ et hydrogène =... 0,052

d'où charbon et hydrogène renfermés dans 0,790 d'acide acétique = ... 0,368

Ce nombre 0,368 soustrait de 0,790 donne une différence 0,422 qui exprime le poids de l'oxygène que renferme 0,790 d'acide acétique.

La composition élémentaire de l'acide acétique trouvée pour 0,790 de matière est donc....	C = 0,316 H = 0,052 O = 0,422 ———— 0,790	*qui, exprimée en centièmes, devient*	C = 40,0 H = 6,6 O = 53,4 ———— 100,0

DOSAGE DU CHARBON ET DE L'HYDROGÈNE.

On brûle ces corps à l'aide du BIOXYDE DE CUIVRE *suffisamment chauffé* qui cède facilement son oxygène au charbon pour former de l'acide carbonique et du cuivre métallique,

Réaction : $C + 2CuO = CO^2 + 2Cu$,

et à l'hydrogène pour former de l'eau et du cuivre métallique,

Réaction : $H + CuO = HO + Cu$.

APPAREIL (*fig.* 112, *Pl. XIV*).

I. TUBE À COMBUSTION.

La combustion s'opère dans un tube de verre peu fusible *tt* long de 80 centimètres environ, ayant un diamètre intérieur de 10 à 15 millimètres, épais de 2 millimètres, fermé à la lampe à une de ses extrémités, entouré de clinquant pour soutenir ses parois lorsqu'elles seront ramollies par la chaleur et placé sur une grille de fer *pp*.

Ce tube, bien nettoyé et desséché à l'intérieur, est chargé avec les substances que nous allons indiquer dans l'ordre de leur introduction.

CHARGE DU TUBE À COMBUSTION.

1° Dans la partie *a* non recouverte par le clinquant, on introduit un *mélange grossier de chlorate de potasse fondu et d'oxyde de cuivre bien sec.* Tout l'oxyde qui doit être introduit dans le tube doit être très-sec; c'est pour cela qu'on l'emploie plus ou moins chaud.

2° Dans la partie *b*, également non recouverte de clinquant, on verse de l'*oxyde de cuivre.*

3° Dans la partie *c* on introduit un poids bien déterminé à une bonne balance (1 gramme environ) de la *matière orga-*

nique que l'on veut analyser, *bien pure, bien sèche et mélangée dans un mortier de verre ou de porcelaine bien propre et bien sec avec de l'oxyde de cuivre fin.*

4° Dans la partie *d* on fait arriver l'*oxyde de cuivre qui a servi à laver le mortier* afin de ne pas perdre la moindre trace de la matière organique que l'on a pesée.

5° La partie *e* est remplie avec de l'*oxyde de cuivre.*

6° L'extrémité *f* du tube reçoit un bon bouchon de liége percé à son centre d'un trou dans lequel s'engage l'extrémité du tube *g*.

II. Tube condenseur ou absorbant de l'eau.

Il consiste en un *tube en* U, *l*, rempli de fragments de chlorure de calcium, sel très-avide d'eau.

L'eau qui provient de la combustion de l'hydrogène que renferme la matière soumise à l'analyse et qui ne s'est pas condensée en *g* est arrêtée complétement en passant à travers le chlorure de calcium.

La différence entre le poids du tube condenseur de l'eau pesé avant d'être mis en place et le poids de ce tube pesé après l'opération, exprime le poids d'eau formée, à l'aide duquel on peut calculer le poids d'hydrogène contenu dans le poids de matière employée.

III. Tubes condenseurs ou absorbants de l'acide carbonique.

Ce sont :

1° Un tube à boule *n*, *tube à boule de Liebig*, relié, à l'aide d'un tuyau de caoutchouc, avec le tube absorbant de l'eau, *l*.

C'est dans ce tube, qui contient une dissolution de potasse marquant 44° ou 45°, que vient barboter et se fixer presque complétement l'acide carbonique fourni par la combustion du charbon de la matière soumise à l'analyse, après que cet acide s'est desséché complétement en traversant le tube absorbant de l'eau *l*.

2° Un tube en U, *m*, qui vient à la suite du tube à boule auquel il est également relié par un tuyau de caoutchouc,

Ce tube, qui renferme des fragments de potasse caustique fondue, arrête les traces d'acide carbonique qui ont pu échapper à l'action absorbante de l'appareil à boule, ainsi que l'eau entraînée par les gaz qui ne sont pas absorbables par la potasse et qui traversent l'appareil à boule sans s'y arrêter.

La différence entre le poids des tubes condenseurs de l'acide carbonique pesés avant d'être mis en place et le poids des mêmes tubes pesés après l'opération exprime le poids d'acide carbonique formé, à l'aide duquel on peut calculer le poids du charbon contenu dans le poids de matière employée.

IV. Grille à analyse.

Le tube à combustion repose, supporté de distance en distance et dans toute sa longueur, sur une grille allongée *pp*, en forte tôle, percée à son fond de fentes transversales qui laissent entrer l'air nécessaire à la combustion et placée sur des supports en fer.

Un *écran* est placé en *o*, un peu en avant du point où se trouve placé l'oxyde de cuivre mélangé avec la matière organique soumise à l'analyse.

OPÉRATION.

I. Conduite du feu.

Le tube à combustion étant mis en place ainsi que les appareils absorbants préalablement pesés, on chauffe au rouge sombre, en commençant du côté du bouchon et en se rapprochant lentement de l'écran qui est placé en avant de la matière organique. Lorsque le tube à combustion est porté au rouge dans toute la partie chauffée, on recule peu à peu l'écran et on ajoute de nouveaux charbons rouges avec précaution, afin que la décomposition de la matière organique se fasse avec lenteur et régularité.

Le passage des gaz par bulles à travers l'appareil à boules permet d'apprécier la rapidité de la décomposition que l'on peut activer ou ralentir en ajoutant ou en enlevant du feu suivant que le dégagement du gaz est trop lent ou trop rapide.

Lorsque le dégagement du gaz cesse, et à ce moment la partie du tube qui renferme la matière organique est entourée de charbon, on enlève l'écran et on chauffe le mélange de chlorate de potasse et d'oxyde de cuivre, avec des précautions que la pratique seule peut bien enseigner. Un nouveau dégagement de gaz se produit dont il faut entretenir la régularité en augmentant ou en diminuant le feu. Ce dégagement cesse enfin lui-même lorsque l'extrémité fermée du tube à combustion est complétement entourée de charbon, et la première partie de l'opération est terminée.

On peut arrêter l'opération lorsqu'une allumette qui présente un point en ignition se rallume vivement lorsqu'on l'approche de l'extrémité libre *s* du dernier tube en U, *m*.

EXPLICATION DE CE QUI SE PASSE DANS CETTE PARTIE DE L'OPÉRATION.

Lorsque le feu a atteint la partie du tube où se trouve la matière organique, celle-ci se décompose en *produits volatils* et en *produits plus fixes* (PRODUITS PYROGÉNÉS).

Le charbon et l'hydrogène des produits volatils qui s'échauffent fortement en passant à travers la colonne d'oxyde de cuivre porté au rouge sombre, sont complétement brûlés à leur passage par l'oxygène qui entre dans leur composition et par l'oxygène qu'ils empruntent à l'oxyde de cuivre : l'eau à l'état de vapeur et l'acide carbonique qui ont pris naissance se rendent aux appareils absorbants.

Le charbon et l'hydrogène des produits plus fixes sont brûlés en place, et le charbon presque toujours incomplétement, par l'oxygène qui entre dans leur composition et par celui qu'ils empruntent à l'oxyde de cuivre; ils donnent ainsi des produits volatils dont la combustion se complète puisqu'ils traversent la colonne d'oxyde de cuivre incandescent avant de se rendre aux appareils absorbants.

Le charbon en excès, qui n'a pas pu entrer dans les produits volatils, ne peut que très-difficilement être brûlé par l'oxygène de l'oxyde de cuivre auquel il se trouve mêlé; il faut toujours, surtout lorsqu'on fait l'analyse d'un composé riche en charbon, brûler ce charbon en place à l'aide de l'oxygène que dégage le mélange de chlorate de potasse et d'oxyde de cuivre.

Lorsque tout le charbon a été ainsi brûlé, l'excès d'oxygène qui se dégage balaye complétement le tube et amène aux appareils absorbants la totalité de la vapeur d'eau et de l'acide carbonique qui ont été fournis par la combustion complète du charbon et de l'hydrogène de la matière organique soumise à l'analyse.

II. Fin de l'opération.

Elle consiste à enlever les appareils absorbants, à les purger d'oxygène qu'il faut remplacer par de l'air, et à les peser.

Il faut, après les avoir séparés du tube à combustion et avant de les détacher et de les peser, chasser l'oxygène qu'ils renferment et le remplacer par de l'air. En effet, comme les appareils absorbants ont été pesés pleins d'air avant l'opération, et comme l'oxygène est plus pesant que l'air, la différence entre le poids de l'oxygène et celui de l'air s'ajouterait dans la seconde pesée aux poids de l'eau et de l'acide carbonique condensés, ce qui augmenterait la quantité d'hydrogène et de charbon contenus dans la matière organique.

Pour chasser l'oxygène et le remplacer par de l'air, on retire le bouchon qui ferme l'extrémité ouverte du tube à combustion et on le sépare du tube condenseur de l'eau, *gl*, auquel on adapte, à l'aide d'un tuyau de caoutchouc, un tube en U contenant des fragments de potasse caustique fondue; puis, à l'extrémité opposée des appareils absorbants et à travers un tube de verre relié en *s* par un tuyau de caoutchouc, on aspire l'oxygène que l'air vient remplacer.

Cet air qui remplace l'oxygène a passé à travers la potasse du tube en U, dont nous venons de parler, s'y est desséché et a perdu son acide carbonique; il n'ajoute donc rien au poids des appareils et, par conséquent, au poids de l'eau et de l'acide carbonique qui sont produits par la combustion de l'hydrogène et du charbon de la matière organique.

Les appareils absorbants, ainsi remplis d'air, sont pesés une seconde fois et l'augmentation de poids exprime le poids de l'eau et le poids de l'acide carbonique qu'ils ont condensés, et permet de calculer le poids d'hydrogène et de charbon que renferme le poids de la matière organique analysée.

Nous venons de décrire la combustion d'une matière organique solide et non volatile.

Lorsque celle-ci est solide et volatile, liquide et non volatile ou *liquide et volatile,* il faut seulement la mélanger avec de l'oxyde de cuivre plus ou moins chaud et modifier son mode d'introduction dans la partie *c* du tube; mais le reste de l'opération n'est nullement changé.

MODIFICATION A APPORTER DANS L'OPÉRATION DE LA COMBUSTION LORSQUE LA MATIÈRE ORGANIQUE RENFERME DE L'AZOTE.

Lorsqu'une matière organique azotée est soumise à l'action de la chaleur, en présence de l'oxyde de cuivre, le charbon et l'hydrogène qu'elle renferme sont complétement brûlés, et l'azote est mis en liberté : mais une partie de ce gaz se combine, à l'état naissant, avec l'oxygène que lui cède l'oxyde de cuivre, et devient du *bioxyde d'azote.*

Ce *bioxyde d'azote* qui, parce qu'il occupe un volume double de celui de l'azote, puisque,

$$Az = 2 \text{ vol.},$$
$$AzO^2 = 4 \text{ vol.},$$

serait une cause d'erreur si on voulait doser l'azote en mesurant son volume à l'état gazeux, est également une cause d'erreur lorsqu'on dose le charbon et l'hydrogène que renferme une matière organique azotée.

En effet, le bioxyde d'azote se combine avec l'oxygène de l'air que renferment encore les appareils et devient de l'*acide hypoazotique*, AzO^4 :

Réaction : $AzO^2 + 2O = AzO^4$.

Celui-ci est décomposé en partie par l'eau qui occupe le petit renflement *g* du tube en U, *l*, condenseur de l'eau avec production d'*acide azotique* qui s'ajoute à l'eau qu'il rend acide et dont il augmente le poids, et de *bioxyde d'azote :*

Réaction : $3AzO^4 + 2HO = 2AzO^5, HO + AzO^2$.

L'*acide hypoazotique* qui n'a pas été décomposé par l'eau et celui qui peut encore se former dans les tubes à acide carbonique est absorbé en totalité par la potasse, avec formation d'*acide azotique* et d'*acide azoteux* qui se combinent à la potasse,

Réaction : $2AzO^4 + 2KO = AzO^5, KO + AzO^3, KO$,

et augmentent le poids de l'acide carbonique.

On détruit facilement le bioxyde d'azote qui peut se former en introduisant dans le tube à combustion qui présente alors une plus grande longueur, et après toutes les substances placées dans l'ordre que nous avons indiqué, du cuivre bien pur, qui, porté au rouge sombre, le décompose en fixant l'oxygène et n'exerce aucune action sur l'eau et l'acide carbonique.

DOSAGE DE L'AZOTE.

DOSAGE DE L'AZOTE A L'ÉTAT DE GAZ *dont on mesure le volume pour en calculer ensuite le poids.* Il est complétement abandonné, aussi nous nous bornons à le signaler.

DOSAGE DE L'AZOTE A L'ÉTAT D'AMMONIAQUE.

Les matières organiques azotées laissent dégager la totalité de leur azote à l'état d'ammoniaque lorsqu'on les chauffe avec un alcali.

La CHAUX SODÉE, *qui est un mélange de soude et de chaux* préparé en calcinant 1 partie de soude hydratée avec 2 parties de chaux vive, est employée de préférence parce qu'elle ne fond pas sous l'influence de la chaleur et ne s'étale pas en s'affaissant dans le tube de verre qui la renferme. Cette *chaux sodée,* une fois préparée en petits grains, est conservée dans un flacon bien bouché.

L'ammoniaque qui se produit est reçue dans un tube condenseur à trois boules t (fig. 113, Pl. XIV) qui renferme de l'eau acidulée par un poids connu d'acide sulfurique.

Après que la totalité de l'ammoniaque qui renferme la totalité de l'azote de la matière soumise à l'analyse a été amenée à l'appareil condenseur, il est de toute évidence qu'une quantité équivalente d'acide sulfurique a passé à l'état de sulfate d'ammoniaque, sel qui n'exerce aucune action sur les réactifs colorés. Si maintenant, par un moyen quelconque, on peut connaître la quantité d'acide qui est restée libre, il sera facile, par une simple soustraction du poids total de l'acide employé, de connaître le poids de celui qui s'est transformé en sulfate d'ammoniaque, et par suite la quantité équivalente d'ammoniaque qu'il a neutralisée : le poids d'ammoniaque ainsi connu, il est facile de calculer le poids de l'azote.

Le moyen que l'on emploie pour connaître la quantité d'acide sulfurique qui n'a pas été saturée par l'ammoniaque est très-simple.

On établit d'abord ce qu'il faut employer d'une liqueur rendue alcaline par de la chaux dissoute à la faveur du sucre, *sucrate de chaux*, et versée à l'aide d'une burette graduée, pour neutraliser exactement 10 centimètres cubes d'une liqueur qui renferme un poids connu d'acide sulfurique concentré : soit 200 divisions de sucrate de chaux pour neutraliser 10 centimètres cubes de la *liqueur normale acide* qui renferme $0^{gr},6125$ d'acide sulfurique.

Si maintenant on fait le même essai sur 10 centimètres cubes de la même liqueur normale acide après qu'elle a absorbé la totalité de l'ammoniaque que peut fournir un poids donné de matière azotée et qu'il ne faille plus que 100 divisions pour arriver à la neutralité, il sera évident que la matière analysée renferme la quantité d'azote contenu dans le poids d'ammoniaque qui sature $0^{gr},3062$ d'acide sulfurique ou la moitié de celui qui a été introduit dans l'appareil condenseur.

APPAREIL (*fig.* 113, *Pl. XIV*).

I. Tube à réaction.

Ce tube *ab* est en verre peu fusible, sa longueur est de 40 centimètres environ et il n'est pas nécessaire de le recouvrir de clinquant. Il est chargé avec les substances que nous allons indiquer dans l'ordre de leur introduction.

Charge du tube à réaction.

1° Dans la partie *c* : 1^{gr} environ d'*acide oxalique* mêlé à de la *chaux sodée ;*

2° Dans la partie *d* : 4 ou 5 centimètres environ de *chaux sodée ;*

3° Dans la partie *e* : *matière organique* mélangée avec la *chaux sodée ;*

4° Dans la partie *f* : *chaux sodée* jusqu'à environ 3 ou 4 centimètres du bouchon.

Un tampon d'amiante, placé entre la chaux sodée et le bouchon, empêche la projection d'un peu de chaux sodée dans le tube condenseur.

5° A l'extrémité *a* du tube, un bon bouchon de liége percé à son centre d'un trou qui laisse passer l'une des extrémités du tube condenseur *t*.

II. Tube condenseur de l'ammoniaque.

Il consiste en un tube à trois boules *t* dans lequel on introduit 10 centimètres cubes de *liqueur normale* sulfurique qu'on étend ensuite d'une quantité d'eau suffisante pour rendre facile le barbotage des gaz.

III. Grille à analyse.

C'est celle que nous avons déjà décrite, mais moins longue.

OPÉRATION.

I. Conduite du feu.

Le tube à réaction reposant sur la grille et le tube condenseur étant en place, on chauffe au rouge sombre, comme dans la combustion de l'hydrogène et du charbon par l'oxyde de cuivre, en commençant du côté du bouchon et en se rapprochant lentement de la partie du tube qui contient la matière organique : on chauffe ensuite cette partie en surveillant le passage des gaz qui se fait par bulles dans l'appareil condenseur.

Lorsque le dégagement du gaz cesse, on chauffe l'extrémité du tube où se trouve l'acide oxalique ; celui-ci se décompose en produisant un nouveau dégagement de gaz.

Explication de ce qui se passe pendant cette partie de l'opération.

Lorsque le feu a atteint la partie du tube où se trouve la matière organique, celle-ci se décompose en produits volatils où se trouve la totalité de l'azote qu'elle renferme ; ces produits traversent une colonne de chaux sodée portée au rouge qui ne laisse passer l'azote qu'à l'état d'ammoniaque qui se rend au tube condenseur, dans lequel l'hydrogène qui se dégage à la fin de l'opération, et qui est fourni par l'acide oxalique décomposé sous la double action de la chaleur et de l'alcali,

Réaction :

$$C^4H^2O^8+4(HO, NaO)=4(CO^2, NaO)+4HO+2H,$$

achève de l'amener en totalité.

II. Fin de l'opération.

On enlève le tube condenseur.

On verse le liquide qu'il contient dans un vase.

On le lave à plusieurs reprises, et on ajoute les eaux de lavage.

On verse dans la totalité du liquide, à l'aide de la burette graduée, la liqueur de SUCRATE DE CHAUX jusqu'à ce que la couleur rouge qui lui a été communiquée par quelques gouttes de teinture de tournesol passe au bleu qui caractérise cette teinture à l'état neutre.

DÉTERMINATION DE LA FORMULE CHIMIQUE D'UN PRINCIPE IMMÉDIAT ORGANIQUE.

I. FORMULE BRUTE D'UN COMPOSÉ ORGANIQUE.

Reprenons les nombres qui expriment la composition de l'*acide acétique* exprimée en centièmes (p. 467) :

$$\begin{aligned} C &= 40,0 \\ H &= 6,6 \\ O &= 53,4 \\ \hline & 100,0 \end{aligned}$$

et calculons les rapports des quantités de ces divers éléments au poids de leurs équivalents respectifs. Ces rapports sont

$$\frac{40}{6}, \quad \frac{6,6}{1}, \quad \frac{53,4}{8}$$

et sont évidemment entre eux comme le nombre des équivalents des éléments simples qui entrent dans la composition de la matière organique en question ; ils expriment donc ce nombre ou un sous-multiple de ce nombre. En effectuant la division, on obtient

$$\begin{aligned} C &= 6,6 \\ H &= 6,6 \\ O &= 6,6 \end{aligned}$$

d'où la formule cherchée est

$$CHO ;$$

mais cette formule n'est que l'expression du rapport entre les équivalents des éléments simples qui entrent dans la composition de l'acide acétique et peut n'être qu'un sous-multiple de la FORMULE RÉELLE.

II. FORMULE RÉELLE OU RATIONNELLE QUI EXPRIME L'ÉQUIVALENT D'UN COMPOSÉ ORGANIQUE.

I. ACIDES ORGANIQUES.

Pour déterminer l'équivalent de l'acide acétique et d'un acide organique quelconque, il faut le combiner à une base qui forme avec lui un sel neutre, l'*oxyde de plomb*, par exemple, faire l'analyse de ce sel et voir, d'une part, combien 1 équivalent d'*oxyde de plomb* exige d'acide pour se constituer à l'état d'*acétate de plomb neutre*.

L'analyse de ce sel donne en centièmes :

Acide acétique..........	31,30
Oxyde de plomb........	68,70
	100,00

ce qui permet de calculer l'équivalent de l'acide acétique combiné à l'oxyde de plomb au moyen de la proportion suivante :

$$\frac{31{,}30\left\{\begin{array}{l}\textit{acide}\\ \textit{acétique}\end{array}\right.}{68{,}70\left\{\begin{array}{l}\textit{oxyde}\\ \textit{de plomb}\end{array}\right.}=\frac{x\left\{\begin{array}{l}\text{ÉQUIVALENT CHERCHÉ DE L'A-}\\ \text{CIDE ACÉTIQUE} = 51.\end{array}\right.}{112\left\{\begin{array}{l}\text{ÉQUIVALENT CONNU}\\ \text{DE L'OXYDE DE PLOMB.}\end{array}\right.}$$

Mais d'autre part, puisque l'analyse élémentaire de 1^gr d'acétate de plomb sec qui renferme 0^gr,313 d'acide acétique donne :

$$\begin{aligned} C &= 0{,}149\\ H &= 0{,}019\\ O &= 0{,}145\\ \hline &\ 0{,}313 \end{aligned}$$

on peut calculer ce que 51 parties d'acide acétique de l'acétate de plomb sec ou l'équivalent de l'acide acétique dans l'acétate de plomb auraient donné, et l'on trouve :

$$\begin{aligned} C &= 24{,}28\\ H &= \ \ 3{,}09\\ O &= 23{,}63\\ \hline &\ 51{,}00 \end{aligned}$$

Mais en divisant chacun de ces nombres par le poids équivalent du corps qu'il représente, ce qui donne

$$\frac{24,28}{6} = 4,05, \quad \frac{3,09}{1} = 3,09, \quad \frac{23,63}{8} = 2,95,$$

on trouve le nombre d'équivalents simples qui entrent dans la composition de l'acide acétique, tel qu'il est contenu dans l'acétate de plomb, et l'on est conduit à la formule

$$C^4H^3O^3$$

qui est celle de l'acide acétique anhydre, puisqu'en multipliant par 4 la formule brute CHO, trouvée plus haut (p. 476), on arrive au nombre 60 qui égale 51 augmenté de 9, poids de 1 équivalent d'eau.

La formule de l'acétique libre est donc

$$C^4H^3O^3, HO.$$

II. Bases organiques.

Pour déterminer l'équivalent d'une substance basique, il faut employer une méthode semblable et la combiner à un acide pour chercher ensuite combien 1 équivalent de l'acide employé a exigé de base pour être saturé.

III. Corps neutres.

Les *corps neutres,* qui sont incapables de contracter des combinaisons avec d'autres corps dont l'équivalent est bien déterminé, sont partagés en *trois classes :* nous ne ferons que les signaler.

1° Ils sont volatils, *et l'on peut déterminer le poids de leur équivalent au moyen de la densité de leur vapeur* par des considérations que nous ne pouvons pas exposer ici.

2° Ils sont fixes, *mais ils proviennent d'un corps dont l'équivalent est connu et qui leur a donné naissance par une réaction très-simple, ou bien encore ils peuvent se transformer par une réaction également très-simple en produits dont le poids équivalent est également bien déterminé.*

3° Ils sont fixes, *et ne se rattachent par aucune réaction bien nette à une substance dont l'équivalent est bien déterminé : alors la formule devient fort incertaine.*

LES COMPOSÉS ORGANIQUES SONT : NEUTRES,
ACIDES,
OU BASIQUES.

Nous ne les étudierons pas dans cet ordre; car des composés qui jouissent de propriétés essentiellement différentes à ce point de vue sont souvent liés par leur mode de formation; ils dérivent les uns des autres et ne peuvent pas être séparés dans leur étude.

Nous ne parlerons que de quelques-uns de ces composés dont les propriétés et les transformations pourront donner une idée assez nette des phénomènes de la Chimie organique.

CHAPITRE VI.

MATIÈRES ORGANIQUES EN PARTICULIER.

CELLULOSE.

ORIGINE.

Elle constitue la trame du *tissu solide* des végétaux.

Elle forme les cellules de leur *tissu cellulaire;*
les tubes de leurs *tissus vasculaires.*

PRESQUE À L'ÉTAT PUR, *dans le coton,*
le vieux linge et la charpie,
la moelle de sureau.

Les cellules du bois renferment des matières dures et amorphes dont la composition paraît être assez complexe, MATIÈRES INCRUSTANTES ; *et une matière azotée qui peut s'altérer facilement* et entraîner dans sa décomposition les diverses parties du bois. Cette matière peut servir d'aliment à des insectes qui pénètrent dans le bois pour s'en nourrir et qui amènent également sa destruction.

POUR CONSERVER LES BOIS, il faut y faire pénétrer des substances qui agissent sur cette matière azotée et la rendent inerte.

ELLE N'APPARTIENT PAS EXCLUSIVEMENT AU RÈGNE VÉGÉTAL : *elle se trouve aussi quelquefois dans les tissus des animaux.*

COMPOSITION. $C^{12}H^{10}O^{10}$.

PROPRIÉTÉS PHYSIQUES.

Solide, incristallisable.

Blanche, diaphane.

Insoluble dans l'eau, l'alcool, l'éther, les huiles fixes et volatiles.

Soluble dans une dissolution aqueuse d'oxyde de cuivre ammoniacale dont elle est précipitée par les acides.

Densité = 1,525 : une fois et demie environ celle de l'eau.

Désagrégée par l'eau bouillante, lorsque son organisation est peu avancée.

Propriétés chimiques.

Neutre.

Essentiellement organisée.

Potasse et soude caustiques en dissolution étendue : sans action sensible.

Chlore en dissolution même étendue : l'altère à la longue.

Acide sulfurique concentré, à froid : la désagrége sans la colorer.
la rend soluble dans l'eau.
la transforme en DEXTRINE puis en GLUCOSE.

Acide azotique fumant, à froid : se combine avec elle pour former le *pyroxyle* ou *pyroxyline* ou FULMICOTON.

Fulmicoton.

Composition du fulmicoton. $C^{24}H^{15}O^{15}, 5AzO^{5}$.

C'est de la cellulose PENTANITRIQUE, c'est-à-dire renfermant 5 équivalents d'acide azotique anhydre qui se sont combinés à 2 équivalents de cellulose qui ont perdu 5 équivalents d'eau.

Réaction :

$$2C^{12}H^{10}O^{10} + 5AzO^{5}, HO = C^{24}H^{15}O^{15}, 5AzO^{5} + 10HO.$$

Très-inflammable, mais son inflammation se produit avec trop d'instantanéité pour qu'il puisse remplacer la poudre de guerre : ce corps agirait à la façon d'une *poudre brisante,* il ferait éclater l'arme.

Son inflammabilité et ses propriétés explosives s'expliquent facilement par sa composition : en effet, il est riche en éléments combustibles, carbone et hydrogène, et riche aussi en oxygène : ces corps, en se combinant, produisent des corps gazeux portés à une haute température et occupant un volume considérable, relativement au volume de la matière qui leur a donné naissance.

Il passe à l'état de COLLODION lorsqu'on le dissout dans l'éther contenant 6 à 8 centièmes d'alcool.

Par l'évaporation de l'éther, le *collodion* se dépose sous la forme d'une pellicule très-adhérente et complétement imperméable à l'eau.

Préparation du fulmicoton.

1° Dans un mélange qui renferme 1 équivalent ou 63 parties d'acide azotique monohydraté et 1 équivalent ou 49 parties d'acide sulfurique concentré, on plonge du coton bien sec pendant quinze minutes environ ; on le lave jusqu'à ce que l'eau de lavage soit bien neutre, et on le fait sécher.

2° Dans un mélange de 8 parties d'azotate de potasse sec et de 12 parties d'acide sulfurique concentré, on plonge du coton bien sec pendant quinze minutes environ ; on lave, etc.

PRÉPARATION.

En traitant successivement le coton ou le vieux linge, par exemple, par de la potasse ou de la soude caustique en dissolution chaude, par de l'acide chlorhydrique étendu et froid, par de l'alcool et enfin par de l'éther.

AMIDON.

ORIGINE.

Ce principe, dit *amylacé* ou *féculent*, est retiré de la *pomme de terre* râpée : il porte alors le nom de FÉCULE ; et des *graines de céréales* réduites en farine : il porte alors le nom d'AMIDON.

La fécule et l'amidon sont des corps identiques sous le rapport chimique ; aussi, sous ce rapport, ce que nous disons de l'amidon s'applique à la fécule.

FORME.

Grains ovoïdes, d'aspect variable suivant leur provenance.

La grosseur des grains, ayant acquis tout leur développement, varie avec la nature de la plante d'où ils ont été extraits.

Les deux longueurs extrêmes entre lesquelles sont comprises toutes les autres sont $0^{mm},185$ fécule de pomme de terre de Rohan.
$0^{mm},002$ amidon du *Chenopodium quinoa.*

STRUCTURE.

Le hile est l'*ombilic* des grains d'amidon ; il est constitué par un ou deux orifices à travers lesquels passe la substance qui nourrit le petit granule jusqu'à son entier développement.

C'est autour de ces points que la matière amylacée se dépose en couches concentriques.

La disposition en couches concentriques de la matière amylacée est mise en évidence en chauffant de la fécule, par exemple, jusqu'à 180°, en l'imbibant d'eau et en l'examinant au microscope : on voit alors chaque grain s'ouvrir comme une fleur qui s'épanouit.

COMPOSITION. $C^{12}H^9O^9, HO$.

Il renferme le même nombre d'équivalents de charbon, d'hydrogène et d'oxygène que la cellulose déjà étudiée.

HYDRATATION.

1° *Après son extraction de la pomme de terre ou du froment, son lavage, et vingt-quatre heures d'égouttage sur un corps poreux,* il renferme 45 pour 100 d'eau ou 15 équivalents.

Sa formule est $C^{12}H^9O^9, HO + 15HO$.

2° *Après qu'il a été exposé quelque temps à l'air sec,* il retient encore 18 pour 100 d'eau ou 4 équivalents.

Sa formule est $C^{12}H^9O^9, HO + 4HO$.

3° *Après son exposition dans le vide sec, à la température de 15 à 20°,* il ne retient plus que 2 équivalents d'eau.

Sa formule est $C^{12}H^9O^9, HO + 2HO$.

4° *Après son exposition dans le vide sec, à la température de 125°,* il a perdu toute son eau d'hydratation.

Sa formule est $C^{12}H^9O^9, HO$.

PROPRIÉTÉS.

Neutre.

Essentiellement organisé, et par conséquent incristallisable.

En poudre très-ténue et très-mobile qui vole dans l'air et *donne une sensation de sécheresse,* lorsqu'on la presse entre les doigts.

S'hydrate à l'air en prenant 4 équivalents d'eau et *sa formule devient*

$$C^{12}H^9O^9, HO + 4HO.$$

Action de la chaleur.

1° *A 210° environ, l'amidon sec est rendu soluble et non colorable par l'iode,* sans que sa composition change : *il passe à l'état de* DEXTRINE.

2° *A 170° environ, l'amidon à 4 équivalents d'eau,* renfermé dans un tube de verre scellé à la lampe, *se transforme également en* DEXTRINE.

Action de l'eau.

I. PSEUDO-DISSOLUTION DE L'AMIDON.

100 parties d'eau agissant à la température de l'ébullition sur 1 partie d'amidon semblent le dissoudre alors qu'il est seulement désagrégé, puisque les radicelles d'un bulbe de jacinthe, qui fonctionnent à la façon d'un filtre à mailles très-étroites, laissent passer l'eau, mais ne laissent pas passer la moindre trace de matière amylacée à travers leurs spongioles.

II. FORMATION DE L'EMPOIS.

15 parties d'eau seulement et 1 partie d'amidon chauffées graduellement jusqu'à 60° donnent une liqueur qui s'épaissit et finit par se prendre en une masse pâteuse qui porte le nom d'*empois*. Dans ce cas, les grains d'amidon ne se sont pas désagrégés, ils sont gonflés dans une quantité d'eau insuffisante pour qu'ils puissent s'étendre librement, et ils adhèrent les uns aux autres.

L'empois est détruit, lorsqu'on abaisse sa température, parce que les grains d'amidon, développés par l'action de l'eau chaude, se contractent dans ce liquide par un refroidissement suffisant : dans ce cas, l'eau abandonne l'amidon qui l'emprisonnait et peut s'écouler librement.

III. TRANSFORMATION DE L'AMIDON EN DEXTRINE.

Chauffé pendant plusieurs heures en présence de l'eau dans un tube hermétiquement fermé et porté à la température de 170° environ, l'amidon se transforme en *dextrine*.

IV. TRANSFORMATION DE L'AMIDON EN SUCRE.

Chauffé dans les mêmes conditions, mais à 200°, il se transforme en GLUCOSE, espèce particulière de *sucre*.

Alcool, même bouillant : sans action sur l'amidon.

Iode : communique à l'amidon une *belle couleur bleue;* il se forme de l'*iodure d'amidon*.

IODURE D'AMIDON.

On n'a pas encore prouvé que l'iode et l'amidon sont associés en proportions définies, condition que doit remplir une véritable combinaison chimique.

La couleur bleue disparaît à la température de 66° et apparaît de nouveau par le refroidissement. On peut répéter plusieurs fois cette opération, seulement la teinte va s'affaiblissant de plus en plus.

La teinte varie, à mesure que l'amidon se transforme en dextrine.

Elle est :

1° *Bleue,* quand l'amidon a été seulement gonflé et a passé à l'état d'*empois.*

2° *Bleu violacé,* quand l'amidon désagrégé a passé à l'état de *pseudo-dissolution.*

3° *Légèrement rouge,* quand l'amidon désagrégé a été soumis à une ébullition longtemps prolongée qui le désorganise de plus en plus.

4° *Nulle,* quand l'amidon a passé à l'état de *dextrine,* puis de *sucre.*

Les acides minéraux étendus et une ébullition suffisamment prolongée lui font éprouver toutes les transformations qu'il subit sous l'influence de l'eau; ce dont on peut s'assurer en prenant de temps en temps une faible partie de la liqueur bouillante qu'on laisse refroidir et qu'on traite ensuite par une dissolution d'iode; on obtient alors les teintes que nous venons de signaler en partant du bleu pour arriver à l'absence de coloration.

L'acide azotique ordinaire l'oxyde à chaud, avec formation de produits de plus en plus oxydés dont les derniers termes sont l'*acide oxalique,* $C^4O^6, 2HO$, l'*acide carbonique* et l'*eau.*

L'acide azotique monohydraté le dissout à froid, et la dissolution traitée immédiatement par l'eau laisse précipiter une matière très-inflammable et explosive à 180° dérivée de l'amidon auquel s'est associé de l'acide azotique et qu'on appelle *xyloïdine* ou *pyroxane.* (Voyez *Fulmicoton,* p. 481.)

La diastase (matière d'origine organique, et que nous allons bientôt étudier) : *fait éprouver à l'amidon toutes les transformations qu'il subit sous l'influence de l'eau et des acides minéraux étendus.*

Les bases, telles que la chaux, la baryte, l'oxyde de plomb : *peuvent se combiner avec l'amidon, malgré sa neutralité :* ainsi l'oxyde de plomb s'y associe en déplaçant 1 équivalent d'eau et forme le composé $C^{12}H^9O^9$, $2PbO$; c'est pourquoi nous avons formulé l'amidon $C^{12}H^9O^9, HO$ en séparant l'équivalent d'eau qui peut être remplacé par l'oxyde de plomb.

PRÉPARATION DE L'AMIDON.

Deux procédés :

1° *Par la fermentation putride* qui transforme graduellement le GLUTEN, matière azotée et insoluble contenue dans les céréales et dont nous allons nous occuper, en une série de produits solubles, et qui n'altère l'amidon que très-lentement.

Cette méthode est surtout employée pour retirer l'amidon des farines et des grains avariés.

OPÉRATION.

On délaye les farines ou les grains écrasés dans de grandes cuves avec des eaux des opérations précédentes, *eaux sures des amidonniers;* ces eaux renferment le ferment qui agit sur le gluten, le rend soluble, ce qui permet de le séparer de l'amidon qui, dans ces conditions, ne subit aucune altération bien sensible et reste insoluble.

Au bout de quinze ou trente jours, suivant la saison, et par conséquent suivant la température, la fermentation est terminée; et pour avoir l'amidon pur, il suffit de le soumettre à des lavages successifs, de l'égoutter et de le dessécher à l'étuve.

2° *Par la malaxation de la pâte faite avec une farine de céréales.*

OPÉRATION.

La pâte bien consistante est malaxée sous un filet d'eau qui entraîne mécaniquement l'amidon, tandis que le GLUTEN, *éminemment plastique,* reste dans les doigts ou, lorsqu'on opère en grand, dans l'appareil de malaxation, à l'état de pelote élastique comme du caoutchouc.

L'eau qui s'écoule traverse un tamis à mailles étroites qui laissent passer avec elle les grains d'amidon et retiennent la portion de gluten qui a pu être entraînée.

L'amidon ainsi entraîné, et qui gagne le fond de l'eau parce qu'il est plus dense que ce liquide, peut être mélangé avec un peu de gluten qui a passé à travers le tamis : pour l'en débarrasser, on le rend soluble à l'aide du ferment que renferment les *eaux sures* des opérations précédentes, au contact desquelles on le laisse pendant vingt-quatre heures environ.

L'amidon ainsi obtenu est lavé, égoutté et desséché comme précédemment.

Ce procédé n'est pas insalubre comme le précédent, puisqu'il n'entraîne l'intervention de la fermentation putride du gluten que sur une très-petite échelle.

Ce procédé est également plus expéditif, il fournit une plus grande quantité d'amidon et il permet de conserver le gluten, matière essentiellement nutritive et qu'on peut employer dans la confection des pâtes alimentaires; *mais il ne peut être employé qu'autant que les farines ou les grains renferment le gluten intact* et possédant par conséquent ses propriétés éminemment plastiques, ce qui ne se rencontre pas dans les produits avariés.

GLUTEN.

On le prépare en faisant tomber l'eau en mince filet sur une pâte ferme faite avec la farine de froment et malaxée entre les doigts : l'eau entraîne mécaniquement l'amidon, dissout les principes solubles, parmi lesquels se trouvent de la *dextrine,* du *glucose,* et une substance quaternaire azotée qui possède toutes les propriétés de l'*albumine de l'œuf* et qui n'est autre chose que l'*albumine végétale,* et *il reste dans les doigts une substance élastique grisâtre d'une odeur particulière, qui est le* GLUTEN.

Le gluten ainsi obtenu est un mélange de trois substances quaternaires azotées. En effet :

TRAITÉ PAR L'ALCOOL BOUILLANT, et à plusieurs reprises, on obtient :

1° La FIBRINE VÉGÉTALE, identique à la *fibrine animale* des muscles ou du sang, qui reste indissoute.

2° La CASÉINE VÉGÉTALE, identique à la *caséine animale* retirée du lait, matière blanche qui se dépose par le refroidissement.

3° La GLUTINE, *qui reste en dissolution dans l'alcool froid* et qui présente la composition de l'*albumine* qui s'est dissoute dans l'eau que l'on a fait agir sur la pâte de froment.

La glutine diffère pourtant de l'albumine puisque celle-ci est précipitée de sa dissolution aqueuse par l'alcool, tandis que la glutine, soluble dans l'alcool, en est précipitée par l'eau avec une certaine quantité de matière grasse dont on la débarrasse par l'éther.

PROPRIÉTÉS ESSENTIELLES.

Très-nutritif : il peut être assimilé à la chair musculaire.

Très-élastique : c'est grâce à cette propriété, à laquelle elle doit sa consistance, que la pâte faite avec la farine des céréales peut se gonfler dans la *panification*.

FARINES.

FARINE DE FROMENT.

La plus employée dans l'alimentation, parce qu'elle est la plus riche en gluten, véritable matière nutritive animale.

La quantité de gluten varie ainsi que la quantité des autres matières que renferme cette farine. En effet, sur quatorze analyses de blés de diverse provenance, faites par M. Peligot, et qui diffèrent toutes entre elles, nous en citerons trois seulement qui mettront ces différences en évidence.

	BLÉ		
	Métadin de Pologne.	Hardy-White.	Bousselle blanche de Provence.
Eau	13,2	13,6	14,6
Matières grasses	1,5	1,1	1,3
Gluten	19,8	10,5	8,1
Albumine	1,7	2,0	1,8
Matières azotées solubles	6,8	10,5	8,1
Dextrine, glucose, amidon	55,1	60,8	66,1
Cellulose	"	1,5	"
Sels	1,9	"	"
	100,0	100,0	100,0

Sa composition est complexe, comme on le voit par ce tableau.

Elle est essentiellement alimentaire; en effet elle contient :

1° *Les aliments azotés* dits *plastiques ou assimilables* .... Gluten.
Albumine.
Matières azotées solubles.

2° *Les aliments non azotés* dits *respiratoires* .... Amidon.
Dextrine.
Glucose.
Matières grasses.

3° *Les aliments minéraux*.......... Phosphates, *véritable aliment plastique des os.*
Autres sels.

FARINES DES AUTRES CÉRÉALES, *seigle, orge, avoine, maïs, riz.*

Les principes immédiats qui entrent dans leur composition sont les mêmes que pour le froment.

Moins riches en gluten et autres matières azotées.

La quantité de chacun des principes immédiats est différente pour chaque céréale.

Ainsi la *farine de riz*, la plus pauvre en gluten, est riche en amidon : elle contient une proportion extrêmement faible de matières grasses, tandis que la *farine de maïs* en renferme une quantité considérable.

DIASTASE.

*Substance à l'aide de laquelle nous avons déjà transformé l'*AMIDON *en* DEXTRINE, et qui très-probablement dans la graine rend l'amidon soluble afin qu'il puisse servir au développement des organes rudimentaires de la jeune plante.

ORIGINE.

Elle se développe pendant la germination des semences d'orge, de blé, d'avoine, etc., *et près des germes*, là par conséquent où elle doit par son contact rendre l'amidon soluble afin qu'il puisse être transporté à l'état de *dextrine* dans les tissus de la jeune plante qu'il doit nourrir.

COMPOSITION.

Substance quaternaire azotée dont la formule n'a pas pu être fixée jusqu'à présent.

PROPRIÉTÉS.

Neutre.
Blanche.
Insipide.
Incristallisable.
Soluble dans l'eau et dans l'alcool faible.
Se putréfie quand elle est humide.
Se conserve à l'état sec.

AGIT À LA MANIÈRE DES FERMENTS. En effet :

Elle transforme en dextrine 2000 fois son poids d'amidon.

Elle transforme en glucose la dextrine ainsi formée, par une action toute spéciale qui s'ajoute à la première.

Son action sur l'amidon s'anéantit par une température de 100°.

PRÉPARATION.

On la retire ordinairement de l'*orge germée*, pulvérisée.

On fait macérer, dans l'eau à 25 ou 30°, pendant plusieurs heures, de l'orge germée pulvérisée.

On presse la pâte dans un linge très-fin.

On filtre.

On chauffe à 75° pour coaguler un principe azoté particulier, espèce d'albumine qui accompagne la diastase.

On filtre de nouveau.

On traite par l'alcool anhydre qui la précipite.

On la redissout dans l'eau pour la traiter une seconde fois par l'alcool anhydre afin de la débarrasser des dernières traces de matière sucrée et colorante qu'elle peut encore contenir.

On filtre.

On la dessèche dans le vide de la machine pneumatique.

DEXTRINE.

Appelée ainsi parce que sa dissolution dévie à droite un rayon de lumière polarisé.

ORIGINE.

Elle provient de l'amidon transformé sous l'influence déjà signalée de la chaleur, de l'eau, des acides minéraux étendus ou de la diastase et sous l'influence de l'acide azotique et de la chaleur, comme nous le verrons en parlant de sa préparation.

COMPOSITION, $C^{12}H^9O^9, HO$, la même que celle de l'amidon.

PROPRIÉTÉS.

Neutre.

Solide.

Incristallisable.

Incolore, transparente : elle a l'aspect de la gomme arabique dont elle a la composition, mais dont elle se distingue parce qu'elle donne de l'*acide oxalique* et non de l'*acide mucique* lorsqu'on la traite par l'acide azotique.

L'oxyde de plomb forme avec la dextrine un composé de même composition que celui qu'il forme avec l'amidon,

$$C^{12}H^{9}O^{9}, 2PbO.$$

Soluble dans l'eau.

Insoluble dans l'alcool anhydre.

L'eau, sous l'influence de la chaleur, des acides minéraux ou de la diastase, la transforme en GLUCOSE en lui ajoutant 4 équivalents d'eau. Elle devient

$$C^{12}H^{12}O^{12}, 2HO.$$

L'acide azotique monohydraté donne de la XYLOÏDINE comme avec l'*amidon.* (*Voyez* p. 485.)

L'acide azotique ordinaire l'oxyde promptement à la façon de l'*amidon* et donne les mêmes produits d'oxydation. (*Voyez* p. 485.)

PRÉPARATION.

1° *Par la diastase.*

En délayant l'orge germée dans de l'eau à 75° à laquelle on ajoute peu à peu la quantité nécessaire d'amidon, et qu'on a soin d'agiter.

L'opération est terminée lorsque l'iode ne communique plus à la liqueur refroidie qu'une légère teinte vineuse.

On filtre et on évapore à consistance sirupeuse.

C'est ainsi qu'on fabrique le sirop de dextrine qui renferme toujours du GLUCOSE dont on peut le débarrasser par l'alcool qui le dissout.

2° *En torréfiant l'amidon à 210° environ.*

Cette dextrine renferme toujours de l'amidon et est plus ou moins colorée.

3° *Par l'acide azotique.*

On mouille 1000 kilogrammes d'amidon avec 300 kilogrammes d'eau aiguisée de 2 kilogrammes d'acide azotique à 36 ou 40°.

On sèche à l'air libre.

On chauffe à 110 ou 120°.

Cette dextrine est toujours mélangée d'amidon; elle est à peine colorée.

USAGES.

Elle remplace la gomme dans presque toutes ses applications.

GLUCOSE OU SUCRE DE FÉCULE.

ORIGINE.

Substance qui s'obtient par l'action prolongée des acides ou de la diastase sur l'amidon qui se transforme d'abord en dextrine, puis en glucose.

Substance cristallisable qu'on retire des fruits acides comme le raisin.

Substance sucrée qu'on retire du miel, de l'urine des diabétiques, etc.

Substance qui provient de l'action des acides sur la cellulose, etc.

Toutes ces substances présentent la même composition et peuvent être considérées comme formant, sous presque tous les rapports, un seul et même corps : *cependant elles n'exercent pas la même action sur la lumière polarisée* et par conséquent leurs molécules ne sont pas groupées de la même façon.

COMPOSITION. $C^{12}H^{12}O^{12}, 2HO$.

Les 2 équivalents d'eau peuvent être remplacés par plusieurs bases, l'oxyde de plomb, par exemple.

PROPRIÉTÉS.

Neutre.

Cristallisable.

Saveur faiblement sucrée : il faut 2 $\frac{1}{2}$ parties de glucose pour sucrer autant que 1 partie de sucre de canne.

Solubilité.

1° *Dans l'eau :*

A froid, 1 partie de glucose exige 1 $\frac{1}{2}$ partie d'eau.

A chaud, il se dissout en toutes proportions.

2° *Dans l'alcool :*

1 partie de glucose exige 20 parties d'alcool.

Chaleur.

1° *A* 60°, il se ramollit.

2° *A* 100° il perd 9 pour 100 d'eau ou 2 équivalents et devient

$$C^{12}H^{12}O^{12};$$

mais au contact de l'eau, il s'hydrate de nouveau.

3° *A* 150°, il perd une plus forte proportion d'eau, *il se caramélise* et devient

$$C^{24}H^{18}O^{18},$$

corps qui ne peut plus subir la *fermentation alcoolique.*

4° *A une température plus élevée*, il se décompose entièrement.

Acides minéraux puissants en dissolutions très-étendues :

A la température de l'ébullition et par une action prolongée, *ils noircissent les dissolutions glucosiques* qui laissent déposer des matières noires de composition variable; de là l'importance de ne pas prolonger leur action dans la transformation de l'amidon en glucose.

Acide azotique monohydraté :

Il agit sur le glucose comme sur l'amidon et la dextrine, en produisant un corps explosible. (*Voyez* p. 485 et 491.)

Acide azotique ordinaire :

Il agit sur le glucose comme sur l'amidon et la dextrine : il l'oxyde en donnant naissance au même produit d'oxydation. (*Voyez* p. 485 et 491.)

Bases.

La potasse brunit très-promptement ses dissolutions.

Cette réaction permet de constater son mélange avec le sucre de canne qui ne brunit pas sous l'influence de la potasse. (*Voyez* p. 496.)

La baryte s'y combine : 3 équivalents de cette base se combinent avec 2 équivalents de glucose en déplaçant 4 équivalents d'eau.

Réaction :

$$2(C^{12}H^{12}O^{12}, 2HO) + 3BaO = C^{24}H^{24}O^{24}, 3BaO + 4HO.$$

La chaux et l'oxyde de plomb donnent la même réaction.

Ces divers composés portent le nom de GLUCOSATES.

Sel marin : forme avec lui le composé $C^{24}H^{24}O^{24}, ClNa$.

Tartrate de cuivre en dissolution dans la potasse OU LIQUEUR DE FROMMHERZ :

Il est réduit à 100° par le *glucose* et non par le *sucre de canne*, et il se dépose du *protoxyde de cuivre.*

Cette réaction est très-importante, car elle permet de constater la présence du glucose seul ou mélangé avec le sucre de canne.

On prépare la liqueur de Frommherz en versant du sulfate de cuivre dans une dissolution de tartrate de potasse contenant un excès de potasse.

Levûre de bière : le transforme en *alcool, acide carbonique* et *eau.*

Réaction :

$$C^{12}H^{12}O^{12}, 2HO = \underbrace{(C^4H^6O^2)}_{\text{Alcool.}} + 4CO^2 + 2HO.$$

PRÉPARATION.

Dans l'industrie, on le prépare en faisant agir l'acide sulfurique faible sur la fécule à la température de 100 à 104°.

On verse peu à peu de l'eau à 50° qui contient la fécule en suspension dans une grande cuve en bois couverte, contenant de l'eau acidulée par $\frac{1}{100}$ d'acide sulfurique et chauffée par la vapeur.

Il importe que la température de 100 à 104° soit bien soutenue et que la réaction soit presque instantanée et sans formation d'empois.

Quantités de matières en présence :

1000	kilogrammes	d'*eau,*
10	»	d'*acide,*
500	»	de *fécule.*

On sature l'acide sulfurique par la craie, on laisse déposer le sulfate de chaux formé.

On décante.

On fait passer la liqueur dans des filtres au noir animal pour blanchir.

C'est avec cette dissolution, ainsi décolorée, *qu'on peut obtenir le glucose :*

1° *Sous la forme de sirop,* en évaporant jusqu'à 30° de l'aréomètre de Baumé.

2° *En masse solide amorphe,* en concentrant le sirop jusqu'à 45° et en le versant dans des rafraîchissoirs.

3° *Sous la forme granuleuse,* en versant le sirop amené à 40° dans des tonneaux à fond percé de petits trous bouchés par des clavettes et où la cristallisation commence après quelques jours. Lorsque la cristallisation est suffisamment avancée, on enlève les clavettes et la partie encore liquide peut s'écouler.

Pour dessécher les cristaux ainsi obtenus, on les place sur des plaques en tôle qu'on porte dans un séchoir où circule un courant d'air à 25°.

SUCRE DE CANNE OU DE BETTERAVE.

ORIGINE.

Substance préparée par les végétaux, qui se trouve en dissolution dans les sucs neutres qu'ils fournissent et qu'on retire surtout de la canne à sucre et de la betterave.

Cette substance peut s'extraire des sucs neutres des :

1° RACINES, telles que la *betterave*, le *navet*, la *carotte*, *etc.*

2° TIGES, telles que la *canne à sucre*, le *maïs*, le *sorgho*, l'*érable*, *etc.*

3° FRUITS NON ACIDES, tels que la *citrouille*, la *châtaigne*, le *marron d'Inde*, l'*ananas*, *etc.*

On n'a pas encore pu le former dans le laboratoire.

COMPOSITION. $C^{12}H^{11}O^{11}$.

Remarque importante.

Tous les corps que nous avons étudiés jusqu'à présent renferment 12 équivalents de carbone, tandis que le nombre d'équivalents d'hydrogène et d'oxygène peut être plus faible ou plus élevé; mais ces deux derniers corps sont toujours dans le rapport voulu pour former de l'eau.

PROPRIÉTÉS.

Neutre.

Cristallise très-facilement en prismes rhomboïdaux à sommets dièdres.

EXEMPLES :

Le sucre candi.

Le sucre en pain : il est formé de petits cristaux agglomérés.

Incolore, inodore.

Saveur très-sucrée.

Phosphorescent par le choc : il acquiert alors un léger goût de sucre brûlé, ce qui peut dépendre de la chaleur qu'il dégage par le frottement.

Solubilité.

1° *Dans l'eau :*

A froid, 1 partie de sucre de canne se dissout dans $\frac{1}{3}$ de partie d'eau.

A chaud, se dissout en toutes proportions.

2° *Dans l'alcool faible :* soluble.

3° *Dans l'alcool anhydre :* insoluble.

Chauffé :

A 220°, il perd 2 équivalents d'eau et se transforme en *caramel*

$C^{24}H^{18}O^{18}$,

qui n'a plus sa saveur sucrée et ne peut plus subir la *fermentation alcoolique.*

Au-dessus de 160°, il fond en un liquide visqueux qui, refroidi brusquement, se solidifie en une masse transparente et amorphe qui est le SUCRE D'ORGE.

SUCRE D'ORGE.

Présente la même composition que le sucre de canne.

Devient opaque et cristallin avec le temps, sans que sa composition change, par suite de l'orientation de ses molécules qui, à la température ordinaire, tendent à se grouper dans une forme géométrique, à la façon des molécules du soufre mou qui passe à l'état de soufre cassant et opaque.

On peut retarder ce changement par l'addition d'un peu de vinaigre au sucre fondu : c'est ce que font les confiseurs.

Eau : sous l'influence de la chaleur, *le transforme lentement en glucose :* aussi, dans la fabrication du sucre, il faut éviter une ébullition prolongée et opérer à une température aussi basse que possible.

Acides étendus :

Le transforment en glucose, par simple addition d'eau.

Réaction : $C^{12}H^{11}O^{11} + 3HO = C^{12}H^{14}O^{14}$.

Acide azotique concentré et ordinaire :

Agit comme sur l'amidon, la dextrine et le glucose.

Bases :

La potasse ne colore pas ses dissolutions portées à l'ébullition, ainsi que cela se produit pour le GLUCOSE. (*Voyez* p. 493.)

Les SUCRATES *sont donc plus stables que les* GLUCOSATES.

La baryte donne un sucrate dont la formule est $C^{12}H^{11}O^{11}, BaO$.

La chaux donne un sucrate, $C^{12}H^{11}O^{11}, CaO$, qui se trouble par la chaleur, devient presque gélatineux et reprend sa transparence et sa fluidité par le refroidissement.

L'oxyde de plomb donne un sucrate dont la formule est

$$C^{12}H^9O^9, 2PbO,$$

et dans lequel 2 équivalents d'oxyde de plomb se sont substitués à 2 équivalents d'eau, ce qui permet de formuler le sucre de canne $C^{12}H^9O^9, 2HO$.

Sel marin : forme avec lui un composé déliquescent,

$$C^{24}H^{22}O^{22}, ClNa.$$

Tartrate de cuivre en dissolution dans la potasse ou LIQUEUR DE FROMMHERZ : n'est pas réduit comme il le serait par le glucose. (*Voyez* p. 493.)

Levûre de bière : le transforme, comme le glucose, en *alcool* et en *acide carbonique* après qu'il a pris préalablement 1 équivalent d'*eau*.

Réaction : $$C^{12}H^{11}O^{11} + HO = 2\underbrace{(C^4H^6O^2)}_{\text{Alcool.}} + 4CO^2.$$

FABRICATION DU SUCRE *retiré du suc de la racine de betterave.*

Elle comprend les diverses opérations que nous allons signaler en peu de mots.

Nettoyage et lavage de la betterave.

Râpage pour la réduire en *pulpe* aussi fine que possible.

Pression de la pulpe de plus en plus forte, et enfin aussi énergique que possible.

On retire ainsi de 75 à 80 de JUS *pour 100 de betterave.*

Ce JUS *qu'on traite immédiatement renferme de 10 à 11 pour 100 de sucre.*

TRAITEMENT DU JUS.

Défécation. On traite 1000 litres de *jus* par 25 kilogrammes de *chaux* en suspension dans 100 litres d'eau et on élève la température jusqu'à 95° environ : la chaux éclaircit le jus en coagulant et en rendant insolubles les matières étrangères au sucre qui forment des écumes verdâtres et se combine avec le sucre pour former un composé, *sucrate de chaux*, qui résiste mieux aux causes d'altération et donne moins de déchet au travail.

Traitement par l'acide carbonique. Le *sucrate de chaux* en dissolution, légèrement jaune, est décanté et séparé du précipité ainsi formé, puis traité par un courant d'acide carbonique qui précipite la chaux à l'état de carbonate de chaux et met le sucre en liberté.

Premier traitement par le noir animal. Le jus ainsi déféqué et débarrassé de la chaux par l'acide carbonique est conduit sur un *filtre à noir animal*, d'où il sort presque incolore.

Évaporation du jus déféqué et décoloré (PREMIÈRE CUITE). On l'évapore à l'aide de chaudières fermées dans lesquelles on fait le vide; dans ce cas, l'opération est plus prompte et la température est inférieure à la température de l'ébullition à l'air libre : deux conditions qui diminuent l'altération du sucre et rendent le déchet moins considérable.

Second traitement par le noir animal. Lorsque le sirop marque de 30 à 31° à l'aréomètre, on le fait passer une seconde fois sur le *filtre à noir animal* d'où il sort blanc et limpide.

Concentration (SECONDE CUITE). Elle s'effectue également dans le vide; elle est poussée jusqu'à ce que, par certains indices, on juge qu'elle est suffisante.

Cristallisation. Le sirop convenablement cuit est versé dans de grands cristallisoirs d'où, après vingt-quatre heures environ, on le transporte dans des FORMES (vases coniques en terre cuite ou en métal) posées sur leur pointe qui est percée et bouchée à l'aide d'un tampon.

C'est dans ces FORMES *que la cristallisation s'achève.*

On procède ensuite à l'*égouttage* en enlevant le tampon, afin de faire écouler la *mélasse,* qui n'est autre chose qu'une dissolution colorée de *sucre de canne* et de *sucre incristallisable.*

CLAIRÇAGE. La masse cristallisée contenue dans la forme reste imprégnée de mélasse qui la colore en jaune et l'empêche de sécher. On remplace cette mélasse par une dissolution saturée de sucre pur ou *clairce* qu'on verse à plusieurs reprises sur chaque pain et qui, en pénétrant dans sa masse, chasse devant elle la mélasse qui finit par s'écouler en totalité.

ÉTUVAGE. Les pains retirés de leur forme sont alors desséchés à l'étuve.

TRAITEMENT DES MÉLASSES. Il faut en retirer le plus possible de sucre cristallisable et utiliser la portion incristallisable, ce qu'on réalise à l'aide de méthodes que nous n'avons pas à décrire ici.

SUBSTANCES ISOMÈRES DU SUCRE, c'est-à-dire *ayant la composition chimique du sucre de canne,* $C^{12}H^{11}O^{11}$.

PROPRIÉTÉS.

Levûre de bière ou *ferment alcoolique :* détermine difficilement leur fermentation.

Alcalis en dissolution chauffée à 100° : sans action bien sensible sur elles.

Tartrate de cuivre en dissolution dans la potasse ou LIQUEUR DE FROMMHERZ : ne paraît pas réduit à 130° par ces substances. (*Voyez* p. 493 et 497.)

Acides étendus : les transforment en *glucose.*

Séchées à 130°, elles ont toutes la formule du sucre de canne ou de betterave, $C^{12}H^{11}O^{11}$.

Nous ne faisons que les nommer.

MÉLITOSE : retiré de la *manne d'Australie*, qui est une exsudation sucrée d'arbres de Van-Diemen.

MÉLÉZITOSE : retiré de la *manne de Briançon,* exsudation sucrée concrète du mélèze, qui en est presque entièrement composée.

TRÉHALOSE : substance que renferme en grande quantité une matière sucrée nommée *tréhala* en Orient où elle sert à l'alimentation, et élaborée par un insecte aux dépens d'un végétal particulier.

MYCOSE : retiré du seigle ergoté.

LACTOSE OU SUCRE DE LAIT. Substance qu'on retire du lait des mammifères.

Composition. $C^{24}H^{19}O^{19}$, 5HO.

Le nombre d'équivalents de carbone qui entrent dans la constitution de sa molécule est double lorsqu'on compare sa composition à la composition des molécules des corps précédemment étudiés; mais l'hydrogène et l'oxygène sont toujours dans le rapport voulu pour former de l'eau.

A 150° il perd 5HO et devient $C^{24}H^{19}O^{19}$, comme dans sa combinaison avec l'oxyde de plomb.

Action de la levûre de bière. Nous nous bornons à signaler une seule propriété du sucre de lait, celle de pouvoir subir la fermentation alcoolique sous l'influence de la levûre de bière.

SUCRE INCRISTALLISABLE. Nous ne faisons que le signaler.

SUCRES EN GÉNÉRAL.

Composition. *Elle peut être représentée par du charbon et de l'eau,* comme pour la *cellulose,* l'*amidon* et la *dextrine.*

Saveur sucrée : n'est nullement un caractère distinctif. La saveur du sucre de lait est à peine sucrée, beaucoup moins que celle d'autres substances organiques qui ne sont nullement des sucres.

Caractère distinctif des sucres : *ils peuvent subir la fermentation alcoolique.*

FERMENTATION ALCOOLIQUE DU SUCRE.

Elle consiste dans le dédoublement du sucre en alcool et acide carbonique sous l'influence du *ferment alcoolique* ou *levûre de bière.*

Ce dédoublement est toujours accompagné de la formation d'une certaine quantité d'*acide succinique* et de *glycérine*, ce qui porte à quatre le nombre des corps qui prennent naissance par l'action de la levûre de bière.

IDÉE QU'ON DOIT SE FAIRE ACTUELLEMENT DU FERMENT ALCOOLIQUE ET DE LA FERMENTATION ALCOOLIQUE.

La question des ferments et de la fermentation a déjà été traitée d'une manière générale (voyez p. 460), *et nous n'avons à étudier ici qu'un cas particulier.*

Rôle du sucre dans la vie du ferment alcoolique. Si dans un liquide sucré on introduit de la *levûre de bière*, ou si on laisse à l'air le soin d'apporter le *germe du ferment alcoolique*, celui-ci s'y développe et s'y multiplie à la condition d'y trouver à la fois les éléments organiques et les principes minéraux qui entrent dans son organisation. *Le sucre lui fournit les éléments organiques, moins l'azote qu'il doit trouver dans des substances organiques azotées solubles et même dans des sels ammoniacaux : les principes minéraux lui sont fournis par les phosphates, etc., contenus primitivement ou introduits dans la liqueur.*

Le sucre intervient donc comme agent essentiellement actif dans la vie et dans la multiplication du ferment, et son dédoublement en alcool et acide carbonique, loin d'être produit par un simple contact et d'être un acte corrélatif de la mort du ferment qui l'entraînerait dans son mouvement de décomposition, est la conséquence de son intervention dans la vie de cet agent pour lequel il peut être considéré comme un aliment qui donne pour résidu de l'*alcool*, de l'*acide carbonique*, de l'*acide succinique* et de la *glycérine*.

Le ferment cesse de vivre ou se multiplie suivant que les aliments lui font défaut ou qu'ils lui sont offerts plus ou moins abondamment. C'est ce qui permet d'expliquer ce qui se passe dans les circonstances suivantes.

1° *Dans une dissolution qui ne renferme que du sucre pur, la levûre de bière qu'on y sème n'en peut dédoubler qu'une certaine quantité et finit par être détruite en totalité.* En effet, le ferment doit cesser de vivre et à plus forte raison ne pas se multiplier dans un liquide qui ne renferme que du sucre et qui ne peut pas fournir l'azote et les éléments inorganiques qui entrent dans son organisme.

2° *Dans une infusion d'orge germée* (dans laquelle l'amidon a été transformé eu sucre sous l'influence de la diastase), *la levûre de bière qu'on y sème augmente dans le rapport de* 1 *à* 7, sans compter la portion qui s'est détruite pendant la fermentation, parce que cette infusion, outre le sucre qu'elle renferme, est riche en *matières albuminoïdes*, substances très-azotées, et en matières inorganiques qui entrent dans la constitution de ce ferment.

3° *Dans une dissolution de sucre pur, additionnée de tartrate d'ammoniaque et de cendre de levûre, la levûre de bière qu'on y sème se multiplie* parce qu'elle trouve dans les éléments des substances mises en présence tout ce qu'il faut pour satisfaire aux conditions de son organisation.

Observation sur le mode de reproduction du ferment alcoolique.

La *levûre de bière*, qui se présente sous la forme d'une bouillie grise et écumeuse, dont la saveur est amère et la réaction acide, est presque entièrement constituée par des globules microscopiques rangés parmi les *mycodermes*, et qui ne son autre chose que le *ferment alcoolique*.

Un de ces globules observé au microscope deux heures après qu'il a été déposé dans une infusion d'orge déjà saccharifiée par la diastase, infusion qui renferme tous les éléments qui sont nécessaires à son accroissement, présente les phénomènes suivants, quand la température n'est pas inférieure à 20°.

Sur un de ses points il se forme une protubérance qui grossit peu à peu jusqu'à ce qu'elle représente un globule identique à celui sur lequel il s'est développé; sur ce second globule le même phénomène se produit, et ainsi de suite : de sorte que l'aspect général de cette végétation par bourgeonnement est celui d'une masse formée par la juxtaposition de globules disposés sans aucune symétrie.

CONDITIONS D'UNE BONNE FERMENTATION :

1° *Une température de* 20 *à* 30°.

2° *De l'eau*, 5 parties environ pour 1 partie de sucre.

3° *Le ferment* introduit directement ou apporté par l'air.

4° *Outre le sucre, l'eau doit renfermer des matériaux azotés et inorganiques* nécessaires à la production et au développement de la quantité de ferment qui pour se nourrir doit dédoubler la totalité du sucre mis en expérience.

La fermentation du glucose exige peu de ferment, parce que le dédoublement est immédiat. En effet, partant du glucose anhydre, on a sous l'influence du ferment :

Réaction : $C^{12}H^{12}O^{12} = 2\underbrace{(C^4H^6O^2)}_{\text{Alcool.}} + 4CO^2$.

La fermentation du sucre de canne exige sept à huit fois plus de ferment, parce que son dédoublement n'est pas immédiat, puisqu'il doit commencer par s'hydrater,

Réaction : $C^{12}H^{11}O^{11} + HO = C^{12}H^{12}O^{12}$,

et c'est le sucre ainsi hydraté qui se transforme en alcool et acide carbonique.

Réaction : $C^{12}H^{12}O^{12} = 2\underbrace{(C^4H^6O^2)}_{\text{Alcool.}} + 4CO^2$.

EXPÉRIENCE DE FERMENTATION ALCOOLIQUE.

Dispositions de l'expérience.

Dans un flacon muni d'un tube de dégagement qui plonge sous l'eau, on introduit 5 parties de sucre et 25 parties d'eau. On ajoute de la levûre de bière fraîche, 1 partie environ pour 5 parties de sucre.

On maintient la température à 25 ou 30°.

Phénomènes qu'elle présente.

Un mouvement tumultueux se produit bientôt, parce qu'au sein de la dissolution et au pourtour de chaque globule de levûre il se forme des bulles de gaz qui montent en entraînant ce globule et viennent crever à la surface du liquide. Ce mouvement continu d'ascension et de descente des globules s'active, atteint son maximum, décroît et cesse enfin complétement avec la production de gaz.

Résultats de l'expérience.

Le gaz recueilli et mesuré dans des éprouvettes est de l'acide carbonique.

Le sucre a disparu complétement de la dissolution.

Le sucre disparu est remplacé par de l'alcool qu'on peut séparer par la distillation et qui se présente avec des caractères que nous allons faire connaître.

Le poids du sucre employé est à peu près représenté par la somme des poids de l'acide carbonique et de l'alcool qui ont pris naissance.

ALCOOL.

ORIGINE.

C'est dans les liqueurs où, sous l'influence du ferment alcoolique, le sucre a été remplacé par l'alcool, qu'il faut chercher ce produit, et c'est de ces liqueurs qu'il faut l'extraire.

EXTRACTION.

En distillant la liqueur qui le renferme : l'alcool s'en va tout entier à l'état de vapeur, mais associé à une quantité d'eau plus ou moins considérable ; il se trouve ainsi séparé des produits fixes que renferme le liquide soumis à la distillation.

L'alcool se trouve en entier dans le premier tiers qui distille : il est donc plus concentré et se rapproche davantage de l'état anhydre. Les deux tiers du liquide restant qui ne renferment plus d'alcool portent le nom de *vinasses.*

L'alcool aux degrés de concentration que commande l'industrie est préparé en opérant dans des appareils distillatoires particuliers qui permettent d'obtenir dans une seule opération un alcool qui ne renferme plus que 10 pour 100 et même une proportion d'eau moins forte : ce sont des appareils que nous ne pouvons pas décrire ici.

L'alcool anhydre ou *alcool absolu est préparé* en faisant digérer pendant vingt-quatre heures avec de la chaux vive en petits fragments de l'alcool du commerce contenant 90 pour 100 d'alcool et 10 pour 100 d'eau, et en distillant ensuite au bain-marie : l'alcool obtenu est traité encore une fois de la même façon ; un troisième traitement par la chaux lui enlève le reste de l'eau qu'il peut encore retenir.

COMPOSITION. $C^4H^6O^2$.

PROPRIÉTÉS DE L'ALCOOL ANHYDRE.

Liquide incolore, très-mobile.

N'a pas encore été solidifié par le froid.

Agréablement aromatique.

Saveur brûlante.

Densité = 0,795 à 15°.

Bout à 78°,41 sous la pression normale.

Densité de sa vapeur = 1,6133 et correspond à 4 volumes.

Neutre.

ACTION DE L'EAU :

Liquide : le dissout avec dégagement de chaleur et avec contraction.

Solide et pilée : est fondue rapidement en produisant un froid de — 37°.

Contenue dans l'air : est fixée par l'alcool qui en est avide.

DISSOLVANT DES SUBSTANCES TRÈS-HYDROGÉNÉES, telles que les *résines*, les *corps gras*, les *essences*, etc.

ACTION DE L'AIR.

I. *Elle est nulle, alors même que l'alcool est étendu d'eau, tant que le* FERMENT ACÉTIQUE *n'intervient pas.*

II. *L'air oxyde l'alcool suffisamment étendu et le fait passer à l'état d'*ACIDE ACÉTIQUE, $C^4H^4O^4$, *dès que le* FERMENT ACÉTIQUE *intervient,* soit qu'on l'ait introduit directement, soit que son germe ait été apporté par l'air.

Cette fermentation acide de l'alcool ne peut pas se produire sans l'intervention de l'air, pendant toute sa durée, puisque l'*acide acétique* formé est un produit d'oxydation de l'alcool.

$$\textit{Réaction :}\ \underbrace{C^4H^6O^2}_{\text{Alcool.}} = 4O = \underbrace{C^4H^4O^4}_{\text{Acide acétique.}} + 2HO.$$

2 équivalents d'hydrogène de l'alcool sont brûlés par 2 équivalents d'oxygène pour former 2 équivalents d'eau qui est éliminée, et ils sont remplacés par 2 équivalents d'oxygène.

La fermentation acétique diffère donc beaucoup de la fermentation alcoolique, dans laquelle le sucre est simplement dédoublé en alcool et acide carbonique en l'absence de toute intervention des éléments chimiques qui entrent dans la constitution de l'air atmosphérique.

III. *L'air oxyde l'alcool, sans l'intervention d'aucun ferment, et le fait passer à l'état d'*ALDÉHYDE, $C^4H^4O^2$, lorsque son action est lente et que la température reste suffisamment basse.

EXEMPLES :

1° L'alcool qui tombe goutte à goutte sur du *noir de platine* (platine extrêmement divisé), au contact de l'air.

2° Un mélange d'alcool en vapeur et d'air au milieu duquel on plonge un fil de platine fait avec du platine non fondu, chauffé à 250 ou 300°, et qui y devient incandescent, *lampe sans flamme* (*fig.* 111, *Pl. XIII*).

3° L'alcool qui tombe goutte à goutte sur une plaque de métal chauffée à 250°, au contact de l'air.

Dans les exemples que nous venons de citer, 2 équivalents d'hydrogène de l'alcool sont brûlés et éliminés à l'état d'eau, sans être remplacés par 2 équivalents d'oxygène, ainsi que nous l'avons vu dans la fermentation acétique de l'alcool, et l'*aldéhyde* formé accuse sa présence par une odeur caractéristique.

Réaction : $\underbrace{C^4H^6O^2}_{\text{Alcool.}} + 2O = \underbrace{C^4H^4O^2}_{\text{Aldéhyde.}} + 2HO.$

L'aldéhyde serait donc le degré d'oxydation de l'alcool qui précède immédiatement le degré plus avancé d'oxydation de ce corps qui constitue l'acide acétique, ce dont il est facile de se rendre compte par les deux réactions suivantes :

Réactions : (I) $\underbrace{C^4H^6O^2}_{\text{Alcool.}} + 2O = \underbrace{C^4H^4O^2}_{\text{Aldéhyde.}} = 2HO.$

(II) $\underbrace{C^4H^4O^2}_{\text{Aldéhyde.}} + 2O = \underbrace{C^4H^4O^4}_{\text{Acide acétique.}}.$

Il faut aussi remarquer que l'aldéhyde, ainsi formé, est souvent mélangé avec de l'acide acétique, ce qui témoigne que la réaction (II) se produit immédiatement après la réaction (I).

IV. *L'air oxyde l'alcool et le brûle complétement en le faisant passer à l'état d'*ACIDE CARBONIQUE *et d'*EAU.

L'alcool absolu, très-inflammable, brûle à l'air avec une flamme jaunâtre; l'alcool faible brûle avec une flamme bleue; dans l'un et l'autre cas de combustion vive de l'alcool, il se produit de l'*acide carbonique* et de l'*eau.*

Réaction : $C^4H^6O^2 + 12O = 4CO^2 + 6HO.$

ACTION DE L'ACIDE SULFURIQUE.

Cet acide donne naissance à trois produits bien différents, qui sont l'ACIDE SULFOVINIQUE, l'ÉTHER SULFURIQUE et l'HYDROGÈNE BICARBONÉ, et qui se forment à des températures de plus en plus élevées.

I. ACIDE SULFOVINIQUE.

Il se produit à une température qui ne dépasse pas 70°.

On le prépare en versant peu à peu 1 partie d'alcool anhydre dans 2 parties d'acide sulfurique concentré, de telle sorte que la température ne puisse pas s'élever au-dessus de 70°.

On laisse refroidir le mélange, on l'étend d'eau et l'on obtient ainsi un liquide acide qui, saturé par le carbonate de baryte, donne un abondant précipité de sulfate de baryte qu'on sépare par la filtration.

La liqueur concentrée dans le vide, après avoir été filtrée, laisse déposer un sel de baryte en belles lames incolores dont la composition est

$$(SO^3, BaO), (SO^3, C^4H^5O).$$

Sur ce sel, SULFOVINATE DE BARYTE, redissous, on fait réagir de l'acide sulfurique qui précipite la baryte à l'état de sulfate de baryte et qui met en liberté un acide dont la formule est

$$(SO^3, HO), (SO^3, C^4H^5O)$$

et qu'on appelle *acide sulfovinique* parce qu'il est constitué par l'association de 1 équivalent d'acide sulfurique monohydraté avec un autre équivalent d'acide sulfurique dans lequel l'eau, HO, est remplacée par le composé C^4H^5O, dérivé de l'alcool du vin qui a perdu 1 équivalent d'eau. En effet,

$$\underbrace{C^4H^6O^2}_{\text{Alcool.}} - HO = C^4H^5O.$$

Ce corps C^4H^5O, dérivé de l'alcool qui a perdu 1 équivalent d'eau, est l'ÉTHER SULFURIQUE et *il peut être considéré comme se substituant à l'eau basique de 1 équivalent de sulfate d'eau pour former 1 équivalent de sulfate d'éther qui s'associe à 1 équivalent de sulfate d'eau pour constituer l'*ACIDE SULFOVINIQUE.

II. ÉTHER SULFURIQUE.

Il se produit à la température de 140°.

On le prépare en mélangeant 50 parties d'alcool absolu.
100 » d'acide sulfurique concentré.
20 » d'eau.

On chauffe jusqu'à l'ébullition ce mélange dans lequel on fait arriver un filet d'alcool absolu, en veillant à ce que la température se maintienne à 140°.

Il distille de l'*alcool* qui a échappé à l'action de l'acide sulfurique et de l'*alcool dédoublé*, sous l'influence de cet acide, en *éther sulfurique* et *eau*.

Réaction : $\underbrace{C^4H^6O^2}_{\text{Alcool.}} = \underbrace{C^4H^5O}_{\text{Éther sulfurique.}} + HO.$

Ce corps sera étudié plus loin d'une manière spéciale.

III. Hydrogène bicarboné.

Il se produit à une température de 160 à 165°.

On le prépare en mélangeant 1 partie d'alcool avec
5 ou 6 » d'acide sulfurique concentré.

On chauffe ce mélange dans un ballon, avec du sable quartzeux qui ne sert qu'à rendre l'opération plus régulière, et il laisse dégager du gaz hydrogène bicarboné, C^4H^4. L'alcool perd 2 équivalents d'eau qui lui sont enlevés par l'acide sulfurique.

Réaction : $\underbrace{C^4H^6O^2}_{\text{Alcool.}} = \underbrace{C^4H^4}_{\text{Hydrogène bicarboné.}} + 2HO.$

(*Voyez*, p. 184, *Préparation de l'hydrogène bicarboné.*)

ACIDE ACÉTIQUE.

ORIGINE.

1° *Dans le suc des végétaux* en combinaison avec la potasse, la soude ou la chaux, et dans quelques liquides de l'économie animale.

2° *Dérivé de l'alcool par oxydation,* ainsi que nous l'avons dit plus haut (*voyez* p. 504); aussi son étude se rattache naturellement à l'histoire de l'alcool.

3° *Un des produits de la distillation du bois en vases clos.*

COMPOSITION. $C^4H^3O^3$, HO.

PROPRIÉTÉS *de l'acide acétique chimiquement pur et anhydre.*

Liquide au-dessus de 17° et incolore.

Solide au-dessous de 17°, *en lames transparentes d'un grand éclat.*

Saveur très-acide.

Odeur caractéristique.

Densité = 1,063.

ACTION DE LA CHALEUR :

1° *A* 120° il entre en vapeur.

Densité de sa vapeur à 250° = 2,09 et correspond à 4 volumes.

2° *Au rouge sombre*, sa vapeur, qu'on fait passer dans un tube de porcelaine chauffé, se décompose en acide carbonique, eau et un corps nouveau dérivé d'une double molécule d'acide acétique qui a perdu 2 équivalents d'acide carbonique et 2 équivalents d'eau, et qu'on appelle ACÉTONE.

$$\textit{Réaction :}\ \underbrace{2(C^4H^4O^4)}_{\text{2 éq. d'acide acétique}} = \underbrace{C^6H^6O^2}_{\text{Acétone.}} + 2CO^2 + 2HO.$$

ACTION DE L'EAU.

Soluble dans l'eau en toute proportion avec augmentation de densité, et par conséquent avec contraction, dans de certaines limites ; et sans changement de densité, et par conséquent sans contraction, lorsque les deux corps sont mélangés dans des poids à peu près égaux, ce dont on peut s'assurer en consultant le tableau suivant :

1,0630	densité de l'acide anhydre.	
1,0791	»	de l'acide contenant 32,4 d'eau pour 100 d'acide anhydre.
1,0630	»	de l'acide contenant 112,2 d'eau pour 100 d'acide anhydre.

On ne peut donc pas reconnaître la richesse de cet acide à l'aide de l'aréomètre.

ACTION DE L'AIR.

Il fume à l'air, ce qui prouve *la forte tension de sa vapeur* et *son avidité pour l'eau.*

Il prend son humidité à l'air et finit par s'étendre.

Sa vapeur, inflammable à l'air, brûle avec une flamme bleue en donnant de l'acide carbonique et de l'eau.

$$\textit{Réaction :}\ C^4H^4O^4 + 8O = 4CO^2 + 4HO.$$

PRÉPARATION.

I. EN OXYDANT L'ALCOOL DE TOUTES LES LIQUEURS QUI EN RENFERMENT, telles que le *vin*, la *bière*, le *cidre*, le *poiré*, etc.

En oxydant l'alcool que renferme le vin, on fabrique le vinaigre. (La préparation du vinaigre sera étudiée après la fabrication du vin).

On retire l'acide acétique qui s'est formé dans les liqueurs alcooliques, en les traitant par le *carbonate de soude* et en faisant cristalliser l'*acétate de soude,* ainsi formé, qu'on distille ensuite avec l'acide sulfurique.

II. En le retirant des produits liquides qui proviennent de la distillation du bois en vase clos, *qui renferment comme produits dominants*

1° *Eau;*

2° *Goudron;*

3° *Esprit de bois* ou *alcool méthylique,* alcool qui appartient à la même série que l'alcool de vin, déjà étudié et qui forme le premier terme de la série;

4° *Acide acétique;*

et qu'on traite ainsi :

On enlève le goudron qui surnage.

On distille ensuite dans un alambic.

L'*esprit de bois* plus volatil distille le premier.

L'*acide acétique brut* ou acide pyroligneux brut vient ensuite.

Il a une saveur goudronneuse que des distillations successives ne pourraient pas faire disparaître.

Il est coloré.

Pour purifier l'acide acétique ainsi obtenu :

On traite la liqueur qui le renferme par le carbonate de soude qui forme un *acétate de soude* qu'on fait cristalliser.

On torréfie l'acétate de soude ainsi formé, en le chauffant assez pour décomposer le goudron sans le décomposer lui-même.

On redissout dans l'eau l'acétate ainsi torréfié, pour faire cristalliser de nouveau.

On distille avec l'acide sulfurique étendu de la moitié de son poids d'eau l'acétate pur ainsi formé, en recevant dans un condensateur l'*acide acétique* qui se dégage.

Préparation de l'acide acétique anhydre.

On dessèche parfaitement l'acétate de soude pur et on le distille dans une cornue de verre avec un léger excès d'acide sulfurique concentré.

L'acide acétique condensé dans le récipient est placé dans de la glace pilée, où il se concrète en une masse blanche cristaline qu'on fait égoutter. Cette masse cristalline est l'acide au maximum de concentration.

ACÉTATES.

Nous ne parlerons que des acétates de plomb neutre et tribasique, et encore très-succinctement, *parce que ce sont des acétates qui sont très-souvent employés par le chimiste.*

ACÉTATE DE PLOMB NEUTRE ou SEL DE SATURNE.

Composition. $C^4H^3O^3$, PbO, 3HO.

Propriétés.

Cristallise très-facilement.

Saveur sucrée, qui devient *astringente,* puis *métallique.*

Neutre au papier.

Efflorescent à l'air.

Chauffé :

1° *A* 100°, il devient anhydre, après avoir subi la fusion aqueuse.

2° *A* 190°, il subit la fusion ignée.

3° *A une température plus élevée,* il devient d'abord basique en perdant une partie de son acide, et finit par se décomposer complétement.

Soluble dans l'eau : 1 partie de sel exige 1 ½ partie d'eau.

La dissolution est neutre.

Préparation :

1° *En faisant agir l'acide acétique sur le protoxyde de plomb* ou *litharge.*

2° *En exposant à l'air un mélange d'acide acétique et de plomb.* L'air oxyde le métal, et l'oxyde formé se combine à l'acide acétique.

Les liqueurs convenablement évaporées laissent déposer des cristaux d'*acétate de plomb.*

ACÉTATE DE PLOMB TRIBASIQUE.

Composition. $C^4H^3O^3$, 3PbO.

Propriétés.

Cristallise en longues aiguilles soyeuses.

Soluble dans l'eau.

La dissolution a une réaction alcaline.

Précipité de sa dissolution par l'acide carbonique, qui précipite du carbonate de plomb, et *la dissolution devient neutre.*

Usages.

Très-employé dans le laboratoire, pour les recherches de Chimie organique.

Exemples :

Il précipite et isole certains acides organiques que ne précipiterait pas l'acétate neutre.

Il précipite les substances gommeuses, extractives et albumineuses, et les sépare d'autres principes organiques qui restent en dissolution.

Etc.

Préparation.

En faisant digérer dans 30 parties d'eau :

7 parties de litharge avec

10 parties d'acétate neutre de plomb,

et en faisant évaporer le liquide filtré jusqu'à cristallisation.

BOISSONS ALCOOLIQUES.

VINS.

Ce sont des boissons obtenues par la fermentation alcoolique du jus des raisins ou *moût de raisin.*

COMPOSITION DU RAISIN.

Elle influe nécessairement sur les qualités du vin qu'il produit.

Matières qui prédominent :

Eau ;

Sucre ;

Matières albuminoïdes ;

Principes colorants qui se trouvent dans la pellicule et qui sont solubles dans l'alcool du *moût* fermenté ;

Tannin ;

Pectine ;

Substances grasses ;

Plusieurs sels, et entre autres du BITARTRATE DE POTASSE.

Elle varie avec la qualité du raisin, *qui dépend des conditions que nous allons énumérer :*

I. *Variété de vigne* qui le fournit.

II. *Ancienneté de la vigne :* les vignes anciennes donnent un vin moins abondant, mais meilleur.

III. *Température.*

Une température plus élevée augmente surtout la proportion de sucre.

Cette température varie avec :

1° *La latitude.* Il faut une température moyenne de l'année de 11° au moins, avec une température moyenne du cycle de végétation de 15° au minimum et une température moyenne de l'été de 18 à 19°.

2° *L'altitude.*

3° *L'exposition.* Les coteaux bien insolés donnent les vins les plus estimés.

IV. *Composition du sol.* Elle semble exercer de l'influence sur le *bouquet* des vins.

Sol argilo-calcaire : donne les meilleurs crus de la Bourgogne.

Sol très-calcaire : donne les vins de la Champagne.

Sol granitique : donne les vins de l'Ermitage.

Sol siliceux : donne les vins de Châteauneuf.

Sol de sables gras : donne les vins de Graves et de Médoc.

Sol schisteux : donne les vins de Lamalgue.

Etc.

V. *Quantité et qualité des engrais.*

Trop d'engrais augmente la quantité aux dépens de la qualité.

Des engrais trop actifs augmentent la quantité aux dépens de la qualité.

Les engrais à odeur forte et désagréable en altèrent l'arome.

Les engrais inodores à décomposition lente conviennent le mieux.

VI. *État de la maturité.* Un raisin bien mûr donne le meilleur vin.

VII. *État du temps pendant la cueillette.* Un temps sec doit être choisi autant que possible.

FABRICATION DES VINS COLORÉS.

FOULAGE DU RAISIN.

Par cette opération, qui se pratique dans les *bennes* qui reçoivent la vendange pour la porter à la cuve, on expose le suc du raisin ou MOUT à l'action du ferment alcoolique, qui ne pourrait pas pénétrer dans les graines intactes.

FERMENTATION DU MOUT.

Le raisin ainsi foulé et ENCUVÉ *ne tarde pas à entrer en fermentation sous l'influence du* FERMENT ALCOOLIQUE dont l'air apporte le germe, et qui trouve dans le moût tout ce qui est nécessaire à son développement et à sa multiplication.

Il importe que la température au début ne soit pas inférieure à 15°.

La température s'élève à mesure que la fermentation avance; elle atteint quelquefois 30°.

La fermentation dure huit jours environ, lorsqu'elle est franchement développée le deuxième jour.

L'acide carbonique se dégage en quantité tellement considérable, qu'il peut rendre inhabitables des *cuviers* mal aérés. *Il peut asphyxier les vignerons qui sont appelés à fouler dans la cuve.*

Formation du CHAPEAU. Il se forme par suite du soulèvement, par l'acide carbonique, des matières solides qui s'accumulent à la surface, où elles forment une croûte à laquelle on donne ce nom.

Action protectrice du chapeau. Il préserve le moût de l'action de l'air qui pourrait, par suite du développement du *ferment acétique,* oxyder l'alcool formé et le transformer en acide acétique. *On a même essayé de protéger contre l'acidification le liquide dont le chapeau est imprégné,* en fermant la cuve à l'aide d'un couvercle en bois, percé d'une seule ouverture qui laisse dégager le gaz à travers une fermeture hydraulique; mais cette amélioration n'a pas donné tous les résultats qu'elle promettait.

Brassage. Lorsque la fermentation est ralentie, *on foule dans la cuve pour faire descendre le chapeau* et le mettre au contact du liquide fermenté.

Le liquide fermenté se colore en rouge quand il provient des raisins rouges, en dissolvant la matière colorante de la pellicule par l'intermédiaire de l'alcool qui s'est formé.

La coloration en rouge du liquide est donc postérieure à la formation de l'alcool qui se développe par la fermentation.

Le liquide fermenté se colore légèrement en jaune quand il provient des raisins blancs.

DÉCUVAGE.

On décuve la liqueur dans laquelle la transformation du sucre en alcool n'est pas complétement terminée, en la soutirant par un robinet situé près du fond de la cuve : *la liqueur ainsi décuvée est versée dans des tonneaux* qu'on ne remplit qu'aux $\frac{4}{5}$, et qu'on laisse débouchés pendant quelques jours, parce que la fermentation continue encore avec une certaine énergie.

PRESSURAGE.

Le résidu du décuvage est porté au pressoir et la liqueur pressurée, plus astringente parce qu'elle contient le liquide exprimé de la *rafle*, est réunie au liquide qui provient du décuvage, qui est moins astringent.

Le marc de raisin est le résidu fortement pressé et formé par les *rafles*, les *pellicules* et les *pepins* du raisin, imprégnés plus ou moins de vin.

LE VIN MIS EN FUTS OU EN TONNEAUX *continue à fermenter lentement*, en dégageant de l'acide carbonique; mais en même temps *il s'éclaircit et laisse déposer les matières étrangères* qui le rendaient trouble, et qui se rassemblent au fond du tonneau pour former un dépôt qu'on appelle LIE.

REMPLISSAGE DES FUTS OU TONNEAUX. Après que la fermentation a cessé, on remplit exactement les tonneaux, afin d'éviter l'acidification de l'alcool par l'oxygène de l'air.

SOUTIRAGE DU VIN. Le vin qui a déposé toute sa *lie* est soutiré de nouveau; cette opération se pratique ordinairement après l'hiver.

COLLAGE DU VIN. Cette opération rend le vin limpide et lui enlève *un principe albuminoïde* qu'il tient en suspension et qui tend à lui faire subir une fermentation qui l'altère.

L'opération du collage se pratique en délayant du blanc d'œuf, du sang ou de la gélatine avec de l'eau qu'on verse ensuite dans le tonneau, et, afin de bien opérer le mélange, on agite vivement le vin ainsi additionné à l'aide d'un bâton suffisamment long introduit par la *bonde*.

Ces substances se combinent au principe astringent du vin (*tannin*), et produisent un composé insoluble qui forme au milieu du vin un véritable réseau composé de cellules, contenant dans leur intérieur la totalité du liquide. Ce réseau en s'affaissant sur lui-même laisse passer la liqueur à travers les parois de ses cellules, qui fonctionnent à la manière d'un filtre, mais il retient et entraîne avec lui les matières qui troublent le vin.

FABRICATION DES VINS BLANCS.

On pressure les raisins noirs avant la fermentation; le reste de l'opération est comme pour les vins rouges.

Le vin ne pourra pas se colorer, puisque la matière colorante du raisin se trouve dans la pellicule qui est rejetée avant qu'il se soit produit de l'alcool qui rend le jus de raisin propre à la dissoudre.

COMPOSITION DU VIN.

En moyenne il renferme pour 100 :

Eau........................ 85 à 90

Alcool...................... 8 à 10

Résidu obtenu par évaporation.. 2 à 3 formé de matières colorantes et extractives; de bitartrate de potasse et autres sels à base d'alumine, de chaux, etc.; de matières albuminoïdes, etc.

Glycérine....... } quantité notable de ces deux produits
Acide succinique. } de la fermentation alcoolique du sucre.

RICHESSE EN ALCOOL.

L'alcool est le principe le plus essentiel d'un vin; la quantité est proportionnelle à la quantité de sucre que contenait le jus du raisin qui l'a produit.

Elle varie de 6 à 17 pour 100.

C'est surtout grâce à l'alcool que les vins se conservent plus ou moins longtemps.

EAUX-DE-VIE.

Ce sont des liqueurs alcooliques obtenues par distillation des vins, et qui contiennent une quantité à peu près égale d'eau et d'alcool.

Leur valeur est loin d'être proportionnelle à leur richesse en alcool.

Elle dépend surtout de leur bon goût, qui est dû à leur *cru* et que développe leur ancienneté.

ESPRITS DU COMMERCE.

Ce sont des liqueurs alcooliques plus riches en alcool que les eaux-de-vie.

Leur valeur dépend surtout de leur richesse en alcool; elle dépend aussi de leur *bon goût.*

CIDRE ET POIRÉ.

Ce sont des boissons alcooliques qui proviennent du jus fermenté de divers fruits à pulpe sucrée, et qu'on fabrique dans certaines contrées où le climat ne permet pas la culture de la vigne.

La pomme fournit le cidre.

La poire fournit le poiré.

FABRICATION.

Elle se fait en France sur une très-large échelle et mérite d'être signalée.

Elle repose sur les principes que nous venons de faire connaître pour la fabrication des vins.

RICHESSE EN ALCOOL inférieure à celle des vins, parce que les jus soumis à la fermentation proviennent de fruits moins riches en sucre que le raisin.

BIÈRES.

Ce sont des BOISSONS ALCOOLIQUES *qui proviennent de la fermentation des matières amylacées préalablement saccharifiées, auxquelles le houblon communique certaines propriétés, et qui remplacent le vin dans les contrées où l'on ne peut pas cultiver la vigne.*

FABRICATION.

L'ORGE GERMÉE, DANS LAQUELLE S'EST DÉVELOPPÉE LA DIASTASE ET QU'ON APPELLE MALT, EST LA MATIÈRE PREMIÈRE DE LA FABRICATION, car elle contient la *matière amylacée* ou *amidon,* qui, sous l'influence de la *diastase,* se transforme d'abord en *sucre,* qui à son tour se transformera en *alcool* sous l'influence du *ferment alcoolique.*

ELLE PRÉSENTE DEUX PHÉNOMÈNES CHIMIQUES TRÈS-IMPORTANTS QUE NE PRÉSENTE PAS LA FABRICATION DU VIN et qui précèdent la fermentation alcoolique :

1° *La formation de la diastase,* sous l'influence de la germination de l'orge;

2° *La saccharification de l'amidon*, sous l'influence de la diastase.

ELLE SE COMPOSE DE QUATRE OPÉRATIONS :

I. *Le maltage ou germination de l'orge ;*

II. *La saccharification de l'amidon ;*

III. *Le houblonnage ;*

IV. *La fermentation alcoolique.*

I. MALTAGE OU GERMINATION DE L'ORGE.

1° *On pénètre l'orge d'eau.*

2° *On la porte au germoir*, dont la température de 15 à 20° provoque la germination qui développe la *diastase.*

3° *On soumet à une dessiccation convenable l'orge germée*, lorsque la *gemmule* a acquis un développement égal aux $\frac{2}{3}$ de la longueur de la graine, et on arrête ainsi la germination au moment où la diastase s'est formée en quantité suffisante pour saccharifier la totalité de l'amidon.

En poussant plus loin la germination, on pourrait bien produire une plus forte proportion de diastase ; mais il y aurait perte d'amidon, car ce serait aux dépens de cette substance que la gemmule aurait acquis un plus grand développement.

LE MALT *est l'orge germée débarrassée, après la dessiccation, de ses radicelles et de sa gemmule, et concassée.*

II. SACCHARIFICATION OU BRASSAGE DU MALT.

1° *Le malt est introduit dans de grandes cuves en bois et mis en contact avec de l'eau* dont on élève graduellement la température jusqu'à 70 à 75°.

2° *On brasse le mélange de malt et d'eau.*

3° *On soutire le moût de bière ainsi formé* par la saccharification de l'*amidon* de l'orge sous l'influence de la *diastase* en dissolution dans l'eau portée à la température de 75°.

III. HOUBLONNAGE DU MOUT.

Le moût soutiré dans les chaudières de houblonnage est porté à l'ébullition avec

1 kil. de houblon par hectolitre pour la *bière de table.*

2 » » » la *bière de garde*

Ce moût houblonné est refroidi rapidement en circulant dans le serpentin d'un réfrigérant à eau, à éther ou à gaz ammoniac liquéfié.

EFFET DU HOUBLONNAGE.

Le houblon cède au moût deux principes :

1° Un principe amer qui donne à la bière un goût particulier ;

2° Un principe huileux aromatique qui l'aromatise et qui, jusqu'à un certain point, la conserve.

IV. FERMENTATION DU MOUT.

Le moût houblonné et refroidi est reçu dans des cuves et est additionné suivant la saison de 2 à 4 kilogrammes de levûre par 1000 litres de liquide.

La fermentation ne tarde pas à se développer plus ou moins rapidement suivant la saison et la température de l'atelier.

La levûre augmente considérablement, car, recueillie lorsque l'opération est terminée, elle est six à sept fois plus considérable que la levûre primitivement employée.

RICHESSE EN MATIÈRES NUTRITIVES.

Une bonne *bière de Strasbourg* renferme en dissolution environ 48gr,5 par litre d'une matière solide riche en azote et très-nutritive.

RICHESSE EN ALCOOL.

Moindre que celle des vins.

La *bière de Paris* contient 2 pour 100 d'alcool; c'est la moins riche.

L'*ale de Burton* contient 8,2 d'alcool ; c'est la plus riche.

VINAIGRE.

Toutes les boissons alcooliques telles que le vin, le cidre, le poiré, la bière, peuvent subir la fermentation acétique que nous avons fait connaître en parlant de l'action de l'air sur l'alcool (*voyez* p. 504), et devenir des liquides essentiellement acides ; c'est même un accident qu'il faut éviter dans leur fabrication.

Nous étudierons seulement la transformation plus ou moins complète de l'alcool du vin en acide acétique ou du vin en vinaigre, parce que la liqueur acide que donne le vin possède un bouquet qui la fait rechercher pour la table, et que les procédés que l'on emploie pour obtenir le vinaigre sont également ceux qu'on emploierait pour obtenir des liqueurs acides avec les autres boissons alcooliques.

FABRICATION DU VINAIGRE DE VIN.

Toute l'opération consiste à mettre l'alcool et l'oxygène de l'air en présence du FERMENT ACÉTIQUE sans lequel l'oxygène de l'air n'exerce aucune action sur l'alcool.

MÉTHODE ALLEMANDE *de Schuzenbach.*

Elle offre l'avantage d'acidifier promptement parce que l'action de l'oxygène sur l'alcool est rendue plus facile, le vin étant exposé au contact de l'air sur une grande surface souvent renouvelée.

L'appareil employé est un tonneau (*fig.* 114, *Pl. XIV*) de 2 mètres de hauteur sur 1 mètre de diamètre, fermé par un couvercle *cc*.

Le vin est additionné de $\frac{1}{1000}$ *de vinaigre ou de levûre* et versé sur le fond *ff* placé à 20 centimètres du bord supérieur du tonneau et percé d'un grand nombre de trous à chacun desquels est adapté un bout de ficelle de 15 centimètres de longueur environ; il s'écoule par ces trous, coule le long des ficelles et pénètre goutte à goutte dans le tonneau où il tombe sur des *copeaux de hêtre.*

Les copeaux de hêtre rouge, qui occupent l'intérieur du tonneau, servent à diviser le liquide et à augmenter la surface de contact avec l'air.

L'air pénètre par les ouvertures *o*, *o*, traverse les copeaux en sens inverse du liquide qu'on veut acidifier et sort par les ouvertures *o'*, *o'*.

Le liquide, après avoir traversé les copeaux, s'écoule en *r* et se rend dans le récipient *b*.

L'acidification est ordinairement complète après qu'on a fait passer trois fois le même liquide sur les copeaux.

La température de la masse s'élève pendant l'opération et peut même atteindre 40°.

FABRICATION DU VINAIGRE DE BOIS.

On fait artificiellement un vinaigre de table en mêlant à l'eau une quantité convenable d'acide acétique qui provient de la distillation du bois; mais cette liqueur acide est loin d'avoir la valeur du véritable vinaigre qui, outre l'acide acétique, renferme encore de l'*aldéhyde*, de l'*alcool* non acidifié et un *principe aromatique* qui lui donne un bouquet que ne peut pas posséder le *vinaigre de bois.*

FABRICATION DU PAIN OU PANIFICATION.

Une pâte faite avec de la farine de froment et de l'eau donne un pain très-lourd.

La même pâte faite avec addition de LEVAIN donne un pain d'un goût plus agréable et d'une digestion plus facile.

LE LEVAIN EST UNE PATE QUI RENFERME BEAUCOUP DE FERMENT ALCOOLIQUE ; aussi il peut être remplacé par de la *levûre de bière.*

Le levain, en présence des matières sucrées que contiennent les farines ou qui s'y développent éventuellement, détermine une légère fermentation alcoolique, accompagnée nécessairement de la production d'une certaine quantité d'acide carbonique. Ce gaz, qui se développe dans tous les points de la masse pâteuse, reste emprisonné dans les cellules que forme le gluten qu'il distend sans le rompre et *fait lever la pâte;* aussi les pâtes faites avec des farines avariées ou avec des farines qui proviennent de blés avariés, et dans lesquelles le gluten est altéré, sont-elles impropres à lever, puisque l'acide carbonique qui s'y développe peut s'échapper en passant entre les globules d'amidon qui ne sont plus emprisonnés par le gluten qui a perdu plus ou moins sa plasticité et son élasticité.

La pâte devient donc poreuse par l'action du levain.

La porosité de la pâte augmente à la cuisson; car le gaz, qui se trouve emprisonné dans les cellules élastiques que forme le gluten, se dilate sous l'influence de la chaleur et rend ces cellules plus spacieuses.

PRÉPARATION DU LEVAIN.

I. *Le* LEVAIN DE CHEF *des boulangeries est préparé avec de la pâte déjà panifiée.*

On prélève une portion de la pâte que l'on vient de préparer et on l'abandonne pendant sept ou huit heures dans un lieu dont la température est douce et constante: cette pâte augmente de volume graduellement en dégageant une odeur alcoolique.

II. *Le* LEVAIN DE PREMIÈRE *est fait avec le levain de chef* pétri avec de l'eau et de la farine en quantité suffisante pour doubler son volume et formant une pâte assez ferme qu'on laisse fermenter pendant six heures.

III. *Le* LEVAIN DE SECONDE *est fait avec le levain de première* en opérant de la même façon, mais en ajoutant un peu plus d'eau pour avoir une pâte plus molle.

Le LEVAIN DE TOUS POINTS *est fait avec le levain de seconde* en opérant de la même façon et pour la troisième fois.

En hiver, ce levain doit être égal à la moitié de la pâte nécessaire pour une *fournée.*

En été, il doit être égal au tiers seulement.

Pour panifier la première farine, on emploie la levûre de bière qui remplace très-bien le levain puisqu'elle renferme le ferment alcoolique : on prépare ainsi la première pâte sur laquelle on prélève la portion qui sert à préparer le premier levain ou LEVAIN DE CHEF.

Pour panifier la première farine lorsqu'on n'est pas à la portée des brasseries, et pour préparer la première pâte sur laquelle on prélève le *levain de chef,* on opère de la manière suivante :

On fait une pâte épaisse avec une poignée de farine, on l'abandonne pendant six ou sept jours à une température de 30° environ, puis on la délaye dans 8 ou 9 litres d'eau, où l'on aura fait digérer à chaud 3 litres d'orge germée réduite en poudre (*malt*).

Ce mélange fermentera et donnera au moins 1 litre de levûre.

PÉTRISSAGE.

Au levain de tous points introduit dans le pétrin, on ajoute la quantité d'eau nécessaire à la préparation de toute la pâte, et on en fait un mélange bien homogène qui reçoit la quantité voulue de farine.

La pâte est travaillée de façon à l'aérer et à la rendre bien homogène.

La pâte travaillée suffisamment est divisée en PATONS.

FERMENTATION.

Les *pâtons,* placés dans des corbeilles garnies de toile saupoudrée de farine, sont placés devant le four afin d'être soumis à l'influence d'une température convenable.

La fermentation s'active et les pâtons se gonflent.

Il importe beaucoup de ne pas laisser faire trop de progrès à la fermentation, qui finirait par changer de nature et par devenir acétique; dans ce cas, l'acide acétique pourrait liquéfier le gluten qui n'emprisonnerait plus les gaz : la pâte s'affaisserait et l'opération serait manquée.

C'est par l'habitude et l'expérience qu'on sait arrêter la fermentation au moment convenable.

CUISSON. C'est la dernière opération, que nous ne faisons que signaler.

ÉTHERS.

Leur étude fait suite à celle de l'alcool, car ce sont des produits qui en dérivent.

ÉTHER OU ÉTHER SIMPLE ou ÉTHER SULFURIQUE ou ÉTHER NORMAL.

ORIGINE.

Il dérive de l'alcool de vin qui s'est dédoublé sous l'influence de l'acide sulfurique en éther et en eau. (Voyez *Action de l'acide sulfurique sur l'alcool,* p. 505.)

Réaction : $\underbrace{C^4H^6O^2}_{\text{Alcool.}} = \underbrace{C^4H^5O}_{\text{Éther.}} + HO.$

COMPOSITION. C^4H^5O.

PROPRIÉTÉS.

Liquide très-mobile.

Solide à la température de $-30°$.

Incolore.

Odeur vive et agréable.

Saveur brûlante.

Densité à $0° = 0,736$.

Bout à 35°, 5.

Densité de sa vapeur = 2,586 : elle correspond à 2 volumes.

Sa vapeur est donc très-lourde et elle peut, en s'échappant d'un vase qui contient de l'éther liquide, tomber en cascade et à distance sur des charbons rouges ou sur une flamme, prendre feu et devenir la cause de graves accidents.

Il faut donc manier avec précaution les vases qui renferment de l'éther et les tenir à distance des corps en ignition.

Évaporation rapide avec production d'un froid de plusieurs degrés au-dessous de 0°.

Neutre.

ACTION DE L'AIR.

Il s'oxyde lentement à la température ordinaire; il s'acidifie.

Réaction : $\underbrace{C^4H^5O}_{\text{Éther}} + 4O = \underbrace{C^4H^4O^4}_{\text{Acide acétique}} + HO.$

La lumière semble être la cause déterminante de l'oxydation.

La chaleur rend l'oxydation plus prompte; aussi faut-il le distiller le moins souvent possible.

Il donne le phénomène de la lampe sans flamme lorsqu'une spire de platine chauffée est plongée dans sa vapeur mêlée à l'air; le fil devient incandescent, et il se produit de l'*aldéhyde* ou de l'*acide acétique.*

Réactions : $\underbrace{C^4H^5O}_{\text{Éther.}} + 2O = \underbrace{C^4H^4O^2}_{\text{Aldéhyde.}} + HO.$

$\underbrace{C^4H^5O}_{\text{Éther.}} + 4O = \underbrace{C^4H^4O^4}_{\text{Acide acétique.}} + HO.$

Il s'enflamme au contact de l'air par l'approche d'un corps en ignition en donnant naissance à de l'acide carbonique et à de l'eau.

Réaction : $C^4H^5O + 12O = 4(CO^2) + 5(HO).$

Sa flamme est fuligineuse,
» *blanche,*
» *éclairante,* plus que celle de l'alcool.

Un mélange d'air et de vapeur d'éther est détonant.

Soluble dans l'eau : 9 parties d'eau dissolvent 1 partie d'éther.
dans l'alcool : en toutes proportions.

Il dissout facilement les matières grasses et résineuses.
en petites quantités l'iode, le brome, le soufre, le phosphore.

PRÉPARATION.

Il se prépare en grand dans l'industrie (*fig.* 115, *Pl. XIV*).

APPAREIL.

a, cornue tubulée placée dans un bain de sable.

Elle contient un mélange de 3 parties d'acide sulfurique concentré et de 2 parties d'alcool à 85°.

Son col communique, par l'allonge *b*, avec le serpentin d'un réfrigérant R.

La tubulure communique avec un flacon *d* rempli d'alcool de même densité.

OPÉRATION.

On chauffe jusqu'à l'ébullition.

On fait arriver un filet d'alcool réglé par un robinet *r*, de telle sorte que le volume du liquide ne varie pas dans la cornue. Le liquide qui a distillé forme dans le flacon *c* deux couches, une couche d'éther qui surnage une couche d'eau.

EXPLICATION DE CE QUI SE PASSE. Elle a été donnée en parlant de l'action de l'acide sulfurique sur l'alcool. (*Voyez* p. 505.)

DURÉE DE L'ACIDE SULFURIQUE QUI PRODUIT LE DÉDOUBLEMENT DE L'ALCOOL OU SON ÉTHÉRISATION.

Il dure plusieurs jours et n'est renouvelé que lorsque le poids de l'éther obtenu est 35 ou 40 fois plus fort que celui de l'acide sulfurique employé; mais alors son renouvellement est nécessaire, car l'éther finirait par renfermer des quantités notables de produits secondaires dont on le débarrasserait difficilement.

PURIFICATION.

On le met vingt-quatre heures en contact avec une dissolution suffisamment étendue de potasse ou de soude ou avec un lait de chaux; on agite de temps en temps : c'est ainsi qu'on le débarrasse de l'alcool qui se dissout dans l'eau, de l'acide sulfureux et des produits secondaires qu'il renferme.

On distille l'éther qui surnage deux fois sur de la chaux vive pour le rectifier.

ÉTHER CHLORHYDRIQUE.

ORIGINE. Il se forme lorsque l'acide chlorhydrique réagit sur l'alcool.

$$\textit{Réaction :}\ \underbrace{C^4H^6O^2}_{\text{Alcool.}} + ClH = \underbrace{C^4H^5Cl}_{\text{Éther chlorhydrique.}} + 2HO.$$

COMPOSITION. C^4H^5Cl. *C'est l'éther simple que nous venons d'étudier dans lequel le chlore remplace l'oxygène.*

PROPRIÉTÉS.

Liquide.

Incolore.

Odeur vive, un peu alliacée.

Densité à $0° = 0,874$.

Bout à 12°; aussi, versé sur la main, il s'évapore instantanément en produisant une vive sensation de froid.

Densité de sa vapeur = 2,219 et correspond à 4 volumes.

Neutre.

Chauffé au rouge, il se décompose en volumes égaux d'*hydrogène bicarboné* et de *gaz chlorhydrique.*

$$\textit{Réaction :}\ C^4H^5Cl = \begin{cases} C^4H^4 = 4 \text{ vol.} \\ ClH = 4 \text{ vol.} \end{cases}$$

Potasse en dissolution dans l'alcool : le décompose en *chlorure de potassium et alcool.*

$$\textit{Réaction :}\ C^4H^5Cl + HO,\ KO = ClK + C^4H^6O^2.$$

Azotate d'argent en dissolution dans l'alcool : *ne précipite pas de chlorure d'argent;* ce qui prouve que le chlore n'y est pas au même état que dans les chlorures métalliques.

Il précipite du chlorure d'argent, après la combustion de l'éther, parce qu'il s'est formé de l'acide chlorhydrique.

$$\textit{Réaction :}\ C^4H^5Cl + 12O = ClH + 4CO^2 + 4HO.$$

PRÉPARATION.

On sature de l'alcool absolu refroidi par un mélange réfrigérant avec du gaz chlorhydrique.

L'alcool ainsi saturé est distillé au bain-marie.

Les produits de la distillation traversent :

1° Un flacon laveur contenant de l'eau à 25° qui arrête l'alcool et l'acide chlorhydrique qui n'ont pas réagi;

2° Un second flacon contenant une dissolution de potasse maintenue à la température de 25°, qui arrête les dernières traces d'acide chlorhydrique;

3° Un tube de dessiccation à chlorure de calcium, qui le dessèche.

Il se rend enfin dans un matras étranglé et refroidi par un mélange de glace et de sel, où il est amené par un tube qui plonge jusqu'à sa partie inférieure.

Le matras est fermé à la lampe.

OBSERVATION IMPORTANTE.

Cet éther est un des éthers qu'on appelle **éthers haloïdes,** *parce qu'ils se produisent par la réaction des hydracides sur l'alcool.*

Tous les hydracides, en agissant sur l'alcool, peuvent, comme l'acide chlorhydrique, produire des éthers haloïdes correspondants. C'est la même réaction, et l'éther formé appartient au même TYPE.

EXEMPLES :

1° C^4H^5Cl, *éther chlorhydrique* que nous venons d'étudier.

Réaction : $C^4H^6O^2 + ClH = C^4H^5Cl + 2HO$.

2° C^4H^5Br, *éther bromhydrique* produit par l'action de l'acide bromhydrique sur l'alcool.

Réaction : $C^4H^6O^2 + BrH = C^4H^5Br + 2HO$.

3° C^4H^5I, *éther iodhydrique* produit par l'action de l'acide iodhydrique sur l'alcool.

Réaction : $C^4H^6O^2 + IH = C^4H^5I + 2HO$.

Etc.

L'ÉTHER CHLORHYDRIQUE EST DONC LE TYPE DES ÉTHERS HALOÏDES.

ÉTHER ACÉTIQUE.

ORIGINE. Il se forme lorsque l'acide acétique réagit sur l'alcool en présence de l'acide sulfurique.

Réaction : $\underbrace{C^4H^6O^2}_{\text{Alcool.}} + \underbrace{C^4H^4O^4}_{\text{Acide acétique.}} = \underbrace{C^4H^3O^3,\ C^4H^5O}_{\text{Éther acétique.}} + 2HO$.

COMPOSITION. $C^4H^3O^3, C^4H^5O$.

C'est la formule de l'acide acétique, $C^4H^3O^3, HO$, *dans lequel l'équivalent d'eau est remplacé par de l'éther* C^4H^5O.

PROPRIÉTÉS.

Liquide.

Incolore.

Odeur douce et agréable.

Densité à 15° = 0,89.

Bout à 74°.

Densité de sa vapeur = 3,067 et correspond à 4 volumes.

Neutre.

ACTION DE L'AIR.

Il brûle à l'air avec une flamme d'un blanc jaunâtre et en donnant de l'acide carbonique et de l'eau :

Réaction : $C^4H^3O^3, C^4H^5O + 20O = 8CO^2 + 8HO$.

Inaltérable à l'air, lorsqu'il est sec.

Devient promptement acide à l'air, lorsqu'il est humide, parce que l'acide acétique et l'alcool sont régénérés.

$$\underbrace{C^4H^3O^3, C^4H^5O}_{\text{Ether acétique.}} + 2HO = \underbrace{C^4H^3O^3, HO}_{\text{Acide acétique.}} + \underbrace{C^4H^6O^2}_{\text{Alcool.}}.$$

Soluble dans l'eau : faiblement.

dans l'alcool et l'éther : beaucoup.

Alcalis en dissolution : le décomposent rapidement en acétate alcalin et alcool.

Réaction :

$$\underbrace{C^4H^3O^3, C^4H^5O}_{\text{Éther acétique.}} + HO, KO = \underbrace{C^4H^3O^3, KO}_{\text{Acétate de potasse.}} + \underbrace{C^4H^6O^2}_{\text{Alcool.}}.$$

PRÉPARATION.

On chauffe dans une cornue, à laquelle est adapté un récipient refroidi par de l'eau, un mélange de

6 parties d'alcool à 90°,
4 parties d'acide acétique cristallisable,
1 partie d'acide sulfurique concentré.

On arrête la distillation lorsque le volume du liquide qui a passé dans le récipient est égal au volume du liquide qui reste dans la cornue.

Le liquide qui a distillé est lavé avec de l'eau qui lui enlève l'alcool qui a distillé avec lui.

Le liquide ainsi lavé est rectifié sur le chlorure de calcium qui lui enlève l'eau qu'il renferme.

REMARQUE SUR L'EMPLOI DE L'ACIDE SULFURIQUE.

L'action de l'acide acétique sur l'alcool est très-lente.

Cette action devient très-rapide en présence de l'acide sulfurique.

Cet acide semble agir en dédoublant l'alcool et en produisant ainsi de l'éther qui, à l'état naissant, réagit plus énergiquement sur l'acide acétique.

OBSERVATION IMPORTANTE.

Cet éther est un des éthers qu'on appelle ÉTHERS COMPOSÉS *et qui se forment par l'action des oxacides sur l'alcool.*

Tous les oxacides monoatomiques en agissant sur l'alcool peuvent, comme l'acide acétique, produire des ÉTHERS COMPOSÉS *correspondants.* La réaction est la même et l'éther qui prend naissance appartient au même type.

EXEMPLES :

1° $C^4H^3O^3, C^4H^5O$, *éther acétique* que nous venons d'étudier.

Réaction :

$$C^4H^3O^3, HO + C^4H^6O^2 = C^4H^3O^3, C^4H^5O + 2HO.$$

2° C^2HO^3, C^4H^5O, *éther formique.*

Réaction :

$$\underbrace{C^2HO^3, HO}_{\text{Acide formique.}} + C^4H^6O^2 = C^2HO^3, C^4H^5O + 2HO.$$

3° AzO^5, C^4H^5O, *éther azotique.*

Réaction :

$$AzO^5, HO + C^4H^6O^2 = AzO^5, C^4H^5O + 2HO.$$

L'ÉTHER ACÉTIQUE PEUT DONC ÊTRE CONSIDÉRÉ COMME LE TYPE DES ÉTHERS FORMÉS PAR LES OXACIDES MONOATOMIQUES.

HYPOTHÈSES SUR LA CONSTITUTION DE L'ALCOOL ET DES ÉTHERS QUI EN DÉRIVENT.

I. HYPOTHÈSE FRANÇAISE.

Sous l'influence de l'acide sulfurique concentré, l'*alcool* peut perdre successivement 2 équivalents d'eau et produire d'abord de l'*éther* et ensuite de l'*hydrogène bicarboné*. (Voyez *Action de l'acide sulfurique sur l'alcool*, p. 505.)

C'EST CET HYDROGÈNE BICARBONÉ QUI, DANS CETTE HYPOTHÈSE, JOUERAIT LE ROLE DE RADICAL À LA FAÇON DE L'AMMONIAQUE.

En conséquence :

1° *L'alcool serait un bihydrate d'hydrogène bicarboné*....................	$2HO, C^4H^4$.
2° *L'éther serait un monohydrate d'hydrogène bicarboné*.................	HO, C^4H^4
et correspondrait au monohydrate d'ammoniaque........................	HO, H^3Az.

3° *Les éthers haloïdes seraient des éthers dans lesquels l'équivalent d'eau de l'éther serait remplacé par 1 équivalent d'un hydracide quelconque.*

EXEMPLE :

L'*éther chlorhydrique* serait un chlorhydrate d'hydrogène bicarboné........................ ClH, C^4H^4

et correspondrait au chlorhydrate d'ammoniaque................. ClH, AzH^3.

4° *Les éthers composés seraient des combinaisons des oxacides hydratés avec l'hydrogène bicarboné.*

EXEMPLE :

L'*éther acétique* serait un acétate d'hydrogène bicarboné......... $C^4H^3O^3, C^4H^4, HO$

et correspondrait à l'acétate d'ammoniaque.................... $C^4H^3O^3, AzH^3, HO$.

II. HYPOTHÈSE ALLEMANDE.

L'ÉTHER SERAIT ASSIMILÉ AUX OXYDES BASIQUES (l'oxyde de potassium, KO, par exemple) : *on le considérerait comme l'oxyde d'un radical,* C^4H^5, *appelé* ÉTHYLE *et jouant le rôle d'un métal.*

L'ÉTHER SERAIT DONC DE L'OXYDE D'ÉTHYLE, formulé $(C^4H^5)O$.

En conséquence :

1° *L'alcool serait un hydrate d'oxyde d'éthyle*......................... $HO, (C^4H^5)O$

et correspondrait à l'hydrate d'oxyde de potassium.................... HO, KO.

2° *L'éther serait un oxyde d'éthyle*.... $(C^4H^5)O$

et correspondrait à l'oxyde de potassium anhydre.................... KO.

3° *L'éther chlorhydrique, type des éthers haloïdes, serait un chlorure d'éthyle.* $Cl(C^4H^5)$

et correspondrait au chlorure de potassium .... ClK.

4° *L'éther acétique, type des éthers que donnent les oxacides monoatomiques, serait un acétate d'oxyde d'éthyle*.... $C^4H^3O^3, (C^4H^5)O$

et correspondrait à l'acétate d'oxyde de potassium.................... $C^4H^3O^3, KO$.

III. HYPOTHÈSE UNITAIRE.

Dans cette hypothèse, adoptée aujourd'hui par la généralité des chimistes :

I. L'ALCOOL SE RATTACHERAIT AU TYPE UNITAIRE REPRÉSENTÉ PAR UNE DOUBLE MOLÉCULE D'EAU

formulée .... $\left.\begin{matrix} H \\ H \end{matrix}\right\} O^2 = 4$ volumes.

Dans ce TYPE :

1° *Les deux molécules d'hydrogène pourraient être remplacées successivement par deux molécules du carbure d'hydrogène ou radical alcoolique, l'*ÉTHYLE, C^4H^5,

pour donner d'abord l'*alcool*.... $\left.\begin{matrix} C^4H^5 \\ H \end{matrix}\right\} O^2 = 4$ volumes,

et ensuite l'*éther* .... $\left.\begin{matrix} C^4H^5 \\ C^4H^5 \end{matrix}\right\} O^2 = 4$ volumes.

2° *L'une des molécules d'hydrogène pourrait être remplacée par une molécule du radical alcoolique, l'*ÉTHYLE, C^4H^5, *et l'autre molécule par une molécule du radical acide, l'*ACÉTHYLE, $C^4H^3O^2$,

ce qui donnerait l'*éther acétique*. $\left.\begin{matrix} C^4H^3O^2 \\ C^4H^5 \end{matrix}\right\} O^2 = 4$ volumes.

Dans l'éther acétique ainsi formé :

1. *La molécule d'acéthyle pourrait être remplacée par une molécule d'hydrogène,*

ce qui donnerait l'*alcool*...... $\left.\begin{matrix} H \\ C^4H^5 \end{matrix}\right\} O^2 = 4$ volumes.

2. *La molécule d'éthyle pourrait être remplacée par une molécule d'hydrogène,*

ce qui donnerait l'*acide acétique*. $\left.\begin{matrix} C^4H^3O^2 \\ H \end{matrix}\right\} O^2 = 4$ volumes.

3. *La molécule d'acéthyle et la molécule d'éthyle pourraient être remplacées chacune par une molécule d'hydrogène,*

ce qui donnerait les deux molécules d'*eau* primitives prises pour type................. $\left.\begin{matrix} H \\ H \end{matrix}\right\} O^2 = 4$ volumes.

II. L'ÉTHER CHLORHYDRIQUE, AINSI QUE TOUS LES ÉTHERS HALOÏDES, SE RATTACHERAIT AU TYPE UNITAIRE REPRÉSENTÉ PAR UNE MOLÉCULE D'ACIDE CHLORHYDRIQUE

formulée......................... $\left\{\begin{matrix} H \\ Cl \end{matrix}\right\} = 4$ volumes, *dans lequel la molécule* ÉTHYLE, C^4H^5, *remplacerait l'hydrogène,*

ce qui donnerait l'*éther chlorhydrique*........................ $\left\{ \begin{matrix} C^4H^5 \\ Cl \end{matrix} \right\}$ = 4 volumes.

L'ALCOOL RETIRÉ DU VIN N'EST PAS LE SEUL QUI EXISTE.

L'alcool retiré du vin constitue un type auquel se rattachent un grand nombre d'alcools qu'on appelle ses HOMOLOGUES et qui n'en diffèrent et ne diffèrent entre eux que par *n* fois C^2H^2 ajouté ou retranché.

EXEMPLES :

L'alcool méthylique ou *esprit de bois* $\left\{ C^2H^4O^2 \right.$ qui produit, par addition de C^2H^2, et ainsi de suite,

L'alcool vinique...	$C^4H^6O^2$	»	»	»	»
L'alcool propylique.	$C^6H^8O^2$	»	»	»	»
L'alcool butylique..	$C^8H^{10}O^2$	»	»	»	»
L'alcool amylique..	$C^{10}H^{12}O^2$	»	»	»	»
L'alcool caproïque.	$C^{12}H^{14}O^2$	»	»	»	»

Etc.

En outre, ces alcools, qui forment une SÉRIE HOMOLOGUE, *se métamorphosent de la même façon, sous l'influence des mêmes agents,*

EXEMPLES :

1° $\underbrace{C^2H^4O^2}_{\text{Alcool méthylique.}} + 4O = \underbrace{C^2H^2O^4}_{\text{Acide formique.}} + 2HO.$

2° $\underbrace{C^4H^6O^2}_{\text{Alcool vinique.}} + 4O = \underbrace{C^4H^4O^4}_{\text{Acide acétique.}} + 2HO.$

3° $\underbrace{C^6H^8O^2}_{\text{Alcool propylique.}} + 4O = \underbrace{C^6H^6O^4}_{\text{Acide propionique.}} + 2HO.$

et donnent des corps également HOMOLOGUES, c'est-à-dire qui ne diffèrent entre eux que par *n* fois C^2H^2 ajouté ou retranché.

EXEMPLES :

L'acide formique...... $C^2H^2O^4$ $\left\{ \right.$ qui produit, par addition de C^2H^2, et ainsi de suite,

L'acide acétique......	$C^4H^4O^4$	»	»	»
L'acide propionique...	$C^6H^6O^4$	»	»	»

Etc.

Ce que nous venons de dire pour les acides qui dérivent des alcools homologues de cette série peut s'appliquer aux éthers et aux autres corps qui en dérivent également.

Les alcools homologues de cette série ne sont pas les seuls : il en existe d'autres, appartenant à d'autres séries et donnant également des dérivés qui forment aussi des SÉRIES HOMOLOGUES.

ACIDES ORGANIQUES.

GÉNÉRALITÉS.

ORIGINE.

Retirés en grand nombre du règne organique.

Reproduits dans le laboratoire.

Préparés dans le laboratoire, et qui n'ont pas encore été trouvés parmi les produits préparés par les plantes ou par les animaux.

COMPOSITION.

Ils contiennent du carbone, de l'hydrogène et de l'oxygène.

Quelques-uns, outre ces trois corps, contiennent aussi de l'azote.

PROPRIÉTÉS.

Celles des acides minéraux, déjà étudiés, et qui sont celles de tous les acides.

ILS SONT MONOBASIQUES OU POLYBASIQUES.

Pour bien comprendre le sens de ces dénominations, il suffit de se rappeler que l'acide phosphorique forme trois acides diversement hydratés (*voyez* p. 147) :

I. PhO^5, HO, qui est *monobasique*, parce qu'il ne prend que 1 équivalent de base pour former un sel neutre PhO^5, MO.

II. PhO^5, 2HO, qui est *bibasique,* parce qu'il prend 2 équivalents de base pour former un sel neutre PhO^5, 2MO.

III. PhO^5, 3HO, qui est *tribasique,* parce qu'il prend 3 équivalents de base pour former un sel neutre PhO^5, 3MO.

Les acides organiques sont mono, bi ou tribasiques,
ou *mono, bi ou triatomiques.*

EXEMPLES :

1° *L'acide acétique,* $C^4H^3O^3$, HO, est *monobasique* ou *monoatomique :*

d'où

Acétate neutre, $C^4H^3O^3$, MO.

2° *L'acide tartrique*, $C^8H^4O^{10}$, $2HO$, est *bibasique* ou *biatomique :*

d'où

Tartrate neutre, $C^8H^4O^{10}\left\{\begin{array}{l}MO,\\MO.\end{array}\right.$

Tartrate acide, $C^8H^4O^{10}\left\{\begin{array}{l}MO,\\HO.\end{array}\right.$

3° *L'acide citrique*, $C^{12}H^5O^{11}$, $3HO$, est *tribasique* ou *triatomique :*

d'où

Citrate neutre, $C^{12}H^5O^{11}$, $3MO$.

Incolores généralement.

Solides et *cristallisables* généralement.

Solubilité dans l'eau.

Très-variable.

1° *Peu solubles* ou *insolubles :* presque toujours, lorsque leur équivalent est très-élevé.

Exemples :

Acide stéarique, $C^{36}H^{36}O^4$,
Acide oléique, $C^{36}H^{34}O^4$,
Etc.

2° *Solubles :* presque toujours, lorsque leur équivalent est peu élevé.

Exemples :

Acide formique, $C^2H^2O^4$,
Acide acétique, $C^4H^4O^4$,
Acide citrique, $C^{12}H^8O^{14}$,
Etc.

Action de la chaleur.

I. *Elle volatilise sans altération les acides monobasiques seulement.*

Beaucoup d'acides monobasiques ne jouissent pas de cette propriété et sont décomposés par la chaleur.

Les acides monobasiques volatils ne renferment jamais plus de 4 ou 6 équivalents d'oxygène.

II. *Elle déshydrate plus ou moins complétement quelques acides*, lorsqu'on agit à une température convenable.

Les acides déshydratés :

1° Sont sans action sur le papier de tournesol.

2° Reprennent plus ou moins facilement l'eau, qui les reconstitue à leur état primitif.

3° Peuvent ne pas reprendre immédiatement toute l'eau qu'ils ont perdue et constituer, comme pour l'acide phosphorique, des acides intermédiaires possédant des capacités de saturation spéciales.

III. *Elle décompose tous les acides polybasiques et les acides fixes à des températures plus ou moins élevées.*

Les acides polybasiques que l'on soumet a une distillation ménagée avec soin *donnent des acides volatils qui ne diffèrent des acides primitifs que par de l'eau ou de l'acide carbonique en moins.*

Exemples :

Acide malique :

$C^8H^4O^8,2HO - 2HO = C^8H^2O^6,2HO$, *acide maléique.*

Acide méconique :

$C^{14}HO^{11},3HO - 2CO^2 = C^{12}H^2O^8,2HO$, *acide coménique.*

Acide mucique :

$C^{12}H^8O^{14},2HO - \left\{ \begin{matrix} 2CO^2 \\ 6HO \end{matrix} \right\} = C^{10}H^3O^5,\ HO$, *acide pyromucique.*

Ces acides, engendrés par la chaleur, sont appelés acides pyrogénés.

PRÉPARATION.

I. On les extrait tout formés du règne organique par des méthodes que nous ne pouvons pas généraliser ici.

II. On les produit par oxydation des matières organiques *à l'aide de corps riches en oxygène et qui peuvent le céder facilement,*
tels que :

Les acides azotique .... AzO^5, HO;
chromique...... CrO^3;
et *plombique*.... PbO^2;
Le permanganate de potasse Mn^2O^7,KO;
Le chlore................ Cl, qui, décomposant l'eau pour former de l'acide chlorhydrique, met en liberté de l'oxygène qui réagit à l'*état naissant.*

Réaction : $Cl + HO = ClH + O$.

Le peroxyde de manganèse, MnO^2, *sur lequel on fait réagir l'acide sulfurique*, qui met en liberté de l'oxygène qui réagit également à *l'état naissant*.

Réaction : $MnO^2 + SO^3, HO = SO^3, MnO + HO + O$.

EXEMPLES :

L'acide azotique, en oxydant les matières amylacées, produit de l'acide oxalique (*voyez* p. 538).

Le peroxyde de manganèse mêlé à l'acide sulfurique, en oxydant les matières amylacées, donne de l'acide formique, acide qu'on trouve tout formé dans les fourmis.

Ces deux acides, l'*acide oxalique* et l'*acide formique*, sont les derniers termes d'oxydation des matières organiques.

Lorsqu'on veut avoir des termes moins avancés d'oxydation des matières organiques, il faut employer des oxydants moins énergiques,

tels que l'*acide plombique*............. PbO^2;
l'*acide azotique étendu d'eau*... $AzO^5, HO + Aq$.

III. ON LES PRÉPARE PAR L'ACTION DE LA CHALEUR.

EXEMPLES :

Les acides pyrogénés.

L'acide acétique, qui se produit dans la distillation de presque tous les corps neutres. (Voyez *Distillation du bois en vase clos*, p. 509.)

IV. ON LES OBTIENT PAR FERMENTATION.

EXEMPLE :

Fermentation acétique de l'alcool.

Nous nous bornons à citer ces moyens de préparation qui ne sont pas les seuls; une étude plus approfondie de la Chimie fera connaître ceux que nous ne pouvons pas signaler ici.

*Parmi les acides organiques dont nous avons à faire l'histoire, il en est un, l'*ACIDE ACÉTIQUE, *que nous avons déjà étudié, parce que son étude était intimement liée à celle de l'alcool.*

ACIDE OXALIQUE.

ORIGINE.

1° *On le trouve tout formé dans le règne organique :*

A l'état de liberté, dans les poils des pois chiches,

A l'état de bioxalate de potasse, dans la grande oseille.

2° *On le produit dans le laboratoire* en oxydant les substances amylacées par l'acide azotique.

COMPOSITION. $C^4O^6, 2HO, 4HO$.

Il perd 4 équivalents d'eau à la température de 100°, et il ne reste que les 2 équivalents d'eau basique.

PROPRIÉTÉS.

Solide.

Cristallisé.

Incolore.

Saveur aigre et piquante.

Soluble :

Dans 8 parties d'eau froide;
Dans 1 partie d'eau bouillante;
Dans l'alcool.

ACTION DE LA CHALEUR.

A 100°, il perd 4 équivalents ou 28 pour 100 d'eau, et devient $C^4H^6, 2HO$.

A 180°, il se sublime en partie et se décompose en

Acide formique... $C^2H^2O^4$;
Acide carbonique.. CO^2;
Oxyde de carbone. CO;
Eau... .... HO.

L'acide sulfurique concentré, corps très-avide d'eau, *le déshydrate complétement à chaud* et le décompose en volumes égaux d'oxyde de carbone et d'acide carbonique. (Voyez *Préparation de l'oxyde de carbone,* p. 175.)

Réaction :

$$C^4O^6, 2HO + (SO^3, HO)^n$$
$$= (SO^3, HO)^n, 2HO + 2CO + 2CO^2.$$

ACTION DES CORPS OXYDANTS OU CHLORURANTS.

1° *Les corps oxydants le transforment en acide carbonique et eau,* en lui cédant 2 équivalents d'oxygène.

EXEMPLE :

Action de l'acide azotique.

L'acide azotique, qui le produit en agissant par oxydation sur les corps neutres, tels que l'amidon et le sucre, peut également le détruire en continuant d'exercer sur lui son action oxydante.

Réaction :

$$C^4O^6, 2HO + 2AzO^5, HO = 4CO^2 + 4HO + 2AzO^4.$$

2° *Les corps chlorurants le transforment en acide carbonique et acide chlorhydrique*, en lui enlevant 2 équivalents, ou la totalité de son hydrogène.

EXEMPLE :

Action du chlorure d'or.

Le chlorure d'or, Cl^3Au^2, est réduit par l'acide oxalique : son chlore forme de l'acide chlorhydrique avec la totalité de l'hydrogène de cet acide.

Réaction :

$$3(C^4O^6, 2HO) + 2Cl^3Au^2 = 12CO^2 + 6ClH + 4Au.$$

ACTION DES BASES.

C'EST UN ACIDE BIBASIQUE.

1° 2 équivalents d'eau sont remplacés par 2 équivalents de base pour former l'*oxalate neutre.*

EXEMPLE :

Oxalate neutre de potasse, $C^4H^6, 2KO$.

2° Lorsqu'un seul équivalent d'eau est remplacé par la base, le sel formé est un *oxalate acide.*

EXEMPLE :

Oxalate acide de potasse, $C^4H^6, \left\{ \begin{array}{l} KO, \\ HO. \end{array} \right.$

Les sels de chaux solubles sont précipités par l'acide oxalique et l'*oxalate de chaux* insoluble, ainsi formé, séparé de l'eau qui le tient en suspension, est détruit par la chaleur ; il se forme d'abord du *carbonate de chaux* et de l'*oxyde de carbone*,

Réaction : $C^4O^6 2CaO = 2(CO^2, CaO) + 2CO$;

puis de la *chaux vive* avec dégagement d'*acide carbonique* à une température plus élevée.

Réaction : $2(CO^2CaO) = 2CaO + 2CO^2$.

La glycérine le décompose à 100° en acide formique et acide carbonique, sans subir elle-même de décomposition.

Réaction : $C^4O^6, 2HO = C^2H^2O^4 + 2CO^2$.

PRÉPARATION.

I. *On l'extrait du suc de la grande oseille* (en Suisse).

1° ON PRÉPARE D'ABORD LE SEL D'OSEILLE.

Pour cela :

Le suc exprimé est clarifié en le faisant bouillir avec un peu d'argile blanche.

On décante.

On fait cristalliser en évaporant convenablement.

On purifie les cristaux par des cristallisations successives.

Les cristaux ainsi purifiés constituent le SEL D'OSEILLE, *qui n'est autre chose qu'un mélange de bioxalate et de quadroxalate de potasse.*

2° ON L'EXTRAIT ENSUITE DU SEL D'OSEILLE, *ainsi préparé.*

Pour cela :

On traite le sel d'oseille dissous par l'acétate de plomb ; il se précipite de l'oxalate de plomb insoluble qu'on filtre et qu'on lave.

On décompose l'oxalate de plomb, mis en suspension dans l'eau, par une quantité convenable d'acide sulfurique qui forme du sulfate de plomb insoluble et met en liberté l'acide oxalique qui entre en dissolution.

On sépare le sulfate de plomb insoluble, par filtration.

On fait cristalliser l'acide oxalique en évaporant convenablement.

II. *On le prépare dans le laboratoire :*

En traitant 1 partie d'*amidon* par
8 parties d'*acide azotique du commerce* étendu de
10 parties d'*eau*.

On fait bouillir longtemps.

On fait cristalliser en évaporant convenablement la liqueur.

On purifie par plusieurs cristallisations successives.

ACIDE TARTRIQUE.

ORIGINE.

Il existe surtout dans le jus des raisins.

Le vin, en séjournant dans les tonneaux et en s'alcoolisant, laisse déposer un mélange de bitartrate de potasse et de tartrate neutre de chaux qu'on appelle TARTRE.

C'est de ce dépôt qu'on retire l'acide tartrique.

COMPOSITION. $C^8H^4O^{10},2HO$.

PROPRIÉTÉS.

Solide.

Cristallisé.

Incolore.

Saveur acide et agréable.

Soluble facilement dans l'*eau* et
dans l'*alcool*.

ACTION DE LA CHALEUR.

1° *Elle peut le transformer en acides de même composition,* mais ayant des propriétés différentes.

2° *Elle peut le déshydrater* en partie ou complétement de façon à produire l'acide anhydre.

3° *Elle peut produire des* ACIDES PYROGÉNÉS.

4° *Jeté sur des charbons ardents, il répand l'odeur de caramel* ou odeur de sucre brûlé.

ACTION DES BASES.

C'EST UN ACIDE BIBASIQUE.

1° 2 équivalents d'eau sont remplacés par 2 équivalents de base pour former le *tartrate neutre.*

EXEMPLE :

Tartrate neutre de potasse....... $C^8H^4O^{10}, 2KO$.

2° 2 équivalents d'eau sont remplacés par 2 équivalents de bases différentes pour former un *tartrate double.*

EXEMPLE :

Tartrate double de potasse et de soude...................... $C^8H^4O^{10}\left\{\begin{matrix}KO,\\ NaO.\end{matrix}\right.$

3° Un seul équivalent d'eau est remplacé par 1 équivalent de base pour former un *tartrate acide.*

EXEMPLE :

Tartrate acide de potasse (crème de tartre).................. $C^8H^4O^{10}\left\{\begin{matrix}KO,\\ HO.\end{matrix}\right.$

Les sels de potasse précipitent par l'acide tartrique du tartrate acide de potasse très-peu soluble.

PRÉPARATION.

On traite le tartrate acide de potasse (*crème de tartre*) par la craie qui ne sature que la moitié de l'acide en formant du tartrate de chaux neutre insoluble.

Réaction :

$$2(C^8H^4O^{10}, KO, HO) + 2(CO^2, CaO)$$
$$= C^8H^4O^{10}, 2KO + C^8H^4O^{10}, 2CaO + 2CO^2 + 2HO.$$

L'autre moitié de l'acide tartrique reste dans la liqueur à l'état de tartrate neutre de potasse soluble et est précipitée en totalité à l'état de tartrate de chaux par le chlorure de calcium.

Réaction :

$$C^8H^4O^{10}, 2KO + 2ClCa = C^8H^4O^{10}, 2CaO + 2ClK.$$

On traite le tartrate de chaux ainsi obtenu, après l'avoir lavé, par une quantité convenable d'acide sulfurique étendu de six fois son poids d'eau.

On fait bouillir pendant quelques minutes l'acide avec le sel.

Réaction :

$$C^8H^4O^{10}, 2CaO + 2SO^3, HO = C^8H^4O^{10}, 2HO + 2SO^3, CaO.$$

On filtre pour séparer le sulfate de chaux formé.

On fait cristalliser l'acide mis en liberté en évaporant convenablement.

ACIDE TANNIQUE OU TANNIN.

ORIGINE.

On le trouve dans l'écorce du chêne,
du marronnier d'Inde,
de l'orme,
du saule;
les feuilles de certains arbres;
plusieurs racines;
l'enveloppe de plusieurs fruits charnus;
quelques sèves;
quelques sucs;
certaines excroissances végétales, telles que la noix de galle.

COMPOSITION. $C^{54}H^{22}O^{34}$.

C'est le premier composé organique, parmi ceux que nous avons étudiés, qui possède un équivalent aussi élevé.

PROPRIÉTÉS.

Solide.
Spongieux.
Léger.
Sans apparence de cristallisation.
Incolore rarement.
Jaunâtre le plus souvent.
Odeur nulle.
Saveur très-astringente, sans nulle amertume.

SOLUBILITÉ :

1° *Dans l'eau,* très-grande ;
2° *Dans l'alcool,* assez grande;
3° *Dans l'éther,* moins grande.

Réaction faiblement acide.

Décompose les carbonates alcalins avec effervescence.

ACTION DE L'AIR.

1° *L'air est sans action sur lui,* quand il est sec.

2° *L'air l'oxyde facilement,* lorsqu'il est en dissolution et le transforme en acide gallique, $C^{14}H^{6}O^{10}$, avec dégagement d'acide carbonique.

Réaction : $C^{54}H^{22}O^{34}+24O=12CO^{2}+4HO+3(C^{14}H^{6}O^{10})$

ACTION SUR DES BASES.

Presque toutes les bases sont précipitées de leurs sels avec des couleurs qui sont souvent caractéristiques ; aussi l'acide tannique est souvent employé dans les laboratoires.

Les sels de protoxyde de fer ne sont ni précipités, ni colorés par l'acide tannique.

Les sels de sesquioxyde de fer sont précipités en bleu si intense, qu'il paraît noir.

L'ENCRE ORDINAIRE DOIT SA COULEUR A CE PRÉCIPITÉ *qui reste en suspension dans l'eau suffisamment épaissie par de la gomme.*

La bonne encre au tannate de fer doit contenir une quantité de tannate de sesquioxyde suffisante pour que les yeux puissent suivre les caractères qui sont tracés par la main, et du tannate de protoxyde, liquide incolore qui pénètre dans l'épaisseur du papier pour s'y colorer ensuite sous l'influence oxydante de l'air.

Pour enlever mécaniquement des caractères tracés avec une encre ainsi composée, il faut nécessairement enlever une certaine épaisseur de papier, opération qui laisse toujours des traces faciles à reconnaître,

FABRICATION DE L'ENCRE AU TANNATE DE FER.

Dans 15 parties d'eau on fait bouillir 1 partie de noix de galle, on filtre la liqueur et on la mêle à $\frac{1}{2}$ partie de sulfate de protoxyde de fer et $\frac{1}{2}$ partie de gomme. On abandonne le mélange à l'air jusqu'à ce qu'il ait pris une teinte noire foncée.

ACTION DES ALCALIS ORGANIQUES.

Presque tous sont précipités de leurs sels par l'acide tannique.

L'acide tannique peut donc, dans quelques cas, être administré comme *contre-poison* des alcalis organiques.

L'acide tannique peut donc aussi être employé pour isoler certaines bases végétales.

ACTION DES ACIDES.

L'acide tannique se combine avec plusieurs acides minéraux tels que : l'*acide sulfurique,*
chlorhydrique,
phosphorique,
arsénique,
borique,

en formant des composés blancs et insolubles.

Le tannin agit donc tantôt comme acide, tantôt comme base.

LA PEAU DES ANIMAUX POSSÈDE POUR LE TANNIN UNE AFFINITÉ TOUTE SPÉCIALE.

Si elle est plongée dans une dissolution de tannin, elle l'enlève si complétement, qu'elle pourrait être employée pour le doser.

La matière animale du derme forme avec le tannin une combinaison insoluble presque imputrescible et imperméable qu'on appelle CUIR.

La gélatine est entièrement précipitée de ses dissolutions par le tannin qui forme avec elle un composé blanc et insoluble.

Tous les tannins ne se ressemblent pas, et les plantes qui en contiennent en sont pourvues différemment; mais quelle que soit sa provenance, un tannin jouit de toutes les propriétés que nous venons de signaler.

PRÉPARATION.

Pour l'extraire de la noix de galle,

On pulvérise grossièrement la noix de galle.

On la tasse dans une allonge (*fig.* 116, *Pl. XIV*) dont le col est bouché par un tampon de coton terminé par une mèche.

On introduit le col de l'allonge dans le goulot d'une carafe.

On remplit l'allonge avec de l'éther du commerce qui renferme toujours 10 pour 100 d'eau, et on la bouche.

L'éther :

Filtre à travers la noix de galle;

Dissout, par l'eau qu'il renferme, le tannin qui se trouve sur son passage;

S'écoule dans la carafe où il forme *deux couches :*

La première couche, légère et verdâtre, est une dissolution éthérée de quelques matières organiques;

On enlève cette couche qui surnage l'autre ;

La deuxième couche, lourde, sirupeuse et ambrée, est une solution aqueuse de tannin.

On la lave plusieurs fois à l'éther et on l'évapore dans le vide de la machine pneumatique ou à une température qui ne doit pas dépasser 100°.

On obtient ainsi du tannin aussi pur que possible; car ce corps n'étant pas cristallisable, on ne peut pas le purifier davantage.

CORPS GRAS. *Huiles, graisses, suifs, beurres, cire, etc.*

ORIGINE.

Ils abondent dans le règne animal et dans le règne végétal.

Ils abondent dans les graines des végétaux (colza, lin, sésame, arachide, noix, amandes, pavots, etc.).

Ils sont plus rares dans les fruits charnus (olives, etc.).

Beaucoup, qui renferment les mêmes principes immédiats, existent dans l'un et l'autre règne, tels sont ceux qui existent dans l'olive et dans la graisse humaine.

EXTRACTION.

I. Des semences.

1° *Par la pression :*

A froid, pour les huiles comestibles ou médicamenteuses et lorsqu'elles sont suffisamment fluides.

A chaud :

Pour les huiles concrètes;

Pour retirer l'huile qui n'a pas pu être retirée par la pression à froid.

2° *En faisant bouillir avec de l'eau :*

Pour les semences ou les fruits qui renferment des huiles concrètes et qu'on écrase pour cette opération.

Pour extraire une portion de l'huile qui reste après la pression et que celle-ci est impuissante à chasser.

3° *En traitant par un dissolvant des corps gras :*

Le sulfure de carbone, par exemple, qui a été essayé en grand pour enlever les dernières traces d'huile que renferment les *tourteaux de graines* ou les *grignons d'olive.*

II. Du suif en branches, ou tissu adipeux des animaux qui est constitué par du tissu cellulaire qui enveloppe la matière grasse.

On le divise autant que possible.

On le fond. La chaleur dilate la matière grasse en la rendant liquide et contracte les cellules qui se rompent forcément.

On soutire le suif liquide qu'on passe sur un tamis qui retient les débris de cellules et qu'on clarifie avec quelques millièmes d'alun.

On presse le tissu cellulaire qui est resté dans la chaudière et sur le tamis et qui donne beaucoup de suif fondu et un pain, *pain de crétons,* qui sert à la nourriture des chiens ou des porcs, et comme engrais.

PROPRIÉTÉS.

Solides, tels que l'*axonge,* le *suif.*

Liquides, tels que les *huiles d'olive, de sésame, d'arachide.*

Incolores, inodores, insipides lorsqu'ils sont purs de toute matière étrangère.

SOLUBILITÉ :

Dans l'eau, nulle.

Dans l'alcool, quelques-uns sont solubles.

Dans l'éther, tous sont solubles.

Densité moindre que celle de l'eau : aussi ils flottent à sa surface.

Tachent le papier.

L'air :

En dessèche quelques-uns qu'il oxyde (HUILES SICCATIVES).

En fait rancir d'autres qui deviennent acides et s'épaississent.

La chaleur :

Ne les volatilise pas.

Les rend inflammables à une température élevée.

Les décompose à 300°.

PRINCIPES IMMÉDIATS DES CORPS GRAS.

Les corps gras sont constitués par des mélanges de corps gras particuliers, très-difficiles à séparer les uns des autres.

Les plus répandus sont *la stéarine.... la margarine..* } solides à la température ordinaire.
l'oléine................. *l'élaïne,* qui rend les huiles siccatives........ } liquides.

Il en existe un grand nombre qu'on ne rencontre que dans un certain nombre de corps gras, tels que le *beurre,* le *blanc de baleine,* qui renferment *la butyrine,*
la cétine.

La consistance et le point de fusion des corps gras dépendent de la quantité relative des principes immédiats qu'ils renferment.

1° La consistance augmente et le point de fusion s'élève avec une plus forte proportion de principes immédiats solides.

2° La consistance diminue et le point de fusion s'abaisse avec une proportion plus forte de principes immédiats liquides.

Ils peuvent se mélanger en toutes proportions.

COMPOSITION DES PRINCIPES IMMÉDIATS DES CORPS GRAS.

Analogue à celle des éthers neutres. En effet :

1° *L'éther acétique,* par exemple, que nous connaissons déjà, traité par les alcalis, la potasse par exemple, *fixe de l'eau et se dédouble en* ACIDE ACÉTIQUE *qui se combine à la potasse, et en* ALCOOL.

Réaction : $\underbrace{C^8H^8O^4}_{\text{Éther acétique.}} + HO, KO = \underbrace{C^4H^3O^3, KO}_{\text{Acétate de potasse.}} + \underbrace{C^4H^6O^2}_{\text{Alcool vinique.}}$.

2° *La stéarine, la margarine et l'oléine,* par exemple, traités par les alcalis, la potasse, par exemple, *fixent de l'eau et se dédoublent en* ACIDES STÉARIQUE, MARGARIQUE *et* OLÉIQUE *qui se combinent à la potasse pour former des* STÉARATE, MARGARATE *et* OLÉATE *de potasse, et en* GLYCÉRINE, *véritable alcool, mais* ALCOOL TRIATOMIQUE, *ainsi que nous allons le démontrer en parlant de la glycérine.*

L'analogie a été rendue plus évidente par M. Berthelot, qui a préparé la *stéarine,* la *margarine* et l'*oléine* en combinant les acides *stéarique, margarique* et *oléique* à la GLYCÉRINE avec élimination d'une certaine quantité d'eau, de la même façon qu'on prépare l'*éther acétique* en combinant l'*acide acétique* avec l'*alcool,* en éliminant également une certaine quantité d'eau.

I. *Réaction :* $\underbrace{C^{36}H^{36}O^4}_{\text{Acide stéarique.}} + \underbrace{C^6H^8O^6}_{\text{Glycérine ou alcool glycérique.}} = \underbrace{C^{42}H^{42}O^8}_{\text{Monostéarine.}} + 2HO$.

II. *Réaction :* $\underbrace{C^4H^4O^4}_{\text{Acide acétique.}} + \underbrace{C^4H^6O^2}_{\text{Alcool.}} = \underbrace{C^8H^8O^4}_{\text{Éther acétique.}} + 2HO.$

*Cette analogie des principes immédiats des corps gras avec les éthers neutres prouve que l'*ACIDE GRAS *et la* GLYCÉRINE *n'y préexistent pas.*

Elle sera mieux comprise lorsque nous parlerons de la glycérine.

La décomposition des corps gras par les alcalis est appelée SAPONIFICATION.

Les stéarates, margarates et oléates, etc., formés portent le nom de SAVONS.

PROPRIÉTÉ CARACTÉRISTIQUE DES CORPS GRAS.

Ils produisent des savons, en mettant en liberté un alcool.

GLYCÉRINE. $C^6H^8O^6$.

SYNONYMIE.

Principes doux des huiles : nom donné par *Scheele.*

HISTORIQUE.

Découvert par Scheele en 1779.

PROPRIÉTÉS.

Liquide sirupeux, *incristallisable.*

Incolore, inodore.

Saveur douce très-prononcée.

SOLUBILITÉ :

Dans l'eau : grande.

Dans l'alcool : moins grande.

Dans l'éther : nulle

Densité à 15° = 1,280.

ACTION DE LA CHALEUR.

Elle distille dans le vide, sans altération, à la température ordinaire.

La chaleur la décompose, sous la pression ordinaire, en ACROLÉINE, $C^6H^4O^2$, et en *eau.*

Réaction : $\underbrace{C^6H^8O^6}_{\text{Glycérine.}} = \underbrace{C^6H^4O^2}_{\text{Acroléine.}} + 4HO.$

ACROLÉINE.

Liquide mobile.

Incolore.

Odeur très-forte, vive et désagréable.

Elle irrite le nez et les yeux et s'accuse toujours lorsque la chaleur agit sur les corps qui renferment de la glycérine.

ACTION DE L'ACIDE AZOTIQUE.

Il l'oxyde et *la transforme en* ACIDE GLYCÉRIQUE, $C^6H^6O^8$, *de la même façon que l'alcool est transformé en acide acétique.*

I. *Réaction :* $\underbrace{C^6H^8O^6}_{\text{Glycérine.}} + 4O = \underbrace{C^6H^6O^8}_{\text{Acide glycérique.}} + 2HO.$

II. *Réaction :* $\underbrace{C^4H^6O^2}_{\text{Alcool.}} + 4O = \underbrace{C^4H^4O^4}_{\text{Acide acétique.}} + 2HO.$

ELLE SE COMPORTE COMME UN ALCOOL TRIATOMIQUE, *ce que nous allons démontrer.*

(I.) D'une part, nous rappellerons ce que nous avons dit des acides monobasiques et polybasiques dans leur manière de se comporter avec les bases. (Voyez *Acides phosphoriques*, p. 147, et *Acides organiques en général*, p. 532.)

1° *L'acide acétique, monobasique*, $C^4H^4O^4$, se combine à l'hydrate de potasse, 1 équivalent, HO, KO, avec élimination de 2 équivalents d'eau et formation d'acétate de potasse neutre, $C^4H^3O^3$, KO.

Réaction : $C^4H^4O^4 + HO, KO = C^4H^3O^3, KO + 2HO.$

2° *L'acide oxalique, bibasique*, $C^4H^2O^8$, se combine avec l'hydrate de potasse, 2 équivalents, 2 (HO, KO), avec élimination de 4 équivalents d'eau et formation d'oxalate de potasse neutre, C^4O^6, 2KO.

Réaction : $C^4H^2O^8 + 2(HO, KO) = C^4O^6, 2KO + 4HO.$

3° *L'acide phosphorique, tribasique*, PhO^5, 3HO, se combine avec l'hydrate de potasse, 3 équivalents, 3 (HO, KO), avec élimination de 6 équivalents d'eau et formation de phosphate de potasse neutre, PhO^5, 3KO.

Réaction :

$$PhO^5, 3HO + 3(HO, KO) = PhO^5, 3KO + 6HO.$$

(II.) D'autre part, nous ferons remarquer que la manière de se comporter de ces acides avec l'alcool présente la plus grande analogie avec leur manière de se comporter avec les bases, telle que nous venons de la faire connaître (I). En effet :

1° *L'acide acétique, monobasique*, $C^4H^4O^4$, se combine à l'alcool, 1 équivalent, $C^4H^6O^2$, avec élimination de 2 équi-

valents d'eau et formation d'un éther neutre, l'*éther acétique*, $C^4H^3O^3, C^4H^5O$, ou
$C^8H^8O^4$.

Réaction : $\underbrace{C^4H^4O^4}_{\text{Acide acétique.}} + \underbrace{C^4H^6O^2}_{\text{Alcool.}} = \underbrace{C^8H^8O^4}_{\text{Éther acétique.}} + 2HO.$

2° *L'acide oxalique, bibasique*, $C^4H^2O^8$, se combine à l'alcool, 2 équivalents, $2(C^4H^6O^2)$, avec élimination de 4 équivalents d'eau et formation d'un éther neutre, l'*éther oxalique*, $C^4O^6, 2(C^4H^5O)$, ou
$C^{12}H^{10}O^8$.

Réaction : $\underbrace{C^4H^2O^8}_{\text{Acide oxalique.}} + \underbrace{2(C^4H^6O^2)}_{\text{Alcool.}} = \underbrace{C^{12}H^{10}O^8}_{\text{Éther oxalique.}} + 4HO.$

3° *L'acide phosphorique, tribasique*, $PhO^5, 3HO$, se combine avec l'alcool, 3 équivalents, $3(C^4H^6O^2)$, avec élimination de 6 équivalents d'eau et formation d'un éther neutre, l'*éther phosphorique*, $PhO^5, 3(C^4H^5O)$, ou
$PhC^{12}H^{15}O^8$.

Réaction : $\underbrace{PhO^5, 3HO}_{\text{Acide phosphorique.}} + \underbrace{3(C^4H^6O^2)}_{\text{Alcool.}} = \underbrace{PhC^{12}H^{15}O^8}_{\text{Éther phosphorique.}} + 6HO.$

(III.) *Dans les éthers neutres*, ainsi formés, *l'acide et l'alcool ne préexistent pas*, car les éthers ne réagissent pas à la manière des sels ; *mais on peut reproduire l'acide et l'alcool qui leur a donné naissance*, en les traitant par un hydrate alcalin, l'hydrate de potasse, par exemple. En effet :

Ces éthers, ainsi traités, fixent 2, 4 ou 6 équivalents d'eau, selon que l'acide qui a servi à les produire était mono, bi ou tribasique, et reproduisent 1, 2 ou 3 équivalents d'alcool et l'acide qui s'unit à 1, 2 ou 3 équivalents de potasse. Ainsi :

1° Dans l'*éther acétique*, l'alcool et l'acide acétique sont régénérés.

Réaction (1) :

$$\underbrace{C^8H^8O^4}_{\text{Éther acétique.}} + 2HO\,[+HO, KO]$$

$$= \underbrace{C^4H^6O^2}_{\text{Alcool.}} + \underbrace{C^4H^4O^4}_{\text{Acide acétique.}}\,[+HO, KO].$$

(1) L'hydrate de potasse qui réagit et qui se combine à l'acide, dans la réaction, est placé en dehors de chacun des termes de la formule qui représente la réaction, afin de mettre en évidence, dans toute sa simplicité, la régénération de l'alcool et de l'acide qui ont donné naissance à un éther.

2° Dans l'*éther oxalique*, l'alcool et l'acide oxalique sont régénérés.

Réaction (1) :

$$\underbrace{C^{12}H^{10}O^{8}}_{\text{Éther oxalique.}} + 4HO[+2(HO, KO)]$$

$$= \underbrace{2(C^{4}H^{6}O^{2})}_{\text{Alcool.}} + \underbrace{C^{4}H^{2}O^{8}}_{\text{Acide oxalique.}}[+2(HO, KO)].$$

3° Dans l'*éther phosphorique*, l'alcool et l'acide phosphorique sont régénérés.

Réaction (1) :

$$\underbrace{PhC^{12}H^{15}O^{8}}_{\text{Éther phosphorique.}} + 6HO[+3(HO, KO)]$$

$$= \underbrace{3(C^{4}H^{6}O^{2})}_{\text{Alcool.}} + \underbrace{PhO^{5}3HO}_{\text{Acide phosphorique.}}[+3(HO, KO)].$$

Ce sont les phénomènes inverses de ceux qui précèdent (II), *et que produisent les acides qui réagissent sur l'alcool.*

(IV.) Comparons maintenant l'action de l'hydrate de potasse sur l'éther acétique, $C^{8}H^{8}O^{4}$, qui nous est bien connue, à l'action que cet alcali exerce sur le GLYCOL DIACÉTIQUE, $C^{12}H^{10}O^{8}$, éther d'un alcool particulier, le GLYCOL, $C^{4}H^{6}O^{4}$, découvert par M. WURTZ, et sur la STÉARINE, $C^{114}H^{110}O^{12}$, que nous étudierons plus loin d'une manière plus spéciale, et nous verrons que

1° Dans l'ÉTHER ACÉTIQUE; l'*alcool* et l'*acide acétique* sont régénérés;

Réaction (1) :

$$\underbrace{C^{8}H^{8}O^{4}}_{\text{Ether acétique.}} + 2HO[+HO, KO]$$

$$= \underbrace{C^{4}H^{6}O^{2}}_{\text{Alcool.}} + \underbrace{C^{4}H^{4}O^{4}}_{\text{Acide acétique.}}[+HO, KO].$$

---

(1) L'hydrate de potasse qui réagit et qui se combine à l'acide, dans la réaction, est placé en dehors de chacun des termes de la formule qui représente la réaction, afin de mettre en évidence, dans toute sa simplicité, la régénération de l'alcool et de l'acide qui ont donné naissance à un éther.

2° Dans le GLYCOL DIACÉTIQUE; le *glycol* et l'*acide acétique* sont régénérés;

Réaction (1) :

$$\underbrace{C^{12}H^{10}O^{8}}_{\text{Glycol diacétique}} + 4HO\,[+\,2\,(HO, KO)]$$

$$= \underbrace{C^{4}H^{6}O^{4}}_{\text{Glycol.}} + \underbrace{2\,(C^{4}H^{4}O^{4})}_{\text{Acide acétique.}}\,[+\,2\,(HO, KO)].$$

3° Dans la STÉARINE; la *glycérine* et l'*acide stéarique* prennent naissance.

Réaction (1) :

$$\underbrace{C^{114}H^{110}O^{12}}_{\text{Stéarine.}} + 6HO\,[+\,3\,(HO, KO)]$$

$$= \underbrace{C^{6}H^{8}O^{6}}_{\text{Glycérine.}} + \underbrace{3\,(C^{36}H^{36}O^{4})}_{\text{Acide stéarique.}}\,[+\,3\,(HO, KO)].$$

Il résulte de cette comparaison que :

1° *Le* GLYCOL *se comporte vis-à-vis de l'acide acétique ou de tout autre acide monobasique, comme un acide bibasique quelconque se comporte vis-à-vis de l'alcool vinique ou de tout autre alcool monoatomique :* il se combine à 2 équivalents d'acide acétique pour produire un éther neutre, le GLYCOL DIACÉTIQUE, appelé ainsi parce qu'il existe un GLYCOL MONOACÉTIQUE.

LE GLYCOL EST DONC UN ALCOOL BIATOMIQUE.

2° *La* GLYCÉRINE *se comporte vis-à-vis de l'acide stéarique ou de tout autre acide monobasique, comme un acide tribasique quelconque se comporte vis-à-vis de l'alcool vinique ou de tout autre alcool monoatomique :* il se combine à 3 équivalents d'acide stéarique pour produire un éther neutre, la STÉARINE, ou mieux la TRISTÉARINE, parce qu'il existe une DISTÉARINE et une MONOSTÉARINE.

LA GLYCÉRINE EST DONC UN ALCOOL TRIATOMIQUE.

(V.) *Comparons, enfin, le rôle de la glycérine,* ALCOOL TRIATOMIQUE, *vis-à-vis des acides monobasiques, au rôle de l'acide*

---

(1) L'hydrate de potasse qui réagit et qui se combine à l'acide, dans la réaction, est placé en dehors de chacun des termes de la formule qui représente la réaction, afin de mettre en évidence, dans toute sa simplicité, la régénération de l'alcool et de l'acide qui ont donné naissance à un éther.

phosphorique, ACIDE TRIBASIQUE, *vis-à-vis des alcools monobasiques*, et nous verrons que, de même que l'acide phosphorique tribasique peut donner 3 espèces d'éther en réagissant sur un alcool monoatomique, l'acide vinique, par exemple, la glycérine peut aussi donner 3 espèces d'éther en réagissant sur un acide monobasique, l'acide acétique, par exemple, ou sur un hydracide, l'acide chlorhydrique, par exemple. En effet :

I. ACIDE PHOSPHORIQUE, $PhO^5, 3HO$, *acide tribasique, qui réagit sur l'alcool vinique.*

(I.) *Réaction :*

$$\underbrace{PhO^5,3HO}_{\text{Acide phosphorique.}} + \underbrace{C^4H^6O^2}_{\text{Alcool.}} = \underbrace{PhO^5, C^4H^5O, 2HO}_{\text{1}^{\text{er}}\text{ éther.}} + 2HO.$$

(II.) *Réaction :*

$$PhO^5, 3HO + 2(C^4H^6O^2) = \underbrace{PhO^5, 2(C^4H^5O), HO}_{\text{2}^{\text{e}}\text{ éther.}} + 4HO.$$

(III.) *Réaction :*

$$PhO^5, 3HO + 3(C^4H^6O^2) = \underbrace{PhO^5, 3(C^4H^5O)}_{\text{3}^{\text{e}}\text{ éther.}} + 6HO.$$

II. GLYCÉRINE, $C^6H^8O^6$, *alcool triatomique, traité par l'acide acétique.*

(I.) *Réaction :* $\underbrace{C^6H^8O^6}_{\text{Glycérine.}} + \underbrace{C^4H^4O^4}_{\text{Acide acétique.}} = \underbrace{C^{10}H^{10}O^8}_{\text{Monoacétine.}} + 2HO.$

(II.) *Réaction :* $C^6H^8O^6 + 2(C^4H^4O^4) = \underbrace{C^{14}H^{12}O^{10}}_{\text{Diacétine.}} + 4HO.$

(III.) *Réaction :* $C^6H^8O^6 + 3(C^4H^4O^4) = \underbrace{C^{18}H^{14}O^{12}}_{\text{Triacétine.}} + 6HO.$

III. GLYCÉRINE, $C^6H^8O^6$, *alcool triatomique, traité par l'acide chlorhydrique.*

(I). *Réaction :* $\underbrace{C^6H^8O^6}_{\text{Glycérine.}} + \underbrace{ClH}_{\text{Al. chlorhydrique.}} = \underbrace{C^6H^7Cl\,O^4}_{\text{Monochlorhydrine.}} + 2HO.$

(II.) *Réaction :* $C^6H^8O^6 + 2ClH = \underbrace{C^6H^6Cl^2O^2}_{\text{Dichlorhydrine.}} + 4HO.$

(III.) *Réaction :* $C^4H^8O^6 + 3ClH = \underbrace{C^6H^5Cl^3}_{\text{Trichlorhydrine.}} + 6HO.$

Les trois ACÉTINES *ou* CHLORHYDRINES *ainsi formées, traitées par l'hydrate de potasse, fixent* 2, 4 *ou* 6 *équivalents d'eau et régénèrent* 1 *équivalent de glycérine et* 1, 2 ou 3 *équivalents d'acide acétique ou d'acide chlorhydrique* qui se combinent à l'alcali.

La glycérine est donc à l'alcool vinique ce que l'acide phosphorique ordinaire est aux acides monobasiques.

La glycérine est un ALCOOL TRIATOMIQUE, *comme l'acide phosphorique ordinaire est un* ACIDE TRIBASIQUE.

Le glycol est un ALCOOL BIATOMIQUE, *placé entre l'alcool vinique, monoatomique, et la glycérine, alcool triatomique :* de là son nom qui rappelle la GLYCÉRINE et l'ALCOOL.

STÉARINE. $C^{114}H^{110}O^{12}$.

Par l'étude de la stéarine, on se fait une idée générale de la composition des propriétés les plus essentielles et de la préparation des autres principes immédiats des corps gras.

ORIGINE.

Elle existe dans toutes les graisses animales et dans plusieurs huiles végétales.

COMPOSITION.

La glycérine, qui, ainsi que nous venons de le voir, donne trois produits avec l'acide acétique, se comporte de la même manière avec les autres acides monobasiques, tels que l'acide stéarique. Aussi,

IL EXISTE TROIS STÉARINES (M. Berthelot) :

(I.) *La monostéarine :*

Réaction : $\underbrace{C^{36}H^{36}O^{4}}_{\text{Acide stéarique.}} + \underbrace{C^{6}H^{8}O^{6}}_{\text{Glycérine.}} = \underbrace{C^{42}H^{42}O^{8}}_{\text{Monostéarine.}} + 2HO.$

(II.) *La distéarine :*

Réaction : $2(C^{36}H^{36}O^{4}) + C^{6}H^{8}O^{6} = \underbrace{C^{78}H^{76}O^{10}}_{\text{Distéarine.}} + 4HO.$

(III.) *La tristéarine :*

Réaction : $3(C^{36}H^{36}O^{4}) + C^{6}H^{8}O^{6} = \underbrace{C^{114}H^{110}O^{12}}_{\text{Tristéarine ou stéarine.}} + 6HO.$

LA STÉARINE NATURELLE EST DE LA TRISTÉARINE.

Elle résulte de l'union de 3 *équivalents d'acide stéarique et de* 1 *équivalent de glycérine, avec élimination de* 6 *équivalents d'eau* (III).

PRÉPARATION.

On fait chauffer le suif de mouton, par exemple, avec 8 ou 10 fois son volume d'essence de térébenthine. La stéarine, qui s'est dissoute, se précipite par le refroidissement.

On exprime fortement cette stéarine, encore impure, entre des feuilles de papier buvard pour en séparer la *margarine* et l'*oléine* en dissolution.

On répète plusieurs fois la même opération, jusqu'à ce que son point de fusion soit devenu constant.

On la dissout une dernière fois dans l'éther bouillant qui la laisse déposer presque tout entière par le refroidissement sous forme de lamelles brillantes et nacrées.

PROPRIÉTÉS.

Solide et *cristallisée* en lamelles brillantes et nacrées.

Blanche.

Inodore et *insipide.*

SOLUBILITÉ :

Dans l'eau, nulle.

Dans l'alcool bouillant, assez grande. 7 parties d'alcool bouillant dissolvent 1 partie environ de stéarine, qui se dépose en partie par le refroidissement.

Dans l'éther bouillant, plus grande encore. L'éther saturé à chaud n'en retient à froid qu'une très-faible proportion.

CHALEUR :

La fond à 62° et elle constitue, en se solidifiant, une masse analogue à la cire.

La décompose à une température plus élevée.

Densité : plus faible que celle de l'eau qu'elle surnage.

Brûle comme de la cire, avec une flamme blanche éclairante.

BASES : *donnent des stéarates* ou SAVONS STÉARIQUES.

ACIDE STÉARIQUE. $C^{36}H^{36}O^{4}$.

PRÉPARATION.

En saponifiant la stéarine pure par la potasse.

En décomposant le stéarate, ainsi formé, par un acide qui met en liberté l'acide stéarique insoluble.

En purifiant l'acide, ainsi obtenu, par plusieurs cristallisations dans l'alcool.

PROPRIÉTÉS.

Solide et *cristallisé* en aiguilles brillantes.

Blanc.

Inodore et *insipide.*

SOLUBILITÉ :

Dans l'eau, nulle.

Dans l'alcool et dans l'éther bouillants, en toutes proportions.

CHALEUR :

Le fond à 70°.

Le décompose à 300°.

Densité : moindre que celle de l'eau qu'il surnage.

Rougit faiblement le tournesol.

Brûle comme de la cire, avec une flamme blanche éclairante.

BASES : *donnent des stéarates* ou SAVONS STÉARIQUES.

USAGES.

Constitue en grande partie les bougies stéariques.

STÉARATES NEUTRES. $C^{36}H^{35}O^{3}, MO$.

Les stéarates neutres de potasse, de soude et d'ammoniaque sont solubles dans l'eau.

Ils sont précipités de leurs dissolutions par le sel marin, propriété importante et dont on tire parti dans la fabrication des savons; car elle permet de les laver et de leur enlever ainsi l'excès d'alcali qu'ils pourraient contenir.

Les stéarates des autres bases sont insolubles dans l'eau.

Ce que nous venons de dire pour les stéarates s'applique également aux *margarates* et aux *oléates.*

BOUGIES STÉARIQUES.

Elles tendent à faire disparaître de plus en plus la CHANDELLE, *formée par le suif fondu autour d'une mèche en coton.* Cela tient à ce que les acides gras qui remplacent le suif fondu sont sans odeur, sont moins fusibles et plus facilement combustibles que lui, et brûlent sans odeur et avec éclat, comme les bougies de cire.

HISTORIQUE.

L'invention des bougies stéariques est due à M. CHEVREUL, car elle est venue à la suite de ses beaux travaux sur les corps gras.

COMPOSITION.

Elles sont faites avec un mélange d'*acide stéarique* fusible à 70°, et d'*acide margarique* fusible à 60°.

FABRICATION.

I. Extraction des acides.

On saponifie le suif fondu en le traitant à chaud par la chaux.

Le SAVON DE CHAUX, *ainsi formé, est insoluble : il est constitué par un mélange de* STÉARATE, *de* MARGARATE *et d'*OLÉATE *de chaux.*

La GLYCÉRINE *reste en dissolution dans l'eau.*

On sépare et on lave le savon de chaux obtenu.

On traite par l'acide sulfurique le savon de chaux ainsi débarrassé des eaux mères, et remis en présence de l'eau chaude.

L'acide s'empare de la chaux pour former du sulfate de chaux presque insoluble qui se précipite, et les acides gras mis en liberté et en fusion viennent nager à la surface de l'eau.

On lave les acides qui se sont pris en masse par le refroidissement.

On presse la masse refroidie et lavée qui laisse écouler l'acide oléique, liquide à la température ordinaire. Celui-ci retient en dissolution une proportion encore assez forte d'acide stéarique et d'acide oléique, qu'il laisse déposer en partie après un séjour prolongé dans un lieu froid.

On fond le tourteau qui renferme l'acide stéarique et l'acide margarique avec un peu d'acide sulfurique, pour enlever les dernières traces de chaux que ces acides peuvent encore retenir, et le liquide est clarifié avec l'albumine qui en se coagulant entraîne toutes les impuretés que les acides gras peuvent encore tenir en suspension.

II. Confection des bougies.

On coule les acides en fusion dans des moules dans l'axe desquels se trouve une mèche de coton tressée, imprégnée d'acide borique. Par suite du tressage de la mèche, celle-ci se courbe légèrement à mesure que la bougie brûle, de telle sorte que son extrémité sort de la flamme et se consume au contact de l'air. L'acide borique a été ajouté pour vitrifier les cendres.

SAVONS.

COMPOSITION.

Ce sont de véritables sels formés par la combinaison des acides gras avec les bases.

Les savons du commerce sont constitués par un mélange de plusieurs sels dont les acides gras sont différents, la base alcaline étant la même.

Exemple :

Le savon fait en saponifiant par la soude l'huile d'olive,
mélange de *stéarine,*
de *margarine,*
et d'*oléine,*
est un mélange de *stéarate,*
de *margarate,*
et d'*oléate* de soude.

PRÉPARATION.

I. Savons solubles.

1° *Dans le* laboratoire, en unissant directement les acides gras à la potasse, à la soude ou à l'ammoniaque.

2° *Dans l'*industrie, *et sur une très-grande échelle, en saponifiant les huiles, les graisses, les suifs, etc.,* par des dissolutions alcalines bouillantes.

Elle nécessite une série d'opérations que nous ne pouvons pas même signaler ici, parce que chaque opération demande trop de développements pour être bien comprise.

Nous ferons remarquer que le sel marin *joue un grand rôle dans cette fabrication,* parce qu'il rend les savons insolubles. En effet :

Lorsqu'on l'introduit dans la première lessive de saponification, lessive d'empatage, il permet d'écouler cette lessive avec les impuretés qu'elle renferme, telles que la glycérine, etc., puisqu'elle peut se séparer du savon qu'il rend insoluble et qui la surnage.

Cette lessive écoulée est remplacée par de nouvelles lessives alcalines et salées, qui saponifient de plus en plus le corps gras, et qu'on écoule à leur tour avec les impuretés qu'elles renferment et qu'elles ont enlevées au savon.

Lorsque la saponification est complète, on peut, grâce à

l'emploi de lessives salées et très-faiblement chargées d'alcali, laver le savon et le débarrasser de l'excès d'alcali qu'il renferme.

C'est donc grâce au SEL MARIN *qu'on peut remplacer les lessives épuisées, et compléter ainsi la saponification et purger le savon des impuretés qui nuiraient à sa bonne qualité.*

II. Savons insolubles.

Par double décomposition.

PROPRIÉTÉS.

Dureté.

D'autant plus durs que le corps gras soumis à la saponification est moins fusible.

Les savons de soude, toutes choses égales d'ailleurs, sont plus durs que les savons de potasse.

Les SAVONS DURS sont à base de soude.

Les SAVONS MOUS sont à base de potasse.

Solubilité.

1° *Dans l'eau :*

Sont solubles : les savons de soude, de potasse et d'ammoniaque seulement.

Sont insolubles : tous les autres.

Aussi les savons solubles précipitent un savon de chaux dans une eau calcaire qui est par conséquent impropre au savonnage.

2° *Dans l'eau salée :*

Sont insolubles : tous.

3° *Dans l'alcool et l'éther :*

Sont solubles : les savons de soude, de potasse, d'ammoniaque, de cuivre, de protoxyde de fer et de manganèse seulement.

Sont insolubles : tous les autres.

SAVONS DURS.

I. Blancs.

Ils sont très-purs et ne renferment pas de savon d'alumine et de fer coloré par le sulfure de fer.

Ils sont donc de meilleur choix pour les opératoins les plus délicates qui nécessitent l'emploi du savon.

Mais il faut se garder contre la fraude qui peut y incorporer des quantités d'eau considérables. Ainsi, ils peuvent renfermer 50 pour 100 d'eau et même plus; tandis qu'un savon ne doit renfermer que 30 à 33 pour 100 d'eau de constitution.

II. MARBRÉS.

Ils renferment du savon d'alumine et de fer coloré par le sulfure de fer.

Leur coupe donne une surface à fond blanc parcourue par des veines bleues qui se distribuent dans toute l'épaisseur de leur masse. Ces veines bleues qui apparaissent à la surface s'effacent au contact de l'air, par suite de l'oxydation du sulfure, et la marbrure disparaît.

Ils sont moins purs que les savons blancs; mais leur mode de fabrication rend impossible l'addition d'un excès d'eau : aussi n'en renferment-ils que 30 à 33 pour 100.

Les savons blancs ou marbrés, préparés loyalement, contiennent pour 100 :

60 à 62 d'*acides gras anhydres,*
6,5 à 7 de *soude anhydre,*
30 à 33 d'*eau,*
0,5 à 1 de *matières inorganiques insolubles.*

SAVONS MOUS.

Ils sont à base de potasse.

Verts ou *noirs :* selon les huiles employées et les matières colorantes qu'on y a introduites.

Tous renferment un excès d'alcali, les impuretés que celui-ci apporte avec lui et la glycérine qui provient du corps gras saponifié.

Ils renferment 50 *pour* 100 *d'eau environ.*

PRÉPARATION.

On fait bouillir l'huile avec la lessive caustique de potasse jusqu'à homogénéité et demi-transparence.

On concentre pour chasser l'excès d'eau.

On le coule dans des tonneaux lorsqu'il a acquis une consistance convenable.

Il est bien évident qu'un savon ainsi préparé renferme toutes les impuretés que contiennent les matières premières qui servent à sa fabrication, ainsi que la totalité de la glycérine.

HUILES VOLATILES OU ESSENTIELLES.

SYNONYMIE : *essences, principes odorants des végétaux.*

ORIGINE.

Principes odorants des plantes qui croissent plus spécialement dans les pays chauds.

On les rencontre dans les parties les plus différentes des végétaux.

Exemples :

Essence de citron : dans le zeste du citron;

Essence de térébenthine : dans le liquide plus ou moins visqueux qui s'écoule des ouvertures naturelles ou artificielles de l'écorce de certains arbres, le *pin,* par exemple.

Elles existent dans les plantes en quantité très-variable, et souvent très-minime.

Elles préexistent presque toujours.

Elles ne préexistent pas dans quelques cas moins fréquents et ne se forment que lorsque la plante ou une des parties fournies par la plante est mise en contact avec l'eau.

Exemples :

1° *Essence d'amandes amères,* qui est un des produits qui proviennent de la décomposition d'une substance qu'on appelle *amygdaline* sous l'influence de l'*eau* et d'une matière albuminoïde, *synaptase,* que renferme l'amande.

Réaction :

$$\underbrace{C^{40}H^{27}AzO^{22}}_{\text{Amygdaline.}} = \underbrace{(C^2Az)H}_{\text{Acide cyanhydrique.}} + \underbrace{2(C^{14}H^6O^2)}_{\text{Essence d'amandes amères.}} + \underbrace{C^6H^7O^7}_{\text{Glucose.}} + \underbrace{2(C^2H^2O^4)}_{\text{Acide formique.}} + 3HO.$$

2° *Essence de moutarde.*

Elles peuvent être préparées artificiellement; ainsi,

La SALICINE *se transforme par oxydation en une huile essentielle* qui est identique avec l'*essence des fleurs de reine des prés.*

On reproduit artificiellement l'huile de GAULTHERIA en traitant par l'acide sulfurique un mélange d'acide salicylique et d'esprit de bois.

EXTRACTION.

I. PAR PRESSION : *tel est le moyen qu'on emploie pour extraire l'essence de citron,* qu'on obtient par la pression du zeste du citron, parce que sous l'influence de la chaleur, elle perdrait l'odeur suave qui la caractérise pour prendre une odeur térébenthinée, si on voulait la retirer par distillation.

II. PAR DISSOLUTION : *dans le* SULFURE DE CARBONE, *par exemple*, dont on les sépare par la chaleur qui chasse ce dissolvant, à la température assez basse de 44°.

Ce moyen est employé pour les essences qui sont très-altérables par la chaleur.

III. PAR DISTILLATION :

En distillant avec de l'eau, dans un alambic ordinaire, les diverses parties des végétaux qui contiennent des huiles essentielles, telles que les *pétales de rose*, les *fleurs d'oranger*, etc. Celles-ci sont enveloppées dans des sacs, ou renfermées dans un vase percé de trous, ou enfin placées sur un double fond également percé de trous, afin qu'elles ne reçoivent pas l'action directe du feu et qu'il ne puisse pas se former de produits empyreumatiques.

Les huiles essentielles, quoique entrant en ébullition à une température bien supérieure à 100°, distillent à cette température parce qu'elles sont entraînées par la vapeur d'eau.

Lorsque le point d'ébullition de l'essence est très-élevé, on peut retarder le point d'ébullition de l'eau en l'additionnant de sel marin.

L'eau et l'essence qui proviennent des vapeurs condensées sont recueillies dans un *récipient florentin* (*fig.* 117, *Pl. XIV*), lorsque l'essence est plus légère que l'eau. Ce récipient laisse l'eau s'écouler en *b*, tandis que l'huile essentielle, qui surnage l'eau, reste en *a*.

L'eau qui distille avec l'essence en dissout souvent une quantité suffisante pour en conserver l'odeur : aussi est-elle quelquefois recherchée ; telle est l'*eau de fleurs d'oranger*.

*Ces eaux portent en pharmacie le nom d'*EAUX DISTILLÉES.

La plupart des huiles essentielles brutes sont des mélanges de divers corps. Elles tiennent ordinairement en dissolution des corps solides, solubles à la température ordinaire, et qu'elles déposent sous forme de cristaux par le refroidissement.

On nomme la partie solide *stéaroptène*
et la partie liquide *élaoptène*.

PROPRIÉTÉS.

Solides ou *liquides.*

Colorées en jaune, généralement; mais cette couleur ne leur est pas essentielle.

Incolores à l'état de pureté, sauf quelques exceptions.

Odeur forte et qui varie beaucoup suivant les espèces.

Saveur brûlante.

Non onctueuses au toucher comme les huiles grasses.

Tachent le papier; mais la tache finit par disparaître parce que l'huile s'évapore. Elle disparaît très-promptement lorsqu'on chauffe la feuille de papier.

SOLUBILITÉ.

Dans l'eau, généralement assez faible. Les eaux ainsi aromatisées, pendant la distillation des essences, portent en pharmacie le nom d'*eaux distillées.*

Dans l'alcool, l'éther et les huiles grasses, assez grande.

L'eau versée dans de l'alcool qui tient des essences en dissolution en sépare les essences dans un grand état de division : ce sont ces essences, extrêmement divisées dans l'eau, qui donnent au liquide l'aspect laiteux. C'est ce qui se produit lorsqu'on mélange l'*eau de Cologne* à l'eau.

ACTION DE LA CHALEUR.

Elle les vaporise de 140 à 200°, généralement autour de 160°.

Elle les altère assez souvent, malgré leur volatilité.

ACTION DE L'AIR.

Il les oxyde en les rendant plus épaisses et en les transformant peu à peu en résines.

Elles s'y enflamment et brûlent avec une flamme fuligineuse par suite de leur grande richesse en charbon.

Densité : généralement plus faible que celle de l'eau.

USAGES.

Employées dans la médecine, la parfumerie, la peinture, la fabrication des vernis.

CLASSIFICATION.

Trois classes :

PREMIÈRE CLASSE. *Essences non oxygénées,* ou *hydrocarbonées.*

Les essences qui appartiennent à cette classe sont généra-

lement congénères de l'essence de térébenthine et elles se combinent à l'acide chlorhydrique gazeux pour former des composés qu'on appelle *camphres artificiels.*

Elles se rapportent presque toutes à trois types bien nets :

1° Le type $C^{20}H^{16}$ dont le camphre est ClH, $C^{20}H^{16}$,
2° Le type $C^{10}H^{8}$ » ClH, $C^{10}H^{8}$,
3° Le type $C^{15}H^{12}$ » ClH, $C^{15}H^{12}$.

EXEMPLES :

Essence de térébenthine..... $C^{20}H^{16}$,
Essence de citron............ $C^{10}H^{8}$,
Essence de cubèbe........... $C^{15}H^{12}$.

DEUXIÈME CLASSE. *Essences oxygénées.*

Les essences qui appartiennent à cette classe possèdent des propriétés bien différentes.

Elles se rapportent à trois types bien nets :

1° Le type alcool.

2° Le type aldéhyde.

3° Le type éther.

EXEMPLES.

1. *Essence de pomme de terre :*

$C^{10}H^{12}O^{2}$, *alcool* appartenant à la série de l'*alcool vinique,*
Etc.

2. *Essence d'amandes amères :*

$C^{14}H^{6}O^{2}$, *aldéhyde de l'alcool benzoïque.*

3. *Essence de gaultheria :*

$C^{16}H^{8}O^{6}$, *éther salicylique de l'alcool méthylique.*

TROISIÈME CLASSE. *Essences sulfurées.*

EXEMPLES :

Essence d'ail............... $C^{6}H^{5}S$,
Essence de moutarde........ $C^{8}H^{5}AzS^{2}$.

ESSENCE DE TÉRÉBENTHINE.

ORIGINE.

Renfermée dans le liquide visqueux et limpide qui s'écoule des ouvertures naturelles ou artificielles de l'écorce des pins, sapins et mélèzes, et surtout du pin maritime, et qu'on appelle *térébenthine.*

EXTRACTION.

On distille la térébenthine, qui est un mélange d'essence et de résine appelé *colophane.*

L'essence brute ainsi préparée renferme toujours un peu de résine et est colorée.

On la purifie en la redistillant avec de l'eau, en la desséchant ensuite sur du chlorure de calcium, et enfin en distillant une troisième fois le produit ainsi desséché.

PROPRIÉTÉS.

Liquide.

Incolore.

Saveur brûlante.

Odeur spéciale.

SOLUBILITÉ :

Dans l'eau, nulle.

Dans l'alcool, l'éther et le sulfure de carbone, assez grande.

Bout à 156°.

Densité de sa vapeur = 4,698.

Densité = 0,87.

Eau : s'y combine pour former les hydrates cristallisés suivants :

$HO, C^{20}H^{16}$,
$2HO, C^{20}H^{16}$,
$4HO, C^{20}H^{16}$,
$6HO, C^{20}H^{16}$.

Air : l'oxyde en la transformant en une résine qui durcit peu à peu et qui présente beaucoup d'analogie avec la *colophane.*

ACTION DE L'ACIDE CHLORHYDRIQUE GAZEUX.

Il s'y dissout en grande quantité et donne naissance à deux *camphres artificiels,* l'un solide et l'autre liquide.

I. CAMPHRE ARTIFICIEL SOLIDE.

Composition : $ClH, C^{20}H^{16}$.

1 équivalent, ou 4 volumes, d'acide chlorhydrique est combiné à 1 équivalent, ou 4 volumes, d'essence de térébenthine.

Blanc et *cristallisé.*

Odeur du camphre naturel.

Chaleur :

Le fond à 150°.

Le volatilise à 170°, en l'altérant.

Densité : plus faible que celle de l'eau.

II. Camphre artificiel liquide.

Composition : ClH, $C^{20}H^{16}$.

Celle du camphre artificiel solide.

L'essence de térébenthine est donc un mélange de deux essences isomères qui donnent l'une un camphre solide, l'autre un camphre liquide.

Action de l'acide sulfurique.

Il transforme l'essence de térébenthine en deux produits isomères, qui sont le térébène *et le* colophène.

I. Térébène :

Bout à 156° comme l'essence qui l'a produit.

Donne un camphre artificiel, 2ClH, $C^{20}H^{16}$, qui renferme une quantité double d'acide chlorhydrique.

Odeur du thym.

II. Colophène :

Bout à 310°.

Ne donne pas de camphre artificiel.

RÉSINES.

Elles sont difficiles à définir chimiquement et leur étude laisse beaucoup à désirer.

Leur nombre est considérable. On n'a guère étudié que celles qui ont de l'importance par leurs applications industrielles ou pharmaceutiques.

ORIGINE.

Très-répandues dans le règne végétal et dans les parties les plus diverses des plantes.

Elles se trouvent le plus ordinairement dans le liquide visqueux qui s'écoule des ouvertures naturelles ou artificielles de l'écorce de certains végétaux, mêlées à des huiles essentielles qui les entraînent à l'état de dissolution.

Elles dérivent en général de l'huile essentielle qui se résinifie en absorbant l'oxygène : c'est ainsi que la *térébenthine* s'épaissit de plus en plus à l'air, parce que l'essence qu'elle renferme se transforme peu à peu par oxydation en *colophane* ou *arcanson.*

Chaque résine naturelle renferme plusieurs résines que l'on peut isoler en les traitant par plusieurs dissolvants. Cette opération est souvent très-difficile.

EXTRACTION.

On les sépare des huiles essentielles auxquelles elles sont mêlées par la distillation à feu nu ou bien en présence de l'eau : les résines restent comme résidu fixe.

PROPRIÉTÉS.

Solides et *non cristallisées :* le plus souvent sous forme de gouttes.

Cristallisées : lorsqu'elles sont pures, mais jamais nettement.

Consistance variable.

Colorées en jaune ou en brun, lorsqu'elles sont impures.
Incolores, lorsqu'elles sont pures.
Translucides souvent.

Transparentes quelquefois.

Cassantes : leur cassure est *conchoïde* et brillante.

Odeur et *saveur :* faibles, ordinairement.
nulles, lorsqu'elles sont pures.

Mauvais conducteurs de l'électricité.

SOLUBILITÉ :

Dans l'eau, nulle.

Dans l'alcool, l'éther, les huiles essentielles, les huiles fixes, le sulfure de carbone, etc., généralement solubles et en proportions très-variables.

CHALEUR :

Les fait entrer en fusion.

Les décompose à une température plus élevée, car elles ne sont pas volatiles.

Acides faibles : pour la plupart; aussi les alcalis dissolvent souvent les résines.

Neutres : quelques-unes.
Brûlent avec une flamme fuligineuse.

GOMMES-RÉSINES.

Ce sont des corps encore très-mal définis, tels que la *gomme ammoniaque*, l'*assa fœtida*, etc.

Ce sont des mélanges de RÉSINES *avec des* MATIÈRES ALBUMINOÏDES, *des* GOMMES *et des* HUILES VOLATILES.

BAUMES.

Ce sont des corps encore très-mal définis, tels que la *térébenthine,* le *baume de Tolu,* le *baume du Pérou,* le *baume de benjoin,* etc.

Ce sont des liquides odorants qui s'écoulent de certains végétaux ou qu'on en extrait.

*Ce sont des dissolutions de résines dans des huiles essentielles et contenant, en général, de l'*ACIDE BENZOÏQUE *ou de l'*ACIDE CINNAMIQUE.

VERNIS.

Ce sont des dissolutions d'une ou plusieurs résines, gommes-résines ou baumes dans l'alcool, les essences ou les huiles siccatives, qu'on étend en couches minces sur le bois, les métaux ou la toile.

La partie volatile du vernis s'évapore et laisse une couche mince, transparente et adhérente des produits fixes que nous avons signalés.

Ils protégent les corps qu'ils recouvrent contre l'action de l'air et leur donnent un aspect vitreux et un brillant particulier.

La qualité d'un vernis dépend, en général, de la dureté de la résine qu'il tient en dissolution.

Les vernis à l'alcool sèchent rapidement.

Les vernis à l'essence et à l'huile siccative sèchent plus lentement, mais ils sont plus solides, ils adhèrent mieux et s'écaillent moins.

C'est un VERNIS À L'ALCOOL *qui sert au vernissage des meubles :* il supporte le poli, mais ils est moins solide.

C'est un VERNIS À L'ESSENCE *qu'on applique sur les tableaux.*

C'est un VERNIS À L'HUILE SICCATIVE (*vernis gras*) *qui sert à recouvrir le bois dans la carrosserie.*

EXEMPLES :

1° *Vernis à l'alcool pour meubles.*

Copal tendre..	90
Sandaraque..............	180
Mastic..................	90
Térébenthine claire.......	128
Alcool..................	1000

2° *Vernis à l'essence pour tableaux.*

Mastic..................	360
Térébenthine............	45
Camphre................	15
Essence de térébenthine ...	1000

3° *Vernis gras pour bois et métaux.*

Succin..................	500
Huile de lin..............	60
Huile de lin cuite.........	750

ALCALIS ORGANIQUES.

Le règne organique ne renferme pas seulement des *composés neutres* et des *composés acides*, il renferme aussi des *composés basiques*, qui forment avec les acides de véritables sels.

SYNONYMIE.

Alcaloïdes, bases organiques.

HISTORIQUE.

Derosne, en 1803, signala dans l'opium une substance cristalline à laquelle il reconnut un caractère alcalin.

Serturner, en 1817, montra que cette substance était une base, puisqu'elle saturait les acides.

Le nombre des ALCALIS ORGANIQUES *retirés des végétaux est maintenant considérable.*

Le nombre des ALCALIS ORGANIQUES ARTIFICIELS, *c'est-à-dire préparés dans le laboratoire, est également considérable :* c'est même en étudiant ces produits et leur mode de formation qu'on a pu se former une idée sur leur nature.

Ils sont toujours à l'état de sels dans les végétaux.

COMPOSITION.

Ils contiennent toujours de l'azote combiné avec du carbone, de l'hydrogène et de l'oxygène, quelquefois avec les deux premiers corps seulement.

PROPRIÉTÉS.

Ils présentent une grande ressemblance avec l'ammoniaque. En effet :

1° Comme le gaz ammoniac, ils se combinent directement avec les acides sans élimination d'eau.

2° Comme le gaz ammoniac, ils ne jouent le rôle de bases que lorsqu'ils se sont associés aux éléments de l'eau.

3° Comme les sels ammoniacaux, leurs sels traités par le chlorure de platine précipitent un chlorure double de platine et d'alcaloïde.

4° Comme les dissolutions ammoniacales, les dissolutions des alcaloïdes sont décomposées par le réactif de *Schulze,* qui est de l'acide phosphorique dans lequel on a versé goutte à goutte du perchlorure d'antimoine.

Solides ordinairement.

Liquides, quelques-uns.

Exemples :

Les alcaloïdes du *tabac ;*

» de la *ciguë.*

Un grand nombre d'*alcaloïdes artificiels.*

Cristallisés ou

Amorphes.

Action de la chaleur.

I. *Elle volatilise quelques alcaloïdes.*

Exemples :

Les alcaloïdes liquides du tabac ;

» de la ciguë ;

Un alcaloïde solide, la cinchonine, retiré de l'écorce du quinquina, et qui se sublime à une température peu élevée.

Les alcaloïdes volatils sont généralement dépourvus d'oxygène.

II. *Elle décompose avec dégagement de vapeurs ammoniacales tous les alcaloïdes qui sont fixes* et par conséquent tous ceux qui sont solides, moins la *cinchonine.*

Solubilité :

1° *Dans l'eau,* généralement faible.

2° *Dans l'alcool, l'éther* ou *dans un mélange de ces deux corps,* généralement assez grande.

Saveur : ordinairement âcre et amère.

Air : ne les altère pas même quand il est humide.

Sirop de violettes : verdi par les alcaloïdes.

Action des acides.

Ils saturent les acides même les plus énergiques.

Ils forment des sels solubles et cristallisables, comme le sont généralement les

sulfates;
azotates;
chlorhydrates;
acétates;

ou insolubles, comme le sont généralement les

tartrates;
oxalates;
gallates;
tannates surtout.

Les sels qu'ils forment sont soumis aux lois qui régissent les composés salins.

ACTION SUR L'ÉCONOMIE ANIMALE : *très-énergique.*

A petites doses, ils constituent des médicaments précieux.

A plus fortes doses, ils constituent des poisons.

PRÉPARATION.

On les extrait des végétaux dans lesquels ils préexistent.

Le procédé de préparation diffère selon que l'alcaloïde est

insoluble dans l'eau;
soluble dans l'eau;
volatil.

I. ALCALOÏDES INSOLUBLES DANS L'EAU.

Ils sont ordinairement retirés des végétaux en opérant de la manière suivante :

On épuise le végétal qui le contient par de l'eau acidulée.

On précipite ensuite l'alcaloïde de son sel soluble par

l'*ammoniaque,*
la *chaux* ou
la *magnésie.*

On dissout l'alcaloïde, ainsi précipité, dans l'alcool ou l'éther qui ne dissolvent pas les bases minérales qui ont été employées pour le précipiter.

On fait cristalliser.

Pour débarrasser l'alcaloïde, ainsi obtenu, des matières étrangères qui peuvent le colorer, on le sature avec un acide; on traite la dissolution qui renferme le sel par du charbon animal et on le précipite de nouveau: repris alors par l'alcool ou l'éther, il cristallise de nouveau, mais à un état de pureté qui ne laisse rien à désirer.

II. ALCALOÏDES SOLUBLES DANS L'EAU.

Ils sont plus difficiles à extraire.

On épuise le végétal par de l'eau acidulée.

On forme ainsi des sels cristallisables qu'on décolore par le charbon animal et qu'on purifie par plusieurs cristallisations.

On précipite ensuite l'acide qui se trouve uni à la base.

III. ALCALOÏDES VOLATILS.

On distille le végétal avec un excès de potasse ou de chaux.

*L'alcaloïde distille, mêlé ordinairement avec de l'*AMMONIAQUE.

On sature l'alcaloïde qui a distillé avec un acide, et on purifie le sel ainsi formé comme nous venons de le dire.

Le sel qui renferme l'alcaloïde est facilement séparé du sel ammoniacal à l'aide de l'alcool, si l'on a eu soin de choisir un acide qui forme avec l'alcaloïde un sel soluble dans l'alcool, et avec l'ammoniaque un sel insoluble dans ce dissolvant.

QUININE.

Alcaloïde retiré de l'écorce du quinquina jaune, qui en contient de plus fortes proportions que l'écorce des autres *quinquinas.*

Principe actif qui donne à l'écorce de quinquina ses propriétés antipériodiques.

Il n'est pas le seul alcaloïde que contient l'écorce du quinquina.

HISTORIQUE.

Extraite pour la première fois en 1820 par PELLETIER *et* CAVENTOU.

COMPOSITION. $C^{40}H^{24}Az^{2}O^{4}$, *à l'état anhydre.*

Lorsqu'elle est précipitée de son sulfate par l'ammoniaque, elle contient 14,28 pour 100 d'eau ou 6 équivalents d'eau d'hydratation, et a la composition suivante :

$$C^{40}H^{24}Az^{2}O^{4}, 6HO,$$ *à l'état d'hydrate.*

PROPRIÉTÉS.

Poudre blanche, amorphe.

Il fond à 120° et il perd son eau d'hydratation.

SOLUBILITÉ :

1° *Dans l'eau,* très-faible : elle se dissout dans 400 parties d'*eau froide*,
et 250 parties d'*eau chaude.*

2° *Dans l'alcool,* beaucoup plus grande.

3° *Dans l'éther,* également beaucoup plus grande, ce qui permet de la séparer de la *cinchonine* et des autres alcaloïdes que renferme l'écorce du quinquina qui sont insolubles dans ce dissolvant.

Potasse en dissolution très-concentrée et chaude: agit sur elle en dégageant de l'hydrogène, et il distille de la QUINOLÉINE, $C^{36}H^{14}Az^2$, alcaloïde qu'on trouve également dans les produits de la distillation de la houille et qu'on retire de l'huile de goudron.

PROPRIÉTÉ CARACTÉRISTIQUE qui permet de la distinguer des autres bases organiques :

Les sels de quinine étendus d'eau, ou la quinine qu'on sature par un acide étendu d'eau, verdissent lorsqu'on les traite successivement par une dissolution de chlore et par quelques gouttes d'ammoniaque, *et, si l'ammoniaque est en excès, la couleur verte vire au violet et finalement au rouge.*

PRÉPARATION. (Voyez *Préparation des alcaloïdes,* p. 569.)

On épuise l'écorce de quinquina jaune réduite en poudre par de l'eau acidulée avec l'acide chlorhydrique.

On verse dans les liqueurs réunies du lait de chaux jusqu'à réaction légèrement alcaline.

On dessèche le dépôt qui s'est formé et qu'on a exprimé sous une presse.

On épuise par l'alcool bouillant le dépôt ainsi séché.

On distille les trois quarts de l'alcool.

On ajoute de l'acide sulfurique jusqu'à réaction légèrement acide au quart d'alcool restant.

On décolore par le noir animal la dissolution alcoolique de sulfate de quinine ainsi obtenu.

On fait cristalliser le sulfate de quinine.

On traite par l'ammoniaque le sulfate de quinine mis en dissolution dans l'eau, et il se précipite de la quinine sous forme de poudre blanche.

SULFATE DE QUININE.

C'est le sel le plus employé parmi ceux que la quinine forme avec les acides.

COMPOSITION. $SO^3, C^{40}H^{24}Az^2O^4, HO, 7HO$.

Le premier équivalent d'eau donne à la quinine, comme au gaz ammoniac, ses propriétés basiques.

PROPRIÉTÉS.

Cristallise en aiguilles blanches soyeuses et flexibles, ou en lamelles très-légères.

Saveur très-amère.

Action de la chaleur.

Il fond très-facilement.

A 120°, il perd la totalité de son eau.

Solubilité :

1° *Dans l'eau,* très-faible ; il exige 740 parties d'eau froide, et 30 parties d'eau bouillante.

2° *Dans l'eau acidulée par l'acide sulfurique,* il se dissout mieux, le sulfate acide étant beaucoup plus soluble.

3° *Dans l'alcool,* il exige à la température ordinaire 60 parties d'alcool à 0,85 de densité.

A l'air :

Il s'effleurit facilement en perdant 11,75 ou 6 équivalents d'eau ; il ne perd le septième qu'à la température de 120°.

Bicarbonate de soude employé en excès ne précipite pas sa dissolution aqueuse.

Acides :

oxalique *tartrique* *tannique*	troublent sa dissolution aqueuse en formant des.....	*oxalates* *tartrates* *tannates*	*de quinine* peu solubles.

PRÉPARATION.

Elle a été décrite en parlant de la préparation de la quinine.

MATIÈRES ALBUMINEUSES OU PRINCIPES PROTÉIQUES.

Ce sont des principes immédiats azotés, neutres et incristallisables, tels que l'*albumine,* la *fibrine,* la *caséine,* la *glutine,* la *légumine,* l'*amandine,* etc., qu'on trouve dans les graines, feuilles, tiges, etc., des végétaux (*voir* le *Traitement de la farine de froment pour en extraire le gluten,* p. 487), dans l'œuf, dans les tissus et les liquides des animaux, comme les muscles, le sang, le lait, etc.

Ces principes immédiats sont tous élaborés par les végétaux, d'où ils passent dans l'économie animale pour y être assimilés ou brûlés. Aussi le végétal peut être considéré comme le laboratoire où se préparent toutes les matières organiques alimentaires que l'animal s'assimile et élabore : en effet, c'est lui qui produit les principes amylacés et les graisses, *aliments respiratoires,* c'est-à-dire qui ne pénètrent dans l'économie que pour y être brûlés immédiatement; c'est lui qui produit également les substances protéiques, *aliments plastiques,* c'est-à-dire qui, avant d'être brûlés, peuvent entrer dans la composition des organes pour servir à leur développement ou à leur entretien.

Aucune de ces substances n'a pu être reproduite dans le laboratoire.

Elles sont peu nombreuses.

Elles présentent surtout un grand intérêt physiologique.

COMPOSITION.

Outre le *carbone,* l'*hydrogène,* l'*oxygène* et l'*azote,* elles renferment de très-faibles quantités de *soufre* et de *phosphore.*

PROPRIÉTÉS.

Le poids de leur molécule est très-élevé, aussi elles sont très-altérables et peuvent éprouver des modifications sans nombre.

ACTION DE L'AIR.

Elles subissent, sous son influence, la FERMENTATION PUTRIDE, pendant que les *alcaloïdes,* substances également azotées, ne sont nullement altérées par l'air.

ON DÉSIGNE SOUS LE NOM DE FERMENTATION PUTRIDE *l'altération que ces matières subissent* et qui est accusée par une odeur infecte, *lorsqu'elles sont soumises à l'action d'un* FERMENT *dont le germe est apporté par l'air.*

POUR QUE LE FERMENT PUTRIDE SE DÉVELOPPE, VIVE ET SE MULTIPLIE, *il lui faut une certaine humidité et une température suffisamment élevée.*

LA CONSERVATION DE CES MATIÈRES PEUT DONC ÊTRE RÉALISÉE :

I. *Par la dessiccation.*

EXEMPLE :

Procédé de M. Masson pour la conservation des végétaux alimentaires.

II. *Par l'abaissement de température,* à l'aide de la glace qui donne une température de o°, et par une température inférieure à o°.

EXEMPLE :

La congélation, comme cela se fait en Russie pendant l'hiver pour la conservation du gibier, par exemple.

III. *Par la destruction du ferment et en empêchant l'arrivée de nouveaux germes.*

Exemple :

Procédé Appert *pour la conservation des matières alimentaires.*

On introduit la matière alimentaire végétale ou animale dans une boîte de fer-blanc, qu'on ferme ensuite hermétiquement à l'aide d'un couvercle soudé avec soin.

On chauffe pendant deux ou quatre heures, à la température de 100 à 108°, la boîte ainsi close hermétiquement.

Le ferment ou les germes du ferment sont tués par une température de 100 à 108°.

L'air extérieur, ne pouvant pas pénétrer dans la boîte, ne peut pas y apporter de nouveaux germes pour remplacer ceux qui ont été tués.

Action de la chaleur.

1° *Chauffées fortement au contact de l'air,* elles s'enflamment et répandent une odeur très-désagréable.

2° *Distillées en vases clos,* elles fournissent une huile d'une odeur infecte qui renferme des bases ammoniacales et des sels ammoniacaux en abondance, *carbonate, sulfhydrate* et *cyanhydrate,* et laissent pour résidu un charbon brillant et caverneux.

Propriétés caractéristiques.

1° *Elles se colorent en rouge* lorsqu'on les traite par un mélange d'azotite et d'azotate de mercure, et *en jaune* par l'acide azotique.

2° *Elles se dissolvent en se colorant en bleu violet,* lorsqu'on les fait bouillir avec l'acide chorhydrique concentré.

3° *Elles se dissolvent dans la potasse ou la soude caustiques.* Si l'on sature la dissolution par l'acide acétique, il se précipite des flocons blancs, légèrement grisâtres, d'un corps azoté, la protéine, il se dégage de l'*hydrogène sulfuré,* et la liqueur renferme de l'*acide phosphorique.*

Le soufre et le phosphore de ces deux derniers corps ont été empruntés à la substance protéique.

C'est parce que ces substances donnent de la protéine, *qu'elles ont été appelées substances protéiques.*

Cette protéine, *qui ne renferme que du carbone, de l'hydrogène, de l'oxygène et de l'azote,* jouit de toutes les propriétés caractéristiques que nous venons de signaler pour les substances protéiques.

ALBUMINE.

Nous avons dit, en parlant de l'extraction du gluten, p. 487, que la farine de froment abandonnait à l'eau un principe immédiat azoté soluble, qui possède toutes les propriétés de l'*albumine animale*, et que nous avons appelé *albumine végétale*. *Qu'est-ce donc que l'albumine animale?*

ALBUMINE ANIMALE.

ORIGINE.

Elle existe en dissolution dans le sérum du sang, qui est toujours alcalin par la soude; on ne peut pourtant pas admettre que c'est grâce à la soude que l'albumine est en dissolution, puisqu'elle n'est pas précipitée par l'acide acétique qui sature cette base.

Elle existe dans le blanc d'œuf; mais celle-ci est coagulée par l'éther et l'essence de térébenthine qui ne coagulent pas celle du sérum du sang.

Elle existe aussi dans le CHYLE, *la* LYMPHE, *la* LIQUEUR DE L'AMNIOS, et enfin généralement dans tous les liquides de l'économie.

COMPOSITION. $C^{48}H^{36}Az^{6}O^{16}$.

La formule $C^{48}H^{36}Az^{6}O^{16}$ est celle qui représente le mieux la composition de l'albumine.

Elle renferme en outre du soufre et du phosphore.

PROPRIÉTÉS.

CELLE DES PRINCIPES PROTÉIQUES. (Voyez *Matières albumineuses en général*, p. 573.)

Solide.

Transparente.

Amorphe.

Fendillée.

Couleur légèrement jaunâtre.

Saveur nulle.

ACTION DE LA CHALEUR.

Lorsque sa dissolution a été évaporée dans le vide, elle présente les propriétés que nous venons d'énumérer, et elle peut être portée à 100° pendant quelque temps et se dissoudre ensuite complétement dans l'eau.

A 75° elle se coagule complétement dans ses dissolutions.

Lorsque la dissolution est concentrée, elle se prend en masse cohérente.

Lorsque la dissolution est très-étendue, elle se sépare à l'état de flocons qui se rassemblent à sa surface sous forme d'écume.

Distillée en vase clos (voyez *Action de la chaleur sur les matières albumineuses en général,* p. 574).

Alcool : la coagule comme la chaleur.

L'ALBUMINE COAGULÉE PAR LA CHALEUR OU PAR L'ALCOOL :

Présente la même composition,

N'est plus soluble dans l'eau.

Se redissout cependant lorsqu'on la chauffe à 150° avec de l'eau dans un tube fermé, et ne peut plus se coaguler.

Baryte, strontiane et chaux : la précipitent complétement en donnant un produit solide très-agglutinatif, qui résiste à l'eau bouillante après avoir été desséché.

Sublimé corrosif : la précipite en formant un composé insoluble ; aussi

L'albumine est administrée comme contre-poison du sublimé corrosif.

Le sublimé corrosif en dissolution est employé pour conserver les pièces anatomiques.

Acide tannique, en dissolution : la précipite.

Empêche la précipitation de certains sels métalliques par la potasse.

EXEMPLE :

Les sels de fer ou de cuivre ne sont pas précipités par la potasse, en présence de l'albumine, les oxydes de fer et de cuivre formant dans ce cas des composés solubles avec l'albumine.

ACTION DES ACIDES.

Les acides métaphosphorique, azotique et *sulfurique,* la précipitent entièrement en formant des composés insolubles.

Les acides phosphorique ordinaire, pyrophosphorique et *acétique,* ne la précipitent pas.

Éther et essence de térébenthine : précipitent l'albumine du blanc d'œuf, et ne précipitent pas celle du sang.

Elle subit la fermentation putride. (Voyez *Matières albumineuses en général,* p. 573.)

PRÉPARATION *de l'albumine pure.*

On agite le blanc d'œuf dans deux fois son volume d'eau.

On filtre.

On verse de l'acétate de plomb qui forme un albuminate de plomb insoluble.

On lave l'albuminate de plomb à l'eau froide.

On traite cet albuminate en suspension dans l'eau par un courant d'acide carbonique; il se dépose du carbonate de plomb et l'albumine se redissout dans l'eau.

On verse quelques gouttes de dissolution d'hydrogène sulfuré pour enlever les dernières traces de plomb à l'état de sulfure de plomb.

On chauffe jusqu'à commencement de coagulation; les premiers flocons d'albumine coagulée entraînent avec eux en se déposant le sulfure de plomb, et la liqueur limpide évaporée à 40° donne un résidu d'albumine pure.

FIBRINE DU SANG.

ORIGINE.

En agitant du sang à sa sortie de la veine avec un petit balai, la fibrine, soluble dans le sang vivant, mais qui devient insoluble peu de temps après sa sortie des veines, s'y attache sous la forme de longs filaments élastiques qui contiennent les $\frac{3}{4}$ environ de leur poids d'eau.

Si le sang n'est pas agité à sa sortie de la veine, il ne tarde pas à se séparer en deux parties : l'une liquide, d'un jaune pâle, qu'on appelle SÉRUM, tient en dissolution l'albumine dont nous venons de parler; l'autre, qui flotte dans le sérum et qui porte le nom de CAILLOT, est une masse rouge et molle, constituée par la *fibrine* qui, en se coagulant, a formé un réseau contractile et a ramassé dans ses mailles les *globules rouges du sang*, mêlés à une quantité considérable de *sérum.*

Le sang contient un $\frac{3}{1000}$ *environ de son poids de fibrine.*

STRUCTURE.

Les fils ou fibres sont formés par de petits globules juxtaposés comme dans un chapelet et adhérents entre eux.

COMPOSITION. $C^{48}H^{36}Az^{6}O^{16}$.

Celle de l'albumine et, comme elle, elle contient une certaine quantité de soufre et de phosphore.

PROPRIÉTÉS.

TOUTES CELLES DES MATIÈRES PROTÉIQUES EN GÉNÉRAL. (Voyez *Matières albumineuses en général*, p. 573.)

Solide.

Incristallisable.

Blanche, légèrement jaunâtre et *élastique* À L'ÉTAT HUMIDE.

Jaunâtre, dure, cornée, diaphane et *facilement pulvérisable* À L'ÉTAT SEC.

Saveur, nulle.

ACTION DE LA CHALEUR. (Voyez *Action de la chaleur sur les matières albumineuses en général*, p. 574.)

ACTION DE L'EAU.

Insoluble dans l'eau froide ou *chaude.*

Se gonfle dans l'eau froide et reprend l'élasticité qu'elle avait avant sa dessiccation.

Soluble en partie dans l'eau par une ébullition prolongée à l'air.

Soluble complétement dans l'eau, sous l'influence d'une chaleur faible, mais prolongée, lorsqu'elle a été extraite du sang des jeunes animaux.

Elle présente alors tous les caractères de l'albumine.

Alcool et *éther :* ne la dissolvent pas.

Eau oxygénée: est décomposée par la fibrine.

C'est une propriété caractéristique qui la distingue des autres matières protéiques.

Acide acétique concentré : la gonfle et la convertit en une gelée qui se dissout assez bien dans l'eau bouillante.

Acide acétique étendu : produit le même effet, mais plus lentement.

Acide chlorhydrique: $\frac{1}{1000}$ de cet acide suffit pour la gonfler et la réduire en gelée.

SUC GASTRIQUE.

Il renferme un principe qui semble agir à la manière des ferments : il la gonfle, la réduit en gelée et finit par la dissoudre; c'est ainsi qu'elle devient soluble dans l'acte de la digestion.

AZOTATE DE POTASSE.

1° *Il dissout la fibrine du sang veineux,* à la température de 32 à 40°.

300 parties de fibrine sont dissoutes dans une liqueur qui renferme :

300 parties d'eau,
50 parties d'azotate de potasse et
3 parties de soude caustique.

La fibrine ainsi dissoute se coagule par la chaleur et les acides comme l'albumine ; mais les acides acétique et phosphorique ordinaire, qui ne précipitent pas l'albumine, la précipitent, ce qui distingue suffisamment ces deux matières.

2° *Il ne dissout pas la fibrine du sang artérielle.*

3° *Il ne dissout pas la fibrine musculaire* ou MUSCULINE, qui constitue la plus grande partie de la masse musculaire.

LA FIBRINE DU SANG DIFFÈRE DE LA MUSCULINE :

1° *Par la manière d'agir de l'azotate de potasse.*

2° *Par l'action de l'eau contenant* $\frac{1}{10}$ *d'acide chlorhydrique* qui dissout immédiatement la *musculine,* tandis qu'elle ne fait que gonfler et donner l'aspect gélatineux à la *fibrine du sang* sans la dissoudre.

3° *Parce qu'elle est beaucoup moins nutritive.*

Elle subit la fermentation putride. (Voir *Matières albumineuses en général,* p. 573.)

PRÉPARATION.

On lave à grande eau la fibrine qui s'est attachée au balai, afin de la débarrasser des principes solubles du sang qu'elle peut retenir et des globules qui s'y sont attachés.

On la dessèche.

On la réduit en poudre.

On la traite par l'alcool et l'éther qui enlèvent toute la matière grasse qu'elle peut contenir.

CASÉINE.

ORIGINE.

Elle existe dans le lait, avec le *lactose* ou *sucre de lait,* les *matières grasses* qui constituent le beurre, et *divers sels.*

LE LAIT CONSTITUE DONC UN ALIMENT COMPLET, puisqu'il contient :

1° *l'aliment respiratoire* (beurre et lactose);
2° *l'aliment plastique* (caséine);
3° *l'aliment salin* (sels divers).

Elle existe dans le sang des nourrices.

COMPOSITION. $C^{48}H^{36}Az^{6}O^{16}$.

Celle des matières protéiques déjà étudiées, et, comme elles, elle contient une certaine quantité de soufre et de phosphore.

PROPRIÉTÉS.

TOUTES CELLES DES MATIÈRES PROTÉIQUES EN GÉNÉRAL. (Voyez *Matières albumineuses en général*, p. 573.)

Solide.

Pulvérulente.

Incristallisable.

Saveur nulle.

A peine soluble dans l'eau.

Sa dissolution rougit le papier bleu de tournesol, même lorsque la caséine a été desséchée à 140°.

Sa dissolution ne déplace pas à froid l'acide carbonique, même des bicarbonates.

Sa dissolution, obtenue à l'aide d'un acide ou d'un alcali et évaporée, montre à sa surface une pellicule blanche qui se produit également à la surface du lait lorsqu'on le chauffe, et qu'on appelle *frangipane.*

Insoluble dans l'alcool.

Alcalis, caustiques ou *carbonatés :* la dissolvent facilement, et la dissolution est précipitée par tous les acides, à l'exception des acides *carbonique,*
phosphorique ordinaire et
pyrophosphorique.

Il est donc probable que la caséine est dissoute dans le lait à la faveur d'un alcali.

Tannin : la précipite de sa dissolution.

Présure (substance que produit la CAILLETTE, un des quatre estomacs du veau) : la précipite de ses dissolutions.

Elle subit la fermentation putride. (Voyez *Matières albumineuses en général*, p. 573.)

Parmi les divers produits auxquels cette fermentation donne naissance, on en trouve un, l'*aposépédine,* $C^{12}H^{13}AzO^{4}$, sous forme de paillettes blanches, solubles dans l'eau et dans l'alcool, mais insolubles dans l'éther qui dissout la *cholestérine* retirée de la bile, avec laquelle on pourrait la confondre.

PRÉPARATION.

On verse dans du lait bouillant quelques gouttes de vinaigre ou d'acide acétique qui la coagule.

On lave à l'eau le coagulum.

On traite le coagulum lavé par l'alcool et l'éther, qui enlèvent toute la matière grasse.

GÉLATINE.

ORIGINE.

Substance azotée retirée de la PEAU, *des* TENDONS, *des* OS, *etc.*

Elle diffère de la substance azotée que l'on retire des CARTILAGES PERMANENTS *des côtes, articulations, etc., des* CARTILAGES DES OS AVANT L'OSSIFICATION, *etc.*, et qu'on appelle CHONDRINE.

La *chondrine,* en effet, a le même aspect, mais elle n'a pas la même composition ni les mêmes propriétés.

Elle ne préexiste pas dans les tissus dont on la retire, mais elle se produit par l'action prolongée de l'eau sur certaines parties des animaux.

Elle constitue la colle forte ou *gélatine*, employée dans les arts.

l'ichthyocolle lorsqu'on la retire de la vessie natatoire de certains poissons.

Cette gélatine est de meilleure qualité.

la gélatine alimentaire, lorsqu'on la fabrique avec les soins tout particuliers que réclame la fabrication d'un produit alimentaire qui ne doit avoir ni odeur ni saveur désagréable.

Nous ferons remarquer qu'après avoir joui d'une certaine vogue comme aliment très-nutritif, la gélatine n'est plus considérée actuellement que comme un aliment peu substantiel.

Elle ne doit pas être classée parmi les substances azotées que nous avons déjà étudiées.

CE N'EST NI UN ALCALOÏDE, NI UNE MATIÈRE PROTÉIQUE.

COMPOSITION. $C^{12}H^{10}Az^{2}O^{4}$; tandis que la *chondrine* a pour formule $C^{32}H^{26}Az^{4}O^{14}$.

PROPRIÉTÉS.

Solide.

Très-cohérente.

Incristallisable.

Incolore et *transparente* quand elle est pure.

Inodore.

Saveur nulle.

Densité : plus pesante que l'eau.

ACTION DE LA CHALEUR.

1° *Chauffée fortement à l'air,* elle fond, puis s'enflamme en répandant l'odeur de la corne brûlée;

2° *Distillée en vase clos,* elle donne des produits qui offrent beaucoup d'analogie avec ceux que donnent les matières protéiques traitées de la même façon (p. 574).

ACTION DE L'EAU.

1° *Dans l'eau froide,* ELLE SE RAMOLLIT, SE GONFLE, mais ne s'y dissout pas.

2° *Dans l'eau chaude,* ELLE SE DISSOUT, *mais par le refroidissement* ELLE SE PREND EN GELÉE.

L'eau qui contient $\frac{1}{100}$ de gélatine se prend encore en gelée.

L'eau qui contient $\frac{1}{150}$ de gélatine cesse de se prendre en gelée.

*Sa dissolution n'est pas précipitée par l'*alun;
*l'*acétate de plomb;
les acides qui précipitent la CHONDRINE.

3° *Par une longue macération et surtout à une température de beaucoup supérieure à* 100°, ELLE PERD LA PROPRIÉTÉ DE FAIRE GELÉE, et la masse jaunâtre et gommeuse qui provient de l'évaporation d'une dissolution de gélatine ainsi modifiée se dissout facilement dans l'eau.

4° *En s'aigrissant,* ELLE PERD ÉGALEMENT LA PROPRIÉTÉ DE FAIRE GELÉE.

ACTION DE L'ALCOOL.

Il dissout à peine la gélatine.

Il précipite la gélatine de ses dissolutions aqueuses en une masse cohérente, élastique, d'aspect fibreux.

Il déshydrate la gélatine humectée en la contractant.

Tannin : la précipite et forme avec elle une masse tenace, élastique et comparable au cuir.

Acide acétique concentré : dissout complétement la gélatine ramollie par l'eau.

ACTION DE L'ACIDE SULFURIQUE.

En faisant digérer la gélatine avec deux fois son poids d'acide sulfurique concentré, elle se dissout sans se colorer. En faisant bouillir pendant longtemps la liqueur ainsi obtenue, après l'avoir étendue, on en retire le *glycocolle* ou *sucre de gélatine*, $C^4H^5AzO^4$.

Le GLYCOCOLLE *présente un grand intérêt qu'il ne nous est pas permis de faire ressortir ici.*

Chlore : précipite la gélatine de sa dissolution; le précipité, qui contient du chlore, est blanc, élastique, imputrescible.

PRÉPARATION.

On fait bouillir plus où moins longtemps avec de l'eau les matières animales que nous avons fait connaître, soit à la pression ordinaire, soit à une pression supérieure, pourvu que la température ne dépasse pas 106°.

La solution clarifiée et concentrée se prend par le refroidissement en une gelée tremblante qu'on découpe en plaques minces qui deviennent dures et cassantes par la dessiccation.

PRINCIPES IMMÉDIATS AZOTÉS DE L'URINE.

Les aliments azotés de l'urine, complétement brûlés dans l'économie, donnent comme dernier terme de transformation :

*de l'*acide carbonique...... CO^2,
*de l'*eau .... HO,
*de l'*azote................ Az,

qui sont rejetés au dehors et à l'état gazeux par le poumon.

Une partie toujours considérable des aliments azotés est brûlée incomplétement, et se transforme par une série de combustions successives en produits plus simples, c'est vrai, mais qui ne sont pas leur dernier terme d'oxydation.

Ces produits, en dissolution dans l'urine, sont rejetés de l'économie.

Parmi ces produits se trouvent l'*urée* et l'*acide urique.*

*L'*URÉE *prédomine chez les animaux à sang chaud.*

*L'*ACIDE URIQUE *existe seul chez les animaux à sang froid.*

URÉE.

Ce corps constitue un TYPE *chimique très-intéressant :* nous signalons son importance lorsqu'on l'envisage comme type, mais nous ne l'étudierons pas à ce point de vue.

ORIGINE.

Elle forme, à elle seule, près de la moitié des corps solides que l'urine de l'homme tient en dissolution.

L'homme produit de 30 *à* 40 *grammes d'urée par vingt-quatre heures;* et comme ce corps contient le tiers environ de son poids d'azote, on peut en conclure que :

*La majeure partie de l'azote des aliments azotés introduits dans l'économie est rejetée à l'état d'*URÉE.

Elle peut être obtenue par des procédés de laboratoire.

COMPOSITION. $C^2H^4Az^2O^2$.

PROPRIÉTÉS.

Solide.

Cristallise en longs prismes aplatis,
incolores,
transparents.

Inodore.

Saveur fraîche et légèrement amère comme celle du nitre

SOLUBILITÉ :

1° *Dans l'eau,* très-grande : elle se dissout
dans 1 partie d'*eau froide;*
en toute proportion dans l'*eau bouillante.*

2° *Dans l'alcool,* moins grande : elle se dissout dans
4 parties d'*alcool froid;*
2 parties d'*alcool chaud.*

ACTION DE LA CHALEUR :

1° *A* 120°, elle fond.

2° *A une température un peu plus élevée,* elle se transforme en *ammoniaque,*
carbonate d'ammoniaque et
amméline, $C^6H^5Az^5O^4$, qui reste comme résidu.

Réaction : $\underbrace{4(C^2H^4Az^2O^2)}_{\text{Urée.}} = \underbrace{C^6H^5Az^5O^4}_{\text{Amméline.}} + 2CO^2 + 4AzH^3$.

3° *A une température encore plus élevée,* elle se transforme : en *acide cyanurique* qui reste comme résidu,
eau et
ammoniaque qui se dégagent.

Réaction : $\underbrace{3(C^2H^4Az^2O^2)}_{\text{Urée.}} = \underbrace{C^6Az^3O^3}_{\text{Ac. cyanurique.}} + 3HO + 3AzH^3$.

4° *A une température encore plus élevée,* l'*acide cyanurique,* $C^6Az^3O^3$, qui est composé de 3 équivalents d'*acide cyanique,* C^2AzO, se décompose en acide cyanique.

Réaction : $\underbrace{C^6Az^3O^3, 3HO}_{\text{Acide cyanurique.}} = \underbrace{3(C^2AzO, HO)}_{\text{Acide cyanique.}}$.

Les deux dernières transformations de l'urée peuvent se comprendre très-facilement, puisque les éléments de l'*urée* sont exactement ceux du *cyanate d'ammoniaque*, C^2AzO, AzH^3, HO : en effet,

$$\underbrace{C^2H^4Az^2O^2}_{\text{Urée.}} = \underbrace{C^2AzO}_{\text{Acide cyanique.}}, \underbrace{AzH^3}_{\text{Ammoniaque.}}, \underbrace{HO}_{\text{Eau.}}$$

VÉRITABLE BASE ORGANIQUE, *dans ses principales réactions*. En effet :

Elle se combine aux acides, à la façon de l'ammoniaque et des alcaloïdes, pour former des sels bien définis qui sont anhydres et qui contiennent 1 équivalent d'eau, lorsqu'elle se combine aux oxacides.

EXEMPLES :

Chlorhydrate d'urée.. $ClH, C^2H^4Az^2O^2$,
Azotate d'urée....... $AzO^5, C^2H^4Az^2O^2, HO$: *ce sel est très-peu soluble*.

Elle diffère pourtant des bases organiques sous quelques rapports; ainsi :

Elle n'agit pas sur les réactifs colorés;

Elle ne se combine pas avec certains acides, tels que :

les acides *carbonique*,
sulfhydrique,
lactique,
hippurique,
etc.

S'unit à certains oxydes et à certains sels, pour former des combinaisons bien définies.

Déshydrate certains sels, quoiqu'elle ne soit pas déliquescente.

EXEMPLE :

Un mélange de sulfate de soude cristallisé et d'urée devient liquide.

Il se forme probablement une combinaison d'urée avec le sulfate de soude déshydraté.

SE TRANSFORME EN CARBONATE D'AMMONIAQUE *en s'associant les éléments de l'eau*,

Réaction : $C^2H^4Az^2O^2 + 4HO = 2(CO^2, AzH^3, HO)$,

1° *Directement*, en portant sa dissolution à 200° dans un tube scellé à la lampe.

2° *Par l'intermédiaire des germes que l'air apporte*, qui se développent sous l'influence des matières organiques azotées et des sels que renferme l'urine et qui déterminent une véritable fermentation. Aussi l'urine, d'abord acide par l'acide urique qu'elle renferme, finit par avoir la réaction alcaline du carbonate d'ammoniaque après une exposition plus ou moins longue à l'air.

3° *Sous l'influence des acides hydratés*, tels que l'acide sulfurique.

Réaction :

$$C^2H^4Az^2O^2+2SO^3,HO+2HO=2(SO^3,AzH^3,HO)+2CO^2.$$

4° *Sous l'influence des alcalis*, tels que la potasse.

Réaction : $C^2H^4Az^2O^2+2(HO,KO)=2(CO^2,KO)+2AzH^3.$

Chlore, *en présence de l'eau :* décompose l'urée avec formation d'*acide chlorhydrique*,
d'*acide carbonique* et
d'*azote*.

Réaction : $C^2H^4Az^2O^2+2HO+6Cl=6ClH+2CO^2+2Az.$

Acide azoteux, *dans l'azotite de mercure :* décompose l'urée avec formation d'*acide carbonique*,
d'*eau* et
d'*azote*.

Réaction : $C^2H^4Az^2O^2+2AzO^3=2CO^2+4Az+4HO.$

En absorbant l'acide carbonique par la potasse contenue dans un appareil à boules de Liebig (voyez *Analyse organique*, p. 468), on peut connaître la quantité d'urée que renferme un volume déterminé d'urine par la quantité d'azote qu'elle a fournie.

PRÉPARATION.

I. Son extraction de l'urine.

On évapore l'urine, au bain-marie jusqu'à consistance sirupeuse.

On verse peu à peu dans la liqueur sirupeuse refroidie de l'acide azotique ne contenant pas d'acide azoteux, tant qu'il se forme un précipité cristallin d'*azotate d'urée*.

On décolore par le noir animal l'*azotate d'urée* mis en dissolution dans l'eau.

On décompose l'azotate d'urée ainsi décoloré par le carbonate de plomb, et l'on évapore à sec.

On traite le résidu par l'alcool : l'alcool ne dissout pas l'azotate de plomb et le carbonate de plomb en excès, mais il dissout l'urée qui se dépose en cristaux par l'évaporation.

II. SA PRÉPARATION ARTIFICIELLE DANS LE LABORATOIRE.

Le procédé que nous allons décrire permet de l'obtenir facilement et très-pure.

On mélange 28 parties de *prussiate jaune de potasse* réduit en poudre fine avec
14 parties de *manganèse* également réduit en poudre fine.

On chauffe au rouge naissant jusqu'à ce que la combustion soit terminée.

On dissout dans l'eau la masse refroidie.

On ajoute à la liqueur ainsi formée, et qui renferme du cyanate de potasse, 20,5 parties de sulfate d'ammoniaque sec qui produisent du sulfate de potasse qui se dépose en partie, et du *cyanate d'ammoniaque,* C^2AzO, AzH^3, HO, qui se transforme en *urée,* $C^2H^4Az^2O^2$, par une simple modification isomérique.

On évapore à sec.

On reprend par l'alcool le résidu qui lui abandonne l'urée qu'il renferme.

ACIDE URIQUE.

ORIGINE.

Il a été découvert pour la première fois dans un calcul urinaire de l'homme.

Il se trouve dans l'urine d'un grand nombre d'animaux.

Il se trouve dans l'urine des animaux carnivores.

Il ne se trouve pas généralement dans l'urine des animaux herbivores.

Il se trouve surtout dans les excréments des oiseaux, qui forment quelquefois des bancs considérables de *guano;*
des serpents,
des insectes,
etc.

La quantité, chez l'homme,

diminue avec une plus grande activité physique;
avec une alimentation végétale et par conséquent moins azotée;

augmente avec une moins grande activité physique;
avec une alimentation animale et par conséquent très-azotée.

COMPOSITION. $C^{10}H^4Az^4O^6, 2HO$.

PROPRIÉTÉS.

Solide.

Cristallisé en petites lames *blanches, douces au toucher, légères.*

Odeur nulle.

Saveur peu sensible.

ACTION DE LA CHALEUR.

Soumis à la distillation sèche, il se décompose en plusieurs produits, parmi lesquels on distingue le *cyanogène*,
l'*acide cyanhydrique*,
l'*acide cyanique*,
le *carbonate d'ammoniaque*,
l'*urée*.

SOLUBILITÉ :

1° *Dans l'eau*, extrêmement faible.

L'eau en dissout $\frac{1}{1700}$ de son poids.

Sa dissolution rougit légèrement le papier bleu de tournesol.

2° *Dans l'alcool*, nulle.

3° *Dans l'éther*, nulle.

BASES : *forment avec lui des sels.*

Les urates alcalins sont seuls solubles dans l'eau, et encore sont-ils peu solubles.

L'urate de magnésie fait exception : il est plus soluble que les urates alcalins.

ACIDE SULFURIQUE CONCENTRÉ ET CHAUD : *dissout l'acide urique.*

En traitant cette dissolution par l'eau, l'acide urique se précipite.

Cette propriété fournit un moyen de l'extraire.

ACIDE AZOTIQUE : *donne par oxydation des produits nombreux dont la nature varie avec la température et le degré de concentration de l'acide employé.*

La liqueur qui provient de son action sur l'acide urique, étant évaporée, laisse un résidu *rouge pourpre* qui se dissout dans l'eau sans la colorer.

La dissolution azotique de l'acide urique, traitée par l'ammoniaque, devient *violette.*

Ce sont deux caractères qui permettent de reconnaître l'acide urique.

Peroxyde de plomb :

Sous l'influence de la chaleur, il oxyde l'acide urique en suspension dans l'eau, mais moins énergiquement que l'acide azotique, et fournit un corps qu'on trouve dans les eaux de l'amnios, l'*allantoïne.*

PRÉPARATION.

I. En chauffant avec une dissolution de potasse les excréments de boa pulvérisés, il se forme de l'*urate de potasse.*

On filtre.

On verse un excès d'acide chlorhydrique qui précipite l'acide urique.

En répétant plusieurs fois cette opération, on obtient de l'acide urique pur.

II. On peut remplacer la potasse par l'acide sulfurique et précipiter l'acide urique en versant peu à peu de l'eau dans la dissolution acide.

FIN.

TABLE DES MATIÈRES.

CHAPITRE PREMIER.

GÉNÉRALITÉS.

CHAPITRE II.

MÉTALLOIDES ET LEURS COMPOSÉS.

CHAPITRE III.

GÉNÉRALITÉS SUR LES MÉTAUX ET LEURS COMPOSÉS.

CHAPITRE IV.

MÉTAUX EN PARTICULIER.

CHAPITRE V.

CHIMIE ORGANIQUE.

GÉNÉRALITÉS.

CHAPITRE VI.

MATIÈRES ORGANIQUES EN PARTICULIER.

FIN DE LA TABLE DES MATIÈRES.

PARIS. — IMPRIMERIE DE GAUTHIER-VILLARS,
Rue de Seine Saint-Germain, 10, près l'Institut.

www.ingramcontent.com/pod-product-compliance
Ingram Content Group UK Ltd.
Pitfield, Milton Keynes, MK11 3LW, UK
UKHW020254230726
13925UKWH00001B/44